Beobachtungsmöglichkeiten im
Domain Name System

Dominik Herrmann

Beobachtungs-
möglichkeiten im
Domain Name System

Angriffe auf die Privatsphäre und
Techniken zum Selbstdatenschutz

Mit einem Geleitwort von Prof. Dr. Hannes Federrath

 Springer Vieweg

Dominik Herrmann
Hamburg, Deutschland

Zugl.: Dissertation, Universität Hamburg, 2014

ISBN 978-3-658-13262-0   ISBN 978-3-658-13263-7 (eBook)
DOI 10.1007/978-3-658-13263-7

Die Deutsche Nationalbibliothek verzeichnet diese Publikation in der Deutschen National-
bibliografie; detaillierte bibliografische Daten sind im Internet über http://dnb.d-nb.de abrufbar.

Springer Vieweg
© Springer Fachmedien Wiesbaden 2016

Gedruckt auf säurefreiem und chlorfrei gebleichtem Papier

Springer Vieweg ist Teil von Springer Nature
Die eingetragene Gesellschaft ist Springer Fachmedien Wiesbaden GmbH

Geleitwort

Das Domain Name System gehört zu den Internet-Basisdiensten, deren Existenz im „Schönwetterbetrieb" kaum wahrgenommen wird. Das DNS existiert – nahezu unverändert – ähnlich lange wie das Internet selbst. Es liefert zuverlässig die technischen IP-Adressen zu den Rechnernamen, die wir üblicherweise beim Surfen und Mailen eingeben. Vom DNS erwarten wir korrekte und schnelle Antworten.

Die Sensibilität und Brisanz des Domain Name Systems für die Privatheit der Nutzer ist in den letzten Jahren wieder stärker in den Fokus der Wissenschaft und Forschung gerückt. Mit dem Zugangserschwerungsgesetz zum Schutz vor Kinderpornographie aus dem Jahr 2009 sollte mit Hilfe des DNS der erfolglose Versuch unternommen werden, illegale Inhalte von den Endnutzern fernzuhalten. In einem frühen Entwurf dieses Gesetzes hatte man auch die Absicht, blockierte DNS-Anfragen nach Servern mit illegalen Inhalten zu protokollieren und ggf. den Strafverfolgern zur Verfügung zu stellen.

Der Widerstand gegen dieses Gesetz war massiv, einerseits weil damit in Deutschland eine Zensurinfrastruktur für das Internet geschaffen worden wäre, die einer Demokratie nicht würdig ist, andererseits weil die Eingriffe in das Recht auf informationelle Selbstbestimmung, die zu dieser Zeit durch das 2007 verabschiedete Gesetz zur Vorratsdatenspeicherung ohnehin schon tiefgreifend waren, damit aus der Sicht von Bürgerrechtlern auf die Spitze getrieben wurden.

Das Zugangserschwerungsgesetz ist wegen dieser und weiterer Bedenken nie in Kraft getreten, beförderte jedoch die wissenschaftliche Beschäftigung mit Fragen der Vertraulichkeit des DNS.

Die mehrfach prämierte Dissertation von Dominik Herrmann stellt einen wichtigen und wegweisenden Baustein zur Gestaltung eines vertrauenswürdigen und sicheren Internet der Zukunft dar. Funktionen zum Schutz der Vertraulichkeit von DNS-Anfragen sind bisher nur wenig untersucht und entwickelt worden. Dominik Herrmann ist folgerichtig der Frage nachgegangen, inwieweit das DNS die Privatheit des Einzelnen verletzt, und er hat Verfahren entwickelt und evaluiert, die eine außerordentlich wichtige Ergänzung zu den für die Integrität und Verfügbarkeit (des DNS) sehr nützlichen Erweiterungen des DNS darstellen können.

Hannes Federrath

Danksagung

Diese Dissertation ist zwischen 2011 und 2014 am Arbeitsbereich Sicherheit in verteilten Systemen an der Universität Hamburg entstanden. Zahlreiche Personen haben zu ihrem Gelingen beigetragen.

Zunächst möchte ich mich bei meinem Doktorvater Hannes Federrath bedanken, der mich bei der Erstellung dieser Dissertation betreut hat. Er hat zahlreiche interessante Fragen aufgeworfen und mich bei der Umsetzung meiner Ideen tatkräftig unterstützt. Ulrike von Luxburg und Felix Freiling danke ich für Ihre hilfreichen Denkanstöße sowie die Bereitschaft, die Begutachtung der Arbeit zu übernehmen. Dank gebührt auch den Teilnehmern des Dagstuhl-Seminars 13482 zu „Forensic Computing", die mir durch ihre Diskussionsbeiträge hilfreiche Hinweise zur inhaltlichen Ausrichtung der Dissertation gegeben haben.

Mein Dank gilt ferner meinen Kollegen Karl-Peter Fuchs und Christoph Gerber, die mir nicht nur im letzten halben Jahr den Rücken freigehalten haben, sondern auch als äußerst humorvolle Gesprächs-, aber auch kritische Diskussionspartner zur Verfügung standen. Bei meinen früheren Kollegen an der Universität Regensburg, insbesondere Thomas Nowey, Stefan Penninger, Klaus Plößl und Florian Scheuer, bedanke ich mich für die angenehme Zusammenarbeit und das äußerst freundschaftliche Arbeitsklima. Nicht zu vergessen sind Heike Gorski, Heidi Oskarsson und Dimitra Pons, die nicht nur stets für genügend Toner und Papier sorgten, sondern auch in allen Lebenslagen mit Rat und Tat zur Seite standen.

Zahlreiche Studierende haben zu dieser Dissertation mit ihren Projekt- und Abschlussarbeiten beigetragen. Hervorheben möchte ich an dieser Stelle insbesondere Christine Arndt, Christian Banse, Max Maaß und Christopher Piosecny, denen ich für ihre Bereitschaft zur Mitwirkung an der Publikation von Teilergebnissen danke. Für die Unterstützung bei der Fehlersuche und das kritische Korrekturlesen danke ich meinen früheren Kommilitonen Martin Kraus, Michael Lang und Andreas Tomandl.

Schließlich danke ich meinen Eltern, die mich kontinuierlich gefördert, nach Kräften unterstützt und in meinen Entscheidungen bestärkt haben. Mein ganz besonderer Dank gilt jedoch meiner Frau Kathrin für ihr Verständnis und für ihre Geduld, die ich während der Anfertigung der Arbeit zeitweise erheblich strapazieren musste.

Dominik Herrmann

Inhaltsverzeichnis

Abbildungsverzeichnis

Tabellenverzeichnis

1 Einführung

Das Domain Name System (DNS) ist als Infrastrukturdienst im Internet von zentraler Bedeutung. Um Daten zwischen zwei Internetteilnehmern auszutauschen, wird üblicherweise zunächst eine DNS-Anfrage gestellt. Populäre Anwendungen wie E-Mail oder das Surfen im World Wide Web (WWW) sind auf das DNS angewiesen. Aus Teilnehmersicht besteht die wesentliche Aufgabe des DNS in der sog. *Namensauflösung*. Erst durch diese Namensauflösung werden die für Menschen leicht zu merkenden Domainnamen wie *www.google.com* in IP-Adressen übersetzt, die im Internet für den Transport von Datenpaketen benötigt werden.

Eine besondere Rolle spielen in der Architektur des DNS die sog. *rekursiven Nameserver*. Die Namensauflösung wird im DNS nicht von Internetteilnehmern selbst durchgeführt, sondern von den rekursiven Nameservern übernommen. Die Teilnehmer müssen darauf vertrauen, dass die rekursiven Nameserver diese Aufgabe zuverlässig erfüllen und stets wahrheitsgemäß antworten. Durch die redundante Auslegung der Nameserver ist die *Verfügbarkeit* des Namensdienstes sichergestellt. Mit der Einführung von DNSSEC (s. u. a. [HS13]) wird in Zukunft auch der *Schutz der Integrität* gewährleistet werden können.

In der Dissertation steht der *Schutz der Vertraulichkeit* im Vordergrund, der bislang in Theorie und Praxis weitgehend vernachlässigt wurde. Die Arbeit verfolgt das Ziel, die sich daraus ergebenden **Beobachtungsmöglichkeiten** zu charakterisieren und die Gestaltungsmöglichkeiten für **Techniken zum Schutz vor Beobachtung** zu untersuchen.

1.1 Problemstellung

Der Schutz der Vertraulichkeit wurde bei der Konzipierung des DNS nicht berücksichtigt. Da rekursive Nameserver zur Diensterbringung zwangsläufig die von einem Teilnehmer angeforderten Domainnamen erfahren, müssen die Teilnehmer darauf vertrauen, dass diese Informationen nicht von den Betreibern der Nameserver oder von Dritten missbraucht werden. Die Relevanz der Beobachtungsmöglichkeiten, die auf den rekursiven Nameservern existieren, nimmt aufgrund **von zwei Entwicklungen** zu, die im Folgenden kurz beschrieben werden.

Entwicklung 1: Nutzung rekursiver Nameserver von Drittanbietern

Im Zuge des Cloud-Computing-Trends werden Infrastrukturdienste zur Ausnutzung von Skaleneffekten gebündelt [Arm+09; Arm+10]. Im Zusammenhang mit den Beobachtungsmöglichkeiten ist insbesondere der Trend zur Nutzung eines rekursiven Nameservers eines Drittanbieters von Bedeutung. Zahlreiche kommerzielle Anbieter, darunter Google, OpenDNS und Symantec bieten inzwischen leistungsfähige rekursive Nameserver kostenlos für die Allgemeinheit an (s. Abschnitt 2.8.4). Der von Google betriebene Dienst war im Februar 2012 nach eigenen Angaben mit 70 Milliarden aufgelösten Anfragen der weltweit meistgenutzte rekursive Nameserver [Che12]. Da sie ihre rekursiven Nameserver kostenlos anbieten, wird den Drittanbietern mitunter vorgeworfen, die bei der Diensterbringung anfallenden Informationen ohne Rücksicht auf die Privatsphäre der Nutzer auszuwerten [Cen09].

Die Beobachtungsmöglichkeit beschränkt sich jedoch nicht auf die rekursiven Nameserver von Drittanbietern; auch Internetzugangsanbieter können durch die Auswertung der DNS-Anfragen die Aktivitäten ihrer Kunden mit geringem Aufwand analysieren – unabhängig davon, ob der Kunde den rekursiven Nameserver des Internetzugangsanbieters nutzt oder auf die Dienste eines Drittanbieters setzt.

Entsprechende Bestrebungen lassen sich bereits heute erkennen: So gehört es bei einigen Anbietern, in Deutschland etwa T-Online, zur gängigen Praxis, die Kunden bei Eingabe eines ungültigen Domainnamens auf eine werbefinanzierte Suchseite umzuleiten (sog. NXDOMAIN-Manipulation, s. Abschnitt 2.8.3). Zudem gibt es Hinweise darauf, dass einige Internetzugangsanbieter in den Vereinigten Staaten das Nutzungsverhalten ihrer Kunden ohne deren Zustimmung ausgewertet und durch Einblenden personalisierter Online-Anzeigen vermarktet haben (vgl. etwa [And13]).

Sensible Nutzer haben daher ein großes Interesse an einer unbeobachtbaren Nutzung des DNS. Dennoch verschließen die zuständigen Standardisierungsgremien, etwa die Internet Engineering Task Force (IETF) und die Internet Corporation for Assigned Names and Numbers (ICANN), bislang vor den Konsequenzen der unverschlüsselten Übertragung von DNS-Nachrichten die Augen. Ein häufig geäußertes Argument lautet, es gäbe nichts zu verbergen, da sich die im DNS abrufbaren Informationen an die Öffentlichkeit richteten und ohnehin von jedem Teilnehmer abrufbar seien. Darüber hinaus handele es sich bei den angefragten Domainnamen lediglich um „Metadaten" (Verkehrsdaten), die keine schutzbedürftigen Informationen preisgäben.

Mit dieser ignoranten Haltung setzen sich die Gremien über die Sicherheitsbedürfnisse der Nutzer hinweg. Den Nutzern bleibt daher lediglich das Ergreifen von Maßnahmen zum Selbstdatenschutz.

Entwicklung 2: Auswertung von DNS-Anfragen in der IT-Forensik

Die zweite Entwicklung betrifft die Auswertung von DNS-Anfragen im Rahmen der IT-Forensik. Es ist davon auszugehen, dass Strafverfolgungsbehörden und Nachrichtendienste zukünftig vermehrt auf Verkehrsdaten zurückgreifen, die auf den Infrastrukturdiensten im Internet anfallen, um diese Informationen bei der Aufklärung und zur Prävention von Straftaten einzusetzen.

Rekursive Nameserver stellen einen bislang unterschätzten, jedoch vielversprechenden Beobachtungspunkt dar. Im Gegensatz zur Aufzeichnung und Auswertung des gesamten

Datenverkehrs, was der sprichwörtlichen Suche nach der Nadel im Heuhaufen gleicht, stellt die Aufzeichnung und Auswertung der DNS-Anfragen wesentlich geringere Ressourcenanforderungen. Die DNS-Nachrichten machen nur einen Bruchteil des gesamten Datenverkehrs im Internet aus; so beziffert [BP06] den Anteil des DNS-Datenverkehrs am gesamten übertragenen Datenvolumen im Internet mit 0,05 %. Aus den aufgezeichneten DNS-Anfragen gehen genau die Informationen hervor, die in forensischen Untersuchungen von Interesse sein können: die IP-Adresse eines Nutzers, der angefragte Domainname und der Zeitpunkt der Anfrage.

Aus Sicht des Datenschutzes wäre eine Beschränkung auf die Auswertung des DNS-Datenverkehrs (anstelle der vollständigen Auswertung des gesamten Datenverkehrs) möglicherweise sogar zu begrüßen, da keine sensiblen Inhaltsdaten, sondern ausschließlich Verkehrsdaten aufgezeichnet und zur Kenntnis genommen werden. Allerdings besteht bei der Auswertung der DNS-Anfragen das Risiko von Fehlinterpretationen: Die Auflösung eines Domainnamens muss nicht zwangsläufig bedeuten, dass die zugehörige Webseite auch tatsächlich abgerufen wurde. Bei unsachgemäßer Interpretation könnte es also zur Verfolgung unschuldiger Nutzer kommen. Daher sind Untersuchungen erforderlich, mit denen die Aussagekraft der Informationen, die anhand des DNS-Datenverkehrs gewonnen werden können, quantifiziert und bewertet werden kann.

Resultierender Untersuchungsbedarf und erwarteter Nutzen

In Theorie und Praxis wurden die Beobachtungsmöglichkeiten im DNS bislang weitgehend ignoriert. So gibt es noch keine bzw. kaum Arbeiten, die eine quantitative oder zumindest qualitative Abschätzung der Risiken für die Privatsphäre bzw. der Chancen für die IT-Forensik erlauben.

Weiterhin gibt es keine praxistauglichen Techniken, mit denen sich DNS-Nutzer vor Beobachtung schützen können. Der Transport von DNS-Nachrichten über existierende generische Anonymitätsdienste, etwa Tor oder JonDonym, ist kaum praktikabel, da er zu erheblichen Verzögerungen bei der Namensauflösung führt (s. Abschnitt 5.2.2).

Die Problemstellung umfasst somit zwei Aspekte: zum einen die fundierte Beurteilung von Ausmaß und Auswirkungen der Beobachtungsmöglichkeiten mit dem Ziel, ein Bewusstsein für die daraus erwachsenden Chancen und Risiken zu schaffen; zum anderen die Gestaltung und Evaluation geeigneter Techniken zum Selbstdatenschutz.

1.2 Forschungsfragen

Die Dissertation adressiert vier grundlegende Forschungsfragen, die im Zusammenhang mit der geschilderten Problemstellung von Bedeutung sind.

Forschungsfragen 1 und 2 verfolgen das Ziel, die Beobachtungsmöglichkeiten näher zu charakterisieren, um die Risiken für die Privatsphäre, aber auch die Chancen für die IT-

Forensik beurteilen zu können. Forschungsfragen 3 und 4 widmen sich hingegen der Untersuchung von Techniken zum Schutz vor Beobachtung.

Forschungsfrage 1: Monitoring-Möglichkeiten

Welche Beobachtungsmöglichkeiten existieren grundsätzlich im DNS und auf den rekursiven Nameservern im Besonderen? Welche Informationen lassen sich durch die Beobachtung der zur Adressauflösung dienenden DNS-Anfragen eines Nutzers gewinnen (Monitoring)?

Die Motivation für die fokussierte Formulierung von Forschungsfrage 1 wird in Kapitel 2 deutlich und im Fazit in Abschnitt 2.10 näher erläutert.

Da das DNS-Protokoll – im Gegensatz zu HTTP, bei dem sog. Cookies zur Verkettung der Aktivitäten eines Nutzers verwendet werden können – keine Datenstrukturen vorsieht, um aufeinanderfolgende Anfragen zu verketten und einem Nutzer zuzuordnen, kann ein rekursiver Nameserver die Anfragen eines Nutzers lediglich anhand der Sender-IP-Adresse gruppieren. Allerdings treten Internet-Nutzer im Zeitverlauf häufig unter verschiedenen IP-Adressen auf; eine längerfristige Beobachtung des Nutzerverhaltens allein anhand von DNS-Anfragen ist für den Betreiber eines rekursiven Nameservers daher nicht ohne weiteres möglich. Die im Rahmen von Forschungsfrage 1 untersuchten Monitoring-Möglichkeiten würden für Betreiber daher in der Praxis nur geringen Nutzen entfalten.

Die Beobachtungsmöglichkeiten wären wesentlich bedeutsamer, wenn der Beobachter das Nutzerverhalten über längere Zeiträume verketten und nachverfolgen könnte. Da der unterstellte Beobachter Zugriff auf die DNS-Anfragen hat, könnte er versuchen, in den angefragten Domainnamen charakteristische Verhaltensmuster zu identifizieren, um anhand dieser Muster Sitzungen desselben Nutzers wiederzuerkennen. In Forschungsfrage 2 wird untersucht, wie erfolgversprechend dieser Ansatz ist.

Forschungsfrage 2: Tracking-Möglichkeiten

Kann ein Beobachter, etwa der Betreiber eines rekursiven Nameservers, die DNS-Anfragen eines Nutzers auch über längere Zeiträume beobachten (Tracking)? Mit welchen Techniken können anhand von DNS-Anfragen charakteristische Verhaltensmuster der Nutzer extrahiert und wiedererkannt werden und wie effektiv sind diese in der Praxis? Wie ist auf Basis dieser Techniken ein geeignetes Verkettungsverfahren zu gestalten, mit dem der Beobachter einzelne Nutzer auch dann wiedererkennen kann, wenn sie unter einer neuen IP-Adresse auftreten? Wie kann die erreichbare Genauigkeit realitätsnah evaluiert werden?

Mit den folgenden Forschungsfragen 3 und 4 wird das Ziel verfolgt, Techniken zum Schutz vor Beobachtung zu untersuchen und Gestaltungsmöglichkeiten für die Konstruktion von geeigneten datenschutzfreundlichen Techniken aufzuzeigen.

Forschungsfrage 3: Schutz vor Monitoring

Welche Maßnahmen können Nutzer ergreifen, um die Beobachtung durch den rekursiven Nameserver zu unterbinden? Wie sind praxistaugliche datenschutzfreundliche Techniken zu gestalten, die das Monitoring durch DNS-Anfragen verhindern und wie effektiv sind diese?

Forschungsfrage 4: Schutz vor Tracking

Welche Maßnahmen können Nutzer ergreifen, um Tracking anhand von DNS-Anfragen zu verhindern? Wie sind geeignete Techniken zu gestalten und wie effektiv sind diese?

Im folgenden Abschnitt wird beschrieben, mit welchen Methoden die genannten Forschungsfragen in der Dissertation adressiert werden. Anschließend werden in Abschnitt 1.4 die daraus entstandenen wesentlichen Forschungsbeiträge präsentiert.

1.3 Methodische Vorgehensweise

In der Dissertation werden die folgenden vier Forschungsmethoden eingesetzt:

- **Systematisierung** von bereits publizierten Verfahren und Techniken,
- **Anwendung u. Adaption** existierender Vorgehensweisen, Verfahren u. Techniken,
- **Gestaltung** neuer Vorgehensweisen, Verfahren und Techniken sowie
- **Implementierung** und **empirische Evaluation** der Verfahren und Techniken.

Im Folgenden wird erläutert, *wie* die Forschungsmethoden eingesetzt werden.

Methodik zu Forschungsfrage 1

Um Forschungsfrage 1 (Monitoring-Möglichkeiten) zu adressieren, werden in Kapitel 4 zwei ausgewählte Zielsetzungen betrachtet: die Rekonstruktion des Web-Nutzungsverhaltens und die Identifizierung der vom Nutzer verwendeten Software. Für beide Zielsetzungen werden zunächst existierende Verfahren beschrieben und **systematisiert**.

Die Herausforderungen, die bei der Rekonstruktion des Web-Nutzungsverhaltens anhand von DNS-Anfragen zu überwinden sind, werden anhand einer Fallstudie mit aufgezeichnetem Datenverkehr **explorativ empirisch untersucht**. Anhand der dabei gewonnenen Erkenntnisse werden eigene Heuristiken zur Rekonstruktion des Nutzungsverhaltens gestaltet und **quantitativ empirisch untersucht**. Weiterhin wird ein neuartiges **Website-Fingerprinting-Verfahren** gestaltet und implementiert sowie durch Adaption der *k*-Anonymitätsmetrik mit drei synthetischen Datensätzen **quantitativ evaluiert**.

Bei der zweiten Zielsetzung, der Identifizierung der verwendeten Software, werden neuartige inhalts- und verhaltensbasierte **Erkennungsverfahren** gestaltet. Anschließend wird eine **explorative qualitative Evaluation** der Erkennungsmöglichkeiten durchgeführt, indem der Datenverkehr von gängigen Betriebssystemen, Web-Browsern und Anwendungsprogrammen aufgezeichnet und ausgewertet wird.

Methodik zu Forschungsfrage 2

In Kapitel 6 wird Forschungsfrage 2 (Tracking-Möglichkeiten) adressiert. Dazu wird ein neuartiges **verhaltensbasiertes Verkettungsverfahren** gestaltet. Auf Basis einer **Systematisierung** existierender Verkettungsverfahren werden geeignete Klassifikationsverfahren ausgewählt und adaptiert. Im Zuge der Untersuchungen wird das Verfahren so angepasst, dass es den besonderen Anforderungen gerecht wird, die sich bei einer realitätsnahen Evaluation stellen. Da die verhaltensbasierte Verkettung bislang nicht untersucht wurde, wird zur **quantitativ-empirischen Evaluation** des Verfahrens eine **neue Vorgehensweise** gestaltet und implementiert. Bei der zur Evaluation erforderlichen Erhebung eines Datensatzes werden bewährte Methoden aus dem Bereich des maschinellen Lernens angewendet.

Methodik zu Forschungsfrage 3

Forschungsfrage 3 (Schutz vor Monitoring) wird in Kapitel 5 adressiert. Das Kapitel beginnt mit einer **Systematisierung** der in Frage kommenden datenschutzfreundlichen Techniken. Anschließend werden zwei Techniken zum Schutz vor Monitoring betrachtet.

Die erste Technik besteht in der Verwendung des existierenden **Range-Query-Verfahrens**, das für die Untersuchung in adaptierter Form implementiert wurde. Die Sicherheit dieses Verfahrens wird durch die Gestaltung einer **neuen Angriffstechnik**, einer adaptierten Form des in Kapitel 4 selbst entwickelten Website-Fingerprinting-Verfahrens, **quantitativ empirisch untersucht.**

Die zweite Technik ist die Verwendung des **DNSMIX-Anonymitätsdienstes**, der aus einem adaptierten existierenden Verfahren (einer Mix-Kaskade) und einer neuartigen Push-Komponente, welche die spezifischen Eigenschaften des DNS ausnutzt, besteht. Die Performanz dieses Systems wird mit bewährten Methoden **quantitativ empirisch evaluiert.**

Methodik zu Forschungsfrage 4

Forschungsfrage 4 (Schutz vor Tracking) wird in Kapitel 7 adressiert. Es werden drei Techniken in Betracht gezogen.

Die erste Technik besteht in der Verwendung des zuvor in Kapitel 5 betrachteten **Range-Query-Verfahrens**, das zur Untersuchung adaptiert und implementiert wurde. Die zwei übrigen Techniken, die **Verkürzung der Sitzungsdauer** und die **längere Zwischenspeicherung**, wurden selbst gestaltet. Alle Techniken werden **quantitativ empirisch evaluiert**, um ihre Effektivität zu beurteilen.

1.4 Forschungsbeiträge der Dissertation

Im Rahmen der Dissertation sind sechs wesentliche Forschungsbeiträge entstanden. Sie sind zum einen für den Bereich der datenschutzfreundlichen Techniken („Privacy Enhancing Technologies") und zum anderen für die Anwendung im Bereich der IT-Forensik von Bedeutung. Ein Teil der Beiträge wurde bereits vor der Fertigstellung der Dissertation publiziert. Am Anfang der einzelnen Kapitel wird auf die jeweils relevanten Veröffentlichungen hingewiesen.

Die ersten drei Forschungsbeiträge betreffen die Analyse der **Monitoring-Möglichkeiten** (Forschungsfrage 1, Beiträge B1.1 und B1.2) bzw. der **Tracking-Möglichkeiten** (Forschungsfrage 2, Beitrag B2). Weitere drei Forschungsbeiträge widmen sich der Analyse und Gestaltung von Techniken zum **Schutz vor Monitoring** (Forschungsfrage 3, Beiträge B3.1 und B3.2) bzw. zum **Schutz vor Tracking** (Forschungsfrage 4, Beitrag B4).

B1.1: Website-Fingerprinting

Es werden Verfahren und Techniken konzipiert und evaluiert, mit denen durch die Beobachtung der DNS-Anfragen Rückschlüsse auf die von einem Nutzer besuchten Webseiten gezogen werden können. Wie die Untersuchungen zeigen, entstehen beim Besuch vieler Webseiten charakteristische DNS-Abrufmuster.

B1.2: Software-Identifizierung

Es werden Verfahren und Techniken konzipiert und evaluiert, mit denen durch die Beobachtung der DNS-Anfragen Rückschlüsse auf die von einem Nutzer eingesetzte Software gezogen werden können. Dabei wird ausgenutzt, dass Betriebssysteme und Anwendungsprogramme Anfragen für identifizierende Domainnamen stellen und sich hinsichtlich ihres Verhaltens bei der Namensauflösung unterscheiden.

B2: Verhaltensbasierte Verkettung

Es werden Verfahren und Techniken konzipiert und evaluiert, mit denen ein Beobachter mehrere Internetsitzungen eines Nutzers durch automatisierte Analyse charakteristischer Verhaltensmuster verketten kann. Die verhaltensbasierte Verkettung ermöglicht eine Beobachtung des Nutzungsverhaltens über längere Zeiträume, auch dann, wenn dem Beobachter (wie im Falle eines rekursiven Nameservers) keine expliziten Identifizierungsmerkmale (vgl. Cookies bei HTTP) zur Verfügung stehen.

B3.1: Range-Query-Verfahren

Es wird ein in der Literatur vorgeschlagenes Range-Query-Verfahren hinsichtlich der erreichbaren Sicherheit analysiert und evaluiert. Das Verfahren beruht darauf, die tatsächlichen beabsichtigten Anfragen durch zufällige Dummy-Anfragen zu verschleiern. Die Ergebnisse der Untersuchungen belegen jedoch, dass dieses Verfahren die von einem Nutzer abgerufenen Webseiten nicht zuverlässig vor dem rekursiven Nameserver verbergen kann.

B3.2: DNSMIX-Anonymitätsdienst

Es wird ein auf Mixen basierender Anonymitätsdienst konzipiert und evaluiert. Der Dienst nutzt die spezifischen Eigenschaften des DNS-Datenverkehrs aus, um bei einem Großteil der DNS-Anfragen geringe Antwortzeiten zu erreichen. Dazu wird eine Push-Komponente eingesetzt, welche die Antworten für häufig gestellte Anfragen an alle angeschlossenen Teilnehmer verteilt.

B4: Schutz vor Tracking

Es werden Verfahren und Techniken konzipiert und evaluiert, mit denen die verhaltensbasierte Verkettung auf Basis von DNS-Anfragen erschwert bzw. verhindert werden kann. Insbesondere die Verkürzung der Sitzungsdauer und die längere Zwischenspeicherung der DNS-Antworten stellen vielversprechende Selbstdatenschutzmaßnahmen dar.

1.5 Aufbau der Dissertation

Abbildung 1.1 zeigt den Aufbau der Dissertation im Überblick. Der Hauptteil der Arbeit gliedert sich informell in drei Teile, die aus je zwei Kapiteln bestehen.

Der **erste Teil** vermittelt Grundlagen. In **Kapitel 2** werden Aufbau und Funktionsweise des DNS beschrieben und die in dieser Arbeit verwendete Terminologie eingeführt. Darüber hinaus werden die wesentlichen Entwicklungen identifiziert, die sich seit der Standardisierung ergeben haben, und neue auf dem DNS basierende Anwendungen vorgestellt. In späteren Kapiteln wird jeweils auf die relevanten Abschnitte in Kapitel 2 verwiesen. Leser, die mit dem DNS vertraut sind, können Kapitel 2 daher zunächst überspringen.

Kapitel 3 schafft einen Überblick über die bereits existierende Literatur, die sich mit den Sicherheitsanforderungen im DNS auseinandersetzt. Dabei werden Bedrohungen der Verfügbarkeit, Integrität und Vertraulichkeit berücksichtigt. Die Betrachtungen zeigen, dass die Beobachtungsmöglichkeiten im DNS bislang weitgehend vernachlässigt werden.

Der **zweite Teil** der Dissertation (Kapitel 4 und 5) beschäftigt sich mit den Monitoring-Möglichkeiten, also denjenigen Beobachtungsmöglichkeiten, die sich unmittelbar anhand des DNS-Datenverkehrs eines Nutzers ergeben; auf die längerfristige Beobachtung (Tracking) wird im dritten Teil der Arbeit eingegangen.

In **Kapitel 4** wird untersucht, welche Informationen ein rekursiver Nameserver anhand der DNS-Anfragen eines Nutzers gewinnen kann (**Forschungsfrage 1**). Die Untersuchung erfolgt anhand von zwei ausgewählten Zielsetzungen: der Rekonstruktion des Web-Nutzungsverhaltens (**Beitrag B1.1**) sowie der Identifizierung der von einem Nutzer verwendeten Software (**Beitrag B1.2**).

Kapitel 5 befasst sich mit Techniken, mit denen sich Nutzer vor der Beobachtung durch den rekursiven Nameserver schützen können (**Forschungsfrage 3**). Es werden zwei Techniken betrachtet: die Verschleierung von DNS-Anfragen mittels eines Range-Query-Verfahrens (**Beitrag B3.1**) und der DNSMIX-Anonymitätsdienst (**Beitrag B3.2**).

Im **dritten Teil** der Dissertation (Kapitel 6 und 7) stehen schließlich die Tracking-Möglichkeiten des rekursiven Nameservers im Vordergrund. Die Zielsetzung beim Tracking

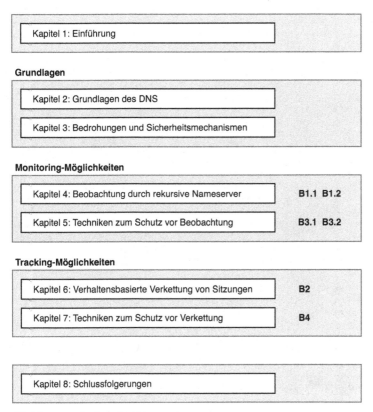

Abbildung 1.1: Aufbau der Dissertation

besteht darin, anhand der DNS-Anfragen das Verhalten von Nutzern über längere Zeiträume zu beobachten, um Rückschlüsse auf Interessen und Gewohnheiten der Nutzer zu ziehen.

In **Kapitel 6** wird ein Verfahren zur verhaltensbasierten Verkettung von Internetsitzungen entwickelt und unter realitätsnahen Bedingungen evaluiert **(Forschungsfrage 2)**. Dabei werden Klassifikationsverfahren eingesetzt, um aus den DNS-Anfragen charakteristische Verhaltensmuster einzelner Nutzer zu extrahieren und diese zur Verkettung mehrerer Internetsitzungen heranzuziehen **(Beitrag B2)**. In **Kapitel 7** wird **Forschungsfrage 4** adressiert: Es werden Techniken zur Verhinderung der verhaltensbasierten Verkettung konzipiert und evaluiert **(Beitrag B4)**.

Die Dissertation schließt mit einer Zusammenfassung der Erkenntnisse und einem Ausblick in **Kapitel 8**.

2 Grundlagen des DNS

Die Standardisierung des Domain Name Systems (DNS) liegt über 30 Jahre zurück. Zwar richtet sich das heute verwendete System immer noch nach den ursprünglichen Standards, es wurden jedoch im Laufe der Zeit zahlreiche Anpassungen und Konkretisierungen der Spezifikation vorgenommen, deren Dokumentation sich derzeit über mehr als 50 Dokumente (sog. *„Requests for Comments"*, abgek. RFCs) verteilt. Die operativen Eigenschaften des Systems sind diesen Dokumenten allerdings nicht zu entnehmen. Zudem haben sich neue Anwendungen auf Basis des DNS herausgebildet, die über die ursprünglich vorgesehene Aufgabe, die Auflösung von Domainnamen in IP-Adressen, hinausgehen. Die Grundlagen des Systems werden zwar in einer Vielzahl von Werken (u. a. [Ste93; CDK01; Nat05; LA06; BH07; AB09; Ait11; MS12a]) ausführlich behandelt; allerdings hat sich bislang noch keine einheitliche Terminologie etabliert. Zudem fehlt ein umfassender Überblick zum aktuellen Stand der Technik.

Das Ziel dieses Kapitels besteht daher darin, die Grundlagen des DNS zu erläutern, den aktuellen Stand der Technik darzustellen und die in dieser Arbeit verwendete Terminologie einzuführen. Dazu wurden umfangreiche Recherchen in den Standards, der Sekundärliteratur sowie wissenschaftlichen Veröffentlichungen angestellt. Aus Gründen der Übersichtlichkeit werden weder alle bisher formulierten, teilweise miteinander konkurrierenden Denkansätze wiedergegeben, noch gehen die Betrachtungen an jeder Stelle bis ins letzte Detail. Stattdessen wird eine für das Verständnis angemessene Beschreibungstiefe gewählt, und die Darstellung umfasst nur jene Aspekte, welche im Zusammenhang mit der Untersuchung der Beobachtungsmöglichkeiten von Bedeutung sind.

Wesentliche Inhalte In diesem Kapitel wird u. a. aufgezeigt, dass rekursive Nameserver eine zentrale Rolle bei der Namensauflösung spielen und dass die dort existierenden Beobachtungsmöglichkeiten in Zukunft an Bedeutung gewinnen werden.

Aufbau des Kapitels Nach einem Überblick in Abschnitt 2.1 werden in Abschnitt 2.2 die Hintergründe der Entstehung des DNS vorgestellt, um die getroffenen Entwurfsentscheidungen nachvollziehbar zu machen. Anschließend wird in Abschnitt 2.3 der Aufbau des hierarchischen Namensraums erläutert, der (wie sich in Abschnitt 5.2.1 zeigen wird) die datenschutzfreundliche Nutzung erschwert.

In Abschnitt 2.4 wird die Architektur des Systems dargestellt. Dabei werden die einzelnen Systemkomponenten beschrieben und insbesondere der Unterschied zwischen rekursiven Nameservern, auf deren Beobachtungsmöglichkeiten der Fokus dieser Arbeit liegt, und autoritativen Nameservern herausgearbeitet. In Abschnitt 2.5 werden die Datenstrukturen vorgestellt, die zur Speicherung und beim Nachrichtentransport verwendet werden, bevor in Abschnitt 2.6 die Protokolle erläutert werden, die für den Nachrichtentransport eingesetzt werden.

In Abschnitt 2.7 wird das mehrstufige Caching-Konzept des DNS vorgestellt, welches Effizienz, Performanz und Verfügbarkeit (vgl. Abschnitt 3.5.3) des Systems positiv beeinflusst. Das Caching-Konzept ist im Zusammenhang mit den Mechanismen zum Schutz vor Verkettung von Interesse, auf die später eingegangen wird (s. Abschnitt 7.3).

Im letzten Teil des Kapitels werden in Abschnitt 2.8 die für die Betrachtung der Beobachtungsmöglichkeiten relevanten Veränderungsprozesse beschrieben, die sich seit der Standardisierung des DNS ergeben haben. Die dabei identifizierten Trends, u. a. die Verwendung alternativer rekursiver Nameserver, erhöhen die Relevanz der Beobachtungsmöglichkeiten. Den Abschluss bildet eine Aufstellung der existierenden und geplanten DNS-Anwendungen, welche sich die Protokolle und Datenstrukturen des DNS für eigene Zwecke zunutze machen, jedoch teilweise zu zusätzlichen Beobachtungsmöglichkeiten führen (s. Abschnitt 2.9). Das Kapitel schließt mit einem Fazit in Abschnitt 2.10.

2.1 Einordnung und Überblick

Das Domain Name System (DNS) ist ein auf die Anforderungen des Internets spezialisierter Namensdienst. Ein Namensdienst ist ein System, das für eine Menge von Objekten, die über einen Textnamen identifiziert werden, ein oder mehrere Attribute speichert [CDK01, S. 417]. Die wichtigste Funktion eines Namensdienstes ist die Namensauflösung, d. h. die Ermittlung der Attributwerte, welche für einen Namen hinterlegt sind [CDK01, S. 417].

Ohne Namensdienst setzt die Kommunikation im Internet die Kenntnis der IP-Adresse des zu kontaktierenden Endgeräts voraus. Diese wird zum Routing von Datenpaketen im Internet verwendet. Die IP-Adresse erlaubt einen unmittelbaren Zugriff, da sie die genaue Position des Geräts im Netz bezeichnet. Ändert sich die Position des Geräts im Netz, dann ändert sich allerdings auch seine Adresse. Adressen sind daher für die Identifizierung von Geräten nicht geeignet [CDK01, S. 414]. Dieses Problem wird durch das DNS gelöst: Endgeräten kann im DNS ein Name zugewiesen werden, der erst bei Bedarf in die jeweils aktuelle Adresse des Geräts übersetzt (oder: „aufgelöst") wird. Es erlaubt somit die Identifizierung von Ressourcen unabhängig von ihrem tatsächlichen Standort.

Die im DNS benannten Objekte sind einzelne Rechner (**Hosts**); bei den Attributen handelt es sich meistens um deren IP-Adresse [CDK01, S. 425]. Der Domainname *www.example.net* wird z. B. in die IP-Adressen 192.0.43.10 bzw. 2001:500:88:200::10 (IPv6) aufgelöst. Die Benutzer können Ressourcen somit über einprägsame Namen ansprechen und müssen sich nicht die jeweiligen IP-Adressen merken. Abbildung 2.1 stellt den grundsätzlichen Ablauf beim Abruf einer Ressource von einem Server schematisch dar.

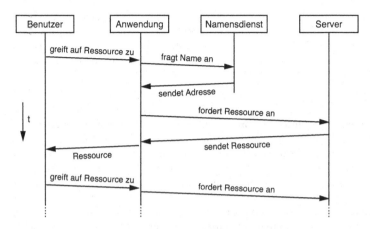

Abbildung 2.1: Zugriff auf eine Ressource mit einem Namensdienst (Darstellung nach [MS12a, S. 727])

Um Leistungsengpässe zu vermeiden und Fehlertoleranz zu bieten, wurde das DNS als *verteiltes System* implementiert [CDK01, S. 39 f.]. Die Verwaltung der Domainnamen erfolgt dabei innerhalb eines hierarchischen Namensraums, um eine dezentrale Administration zu ermöglichen [BH07, S. 160]. Der hierarchische Namensraum gibt zudem die Struktur des verteilten Systems vor, d. h. die Verteilung der Datensätze auf verschiedene DNS-Server [MS12a, S. 727 f.]. Um die Belastung des Systems durch die Namensauflösung zu beherrschen, kommt ein Caching-Mechanismus zum Einsatz, der wiederholte Anfragen vermeidet (vgl. Abschnitt 2.7).

Das DNS hat sich zu einer unerlässlichen Infrastruktur-Technologie entwickelt. Anwendungen wie das World Wide Web (WWW) sowie die Kommunikation mittels E-Mails sind erst mit einem Namensdienst benutzerfreundlich realisierbar. Das DNS wird daher mitunter als die „wichtigste und meistbenutzte (Hintergrund-)Anwendung des Internet [sic]" bezeichnet [BH07, S. 158].

2.2 Entwicklung und Entwurfsziele

Um die Architektur des DNS und die Design-Entscheidungen nachvollziehen zu können, ist es hilfreich, seine Entwicklungsgeschichte zu betrachten. Im ARPANET, aus dem sich schließlich das Internet entwickelte, erfolgte die Namensauflösung mittels einer *Host-Table* bzw. einer *Hosts-Datei*, die ab 1971 auf jedem Rechner manuell gepflegt wurde [MS12a, S. 728]. Dabei handelt es sich um eine Textdatei, in der die Zuordnung zwischen Rechnernamen und Adressen hinterlegt ist. Die Namensauflösung erfolgte auf jedem System lokal durch Nachschlagen eines Hostnamens in dieser Datei. Da der manuelle Abgleich von Änderungen fehlerträchtig und aufwendig war, strebte man eine Zentralisierung der Pflege an [Kud74]. Die Verwaltung des Namensraums wurde dem Stanford Research Institute (SRI), einer Einrichtung an der Universität Stanford in Kalifornien, übertragen. Das SRI stellte die Hosts-Datei fortan per FTP zur Verfügung [Fei+82; Sch10, S. 195].

Mit dem zunehmenden Wachstum des Internets stieß die Namensauflösung auf Basis der Hosts-Datei an ihre Grenzen. Es gab drei Problemfelder (nach [CDK01, S. 424]): Die Lösung wies eine **schlechte Skalierbarkeit** auf. Die Pflege aller Hostnamen in einer Datei durch das SRI stellte einen organisatorischen und personellen Flaschenhals dar; die Verteilung der Hosts-Datei an alle Endgeräte war ineffizient und erforderte eine hohe Bandbreite. Der flache Namensraum erlaubte zudem **keine Autonomie**: Um Namenskonflikte zu vermeiden, mussten die Rechner aller beteiligten Organisationen gemäß eines einheitlichen Namensschemas benannt werden. Die Administratoren hatten keine Möglichkeit, ein für ihre eigenen Rechner aussagekräftigeres, abweichendes Schema zu verwenden. Der dritte Kritikpunkt war die **Unflexibilität** des Konzepts: Die Hosts-Datei eignete sich lediglich zur Übersetzung von Hostnamen in IP-Adressen. Es konnten keine zusätzlichen Attribute für Hosts hinterlegt werden.

Ausgehend von den Erfahrungen mit der Hosts-Datei wurden bei Entwurf und Entwicklung des DNS vier zentrale Ziele verfolgt (in Anlehnung an [MS12a, S. 729] und [Ait11, S. 4]):

Entwurfsziel 1 Verteilung der Last der Namensauflösung auf mehrere Server, um Engpässe zu vermeiden,

Entwurfsziel 2 Delegation der Administration von Teilen des Namensraums, um Autonomie und Flexibilität zu erreichen,

Entwurfsziel 3 Delegation des Betriebs der Nameserver, um das DNS als verteiltes System zu implementieren, und

Entwurfsziel 4 Erweiterbarkeit um zusätzliche Attribute, um einen möglichst universell nutzbaren Namensdienst zu schaffen.

Das Realisierungskonzept für das DNS wurde zwischen 1980 und 1987 entwickelt. Die Entwicklungsgeschichte des DNS lässt sich anhand der relevanten Requests for Comments (RFC)[1] nachvollziehen. Mills schlug 1981 in RFC 799 ein dezentrales System vor, welches eine Auflösung der Hostnamen von E-Mail-Servern ermöglichte [Mil81]. Diese Idee wurde 1982 von Su und Postel in RFC 819 für beliebige Arten von Hosts generalisiert [SP82]. RFC 819 sieht unter anderem vor, anstelle eines flachen Namensraums zusammengesetzte Hostnamen (Domainnamen) zu verwenden, welche in einem hierarchischen Namensraum organisiert werden. Die sich dadurch ergebende Aufteilung des Namensraums in

---

[1]Bei den RFCs handelt es sich um eine Serie von Dokumenten, in denen Techniken, Verhalten und Definitionen, welche das Internet betreffen, veröffentlicht werden. Ein Teil der RFCs wird schließlich zu Internet-Standards. Details zur RFC-Serie, den beteiligten Organisationen sowie dem Veröffentlichungsprozess werden in den RFCs 2223 [PR97] und 4844 [DB07] beschrieben.

Bereiche (Domains) ermöglicht zum einen die dezentrale Namensauflösung (adressiert Entwurfsziel 3). Zum anderen verfügen die Administratoren der einzelnen Domains somit über einen hohen Grad an lokaler Autonomie (adressiert Entwurfsziel 2).

Mockapetris konkretisierte das Konzept 1983 in den RFCs 882 und 883 [Moc83a; Moc83b]. Eine wesentliche Neuerung seines Vorschlags bestand in der Einführung von *Resource-Records*, um neben der IP-Adresse weitere Attribute für einen Domainnamen zu hinterlegen (adressiert Entwurfsziel 4). Weiterhin führte Mockapetris dedizierte Nameserver für die Namensauflösung und ein Caching-Konzept ein (adressiert Entwurfsziel 1). In RFC 920 schlugen Postel und Reynolds eine praktische Implementierung dieses Systems vor [PR84], das ab 1985 in der Praxis verwendet wurde [Rad01, S. 8]. Auf Basis der Erfahrungen mit ersten Implementierungen überarbeitete Mockapetris seine Spezifikation noch einmal: 1987 wurden schließlich seine beiden RFCs 1034 und 1035 veröffentlicht [Moc87a; Moc87b], die alle vorherigen ersetzen und bis heute den grundlegenden DNS-Standard bilden.

Das ursprüngliche Konzept der Hosts-Datei wird in reduzierter Form auch heute noch von den gängigen Betriebssystemen unterstützt. In dieser Datei, welche auf Unix-Systemen unter */etc/hosts* gespeichert wird, kann ein Benutzer unabhängig vom DNS eigene Hostnamen definieren und diesen IP-Adressen zuweisen. Diese zusätzlichen Einträge sind dann nur seinem System bekannt. Üblicherweise werden die in der Hosts-Datei hinterlegten Einträge bei der Namensauflösung bevorzugt.

2.3 Organisation des Namensraums

Das DNS definiert einen hierarchisch organisierten Namensraum, der als Baum implementiert ist.[2] Ausgehend von einem einzigen Wurzelknoten, der schlicht als **Root** bezeichnet wird, unterteilt sich der Namensraum in mehrere Bereiche, die als **Domains** bezeichnet werden. Domains können entweder weitere (Sub-)Domains enthalten oder eine Menge von Name-Wert-Paaren, in denen die Daten für einen Host hinterlegt werden. Auf diese **Resource-Records** wird in Abschnitt 2.5 noch genauer eingegangen. Eine Domain beinhaltet also ihren eigenen Knoten sowie den gesamten Teilbaum, der sich aus diesem Knoten entwickelt. Die Namen der Endgeräte, die als **Hosts** bezeichnet werden, befinden sich in den Blättern des Baums. Jeder Knoten und jedes Blatt wird durch ein **Label** bezeichnet, ein innerhalb der Domain eindeutiger Bezeichner, der eine maximale Länge von bis zu 63 Zeichen hat. Labels bestehen üblicherweise ausschließlich aus Buchstaben, Ziffern sowie dem Bindestrich. Die Groß-/Kleinschreibung ist dabei unerheblich. Sie soll beim Transport einer DNS-Anfrage nicht verändert werden (s. [Moc87b, S. 9 f.] und [Eas06a]), da RFC 1034 zukünftigen Anwendungen die Möglichkeit einräumt, auch nichtdruckbare Zeichen bzw. Binärdaten in einem Label zu verwenden [Moc87a, S. 7 f.].

Der vollständige Name eines Hosts ergibt sich durch die Konkatenation der Labels beginnend ab dem Hostnamen (erstes Label) bis zur Wurzel, die ein leeres Label hat. Die

---

[2]Die Darstellung in diesem Abschnitt orientiert sich an [MS12a, S. 732 ff.] und [BH07, S. 159 ff.].

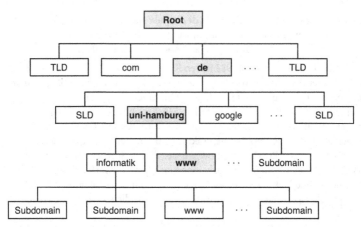

Abbildung 2.2: Die Domain *www.uni-hamburg.de* im hierarchischen Namensraum

Labels werden jeweils durch einen Dezimalpunkt voneinander getrennt, wobei auf den abschließenden Dezimalpunkt, der vor dem leeren Label der Root-Domain steht, in den meisten Fällen verzichtet werden kann. Der vollständige Name eines Hosts wird **Fully Qualified Domain Name (FQDN)** genannt, da er einen Host eindeutig bezeichnet. In der Praxis wird diese Terminologie jedoch nicht konsequent verwendet: Üblicherweise werden die unpräzisen Begriffe **Domainname** oder einfach nur **Domain** verwendet, wenn eigentlich ein FQDN gemeint ist. Ein FQDN darf inklusive des abschließenden Punktes eine maximale Länge von 255 Zeichen haben [EB97, S. 13].

Abbildung 2.2 verdeutlicht die Struktur des Namensraums und den Aufbau eines Domainnamens am konkreten Beispiel. Der obere Teil des DNS-Baums weist eine festgelegte Struktur auf. Diese korrespondiert mit der dezentralen Organisation der Namensvergabe. Die Domains der ersten Ebene, welche unmittelbar unterhalb der Root angesiedelt sind, werden als **Top Level Domains (TLD)** bezeichnet, die Domains der zweite Ebene als **Second Level Domains (SLD)**. Für Domains in tieferen Ebenen gibt es keine besonderen Bezeichner.

Dezentralisierung und lokale Autonomie werden durch die Prinzipien **Domain-Autorität** und **Delegation** erreicht. Die Ebene der TLDs wird von der IANA (Internet Assigned Numbers Authority) bzw. der von ihr beauftragten ICANN (Internet Corporation for Assigned Names and Numbers) verwaltet. Die Verwaltung der SLDs unterhalb der TLDs wird an **Network Information Centers (NICs)**, die auch als **Registrare** bezeichnet werden, delegiert. Jedes NIC hat die sog. **Autorität (authority)** über die ihm zugewiesene TLD, d. h. es kann eigenmächtig SLDs vergeben. Wird eine neue SLD registriert, **delegiert** das NIC die Autorität für diese an den Inhaber der SLD. Das Konzept der Delegation ist nicht auf die ersten beiden Ebenen beschränkt: Der Inhaber einer SLD kann seinerseits die Autorität für einzelne Subdomains an Dritte delegieren.

Trotz lokaler Autonomie über eine Domain kann der **Domain-Inhaber** (der im Zusammenhang mit der Domain-Registrierung auch als „Registered Name Holder" bezeichnet wird [Int13a]) jedoch nicht völlig uneingeschränkt darüber verfügen. Vielmehr ist er von der Kooperation des Betreibers der übergeordneten Domain abhängig, da die jeweils höhere Domain die Autorität über die darunter liegenden hat, also entscheidet, welche Sub-Domains existieren und wer für diese zuständig ist. Durch Löschung eines Eintrags einer delegierten Domain kann der Betreiber erreichen, dass diese inklusive aller Sub-Domains in tieferen Ebenen im DNS nicht mehr aufgefunden werden kann [LHD05, S. 16].

Neben generischen TLDs, zu denen u. a. *.com*, *.net*, *.org*, *.edu* und *.gov* zählen, gibt es länderspezifische TLDs, die als Label die zweistellige Landeskennung nach ISO 3166 tragen. Hierzu zählt auch *.de*, die TLD von Deutschland, die an die DeNIC eG delegiert wird. Eine Sonderrolle nimmt die generische TLD *.arpa* ein, die für Infrastrukturdienste, etwa die Rückwärtsauflösung von IP-Adressen in Domainnamen reserviert ist [MS12a, S. 735, 746 f.].

2.4 Architektur des verteilten Systems

Die Architektur des DNS ist an seinen zwei zentralen Aufgaben ausgerichtet, der verteilten Speicherung und Bereitstellung der Namensinformationen sowie dem effizienten Zugriff darauf, der Namensauflösung. Die nachfolgende Darstellung der Architektur fokussiert zunächst auf die Speicherung der Namensinformationen. Im Anschluss daran werden die Komponenten beschrieben, die an der Namensauflösung beteiligt sind. An beiden Prozessen sind Server-Komponenten beteiligt, die in der Literatur oft abstrakt als *Nameserver* bezeichnet werden (etwa von [SS01, S. 231]). Da das Verhalten eines Nameservers jedoch in erheblichem Maße davon abhängt, welche Rolle er wahrnimmt, kann die Verwendung dieses allgemeinen Begriffs zu Mehrdeutigkeiten führen.[3] Im Rahmen der Erläuterungen werden daher präzise Begriffe eingeführt, um im weiteren Verlauf der Arbeit die jeweilige Rolle eines Nameservers auszuweisen.

Im Zusammenhang mit den Beobachtungsmöglichkeiten sind insbesondere die sog. *rekursiven Nameserver* von Bedeutung, deren Rolle in diesem Abschnitt erläutert wird.

2.4.1 Verteilte Speicherung der Namensinformationen

Wie in Abschnitt 2.2 bereits angedeutet, wurde das DNS als verteiltes System konzipiert, um eine ausreichende Skalierbarkeit und Ausfallsicherheit zu erreichen. Die Architektur

---

[3]Die unpräzise Begriffsbildung ist darauf zurückzuführen, dass die verbreiteten Nameserver-Implementierungen beide Rollen gleichzeitig ausüben können. In der Praxis wird von dieser Möglichkeit häufig Gebrauch gemacht.

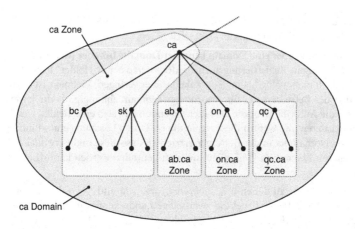

Abbildung 2.3: Beispielhafte Veranschaulichung des Unterschieds zwischen Domains und Zonen (Abb. nach [LA06, S. 24])

des Systems orientiert sich dabei am hierarchischen Namensraum, indem die Konzepte der Autorität und der Delegation von Autorität technisch umgesetzt werden [Ait11, S. 8]. Der Namensraum wird dazu in überlappungsfreie **Zonen** eingeteilt, die einen Teilbereich des Namensraums abdecken. Auf jedem autoritativen Nameserver gibt es eine sog. **Zonendatei**, in der die Resource-Records (s. Abschnitt 2.5) hinterlegt sind, für die er autoritativ ist.

Zwischen Zonen und Domains gibt es einen wesentlichen Unterschied: Eine Domain bezeichnet den gesamten Teilbaum des Namensraums, der sich unterhalb eines bestimmten Knotens aufspannt. Eine Zone enthält hingegen genau diejenigen Knoten, für die ein bestimmter Nameserver autoritativ ist. Knoten, die er an andere Nameserver delegiert, sind in seiner Zone nicht enthalten.

Beispiel 2.1. Abbildung 2.3 veranschaulicht den Unterschied zwischen Domains und Zonen anhand der „ca"-ccTLD von Kanada: Die „ca"-Domain enthält mehrere Subdomains. Für die Subdomains „ab.ca", „on.ca" und „qc.ca" sind in der Zonendatei der „ca"-Zone, die auf dem autoritativen Nameserver der „ca"-Domain hinterlegt ist, Delegationen zu anderen autoritativen Nameservern eingetragen. Bei eingehenden Anfragen für Domainnamen in diesen Subdomains verweist der „ca"-Nameserver den Anfragenden dadurch auf die jeweils dafür autoritativen Nameserver. Bei den Subdomains „bc.ca" und „sk.ca" verhält es sich anders: Diese sind Teil der „ca"-Zone, d. h. Anfragen für diese Domainnamen beantwortet der Nameserver der „ca"-Domain selbst. □

Für jede Zone gibt es mindestens einen **autoritativen Nameserver**, der für die Namensauflösung innerhalb der jeweiligen Domain zuständig ist. Zur Sicherstellung der Verfügbarkeit der hinterlegten Daten werden üblicherweise mehrere autoritative Nameserver eingesetzt

(s. Abschnitt 3.5.3). Für jede Zone gibt es genau einen **primären Nameserver**, der auch als **Master** bezeichnet wird, und die maßgeblichen Daten enthält. Auf dem primären Nameserver hinterlegt der Betreiber der Zone die Resource-Records (s. Abschnitt 2.5). Die übrigen autoritativen Nameserver der Zone, welche eine Kopie der Zoneninformationen vom Master beziehen, werden als **sekundäre Nameserver** bzw. **Slaves** bezeichnet [Ait11, S. 20 f.].[4] Die Slaves erhalten die Kopie vom Master mittels eines **Zonentransfers** (s. Abschnitt 2.6.4).

Neben Resource-Records, die u. a. die Zuordnung von Domainnamen zu IP-Adressen erlauben und vom Betreiber des Nameservers verwaltet werden, enthält eine Zone auch Hinweise zu den Subdomains der Zone, die an andere Nameserver delegiert werden. Für jede delegierte Subdomain wird mindestens ein für diese Zone autoritativer Nameserver hinterlegt. Ein autoritativer Nameserver kann dadurch zu jeder Subdomain innerhalb seiner Zone eine Auskunft erteilen: Entweder kann er die Anfrage unmittelbar selbst beantworten oder er beantwortet sie mit einem Verweis (**Referral**) auf den Nameserver, der dafür zuständig ist [Moc87a, S. 19 f.].[5]

Eine besondere Rolle kommt den **Root-Servern** zu, die für die **Root-Zone** zuständig sind. In der Root-Zone sind für alle TLDs die jeweils zuständigen TLD-Nameserver hinterlegt. Die IP-Adressen der Root-Server sind *auf allen Nameservern hinterlegt*. Liegen einem Nameserver bei einer Namensauflösung keine weiteren Informationen vor, richtet er die Anfrage an einen Root-Server.[6] An die Root-Server werden daher sehr hohe Verfügbarkeitsanforderungen gestellt, die durch eine stark verteilte Speicherung der Root-Zone adressiert werden. Es gibt 13 logische Root-Server, die über die Namen *a.root-servers.net* bis *m.root-servers.net* direkt angesprochen werden können.

Die meisten Root-Server verfügen über mehrere weltweit verteilte *physische Instanzen*, die durch den Einsatz von **Anycast-Routing** alle unter derselben IP-Adresse erreichbar sind (s. S. 113 bzw. [Ait11, S. 9]). Anycast-Routing bewirkt, dass die DNS-Anfragen eines Clients zur netzwerktopologisch „nächstgelegenen" physischen Instanz weitergeleitet werden. Da die Verfügbarkeit der TLD-Nameserver für eine funktionierende Namensauflösung ebenfalls von zentraler Bedeutung ist, setzen auch viele Registrare diese Technik ein (vgl. hierzu auch die quantitative Studie von Fan et al. [Fan+12]).

---

[4]Die Verwendung und Bedeutung dieser Bezeichnungen hat sich im Zeitverlauf verändert. Da die Einzelheiten für diese Arbeit nicht relevant sind sei für eine präzisere und detailliertere Darstellung auf [Ait11, S. 63 ff.] verwiesen.

[5]Falls ein autoritativer Nameserver eine Anfrage für einen Domainnamen erhält, der außerhalb seiner *Domain* liegt, kann er grundsätzlich mit einem Referral auf die Root-Server antworten. Allerdings wird durch die vergleichsweise große Antwort eine Möglichkeit für Amplification-Angriffe (s. S. 23) geschaffen. Autoritative Nameserver reagieren daher in solchen Fällen üblicherweise mit einer REFUSED-Antwort (s. Abschnitt 2.6.3). Rekursive Nameserver verhalten sich in einem solchen Fall hingegen völlig anders (s. Abschnitt 2.6.2).

[6]Durch den Einsatz von Caching, das in Abschnitt 2.7 behandelt wird, kennt ein Nameserver häufig bereits den zuständigen TLD-Nameserver. Der Großteil der DNS-Anfragen kann daher ohne Beteiligung der Root-Server beantwortet werden.

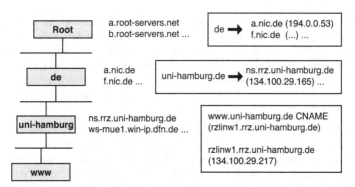

Abbildung 2.4: Verteilung des Namensraums und Delegation von Autorität am Beispiel der Domain *www.uni-hamburg.de*

Beispiel 2.2. Die Verteilung des Namensraums und die Delegation von Autorität wird in Abbildung 2.4 an einem konkreten Beispiel, dem Namen *www.uni-hamburg.de*, verdeutlicht. Die Namensauflösung erfolgt von rechts beginnend beim Label *de*. In der Root-Zone sind die autoritativen Nameserver für diese ccTLD hinterlegt: *a.nic.de, f.nic.de, l.nic.de* und *z.nic.de*. Da die autoritativen Nameserver für die *de*-Zone selbst wiederum innerhalb der *de*-Zone liegen, liefern die Root-Server neben den Domainnamen dieser TLD-Nameserver zusätzlich deren aktuelle IP-Adressen mit. Ohne diese sog. *Glue-Records*, die in [Ait11, S. 166] detaillierter beschrieben werden, wäre das weitere Traversieren des Namensbaums nicht möglich. Die ccTLD-Server kennen ihrerseits die autoritativen Nameserver, die für die Zone *uni-hamburg.de* zuständig sind. Neben dem Server *ns.rrz.uni-hamburg.de*, der als primärer Nameserver fungiert, gibt es noch fünf sekundäre Nameserver. Die Mehrzahl wird vom Regionalen Rechenzentrum der Universität Hamburg betrieben bzw. vom Rechenzentrum des Fachbereichs Informatik. Zur Erhöhung der Ausfallsicherheit gibt es neben diesen Nameservern, die alle über das IP-Netzsegment der Universität Hamburg ans Internet angebunden sind, einen Nameserver (*ws-mue1.win-ip.dfn.de*), der an einem anderen Ort (München) betrieben wird. Diese autoritativen Nameserver sind in der Lage, Anfragen zu Domainnamen innerhalb der Zone *uni-hamburg.de* zu beantworten. Für die Domainnamen *www.uni-hamburg.de* ist ein CNAME-Eintrag hinterlegt, der auf den Domainnamen *rzlinw1.rrz.uni-hamburg.de* verweist. Da für die Domain *rrz.uni-hamburg.de* ebenfalls der Server *ns.rrz.uni-hamburg.de* autoritativ ist, ist dessen IP-Adresse dort hinterlegt.   □

2.4.2 Systemkomponenten für die Namensauflösung

Im vorherigen Abschnitt wurde die Infrastruktur beschrieben, mit welcher die Speicherung und Bereitstellung der Namensinformationen erfolgt. In diesem Abschnitt steht die

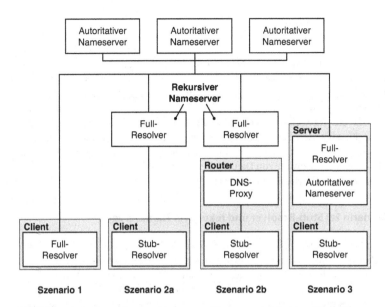

Abbildung 2.5: Szenarien zur Namensauflösung und dabei beteiligte Komponenten

Namensauflösung im Vordergrund. Die RFCs 1034 und 1035 sehen verschiedene Möglichkeiten zum Zugriff auf autoritative Nameserver vor (vgl. [Moc87a, S. 29 ff.] und [Moc87b, S. 4 ff.]).

Im Folgenden werden die typischerweise an der Namensauflösung beteiligten Komponenten anhand von vier Szenarien vorgestellt.

Abbildung 2.5 zeigt die Szenarien im Überblick. Sie greifen auf verschiedene Art und Weise auf die autoritativen Server zu. Dabei ist unter einem **Client** ein beliebiges Endgerät im Netz zu verstehen, welches DNS-Anfragen durchführt, also z. B. ein Arbeitsplatz-PC, ein Server oder Netzkomponenten wie Router oder Firewalls. Auf dem Client gibt es eine Software-Komponente, welche die Namensauflösung für die Anwendungen übernimmt. Diese Komponente wird in RFC 1034 als **Resolver** bezeichnet [Moc87a, S. 29] und ist typischerweise Bestandteil des Betriebssystems. Der grau umrandete Bereich deutet die Komponenten an, die sich jeweils in der Verfügungsgewalt des Nutzers befinden.

Aus den hier dargestellten Szenarien lassen sich weitere, teilweise wesentlich komplexere Szenarien ableiten. Diese basieren jedoch im Kern stets auf den hier dargestellten Komponenten. Für eine ausführliche Übersicht sei auf [Ait11, S. 129 ff.] verwiesen.

2.4.2.1 Szenario 1: Full-Resolver

Im diesem Fall interagiert der Resolver unmittelbar mit den autoritativen Nameservern. Zur Auflösung eines Domainnamens muss er u. U. mit mehreren autoritativen Servern interagieren, um den DNS-Baum von der Wurzel abwärts zu traversieren bis er die Anfrage beantworten kann. Der Full-Resolver ist bei allen Schritten, die zur Namensauflösung nötig sind, involviert. Der Resolver muss dazu die IP-Adressen der Root-Server kennen und in der Lage sein, die Antworten der kontaktierten autoritativen Server, insbesondere die Referrals (s. S. 19) auf andere Server, zu interpretieren. Ein solcher Resolver wird auch als **Full-Resolver** bezeichnet [BH07, S. 162]. Eine Implementierung eines Full-Resolvers für Linux ist das Programm *dnscache* von Daniel J. Bernstein.[7] Die populäre Implementierung BIND beinhaltet ebenfalls einen Full-Resolver.

2.4.2.2 Szenario 2a: Stub-Resolver und rekursiver Nameserver

Die gängigen Betriebssysteme (Windows, Linux sowie BSD- und UNIX-basierte Systeme) sowie eingebettete Systeme wie DSL-Router enthalten keinen Full-Resolver [Ait11, S. 46]. Zum einen soll dadurch die DNS-Implementierung auf Client-Systemen möglichst einfach und fehlerfrei implementiert werden können, zum anderen stehen auf eingebetteten Systemen mitunter nicht die für die Ausführung eines Full-Resolvers erforderlichen Ressourcen zur Verfügung.

Daher kommt auf den meisten Client-Systemen ein sog. **Stub-Resolver** zum Einsatz, der lediglich dazu in der Lage ist, eingehende DNS-Anfragen an einen Full-Resolver weiterzuleiten [BH07, S. 162]. Das Betriebssystem stellt die Funktionalität des Stub-Resolvers über verschiedene Systemfunktionen zur Verfügung. Auf den gängigen Systemen (Windows, viele Unix- und Linux-Derivate sowie Mac OS X) wurde dazu ursprünglich die im POSIX-Standard POSIX.1-2001 (IEEE Std 1003.1-2001 [IEE01]) definierte Funktion **gethostbyname** verwendet. Wegen verschiedener Einschränkungen (u. a. der fehlenden IPv6-Unterstützung) gilt *gethostbyname* seit dem Standard POSIX.1-2008 (IEEE Std 1003.1-2008 [IEE08]) als obsolet. Zur Namensauflösung sollen stattdessen die Funktionen **getaddrinfo** bzw. **getnameinfo** verwendet werden.[8] Auf Windows-Systemen existiert weiterhin die Win32-Funktion **WSAAsyncGetHostByName**, von deren Verwendung jedoch inzwischen abgeraten wird [Mic12b].

Der vom Stub-Resolver verwendete Full-Resolver wird auf einem dedizierten Server betrieben, der in der Praxis häufig *auch* als „*Nameserver*" oder „*Resolver*" bezeichnet wird.[9]

---

[7] *dnscache* ist Teil von Bernsteins *djbdns*-Distribution (vgl. http://cr.yp.to/djbdns.html bzw. [Bera]). Weitere Informationen zu *dnscache* sind unter http://cr.yp.to/djbdns/dnscache.html verfügbar [Berb].

[8] Implementierungsdetails zu den Funktionen können den Man-Pages entnommen werden, welche im Internet u. a. unter *http://linux.die.net/man/3/gethostbyname* und *http://linux.die.net/man/3/getaddrinfo* abrufbar sind.

[9] Zum Beispiel wird der Full-Resolver bei Linux- bzw. Unix-Systemen in der Datei */etc/resolv.conf* mit dem Parameter „nameserver" festgelegt.

Dieser Nameserver verwaltet jedoch keine eigenen Zonen, sondern wird ausschließlich zur Auflösung beliebiger Domainnamen verwendet. Der Stub-Resolver richtet an den Full-Resolver dazu sog. **rekursive DNS-Anfragen**, mit denen er zum Ausdruck bringt, dass der Full-Resolver den Referrals der autoritativen Nameservern so lange folgen soll, bis er den Resource-Record (s. Abschnitt 2.5) für den angefragten Namen zurückliefern kann. Eine genauere Beschreibung der DNS-Anfragetypen folgt in Abschnitt 2.6.2.

Zur Differenzierung der Bedeutung des unscharfen Begriffs „Nameserver" haben sich in der Literatur unterschiedliche Nomenklaturen etabliert, u. a. werden die Begriffe „Cache-Server" bzw. „Proxy-Server" [BH07, S. 162], „DNS Resolver" [Ait11, S. 17 f.] sowie „nicht-autoritativer Nameserver" [MS12a, S. 739] verwendet, um einen Nameserver zu bezeichnen, der von einem Stub-Resolver zur vollständigen Abwicklung der Namensauflösung genutzt wird. Zur Abgrenzung werden autoritative Nameserver mitunter auch „Content-Server" [BH07, S. 163] genannt.

In dieser Arbeit wird zur Differenzierung konsequent auf die Terminologie der RFCs 1034 und 1035 zurückgegriffen: Dort wird zwischen **autoritativen Nameservern**, welche die Namensinformationen speichern und bereitstellen, und **rekursiven Nameservern**, die einen Full-Resolver enthalten und von den Clients zur Namensauflösung verwendet werden, unterschieden.[10]

Die Verwendung von rekursiven Nameservern kann die Bearbeitungsdauer einer DNS-Anfrage erheblich reduzieren, da der Full-Resolver die Antworten der autoritativen Server zwischenspeichert. Eine detailliertere Beschreibung der Caching-Mechanismen im DNS folgt in Abschnitt 2.7. Rekursive Nameserver werden entweder innerhalb eines Unternehmensnetzes oder vom Internet-Zugangsanbieter betrieben. Sie stehen üblicherweise lediglich einer geschlossenen Benutzergruppe zur Verfügung.

Offene Resolver Im Internet gibt es allerdings zahlreiche öffentlich verfügbare rekursive Nameserver, die Anfragen von beliebigen Clients entgegennehmen. Diese Server werden als **„offene Resolver"** (engl. **„Open Resolvers"**) bezeichnet und können mitunter für Denial-of-Service-Angriffe (sog. „amplification attacks") missbraucht werden [US-13]. Die Zahl der offenen Resolver ist rückläufig, verbleibt jedoch auf hohem Niveau: Laut Untersuchungen des Dienstleisters „The Measurement Factory" existierten am 20. Oktober 2013 insgesamt 78 399 offene Resolver, während ein Jahr zuvor noch 124 501 offene rekursive Nameserver gelistet waren.[11]

---

[10]Der Begriff „rekursiver Nameserver" stellt als Differenzierungsmerkmal die im Vergleich zu den autoritativen Servern wesentliche Eigenschaft heraus, nämlich rekursive Anfragen entgegenzunehmen. Der bei rekursiven Nameservern optional zur Performanzsteigerung existierende Cache wird dabei als nachrangige Eigenschaft angesehen. Im Gegensatz dazu erscheint die u. a. in [BH07, S. 162] verwendete Begriff „Cache-Server" weniger geeignet, da er eine Einschränkung auf rekursive Server, die einen Cache verwenden, vornimmt. Der Begriff „DNS Resolver" [Ait11, S. 17 f.] erscheint ebenfalls wenig geeignet, da dann keine begriffliche Unterscheidung zwischen der zur Namensauflösung verwendeten Softwarekomponente, dem Resolver, und dem im Netz platzierten Nameserver möglich ist.

[11]Ausführliche Ergebnisse unter *http://dns.measurement-factory.com/surveys/openresolvers/ASN-reports/*.

Bei einem **Amplification-Angriff** sendet ein Angreifer gezielt DNS-Anfragen für Domainnamen, welche bei der Namensauflösung in einer großen DNS-Antwort resultieren, an einen rekursiven Nameserver. Zudem trägt der Angreifer die IP-Adresse des Opfers im UDP-Paket (s. Abschnitt 2.6.1), mit dem er die DNS-Anfrage an den Nameserver sendet, als Absender ein (sog. *IP-Spoofing*), sodass der Nameserver die große DNS-Antwort an das Opfer sendet. Der Angreifer kann dadurch mit einer relativ geringen Senderate den Nameserver dazu bringen, mit einer erheblich höheren Rate an das Opfer zu senden. Das Verstärkungsverhältnis (engl. „amplication factor") kann nach Angaben in [Kam+07] bis zu 60 betragen. Durch die parallele Verwendung mehrerer offener Resolver kann der Angreifer die Verfügbarkeit des Opfers erheblich beeinträchtigen. Geeignete Techniken zur Verhinderung von Amplification-Angriffen bestehen zum einen in der Beschränkung des Zugriffs auf rekursive Nameserver, zum anderen in der Filterung des (ausgehenden) Datenverkehrs, um IP-Spoofing zu unterbinden.

2.4.2.3 Szenario 2b: Stub-Resolver, DNS-Proxy und rekursiver Nameserver

Die Kommunikation zwischen Stub-Resolver und rekursivem Nameserver erfolgt nicht immer auf direktem Wege. Mitunter tritt an die Stelle des rekursiven Nameservers auch ein **DNS-Proxy**, auch als **DNS-Forwarder** [Bel09, S. 1] bezeichnet, der eingehende DNS-Anfragen an einen rekursiven Nameserver weiterleitet [Ait11, S. 18].

DNS-Proxys kommen vor allem auf den im Heimbereich eingesetzten DSL-Routern zum Einsatz (vgl. die Untersuchungsergebnisse in [BP08]). Die DSL-Router fungieren üblicherweise als NAT-Gateway und teilen den daran angeschlossenen Endgeräten ihre Netzwerkkonfiguration per DHCP (Dynamic Host Configuration Protocol; spezifiziert in [Dro97]) mit. Den Clients wird dadurch die interne IP-Adresse des Routers (vgl. RFC 1918 [Rek+96, S. 4]) als rekursiver Nameserver bekanntgemacht. Dieses Vorgehen ermöglicht es dem Router, auch dann DNS-Anfragen zu bearbeiten, wenn ihm der rekursive Nameserver des Internet-Providers (noch) nicht bekannt ist. Weiterhin eröffnet dies dem Router die Möglichkeit, einen speziellen Domainnamen (z. B. *fritz.box* bei Routern der AVM GmbH, vgl. [AVM14, S. 38]) in seine eigene interne IP-Adresse aufzulösen, um einen komfortablen Zugriff auf seine Benutzeroberfläche anzubieten.

Ein DNS-Proxy ist äußerlich nicht von einem rekursiven Nameserver zu unterscheiden. Im Gegensatz zu einem rekursiven Nameserver, auf dem DNS-Anfragen mit Hilfe eines Full-Resolvers aufgelöst werden, fehlt DNS-Proxys, auch da sie häufig auf leistungsschwacher Hardware ausgeführt werden, diese Funktionalität. Sie sind üblicherweise nicht dazu in der Lage, selbst mit Nameservern zu interagieren bzw. DNS-Nachrichten zu interpretieren oder zu erzeugen. Stattdessen beschränken sie sich auf das Weiterleiten von DNS-Nachrichten. Im Idealfall erfolgt diese Weiterleitung völlig *transparent*, also für die beteiligten Komponenten (Stub-Resolver und rekursiver Nameserver) nicht erkennbar. Fehlerhafte Implementierungen können jedoch zu Kommunikationsproblemen führen, wenn die Verwendung des Transportprotokolls TCP oder der Protokollerweiterungen

EDNS oder DNSSEC nicht unterstützt wird, weswegen RFC 5625 spezielle Anforderungen an DNS-Proxys stellt [Bel09].

2.4.2.4 Szenario 3: Autoritativer Nameserver mit aktivierter Rekursion

Dieses Szenario unterscheidet sich von den vorherigen Szenarien dadurch, dass der zur Namensauflösung verwendete Nameserver nun selbst für mindestens eine Zone autoritativ ist. Gleichzeitig nimmt er rekursive Anfragen für beliebige Domainnamen entgegen, die er wie ein rekursiver Nameserver mit Hilfe fremder autoritativer Nameserver beantwortet. Auf eine solche **hybride Konfiguration** [Ait11, S. 129] wird zurückgegriffen, wenn der getrennte Betrieb von autoritativen und rekursiven Nameservern aus ökonomischen Erwägungen nicht in Frage kommt. Im Hinblick auf die Gewährleistung von Integrität und Verfügbarkeit weisen hybride Konfigurationen jedoch Nachteile auf. Eine strikte Aufteilung der Aufgaben auf getrennte Nameserver wird empfohlen. Für detailliertere Erläuterungen zum Betrieb hybrider Konfigurationen sei auf [Ait11, S. 70,129], [Bus+00] sowie [Berc] verwiesen.

Bei konkreten Implementierungen wird die Gruppe der Clients, von denen rekursive Anfragen entgegengenommen werden, üblicherweise anhand der Absender-IP-Adresse eingeschränkt, z. B. durch eine Firewall oder durch die Definition einer entsprechenden *Whitelist*. Bei der Nameserver-Implementierung BIND wird diese etwa durch den Parameter *„allow-recursion { address_match_list }"* konfiguriert [Ait11, S. 461].

Gestaltungsmöglichkeiten gibt es auch hinsichtlich Inhalt und Erreichbarkeit der autoritativ verwalteten Zone: diese kann entweder Teil des öffentlichen DNS-Namensraums sein oder davon unabhängig einen eigenen, z. B. nur im internen Unternehmensnetz verwendeten Namensraum definieren. Weiterhin können z. B. IP-basierte Zugriffsbeschränkungen für die Zone implementiert werden, um z. B. zu verhindern, dass unternehmensinterne Domainnamen aus dem öffentlichen Netz aufgelöst werden können (vgl. Abschnitt 3.7.2).

Der Betrieb solcher **Split-Konfigurationen** [Ait11, S. 71 f.] bringt jedoch zusätzliche Einschränkungen mit sich: Clients müssen zur korrekten Auflösung interner Namen zwingend den internen rekursiven Nameservers verwenden. Bei Verwendung eines anderen rekursiven Nameservers, etwa eines Nameservers, der von einem Drittanbieter betrieben wird (vgl. Abschnitt 2.8.4), können die internen Namen nicht mehr auflöst werden.

2.5 Resource-Records

Die **Resource-Records (RRs)** bilden die „atomaren Einheiten des DNS" [BH07, S. 166]. Sie erlauben es, für einen Domainnamen mehrere Attribute unterschiedlichen Typs zu hinterlegen. RRs werden im DNS universell verwendet: die RFCs 1034 und 1035 geben nicht nur vor, wie RRs auf den autoritativen Nameservern zu hinterlegen sind, sondern sie definieren auch, wie RRs innerhalb von DNS-Anfragen und -Antworten übertragen werden [BH07, S. 166].

In diesem Abschnitt werden der Aufbau und die wichtigsten Typen von RRs beschrieben. Die folgende Darstellung orientiert sich an der Syntax, die in den RFCs 1034 und 1035 verwendet wird [Moc87a].

RRs bestehen gemäß RFC 1035 aus den folgenden Feldern [Moc87b, S. 11 f.]:

    <NAME> [<TTL>] <CLASS> <TYPE> <RDATA>

Die einzelnen Bestandteile haben folgende Bedeutung: *NAME* ist der Name (FQDN), für den dieser RR Informationen enthält. Dabei handelt es sich entweder um einen *Domainnamen*, für den der Nameserver autoritativ ist, einen *Hostnamen*, der sich in der Domain befindet oder den *Namen einer Subdomain*, die an einen anderen Nameserver delegiert wird. Das Feld *TTL (time-to-live)* ist ein optional anzugebender Integerwert, der festlegt, wie viele Sekunden ein RR maximal in einem Cache aufbewahrt werden darf (vgl. Abschnitt 2.7). Das Feld *CLASS* war dafür vorgesehen, die Netzklasse, zu der der Eintrag gehört, auszudrücken. RFC 1035 definiert Klassen für das Internet, das CSNET, das CHAOS-Netz und Hesiod. Heute wird hier stets der Wert *IN* (Internet) eingetragen. *TYPE* ist der eigentliche Typ des RRs und *RDATA (Resource Data)* enthält die Daten, die für den RR hinterlegt werden, z. B. eine IP-Adresse oder einen Domainnamen. Der genaue Aufbau des Felds RDATA hängt davon ab, welcher TYPE verwendet wird. Im Folgenden werden die am häufigsten verwendeten RR-Typen kurz beschrieben. Eine detailliertere Übersicht findet sich etwa in [BH07, S. 167 ff.].

In jeder Zone gibt es einen RR vom Typ **SOA (Start of Authority)**, in dem der primäre Nameserver, die E-Mail-Adresse einer Kontaktperson sowie Zeitintervalle, die u. a. für den Zonentransfer relevant sind, definiert werden. **A-Records** enthalten die IPv4-Adresse für einen Host, die später hinzugefügten **AAAA-Records** die IPv6-Adresse [Tho+03].

PTR-Records erlauben eine sog. **Rückwärtsauflösung** (engl. „reverse lookup") von IP-Adressen in Domainnamen mittels der speziellen Domains *in-addr.arpa* [BH07, S. 166] bzw. *ip6.arpa* [Tho+03, S. 3]. Dabei werden die Oktette einer IP-Adresse in umgekehrter Reihenfolge angeordnet: Um den Domainnamen zu erhalten, der für die Adresse 43.10.2.15 hinterlegt ist, wird also eine Anfrage für den PTR-Record der Domain *15.2.10.43.in-addr.arpa* durchgeführt.

In jeder Zone müssen die Nameserver angegeben werden, die für diese Zone autoritativ sind. Diese werden in einzelnen **NS-Records** aufgeführt, die als Namen jeweils den Domainnamen enthalten und im Feld RDATA den Namen eines Nameservers. NS-Records dienen auch dazu, die Nameserver zu definieren, die für eine delegierte Subdomain zuständig sind. In diesem Fall entspricht der NAME dem Domainnamen der Subdomain.

Weiterhin gibt es **CNAME-Records**, mit denen ein Name als Alias für einen anderen Domainnamen, der im Feld RDATA angegeben wird, definiert werden kann. Der Domainname, auf den der Alias zeigt, darf sich auch außerhalb der Domain befinden, für die der CNAME-Record definiert wird [Ait11, S. 38]. **MX-Records** weisen den bzw. die Mailserver einer Domain aus. Das Feld RDATA enthält hier ein Tupel bestehend aus einer Prioritätszahl und dem Domainnamen eines Mailservers, wobei Mailserver mit einem niedrigeren Prioritätswert bevorzugt für die Zustellung verwendet werden. Mit den bereits in RFC 1035 definierten **TXT-Records** können für einen Domainnamen beliebige Texte (Strings) hinterlegt werden [Moc87b, S. 20], um die Flexibilität des Systems zu erhöhen. Später wurden Record-Types hinzugefügt, welche das Auffinden von Diensten (Service-Discovery, s. u. a. [CK13]) mittels DNS-Anfragen adressieren. So kann ein Administrator mit den in RFCs 2782 und 3958 standardisierten **SRV-Records** bekannt geben, welcher Host für einen bestimmten Dienst innerhalb einer Domain zuständig ist [GVE00; DN05]. SRV-Records werden etwa dazu verwendet, um den SIP-Server aufzufinden, welcher eingehende Voice-over-IP-Anrufe für die Nutzer einer Domain entgegennehmen soll [RS02]. Einen weitergehenden Ansatz stellt der in RFC 2915 standardisierte **NAPTR-Record-Typ** (Name Authority Pointer) dar [MD00a]. NAPTR-Records enthalten reguläre Ausdrücke, mit denen anfragende Clients einen Domainnamen in einen anderen Domainnamen bzw. in einen URI (Uniform Ressource Identifier; [BLFM05]) umwandeln können. Nach der Umwandlung kann die Namensauflösung ggf. in einem anderen Namensraum bzw. durch einen anderen Namensdienst fortgesetzt werden. NAPTR-Records werden u. a. zur Realisierung der DNS-Anwendungen „ENUM" und „ONS" eingesetzt (s. Abschnitt 2.9.4 und Abschnitt 2.9.5). Die Konzepte zur Service-Discovery mittels DNS-Anfragen wurden später konsolidiert. Sie wurden in den RFCs 3401 bis 3405 standardisiert [Mea02a; Mea02b; Mea02c; Mea02d; Mea02e].

Neben den oben erwähnten NS- und MX-Records gibt es noch weitere Record-Typen, die für einen Domainnamen mehrfach auftreten können. Das Vorhandensein mehrerer A- bzw. AAAA-Records drückt aus, dass ein Host unter mehreren IP-Adressen erreicht werden kann bzw. mehrere Hosts unter einem Domainnamen erreichbar sind. Die in der Praxis verwendeten Nameserver-Implementierungen beantworten Anfragen in diesem Fall entweder mit einer Teilmenge oder mit allen verfügbaren RRs. Die Reihenfolge kann dabei zufällig bzw. durch zyklisches Vertauschen (sog. *Round-Robin-Verfahren*) variiert werden, um eine Lastverteilung zu erreichen. Als komplementäre Situation kann der Fall angesehen werden, dass mehrere unterschiedliche Domainnamen mittels A-Records auf dieselbe IP-Adresse zeigen. Von dieser Möglichkeit wird beim Virtual-Hosting Gebrauch gemacht, bei dem mehrere Webseiten mit unterschiedlichen Domains von einem einzigen Webserver ausgeliefert werden [Apa12]. Im DNS gibt es also keine eineindeutige Zuordnung zwischen Domainnamen und IP-Adressen.

Beispiel 2.3. Die Definition von RRs soll anhand einer konkreten Zonendatei (für die Nameserver-Software BIND) illustriert werden, die in Abbildung 2.6 abgebildet ist. Dieses Beispiel ist eine Weiterentwicklung der Erläuterungen in [Ait11, S. 27]. In Zeile 1 wird als Standard-Wert für die TTL ein Tag festgelegt. Dieser Wert gilt für alle RRs, bei denen die TTL nicht explizit angegeben wird. In Zeile 2 wird die **Basis-Domain** der Zone definiert. Alle in der Zonendatei verwendeten Domainnamen, die am Ende keinen abschließenden Punkt aufweisen, werden um die Basis-Domain zu FQDNs erweitert.

Es folgt der SOA-Record (Zeilen 4–10), in dem *ns1.example.com* als primärer Nameserver ausgewiesen wird. Die Seriennummer und die drei Intervalle dienen der Koordination des Zonentransfers an sekundäre Nameserver. Mit der *NXDOMAIN-TTL* wird festgelegt, wie lange rekursive Nameserver eine NXDOMAIN-Antwort (s. Beschreibung der Fehlerbehandlung in Abschnitt 2.6.3) im Cache aufbewahren dürfen.

In den Zeilen 11 und 12 werden die autoritativen Nameserver der Zone *example.com* definiert. Der erste Nameserver befindet sich innerhalb der eigenen Zone, weswegen seine IP-Adresse mit einem A-Record in Zeile 18 definiert wird. Die Subdomain *sub.example.com* wird an zwei andere Nameserver (*ns1.sub.example.com* und *ns2.sub.example.com*) delegiert. Diese werden in den Zeilen 13 und 14 ausgewiesen. Da sich die beiden autoritativen Nameserver von *sub.example.com* selbst innerhalb der delegierten Domain befinden, sind in der *example.com*-Zone entsprechende Glue-Records erforderlich (Zeilen 19 und 20). Die TTL der Nameserver wird auf einen hohen Wert (eine Woche) gesetzt, damit rekursive Nameserver bei den meisten Anfragen für Domains unterhalb von *example.com* die autoritativen Nameserver bereits aus ihrem Cache entnehmen können

In den Zeilen 15 und 16 werden die Mailserver der Domain *example.com* definiert. In den verbleibenden Zeilen folgen die Hosts, die innerhalb der Zone bekannt sind. Hervorzuheben ist die Tatsache, dass die A-Records für *uriel* und *mail* auf dieselbe IP-Adresse zeigen. Der Host mit der Adresse 192.168.1.3 kann also über beide Namen erreicht werden. Weiterhin gibt es zwei Einträge für *web*, die auf unterschiedliche IP-Adressen zeigen. Die kurze TTL von einer Minute kommt zum Einsatz, um über die DNS-Anfragen eine einfache Lastverteilung auf zwei Server zu realisieren. Der Name *ftp.example.com* wird mittels eines CNAME-Records als Alias definiert, der auf eine andere Domain zeigt. Das freistehende „@" in Zeile 27 wird durch den Domainnamen ersetzt, der als *ORIGIN* definiert ist [Ait11, S. 30], d. h. dieser Eintrag legt fest, wie Anfragen für den A-Record der Domain *example.com* selbst zu beantworten sind. Im Beispiel wird dieselbe IP-Adresse zurückgegeben, auf die auch *www.example.com* zeigt, ein in der Praxis übliches Verhalten.

Bei Zeile 28 handelt es sich um einen sog. **Wildcard-Eintrag** [Ait11, S. 197 f.]. Ist dieser vorhanden, so wird er zur Beantwortung aller DNS-Anfragen verwendet, für die es keine passenden RRs gibt.   □

2.6 Verwendete Protokolle

Im DNS gibt es ein einheitliches Protokoll, das den Ablauf der Kommunikation zwischen Nameservern regelt und das Datenformat der dabei übermittelten Nachrichten vorgibt. Es wird für die Kommunikation zwischen Stub-Resolver und rekursivem Nameserver, die Kommunikation zwischen rekursivem Nameserver und autoritativen Nameservern sowie die Kommunikation zwischen autoritativen Nameservern untereinander (sog. Zonentransfer) verwendet.

Das DNS-Protokoll ist ein Anfrage-Antwort-Protokoll, das stets von einem sog. **DNS-Client** initiiert wird, indem dieser eine **DNS-Anfrage** (engl. „query" oder „request") an

```
 1  $TTL 1d ; Standard-Wert für die TTL der Zone
 2  $ORIGIN example.com. ; Basis-Domain der Zone
 3
 4  @            IN      SOA    ns1.example.com. hostmaster.example.com. (
 5                              2012030700 ; Seriennummer
 6                                   12h ; Refresh-Intervall
 7                                   15m ; Refresh-Retry-Intervall
 8                                    3w ; Expiration-Intervall
 9                                    2h ; NXDOMAIN-TTL
10                              )
11           1w  IN      NS     ns1.example.com.
12           1w  IN      NS     ns2.example.net.
13  sub      1w  IN      NS     ns1.sub.example.com.
14  sub      1w  IN      NS     ns2.sub.example.com.
15               IN      MX     10 mail.example.com.
16               IN      MX     20 mail.example.net.
17
18  ns1          IN      A      192.168.1.2
19  ns1.sub      IN      A      192.168.2.1
20  ns2.sub      IN      A      192.168.2.2
21  mail         IN      A      192.168.1.3
22  uriel        IN      A      192.168.1.3
23  web      60  IN      A      192.168.1.11
24  web      60  IN      A      192.168.1.12
25  www          IN      A      192.168.1.21
26  ftp          IN      CNAME  ftp.example.net.
27  @            IN      A      192.168.1.21
28  *            IN      A      192.168.1.11
```

Abbildung 2.6: Inhalt der Zonendatei für die Domain *example.com* (s. Beispiel 2.3)

einen Nameserver sendet. Der kontaktierte Nameserver reagiert darauf mit einer **DNS-Antwort** (engl. „reply" oder „response"). Ein und derselbe Nameserver kann gleichzeitig in der Rolle eines DNS-Clients und in der Rolle eines DNS-Servers auftreten. Ein Stub-Resolver tritt hingegen immer als DNS-Client auf.

Dieser Abschnitt ist wie folgt aufgebaut: In Abschnitt 2.6.1 werden zunächst die Transportprotokolle betrachtet, die für die Übermittlung von DNS-Nachrichten verwendet werden. Im Anschluss daran werden in Abschnitt 2.6.2 die zwei existierenden Varianten der Namensauflösung beschrieben. Dabei wird deutlich, dass insbesondere die Beobachtungsmöglichkeiten auf den rekursiven Nameservern von Interesse sind. Weiterhin wird auf die Fehlerbehandlung eingegangen (s. Abschnitt 2.6.3), die im Zusammenhang mit der später behandelten Manipulation von NXDOMAIN-Antworten (s. Abschnitt 2.8.3) von Bedeutung ist. Abschließend wird in Abschnitt 2.6.4 der Ablauf des Zonentransfers erläutert, der bei der Zusammenfassung der bisherigen Sicherheitsbetrachtungen in Kapitel 3 relevant wird.

2.6.1 Verwendete Transportprotokolle

Der Transport von DNS-Anfragen kann sowohl mit dem verbindungslosen Protokoll **UDP** (*User Datagram Protocol*, spezifiziert in RFC 768 [Pos80]) als auch mit dem verbindungsorientierten Protokoll **TCP** (*Transmission Control Protocol*, spezifiziert in RFC 793 [Pos81b]) erfolgen [Moc87b, S. 32]. In beiden Fällen wird der Server-Port 53 verwendet. TCP wird vor allem für den Zonentransfer vom primären Nameserver zu den sekundären Nameservern verwendet. Für DNS-Anfragen und -Antworten wird hingegen üblicherweise UDP verwendet [BH07, S. 175].

Trotz der geringeren Zuverlässigkeit wird UDP für die Übermittlung von DNS-Anfragen bevorzugt. Dafür gibt es zwei Gründe: Bei Verwendung von TCP steigt zum einen die Antwortzeit, also die Zeit zwischen Absenden der Anfrage und Eintreffen der Antwort. Zum anderen ist der Protokoll-Overhead von TCP im Vergleich zu UDP größer, da das DNS-Protokoll vorsieht, jede DNS-Anfrage in einer separaten TCP-Verbindung zu übermitteln. Die primäre Ursache für die höhere Antwortzeit und die niedrigere Effizienz von TCP ist der *3-Way-Handshake*, der beim Verbindungsaufbau durchlaufen wird [BH07, S. 121]. Ein allgemeiner Wechsel zu TCP wird auch deswegen kritisch gesehen, weil dies zu einer erhöhten Belastung stark frequentierter Nameserver führen würde. Diese müssten zusätzlich den Zustand aller aktiven TCP-Verbindungen verwalten. Da die Bearbeitung von DNS-Anfragen an sich völlig zustandslos ist und in einem einzigen Schritt erfolgen kann, erschien den Entwicklern UDP besser geeignet.

Da UDP im Gegensatz zu TCP die Zustellung einer Nachricht nicht garantiert, können Anfragen oder Antworten auf dem Transportweg verloren gehen. DNS-Clients senden Anfragen daher erneut ab *(Retransmission)*, wenn sie innerhalb eines festgelegten Zeitintervalls (Timeout) keine Antwort empfangen [Moc87b, S. 32]. Je nachdem wie die Retransmission-Strategie umgesetzt ist, kommt es zu mehr oder weniger starken Verzögerungen, wenn DNS-Pakete über stark ausgelastete Verbindungen bzw. Verbindungen mit einer hohen Paketverlustrate übertragen werden. Wie sich in Abschnitt 4.3.5 zeigen wird, ergibt sich dadurch eine möglicherweise unerwünschte Beobachtungsmöglichkeit: Ein Beobachter kann Unterschiede im Retransmission-Verhalten zur Identifikation von Betriebssystemen und Web-Browsern ausnutzen.

2.6.1.1 Größenbegrenzung für Übermittlung per UDP

Eine weitere Einschränkung ergibt sich aus der Fragmentierung von IP-Paketen auf dem Transportweg. Die Vorgaben des IPv4-Standards bezüglich der Mindestanforderungen an Implementierungen sind aus heutiger Sicht sehr konservativ. Für die Entwicklung des DNS war insbesondere entscheidend, dass IPv4-Endgeräte lediglich dazu in der Lage sein müssen, „Datagramme" (gemeint sind hier IP-Pakete [Pos81a, S. 1]) mit einer Größe von 576 Byte zu empfangen bzw. diese aus einzelnen IP-Paket-Fragmenten wieder zusammenzusetzen [Pos81a, S. 13, 25].[12] IPv4-Implementierungen müssen zur Umsetzung dieser Anforderung über einen entsprechend dimensionierten Empfangspuffer verfügen, in dem die einzelnen Fragmente eines IP-Paketes wieder zusammengesetzt werden, bevor sie an die nächsthöhere Schicht weitergereicht werden. Übersteigt eine PDU (*Protocol Data Unit*, in diesem Fall DNS-Nachricht) die Größe des Empfangspuffers, wird sie von der IPv4-Implementierung in Fragmenten an die nächsthöhere Schicht weitergereicht. Da das DNS-Protokoll keine Möglichkeit vorsieht, fragmentierte PDUs wieder zusammenzusetzen, müssen DNS-Anfragen und -Antworten von der Transportschicht jedoch stets unfragmentiert an die in der Anwendungsschicht befindliche Resolver-Implementierung übergeben werden. Daher wurde in RFC 1035 für DNS-Nachrichten, die über UDP übertragen werden, eine **maximale Größe von 512 Byte** festgelegt, um inklusive des IP-Headers (typischerweise 20 Byte) und des UDP-Headers (8 Byte) unterhalb der zugesicherten IP-Paketgröße von 576 Byte zu bleiben [Moc87b, S. 32].

Für *Anfragen* stellt die Limitierung der Nachrichtenlänge keine Einschränkung dar, da diese durch die Begrenzung der Länge eines Domainnamens auf 255 Byte (s. Abschnitt 2.3) die maximale Nachrichtenlänge ohnehin nicht überschreiten können. DNS-Antworten können in der Praxis jedoch durchaus größer werden als 512 Byte, wenn eine entsprechend große Anzahl an RRs übermittelt werden soll. Tritt dieser Fall ein, antwortet der Nameserver dem Resolver mit einem UDP-Datagramm, das lediglich einen Teil der DNS-Antwort enthält. In dieser Antwort ist das *Truncation-Flag* gesetzt, das ausdrückt, dass die Antwort unvollständig ist [BH07, S. 175]. Der DNS-Client muss die Anfrage dann per TCP wiederholen, wodurch sich die Antwortzeit für die Namensauflösung erheblich erhöht.

2.6.1.2 Absehbares Wachstum der DNS-Antworten durch neue Entwicklungen

Sowohl durch die Einführung von IPv6 als auch DNSSEC (s. Abschnitt 3.6.3) wird die Länge vieler DNS-Antworten die Größenbeschränkung von 512 Byte überschreiten [Ait11, S. 41]. Würden etwa anstelle von IPv4-Adressen (32 bit) in Zukunft nur noch IPv6-Adressen (128 bit) übertragen werden, stiege der Platzbedarf jedes A-Records um 12 Byte; würden neben den bereits existierenden A-Records zusätzliche AAAA-Records aufgenommen, stiege der Platzbedarf pro Adresse sogar um 28 Byte [Rik+04].

Um abzuschätzen, welcher Anteil von DNS-Antworten durch die Migration auf IPv6 die Größenbeschränkung überschreiten würde, haben Rikitake et al. im Jahr 2003 anhand von aufgezeichneten DNS-Anfragen eine Untersuchung durchgeführt [Rik+04]. Sie fügten bei den beobachteten DNS-Antworten für jeden A-Record zusätzlich einen AAAA-Record ein und ermittelten die daraus resultierende Nachrichtenlänge. In ihrem Experiment stieg

---

[12]Diese Anforderung impliziert, dass auch Datagramme mit einer Größe von weniger als 576 Byte auf dem Transportweg fragmentiert werden können. Die maximale Paketgröße, die garantiert ohne Fragmentierung weitergeleitet wird, wird in RFC 791 mit 68 Byte angegeben [Pos81a, S. 25]. Diese Anforderung ergibt sich aus der maximalen Größe eines IPv4-Headers (60 Byte) und der minimalen Länge eines Fragments (8 Byte).

der Anteil der Antworten, welche über 512 Byte lang waren, ausgehend von 0,04 % bei IPv4 auf 4,65 %.

Im Vergleich zu IPv6 hat die DNSSEC-Einführung noch wesentlich stärkere Auswirkungen auf die Größe der DNS-Antworten. Zusätzlich zu den tatsächlich angefragten Records sieht DNSSEC die Übermittlung einer zugehörigen digitalen Signatur in einem RRSIG-Record vor. Ein RRSIG-Record weist gemäß RFC 4034 bei Verwendung des derzeit bei DNSSEC üblicherweise eingesetzten RSA-Verfahrens eine Länge von 32 + |Name der Zone| + |Schlüssellänge| auf (siehe [Are+05c, S. 7] und die Erläuterung der Länge einer RSA-Signatur in RFC 5702 [Jan09, S. 5])[13]. Bei einer Schlüssellänge von 1024 bit ergibt sich somit ein Wachstum der Antworten um mindestens 160 Byte. Der zu erwartende Anteil der Antworten mit einer Länge von mehr als 512 Byte wurde nie empirisch ermittelt, da diese Größenbeschränkung durch die Einführung von EDNS0 (s. Abschnitt 2.6.1.3) zwischenzeitlich obsolet wurde. In Simulationen haben Ager et al. jedoch anhand von im Jahr 2002 aufgezeichneten DNS-Anfragen gezeigt, dass bei Verwendung von RSA-Signaturen zwischen 20 und 30 % der DNS-Antworten eine Länge von mehr als 1228 Byte aufweisen [ADF06].

2.6.1.3 Extension Mechanisms for DNS (EDNS0)

In RFC 2671 [Vix99], der im Jahr 1999 publiziert wurde, wird eine abwärtskompatible Erweiterung des DNS-Protokolls definiert, mit der DNS-Nachrichten auch dann per UDP transportiert werden können, wenn sie größer sind als 512 Byte. Dabei wird ausgenutzt, dass die meisten Endgeräte inzwischen auch IP-Pakete mit einer Länge von mehr als 576 Byte empfangen und ggf. aus Fragmenten zusammensetzen können [Vix99, S. 2].

Das Verfahren basiert auf einem bereits im November des Jahres 1997 vorgestellten Internet-Draft (*draft-ietf-dnsind-udp-size-00*; die letzte Revision des Dokuments datiert auf den Juni des Jahres 1998 [Eas98]). In diesem Dokument wird vorgeschlagen, das bislang unbenutzte *RCODE-Feld* (4 Bit) in DNS-Anfragen zu nutzen, um die von einem DNS-Resolver maximal unterstützte Nachrichtenlänge zu kodieren. Im Gegensatz zu einer generellen Anhebung der maximalen Nachrichtenlänge wird dadurch eine höhere Flexibilität und insbesondere Abwärtskompatibilität erreicht. Wegen der geringen Größe des RCODE-Felds wurden allerdings nur acht verschiedene Nachrichtengrößen spezifiziert, die einen Bereich von 512 bis 12000 Byte abdecken.

Die in RFC 2671 spezifizierten *Extension Mechanisms for DNS*, welche zur Unterscheidung von künftigen Erweiterungen häufig mit der Abkürzung *EDNS0* bezeichnet werden, greifen die Idee aus [Eas98] auf: EDNS0-fähige DNS-Clients übermitteln in ihren Anfragen einen neu eingeführten *OPT-Pseudo-Resource-Record* an den Nameserver. Im *CLASS-Attribut* (16 Bit) dieses OPT-RRs wird dem Nameserver die **Sender-UDP-Payload-Size**, die maximale Länge (in Byte) der UDP-Nutzdaten, welche der Client aus einzelnen Fragmenten wieder

---

[13]Abweichend hiervon geben Ager et al. in [ADF06] eine Größe von 46 + |Name der Zone| + |Schlüssellänge| Byte für einen RRSIG-Record an. Sie erläutern jedoch nicht, wie sie diesen Wert ermittelt haben.

zusammensetzen kann, mitgeteilt [Vix99, S. 3 f.]. Die Verwendung des CLASS-Attributs erlaubt im Gegensatz zum RCODE-Feld eine wesentlich feingranularere Festlegung der Nachrichtenlänge.

Bei der Verwendung von EDNS0 können die Nutzdaten einer DNS-Antwort theoretisch eine maximale Größe von 65507 Byte erreichen.[14] Eine in der Praxis wichtige Schwelle liegt jedoch bereits bei 1472 Byte: wegen der üblicherweise in IP-Netzen geltenden MTU (Maximum Transfer Unit) von 1500 Byte (vgl. [ADF06, S. 4] und [Bel10, S. 4]) müssen größere DNS-Anfragen auf jeden Fall in mehreren Fragmenten (IP-Paketen) übertragen werden. Durch die Fragmentierung sinkt die Zuverlässigkeit der Übertragung und es kann zu Verzögerungen bei der Namensauflösung kommen: geht bei der Übertragung der DNS-Antwort *ein einziges Fragment* verloren, muss der DNS-Client nach einem Timeout eine Retransmission der Anfrage anstoßen. Zudem wird im EDNS0-Standard die Problematik beschrieben, dass Netzknoten oder Firewalls auf dem Transportweg möglicherweise nicht mit fragmentierten Paketen umgehen können und ihre Weiterleitung verweigern [Vix99, S. 3 f.]. Dass fragmentierte DNS-Nachrichten in der Praxis zu erwarten sind, zeigt die Simulation von Ager et al.: Bei Verwendung von DNSSEC überschritten im Experiment etwa 5 % der DNS-Antworten die kritische Größe von 1472 Byte. Ob die Verwendung von EDNS0 zu einer unzuverlässigen und somit verzögerten Namensauflösung führt, hängt u. a. von der Paketverlustrate auf dem Übertragungsweg ab. Während im November 2011 bei vollständig drahtgebundenen Verbindungen in Nordamerika und Europa Verlustraten von weniger als 0,1 % beobachtet wurden [CMZ12], stellte eine Studie im Jahr 2010 bei Smartphones erheblich höhere Werte von ca. 3,5 % fest [Fal+10]. Gerade in drahtlosen Netzen könnte die Übermittlung von DNSSEC-Signaturen an den Stub-Resolver also zu spürbaren Verzögerungen führen.

2.6.1.4 Übertragung mittels TCP

Im vorigen Abschnitt wurde deutlich, dass die zuverlässige Übermittlung von großen DNS-Anfragen mittels EDNS0 nicht sichergestellt werden kann. Als Alternative verbleibt dann lediglich die Übertragung von DNS-Anfragen mittels TCP. Dementsprechend wird erwartet, dass der Anteil der über TCP übertragenen Anfragen in Zukunft steigen wird. RFC 5966 [Bel10] trägt dieser Entwicklung Rechnung. Darin wird die Unterstützung von TCP, die ursprünglich lediglich empfohlen wurde, nun zum verpflichtenden Bestandteil von standardkonformen Resolver- und Nameserver-Implementierungen [Bel10, S. 2]. Während die Verwendung von TCP bislang lediglich als Notlösung angesehen wurde, falls eine vorherige Übermittlung einer Anfrage per UDP fehlschlug, ist das Protokoll nun gleichberechtigt: Resolver dürfen bei Anfragen, bei denen eine große Antwort zu erwarten ist, von vornherein TCP verwenden.

---

[14]Diese Größe ergibt sich aus der maximalen Größe der Nutzdaten eines IPv4-Pakets (65535 Byte) abzüglich der Länge des IP-Paketheaders (20 Byte) und des UDP-Paketheaders (8 Byte). Diese Beschränkung gilt auch für IPv6-Pakete, solange die „Jumbo Payload"-Option nicht verwendet wird [BDH99].

RFC 5966 spricht zudem die Möglichkeit der Verwendung persistenter TCP-Verbindungen an, innerhalb derer mehrere DNS-Anfragen übermittelt werden können. Bei persistenten Verbindungen entfällt der sonst übliche 3-Way-Handshake, welcher jede einzelne Namensauflösung verzögert. Da Nameserver nur eine beschränkte Menge von Verbindungen gleichzeitig offen halten können, kann diese Funktionalität jedoch für Denial-of-Service-Angriffe ausgenutzt werden [Bel10, S. 5]. Es wird daher empfohlen, dass Nameserver offene Verbindungen bei Inaktivität nach wenigen Sekunden schließen. RFC 1035 hatte hierfür noch ein Intervall von etwa zwei Minuten vorgeschlagen [Moc87b, S. 33]. In der Praxis schließen viele Nameserver die TCP-Verbindung allerdings sofort wieder. Es bleibt daher abzuwarten, inwiefern sich persistente Verbindungen in der Praxis etablieren werden.

In der Forschung gibt es zudem erste Vorschläge, welche die verzögerungsarme Übermittlung von DNS-Anfragen auf Basis von TCP zu erreichen suchen, etwa mittels TCP for Transactions (T/TCP) bzw. „Stateless TCP". **TCP for Transactions** [Rik+03] erlaubt es einem DNS-Client, die DNS-Anfrage bereits im ersten IP-Paket des 3-Way-Handshakes zu übermitteln und dadurch eine mit UDP vergleichbare Antwortzeit zu erreichen. T/T-CP wurde in RFCs 1379 und 1644 spezifiziert und zeitweise in SunOS, FreeBSD und Linux implementiert. Da das Konzept jedoch Sicherheitsprobleme aufweist, wurde die Unterstützung des Protokolls wieder aus den Betriebssystemen entfernt. Bei **Stateless TCP** [Hay+11], das im Jahr 2009 von Houston für die Nutzung in Verbindung mit DNS vorgeschlagen wurde [Hou09], soll hingegen eine modifizierte TCP-Implementierung zum Einsatz kommen, welche Datenpakete auch dann entgegennimmt, wenn überhaupt kein 3-Way-Handshake durchlaufen wurde. Da der Server bei dieser Technik keine Zustandsinformationen vorhält, gibt es Einschränkungen hinsichtlich der maximal erlaubten Nachrichtenlänge: DNS-Anfragen müssen in ein TCP-Paket passen und DNS-Antworten dürfen nicht die Größe des Empfangspuffers des Clients überschreiten. Zudem gibt es bislang keine Sicherheitsanalyse für Stateless TCP. Zwar wird in den beiden Publikationen anhand von Prototypen und Experimenten die Eignung der Verfahren im Praxiseinsatz demonstriert, eine flächendeckende Einführung erscheint angesichts der erforderlichen Änderungen an Betriebssystemen bzw. DNS-Implementierungen sowie der genannten Unzulänglichkeiten jedoch unwahrscheinlich.

2.6.2 Rekursive und iterative Namensauflösung

Das DNS unterscheidet zwischen *rekursiver* und *iterativer* Namensauflösung [Ait11, S. 42 ff.]. Die gewünschte Art der Namensauflösung wird in einer DNS-Anfrage vom anfragenden Resolver durch Setzen des *Recursion-Desired-Flags* (**RD-Flag**) kodiert.

2.6.2.1 Rekursive Namensauflösung

Aus der Perspektive eines Clients ist die rekursive Namensauflösung zu bevorzugen, da sie mit geringem Aufwand für den Client verbunden sind. Der Client sendet dazu eine einzige

rekursive Anfrage, d. h., eine Anfrage, in der das *RD-Flag* gesetzt ist, an einen Nameserver. Der Client erwartet daraufhin eine Antwort, die entweder die gewünschten Informationen (den angefragten RR) oder einer Fehlermeldung (s. Hinweise zur Fehlerbehandlung in Abschnitt 2.6.3) enthält, d. h. der kontaktierte Nameserver darf den Client nicht an einen anderen Nameserver verweisen. Die in den gängigen Betriebssystemen verwendeten Stub-Resolver erzeugen stets rekursive Anfragen. Diese senden sie an den Nameserver, den der Nutzer in den Netzwerkeinstellungen des Betriebssystems eingetragen hat (bzw. an den Nameserver, der per DHCP übermittelt wird).

Mit einer rekursiven Anfrage beauftragt der Client den kontaktierten rekursiven Nameserver mit der Namensauflösung. Liegen dem kontaktierten Nameserver die gewünschten Informationen nicht in seiner Zonendatei oder im Cache (s. Abschnitt 2.7) vor, muss er den Namensraum so lange – in einem rekursiven Prozess – traversieren, bis ihm der gewünschte RR vorliegt oder ein Fehler auftritt. Hierzu muss der Nameserver u. U. mit mehreren autoritativen Nameservern kommunizieren.

Rekursive Nameserver sind dadurch gekennzeichnet, dass sie den Wunsch des Clients, für ihn eine rekursive Namensauflösung durchzuführen, akzeptieren. Autoritative Server, insbesondere die Root-Server und die TLD-Server, weigern sich hingegen, den Namensraum im Auftrag des Anfragenden zu traversieren. Sie beantworten eine eingehende rekursive Anfrage in der gleichen Weise wie eingehende iterative Anfragen.

Rekursive Nameserver setzen in ihren Nachrichten an autoritative Server dennoch häufig das RD-Flag. Falls ein kontaktierter autoritativer Nameserver ausnahmsweise rekursive Anfragen akzeptiert, dann soll *er* sich um die Namensauflösung kümmern [Ait11, S. 45].[15]

2.6.2.2 Iterative Namensauflösung

Das gerade beschriebene in der Praxis zu beobachtende opportunistische Verhalten der rekursiven Nameserver hat zwar keine negativen Konsequenzen, in RFC 1034 ist jedoch ein defensiver Ansatz vorgesehen [Moc87a, S. 23]: Ein anfragender Nameserver soll demnach bei Anfragen an einen anderen Nameserver grundsätzlich davon ausgehen, dass dieser keine rekursive Namensauflösung anbietet, der Anfragende also selbst die Hierarchie des DNS-Namensraums traversieren muss.

Dieser Ansatz wird als iterative Namensauflösung bezeichnet. Dabei werden **iterative Anfragen** gesendet, bei denen das *Recursion-Desired-Flag* nicht gesetzt ist. Der Anfragende erwartet in diesem Fall nicht den angeforderten RR, sondern lediglich die bestmögliche Antwort, die der kontaktierte Nameserver auf Basis seiner Zonendatei bzw. der Einträge in seinem Cache liefern kann. Ein autoritativer Nameserver beantwortet iterative (und wie in Abschnitt 2.6.2.1 angedeutet auch rekursive) Anfragen typischerweise

- mit dem angeforderten RR, falls dieser in seiner Zonendatei enthalten ist, d. h., wenn er für den angeforderten Domainnamen autoritativ ist,

---

[15]Nicht alle in der Praxis verwendeten Implementierungen weisen dieses Verhalten auf (vgl. [AM01], wonach rekursive Nameserver *stets iterative Anfragen stellen*, wenn sie autoritative Nameserver kontaktieren).

- mit einem Referral (s. S. 19), also einem Verweis auf einen anderen autoritativen Nameserver, falls der Nameserver für ein Suffix der angefragten Domain autoritativ ist und in seiner Zonendatei eine zur angefragten Domain passende Delegation enthalten ist, oder

- mit einem REFUSED-Fehler (s. Abschnitt 2.6.3), falls keiner der obigen Fälle zutrifft.

Erhält der Anfragende ein Referral als Antwort, muss er sich mit seiner Anfrage an den darin genannten Nameserver wenden. Bei der iterativen Namensauflösung muss der anfragende Nameserver daher üblicherweise mehrere Anfragen stellen, bis ihm der gewünschte RR vorliegt. Stub-Resolver sind im Gegensatz zu den auf rekursiven Nameservern eingesetzten Full-Resolvern üblicherweise nicht dazu in der Lage, Referral-Antworten zu verarbeiten.

Zur Verdeutlichung wird im Folgenden das Zusammenwirken der rekursiven und der iterativen Namensauflösung an einem Beispiel skizziert, das sich an [Ait11, S. 43 ff.] orientiert.

Beispiel 2.4. In Abbildung 2.7 sind die Interaktionen dargestellt, die zur Namensauflösung erforderlich sind. An der Namensauflösung sind ein Arbeitsplatz-PC (Client mit Stub-Resolver), ein rekursiver Nameserver, der z. B. vom Internetzugangsanbieter betrieben wird, und mehrere autoritative Nameserver beteiligt. Der nachfolgend beschriebene Ablauf ist üblicherweise bei Breitband-Internetzugängen von Privatkunden zu beobachten (Szenario 2a in Abschnitt 2.4.2).

Im Beispiel wird unterstellt, dass dem Stub-Resolver und dem rekursiven Nameserver keine zur Auflösung benötigten Informationen im Cache vorliegen bzw. der lokalen Hosts-Datei entnommen werden können. Weiterhin sei angenommen, dass der rekursive Nameserver das Recursion-Desired-Flag setzt, wenn er Anfragen an die autoritativen Nameserver übermittelt (also sich wie in Abschnitt 2.6.2.1 beschrieben opportunistisch verhält).

Bei der Namensauflösung werden folgende Schritte durchlaufen:

1. Ein Anwendungsprogramm auf dem Arbeitsplatz-PC, etwa ein Web-Browser, ruft die Funktion zur Namensauflösung für den Domainnamen *www.uni-hamburg.de* auf, die von der lokalen Stub-Resolver-Bibliothek angeboten wird.

2. Der Stub-Resolver sendet eine rekursive Anfrage für den A-Record der Domain *www.uni-hamburg.de* an den im Betriebssystem eingetragenen rekursiven Nameserver.

3. Der rekursive Nameserver sendet eine rekursive Anfrage für den A-Record von *www.uni-hamburg.de* an einen Root-Server.

4. Der Root-Server unterstützt lediglich iterative Anfragen und behandelt die rekursive Anfrage daher wie eine iterative Anfrage: Er antwortet dem rekursiven Nameserver mit der Liste der TLD-Nameserver (Domainnamen sowie IP-Adressen), welche für die Domain „*de*" autoritativ sind (Referral).

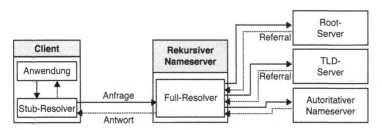

Abbildung 2.7: Prozess der Namensauflösung (nach [Aitl1, S. 45])

5. Der rekursive Nameserver sendet eine rekursive Anfrage für den A-Record von *www.uni-hamburg.de* an einen der ihm nun bekannten TLD-Nameserver.

6. Da auch der TLD-Server keine rekursiven Anfragen unterstützt, antwortet er mit einem weiteren Referral: Er übermittelt dem rekursiven Nameserver die Liste der Nameserver, welche für die Domain *uni-hamburg.de* autoritativ sind.

7. Der rekursive Nameserver sendet eine rekursive Anfrage für den A-Record von *www.uni-hamburg.de* an einen der autoritativen Nameserver, die er in Schritt 6 erfahren hat. Im Beispiel wählt er den Nameserver *ns.rrz.uni-hamburg.de*.

8. Der Nameserver *ns.rrz.uni-hamburg.de* ist für die Domain *uni-hamburg.de* autoritativ. Er akzeptiert zwar keine rekursiven Anfragen, er verfügt jedoch in seiner Zonendatei über die angeforderten Informationen: Für *www.uni-hamburg.de* ist ein CNAME-Record eingetragen, der auf den Namen *rzlinwl.rrz.uni-hamburg.de* verweist. Für diesen Domainnamen ist *ns.rrz.uni-hamburg.de* ebenfalls autoritativ. Er generiert daher eine Antwort, in welcher sowohl der CNAME-Record von *www.uni-hamburg.de* als auch der A-Record von *rzlinwl.rrz.uni-hamburg.de* enthalten sind. Die Antwort sendet er an den rekursiven Nameserver.

9. Der rekursive Nameserver generiert eine Antwort mit den vom autoritativen Nameserver erhaltenen CNAME- und A-Records. Diese Antwort sendet er an den Stub-Resolver.

10. Die im Stub-Resolver implementierte Funktion zur Namensauflösung liefert an den Web-Browser die IP-Adresse zurück, die im A-Record von *rzlinwl.rrz.uni-hamburg.de* enthalten ist. □

Beobachtungsmöglichkeiten Wie am Ablauf der Namensauflösung erkennbar wird, erfährt der **rekursive Nameserver** sowohl die IP-Adresse des Nutzers als auch alle Domainnamen, die ein Nutzer anfragt. Daraus ergeben sich weitreichende Beobachtungsmöglichkeiten, wie in Kapitel 4 aufgezeigt wird.

Der **autoritative Nameserver**, der die RRs für den angefragten Domainnamen vorhält, sieht hingegen – sofern der Nutzer einen rekursiven Nameserver verwendet, wovon im

Folgenden stets ausgegangen werden soll – lediglich die IP-Adresse des rekursiven Nameservers. Auf die Beobachtungsmöglichkeiten der autoritativen Nameserver wird im folgenden Abschnitt noch näher eingegangen.

2.6.2.3 Beobachtungsmöglichkeit auf autoritativen Nameservern

Nicht nur die rekursiven Nameserver erfahren die angefragten Domainnamen; auch die autoritativen Nameserver können die bei ihnen eingehenden DNS-Anfragen beobachten. Beachtenswert ist in diesem Zusammenhang, dass der rekursive Nameserver bei *allen* Anfragen, die er an autoritative Server sendet, stets den FQDN (s. Abschnitt 2.3) übermittelt, also den vollständigen Domainnamen. Auch die Root-Server und die TLD-Nameserver erfahren also den FQDN, den der Nutzer auflösen will. Autoritative Server an der Spitze der Namensraum-Hierarchie haben daher die Möglichkeit, das Nutzungsverhalten aller Internetnutzer zu beobachten.

Eigentlich benötigen die Nameserver an der Spitze der Hierarchie zur Erfüllung ihrer Aufgabe den FQDN gar nicht: Sie antworten auf Anfragen (z. B. für *www.google.com*) ohnehin stets mit einem Referral auf den autoritativen Server in der nächstniedrigeren Ebene – und um ein solches Referral auszustellen, benötigt ein autoritativer Server lediglich das Suffix des FQDNs, welches die Domain in der nächstniedrigeren Ebene ausweist. Bei der Anfrage an einen Root-Server würde also die Angabe der Domain „*com*" ausreichen. Das Präfix des Domainnamens, also im Beispiel die Subdomain „*www.google*", ist zur Ermittlung des NS-RRs des autoritativen Nameservers der „*com*"-Domain für den Root-Server irrelevant. Die in der Praxis anzutreffenden Resolver-Implementierungen übermitteln dennoch stets den vollständigen FQDN. Ein neuer Internet-Draft schlägt vor, von dieser Tradition abzurücken ([Bor13], s. auch S. 227).

Von den Beobachtungsmöglichkeiten auf den autoritativen Nameservern geht im Vergleich zu den Möglichkeiten auf den rekursiven Nameservern eine geringere Bedrohung für die Privatsphäre einzelner Nutzer aus, da die Beobachtung auf den autoritativen Servern zwei Einschränkungen unterliegt:

1. Der autoritative Nameserver sieht nicht die IP-Adresse des Nutzers, der die Anfrage ursprünglich gestellt hat, sondern lediglich die IP-Adresse des rekursiven Nameservers, der sie für den Nutzer anonym an den autoritativen Nameserver übermittelt. Üblicherweise wird ein rekursiver Nameserver von einer Vielzahl von Nutzern verwendet; anhand der IP-Adresse des rekursiven Nameservers kann der autoritative Nameserver den Nutzer, der die Anfrage gestellt hat, daher nicht identifizieren. Unter Umständen kann er anhand des verwendeten rekursiven Nameservers allerdings darauf schließen, dass der Nutzer zu einer bestimmten Benutzergruppe gehört, etwa dass er Kunde bei einem bestimmten Internetzugangsanbieter ist oder in einer bestimmten Organisation arbeitet.

2. Nicht jede Anfrage, die ein Nutzer stellt, wird an einen Root-Server oder TLD-Server übermittelt. Das in Abschnitt 2.7 erläuterte Caching-Konzept wirkt wie ein

Mechanismus zum Schutz vor Beobachtung: Erfährt ein rekursiver Nameserver im Zuge der Namensauflösung von einem Root-Server die IP-Adresse eines TLD-Servers (z. B. des „com"-Servers) bzw. eines SLD-Servers (z. B. des Nameservers, der für *google.com* autoritativ ist), wird diese üblicherweise einen oder mehrere Tage lang zwischengespeichert (TTL des NS-RRs). Geht in diesem Zeitraum beim rekursiven Nameserver eine Anfrage für einen Domainnamen ein, von dessen SLD-Server der rekursive Nameserver die IP-Adresse bereits kennt, nutzt er diese Information, um die Anfrage direkt an den SLD-Server zu richten. Die Root-Server bzw. die TLD-Server (hier: der „com"-Server) können also nur einen Bruchteil der von den Nutzern gestellten Anfragen beobachten.

Eine Beobachtung von Nutzern und deren Verhalten ist auf autoritativen Nameservern daher nur eingeschränkt und unzuverlässig möglich. Im weiteren Verlauf dieser Arbeit stehen daher die Beobachtungsmöglichkeiten auf rekursiven Nameservern im Fokus.

2.6.3 Fehlerbehandlung

Bei den in Abschnitt 2.6.2 skizzierten Abläufen wird davon ausgegangen, dass während der Namensauflösung keine Fehler auftreten. Ob eine Anfrage erfolgreich beantwortet werden konnte, lässt sich anhand des RCODE-Felds (von engl. „response code") in der DNS-Antwort erkennen [Moc87b, S. 27 f.]. Der Erfolgsfall wird durch den Wert **NOERROR** angezeigt. Eine vollständige Aufstellung aller definierten RCODEs findet sich in [Ait11, S. 595]. Im Folgenden werden lediglich die RCODEs genannt, die im weiteren Verlauf von Bedeutung sind.

Eine der häufigsten Fehlerursachen besteht Untersuchungen von Jung et al. [Jun+02] zufolge darin, dass für den angefragten Domainnamen überhaupt keine Resource-Records existieren. Man spricht in diesem Fall davon, dass der Domainname nicht existiert [Ait11, S. 595]. Der autoritative Nameserver, der für die *übergeordnete* Domain zuständig ist, reagiert auf die Anfrage mit dem RCODE **NXDOMAIN** (von engl. „non-existent domain"). Der rekursive Nameserver beantwortet die Anfrage des Stub-Resolver dann ebenfalls mit einer NXDOMAIN-Antwort. Eine Anfrage für den nicht-existierenden Domainnamen „*nicht-existierende-seite.com*" wird also von einem der Nameserver, die für die „.com"-Domain autoritativ sind, mit NXDOMAIN beantwortet, eine Anfrage für den wegen eines Tippfehlers nicht-existierenden Namen „*eee.uni-hamburg.de*" wird von einem Nameserver, der für *uni-hamburg.de* autoritativ ist, beantwortet, und eine Anfrage für „*www.uni-hamburg-de*" wird von einem der Root-Server mit NXDOMAIN beantwortet.

Anders verhält es sich, wenn der angefragte Domainname existiert, jedoch für den angefragten RR-Typ keine Daten hinterlegt sind. Im Unterschied zum vorherigen Fall gibt es nun auf jeden Fall einen Nameserver, der für die angefragte Domain autoritativ ist. Dieser beantwortet die Anfrage mit einer NOERROR-Antwort, in der keinerlei RRs enthalten sind.

Weitere in der Praxis häufig zu beobachtende RCODEs sind **SERVFAIL**, mit dem ein Nameserver bekannt gibt, dass er die Anfrage (etwa aufgrund einer temporären Störung oder eines Konfigurationsfehlers) nicht beantworten kann, sowie **REFUSED**, mit dem ein Nameserver ausdrückt, dass die Beantwortung auf Grund von Zugriffskontrollmechanismen verweigert wird. Sendet ein Client eine rekursive Anfrage an einen autoritativen Nameserver, reagiert dieser typischerweise mit einer REFUSED-Antwort.

2.6.4 Zonentransfer

Wie in Abschnitt 2.4.1 erläutert werden die Resource-Records einer Zone auf mehreren autoritativen Nameservern vorgehalten. Um Inkonsistenzen durch unterschiedliche Daten zu vermeiden, besteht die gängige Vorgehensweise darin, alle Änderungen auf dem Master-Server vorzunehmen und diese von dort aus auf die Slaves zu kopieren. Die Verteilung der Zonendaten muss nicht manuell durchgeführt werden, sondern kann von den Nameservern automatisch in Form eines sog. Zonentransfers vorgenommen werden. Hierfür existieren zwei Techniken:

Polling Die Slave-Nameserver fragen in regelmäßigen Abständen beim Master-Server nach, ob sich die Zonendaten geändert haben und führen ggf. einen Zonentransfer durch

Notification Der Master-Nameserver benachrichtigt bei einer Änderung alle Slave-Server, die dann ihrerseits einen Zonentransfer anstoßen.

Ursprünglich waren lediglich Polling-Techniken vorgesehen. In RFC 1034 ist das ursprüngliche **AXFR-Protokoll** (von engl. „authoritative transfer") definiert [Moc87a, S. 28 f.]; RFC 5936 enthält eine detailliertere und überarbeitete Spezifikation [LH10]. Das Protokoll sieht vor, dass jeder Slave in regelmäßigen Abständen den SOA-Record des Masters abruft und überprüft, ob die dort hinterlegte Zonen-Seriennummer mit der Seriennummer übereinstimmt, die in der Zonendatei des Slaves steht. Falls die Seriennummer beim Master inkrementiert wurde, fordert der Slave mittels einer DNS-Anfrage vom Typ AXFR einen Zonentransfer an. Als Antwort erhält der Slave sämtliche Resource-Records vom Master. Im Gegensatz zu normalen DNS-Anfragen wird ein Zonentransfer mittels TCP übertragen, um die Größenbeschränkung von UDP (s. S. 30) zu überwinden.

Gerade bei großen Zonen wie sie etwa bei den autoritativen Nameservern von SLDs auftreten ist das AXFR-Protokoll ineffizient, da es bei jeder Änderung immer eine vollständige Replikation der Zonendaten vornimmt. Eine Weiterentwicklung stellt das **IXFR-Protokoll** dar (von engl. „incremental zone transfer"), das in RFC 1995 spezifiziert ist [Oht96]. Auch hier bestimmt der Slave durch den Polling-Mechanismus, wann ein Zonentransfer durchzuführen ist. Im Unterschied zum AXFR-Protokoll übermittelt der Slave bei einer IXFR-Anfrage den SOA-Record mit der aus seiner Sicht aktuellen Seriennummer. Anhand der Seriennummer bestimmt der Master die geänderten RRs und übermittelt nur diese an den Slave.

Bei der Polling-Technik kommt es bei der Verbreitung von Änderungen zu unerwünschten Verzögerungen. Abhilfe schafft der Einsatz der Notification-Technik, die in RFC 1996 beschrieben wird [Vix96]. Dabei sendet der Master bei Änderungen an seinen Zonendaten an alle Slave-Nameserver, die für die Zone autoritativ sind, eine DNS-Anfrage vom Typ NOTIFY. Empfängt ein Slave-Server eine NOTIFY-Anfrage, stößt er umgehend einen Zonentransfer mit dem AXFR- oder IXFR-Protokoll an.

Zonentransfers bedrohen die Vertraulichkeitsinteressen der autoritativen Nameserver. Ursachen und Sicherheitsmechanismen werden in Abschnitt 3.7.2 erläutert.

2.7 Caching

Die Zuordnung zwischen Domainnamen und IP-Adressen ändert sich in der Praxis nur vergleichsweise selten. DNS-Anfragen für denselben Namen, die innerhalb einer kurzen Zeitspanne ausgeführt werden, führen dadurch sehr häufig zu identischen Antworten. Es liegt nahe, in solchen Fällen auf eine wiederholte DNS-Anfrage zu verzichten und stattdessen die kürzlich erhaltene Antwort erneut zu verwenden. Eine konsequente und strukturierte Umsetzung dieser Idee stellt das im DNS enthaltene *Caching-Konzept* dar, welches spezifiziert, wie Informationen auf den an der Namensauflösung beteiligten Komponenten in einem Zwischenspeicher, dem *Cache*, zwischengespeichert werden können. Die Motivation für das Zwischenspeichern besteht insbesondere darin, Wartezeiten zu verringern, die sich durch die zahlreichen Interaktionsschritte bei der Auflösung eines Domainnamens ergeben [Moc87a, S. 29].

Die Auseinandersetzung mit dem Caching-Konzept des DNS ist aus zwei Gründen erforderlich. Zum einen ist es zur Einschätzung der Beobachtungsmöglichkeiten von Bedeutung, wie sich bereits bei der Betrachtung der Beobachtungsmöglichkeiten von autoritativen Nameservern in Abschnitt 2.6.2.3 gezeigt hat. Darüber hinaus ergeben sich durch das Caching-Konzept Gestaltungsmöglichkeiten zur Konstruktion von Mechanismen zum Schutz vor Beobachtung, wie das in Abschnitt 7.3 vorgestellte Verfahren demonstriert.

Dieser Abschnitt ist wie folgt aufgebaut: In Abschnitt 2.7.1 wird zunächst der Zielkonflikt dargestellt, der sich aus der Zwischenspeicherung von Daten ergibt. Im Anschluss daran wird in Abschnitt 2.7.2 das Konzept der Time-to-Live erläutert, mit dem Nameserver-Betreiber individuell einen Kompromiss zwischen Konsistenz und Verfügbarkeit finden können. In Abschnitt 2.7.3 wird schließlich erläutert, welche Möglichkeiten der Zwischenspeicherung in den einzelnen Komponenten des DNS vorgesehen sind und wie diese in der Praxis umgesetzt werden. Dazu wurden Quellcode-Analysen und praktische Versuche mit gängigen Betriebssystemen und Anwendungen durchgeführt.

2.7.1 Zielkonflikt zwischen Konsistenz und Verfügbarkeit

Die Zwischenspeicherung von Informationen hat sowohl Vor- als auch Nachteile. Diese werden im Folgenden kurz erläutert.

Der Nachteil der Zwischenspeicherung betrifft bei der Namensauflösung die **Konsistenz** der Informationen. Im Zusammenhang mit verteilten Systemen wird damit üblicherweise die Anforderung verbunden, dass sich redundant vorgehaltene Informationen nicht widersprechen [Tra+82]. Ein damit verwandtes Schutzziel, auf das in Abschnitt 3.2 noch eingegangen wird, ist die „Integrität", die sich auf die *Korrektheit* der Informationen bzw. den Schutz vor beabsichtigten und unbeabsichtigten Modifikationen bezieht.

Solange keine Informationen zwischengespeichert werden, sind die von der Namensauflösung gelieferten DNS-Antworten stets *konsistent*, d. h. die Anwendung, welche die Namensauflösung angefordert hat, erhält auf jeden Fall die Informationen, die zu diesem Zeitpunkt in der jeweiligen Zone hinterlegt sind. Durch die Einführung von Caching kann diese Konsistenz nicht mehr gewährleistet werden. Wenn der Zonenadministrator RRs in einer Zone verändert, etwa weil sich die IP-Adresse eines Webservers nach einem Hardware-Ausfall geändert hat, spiegeln die zwischengespeicherten Kopien nicht mehr die korrekten Daten wider. Der autoritative Server kann weder das Ausmaß dieser Inkonsistenz bestimmen noch die betroffenen Komponenten über die Aktualisierung informieren, da er nicht weiß, welche Komponenten inkonsistente Daten im Cache vorhalten.

Inkonsistenzen können beim Einsatz von Caching im DNS zwar nicht vermieden werden, sie werden jedoch im Laufe der Zeit automatisch beseitigt, was auch als „**eventual consistency**" bezeichnet wird [Vog08; ÖV11; BG13, S. 461 f.]. Das Caching-Konzept sieht vor, dass zwischengespeicherte Daten nach einer festgelegten Zeitspanne aus dem Cache gelöscht werden müssen. Je größer diese maximal tolerierte Zeitspanne ist, desto länger dauert es, bis Clients nach einer Aktualisierung eines RRs die neuen Daten abrufen. Die maximal erlaubte Zeitspanne (*time-to-live*, abgekürzt *TTL*) wird im DNS nicht universell festgelegt. Sie kann vom Zonenadministrator für jeden RR den eigenen Anforderungen entsprechend individuell gewählt werden [Moc87a, S. 3].

Aus der Zwischenspeicherung ergeben sich jedoch auch Vorteile. Zum einen sinken dadurch die Antwortzeiten bei der Namensauflösung. Zum anderen wird die **Verfügbarkeit** der Informationen verbessert. Ein kurzzeitiger Ausfall aller autoritativen Nameserver einer Zone führt aus Sicht der Nutzer nicht unmittelbar zur Unverfügbarkeit aller darin gespeicherten Informationen; solange die zuletzt angefragten Informationen noch in den Zwischenspeichern der rekursiven Nameserver vorliegen, können entsprechende Anfragen beantwortet werden. Die Überbrückungszeit ist umso größer, je länger Informationen zwischengespeichert werden.

Anwendung des CAP-Theorems   Konsistenz und Verfügbarkeit stehen im DNS also miteinander in Konflikt: Eine Erhöhung der Verfügbarkeit durch längere Zwischenspeicherung geht dabei stets zu Lasten der Konsistenz. Dieser Zielkonflikt tritt bei verteilten Systemen grundsätzlich auf, wie das von Brewer vermutete [Bre00] und später axiomatisch bewiesene [GL02] **CAP-Theorem** verdeutlicht: Demnach kann ein verteiltes System lediglich zwei der folgenden drei Anforderungen gleichzeitig erfüllen:

- **Konsistenz** (engl. „consistency"): Alle Nutzer sehen zu einem bestimmten Zeitpunkt dieselben Informationen.

- **Verfügbarkeit** (engl. „availability"): Jede Anfrage an das System wird beantwortet.

- **Partitionstoleranz** (engl. „partition tolerance"): Ein Knoten kann Anfragen beantworten, wenn Kommunikationsverbindungen unterbrochen sind, die verhindern, dass er mit allen Komponenten des Systems Kontakt aufnimmt (sog. Partition des Netzes).

Wie Brewer in [Bre00] ausführt, sind im DNS die Anforderungen Verfügbarkeit und Partitionstoleranz erfüllt, die Konsistenz hingegen nicht: Kann ein DNS-Client einen rekursiven Nameserver erreichen und ihm eine Anfrage für einen bestimmten Domainnamen übermitteln, die der Nameserver mit den Informationen in seinem Cache beantworten kann, dann kann der rekursive Nameserver die Anfrage des Clients auf jeden Fall beantworten, selbst wenn das Netz durch eine Störung partitioniert ist, sodass der rekursive Nameserver keinen der autoritativen Nameserver erreichen kann. Die zurückgelieferten Informationen sind allerdings unter Umständen inkonsistent.

2.7.2 Der Time-to-live-Wert (TTL)

Der angesprochene Zielkonflikt kann zwar nicht umgangen werden, die daraus resultierenden Auswirkungen lassen sich allerdings beeinflussen. Das Konzept der **„Time to Live"** (TTL) erlaubt es jedem Zonenverwalter, seine Präferenzen bezüglich der Verfügbarkeit und der Konsistenz zu formulieren. Der Zonenverwalter kann den Wert der **TTL** für jeden RR separat festlegen. Der Wert der TTL gibt die maximale Lebensdauer eines RRs in einem Cache eines Resolvers in Sekunden an. Die TTL wird nach RFC 1035 [Moc87b, S. 10] als vorzeichenbehafteter Integer mit einer Breite von 32 Bit kodiert, wobei gemäß RFC 2181 lediglich Werte im Bereich zwischen 0 und $2^{31} - 1 = 2\,147\,483\,647$ zulässig sind [EB97, S. 10 f.]. Ein Wert von 0 drückt dabei aus, dass die Antwort überhaupt nicht zwischengespeichert werden soll [Moc87a, S. 13]

Zur Vereinfachung der Konfiguration kann im SOA-Record einer Zone ein Standard-Wert für die TTL definiert werden, der innerhalb der Zone für alle RRs gilt, für die der Administrator keinen TTL-Wert eingetragen hat. Viele Implementierungen, die zum Betrieb von autoritativen Nameservern verwendet werden, nutzen hierfür abweichend vom ursprünglich vorgesehen Zweck das in RFC 1035 als *Minimum-TTL* bezeichnete Feld [Moc87b, S. 19 f.]. RFC 2308 kritisiert diese Umwidmung und führt eine neue dedizierte *$TTL-Direktive* ein, mit welcher der Standard-Wert innerhalb einer Zonendatei festgelegt werden soll [And98, S. 8 f.]. Der Minimum-TTL-Wert wird in RFC 2308 umgewidmet und soll nun die TTL für das in diesem Standard definierte **negative Caching** angeben [And98, S. 9]. Negatives Caching betrifft die Antworten für Domainnamen, die nicht existieren und mit dem Fehlercode *NXDOMAIN* (s. Abschnitt 2.6.3) beantwortet werden.

RFC 1034 nennt als Richtwert für die TTL eine Größenordnung von einigen Tagen [Moc87a, S. 13]. Diese Empfehlung wird in RFC 1912 für RRs, welche sich selten än-

dern, auf einen Wert von ein bis zwei Wochen angehoben [Bar96, S. 5]. Vergleichbare
Werte finden sich auch in der Sekundärliteratur [Ait11, S. 28]. In der Praxis werden inzwischen jedoch vor allem für A-Records **wesentlich niedrigere TT-Werte verwendet**,
die im Bereich von wenigen Stunden oder sogar wenigen Sekunden liegen: Gao et al.
haben eine groß angelegte Studie durchgeführt und berichten, dass 90 % der von ihnen
untersuchten A-Records eine TTL von weniger als 60 Minuten aufwiesen [Gao+13]. Die
Belastung der oberen Hierarchie-Ebenen des DNS ist dennoch vergleichsweise gering, da
für die NS-Records von TLD- und SLD-Nameservern weiterhin sehr große TTL-Werte
im Bereich von mehreren Tagen verwendet werden.

Mit dem TTL-Wert kann der Betreiber einer Zone zwar ausdrücken, wie lange die übermittelten Informationen gültig sind, das DNS kann jedoch nicht verhindern, dass nach
dem Ablaufen der TTL die in den RRs enthaltenen Informationen noch genutzt werden.
Eine solche **Missachtung der TTL-Werte durch Clients** kann bei einem Adresswechsel
zu längeren Unverfügbarkeitsperioden führen. Darunter leidet insbesondere die Benutzbarkeit neuartiger Dienste. So weisen bereits die Entwickler des im Jahr 2002 von IBM
vorgestellten Dienstes „YouServ", welcher Nutzern das dezentrale Anbieten von Inhalten
ermöglichen soll, darauf hin, dass der Dienst durch veraltete Cache-Einträge in den Browsern u. U. nicht zuverlässig funktioniert [Bay+02]. Spätere Untersuchungen machen das
Ausmaß dieses Problems deutlich: In einer Studie betrachten Pang et al. die Verlagerung
des Datenverkehrs ab dem Zeitpunkt eines IP-Adress-Wechsels in den RRs von Webservern bzw. autoritativen Nameservern [Pan+04]. Wie ihre Ergebnisse zeigen, wandert zwar
ein Großteil des Datenverkehrs nach der Änderung der RRs innerhalb der in der TTL
angegebenen Zeitspanne zu den neuen Servern; die alten Server werden jedoch auch
mehrere Stunden nach der Umstellung noch von einer Vielzahl von Clients verwendet.
Diese in der Praxis verbreitete Missachtung der TTL-Werte lässt sich u. a. auf die mehrstufigen Caching-Hierarchie des DNS zurückführen, die in den folgenden Abschnitten näher
betrachtet wird.

2.7.3 Mehrstufige Caching-Hierarchie

Das DNS sieht Caching auf mehreren Ebenen vor. Abbildung 2.8 verdeutlicht die verschiedenen Ebenen anhand der in der Praxis anzutreffenden Gestaltungsoptionen. Die autoritativen Nameserver fehlen in dieser Abbildung, da dort keinerlei Caching-Mechanismen
vorgesehen sind. Die auf den autoritativen Nameservern eingehenden DNS-Anfragen
können schließlich ohnehin unmittelbar, also ohne Kommunikation mit weiteren Nameservern beantwortet werden.

Die folgenden drei Unterabschnitte gehen im Detail auf diejenigen Komponenten ein, die
einen Cache verwenden bzw. verwenden können. Zunächst werden in Abschnitt 2.7.3.1 die
rekursiven Nameserver beschrieben, die in der Praxis immer mit einem Cache ausgestattet
sind. Bei den auf den Clients angesiedelten Stub-Resolvern ist der Cache hingegen ein
optionaler Bestandteil (s. Abschnitt 2.7.3.2). Einige Anwendungen verfügen zudem über

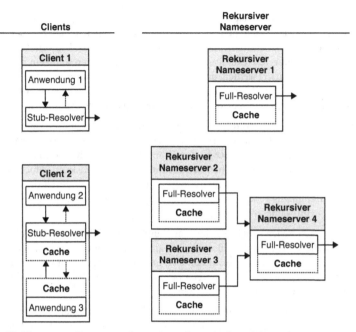

Abbildung 2.8: Illustration der mehrstufigen Caching-Hierarchie

einen vom Stub-Resolver unabhängigen dedizierten Cache (s. Abschnitt 2.7.3.3). Eine Sonderrolle nehmen Anwendungen ein, die den Stub-Resolver des Betriebssystems vollständig umgehen.

2.7.3.1 Caching in rekursiven Nameservern

Ein rekursiver Nameserver speichert nicht nur die endgültige Antwort auf eine Anfrage in seinem Cache, sondern auch alle während der Namensauflösung von autoritativen Nameservern erhaltenen Zwischenergebnisse. Bei den Zwischenergebnissen handelt es sich um die NS- und A-Records der TLD- und SLD-Nameserver, die zur Auflösung eines Namens kontaktiert werden müssen (vgl. Abschnitt 2.6.2) sowie ggf. CNAME-Records. Diese Informationen stehen dann für später eintreffende DNS-Anfragen zur Verfügung, deren Beantwortung dadurch weniger Kommunikationsaufwand erzeugt. Im Idealfall findet der rekursive Nameserver die IP-Adresse des zuständigen SLD-Nameservers bzw. zumindest des zuständigen TLD-Nameservers in seinem Cache vor.

Wird ein rekursiver Nameserver von mehreren Clients zur Namensauflösung verwendet, profitieren diese untereinander von dessen Cache, wie die Untersuchungen zur Cache-

Hit-Rate von Jung et al. [Jun+02] zeigen. Den Großteil der DNS-Anfragen, der auf eine vergleichsweise kleine Anzahl von populären Domainnamen entfällt, kann ein rekursiver Nameserver daher unmittelbar aus seinem Cache beantworten [Jun+02]. Um vom Cache eines anderen hochfrequentierten rekursiven Nameservers zu profitieren, kann ein rekursiver Nameserver so konfiguriert werden, dass er alle Anfragen an diesen weiterleitet (vgl. die rekursiven Nameserver 2 und 3 in Abbildung 2.8, die den rekursiven Nameserver 4 benutzen) und somit zu einem DNS-Forwarder mit Cache wird (s. auch Abschnitt 2.4.2.3).

Die in der Praxis verbreiteten Software-Implementierungen, die auf rekursiven Nameservern eingesetzt werden, berücksichtigen grundsätzlich die von den autoritativen Servern übermittelten TTL-Werte (im Gegensatz zu den Komponenten, die in den folgenden Abschnitten vorgestellt werden). Die Lebenszeit der Einträge im Cache kann jedoch bei einigen Implementierungen durch Konfigurationsparameter über den durch die TTL vorgegeben Zeitpunkt hinaus verlängert bzw. verkürzt werden (Parameter *cache-min-ttl* bzw. *cache-max-ttl* beim Nameserver Ubound[16]).

Die Implementierungen stellen lediglich sicher, dass Einträge nach Ablauf der TTL nicht mehr zur Namensauflösung herangezogen werden. Es gibt jedoch keine Zusicherung, dass die Einträge auf jeden Fall bis zum Ablauf der TTL im Cache vorgehalten werden: da die Größe des Zwischenspeichers üblicherweise beschränkt ist, kann es passieren, dass Einträge vorzeitig aus dem Cache entfernt werden.

Das DNS sieht vor, dass ein Eintrag von anfragenden Clients, die ihrerseits wiederum einen Cache verwenden, nicht länger verwendet werden soll, als es der Betreiber des autoritativen Nameservers in seiner Antwort vorgesehen hat. Der spätestmögliche Ablaufzeitpunkt ergibt sich aus der gegenüber dem anfragenden rekursiven Nameserver geäußerten Gültigkeitsdauer. Der rekursive Nameserver liefert in seinen DNS-Antworten einen entsprechend dekrementierten Wert der TTL zurück; in Abbildung 2.8 gilt also, dass die TTL eines Eintrags auf den rekursiven Nameservern 2 und 3 nie größer sein kann als auf Nameserver 4.

2.7.3.2 Caching in Stub-Resolvern

Unter dem Stub-Resolver werden wie in Abschnitt 2.4.2.2 ausgeführt die vom Betriebssystem bereitgestellten Funktionen zur Namensauflösung verstanden. Aus den Antworten des rekursiven Nameservers kann der Stub-Resolver anhand des übermittelten TTL-Werts die noch verbleibende Gültigkeitsdauer einer Antwort ersehen. Eventuell übermittelte Zwischenergebnisse (etwa die NS-Records der autoritativen Nameserver) sind für den Stub-Resolver unerheblich, da er ohnehin ausschließlich mit dem im Betriebssystem hinterlegten rekursiven Nameserver kommuniziert.

Grundsätzlich ist der Stub-Resolver also dazu in der Lage, DNS-Einträge in einem Zwischenspeicher aufzubewahren, um wiederkehrende Anfragen für einen Namen ohne

---

[16]vgl. Dokumentation von Unbound unter *http://www.unbound.net/documentation/unbound.conf.html*

Tabelle 2.1: Caching-Verhalten der Stub-Resolver gängiger Betriebssysteme

Betriebssystem	Verhalten	Quelle(n)
bis Windows 2000	verwendet keinen Cache	[Mic07]
Windows XP/Vista	berücksichtigt TTL des rekursiven Nameservers; $TTL_{max} = 86400$	[Mic07; Dav06]
Windows 7	berücksichtigt TTL des rekursiven Nameservers; $TTL_{max} = 86400$	eigene Versuche
Mac OS X 10.7.3	orientiert sich an der TTL des rekursiven Nameservers; $TTL_{min} = 15$	eigene Versuche [Jac+07]
Linux	distributionsabhängig; glibc (Standard) verwendet *keinen* Cache; nscd verwendet $TTL_{default} = 900$	eigene Versuche [Wei08; BA11]

weiteren Kommunikationsaufwand bearbeiten zu können. Die gängigen Betriebssysteme unterscheiden sich jedoch erheblich hinsichtlich des Umsetzungsgrades solcher Caching-Mechanismen im Stub-Resolver. Tabelle 2.1 fasst das in der Literatur dokumentierte Verhalten einiger Stub-Resolver zusammen. Eine Auswahl von Systemen wurde in einer Versuchsreihe, die am Ende dieses Abschnittes erläutert wird, genauer betrachtet (vgl. Vermerk „eigene Versuche" in der Tabelle). Im Folgenden werden die wesentlichen Unterschiede der Stub-Resolver der gängigen Betriebssysteme beschrieben.

Während Mac OS X und alle Windows-Betriebssysteme seit Windows XP über einen Cache im Stub-Resolver verfügen, ist in der Standard-Installation vieler Linux-Distributionen kein Zwischenspeicher vorgesehen. Zudem blockierte in frühen Implementierungen der Aufruf der *gethostbyname-* bzw. *getaddrinfo*-Funktionen die Programmausführung während der Namensauflösung, was eine parallele Verarbeitung mehrerer Anfragen erschwerte und durch die Serialisierung der Anfragen zu erheblichen Wartezeiten führte [HN00].[17] Aufgrund dieser Unzulänglichkeiten wurden Lösungen entwickelt, mit denen Linux-Clients mit einem DNS-Cache nachgerüstet werden können, z.B. der Systemdienst *nscd*[18], der auf einigen Linux-Distributionen bei der Installation automatisch eingerichtet wird. Neben dedizierten Caching-Diensten besteht unter Linux auch die Möglichkeit, einen Full-Resolver wie zum Beispiel BIND auf einem Client zu installieren und als DNS-Forwarder zu betreiben. Da der DNS-Cache auf Windows-Systemen über eine beschränkte Kapazität verfügt (die genauen Eigenschaften des Zwischenspeichers sind nicht dokumentiert), wurden auch für dieses Betriebssystem Programme zur Implementierung eines vom

---

[17] Aktuelle Implementierungen bieten üblicherweise auf *getaddrinfo* basierende Funktionen an, die eine asynchrone, also nichtblockierende Namensauflösung ermöglichen, z. B. die Funktion *getaddrinfo_a* in der glibc (s. http://linux.die.net/man/3/getaddrinfo_a).

[18] Für ausführlichere Informationen zu nscd sei auf *https://www.kernel.org/doc/man-pages/online/pages/man8/nscd.8.html* verwiesen.

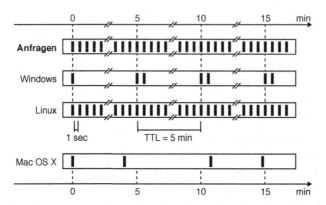

Abbildung 2.9: Illustration des Anfrageverhaltens der Stub-Resolver gängiger Betriebssysteme beim Aufruf der Funktion *gethostbyname* im Abstand von
einer Sekunde für eine Domain mit einer TTL von fünf Minuten

Stub-Resolver unabhängigen Zwischenspeichers entwickelt.[19] Eine Besonderheit stellt der
Stub-Resolver des Betriebssystems Mac OS X dar, der RRs mit sehr kurzen TTLs eine
minimale Lebensdauer von 15 Sekunden zuweist.

Versuch zum Caching im Stub-Resolver Mitunter weicht das in der Praxis zu beobachtende Caching-Verhalten der Stub-Resolver von der in der Literatur dokumentierten
Funktionsweise ab. Dies lässt sich an einem Versuch mit einer dafür vorbereiteten Domain
verdeutlichen. Die Domain sollte Außenstehenden nicht bekannt sein, um Störeinflüsse zu
vermeiden. Der verwendete Domainname sollte zu Beginn des Versuchs nicht im Cache
des rekursiven Nameservers vorliegen, der von den getesteten Systemen verwendet wird.
Im RR des Domainnamens wird ein kleiner TTL-Wert T in der Größenordnung einiger
Minuten eingetragen. Im Versuch wird nun auf verschiedenen Betriebssystemen die Rou-
tine zur Namensauflösung in regelmäßigen Abständen Δt aufgerufen, wobei gilt $\Delta t \ll T$.
Das tatsächliche Anfrageverhalten des Stub-Resolvers kann dann mit einem Netzwerk-
Sniffer (z. B. Wireshark) beobachtet werden: der Sniffer protokolliert die Zeitpunkte der
DNS-Anfragen, welche der Stub-Resolver an den rekursiven Nameserver richtet.

Abbildung 2.9 illustriert die Ergebnisse für $T = 5$ Minuten und $\Delta t = 1$ Sekunde bei den
Betriebssystemen Windows 7, Mac OS X 10.7.3 sowie Ubuntu Linux 11.10, das von Haus
aus keinen DNS-Cache verwendet. Die Namensauflösung erfolgte im Versuch durch den
Aufruf der *gethostbyname*-Funktion, die für diesen Zweck ausreichend ist. In der ersten
Zeile der Abbildung sind die Zeitpunkte dargestellt, zu denen der Funktionsaufruf stattfand

---

[19]Ein Vertreter dieser Programme ist der „Acrylic DNS Proxy", der unter *http://mayakron.netau.net/
support/browse.php?path=Acrylic&name=Home* bereitgestellt wird.

(„*Anfragen*"). In den verbleibenden Zeilen sind die Zeitpunkte abgebildet, an denen der Netzwerk-Sniffer DNS-Anfragen an den rekursiven Nameserver aufgezeichnet hat. Da in den ersten drei Zeilen über lange Zeiträume keine Veränderungen auftreten, zeigt die Abbildung jeweils nur die interessanten Ausschnitte aus der Zeitachse auf Sekundenebene. Die Versuchsreihe für Mac OS X ist hingegen maßstabsgetreu dargestellt.

Wie in der Abbildung angedeutet senden die Betriebssysteme beim allerersten Funktionsaufruf eine DNS-Anfrage an den rekursiven Nameserver, da kein Eintrag im Cache vorliegt. Die weiteren Anfragen werden von Windows gemäß des gesetzten TTL-Werts T innerhalb der nächsten 5 Minuten aus dem Cache bedient. Das untersuchte Linux sendet mangels Zwischenspeicher jede Anfrage an den rekursiven Nameserver.

Windows erzeugte im Versuch reproduzierbar unnötige DNS-Anfragen: Der Stub-Resolver sendet nach Ablauf der Gültigkeitsdauer des Cache-Eintrags erwartungsgemäß eine neue DNS-Anfrage an den rekursiven Nameserver. Obwohl dessen Antwort unmittelbar beim Client eintrifft, sendet der Stub-Resolver beim nächsten Aufruf von *gethostbyname* (eine Sekunde später) eine weitere Anfrage an den Nameserver, obwohl diese eigentlich bereits aus dem Cache beantwortet hätte werden können.

Im Unterschied zu Windows bzw. Linux wies der Stub-Resolver von MacOS X im Versuch ein vergleichsweise indeterministisches Verhalten auf. Der Resolver kontaktierte bei wiederkehrenden Anfragen für den Domainnamen teilweise deutlich vor bzw. nach Ablauf dessen Gültigkeit eine neue Anfrage an den rekursiven Nameserver. Die beobachtete Abweichung betrug dabei bis zu einer Minute – offenbar orientiert sich der Stub-Resolver also nur grob an der vom Nameserver übermittelten TTL.

Weiterhin deutet das bei MacOS X beobachtbare Verhalten darauf hin, dass bei diesem System nicht alle Funktionen, die zur Namensauflösung verwendet werden können, auf den bzw. auf denselben Cache zugreifen. Der Firefox-Browsers, der die Funktion *getaddrinfo* verwendet, profitierte bei der Namensauflösung eines Domainnamens nicht davon, dass dieser bereits im Cache vorhanden war, wenn der zugehörige Eintrag von einem anderen Prozess, der eine andere Namensauflösungsfunktion verwendet hatte (*gethostbyname*), zum Cache hinzugefügt worden war: Stattdessen stellte der Stub-Resolver eine neue Anfrage an den rekursiven Nameserver, um den getaddrinfo-Aufruf von Firefox zu bearbeiten.

Die Untersuchungen verdeutlichen, dass man nicht davon ausgehen kann, dass Endgeräte die vom rekursiven Nameserver übermittelte TTL in vollem Maße berücksichtigen.

2.7.3.3 Caching in Anwendungen

Üblicherweise wird der Stub-Resolver des Betriebssystems von den Anwendungen über die POSIX-konformen Systemfunktionen *gethostbyname* bzw. ihren Nachfolger *getaddrinfo* (vgl. Abschnitt 2.4.2.2) angesprochen. Beide Funktionen weisen eine wesentliche Einschränkung auf: Sie übermitteln als Ergebnis lediglich die IP-Adresse, jedoch nicht den

Wert der TTL aus der Antwort des rekursiven Nameservers bzw. des internen Zwischenspeichers. Bei der Spezifikation der Funktionsschnittstellen wurde eine Zwischenspeicherung der aufgelösten IP-Adressen in den Anwendungen offenbar nicht vorgesehen. Stattdessen wurde unterstellt, dass eine Anwendung vor jedem Verbindungsaufbau erneut die Funktion zur Namensauflösung aufruft. Während die für das DNS relevanten RFCs diesbezüglich keinerlei Vorgaben enthalten, findet sich in manchen Implementierungshandbüchern die explizite Empfehlung, das Ergebnis der Namensauflösung nicht zwischenzuspeichern.[20]

RFC 4192, welcher sich mit Migrationsprozessen zur Einführung von IPv6 befasst, schlägt als Alternative die Verwendung der Funktion *getrrsetbyname* vor [BLD05, S. 12], welche dem Aufrufer Zugriff auf die Felder einer DNS-Antwort – und damit auf die TTL – bietet. Solange diese Funktion allerdings nicht in den POSIX-Standard aufgenommen wird, ist nicht mit einer breiten Unterstützung in den gängigen Betriebssystemen zu rechnen. Unterstützung für *getrrsetbyname* findet sich u. a. in OpenBSD (seit Version 3.0) sowie in der Resolver-Bibliothek von BIND 9 (vgl. die Manual Page der Funktion unter [Sch07a]). Windows-Betriebssysteme bieten mit der DnsQuery-API eine vergleichbare, jedoch ebenfalls noch kaum genutzte Möglichkeit zum Zugriff auf die Felder einer DNS-Antwort [Mic12a].

Da der Aufruf der Namensauflösungsfunktionen in der Praxis zu teilweise erheblichen Wartezeiten führen kann bzw. die in den Stub-Resolvern implementierten Zwischenspeicher aus Sicht der Anwendungsentwickler offenbar unzureichend waren, verfügen einige Anwendungen bzw. Laufzeitumgebungen inzwischen über einen eigenen DNS-Cache. Mangels Zugriff auf die vom DNS übermittelten TTL-Werte müssen Anwendungsentwickler eine willkürliche Aufbewahrungszeit für Einträge im Zwischenspeicher wählen.

Versuch zum Caching in Anwendungen   Um die gängige Praxis zu evaluieren, wurde eine Auswahl von Web-Browsern sowie plattformunabhängige Laufzeitumgebungen untersucht. Wie Tabelle 2.2 zeigt, verwenden die betrachteten Anwendungen äußerst unterschiedliche Strategien.

Für die Web-Browser Firefox und Chromium ist der Quellcode öffentlich verfügbar. Um das tatsächlich implementierte Verhalten zu bestimmen, wurde der Quellcode der in Tabelle 2.2 angegebenen Versionen inspiziert. Beim **Firefox-Browser** ergibt sich das Verhalten des DNS-Caches anhand der Implementierung in der Datei *netwerk/dns/nsDNS-Service2.cpp*. Die maximale Größe beträgt demnach 400 Einträge (Parameter: *maxCacheEntries*), wobei jeder Eintrag exakt drei Minuten aufbewahrt wird. Für Einträge, welche in der letzten Minute ihrer Lebenszeit (Parameter *lifetimeGracePeriod*) aus dem Cache abgerufen werden, ruft der Browser im Hintergrund die Namensauflösung erneut auf, um

---

[20]Als Beispiel sei auf den Band „Computer Science and Perl Programming" aus der Reihe „Best of the Perl Journal" [Dom02, S. 175] verwiesen, in dem folgender Hinweis steht: *„Memoizing gethostbyname is technically incorrect, because the address data might change between calls. But in practice, address data doesn't usually change very quickly, and memoizing gethostbyname doesn't lead to any real problems except in long-running programs."*

Tabelle 2.2: Caching-Verhalten ausgewählter Anwendungen

Anwendung	Eigenschaften des DNS-Caches
Mozilla Firefox	Die Lebensdauer der Einträge beträgt stets 180 Sekunden; Erneuerung innerhalb der letzten 60 Sekunden (analysierte Version: 11.0).
Google Chrome	Der Stub-Resolver wird verwendet. Die Lebensdauer der Einträge beträgt stets 60 Sekunden (analysierte Version: 18.0.1025.168).
Google Chromium	Die integrierte Stub-Resolver-Implementierung nutzt die TTL des rek. Nameservers (analysierte Version: 20.0.1108.0).
MS Internet Explorer	*Vor Version 4.0* betrug die Lebensdauer der Einträge 24 Stunden, *bei späteren Versionen* stets 30 Minuten [Mic11b].
Oracle Java VM	*Bis Version 1.5* haben Einträge eine unbegrenzte Lebensdauer, *ab Version 1.6* beträgt die Lebensdauer 30 Sekunden (ohne Security-Manager) bzw. ist sie unbegrenzt (mit Security-Manager).
Perl, Python, Ruby	Diese Laufzeitumgebungen nutzen den Stub-Resolver und verfügen über keinen integrierten DNS-Cache.

sie proaktiv zu aktualisieren. Für fortlaufend angefragte Domainnamen steht dadurch das Ergebnis der Auflösung stets verzögerungsfrei zur Verfügung. **Google Chrome** bzw. und das zugehörige Open-Source-Projekt **Chromium** verfahren ähnlich, verwenden jedoch eine Lebensdauer von nur 60 Sekunden (vgl. den Parameter *kCacheEntryTTLSeconds* in der Datei *net/base/host_resolver_impl.cc*).

Während die bislang genannten Browser sehr konservative (niedrige) Werte für die Lebensdauer von Cache-Einträgen verwenden, beträgt diese beim **Internet Explorer** 30 Minuten [Mic11b]. Der Vorteil eines so hohen Wertes liegt in der Reduktion der Anzahl der DNS-Anfragen an den rekursiven Nameserver. Kurzfristige Änderungen von IP-Adressen, wie sie etwa bei Webseiten vorkommen können, die zur Lastverteilung bzw. Erhöhung der Ausfallsicherheit Domainnamen mit sehr kurzen TTLs verwenden (s. Abschnitt 2.8.1), bemerkt der Internet Explorer im Vergleich zu den anderen Browsern dadurch allerdings deutlich später. Daraus können kurzfristige Verbindungsprobleme resultieren.

Dass die Namensauflösung beim Internet-Surfen eine wichtige Rolle spielt, lässt sich auch daran erkennen, dass sich die Browser-Hersteller nicht mehr mit den Möglichkeiten der Stub-Resolver-Implementierungen zufrieden geben, sondern direkte Kontrolle über den Prozess der Namensauflösung anstreben. Der Open-Source-Browser **Chromium** und der kommerzielle Ableger **Chrome** können so konfiguriert werden, dass sie statt des Stub-Resolvers des Betriebssystems eine eigenständige Stub-Resolver-Implementierung verwenden (mit dem „Built-in Asynchronous DNS"-Flag, vgl. [Bea12; Gri12]). Dadurch erhält der Browser Zugriff auf die TTL-Werte der DNS-Antworten, wodurch eine effektivere Cache-Verwaltung realisiert werden kann, die sich zudem an die Vorgaben der autoritativen Nameserver hält. Auch das Mozilla-Team arbeitet nach eigenen Angaben daran, einen eigenständigen Resolver in die Gecko-Engine von Firefox zu integrieren [Moz13a].

Viele Hochsprachen bzw. Skriptsprachen greifen während der Ausführung auf eine Laufzeitumgebung zurück. Die Laufzeitumgebungen der Sprachen **Perl, Python und Ruby** bieten hingegen sowohl Komfort-Funktionen, die es z. B. ermöglichen, mit einem einzigen Funktionsaufruf eine Datei von einer URL (Uniform Resource Locator, [BLMM94]) mittels HTTP herunterzuladen, als auch direkten Zugriff auf die Systemfunktionen *gethostbyname* bzw. *getaddrinfo*. Ein DNS-Cache ist bei diesen drei Sprachen nicht vorgesehen.

Bei **Java** erlaubt die Laufzeitumgebung hingegen keinen direkten Zugriff auf die grundlegenden Systemfunktionen zur Namensauflösung. Stattdessen gibt es hier eine eigenständige, plattformunabhängige Funktionsbibliothek, welche zwar intern auf die Systemfunktionen zurückgreift, ihre Existenz bzw. die genaue Implementierung jedoch vollständig vor den Anwendungsentwicklern verbirgt. Im Unterschied zu den erstgenannten Laufzeitumgebungen implementiert die Java Virtual Machine (Java VM) für jeden Java-Prozess einen eigenständigen DNS-Cache, von dem Java-Anwendungen automatisch profitieren. Bis einschließlich Version 1.5 der Java VM wurden einmal im Cache abgelegte Einträge nicht mehr entfernt. Als Grund für dieses Verhalten nennt die API-Dokumentation der Funktion *InetAddress.getByName(String hostname)* den Schutz vor DNS-Spoofing-Angriffen [Ora10]. Mit der Einführung von Version 1.6 wurde dieses Verhalten geändert [Ora11]: Fordert eine Java-Anwendung einen sog. Security-Manager von der Java VM an, wird das bisherige Verhalten beibehalten. Andernfalls werden Einträge nach Ablauf einer festgelegten Dauer aus dem Cache entfernt. Der genaue Wert kann gemäß API-Dokumentation von der Implementierung der Java VM eigenständig festgelegt werden. Anhand einer Quellcode-Analyse lässt sich nachvollziehen, dass die Implementierung von Sun bzw. Oracle einen Wert von 30 Sekunden verwendet (vgl. den Quellcode der Klasse *sun.net.InetAddressCachePolicy*). Die Standard-Werte können Anwendungen durch Ändern einer Security-Property *(networkaddress.cache.ttl)* beeinflussen. Die Java-Umgebung der Android-Plattform für Smartphones führt seit Version 4.0 („Ice Cream Sandwich") hingegen kein eigenes Caching mehr durch, da der Stub-Resolver des Betriebssystems die tatsächlichen TTL-Werte berücksichtigt [Goo14].

2.8 Veränderungen seit der Standardisierung

Die Nutzung des DNS hat sich im Laufe der Zeit durch äußere Einflüsse verändert. In diesem Abschnitt werden die fünf wesentlichen Veränderungen erläutert, welche im Zusammenhang mit der Betrachtung der Beobachtungsmöglichkeiten und der Möglichkeiten zum Schutz vor Beobachtung von Bedeutung sind.

Dieser Abschnitt ist wie folgt aufgebaut: Zunächst wird in Abschnitt 2.8.1 auf Content-Delivery-Netze eingegangen, bei denen autoritative Nameserver zu Lastverteilern werden. Anschließend werden zwei Bestrebungen angesprochen, in das Antwortverhalten der rekursiven Nameserver einzugreifen: DNS-basierte Internetsperren (Abschnitt 2.8.2) und die Manipulation von NXDOMAIN-Antworten (Abschnitt 2.8.3). Diese Entwicklungen sind mit dafür verantwortlich, dass Nutzer zunehmend auf rekursive Nameserver von Drittanbietern ausweichen, wie in Abschnitt 2.8.4 ausgeführt wird. Abschließend wird in Abschnitt 2.8.5 die Passive-DNS-Replication-Technik beschrieben, welche die Protokollierung und Analyse von DNS-Anfragen erleichtert.

Insbesondere die Verwendung der rekursiven Nameserver von Drittanbietern ist im Hinblick auf die Beobachtungsmöglichkeiten im DNS kritisch zu sehen.

2.8.1 Content-Delivery-Netze auf Basis des DNS

Content-Delivery-Netze geben Anbietern im Internet die Möglichkeit, Inhalte hochverfügbar und performant zur Verfügung zu stellen. Zur Realisierung greifen einige Lösungen auf das DNS zurück und nutzen es auf eine Art und Weise, die ursprünglich nicht vorgesehen war. Daraus resultiert ein verändertes Nutzungsverhalten des DNS, das bei der Betrachtung von Beobachtungsmöglichkeiten und Mechanismen zum Schutz vor Beobachtung berücksichtigt werden muss.

Dieser Abschnitt ist wie folgt aufgebaut: Zunächst wird in Abschnitt 2.8.1.1 die Problemstellung aufgezeigt, welche mittels des in Abschnitt 2.8.1.2 beschriebenen Lösungsansatzes von Content-Delivery-Netzen adressiert wird. Danach werden in Abschnitt 2.8.1.3 die Komponenten beschrieben, aus denen Content-Delivery-Netze typischerweise bestehen, bevor in Abschnitt 2.8.1.4 darauf eingegangen wird, welche Rolle das DNS beim Routing der Anfragen spielt. In Abschnitt 2.8.1.5 wird schließlich auf die Kritik eingegangen, der Content-Delivery-Netze ausgesetzt sind.

2.8.1.1 Problemstellung

Ende der 1990er Jahre kam es vermehrt zu Engpässen bei der Bereitstellung von Inhalten im WWW. Einige Inhaltsanbieter sahen sich mit unvorhersehbaren Lastspitzen mit spontan extrem stark ansteigenden Besucherzahlen (sog. „Flash-Crowds" [Ari+03]), die weit über den Normalbetrieb hinausgingen, konfrontiert. Diese Engpässe waren zum einen auf zu gering dimensionierte Webserver zurückzuführen, was einen **Verlust der Verfügbarkeit** der Inhalte zur Folge hatte. Als Flaschenhals erwiesen sich auch die Kommunikationsverbindungen zwischen den Inhaltsanbietern und den Internetzugangsanbietern, woraus ein **Verlust der Erreichbarkeit** der Angebote resultierte.

Häufig genannt werden in der Literatur in diesem Zusammenhang die damals äußerst populäre Webseite der Firma „Victoria's Secret", die Veröffentlichung des „Starr-Reports" (mit den Untersuchungsergebnissen bzgl. der Affäre um US-Präsident Clinton) sowie

Sportereignisse wie die Olympischen Spiele [DK01; Ari+03]. Bei solchen *planbaren Er-eignissen* könnten die Inhaltsanbieter die *Verfügbarkeit* prinzipiell durch eine temporäre Erweiterung der Webserver-Ressourcen aufrechterhalten. Bei *nicht-vorhersehbaren Er-eignissen* gibt es allerdings häufig keine Vorlaufzeit. Als Beispiel kann hier der Angriff auf das World Trade Center am 11. September 2001 angeführt werden, der zu einer Über-lastung bzw. dem Ausfall der Webseiten zahlreicher großer Nachrichtendienste führte [JKR02]. Zur Sicherstellung der Verfügbarkeit müssten die Inhaltsanbieter also *andau-ernd* eine großzügig bemessene Kapazitätsreserve vorhalten, was unwirtschaftlich wäre. Und: Auch bei entsprechender Vorsorge durch den Anbieter können die Inhalte für eine Vielzahl von Nutzern *unerreichbar* sein, wenn durch eine Flash-Crowd der Zugriffe die *Kommunikationsverbindungen* überlastet sind.

2.8.1.2 Lösungsansatz

Sogenannte „Content Delivery Networks" (CDNs; teilweise auch als „Content Distribution Networks" bezeichnet [PBV08, S. 9]) versprechen, auch bei großer Nachfrage die Verfüg-barkeit und Erreichbarkeit von Inhalten zu gewährleisten. Dieses Ziel soll dadurch erreicht werden, dass die Inhalte nicht nur an einer Stelle im Netz vorgehalten werden, sondern auf möglichst vielen Servern, die zudem möglichst „nah" bei den Nutzern platziert werden. Durch die Verteilung können Flaschenhälse vermieden werden.

Es gibt zahlreiche Architekturen und Implementierungsvarianten von CDNs, die ausführ-lich in der Literatur beschrieben werden. Einen guten Überblick gibt der Sammelband [BPV08]. Die folgende Darstellung beschränkt sich auf die zwei zentralen Aufgabenberei-che, die sich bei den in der Praxis verbreiteten CDNs identifizieren lassen: die **Verteilung der Inhalte** und das **Routing der Anfragen**.

2.8.1.3 Verteilung der Inhalte

Zur Verteilung der Inhalte kommen in einem CDN zwei Arten von Servern zum Einsatz [PBV08; PB08; VP03]: Die Inhaltsanbieter betreiben **Quell-Server** (*origin servers*), auf denen sie die zu verteilenden Daten bereitstellen. Neue bzw. aktualisierte Inhalte werden automatisch entweder von den Quell-Servern auf die **Replika-Server** (*surrogate servers* oder *edge servers*) kopiert („push") oder von diesen heruntergeladen („pull"). Im Un-terschied zu den Quell-Servern werden die Replika-Server in den Rechenzentren von Internetzugangsanbietern platziert, um eine möglichst geringe Distanz zu den Nutzern zu erreichen.

Die Replikation von Inhalten war im Internet schon vor der Entwicklung von CDNs bekannt [Bae+97; Dil+02]: So wurden unter anderem die umfangreichen Archive der Linux-Distributionen auf einer Vielzahl von *Mirror-Servern* zur Verfügung gestellt. Die Auswahl des für einen Download zu verwendenden Mirrors war jedoch *nicht transparent*; mitunter musste sie vom Nutzer manuell getätigt werden oder wurde mittels Heuristiken, etwa anhand des Herkunftslandes oder der im Browser eingestellten Sprache vorgenommen. Bei CDNs ist das Routing der Anfragen zu einem Replika-Server hingegen völlig **transparent**, also für den Nutzer nicht erkennbar [PBV08, S. 9]. Dabei wird nicht nur die Distanz zwischen dem Nutzer und dem jeweiligen Replika-Server berücksichtigt, sondern auch die aktuelle Verkehrssituation sowie die Verfügbarkeit und Auslastung der einzelnen Replika-Server im CDN [PB08, S. 51 f.]. Dadurch können lokal begrenzte Ausfälle toleriert bzw. Engpässe bei der Bereitstellung der Inhalte vermieden werden.

Die Verbreitung von CDNs hat in den letzten Jahren erheblich zugenommen. Im Jahr 2004 griffen mehr als 3000 Unternehmen weltweit darauf zurück [PV06]. Einer der wichtigsten CDN-Anbieter ist die im Jahr 1998 gegründete Firma Akamai [Dil+02], die im Jahr 2012 nach eigenen Angaben zwischen 15 % und 30 % des gesamten globalen Datenverkehrsvolumens abwickelte [KFH12]. Einer Studie des Telekommunikationsausrüsters Calix zufolge, in der das Internetverhalten in ländlichen Gegenden der Vereinigten Staaten von Amerika untersucht wurde, wurden im ersten Quartal des Jahres 2012 83 % des heruntergeladenen Datenvolumens über CDNs abgewickelt [Cal12]. In der Studie von Callahan et al. war bei 24 % der beobachteten DNS-Anfragen ein Nameserver von Akamai an der Namensauflösung beteiligt [CAR13].

2.8.1.4 Routing der Anfragen mittels des DNS

Bei vielen in der Praxis eingesetzten CDNs erfolgt das Routing der Nutzeranfragen durch eine spezielle Behandlung von DNS-Anfragen in autoritativen Nameservern, die vom CDN-Anbieter betrieben werden (vgl. etwa [VP03; NSS10]). Die anzubietenden Inhalte werden dazu unter einem vom CDN-Anbieter festgelegten, sich im Zeitverlauf nicht ändernden Domainnamen N zur Verfügung gestellt. Die Routing-Entscheidung, also die Auswahl des Replika-Servers $s \in \{s_1, \ldots, s_i\}$, der einen Nutzer bedienen soll, wird während der Namensauflösung in den autoritativen Nameservern des CDNs getroffen, indem Anfragen für N mit der jeweiligen IP-Adresse des ermittelten Replika-Servers s beantwortet werden.

Für den Inhaltsanbieter hat diese Realisierung den Vorteil, dass er beim Gestalten seiner Webseiten keine dynamisch generierten URL (Uniform Resource Locator, [BLMM94]) verwenden muss, da der tatsächlich dem Nutzer zugewiesene Replika-Server s immer unter demselben Domain-Namen N angesprochen wird. Dieses Prinzip wird auch als **Late Binding** bezeichnet [Pan+04].

Die Verwendung der Namensauflösung für das Routing der Anfragen erscheint angesichts der im DNS bereits vorgesehenen Round-Robin-Funktionalität (s. Abschnitt 2.5) naheliegend. Bei einem Round-Robin-Eintrag werden für einen Namen mehrere IP-Adressen in der Zone abgespeichert. Die Einträge werden bei jeder eingehenden Anfrage zyklisch vertauscht. Da Clients die Adressen üblicherweise in der angebotenen Reihenfolge verwenden, lässt sich somit innerhalb einer Zone eine pseudozufällige, zustandslose Lastverteilung für einen Domainnamen realisieren. CDNs erweitern dieses Grundkonzept und bieten zudem die Möglichkeit, die Lastverteilung situationsabhängig zu beeinflussen.

Akamais Infrastruktur, die ausführlich in [NSS10] beschrieben wird, besteht aus autoritativen DNS-Servern, welche das Anfrage-Routing übernehmen, sowie den bei Akamai als *Edge-Server* bezeichneten Replika-Servern, welche die Inhalte am „Rand" des Internets vorhalten. Akamai platziert stets eine Gruppe von Edge-Servern, welche für dieselben Inhalte zuständig sind, bei einem Internetzugangsprovider. Eine solche Anordnung wird in [NSS10] als *Cluster* bezeichnet. Bei den DNS-Servern unterscheidet Akamai zwischen **Top-Level-Nameservern (TLNS)**, welche eine Zuordnung der Anfrage auf der Cluster-Ebene vornehmen, und **Low-Level-Nameservern (LLNS)**, welche für das Routing zu einzelnen Edge-Servern zuständig sind.

Das Anfrage-Routing von Akamai ist Gegenstand umfangreicher Untersuchungen [Dil+02; PHL03; Su+09; NSS10; KFH12]. Auf eine ausführliche Beschreibung soll an dieser Stelle zu Gunsten eines illustrativen Beispiels verzichtet werden:

Beispiel 2.5. Ein Nutzer ruft im Browser die Webseite *www.audi.de* auf, welche zur Lastverteilung auf das Akamai-CDN zurückgreift. Die nachfolgende Beschreibung geht davon aus, dass keine für die Namensauflösung relevanten Daten in den Zwischenspeichern der beteiligten Komponenten vorliegen. Im einzelnen werden folgende Schritte durchlaufen (Stand: Januar 2014):

1. Der Browser sendet über den Stub-Resolver eine rekursive DNS-Anfrage für den Namen *www.audi.de* an den rekursiven Nameserver **(RNS)**.

2. Der RNS leitet die Anfrage an einen Root-Server weiter. Dieser liefert die NS-Records für die TLD *de* zurück, in der die zuständigen autoritativen Nameserver aufgelistet sind.

3. Der RNS wählt einen TLD-Nameserver aus, im Beispiel *f.nic.de*, und übermittelt ihm die Anfrage. Der TLD-Nameserver antwortet mit NS-Records, in denen die autoritativen Nameserver der SLD *audi.de* genannt werden.

4. Der RNS wählt einen SLD-Nameserver aus, im Beispiel *ns2.audi.de*, und übermittelt ihm die Anfrage. Der Nameserver antwortet mit einem CNAME-Record, der besagt, dass *www.audi.de* ein Alias für ***www.audi.de.edgesuite.net*** ist.

5. Nun muss der Alias *www.audi.de.edgesuite.net* aufgelöst werden. Dazu werden die Schritte 1–4 in analoger Weise durchlaufen. Am Ende erfährt der RNS von einem autoritativen Nameserver der Domain *edgesuite.net,* die von Akamai verwaltet wird, dass es sich bei *www.audi.de.edgesuite.net* wiederum um einen Alias handelt, dessen kanonischer Name ***a1845.ga.akamai.net*** ist.

6. Bei der Auflösung der Domain *a1845.ga.akamai.net* findet das eigentliche Anfrage-Routing statt. Der RNS übermittelt die Anfrage an den TLD-Nameserver der *net*-Domain und erfährt von ihm die NS-Einträge der Domain *akamai.net*. Dabei handelt es sich um die TLNS von Akamai. Da Akamai keine Kontrolle darüber hat, in welcher Reihenfolge die NS-Einträge vom TLD-Nameserver angeordnet werden, kann in

diesem Schritt noch kein Anfrage-Routing durchgeführt werden. Um eine gute Erreichbarkeit der TLNS für alle Clients zu gewährleisten, werden diese – wie die DNS-
Root-Server – durch IP-Anycast-Routing global im Netz verteilt (s. Abschnitt 3.5.3).

7. Der RNS wählt einen TLNS aus, im Beispiel *zc.akamaitech.net*, und übermittelt die
Anfrage für *a1845.ga.akamai.net* dorthin. Der TLNS antwortet mit den NS-Einträgen
der Domain *ga.akaimai.net*. Dabei handelt es sich um die LLNS von Akamai. Unabhängig vom Standort des Clients liefern die TLNS immer dieselben Namen in
den NS-Einträgen zurück (im Beispiel: *n0ga.akamai.net* bis *n7ga.akamai.net*); die in
Glue-Records (s. Beispiel 2.2) mitgelieferten IP-Adressen der LLNS unterscheiden
sich jedoch je nachdem von welchem Standort (bzw. von welcher IP-Adresse aus) die
Anfrage gestellt wurde [PHL03]. Dadurch wird die Anfrage einem (bzw. mehreren)
Edge-Clustern zugeordnet.

8. Schließlich wählt der RNS einen LLNS aus, im Beispiel *n5ga.akamai.net*, und übermittelt ihm die Anfrage für *a1845.ga.akamai.net*. Der LLNS antwortet mit einer Liste
von (bei Akamai meist zwei) A-Records, in denen die IP-Adressen der Edge-Server
enthalten sind, die für diesen Client ausgesucht wurden. □

Durch das zweistufige Routing der Anfragen und die redundante Auslegung der Infrastruktur auf allen Ebenen kann Akamai flexibel auf Ausfälle und Engpässe reagieren,
welche einzelne Edge-Server, ganze Server-Cluster oder Kommunikationsverbindungen
in Teilen des Internets betreffen. Das Beispiel macht deutlich, dass das Anfrage-Routing
im Vergleich zur regulären Namensauflösung ohne CDN (entspricht den Schritten 1–3 im
Beispiel) wesentlich mehr Schritte benötigt. Dadurch kann die Wartezeit für den Nutzer
erheblich steigen [KWZ01]. Um die Wartezeit zu senken, werden in den NS-Einträgen
der TLNS und LLNS große TTL-Werte verwendet. Beim letzten Schritt, der Auswahl des
Edge-Servers, ist das DNS-Caching hingegen hinderlich: Um auf plötzliche Änderungen
schnell reagieren zu können, werden hier sehr kleine TTL-Werte verwendet: Bei Akamai
beträgt die TTL hier typischerweise 20 Sekunden.

2.8.1.5 Kritik

Wie [FMA11] feststellen führen CDNs durch die dynamische, ortsabhängige Beantwortung
von DNS-Anfragen dazu, dass das DNS seine globale Konsistenz (vgl. „eventual consistency" in Abschnitt 2.7.1) verliert. Das DNS-basierte Routing basiert auf zwei Annahmen, die
in der Praxis nicht immer zutreffen. Die Technik steht daher in der Kritik.

Lokalisierungsfehler Zum einen wird unterstellt, dass sich der rekursive Nameserver,
der die Anfragen eines Clients an die autoritativen Server von Akamai übermittelt, in
der Nähe des Clients befindet. Die DNS-Server von Akamai erfahren nämlich nicht die
IP-Adresse des Clients, sondern lediglich die Adresse seines rekursiven Nameservers
– sie wählen also einen Replika-Server aus, der sich netztopologisch in der Nähe des

rekursiven Nameservers befindet, jedoch nicht unbedingt in der Nähe des Clients. Bei einigen Internetzugangsanbietern befindet sich der rekursive Nameserver jedoch nicht im selben Netzsegment, über das die Kunden an das Internet angebunden sind. In der Folge kommunizieren die Kunden mit einem weiter entfernten Replika-Server, sodass die Verwendung eines CDNs mitunter sogar zu einer Verschlechterung der Performanz führt [KWZ01; Vix09]. In einer Studie von Mao et al. waren nur 15 % der Nutzer im selben Netzsegment wie ihr rekursiver Nameserver [Mao+02] und in [STA01] betrug die Distanz in 30 % der Fälle mehr als acht Hops. Insbesondere bei Nutzern, die einen rekursiven Nameserver eines Drittanbieters verwenden (s. Abschnitt 2.8.4), kann es zu Lokalisierungsfehlern kommen [KFH12].

Derzeit werden verschiedene Anpassungen diskutiert, um über die DNS-Anfragen Informationen zu den autoritative Nameservern zu transportieren, welche für die Routing-Entscheidung relevant sind [Con+12; FMA11]. Am weitesten entwickelt ist ein Konzept, mit dem die IP-Adresse des Clients an die autoritativen Nameserver übermittelt werden kann. Die Protokoll-Spezifikation („draft-vandergaast-edns-client-subnet-01") befindet sich derzeit allerdings noch im Entwurfsstadium [Con+12]. Sie sieht vor, dass rekursive Nameserver in die Anfragen, welche sie an die autoritativen Server senden, eine EDNS0-Option mit der IP-Adresse des jeweiligen Clients einfügen. Zur Wahrung der Privatsphäre soll statt der vollständigen Adresse jedoch lediglich eine auf 24 Bit verkürzte Subnetz-Adresse an den autoritativen Server übermittelt werden. Weiterhin sollen Clients gegenüber dem rekursiven Nameserver ausdrücken können, dass ihre Adresse nicht eingebettet werden soll. Die Implementierung des Verfahrens gestaltet sich aufwendig, da Anpassungen an allen an der Namensauflösung beteiligten Komponenten erforderlich sind.

Vernachlässigung der TTLs Die zweite Annahme betrifft die Reaktionsgeschwindigkeit der Clients bei Änderungen im Routing. Fällt ein Edge-Server oder ein Cluster aus, werden die betroffenen Adressen von den TLNS bzw. LLNS nicht mehr herausgegeben und durch andere Server ersetzt. Clients, welche den Domainnamen vor der Änderung aufgelöst haben, verwenden jedoch nach wie vor den ihnen zugewiesenen Replika-Server. Durch die Verwendung besonders kurzer TTLs sollen die Clients zum häufigen Aktualisieren gezwungen werden, um sicherzustellen, dass die von der Störung betroffenen Clients die Routing-Anpassung innerhalb weniger Sekunden erfahren. In der Praxis werden die TTLs jedoch häufig ignoriert. Pang et al. stellten bei der Analyse von Log-Dateien fest [Pan+04], dass bei einem TTL-Wert von 10 Minuten nach einer Änderung der Adresszuordnung noch 47 % der Clients auf die vorher eingetragenen Adressen zugriffen. Ein Großteil der betroffenen Clients hatte auch zwei Stunden später noch nichts von der Umstellung bemerkt. Diese Beobachtung lässt sich durch die vielschichtige DNS-Caching-Infrastruktur, bestehend aus rekursivem Nameserver, Betriebssystem und Browser, erklären, auf die in Abschnitt 2.7 bereits eingegangen wurde. Überraschend ist hingegen das Ergebnis einer weiteren Untersuchung, in der Pang et al. das Verhalten von rekursiven Nameservern untersuchten: Immerhin 14 % der Nameserver hielten sich nicht an den in der Zone definierten TTL-Wert und übermittelten veraltete Daten an ihre Clients.

Weitere Kritikpunkte führt RFC 3568 an [Bar+03], u.a. folgende:

- Durch kurze TTL-Werte steigt die Anzahl der DNS-Anfragen, was zu einer höheren Belastung der rekursiven Nameserver führen kann. Studien zur Untersuchung des Einflusses kurzer TTLs zeigten jedoch, dass es in der Regel nur zu einer moderaten Mehrbelastung kommt [Jun+02; BA11].

- Verwenden mehrere Benutzer einen rekursiven Nameserver, werden sie innerhalb der TTL alle auf denselben Replika-Server (bzw. denselben Cluster) verwiesen. Flash-Crowds können dadurch immer noch zu kurzfristigen Überlastungen führen.

Einfluss auf die Beobachtungsmöglichkeiten Durch die Verwendung kleiner TTL-Werte bei CDNs verbleiben Informationen für angefragte Domainnamen nur noch kurze Zeit in den Zwischenspeichern der Stub-Resolver (bzw. der rekursiven Nameserver). Bei großen TTL-Werten erhält der rekursive Nameserver nach der ersten DNS-Anfrage keine weiteren DNS-Anfragen, wenn der Nutzer auf einer Webseite navigiert und fortlaufend neue Inhalte abruft. Bei kleinen TTL-Werten muss der Stub-Resolver hingegen in relativ kurzen Zeitabständen erneut eine DNS-Anfrage stellen, wodurch der rekursive Nameserver darauf schließen kann, wie lange ein Nutzer auf einer Webseite verweilt.

Bei der von Akamai gewählten Strukturierung des Namensraums, bei der lediglich die A-Einträge der Edge-Server eine kurze TTL besitzen, lassen sich anhand der wiederkehrenden Anfragen für den generischen Domainnamen (*a1845.ga.akamai.net* im Beispiel*)* jedoch keine Rückschlüsse auf die abgerufene Webseite ziehen.

Bei anderen CDNs sind anhand der verwendeten Namen ggf. jedoch Rückschlüsse möglich: In der Webseite des Anbieters Amazon werden eingebettete Bilder mittels eines CDNs u. a. von Edge-Servern abgerufen, die über den Domainnamen *ecx.images-amazon.com* mit einer TTL von 60 Sekunden angesprochen werden. Zudem setzen inzwischen auch Webseiten, die kein CDN nutzen, kleine TTL-Werte ein, um über das DNS eine Lastverteilung zu realisieren (vgl. die Erläuterungen zu niedrigen TTLs in Abschnitt 2.7.2).

Unabhängig davon, ob die wiederkehrend angefragten Domainnamen Hinweise auf die besuchte Webseite geben oder nicht, führen kleine TTL-Werte zu einem Wachstum der Anzahl der DNS-Anfragen, die ein Nutzer in einer Sitzung stellt. Die wiederkehrenden Anfragen für einen Domainnamen können die verhaltensbasierte Verkettung von Sitzungen, auf die in Kapitel 6 eingegangen wird, begünstigen: In den in Abschnitt 7.3 durchgeführten Untersuchungen sinkt die erzielbare Verkettungsgenauigkeit erheblich, wenn die Einträge länger im *Cache* aufbewahrt werden.

2.8.2 DNS-basierte Internetsperren

In mehreren Ländern gibt es Bestrebungen, durch gesetzliche Regelungen den Zugang zu bestimmten Internetseiten zu unterbinden. Angesichts der zentralen Rolle, welche die rekursiven Nameserver bei der Namensauflösung spielen, eignen sie sich prinzipbedingt dazu, die Online-Aktivitäten ihrer Nutzer einzuschränken: Verweigert der rekursive Nameserver die Namensauflösung für einen Domainnamen, kann der Browser dessen IP-Adresse nicht ermitteln und folglich keine Verbindung zu der Seite herstellen.

Die Motivation für die Nutzung des DNS zur Etablierung von Internetsperren besteht darin, dass die Sperre anhand des Domainnamens im Vergleich zu alternativen Formen, insbesondere der Sperre auf Basis der IP-Adresse des Webservers, präziser ist [Var10]: Bei **Internetsperren auf Basis von IP-Adressen** besteht zum einen das Problem des sog. „Underblockings" (vgl. u. a. [RHR04]), d. h. es werden nicht alle IP-Adressen gesperrt, von denen der zu sperrende Inhalt abgerufen werden kann. Diese Situation kann zum Beispiel entstehen, wenn der zu sperrende Inhalt mittels eines Content-Delivery-Netzes auf zahlreichen Webservern vorgehalten wird (s. Abschnitt 2.8.1). Andererseits besteht das Problem des sog. „Overblockings" [RHR04], d. h. die Sperre betrifft auch erwünschte Inhalte, wenn diese über dieselben IP-Adressen abgerufen werden können wie die zu sperrenden Inhalte. Diese Situation tritt insbesondere beim Virtual-Hosting auf, das im Internet weitverbreitet ist [SKG07].

Zu den Staaten, in denen solche DNS-basierte Internetsperren implementiert oder diskutiert wurden, gehören u. a. China [ZE03], Pakistan [Nab13], Iran [AAH13] und die Türkei [VG12]. In den USA wurde die Implementierung von DNS-Sperren im Zuge der Einführung des „Stop Online Piracy Acts" (SOPA) bzw. des „Protect Intellectual Property Acts" (PIPA) vorgeschlagen [LLP11]. In Deutschland wurden DNS-Sperren u. a. in Zusammenhang mit dem Zugangserschwerungsgesetz („Gesetz zur Bekämpfung der Kinderpornografie in Kommunikationsnetzen") diskutiert [Kle10].

Anhand der DNS-basierten Internetsperren wird deutlich, dass die rekursiven Nameserver ein erhebliches Kontroll- und Beobachtungsinstrument darstellen. Wie im Folgenden erläutert wird, eignen sie sich jedoch nicht zur zuverlässigen Kontrolle.

Umsetzung von DNS-basierten Internetsperren und Umgehungsmöglichkeiten

Die Vorschläge zur Implementierung von Zugangsbeschränkungen mittels des DNS sehen üblicherweise vor, die Internetzugangsanbieter des jeweiligen Landes zu verpflichten, ihre rekursiven Nameserver so zu konfigurieren, dass diese bestimmte Domainnamen nicht auflösen (durch REFUSED- oder NXDOMAIN-Antworten, s. Abschnitt 2.6.3) oder Anfragen für diese Domainnamen auf eine entsprechende Hinweisseite umleiten (durch Manipulation der im A-Record übertragenen IP-Adresse).

Eine solche Internetsperre können die Nutzer leicht umgehen, da sie nicht zwangsläufig den rekursiven Nameserver des Internetzugangsanbieters verwenden müssen; sie können ihre Systeme so konfigurieren, dass diese die DNS-Anfragen an einen anderen Nameserver senden, der z. B. in einer anderen Jurisdiktion betrieben wird, die keine DNS-Sperren implementiert. Zahlreiche Anbieter stellen rekursive Nameserver – üblicherweise kostenfrei – zur Verfügung (s. Abschnitt 2.8.4). Eine wirkungsvolle Zugangsbeschränkung kann allein durch eine auf den rekursiven Nameservern implementierte DNS-Sperre daher nicht erreicht werden.

Eine zusätzliche Maßnahme zur Implementierung von Internetsperren, die etwa in China eingesetzt wird [ZE03], besteht darin, den DNS-Datenverkehr zu fremden rekursiven Nameservern zu unterbinden, etwa durch Filterung des Datenverkehrs auf dem UDP- bzw. TCP-Port 53 (vgl. Abschnitt 2.6.1). Durch diesen Angriff auf die Verfügbarkeit (s. Abschnitt 3.5) können die Nutzer nicht mehr auf einen anderen rekursiven Nameserver ausweichen. Eine solche rein portbasierte Filterung lässt sich jedoch überwinden, indem die DNS-Anfragen auf einem anderen Port an einen entsprechend konfigurierten rekursiven Nameserver gesendet werden.

Die Verwendung eines alternativen Ports zum Nachrichtentransport scheitert, wenn mittels Deep-Packet-Inspection- [Dha+03] oder Verkehrsanalyse-Techniken [ZNA05; Fin+10] DNS-Anfragen auf beliebigen Ports anhand des Nachrichtenaufbaus erkannt und unterdrückt werden. Ein Zugriff auf die gesperrten Internetseiten ist selbst in diesem Fall allerdings noch möglich, etwa indem die Nutzer einen Anonymitätsdienst wie Tor [DMS04] oder AN.ON [BFK00] einsetzen. Generische Anonymitätsdienste können grundsätzlich auch dazu eingesetzt werden, lediglich den DNS-Datenverkehr zu einem nicht-zensierenden rekursiven Nameserver zu transportieren, da die generischen Dienste jedoch zum Transport von größeren Nachrichten vorgesehen sind, ist die solchermaßen abgesicherte Namensauflösung relativ ineffizient und langsam (s. Abschnitt 5.2.2).

Die obigen Betrachtungen zeigen, dass eine wirksame Zugriffsbeschränkung mit DNS-Sperren kaum durchzusetzen ist. Eine wesentlich wirkungsvollere Maßnahme setzt hingegen bei den autoritativen Nameservern an, welche die Resource-Records vorhalten. Werden die NS-Einträge für diese Nameserver in der nächsthöheren Ebene des Namensraums, üblicherweise in den TLD-Servern, entfernt, laufen die oben angesprochenen Umgehungsmaßnahmen ins Leere, da der gewünschte Domainname von überhaupt keinem Punkt im Netz mehr aufgelöst werden kann.

2.8.3 Manipulation von NXDOMAIN-Antworten

Erreicht einen autoritativen Nameserver eine Anfrage für eine Domain, für die er zuständig ist, antwortet er entweder mit dem zugehörigen RR aus seiner Zonendatei (bei dem es sich ggf. um ein Referral zu einem anderen Nameserver handelt, s. S. 19) oder mit einem NXDOMAIN-Fehler, falls es keinen Eintrag für den angefragten Namen gibt (s. Abschnitt 2.6.3). Die meisten interaktiven Client-Anwendungen, etwa Web-Browser, präsentieren dem Nutzer üblicherweise eine Fehlermeldung, in der sie auf den nicht-existierenden Namen hinweisen. Eine häufige Ursache sind Tippfehler oder falsch geschriebene Links in Webseiten.

Motiviert durch potenzielle zusätzliche Einnahmequellen sind einige Betreiber von Nameservern dazu übergegangen, bei nicht-existenten Domains statt eines NXDOMAIN-Fehlers eine normale DNS-Antwort zurückzuliefern. Diese Antwort enthält einen A-

Record, der auf einen Webserver des Nameserver-Betreibers verweist, der den Nutzer über den Fehler informiert. Üblicherweise werden dort zusätzlich Werbebanner oder Verweise auf Partnerangebote eingeblendet, von denen der Nameserver-Betreiber eine Vergütung erhält. Auf der Fehlerseite werden mitunter auch Vorschläge zur korrekten Schreibweise des Namens oder dazu passende Suchergebnisse einer Suchmaschine aufgeführt, was nach Aussagen einiger Anbieter zu einer besseren Benutzbarkeit des World Wide Webs führe und mitunter vollmundig als „error-path correction" [Dag+08a] bezeichnet wird. Streng genommen stellen solche Aktivitäten jedoch einen **Angriff auf die Integrität** dar (s. auch Abschnitt 3.6).

2.8.3.1 NXDOMAIN-Manipulation durch autoritative Nameserver

Die erste Realisierung einer solchen „NXDOMAIN-Substitution" *durch autoritative Server* wurde im Jahr 2004 durch die ICANN (Internet Corporation for Assigned Names and Numbers) in einem ausführlichen Bericht dokumentiert [Sec04]: Die Firma Verisign, die seit dem Jahr 2000[21] für die Verwaltung der TLDs „com" und „net" zuständig ist, aktivierte am 15. Oktober 2003 ihren Dienst „SiteFinder". Dazu wurde in jede der beiden Zonen ein Wildcard-Eintrag (s. Beispiel 2.3) eingefügt. Dies hatte zur Folge, dass bei Anfragen für unregistrierte Domains kein NXDOMAIN-Fehler mehr ausgeliefert wurde, sondern die IP-Adresse eines SiteFinder-Webservers.

Unmittelbar nach der Einführung wurde die Lösung von DNS-Experten und der ICANN vehement kritisiert [Sec04]: Zum einen wurde Verisign vorgeworfen, seine herausgehobene Marktposition als Registrar unangemessen auszunutzen und die Nutzer zu bevormunden. Der SiteFinder-Dienst war nicht nur ungefragt für alle Nutzer eingeführt worden; die Nutzer hatten auch keine Möglichkeit, den Dienst wieder zu deaktivieren, d. h. es gab keine „Opt-Out"-Möglichkeit. Zum anderen machte SiteFinder bereits existierende konkurrierende Lösungen, etwa eine entsprechende Browser-Funktion zum automatische Aufruf einer Suchmaschine im Falle einer NXDOMAIN-Antwort, unbrauchbar.

Im ICANN-Bericht [Sec04] wird auch der Umgang des Systems mit E-Mails kritisiert, die einen Tippfehler in der Domain von Empfänger-E-Mail-Adressen enthalten. Durch den Wildcard-Eintrag erhielten nicht nur Web-Browser und Client-Anwendungen bei Anfragen für unregistrierte Domains eine IP-Adresse, sondern auch Mailserver – schließlich kann der autoritative Nameserver bei einer eingehenden Typ-A-Anfrage nicht unterscheiden, für welches Anwendungsprotokoll der Name aufgelöst werden soll.[22] Um den Absender über den Tippfehler zu informieren, akzeptierten die SiteFinder-Server eingehende SMTP-Verbindungen zunächst, um eingehende E-Mails dann im Laufe des Einlieferungsprozesses mit einer Fehlermeldung („bounce") abzuweisen. Durch diese Vorgehensweise

---

[21]Im Jahr 2000 hat Verisign die Firma Network Solutions, Inc. übernommen, die zu diesem Zeitpunkt als Registrar für die beiden TLDs zuständig war [Net].

[22]Mailserver stellen üblicherweise zunächst eine Anfrage für einen MX-Record, fallen jedoch automatisch auf eine A-Anfrage zurück, falls für eine MX-Anfrage keine Daten vorliegen.

erlangte Verisign jedoch Kenntnis von Absender- und Empfängeradressen, was von den Kritikern als Verstoß gegen einschlägige Datenschutzrichtlinien eingestuft wurde. Da die von SiteFinder ausgelieferten Werbebanner ein Tracking-Cookie setzten, das eine Nachverfolgung der Nutzeraktivitäten ermöglichte, waren Verisigns Beteuerungen, die Privatsphäre der Nutzer zu respektieren, wenig glaubhaft [Sec04].

Nach der Intervention der ICANN schaltete Verisign den SiteFinder-Dienst am 1. November 2003 wieder ab. Angesichts der schlechten Erfahrungen mit Verisign veröffentlichte die ICANN im Jahr 2009 ein weiteres Dokument mit Richtlinien-Charakter, welches auf die Gefahren der Verwendung von Wildcard-Einträgen auf Ebene der TLDs hinweist und erläutert, warum die ICANN diese Praktik in den gTLDs nicht duldet [ICA09].

2.8.3.2 NXDOMAIN-Manipulation durch rekursive Nameserver

Neben den autoritativen Servern sind auch *rekursive Nameserver* in der Lage, NXDO-MAIN-Antworten zu manipulieren. Auswertungen auf Basis der Daten, die mit dem am ICSI (*International Computer Science Institute* der University of California in Berkeley) entwickelten DNS-Analyse-Werkzeug *Netalyzr*[23] erhoben wurden, deuten auf eine hohe Verbreitung hin: Von 198 000 Netalyzr-Sitzungen, die zwischen den Jahren 2009 und 2011 aufgezeichnet wurden, gab es bei 27 % der Sitzungen Anzeichen dafür, dass ein rekursiver Nameserver verwendet wurde, welcher NXDOMAIN-Antworten manipuliert [Wea+11]. In einer Untersuchung von Dagon et al., in der etwa 600 000 öffentlich erreichbare rekursive Nameserver überprüft wurden, konnten bei 2 % der Server Hinweise auf die Implementierung der NXDOMAIN-Manipulation nachgewiesen werden [Dag+08a]. Der Anteil der tatsächlich betroffenen Nutzer ist in vielen Ländern jedoch deutlich höher, da vor allem große Internetzugangsanbieter wie T-Online und Alice, aber auch populäre Drittanbieter wie OpenDNS (s. Abschnitt 2.8.4) die Technik anwenden [WKP11].

Zwar erlauben die meisten Anbieter ihren Kunden inzwischen, die Funktion abzuschalten, davon macht jedoch laut Weaver et al. nur eine Minderheit Gebrauch: Nur bei 30 % der Netalyzr-Sitzungen, die Kunden der Deutschen Telekom beigesteuert hatten, gab es *keine* Anzeichen für die NXDOMAIN-Manipulation [WKP11]. Abbildung 2.10 zeigt ein Beispiel einer Fehlerseite, wie sie durch die als „Navigationshilfe" bezeichnete Funktion von T-Online im Jahr 2009 angezeigt wurde.

Derzeit wird die NXDOMAIN-Manipulation meist direkt im rekursiven Nameserver des Internetzugangsanbieters implementiert: Weaver et al. führen in [WKP11] zahlreiche darauf spezialisierte Dienstleister an, welche den Internetzugangsanbietern die benötigte Infrastruktur zur Verfügung stellen. Die Ersetzung im rekursiven Nameserver des Internet-zugangsanbieters können die Kunden durch Verwendung eines rekursiven Nameservers eines Drittanbieters (s. Abschnitt 2.8.4) umgehen. Erkenntnissen von Weaver et al. und Vixie zufolge nehmen einige Anbieter die Ersetzung daher durch direkte Manipulation

---

[23]Netalyzr ist unter *http://netalyzr.icsi.berkeley.edu* erreichbar.

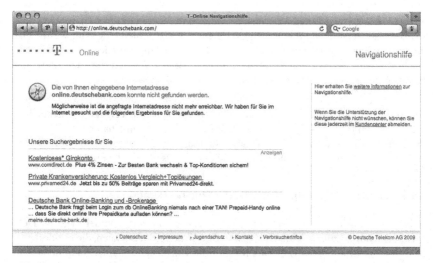

Abbildung 2.10: NXDOMAIN-Manipulation am Beispiel der „Navigationshilfe" des
Anbieters T-Online (Abb. nach [Lup09]; nachbearbeitet)

der übertragenen DNS-Nachrichten vor [WKP11; Vix09]; die Ersetzung kann dann nicht
mehr durch die Verwendung eines Drittanbieter-Nameservers umgangen werden.

Die NXDOMAIN-Manipulation durch rekursive Nameserver wird vom Security and
Stability Advisory Committee (SSAC) der ICANN abgelehnt. Als sie im Jahr 2008 dazu
einen gesonderten Bericht mit Empfehlungs-Charakter [ICA08] veröffentlicht hatte, wurde
von den Befürwortern der NXDOMAIN-Manipulation noch an einer Standardisierung
entsprechender Maßnahmen gearbeitet: Im Jahr 2009 erschien der erste Entwurf des
Internet-Standards „Recommended Configuration and Use of DNS Redirect by Service
Providers" bei der IETF [Cre+09]. Das Standardisierungsvorhaben, das u. a. von Vixie
massiv kritisiert wurde [Vix09], ist im April 2011 allerdings ergebnislos ausgelaufen.

2.8.4 Verwendung rekursiver Nameserver von Drittanbietern

Im Normalfall verwenden Internetnutzer den rekursiven Nameserver ihres Internetzugangsanbieters. Bei gängigen Breitbandzugängen übermittelt der Anbieter die IP-Adressen
von zwei rekursiven Nameservern bei der Einwahl mittels DHCP an den Internet-Router
des Kunden (s. Abschnitt 2.4.2.3). Es besteht jedoch auch die Möglichkeit, im Router oder
direkt in den Endgeräten einen anderen rekursiven Nameserver einzutragen.

Seitdem Google im Jahr 2009 kostenlose rekursive Nameserver eingeführt hat, haben sich
zahlreiche professionelle Angebote am Markt positioniert, die häufig unter den Begriffen

„Third-party DNS" [Age+10], „Public DNS" [Hua+11] oder „Cloud DNS" [KFH12] zusammengefasst werden. Während vor der Einführung von Googles Dienst wohl nur versierte Anwender von der Möglichkeit den rekursiven Nameserver eines Drittanbieters zu nutzen Gebrauch machten, wird das dazu nötige Wissen zunehmend verbreitet. Inzwischen raten auch Tageszeitungen wie die *Washington Post* und die *New York Times* sowie Zeitschriften wie die *c't*, die sich an eine breite Öffentlichkeit richten, dazu, bei Performance-Problemen auf einen Drittanbieter auszuweichen [Peg10; Pog10; Kal13].

Dieser Abschnitt ist wie folgt aufgebaut: Zunächst werden in Abschnitt 2.8.4.1 die Ursachen die zunehmende Inanspruchnahme der Dienste von Drittanbietern identifiziert. Im Anschluss daran werden in Abschnitt 2.8.4.2 die wichtigsten Anbieter vorgestellt. Abschließend werden in Abschnitt 2.8.4.3 die Konsequenzen beschrieben, welche sich aus der Inanspruchnahme eines Drittanbieters ergeben.

2.8.4.1 Motivation für den Wechsel des rekursiven Nameservers

Eine häufige Ursache für den Wechsel zu einem Drittanbieter ist Unzufriedenheit mit dem rekursiven Nameserver des eigenen Internetzugangsanbieters. Diese Unzufriedenheit erwächst zum einen aus einer **geringen Zuverlässigkeit der Namensauflösung**. Sind die rekursiven Nameserver eines Providers durch eine netzseitige Störung nicht verfügbar, führt dies für unbedarfte Nutzer auch zum Ausfall ihres Internetzugangs. Das Ausmaß von DNS-bezogenen Störungen im deutschen Markt lässt sich anhand der Datenbank des „iMonitor"-Dienstes von *heise.de* abschätzen. Bei iMonitor handelt es sich um ein Webangebot des Heise-Verlages, auf dem Nutzer Störungen ihres Internetzugangs melden können.[24] Für jede Störungsmeldung werden Zeitraum, das betroffene Gebiet (anhand der Vorwahl), der Internetzugangsanbieter sowie der Grund der Störung erfasst. Weiterhin gibt es bei iMonitor die Möglichkeit, statistische Auswertungen über verschiedene Zeiträume und Filterkriterien zu erstellen. In Tabelle 2.3 sind die Ergebnisse einer solchen Auswertung, für welche die Daten aus dem Zeitraum 01.08.2003 bis 31.07.2012 herangezogen wurden, dargestellt. Jede Spalte enthält die Anzahl der Störungsmeldungen, die zwischen dem 1. August und 31. Juli des Folgejahres erfasst wurden, sowie den Anteil der DNS-bezogenen Störungen. Bis zum Jahr 2008 betrug der Anteil der DNS-bezogenen Störungen stets über 10 %; in den letzten Jahren ist er auf unter 5 % gefallen. Die Ursache für den Rückgang lässt sich auf Basis der vorhandenen Daten nicht ermitteln. Auffällig ist jedoch, dass der Rückgang mit der Ankündigung des rekursiven Nameservers von Google zusammenfällt, über den „heise online" am 4. Dezember 2009 erstmals berichtet hat [Kir09]. Möglicherweise sind die von DNS-Störungen betroffenen Nutzer zu Googles Nameserver gewechselt.

Eine weitere Ursache für die Unzufriedenheit mit dem rekursiven Nameserver des eigenen Internetzugangsanbieters ist eine **geringe Performanz**, wodurch es zu langen Wartezeiten bei der Namensauflösung und in der Folge zu einem langsamen Aufbau von Webseiten

---

[24]Homepage: *http://www.heise.de/netze/netzwerk-tools/imonitor-internet-stoerungen/*

Tabelle 2.3: Anteil der jährlichen DNS-Störungsmeldungen im heise iMonitor

Jahr	2003	2004	2005	2006	2007	2008	2009	2010	2011
alle	3970	4372	5731	4511	3487	2929	5899	5320	5144
DNS	639	604	588	624	545	326	315	158	199
Anteil [%]	16,1	13,8	10,3	13,8	15,6	11,1	5,3	3,0	3,9

kommt. Auf Basis von 130 000 Sitzungen, die im Netalyzr-Projekt in den Jahren 2009 und 2010 erhoben wurden, stellten Kreibich et al. fest, dass einige Nameserver einen Flaschenhals darstellen: bei 9 % der Sitzungen dauerte die Namensauflösung über 300 ms länger als die bloße Paketumlaufzeit (Round-Trip-Time, abgekürzt: RTT), bei 4,6 % sogar über 600 ms länger [Kre+10]. Kreibich et al. führen dies auf eine unzureichende Dimensionierung der rekursiven Nameserver zurück. Als weitere Ursache identifizieren sie bei einem Teil der Sitzungen eine hohe Distanz zwischen Client und rekursivem Nameserver: Die Auflösung von Domainnamen, deren Eintrag bereits im Cache enthalten war, dauerte bei 11 % der Sitzungen länger als 200 ms.

Neben einer hohen Performanz und Zuverlässigkeit der Namensauflösung sind auch **Korrektheit bzw. Unverfälschtheit der Antworten** entscheidend. Weaver et al. konnten nachweisen, dass die rekursiven Nameserver einiger Internetzugangsanbieter hier erhebliche Defizite aufweisen: Neben den in Abschnitt 2.8.3 beschriebenen NXDOMAIN-Manipulationen werden mitunter auch die Adressen von existierenden Domains wie *www.google.com* oder *www.bing.com* manipuliert, um die Kunden zu werbefinanzierten eigenen Varianten dieser Seiten umzuleiten [WKP11]. Abgesehen von diesen wirtschaftlich motivierten Manipulationen durch die Anbieter selbst dürfen einige Anbieter mitunter wegen der in Abschnitt 2.8.2 erwähnten politischen Einflussnahme („DNS-Sperren") nicht für alle Domainnamen korrekte Antworten liefern. Beschränken sich entsprechende Eingriffe lediglich auf die rekursiven Nameserver der ortsansässigen Internetzugangsanbieter, können die Nutzer durch einen Wechsel zu einem Drittanbieter diese Einschränkungen umgehen (vgl. [MA08, S. 67]).

2.8.4.2 Angebote und Verbreitung

Im Folgenden werden zunächst die größten Anbieter rekursiver Nameserver vorgestellt, OpenDNS und Google. Im Anschluss wird auf weniger bekannte Angebote eingegangen.

OpenDNS   Die Firma OpenDNS wurde im Jahr 2006 von David Ulevitch gegründet [Ope].[25] Neben einem kostenlosen Angebot, das sich an Privatkunden richtet, werden kommerziell ausgerichtete Lösungen für Unternehmen, öffentliche Einrichtungen und Schulen

---

[25]Homepage: *http://www.opendns.com/*

offeriert. Die Nutzung der rekursiven Nameserver von OpenDNS ist ohne vorherige Anmeldung möglich. Weitere Zusatzdienste werden teilweise gegen Entgelt angeboten. Als
Vorzüge seiner rekursiven Nameserver stellt OpenDNS auf seiner Webseite u. a. folgende
Aspekte heraus:

Schutz vor Infektionen mit Schadsoftware Durch die Analyse des Anfrageverhaltens
   aller OpenDNS-Nutzer werden Zugriffe auf die Kontrollserver von Botnetzen erkannt und verhindert, um eine Ausbreitung einzudämmen. Als Beispiel ist die
   Flashback-Schadsoftware zu nennen, welche sich im April 2012 auf zahlreichen
   Apple-Rechnern verbreitet hat [Rho12].

Filterung von Web-Inhalten Anhand einer von OpenDNS gepflegten Filter-Liste mit
   verschiedenen Kategorien können z. B. DNS-Anfragen, welche zu Webseiten mit
   jugendgefährdenden Inhalten führen, auf eine Fehlerseite umgeleitet werden.

Schutz vor DNS-Rebinding-Angriffen Durch Analyse aufeinanderfolgender Anfragen
   versuchen die OpenDNS-Nameserver DNS-Rebinding-Angriffe zu verhindern.

Hohe Performanz Durch die Abwicklung einer großen Menge von Anfragen liegen zu
   jedem Zeitpunkt die Resource-Records einer Vielzahl von Domainnamen im Cache
   der rekursiven Nameserver vor, wodurch kurze Antwortzeiten möglich sind.

Die rekursiven Nameserver sind durch die Verwendung der IP-Anycast-Technik unter den
weltweit einheitlichen Adressen 208.67.222.222 und 208.67.220.220 ansprechbar. Huang et
al. zufolge unterhielt OpenDNS im Jahr 2011 Nameserver an acht verschiedenen Standorten
in Nordamerika bzw. an zwei Standorten in Europa [Hua+11]. Als nachteilig wird hingegen
die Tatsache eingeschätzt, dass die Nameserver von OpenDNS NXDOMAIN-Antworten
(s. Abschnitt 2.8.3) manipulieren [WKP11].

Google Public DNS Im Dezember 2009 kündigte Google seinen Dienst „Public DNS"
an [Ram09].[26] Dabei handelt es sich um allgemein verfügbare rekursive Nameserver,
welche unter den Adressen 8.8.8.8 und 8.8.4.4 erreichbar sind. Auch Google setzt bei seinen
rekursiven Servern die IP-Anycast-Technik ein. Mit fünf Standorten in Nordamerika, vier
in Europa, zwei in Asien sowie einem in Südamerika wiesen die rekursiven Nameserver
von Google im Jahr 2011 eine höhere geographische Verbreitung auf als die Server von
OpenDNS [Hua+11]. Google verfolgt eigenen Angaben zufolge drei Ziele mit dem Public-
DNS-Dienst [Ram09; Goo12a]: eine höhere Geschwindigkeit, besserer Schutz vor DNS-
Spoofing-Angriffen sowie wahrheitsgemäße Antworten. Im Folgenden werden die von
Google identifizierten Ursachen und die implementierten Lösungsansätze kurz erläutert.

Das aus Googles Sicht wichtigste Ziel betrifft die **unzureichende Geschwindigkeit der
Namensauflösung**. Die Paketumlaufzeit zwischen Client und rekursivem Nameserver
ist laut Google nicht der ausschlaggebende Grund für lange Antwortzeiten bei der Namensauflösung. Stattdessen sieht Google „Cache-Misses", also Anfragen, die der rekursive

---

[26]Homepage: *https://developers.google.com/speed/public-dns/*

Nameserver nicht direkt aus seinem Cache beantworten kann, als Hauptursache für eine hohe Antwortzeiten. Neben möglichst kurzen Distanzen zwischen Nameservern und Clients sowie der ausreichenden Dimensionierung der verfügbaren Ressourcen weist Google daher besonders auf seine mehrstufige, von den Nameservern gemeinsam genutzte Cache-Hierarchie hin, um unnötige Cache-Misses zu vermeiden. Weiterhin werden populäre Namen vor Ablauf der TTL automatisch erneut aufgelöst („Prefetching"), sodass Client-Anfragen für diese Namen stets völlig verzögerungsfrei beantwortet werden können.[27]

Google argumentiert weiterhin, dass auch das zweite Ziel – der **Schutz der Integrität der übermittelten Daten** – bei den Nameservern vieler Internetzugangsanbieter nicht gewährleistet ist: Diese weisen Google zufolge mitunter erhebliche Sicherheitsmängel auf, weshalb Außenstehende DNS-Spoofing-Angriffe (s. S. 116) durchführen könnten, solange der Sicherheitsstandard DNSSEC (s. S. 120) noch nicht flächendeckend verfügbar ist. Die Nameserver von Google implementieren nach eigenen Angaben daher zahlreiche Sicherheitsmechanismen, um solche Angriffe zu erschweren. Zu beachten ist allerdings, dass diese Mechanismen lediglich Schutz gegenüber außenstehenden Angreifern bieten, die Nutzer jedoch nicht vor Manipulationen durch Google, den Betreiber der Nameserver, schützen können.

Als dritten Vorzug führt Google an, dass der Public-DNS-Dienst stets **unmodifizierte und wahrheitsgemäße DNS-Antworten** liefert – im Gegensatz zu den rekursiven Nameservern von Internetzugangsanbietern und Anbietern wie OpenDNS.

Weitere Angebote   Neben OpenDNS und Google gibt es inzwischen zahlreiche weitere Drittanbieter, die rekursive Nameserver für Privat- und Geschäftskunden anbieten. Die Angebote adressieren verschiedene Zielsetzungen, u. a. den Schutz der Privatsphäre sowie den unbeschränkten Zugang zu allen Domainnamen sowie den Schutz vor Schadsoftware und jugendgefährdenden Inhalten. Neben den kommerziellen Betreibern gibt es auch eine Reihe von Nameservern, die von gemeinnützigen Organisationen betrieben werden, etwa dem Digitalcourage e. V. (vormals: Verein zur Förderung des öffentlichen bewegten und unbewegten Datenverkehrs e. V., abgek. „FoeBuD").

Tabelle 2.4 gibt einen Überblick über eine Auswahl von Drittanbietern.[28] Die ausgewählten Anbieter waren im Januar 2014 am Markt aktiv und offerierten einen öffentlichen rekursiven Nameserver. Zusätzlich ist in der Tabelle der amerikanische Internetzugangsanbieter Level 3 aufgeführt, welcher dafür bekannt ist, dass er die Nutzung seiner rekursiven Nameserver nicht auf seinen Kundenkreis beschränkt und fremde Nutzer duldet. Level 3 bewirbt seine Nameserver jedoch im Gegensatz zu den anderen Anbietern nicht als eigenständiges Produkt. Die Tabelle nennt jeweils beispielhaft die IP-Adresse eines

---

[27]Die Prefetching-Funktionalität wurde lediglich in der ursprünglichen Ankündigung erwähnt [Ram09]. In der derzeit verfügbaren Erläuterung auf der Projekt-Webseite [Goo12a] findet sich hingegen kein Hinweis mehr darauf (Stand: Januar 2014).

[28]Eine aktuelle Aufstellung öffentlich verfügbarer Nameserver findet sich etwa unter *http://public-dns.tk/*.

Tabelle 2.4: Drittanbieter für rekursive Nameserver

	Anbieter und Homepage	Nameserver	Z	S	F	PP	AC
1	Digitalcourage	85.214.20.141	ja				
2	German Privacy Foundation	87.118.100.175	ja				
3	Censurfridns	89.233.43.71	ja				
4	OpenDNS	208.67.222.222		ja	ja	ja	ja
5	Google Public DNS	8.8.8.8		ja		ja	ja
6	Symantec Norton DNS	199.85.126.10		ja	ja	ja	ja
7	Comodo Secure DNS	8.26.56.26		ja			ja
8	Neustar DNS Advantage	156.154.70.1		ja			ja
9	Securly	184.169.143.224			ja		
10	Level 3	4.2.2.2					ja

Beworbene Eigenschaften: [Z] keine Implementierung von Zensurmechanismen; **[S]** Schutz vor Schadsoftware; **[F]** Möglichkeit zur Filterung von Seiten mit unerwünschten Inhalten; **weitere Eigenschaften: [PP]** öffentlich verfügbare Privacy-Policy für Nameserver; **[AC]** Nameserver auf mehrere Standorte verteilt (IP-Anycast-Technik)
Internetauftritte der Anbieter: [1]*http://digitalcourage.de*, [2]*http://server.privacyfoundation.de*, [3]*http://blog.censurfridns.dk*, [4]*http://opendns.com*, [5]*https://developers.google.com/speed/public-dns*, [6]*https://dns.norton.com*, [7]*http://comodo.com*, [8]*http://dnsadvantage.com*, [9]*http://securly.com*, [10]*http://level3.com*

rekursiven Nameservers pro Anbieter. Weiterhin sind die auf den jeweiligen Internetseiten der Anbieter beworbenen Vorzüge dargestellt: Die Mehrzahl der Anbieter gibt an, ihre Kunden durch die Hinterlegung von entsprechenden Domain-Listen vor dem Besuch von Webseiten, die Schadsoftware verbreiten, zu schützen. Einige Betreiber bieten darüber hinausgehende Filter-Möglichkeiten an. Die nichtkommerziellen Dienste versprechen hingegen, sich staatlichen Zensurbestrebungen zu widersetzen und eine völlig ungefilterte Namensauflösung zu ermöglichen. Auffällig ist, dass nur vier der elf Angebote auf ihren Webseiten eine Datenschutz-Erklärung vorhalten, in der explizit darauf eingegangen wird, welche Daten auf den Nameservern erhoben werden und wie diese verarbeitet werden. Die Mehrzahl der kommerziellen Angebote betreibt ihre Nameserver mittels der IP-Anycast-Technik an mehreren Standorten.

Zunehmende Popularität   Es gibt Hinweise darauf, dass inzwischen ein substanzieller Anteil der Nutzer die rekursiven Nameserver von Drittanbietern verwendet. Nach eigenen Angaben stieg die Anzahl der DNS-Anfragen beim Dienst OpenDNS von durchschnittlich drei Milliarden pro Tag im Jahr 2007 auf 30 Milliarden pro Tag im Jahr 2010 [Ope07; Owel]. Während das Unternehmen im Jahr 2010 angab, dass etwa 1 % aller Internetnutzer den Dienst nutzten [Owel], wurde diese Schätzung im Jahr 2012 bereits auf 2 % angehoben. Googles Public-DNS-Dienst, der erst seit 2009 angeboten wird, beantwortete nach eigenen

Angaben im Februar 2012 bereits durchschnittlich 70 Milliarden Requests pro Tag [Che12]. Die übrigen Drittanbieter machen keine Angaben zum Anfragevolumen.

Unabhängig von den eigenen Angaben der Anbieter ist die Nutzung von Drittanbieter-Nameservern auch in wissenschaftlichen Untersuchungen feststellbar. Huang et al. veröffentlichten im Jahr 2011 die Ergebnisse einer Studie von Microsoft Research, in der sie bei einem Teil der Besucher einer populären Webseite den verwendeten Nameserver ermittelten [Hua+11]. Der Datensatz umfasst einen Zeitraum von acht Wochen und enthält Zugriffe von etwa fünf Millionen unterschiedlichen IP-Adressen. Etwa 2,5 % der Internetnutzer verwendeten einen rekursiven Nameserver eines Drittanbieters. Level 3 und OpenDNS, auf die jeweils 1 % der Anfragen entfielen, waren dabei deutlich populärer als Googles Public-DNS-Dienst, der zum Zeitpunkt der Untersuchung erst seit sechs Monaten am Markt war. Zu vergleichbaren Ergebnissen kommt die im Jahr 2012 veröffentlichte Studie von Gehlen et al., in welcher der Datenverkehr von etwa 30 000 Kunden eines italienischen Internetzugangsanbieters analysiert wurde [Geh+12]. In diesem Datensatz nutzten mehr als 3 % der Kunden den Nameserver eines Drittanbieters, wobei auf OpenDNS etwa 1 % zurückgriffen und auf Google etwa 0,5 %. Die Nameserver-Drittanbieter werden demnach auch von europäischen Nutzern verwendet. In der Studie von Callahan et al. [CAR13] wurden 3 % der beobachteten Anfragen zu Nameservern von Drittanbietern gesendet, wobei 1 % auf die Nameserver von Google entfiel.

Es ist zu erwarten, dass der Anteil der Nutzer, die zu einem rekursiven Nameserver eines Drittanbieters wechseln, weiter steigt. Diese Entwicklung wird zum einen durch die allgemein steigende Sensibilisierung von Nutzern bzw. Unternehmen für Schadsoftware und Phishing begünstigt. OpenDNS bezeichnet sich inzwischen selbst als „Cloud-Internet-Security"-Dienst [Ope13]. Die Einstufung als Cloud-Dienst ist durchaus gerechtfertigt, da die kommerziell betriebenen rekursiven Nameserver eine gute Skalierbarkeit und Ressourcen-Elastizität aufweise – zwei Kriterien, die für den allgemeinen Erfolg von Cloud-Computing-Diensten verantwortlich sind (vgl. die Überblicksartikel von Armbrust et al. [Arm+09; Arm+10]). Auch die einfache Einrichtung, der Verzicht auf Hard- oder Software vor Ort beim Kunden sowie die gut aufbereiteten Auswertungen und Anpassungsmöglichkeiten erleichtern den Wechsel. Ob die in den Nameservern hinterlegten Filterlisten einen tatsächlichen Sicherheitsgewinn bringen, ist für die meisten Nutzer allerdings nur schwer überprüfbar. Sie sind auf die Einschätzung von Sicherheitsexperten angewiesen, etwa dem Bundesamt für Sicherheit in der Informationstechnik (BSI), das in seinen „Empfehlungen zur Cybersicherheit" explizit die Verwendung der Nameserver von OpenDNS [Bun12b; Bun12a] empfiehlt, um Windows-PCs abzusichern. Dass das BSI dabei nicht auf die Risiken hinweist, ist allerdings problematisch.

2.8.4.3 Konsequenzen der Nutzung von Drittanbietern

Der Wechsel zu einem rekursiven Nameserver eines Drittanbieters hat weitreichende Konsequenzen für den Nutzer. Im Folgenden wird dies anhand der vier Aspekte Zuverlässigkeit, Performanz, Sicherheit und Beobachtbarkeit herausgearbeitet.

Zuverlässigkeit Da es sich um ihr Kerngeschäft handelt, haben die Drittanbieter ein großes Interesse an einer hohen Zuverlässigkeit ihrer rekursiven Nameserver. Um Ausfälle zu vermeiden, setzen viele Anbieter Lastverteilungssysteme ein, welche die eingehenden Anfragen auf mehrere Server aufteilen. Die Anbieter können dadurch flexibel auf Lastspitzen reagieren, und Hardware-Ausfälle wirken sich nicht mehr unmittelbar auf die Verfügbarkeit des Dienstes aus. Die höhere Zuverlässigkeit ist auch in der Praxis messbar: Kreibich et al. stellten bei der Untersuchung des Netalyzr-Datensatzes fest, dass die Fehlerraten bei den OpenDNS-Sitzungen deutlich niedriger waren als im Mittel [Kre+10]. Während die Domain *www.microsoft.com* im Mittel in 0,8 % der Sitzungen nicht aufgelöst werden konnte, trat nur bei 0,4 % der OpenDNS-Sitzungen ein Fehler auf.

Performanz der Namensauflösung Überraschender ist hingegen die Tatsache, dass die Drittanbieter hinsichtlich der Performanz der Namensauflösung nicht eindeutig besser abschneiden als die Nameserver der Internetzugangsanbieter. Zu diesem Ergebnis kommt die o. g. Netalyzr-Studie: Während die minimale Antwortzeit bei den Nameservern der Internetzugangsanbieter nur bei 9 % der Sitzungen über 200 ms lag, wurde dieser Wert bei 16 % der OpenDNS-Sitzungen überschritten [Kre+10]. Zu einem vergleichbaren Ergebnis kommt die Studie von Ager et al., in der 50 Internetzugangsanbieter betrachtet wurden [Age+10]. Bei jedem der Anbieter wurde über den Internetzugang eines Kunden die Paketumlaufzeit zum Nameserver des Internetzugangsanbieters gemessen und mit den Umlaufzeiten zu den Servern der Drittanbieter Google und OpenDNS verglichen. Bei 21 Anbietern war die Paketumlaufzeit zu den Servern der Drittanbieter um mindestens 25 ms langsamer. Diese Ergebnisse weisen darauf hin, dass die Nameserver der Drittanbieter deutlich weiter von den Clients entfernt sind als die Nameserver der Internetzugangsanbieter. Diese Vermutung wird u. a. in [Hua+11; KFH12] empirisch bestätigt. Da CDNs zur Ermittlung des nächstgelegenen Replika-Servers den rekursiven Nameserver als Stellvertreter für den Client verwenden (vgl. Abschnitt 2.8.1), wirkt sich die Verwendung eines Drittanbieters bei solchen Angeboten sogar in doppelter Hinsicht negativ aus: Zum einen ist die Namensauflösung selbst langsamer, zum anderen ist die Antwortzeit des ausgewählten Webservers höher.

Sicherheit Weiterhin stellt sich die Frage, inwiefern die Nameserver der Drittanbieter ein höheres Sicherheitsniveau bieten können als die Nameserver der Internetzugangsanbieter. In diesem Zusammenhang geht es weniger um anbieterspezifische Funktionen, mit denen potenziell gefährliche Domainnamen gesperrt werden, sondern um den **Schutz der Integrität der DNS-Antworten** (s. Definition 3.2 in Abschnitt 3.6). Wegen der noch geringen Verbreitung von DNSSEC müssen die rekursiven Nameserver eine Reihe von Sicherheitsmechanismen implementieren, um sicherzustellen, dass Außenstehende die Antworten nicht manipulieren können.

Von den Drittanbietern nennt lediglich Google in der Dokumentation seines Public-DNS-Dienstes unter der Überschrift „Security Benefits" [Goo12b] die implementierten Mechanismen zum Schutz gegen Cache-Poisoning-Angriffe (s. Abschnitt 3.7.3.2):

- Die rekursiven Nameserver führen eine grundlegende Validitätsprüfung der von den autoritativen Nameservern erhaltenen DNS-Antworten durch.

- Die rekursiven Nameserver erhöhen in den Anfragen an die autoritativen Nameserver die Entropie, etwa durch eine zufällige Wahl des UDP-Quell-Ports, die zufällige Variation des kontaktierten autoritativen Nameservers sowie durch die Verwendung des sog. 0x20-Encodings, bei dem Domainnamen in den DNS-Anfragen in zufälliger Groß-/Kleinschreibung übertragen werden.

- Die rekursiven Nameserver entfernen Duplikate aus der Anfrage-Warteschlange, um Geburtstagsangriffe zu verhindern.

In Abschnitt 3.6.3 wird auf diese Techniken zum Schutz der Integrität noch näher eingegangen. Die Ergebnisse der Netalyzr-Studie belegen, dass auch die Internetzugangsanbieter damit begonnen haben, Sicherheitsmechanismen zu implementieren [Wea+11]: Bei allen größeren Internetzugangsanbietern verwendeten die rekursiven Nameserver zumindest zufällige UDP-Quell-Ports.

Beobachtbarkeit Schließlich ist festzustellen, dass die Verwendung des rekursiven Nameservers eines Drittanbieters Auswirkungen auf die Beobachtbarkeit der Aktivitäten von Internetnutzern hat. Der Drittanbieter erfährt bei der Erbringung seiner Dienstleistung zwangsläufig die von den Nutzern angefragten Domainnamen, aus denen sich Interessen und Verhaltensweisen ableiten lassen. Natürlich sieht auch der Nameserver des eigenen Internetzugangsanbieters die aufgelösten Namen – allerdings ist dies im direkten Vergleich als weniger problematisch einzustufen, wie die folgenden Überlegungen zeigen.

Zum einen kann der Internetzugangsanbieter diejenigen Informationen, welche ein rekursiver Nameserver eines Drittanbieters sammeln kann, d. h. welche Domainnamen von einem Kunden zu welchem Zeitpunkt aufgelöst wurden, auch auf andere Weise ermitteln, etwa durch die **Analyse der übermittelten UDP-Pakete**.

Darüber hinaus hat der Internetzugangsanbieter noch **weitreichendere Möglichkeiten**, um die Aktivitäten seiner Kunden zu beobachten, da er Zugriff auf den gesamten Datenverkehr hat. Statt lediglich die DNS-Nachrichten heranzuziehen, kann er z. B. auch die Empfänger-IP-Adressen der TCP-Verbindungen auswerten, an die der Nutzer beim Besuch einer Webseite seine HTTP-Anfragen sendet. Durch Verwendung eines rekursiven Nameservers eines Drittanbieters kann das beim Internetzugangsanbieter vorhandene Beobachtungspotential daher nicht reduziert werden. Vielmehr entstehen durch den Wechsel zusätzliche Beobachtungsmöglichkeiten beim Drittanbieter.

Schließlich besteht mit dem Internetzugangsprovider üblicherweise ein **Vertragsverhältnis**, in dem geregelt ist, welche Informationen erhoben und gespeichert werden. Ein belastbares Vertragsverhältnis besteht bei Drittanbietern, welche die Namensauflösung mitunter kostenlos und ohne Anmeldung erbringen, hingegen häufig nicht. Weiterhin unterliegen die in Deutschland am Markt tätigen Internetzugangsanbieter – im Gegensatz zu den teilweise im Ausland ansässigen Drittanbietern – gesetzlichen Regelungen wie dem Telemediengesetz und Telekommunikationsgesetz. Darin werden u. a. explizite Anforderungen an den Datenschutz formuliert.

2.8.5 Auswertung des DNS-Datenverkehrs

Das Interesse an der Analyse des DNS-Datenverkehrs ist in den letzten Jahren gestiegen. In diesem Abschnitt wird aufgezeigt, dass Aufzeichnung, Auswertung und Analyse inzwischen mit geringem Aufwand möglich sind.

Query-Log-Protokollierung Die gängigen Nameserver-Implementierungen bieten die Möglichkeit, die eingehenden DNS-Anfragen zu protokollieren und für spätere Auswertungen in einer Datei abzuspeichern. Bei BIND wird diese Funktion als „querylog" bezeichnet [Int13b, S. 169]. Wird diese Funktion auf einem rekursiven Nameserver aktiviert, werden Zeitstempel, IP-Adresse des anfragenden DNS-Clients, die angefragte Domain und der angeforderte RR-Typ erfasst. Das Aktivieren der Anfrageprotokollierung führt in der Praxis zu einer erheblichen Mehrbelastung für den Nameserver. Diese Form der Aufzeichnung des DNS-Datenverkehrs ist daher nur eingeschränkt praxistauglich.

Passive-DNS-Replication Die Passive-DNS-Replication-Technik, die von Weimer vorgestellt wurde [Wei05], war ursprünglich nicht zur Beobachtung des Nutzerverhaltens vorgesehen, sie stellt jedoch einen wesentlichen Entwicklungsschritt dar, der die Beobachtung von Internetnutzern zukünftig erleichtern könnte.

Die Problemstellung, welche die Entwicklung der Passive-DNS-Technik motivierte, besteht darin, dass die auf den autoritativen Nameservern hinterlegten Daten flüchtig sind und nur so lange abgerufen werden können, wie der autoritative Nameserver sie vorhält. Dieser Umstand wird von sog. Botnetzen ausgenutzt, bei denen Schadprogramme durch einen sog. „Command & Control Server" (abgek. „C&C-Server") ferngesteuert werden. Die zum Auffinden des C&C-Servers verwendeten Domainnamen existieren allerdings nur sehr kurze Zeit (sog. „Fast-Flux-Netze" [Hol+08]). Da die C&C-Server bei einer späteren forensischen Analyse des Schadprogramms nicht mehr auffindbar sind, ist die Verfolgung der Betreiber eines Botnetzes häufig unmöglich. Eine fortlaufende Abfrage der autoritativen Nameserver („polling") ist nicht praktikabel, da die autoritativen Nameserver üblicherweise keine Zonentransfers zulassen (s. Abschnitt 2.6.4) und dementsprechend alle abzufragenden Domainnamen bekannt sein müssten. Dies ist bei Fast-Flux-Netzen jedoch gerade nicht der Fall. Zudem würde die kontinuierliche Abfrage einer großen Menge von Domainnamen ein erhebliches Datenvolumen erzeugen.

Die Idee der Passive-DNS-Replication-Technik besteht darin, anstelle des Pollings den ohnehin anfallenden DNS-Datenverkehr zu analysieren und dadurch eine Replika der verteilten DNS-Datenbank anzufertigen. Dazu betreibt eine Organisation, etwa ein Unternehmen oder ein Internetzugangsanbieter, passive Sensoren, welche die DNS-Anfragen und -Antworten protokollieren und in komprimierter Form in einer proprietären Datenstruktur abspeichern (s. u. a. [ME12]). Dadurch lassen sich „Snapshots" der DNS-Datenbank anfertigen, die alle Daten enthalten, die zu einem früheren Zeitpunkt auf den autoritativen Nameservern hinterlegt waren bzw. von diesen abgerufen worden waren. Weiterhin lässt sich für einen gegebenen Domainnamen nachvollziehen, wann dieser erstmals angefragt wurde, wann sich die hinterlegten RRs geändert haben und über welchen Zeitraum sich die Anfragen verteilt haben. Durch statistische Auswertung der Passive-DNS-Datenbank lassen sich Anomalien aufdecken [ZBW07; Der+12] und Fast-Flux-Netze entdecken [Kan11; PCG12]. Die Passive-DNS-Replication-Technik wird inzwischen an zahlreichen Standorten eingesetzt. Für die Protokollierung und effiziente Abspeicherung existieren stabile Sensor-Implementierungen für alle gängigen Betriebsumgebungen. Im Februar 2014 existieren zumindest zwei öffentlich abfragbare Datenbanken: *http://www.bfk.de/bfk_dnslogger_de.html* und *https://www.dnsdb.info*.

Konsequenzen für die Beobachtbarkeit von Nutzern   Ursprünglich war bei der Passive-DNS-Replication-Technik vorgesehen, die DNS-Anfragen zwischen rekursiven und autoritativen Nameservern zu protokollieren, da für die forensische Analyse von Schadsoftware lediglich die Domainnamen und die hinterlegten RRs benötigt wurden. Weimer weist explizit darauf hin, dass die Privatsphäre der Nutzer durch die Speicherung und Analyse der erhobenen Daten nicht beeinträchtigt werde [Wei05]. Die von ihm entwickelte Software *dnslogger* entfernt dazu die Sender-IP-Adresse vor der Abspeicherung.

Allerdings kann eine Organisation ihre Passive-DNS-Replication-Infrastruktur grundsätzlich auch dazu einsetzen, um die DNS-Anfragen auf einem Verbindungsabschnitt zu protokollieren, der zwischen den Nutzern und dem rekursiven Nameserver liegt. Durch geringfügige Anpassungen an der Sensor-Implementierung kann neben den übrigen Daten auch die IP-Adresse der Anfragesteller erfasst werden. Es gibt bereits erste Vorschläge, von dieser Möglichkeit Gebrauch zu machen: So stellen Ishibashi et al. ein System vor, mit dem ein Internetzugangsanbieter durch passive Analyse der DNS-Anfragen die Kunden identifizieren kann, deren Endgeräte durch Schadsoftware befallen sind [Ish+05]. An der Universität Amsterdam wurde bereits zuvor ein Intrusion-Detection-System entwickelt, das die DNS-Anfragen von Nutzern und die IP-Adressen der Anfragenden heranzieht [SH06].

Die beschriebenen Entwicklungen deuten darauf hin, dass die Protokollierung und Auswertung weiter zunehmen werden. Durch die Verfügbarkeit effizienter Aufzeichnungs-, Speicher- und Auswertungstechniken, die aus der Passive-DNS-Replication-Technik hervorgegangen sind, ist der Aufwand deutlich geringer als bei der Verwendung der zuvor erläuterten Query-Log-Funktionalität.

2.8.6 Fazit

In diesem Abschnitt wurden fünf Veränderungen identifiziert, welche im Zusammenhang mit der Betrachtung der Beobachtungsmöglichkeiten und der Möglichkeiten zum Schutz vor Beobachtung von Bedeutung sind. Im einzelnen sind dies:

Die Verbreitung von **Content-Delivery-Netzen** nimmt zu. Diese implementieren Anfrage-Routing und Last-Verteilung, indem sie RRs mit kurzen TTLs nutzen. Dadurch sinkt die Zeitspanne, in der ein Nutzer wiederkehrende Anfragen für denselben Domainnamen für Außenstehende unbeobachtbar stellen kann, da der angefragte RR nur noch wenige Sekunden im Zwischenspeicher des Stub-Resolvers vorgehalten wird. Verletzungen der Integrität der Namensauflösung nehmen zu, wie die Bestrebungen zur Einführung **DNS-basierter Internetsperren** und die von einigen Anbietern praktizierte **NXDOMAIN-Manipulation** zeigen. Die o. g. bewusste Einschränkung der Dienstqualität bei den rekursiven Nameservern führt bei Nutzern zunehmend zum Wunsch, **rekursive Nameserver von Drittanbietern** zu verwenden. Dadurch entstehen zusätzliche Beobachtungsmöglichkeiten. Durch die Verfügbarkeit der **Passive-DNS-Replication-Techniken** sinkt der Aufwand für die Protokollierung, Speicherung und Analyse von DNS-Anfragen.

2.9 DNS-Anwendungen

Wie in Abschnitt 2.2 ausgeführt wurde das DNS ursprünglich als verteilter Namensdienst für das Internet entworfen, welcher die für Menschen leicht zu merkenden Domainnamen in die für das Routing von Datenpaketen benötigten IP-Adressen übersetzen sollte. Diese ursprüngliche Aufgabe wird im Folgenden als **Adressauflösung** bezeichnet, um die Abgrenzung vom bisher verwendeten generischen Begriff „Namensauflösung" zu verdeutlichen.

Der äußerst generische Entwurf des DNS führte zur Entwicklung neuer Anwendungen, welche die geschaffenen Infrastrukturen, Schnittstellen und Protokolle für ihre eigenen Zwecke nutzen, also anstelle von IP-Adressen anwendungsspezifische Daten auf den autoritativen Nameservern hinterlegen und über einen Domainnamen abrufbar machen. Diese Anwendungen werden im Folgenden unter dem Begriff **DNS-Anwendungen** subsumiert. Die Nutzung des DNS für anwendungsspezifische Zwecke wird von der IETF toleriert und durch einen Leitfaden [Pet+12] unterstützt, in dem erörtert wird, welche Konsequenzen sich aus der Nutzung des DNS für neuartige Anwendungen ergeben und worauf Anwendungsentwickler achten müssen.

In diesem Abschnitt wird eine Auswahl der in der Praxis verbreiteten bzw. noch in der Entwicklung befindlichen DNS-Anwendungen vorgestellt. Die Auseinandersetzung mit existierenden und geplanten DNS-Anwendungen ist im Rahmen der Dissertation aus zwei Gründen erforderlich:

- Zum einen existieren bei einigen DNS-Anwendungen spezifische Beobachtungs-möglichkeiten, die sich von den Beobachtungsmöglichkeiten unterscheiden, die sich aus der Adressauflösung ergeben. Dies trifft insbesondere auf den E-Mail-Versand und -Empfang (s. Abschnitte 2.9.1 bis 2.9.3) sowie auf die ENUM- und ONS-Dienste (s. Abschnitte 2.9.4 und 2.9.5) zu.
- Zum anderen gibt es für einige DNS-Anwendungen, etwa den ENUM- und den ONS-Dienst (s. Abschnitte 2.9.4 und 2.9.5), bereits Vorschläge zum Schutz vor Beobachtung; auf diese wird in Abschnitt 5.2.2 und Abschnitt 5.2.3 eingegangen.

Die spezifischen Beobachtungsmöglichkeiten, die sich bei den einzelnen DNS-Anwendungen ergeben, werden in den jeweiligen Abschnitten erörtert. Auf die grundsätzlichen Beobachtungsmöglichkeiten, die sich durch die *Adressauflösung im Kontext von Arbeitsplatz-Rechnern beim Web-Surfen* ergeben, wird in Kapitel 4 eingegangen.

Dieser Abschnitt ist wie folgt aufgebaut: Zunächst werden in Abschnitt 2.9.1, der historischen Entwicklung folgend, die zur Zustellung von E-Mails verwendeten MX-Records sowie die generischen SRV- und TXT-Records beschrieben. In Abschnitt 2.9.2 werden DNS-Blocklisten vorgestellt, die zur Abwehr von unerwünschten Spam-Mails eingesetzt werden. Dieselbe Zielsetzung wird mit den in Abschnitt 2.9.3 behandelten Techniken SPF, SenderID und DKIM verfolgt. Anschließend werden in Abschnitt 2.9.4 der ENUM-Dienst sowie in Abschnitt 2.9.5 der ONS-Dienst vorgestellt. Abschließend folgt eine Beschreibung der Techniken DANE und CAA sowie des ICSI-Notary-Dienstes, mit denen die Gegenstellen-Authentifizierung im TLS-Protokoll verbessert werden soll (s. Abschnitt 2.9.6).

2.9.1 Generische Record-Typen

Eine der ersten Funktionen, die das DNS über die reine Adressauflösung hinaus erweitert, wird bereits in RFC 974 [Par86] definiert: Dabei handelt es sich um die Ermittlung des Mailservers, welcher für eine bestimmte Domain zuständig ist. Dessen IP-Adresse wird im **MX-Record** (abgeleitet von *Mail Exchanger*) einer Domain hinterlegt. Liefert ein Nutzer eine E-Mail bei einem Mailserver ein, stellt dieser eine MX-Anfrage an seinen rekursiven Nameserver, der diese an den autoritativen Nameserver der Domain des in der E-Mail angegebenen Empfängers weiterleitet. Ist ein MX-Record hinterlegt, enthält er den Domainnamen des Mailservers, der Mails für diese Domain entgegennimmt. Ist kein MX-Record hinterlegt, wird davon ausgegangen, dass der Mailserver die IP-Adresse hat, welche für den A-Record der Domain hinterlegt ist [Kle08b, S. 69 f.].

Aus Anfragen für MX-Records resultieren folgende **Beobachtungsmöglichkeiten:** Der vom Mailserver des Absenders verwendete **rekursive Nameserver** erfährt die Domainnamen der E-Mail-Adressen der Empfänger, die u. U. Rückschlüsse auf das Kommunikationsverhalten ermöglichen. Der **autoritative Nameserver** erfährt hingegen lediglich die IP-Adresse des rekursiven Nameservers (vgl. Abschnitt 2.6.2.3). Eine ausführlichere Diskussion der Beobachtungsmöglichkeiten der Nameserver folgt bei der Betrachtung der *Beobachtungsmöglichkeiten beim Empfang von E-Mails* in den Abschnitten 2.9.2.4 und 2.9.3.4.

Neben dem MX-Record-Typ, der bereits zum Zeitpunkt der Standardisierung Teil des DNS war, wurden später weitere RR-Typen hinzugefügt, um Einträge mit einer Semantik zu versehen. Die Verwendung von dedizierten Record-Typen für neuartige Anwendungen entspricht der vom Internet Architecture Board präferierten Methode zur Erweiterung des DNS [Int+09]. Um unkontrollierte Änderungen am DNS-Standard zu vermeiden, muss zur Registrierung neuer Record-Typen ein Standardisierungsprozess durchlaufen werden.

Eine Generalisierung des MX-Record-Typs stellt der in RFC 2782 eingeführte **Record-Typ SRV** („Service Locator") dar [GVE00]. Mit einem SRV-Record kann ein Zonenadministrator auf einen Host verweisen, der innerhalb einer Domain für einen bestimmten, wohldefinierten Service zuständig ist. So verweist der SRV-Record der Domain *_ldap._tcp.example.com* einen DNS-Client auf einen Host, auf dem ein TCP-fähiger LDAP-Server betrieben wird, der für die Domain *example.com* zuständig ist. Durch die Verwendung der generischen SRV-Records kann also auf die Definition protokollspezifischer Record-Types (wie etwa MX) verzichtet werden. Am MX-Record-Typ wird aus Kompatibilitätsgründen jedoch festgehalten.

Hinsichtlich der **Beobachtungsmöglichkeiten** unterscheiden sich SRV-Records von A-Records: Während bei der normalen Adressauflösung der **rekursive Nameserver** lediglich darauf schließen kann, mit welchem Host ein Client in Verbindung treten möchte, erfährt er bei SRV-Records zusätzlich den in Anspruch genommenen Dienst. In Bezug auf die **autoritativen Nameserver** gilt das bereits Gesagte (vgl. Abschnitt 2.6.2.3).

In der Vergangenheit haben neuartige Anwendungen stattdessen häufig auf den **TXT-Record-Typ** zurückgegriffen, der bereits in RFC 1035 aufgeführt wird [Moc87b, S. 20]. Dieser Record-Typ war ursprünglich zur Speicherung von Zeichenfolgen vorgesehen, die Anwendern zusätzliche Hinweise zu einem Domainnamen geben sollten. TXT-Records lassen sich jedoch auch dazu verwenden, um beliebige Daten im DNS abzulegen. Diese Zweckentfremdung wird in RFC 1464 legitimiert [Ros93]. Die Daten müssen dazu nicht unbedingt im ASCII-Format vorliegen, da es keine Vorgaben bezüglich des Zeichensatzes für Labels („any binary string whatever can be used as the label of any resource record" [EB97, S. 13 f.]) bzw. für die im TXT-RR hinterlegten Werte („<character-string> is a single length octet followed by that number of characters. <character-string> is treated as binary information, and can be up to 256 characters in length (including the length octet)" [Moc87b, S. 13,20]) gibt. In der Praxis werden Binärdaten mitunter jedoch, etwa durch Base64-Kodierung, in den ASCII-Zeichenraum überführt, bevor sie im DNS als Label oder Wert verwendet werden.

Über die **Beobachtungsmöglichkeiten**, die sich bei TXT-Anfragen ergeben, lassen sich keine allgemeinen Aussagen treffen, da sie von den verwendeten Domainnamen und den Inhalten abhängen, die eine Anwendung dort hinterlegt.

2.9.2 DNS-Blocklisten

DNS-Blocklisten werden dazu verwendet, um Informationen über die Reputation von
IP-Adressen oder Domains zu hinterlegen und über das DNS zur Verfügung zu stellen.
Die Blocklisten werden von Systemadministratoren dazu verwendet, Datenverkehr und
Nachrichten von Systemen, die in der Vergangenheit negativ aufgefallen sind, abzulehnen.

Die Entwicklung der DNS-Blocklisten geht auf Dave Rand und Paul Vixie zurück, die ab
1997 eine Liste von IP-Adressen führten, von denen unerwünschter Datenverkehr ausging
bzw. die für den Versand von unerwünschten E-Mails (Spam) missbraucht wurden [Lev10,
S. 1]. Da Vixie an der Entwicklung des DNS beteiligt war, lag es für ihn nahe, die Liste über
das DNS der Öffentlichkeit zur Verfügung zu stellen. Diese erste DNS-Blockliste wurde
als „Real-time Blackhole List" bzw. RBL bezeichnet. Da die Abkürzung „RBL" inzwischen
ein Markenname der Firma Trend Micro ist [Lev10, S. 1], wird inzwischen üblicherweise
die Abkürzung DNSBL verwendet.

Dieser Abschnitt ist wie folgt aufgebaut: Zunächst werden zwei gängige Varianten von
Blocklisten beschrieben: Reputationsbasierte DNSBLs (s. Abschnitt 2.9.2.1) enthalten
Angaben bezüglich der Vertrauenswürdigkeit von IP-Adressen, wohingegen inhaltsbasierte DNSBLs (s. Abschnitt 2.9.2.2) Aussagen über den Inhalt von E-Mails machen. In
Abschnitt 2.9.2.3 wird auf die Schwächen der Verfahren eingegangen. Abschließend werden in Abschnitt 2.9.2.4 die Beobachtungsmöglichkeiten betrachtet, die sich aus der Nutzung von DNSBLs ergeben.

2.9.2.1 Reputationsbasierte DNS-Blocklisten

Es gibt zahlreiche Anbieter von reputationsbasierten DNSBLs, die sich hinsichtlich Ausrichtung (kostenlose oder kommerzielle Diensterbringung) und Aufnahmekriterien unterscheiden. Typische Aufnahmekriterien sind [Coo+06]:

- In der Vergangenheit wurden von einer IP-Adresse aus Spam-Nachrichten versendet. Einige Anbieter betreiben dedizierte, ungenutzte E-Mail-Server (sog. „spam
  traps" oder „honeypots"), um eingehende Spam-Nachrichten zu analysieren; andere
  Anbieter bieten ihren Nutzern die Möglichkeit, auffällige Adressen zu melden bzw.
  selbst in die Liste einzutragen.

- Unter einer IP-Adresse ist ein Mailserver erreichbar, welcher den Versand von E-
  Mails ohne Authentifizierung ermöglicht (sog. „open relay" [PHM08])

- Eine IP-Adresse gehört zu einem Adressbereich, welcher für die Einwahl von privaten
  Endkunden verwendet wird („dial-up addresses" oder „dynamic addresses"). Dieses
  Aufnahmekriterium ist dadurch motiviert, dass reguläre Mailserver nicht von den
  Nutzern zu Hause betrieben werden, sondern von Internetzugangsanbietern oder
  dedizierten E-Mail-Anbietern. Eine Sperre solcher Adressbereiche verhindert die
  Annahme von Spam-Nachrichten, welche über Botnetze von den Endgeräten der
  Endkunden versendet werden.

Die konkreten Prozesse zur Aufnahme von IP-Adressen in die Blocklisten bzw. deren Entfernung sind anbieterspezifisch. RFC 6471 gibt diesbezüglich einige organisatorische Empfehlungen [LS12]. Die technische Umsetzung ist hingegen weitgehend einheitlich gestaltet. Sie orientiert sich an RFC 5782 [Lev10], in dem der Aufbau der Einträge und deren Semantik beschrieben werden. Für eine DNSBL wird demnach eine dedizierte Zone eingerichtet, zum Beispiel *sbl.spamhaus.org*. Für jede in der Blockliste enthaltene IP-Adresse existiert ein A-Record. Die Verwendung von DNSBLs wird an einem Beispiel deutlich.

Beispiel 2.6. Bei einer eingehenden Verbindung durchläuft ein Mailserver folgende Schritte (vgl. [Ait11, S. 201] und [Sch07b, S. 63]):

1. Der Mailserver ermittelt die IP-Adresse, von der aus die SMTP-Verbindung aufgebaut wurde, zum Beispiel: 13.0.1.77.

2. Anhand der IP-Adresse muss nun der Domainname in der DNSBL gebildet werden. Die Oktette der Adresse werden dazu wie bei der Rückwärtsauflösung von IP-Adressen in Domainnamen (s. Abschnitt 2.5) in umgekehrter Reihenfolge angeordnet. Im Beispiel ergibt sich so der Name *77.1.0.13.sbl.spamhaus.org*.

3. Der Mailserver stellt eine A-Anfrage für diesen Domainnamen an seinen rekursiven Nameserver. Dieser ermittelt die Antwort beim zugehörigen autoritativen Nameserver des DNSBL-Anbieters (oder entnimmt sie ggf. seinem Cache).

4. Der Mailserver nimmt die Antwort des rekursiven Nameservers entgegen. Existiert ein Eintrag für die IP-Adresse in der DNSBL, erhält er einen A-Record mit einer IP-Adresse aus dem Bereich von 127.0.0.1 bis 127.0.0.255. Üblicherweise wird dabei die Adresse 127.0.0.2 verwendet. Mit dem letzten Oktett der IP-Adresse können die DNSBL-Anbieter den Grund für die Eintragung kodieren. Ausführlichere Informationen werden mitunter in einem zusätzlichen TXT-Record hinterlegt. Wird hingegen ein NXDOMAIN-Fehler (s. Abschnitt 2.6.3) zurückgeliefert, ist die angefragte Adresse nicht in der DNSBL enthalten.

5. In Abhängigkeit von der Antwort weist der Mailserver den Verbindungswunsch ab oder fährt mit dem Empfang der E-Mail fort. □

Neben DNS-Blacklists, welche IP-Adressen mit schlechter Reputation enthalten, bieten einige DNSBL-Anbieter auch **DNS-Whitelists** an, welche die IP-Adressen von legitimen E-Mail-Servern enthalten. Da eine vollständige Datenbank aller legitimen E-Mail-Server im Internet kaum zu pflegen ist, beschränken sich DNS-Whitelists üblicherweise auf die Mailserver von großen E-Mail-Anbietern. Sie werden in Kombination mit einer DNS-Blacklist eingesetzt und sollen verhindern, dass durch einen fehlerhaften Eintrag in einer Blacklist versehentlich große Mengen von legitimen Nachrichten abgelehnt werden (sog. falsch-positive Fehler, s. Abschnitt 2.9.2.3).

Für den Betreiber eines Mailservers haben DNSBLs zwei Vorteile [Coo+06]: eine potenziell **hohe Erkennungsrate** bei gleichzeitig **geringem Ressourcenverbrauch**. Ein einzelner

Mailserver, der nur die bei ihm eingehenden Nachrichten sieht, kann mitunter nicht erkennen, dass von einer IP-Adresse gerade eine große Anzahl von Nachrichten an eine Vielzahl von Empfängern verschickt wird. Erst durch den Zugriff auf die DNSBL, die durch Aggregation vieler Einzelereignisse eine zentralisierte Datenbasis bereitstellt, kann er dieses Fehlverhalten erkennen und entsprechende E-Mails ablehnen. Die zentralisierte Bereitstellung reduziert zudem den Ressourcenverbrauch der Spam-Erkennung. Mit DNSBLs können eingehende Spam-Nachrichten bereits in einer sehr frühen Phase des Einlieferungsprozesses abgelehnt werden. Die wesentlich aufwendigere Analyse des Nachrichteninhalts ist dann nicht mehr erforderlich.

2.9.2.2 Inhaltsbasierte Blocklisten

Die bisher behandelten „klassischen" DNSBLs enthalten Informationen bezüglich der Reputation von IP-Adressen und erlauben die Ablehnung von E-Mails unmittelbar nach dem Aufbau der SMTP-Verbindung. Zur zuverlässigen Erkennung von Spam-Nachrichten reicht es allerdings nicht aus, die IP-Adresse des einliefernden Mailservers zu überprüfen. Inhaltsbasierte Blocklisten bieten die Möglichkeit, als zusätzliches Kriterium den Nachrichteninhalt zu berücksichtigen. Im Unterschied zu den reputationsbasierten DNSBLs kommen inhaltsbasierte Blocklisten allerdings erst nach der Übermittlung des E-Mail-Inhalts zum Einsatz, woraus ein höherer Ressourcenverbrauch auf dem Mailserver resultiert.

Dazu können sog. **URIBLs** („URI Blacklists") eingesetzt werden, die auf der Beobachtung basieren, dass Spam-Versender ihre Nachrichten zwar über eine Vielzahl von IP-Adressen bei den Mailservern einliefern können, sie jedoch nur eine begrenzte Menge von Webseiten betreiben, auf denen sie die beworbenen Produkte zum Kauf anbieten. URIBLs enthalten Einträge für Domainnamen, die im Text von Spam-Nachrichten vorkommen. Der Mailserver durchsucht beim Empfang einer E-Mail den Text nach Links und extrahiert daraus die Domainnamen. Die einzelnen Domainnamen werden dann mit dem Domainnamen der URIBL konkateniert, um sie in der URIBL nachzuschlagen. Ein Vertreter dieser Art ist der Dienst *uribl.com* [Uri].

Eine weitere Variante von DNSBLs, mit denen Spam-Nachrichten anhand ihres Inhalts erkannt werden können, setzt auf **Hashwerte des Nachrichteninhalts**. Um dabei kleinere Abweichungen im Nachrichtentext tolerieren zu können und auf denselben Hashwert abzubilden, kommt dabei üblicherweise ein unscharfes Hashverfahren (engl. „fuzzy hashing") zum Einsatz. Im Rahmen des Projekts „NiX-Spam" (*http://www.nixspam.org/*) des Heise-Verlags wird u. a. eine solche Hash-DNSBL angeboten, die in Verbindung mit dem populären Anti-Spam-Programm SpamAssassin eingesetzt werden kann .[29] Bei NiX-Spam werden die Fuzzy-Hashwerte ausschließlich aus der Struktur des E-Mail-Inhalts ermittelt: Dazu wird die Anzahl der Leerzeichen je Zeile sowie die Abfolge der Satzzeichen bestimmt und mit dem MD5-Verfahren in einen Hashwert überführt [Ung04].

---

[29]Detail-Informationen sind unter *http://www.ixhash.net/* bzw. *http://spamassassin.apache.org/* verfügbar.

2.9.2.3 Kritik

Schryen benennt drei wesentliche Nachteile von DNS-basierten Blocklisten [Sch07b, S. 63 f.]: falsch-negative Fehler, falsch-positive Fehler, den steigenden Datenverkehr sowie die Abhängigkeit vom DNS.

Die Blocklisten können nie vollständig sein, da Spam-Versender IP-Adressen nur kurzzeitig verwenden. Dadurch veralten die Einträge in den Listen, und Spam wird nicht erkannt, was **falsch-negative Fehler** verursacht. Zum anderen kommt es in der Praxis vor, dass die IP-Adressen von legitimen Mailservern in die Blocklisten aufgenommen werden. In der Folge werden auch die E-Mails der berechtigten Nutzer dieser Mailserver abgewiesen (**falsch-positive Fehler**). Die Genauigkeit von DNSBLs wurde bereits eingehend untersucht [SBJ08]. Sinha et al. stellten im Jahr 2008 fest, dass etwa 20 % der Spam-Nachrichten von keiner der vier untersuchten DNSBLs erkannt wurden und bis zu 10 % der legitimen Nachrichten zu unrecht abgewiesen wurden [SBJ08]. Zudem weisen einige DNSBLs eine hohe Reaktionszeit auf, bis sie eine IP-Adresse in die DNSBLs aufnehmen [RFV07]. Da Spam-Versender inzwischen zunehmend auf Botnetze setzen, können solche DNSBLs mit den dort häufig wechselnden IP-Adressen nicht Schritt halten, wie eine Untersuchung am Beispiel des Conficker-Wurms zeigte [SG10].

Schryen weist ferner darauf hin, dass die Verwendung von DNSBLs zu einer **Steigerung des übertragenen Datenvolumens** führt. In der Tat sind Blocklisten inzwischen für einen erheblichen Anteil aller DNS-Anfragen verantwortlich: Jung und Sit gaben im Jahr 2004 den Anteil der DNSBL-Anfragen mit 14 % des gesamten Nachrichtenaufkommens an [JS04].

Ferner ist zu bedenken, dass die Verwendung von DNSBLs eine zusätzliche **Abhängigkeit vom DNS** bedingt. Zum einen muss sich ein Mailserver auf die Integrität der erhaltenen DNSBL-Antworten verlassen; zum anderen gelingt die Spam-Abwehr mit DNSBLs nur dann, wenn Verfügbarkeit bzw. Erreichbarkeit der beteiligten rekursiven bzw. autoritativen DNS-Server gewährleistet sind.

Neben der von Schryen vorgetragenen Kritik besteht bei DNSBLs das Risiko, dass der DNSBL-Anbieter seine Vertrauensstellung missbraucht. Da ein Mailserver die Entscheidungshoheit über den Empfang von E-Mails durch die Konsultation von DNSBLs teilweise aufgibt und an einen Drittanbieter auslagert, muss dessen Betreiber darauf vertrauen, dass der DNSBL-Anbieter alle Anfragen korrekt beantwortet und nicht unabsichtlich oder absichtlich falsche Antworten liefert.

2.9.2.4 Beobachtungsmöglichkeiten

Die DNS-Anfragen, die der Mailserver zur Abfrage der DNSBLs stellt, können Aufschluss über die Kommunikationsbeziehungen der Nutzer geben, die auf dem Mailserver ein E-Mail-Postfach haben. Dabei ist zwischen den Beobachtungsmöglichkeiten auf dem rekursiven Nameserver, an den der Mailserver die Anfragen sendet, und den autoritativen Nameservern, auf denen die DNSBL vorgehalten wird, zu unterscheiden.

Der **rekursive Nameserver** kann in den DNS-Anfragen zum einen die IP-Adresse des Mailservers beobachten, da der Mailserver, der die E-Mails entgegennimmt, die DNS-Anfragen stellt. Darüber hinaus kann der rekursive Nameserver die aufgelösten Domainnamen beobachten. Die aufgelösten Domainnamen enthalten bei *reputationsbasierten DNSBLs* die IP-Adressen derjenigen Mailserver, welche E-Mails an den betrachteten Mailserver senden. Anhand der IP-Adressen der einliefernden Mailserver lässt sich mitunter auf die Organisation schließen, welcher ein Absender angehört. Dies gelingt allerdings nicht, falls ein Mailserver von einem externen Dienstleister oder dem Internetzugangsanbieter betrieben wird; in diesem Fall ist anhand der IP-Adresse des Mailservers kein Rückschluss auf die Organisation oder das Unternehmen des Absender möglich. Bei *inhaltsbasierten DNSBLs* enthalten die DNS-Anfragen die Domainnamen von URLs (Uniform Resource Locator, [BLMM94]), die in den empfangenen E-Mails enthalten sind. Diese können Rückschluss auf den Nachrichteninhalt und die Organisation des Absenders geben. Nutzt ein Unternehmen einen rekursiven Nameserver eines Drittanbieters (s. Abschnitt 2.8.4), kann dieser also bei der Verwendung von DNSBLs u. U. auf Beziehungen zu anderen Unternehmen schließen.

Der **autoritative Nameserver**, auf dem die DNSBL vorgehalten wird, wird vom rekursiven Nameserver kontaktiert, den der Mailserver zur Namensauflösung einsetzt. Betreibt eine Organisation ihren rekursiven Nameserver selbst, kann dessen IP-Adresse Rückschlüsse auf die Identität der Organisation geben (s. auch Abschnitt 2.6.2.3). Der DNSBL-Betreiber kann in diesem Fall nachvollziehen, welche Mailserver E-Mails an die Organisation senden und – je nach Caching-Verhalten mehr oder weniger genau – die Zeitpunkte und das Volumen der empfangenen E-Mails bestimmen. Einblick in das Sendeverhalten der Organisation hat er hingegen nicht – es sei denn, die Mailserver der E-Mail-Empfänger verwenden dieselben DNSBLs wie der Absenders.

2.9.3 Authentifizierung von E-Mail-Absendern

Die in Abschnitt 2.9.2 beschriebenen DNS-Blocklisten ermöglichen die Ablehnung von unerwünschten Nachrichten anhand der Reputation der einliefernden Mailserver und anhand der Nachrichteninhalte. Ein komplementärer Ansatz besteht darin, legitime E-Mails als solche zu erkennen. Hierzu existieren drei Konzepte, welche auf das DNS zurückgreifen: das Sender Policy Framework (SPF), das Sender Identification Framework (SenderID) sowie DomainKeys Identified Mail (DKIM). Aus technischer Sicht liegt es nahe, das DNS für diesen Zweck zu verwenden, da das Routing von E-Mails zu ihrem Ziel ohnehin bereits durch das DNS kontrolliert wird und daher eine inhärente Abhängigkeit zum DNS besteht. Informationen bezüglich der empfangenden Mailserver liegen im Namensdienst bereits vor. Durch die vorgeschlagenen Anpassungen können nun auch Daten über die sendenden Mailserver erfasst werden – und zwar individuell durch die Betreiber der Mailserver, also genauso dezentral wie auch die Mailserver organisiert sind.

Alle drei Ansätze verfolgen das Ziel, die Identität des Senders einer E-Mail festzustellen und zu überprüfen, ob die angebliche Identität des Senders auch berechtigterweise verwendet wird, also ob die Identität *authentisch* ist. Dadurch kann verhindert werden, dass E-Mails unter Angabe eines falschen Namens bzw. einer falschen Absenderadresse versandt werden – eine Schwäche des E-Mail-Systems, die in der Vergangenheit für Phishing-Angriffe ausgenutzt wurde [Her09]. Das übergeordnete Ziel wird auf unterschiedlichen Wegen erreicht: SPF und SenderID erlauben es, den Pfad, auf dem eine E-Mail zum Ziel transportiert wird, etappenweise zu authentifizieren; bei DKIM wird hingegen unmittelbar der Inhalt der Nachricht authentifiziert [Mes11].

Die Argumentation der Befürworter der Techniken ist wie folgt [Cro08]: Nachrichten von einem vertrauenswürdigen Absender, dessen Identität durch eines der Verfahren bestätigt wurde, können dem Empfänger direkt zugestellt werden – falsche Ablehnungsentscheidungen (falsch-positive Fehler bei Blacklists) sind dabei ausgeschlossen. Für die verbleibenden E-Mails kann zur Entscheidungsfindung weiterhin auf Blacklists bzw. die Analyse des Nachrichten-Inhalts zurückgegriffen werden.

Dieser Abschnitt ist wie folgt aufgebaut: In Abschnitt 2.9.3.1 wird das SPF- und SenderID-Verfahren beschrieben, in Abschnitt 2.9.3.2 das DomainKeys-Verfahren. Im Anschluss daran wird in Abschnitt 2.9.3.3 die in der Literatur geäußerte Kritik an den Verfahren vorgetragen, bevor abschließend in Abschnitt 2.9.3.4 die Beobachtungsmöglichkeiten erörtert werden. Für eine detaillierte Darstellung wird auf die Veröffentlichungen der Messaging Anti-Abuse Working Group (MAAWG) [Cro08; Mes11] sowie den Artikel von Herzberg [Her09] verwiesen, auf denen die nachfolgenden Ausführungen basieren.

2.9.3.1 Funktionsweise von SPF und SenderID

Das Sender Policy Framework (SPF) ist in RFC 4408 spezifiziert. Es versetzt den Inhaber eines Domainnamens in die Lage, in seiner Zone Angaben zu den Mailservern zu machen, welche er für den Versand von E-Mails verwendet, d. h. in denen sein Domainname im Absenderfeld enthalten ist. Ein Mailserver, der eine Nachricht empfängt, kann dadurch während der Nachrichtenübermittlung überprüfen, ob er die E-Mail von einem von der Domain berechtigten Mailserver erhält. Dadurch soll verhindert werden, dass E-Mails mit gefälschten Absender-Adressen übermittelt werden.

Um SPF zu implementieren, muss der Inhaber einer Domain einen TXT-Record für seinen Domainnamen anlegen, in dem ein sog. Policy-Record hinterlegt wird. Langfristig soll statt des generischen TXT-Record-Types hierfür der dedizierte SPF-Record-Type verwendet werden. Der SPF-Record enthält eine Liste von Termen, mit denen die berechtigten bzw. nicht berechtigten IP-Adressen definiert werden.

Die SPF-Implementierung auf dem empfangenden Mailserver basiert auf der E-Mail-Adresse, welche der sendende Mailserver mit dem SMTP-Kommando „MAIL FROM" übermittelt. Der empfangende Mailserver ruft den Policy-Record für die Domain dieser E-Mail-Adresse ab und überprüft, ob die IP-Adresse des sendenden Mailservers darin als berechtigt eingestuft wird. Die Funktionsweise wird anhand des nachfolgenden Beispiels deutlich.

Beispiel 2.7. In der Zone der Domain *example-bank.de* sei folgender TXT-Record eingetragen: „v=spf1 +IP4:123.1.1.10 +IP4:123.1.1.20 -all". Ein Mailserver empfängt von der IP-Adresse 123.1.1.20 eine E-Mail. Dabei werden folgende Daten über die SMTP-Verbindung gesendet:

```
HELO mx1.example-bank.de
MAIL FROM: <info@example-bank.de>
RCPT TO: <max@mustermann.name>
DATA
From: Example Bank <info@example-bank.de>
To: Max Mustermann <max@mustermann.name>
Subject: Hinweis zu Ihrem Example-Bank-Depot

Hallo Herr Mustermann,
[...]
.
QUIT
```

Der empfangende Mailserver ruft vor der endgültigen Zustellung den TXT-Record für den Domainnamen *example-bank.de* ab, da dieser im MAIL-FROM-Kommando übermittelt wurde. Am Präfix „v=spf1" erkennt der Mailserver, dass es sich um einen SPF-Policy-Record handelt. Danach werden die einzelnen Terme von links nach rechts abgearbeitet, um die Identität des sendenden Servers zu überprüfen. Ein „+" weist den Mailserver darauf hin, dass die darauffolgende IP-Adresse für den Mailversand berechtigt ist, ein „-" hingegen deutet auf einen nicht berechtigten Mailserver hin. Im Beispiel sind zwei Adressen berechtigt; der letzte Term stuft alle verbleibenden Adressen als nicht berechtigt ein. Im Ergebnis wird der Mailserver die E-Mail also akzeptieren.   □

Eine wesentliche Einschränkung von SPF besteht darin, dass lediglich die MAIL-FROM-Adresse zur Überprüfung herangezogen wird. Diese Adresse muss jedoch nicht unbedingt mit der E-Mail-Adresse im „From"-Header, welche dem Nutzer im E-Mail-Programm angezeigt wird, übereinstimmen. Dadurch könnte dem Nutzer eine gefälschte Absenderadresse präsentiert werden, obwohl die E-Mail die SPF-Authentifizierung erfolgreich durchlaufen hat. Dieser Mangel soll durch das **SenderID-Framework** [LW06b] behoben werden. Dabei kommen ebenfalls Policy-Records im DNS zum Einsatz, die jedoch eine leicht von SPF abweichende Syntax verwenden. Der wesentliche Unterschied zu SPF besteht darin, dass der empfangende Mailserver bei der SenderID-Authentifizierung die Policy-Records auch für die E-Mail-Adresse nachschlägt, die im „From"-Header übermittelt wird.

2.9.3.2 Funktionsweise von DKIM

Bei DomainKeys Identified Mail (DKIM), das in RFC [All+07] spezifiziert ist, wird die Authentizität des Senders sichergestellt, indem E-Mails vom Sender mit einer digitalen

Signatur versehen werden. DKIM unterscheidet sich von anderen Ansätzen zur Signatur (und Verschlüsselung) von elektronischen Nachrichten, etwa S/MIME [RS03] und PGP bzw. OpenPGP [Zim95; Cal+07], hinsichtlich folgender Aspekte:

- DKIM adressiert nicht das Ziel, den Nachrichteninhalt vertraulich zu übermitteln. Dementsprechend sieht es keine Möglichkeit zur Verschlüsselung der Nachricht vor.

- Bei S/MIME bzw. PGP/OpenPGP werden die Nachrichten üblicherweise vom sendenden Benutzer in dessen E-Mail-Programm signiert bzw. verschlüsselt. Die Prüfung der Signatur erfolgt im E-Mail-Programm des Empfängers. Bei DKIM wird die Signatur hingegen erst auf dem Transportweg ermittelt und der Nachricht hinzugefügt, etwa von dem Mailserver, bei dem die Nachricht vom Sender eingeliefert wird.

- Bei DKIM kann der Sender öffentlich bekannt geben, dass er ausschließlich signierte E-Mails versendet und demnach unsignierte E-Mails, die unter Verwendung seiner Identität verschickt werden, nicht von ihm stammen. Diese Information wird in einem speziellen DNS-Eintrag, der *Author Domain Signing Practice* (ADSP), hinterlegt [All+09]. Bei S/MIME bzw. PGP/OpenPGP gibt es diese Möglichkeit nicht.

- Bei S/MIME bzw. PGP/OpenPGP werden öffentliche Schlüssel üblicherweise von Zertifizierungsinstanzen oder anderen Nutzern beglaubigt und in Verzeichnissen zur Verfügung gestellt. Bei DKIM werden sie hingegen dezentral über das DNS zur Verfügung gestellt und lediglich vom jeweiligen Inhaber unterschrieben.

Die Funktionsweise von DKIM wird anhand des folgenden Beispiels deutlich.

Beispiel 2.8. Im Beispiel sendet Bob, der bei *firma.de* arbeitet, eine E-Mail an Alice, die bei *organisation.de* arbeitet. Bobs Firma hat DKIM implementiert und möchte alle Empfänger, die ebenfalls DKIM implementieren, darauf hinweisen, dass sämtliche E-Mails, die ihre Nutzer versenden, eine gültige DKIM-Signatur enthalten müssen. Andernfalls sollen die Empfänger davon ausgehen, dass die E-Mail einen gefälschten Absender aufweist und nicht zugestellt werden soll. Dazu veröffentlicht das Unternehmen einen TXT-Record für *_adsp._domainkey.firma.de* mit ihrer Author Domain Signing Practice. Im Beispiel ist dies „dkim=discardable".

Beim Versand einer Nachricht fügt der Mailserver *mx2.firma.de* jeder E-Mail eine digitale Signatur hinzu, die über die E-Mail-Header gebildet wird, welche den Sender identifizieren und dem Nutzer angezeigt werden (u. a. der „From"-Header). Optional kann die Signatur auch über weitere Header-Felder sowie den eigentlichen Nachrichteninhalt gebildet werden. Die Signatur wird zusammen mit Angaben zur Bildungsvorschrift, zum verwendeten Algorithmus sowie zum Ort, an dem der öffentliche Schlüssel heruntergeladen werden kann, im Header „DKIM-Signature" hinterlegt, wie der folgende Ausschnitt aus einer Nachricht zeigt (angelehnt an [Cro08, S. 15]):

```
Received: from mx2.firma.de (HELO mx2.firma.de) (212.3.0.4)
  by mx1.organisation.de with SMTP; 31 Aug 2012 19:53:28 -0000
```

```
DKIM-Signature: v=1; a=rsa-sha1; c=relaxed/relaxed; s=hamburg;
  d=firma.de;
  h=From:To:Subject:Mime-Version:Message-ID:Content-Type:Date;
  i=author@firma.de; bh=EMR7D1qC7ykz41K8ArLCt++IWxM=;
  b=TGkNEq7fW4OIno/5DlX2qHDQeRmzhY+uiTzEcxu2KIKC+4B7+i2olIWGZP9
    JBnOR4Ck6iAiidnRjDLuc2QJh3ifDNPWJ6xYjiuE73ilCZfbtNOr2MVke9p
    RU4aydBQ5DSCFS7YhUFB22CT7OMutZkaDFSZZpqI5vTlSWm9MI8PM=
Date: Fri, 31 Aug 2012 19:53:27 -0000
From: "Bob Smith" <bob@firma.de>
To: alice@organisation.de
Subject: Unser Meeting
Sender: bob@firma.de
Return-Path: bounce-4101674@firma.de Mime-Version: 1.0
Message-ID: <20080324040103985572.328428@firma.de
...
```

Der Mailserver, der E-Mails für *organisation.de* empfängt, implementiert ebenfalls DKIM. Für jede eingegangene E-Mail überprüft er, ob der Sender eine ADSP hinterlegt hat, indem er eine entsprechende TXT-Anfrage stellt. Im Beispiel erhält er eine positive Antwort, da der oben dargestellte ADSP-Eintrag existiert. Um die Signatur und damit die Identität von Bob zu überprüfen, muss der empfangende Mailserver *mxl.organisation.de* diese mit dem zugehörigen öffentlichen Schlüssel validieren. Den Schlüssel bezieht er ebenfalls mit einer TXT-Anfrage für den Domainnamens *hamburg._domainkey.firma.de*, den er aus den Angaben im „DKIM-Signature"-Header bildet. Im Beispiel sieht der Eintrag wie folgt aus:

```
g=*; k=rsa;
p=QIdfMA0GCSqGSIb3DQEBAQUAZ4GNADCBiQKBgQC61RrUNTIcNbf/+f5Co2V37GM
vPQdbUVyjgvLXrUKAXeJDwYVumAtE9BovuDZNYxcgG2oy7mkcZX/3rBF5SJX9Cp5y
wOaxuMpzkuzPQq26h+2+MLuvtJtfDIzaHgNeEJOjMeq7s9RFQHRr9g26lkZQTRAob
8YevaA1KHiNNyIaZuQIDAQAB;
```

    ☐

Ein wesentlicher Unterschied zu SPF und SenderID besteht darin, dass bei DKIM eine unmittelbare Authentifizierung der Senderidentität bzw. des Nachrichteninhalts stattfindet. Alle dazu erforderlichen Informationen und Modifikationen stehen unter der Kontrolle des Senders. Bei SPF und SenderID erfolgt die Authentifizierung hingegen anhand der IP-Adressen der am Transport beteiligten Mailserver, die mitunter nicht vom Sender kontrolliert werden. DKIM ist daher wesentlich flexibler und robuster als die anderen beiden Verfahren (s. auch Abschnitt 2.9.3.3).

2.9.3.3 Kritik

Die drei vorgestellten Verfahren weisen konzeptionelle Schwächen auf, die ihren Einsatz in der Praxis erschweren [Her09]. Wie Herzberg erläutert, führt die Verwendung von

Mail-Weiterleitungsdiensten oder Mailinglisten dazu, dass der Sender bei Verwendung von SPF und SenderID fälschlicherweise nicht authentifiziert werden kann, da es sich beim einliefernden Server nun nicht mehr um einen vom Sender autorisierten Server handelt, sondern um den Server des Weiterleitungsdienstes. Die vorgeschlagenen Abhilfen haben sich nach Herzbergs Ausführungen in der Praxis noch nicht durchgesetzt. Auch bei DKIM kann es zu fehlerhaften Zurückweisungen kommen, wenn die signierten Header von Intermediären unberechtigterweise modifiziert werden.

Weiterhin wird kritisiert, dass Phishing-Angriffe trotz Sender-Authentifizierung weiterhin möglich sind: Anstelle einen bereits registrieren Namen beim Mailversand zu nutzen und eine gefälschte Identität zu verwenden, können die Angreifer auch selbst Domains registrieren, die einen plausiblen, ähnlich klingenden Namen aufweisen. In ihrem eigenen Domainnamen können sie SPF-, SenderID- und DKIM-Records eintragen und dadurch authentifizierte E-Mails übermitteln. Herzbergs Untersuchungen deuten darauf hin, dass nur wenige Nutzer solche Phishing-Angriffe erkennen [Her09].

Herzberg kritisiert, dass die genannten Techniken darauf angewiesen sind, dass die übermittelten DNS-Nachrichten nicht manipuliert werden. Dies ist erst mit der Einführung von DNSSEC (s. Abschnitt 3.6.3) gewährleistet.

2.9.3.4 Beobachtungsmöglichkeiten

Die Sender-Authentifizierung mittels DNS-Anfragen kann auch Auswirkungen auf die Privatsphäre von Nutzern haben. Aus den gestellten DNS-Anfragen können sowohl der vom Mailserver des Empfängers verwendete rekursive Nameserver als auch die autoritativen Nameserver Informationen über die Kommunikationsbeziehungen der Nutzer gewinnen.

Der **rekursive Nameserver** erfährt bei allen drei Varianten der Sender-Authentifizierung die Domainnamen der einliefernden Mailserver bzw. die Domainnamen, welche in den E-Mailadressen der Absender enthalten sind; bei DNS-Blocklisten (s. Abschnitt 2.9.2) erfährt er hingegen lediglich die IP-Adressen der einliefernden E-Mail-Server. Insbesondere die Absender-Domainnamen sind tendenziell aussagekräftiger als die IP-Adressen der einliefernden Mailserver (vgl. Abschnitt 2.9.2.4). Wie beim Einsatz von DNS-Blocklisten liegen dem rekursiven Nameserver auch Informationen über den Absender einer E-Mail vor, so dass die übrigen Ausführungen in Abschnitt 2.9.2.4 auch bei der Verwendung der Techniken zur Sender-Authentifizierung zutreffen.

Ein Unterschied zu DNSBLs besteht allerdings in Bezug auf die Beobachtungsmöglichkeiten der **autoritativen Nameserver**. Die autoritativen Nameserver, auf denen die SPF-, SenderID- und DKIM-Records vorgehalten werden, stehen üblicherweise unter der Kontrolle der E-Mail-Absender, d. h. im Gegensatz zu DNSBLs werden sie nicht bei *allen* eingehenden E-Mails kontaktiert. Durch eine Beobachtung der dort eingehenden DNS-Anfragen kann der Absender einer E-Mail u. U. jedoch den Empfang der Nachricht auf dem Empfängerserver nachvollziehen: Der autoritative Nameserver wird vom rekursiven Nameserver des Empfängers kontaktiert, wenn die Nachricht dort eingeht und dabei die

Sender-Authentifizierung durchgeführt wird. Der Absender kann mit dieser Methode allerdings nicht feststellen, ob bzw. wann ein Nutzer eine E-Mail tatsächlich *gelesen* hat.

2.9.4 Der ENUM-Verzeichnisdienst für VoIP-Telephonie

Ein wesentlicher Aspekt des technischen Fortschritts ist die Konvergenz von Telekommunikations- und Informationstechnologien [Eur97; LHD05, S. 15 ff.]. Die ENUM-Technologie stellt einen Mechanismus zur Integration des Telefonnetzes mit dem Internet bereit [LHD05, S. 8]. Durch die Konvergenz der Netze werden die anfangs üblichen geschlossenen Kommunikationsdienste (etwa „Microsoft Netmeeting" [HHS01, S. 181 f.], „MSN Messenger" [SS05, S. 263 f.] sowie frühe Versionen von Skype[30]), bei denen lediglich Nutzer des jeweiligen Dienstes miteinander sprechen konnten, von offenen Voice-over-IP-Diensten (VoIP-Dienste) abgelöst. Eine wesentliche Innovation der VoIP-Dienste besteht darin, dass die Kommunikationspartner nicht mehr zwingend denselben Dienst verwenden müssen. Zudem ist ein transparenter Netzübergang möglich, also eine Kommunikation zwischen Teilnehmern, die über das Telefonnetz angebunden sind, mit Teilnehmern, die über das Internet angebunden sind. Eine ausführliche Darstellung der Techniken, die bei VoIP-Diensten eine Rolle spielen, findet sich etwa bei Badach [Bad09].

Dieser Abschnitt ist wie folgt aufgebaut: Zunächst wird in Abschnitt 2.9.4.1 die Problemstellung erläutert, welche ENUM adressiert. In Abschnitt 2.9.4.2 wird dargelegt, auf welche Weise ENUM das DNS nutzt. Abschließend werden in Abschnitt 2.9.4.3 die Beobachtungsmöglichkeiten beschrieben, die sich durch die Nutzung von ENUM ergeben.

2.9.4.1 Problemstellung

ENUM adressiert das Teilproblem der Adressierung von Teilnehmern, welche über das Internet angebunden sind. Das im Folgenden geschilderte Einsatzszenario verdeutlicht eine von mehreren Herausforderungen, welche mit ENUM gelöst werden können. Weitere denkbare Einsatzszenarien sind in [Bad09, S. 112 f.] und [LHD05, S. 69 ff.] aufgeführt.

Damit die Interoperabilität mit dem existierenden Telefonnetz gewährleistet ist, ist angedacht, auch die über das Internet vermittelten Gespräche mit den bereits im Telefonnetz gebräuchlichen Rufnummern zu adressieren [Bad09, S. 108]. Endgeräte, welche über das Internet angebunden sind, können jedoch nicht unmittelbar mit einer Rufnummer adressiert werden; sie verfügen lediglich über eine (u. U. dynamische) IP-Adresse. Um einen Anruf aus dem Telefonnetz an einen über das Internet angebundenen Teilnehmer zu vermitteln, muss folglich anhand der gewählten Rufnummer des Angerufenen die IP-Adresse

---

[30]Mit frühen Versionen der Software Skype konnten keine Verbindungen zu Rufnummern im Telefonnetz aufgebaut werden (vgl. hierzu etwa einen kritischen Beitrag in der Zeitschrift *NetworkWorld* vom 24.11.2003 [Bra03]). Später wurde entsprechende Funktionalität unter der Bezeichnung „SkypeOut" eingeführt.

ermittelt werden, unter welcher sein VoIP-Endgerät gerade erreichbar ist. Hierzu sind zwei Adressumsetzungen erforderlich.

Die erste Umsetzung betrifft die **Ermittlung der aktuellen IP-Adresse** des Angerufenen. Diese Umsetzung ist bei jedem VoIP-Telefonat erforderlich, also auch dann, wenn beide Teilnehmer VoIP-Endgeräte verwenden. Bei den gängigen VoIP-Lösungen erfolgt die Rufsignalisierung über das *Session Initiation Protocol* (SIP; spezifiziert in [Ros+02]) unter Zuhilfenahme von SIP-Proxys [Bad09, S. 280 ff.], welche den Nachrichtentransport unterstützen. Zur Adressierung der Teilnehmer werden dabei sog. SIP-Adressen verwendet, welche als URIs (Uniform Ressource Identifier; [BLFM05]) dargestellt werden (z. B. *sip:user2152@voip-provider.de*). Damit eingehende Anrufe möglich sind, registriert sich ein VoIP-Endgerät mit seiner aktuellen IP-Adresse und dem SIP-URI seines Nutzers beim VoIP-Anbieter. Dieser hinterlegt die Zuordnung zwischen SIP-URIs und IP-Adressen in seinem *Location-* oder *Registrar-Dienst* [Bad09, S. 283, 330]. Geht ein Anruf für einen registrierten Teilnehmer ein, schlägt der Anbieter bei diesem Dienst anhand des übermittelten SIP-URIs die aktuelle IP-Adresse des Angerufenen nach, um den Anruf dorthin durchzustellen. Der Anrufer muss also nicht die aktuelle IP-Adresse, sondern lediglich den SIP-URI des Angerufenen kennen.

Da die alphanumerischen SIP-URIs auf herkömmlichen Telefonen nicht eingegeben werden können, erhalten Kunden von ihrem VoIP-Anbieter üblicherweise zusätzlich eine reguläre Telefonnummer. Bereits existierende Rufnummern aus dem Telefonnetz können (ggf. nach einer Portierung zum VoIP-Anbieter) weiterverwendet werden (vgl. hierzu auch [LHD05, S. 63]). Beim VoIP-Anbieter nimmt ein *Gateway* eingehende Anrufe aus dem Telefonnetz entgegen und leitet diese an das VoIP-Endgerät des Kunden weiter. Dabei findet die zweite Adressumsetzung (**Rufnummer-URI-Zuordnung**) statt, welche anhand der Rufnummer den SIP-URI des angerufenen Teilnehmers ermittelt. Hierzu greift das Gateway des VoIP-Anbieters auf eine Datenbank zurück, in der die Zuordnung zwischen den Rufnummern und den SIP-URIs seiner Kunden hinterlegt ist.

Bei dieser – in der Praxis derzeit üblichen – Realisierung ist lediglich der eigene VoIP-Anbieter dazu in der Lage, die Adressumsetzung zwischen Rufnummern und SIP-URIs vorzunehmen. Hierfür gibt es zwei Gründe: Zum einen ist die Zuordnung zwischen Rufnummern und SIP-URIs nicht öffentlich verfügbar. Zum anderen kann der Anrufer bzw. sein SIP-Proxy anhand der Rufnummer nicht ermitteln, ob der angerufene Teilnehmer einen VoIP-Dienst nutzt bzw. bei welchem VoIP-Anbieter die SIP-URI des Angerufenen in Erfahrung gebracht werden kann. Diese Einschränkung führt dazu, dass derzeit in der Praxis sämtliche Telefonate, welche anhand einer Rufnummer adressiert werden, stets über das herkömmliche Telefonnetz vermittelt werden – auch dann, wenn sowohl der anrufende als auch der angerufene Teilnehmer über VoIP-Telefonanschlüsse verfügen und ein Anruf somit grundsätzlich vollständig über das Internet abgewickelt werden könnte.[31]

---

[31]Der Umweg über das Telefonnetz kann lediglich dann vermieden werden, wenn beide Kommunikationspartner bei demselben VoIP-Anbieter registriert sind bzw. falls die VoIP-Anbieter untereinander die erforderlichen Routing-Informationen ausgetauscht haben.

ENUM erlaubt es hingegen zukünftig die Rufnummern-URI-Zuordnung auf einheitliche Weise und an einer festgelegten Stelle zu veröffentlichen, sodass Anrufe zwischen VoIP-fähigen Endgeräten ohne Umwege vermittelt werden können.

2.9.4.2 Infrastruktur und Einsatz

Die Abkürzung ENUM steht für „Telephone Number URI Mapping".[32] Bei ENUM handelt es sich um einen Übersetzungsdienst, mit dem herkömmliche Telefonnummern in URIs – insbesondere SIP-URIs – umgesetzt werden können. Die Internet Engineering Task Force (IETF) hat im Jahr 1999 eine ENUM-Arbeitsgruppe eingerichtet, welche mit der Standardisierung beauftragt wurde [LHD05, S. 10]. Der ursprüngliche ENUM-Standard wurde in den RFCs 2915 und 2916 [MD00a; Fal00] festgeschrieben; die aktuell gültige Fassung findet sich in RFC 3761 [FM04].[33]

Für den ENUM-Dienst wird im DNS-Namensraum die Domain *e164.arpa* bereitgestellt.[34] Unterhalb dieser Domain können Resource-Records für die einzelnen Rufnummern abgelegt werden, mit denen die Adressumsetzung vorgenommen werden kann. Ursprünglich war angedacht, den Endkunden vollständigen Zugriff auf ihre ENUM-Einträge anzubieten, um die Adressumsetzung unmittelbar zu beeinflussen. Dieser in der Praxis bislang kaum anzutreffende Anwendungsfall, der auch als „End User ENUM" bezeichnet wird, stößt inzwischen zunehmend auf Kritik, u. a. wegen des erforderlichen technischen Sachverstands [LHD05, S. 84]. Als potenzielle Alternative gilt ein Szenario, in dem die Telefonanbieter bzw. die Anbieter von VoIP-Diensten entsprechende ENUM-Einträge vornehmen, was auch als „Carrier ENUM" bezeichnet wird [LHD05, S. 76].

Der ENUM-Domainname eines Eintrags lässt sich wie folgt aus einer Rufnummer ableiten (nach [Bad09, S. 110]):

1. Alle nichtnumerischen Zeichen werden aus der Rufnummer entfernt.

2. Die Reihenfolge der Ziffern wird umgekehrt.

3. Die Ziffern werden jeweils durch einen Punkt voneinander getrennt.

4. Am Ende dieser Zeichenfolge wird das Suffix *.e164.arpa* angehängt.

Der Raum der ENUM-Domains wird wie der übrige DNS-Namensraum von einzelnen Registraren verwaltet. Für die deutsche Subdomain *9.4.e164.arpa* ist derzeit die DeNIC zuständig [Bad09, S. 109]. Für jede ENUM-Domain können ein oder mehrere NAPTR-Resource-Records (vgl. Abschnitt 2.5) abgelegt werden, um eine priorisierte Adressumsetzung für verschiedene Dienste vorzusehen. Neben der Umsetzung in SIP-URIs sehen die

---

[32]Auch die alternativen Bezeichnungen „Telephone Number Mapping", „Electronic Numbering" sowie „Enhancement of Numbering and Naming" sind gebräuchlich [Bad09, S. 92].

[33]Die ENUM-Anwendung wurde auch in das generischen „Dynamic Delegation Discovery System" (DDDS) eingebettet, das in den RFCs 3401 bis 3405 spezifiziert wird [Mea02a; Mea02b; Mea02c; Mea02d; Mea02e].

[34]Der Name leitet sich aus dem E.164-Standard der ITU-T (Telecommunication Standardization Sector der International Telecommunication Union) ab [Bad09, S. 109].

Standards auch Schemata zur Umwandlung von Rufnummern in E-Mail-Adressen bzw. URLs von Webseiten vor (vgl. [Fal00, S. 8] und [FM04, S. 11]). Spezifische Hinweise zur Integration von ENUM und SIP finden sich in RFC 3842 [Pet+04]. Das folgende Beispiel veranschaulicht die Umsetzung von Rufnummern in Domains und die hinterlegten Daten.

Beispiel 2.9. Die Rufnummer +49–40–42883–2092 wird durch Anwendung der obigen Regeln in die ENUM-Domain *2.9.0.2.3.8.8.2.4.0.4.9.4.e164.arpa* umgeformt. Für diese Domain seien folgende NAPTR-RRs hinterlegt (vgl. [FM04, S. 11]):

```
NAPTR 10 100 "u" "E2U+sip" "!^.*$!sip:sr3191@voiper.com!" .
NAPTR 10 101 "u" "E2U+msg" "!^.*$!mailto:sabine.ross@mailor.de!" .
```

Diese Einträge besagen, dass der Nutzer bevorzugt per SIP kontaktiert werden möchte, ersatzweise per E-Mail. Der reguläre Ausdruck im vorletzten Feld der ersten Zeile selektiert die gesamte ENUM-Domain und ersetzt diese durch den angegebenen SIP-URI. Anhand der SIP-URI kann über SIP dann die IP-Adresse des VoIP-Endgeräts ermittelt werden. □

2.9.4.3 Beobachtungsmöglichkeiten

Durch ENUM ergeben sich zwei Beobachtungsmöglichkeiten: In [Kam+05] wird zum einen darauf hingewiesen, dass durch die Veröffentlichung der NAPTR-RRs auf **autoritativen Nameservern** eine öffentliche und leicht durchsuchbare Datenbank entsteht, anhand der sich unmittelbar ermitteln lässt, ob eine Rufnummer einem Teilnehmer zugewiesen ist. Enthalten die Angaben in den SIP-URIs zusätzliche Hinweise auf die Identität des Nutzers, kann im Prinzip jeder Internetnutzer ermitteln, zu welcher Person eine Rufnummer gehört (Rückwärtssuche). Durch den systematischen Aufbau der ENUM-Domains und die Beschränkung auf Ziffern lässt sich zudem die vollständige Datenbank mit überschaubarem Aufwand enumerieren.

Die zweite Beobachtungsmöglichkeiten ergibt sich auf den **rekursiven Nameservern**. Da beim Herstellen einer Telefonverbindung eine ENUM-Anfrage für die gewählte Rufnummer übermittelt wird, kann der rekursive Nameserver unmittelbar die ausgehenden Anrufe eines Nutzers (der ggf. anhand seiner IP-Adresse identifizierbar ist) beobachten. Ist eine Beobachtung über einen längeren Zeitraum möglich kann der rekursive Nameserver anhand der beobachteten Rufnummern auf das Kommunikationsverhalten seiner Nutzer schließen. Auf diese Beobachtungsmöglichkeit wird bereits in [CPGA08] hingewiesen; auf den dort beschriebenen Schutzmechanismus wird in Abschnitt 5.2.3.2 noch näher eingegangen.

2.9.5 Der Object Name Service (ONS)

Der Object Name Service (ONS) ist ein auf dem DNS basierender Namensdienst, der in Zukunft als Teil des EPCglobal-Netzes den Zugriff auf Daten erlauben soll, die zu RFID-Tags hinterlegt sind [EPC08; EPC13].

Dieser Abschnitt ist wie folgt aufgebaut: Zunächst wird in Abschnitt 2.9.5.1 der Kontext erläutert, in dem der ONS eingesetzt werden soll. In Abschnitt 2.9.5.2 wird die geplante Implementierung des ONS erläutert. Abschließend werden in Abschnitt 2.9.5.3 die Beobachtungsmöglichkeiten beschrieben, die sich durch ONS-Anfragen möglicherweise ergeben werden.

2.9.5.1 Hintergrund

RFID-Tags sind Mikrochips, deren Inhalt mittels des Radio-Frequency Identification-Verfahrens drahtlos über eine Funkschnittstelle ausgelesen werden kann.[35] RFID-Tags werden vor allem im Bereich der Fertigung und der Logistik eingesetzt; langfristig sollen sie die aufgedruckten Barcodes im Einzelhandel ablösen. Da RFID-Tags über sehr wenig Speicherplatz verfügen, können sie nicht dazu verwendet werden, um darin detaillierte Informationen über das zugehörige Objekt abzulegen. Stattdessen dienen sie lediglich zur Speicherung bzw. zum Auslesen einer eindeutigen Kennung. Der Aufbau dieser Kennungen ist standardisiert: In Anlehnung an den Universal Product Code, der im amerikanischen Raum bei Barcodes zum Einsatz kommt, wird die Kennung bei RFID-Tags als Electronic Product Code (EPC) bezeichnet.

Zur Hinterlegung von Informationen zu einem EPC kommt ein verteilter Verbund von Informationssystemen zum Einsatz, das EPCglobal-Netz [EPC13]. Im EPCglobal-Netz können für jeden EPC Informationen über das zugehörige Produkt hinterlegt und abgefragt werden. Neben Produkteigenschaften zählen hierzu Angaben zum Hersteller und zur Lieferkette. Die Datenhaltung erfolgt im EPCglobal-Netz verteilt: Jeder Hersteller betreibt eine eigene Datenbank für seine Produkte, die über das Internet zur Verfügung gestellt wird. Um zu ermitteln, welcher Server für einen EPC zuständig ist, wird der ONS konsultiert.

2.9.5.2 Implementierung des ONS mit dem DNS

Ein EPC wird durch eine URI (Uniform Ressource Identifier; [BLFM05]) dargestellt, eine mehrgliedrige Zeichenkette, mit der sich ein hierarchischer Namensraum definieren lässt. Eine EPC URI besteht aus fünf Segmenten, die durch Doppelpunkte getrennt werden. Die Segmente sind *Namespace* (derzeit stets „urn"), *Subspace* (derzeit stets „epc"), *Typ* (derzeit stets „id"), *Sector* und *ID*. Der Sector gibt den Industriebereich an, welchem das Objekt zuzuordnen ist, z. B. „sgtin" („Serialized Global Trade Item Number"). Der Aufbau der ID hängt vom Sector ab; beim Industriebereich „sgtin" wird das Schema „CompanyPrefix.ItemReference.SerialNumber" verwendet.

Der Informationsabruf im EPCglobal-Netz lässt sich grob in drei Phasen untergliedern: Zunächst wird der EPC in einen DNS-Domainnamen umgewandelt. Dann wird dieser

---

[35]Die Darstellung in Abschnitt 2.9.5 folgt dem Buch „RFID Essentials" von Glover und Bhatt [GB06].

Name im DNS nachgeschlagen. Anhand der Antwort wird schließlich eine URL gebildet, über welche die eigentlichen Informationen zu dem EPC erreichbar sind. Ein EPC wird wie folgt in einen Domainnamen umgewandelt [EPC13, S. 10 f.]:

1. Die Felder Namespace und Subspace am Anfang der URI werden entfernt.

2. Das Feld SerialNumber am Ende der URI wird entfernt.

3. Die Felder werden in umgekehrter Reihenfolge angeordnet.

4. Die Doppelpunkte werden durch einfache Punkte ersetzt.

5. An die Zeichenkette wird der reservierte Domainname *onsepc.com* angehängt.[36]

Für den daraus resultierenden Domainnamen wird dann der Inhalt des NAPTR-Records (vgl. Abschnitt 2.5) abgerufen, um aus dem EPC den URI des EPC-Dienstes zu ermitteln, welcher für den betreffenden EPC zuständig ist [EPC13].

Beispiel 2.10. Es sei der EPC *urn:epc:id:sgtin:0614141.000024.400* gegeben. Der zum EPC korrespondierende Domainnamen lautet demnach *000024.0614141.sgtin.id.onsepc.com*. Der NAPTR-Record dieses Namens enthält im Beispiel den regulären Ausdruck

```
^.*$!http://example.com/cgi-bin/epcis!
```

Dieser wird auf den EPC angewendet. Es ergibt sich die URL *http://example.com/cgi-bin/ epcis?urn:epc:id:sgtin:0614141.000024.400*, unter welcher die Informationen zum EPC vorgehalten werden (Beispiel nach [EPC08, S. 13 ff.]). □

2.9.5.3 Beobachtungsmöglichkeiten

Im Gegensatz zum DNS, dessen Root-Server von mehreren Unternehmen betrieben werden, war ursprünglich vorgesehen, dass die Firma Verisign die Nameserver, die für die ONS-Root-Domain *onsepc.com* autoritativ sind, betreiben sollte [Vio04]. Kritiker haben auf die Nachteile dieses Ansatzes, die hohe Machtkonzentration sowie die geringe Ausfallsicherheit, hingewiesen [EFG08]. Bei diesem Betriebsmodell haben die **ONS-Root-Server umfassende Beobachtungsmöglichkeiten**. Die im Jahr 2013 verabschiedete Version 2 des ONS-Standards reduziert die Machtkonzentration, indem den länderspezifischen GS1-Mitgliedsorganisationen die Möglichkeit eingeräumt wird, eigene Root-Domains zu verwenden [EPC13, S. 13]. Weiterhin wurden Vorschläge für einen föderierten Betrieb des ONS veröffentlicht [BKFS11; Li+13]; ob und wann diese in der Praxis umgesetzt werden, ist derzeit allerdings noch nicht absehbar.

Unabhängig davon existieren voraussichtlich erhebliche Beobachtungsmöglichkeiten auf den **rekursiven Nameservern**: Fabian et al. weisen in [FGS05] darauf hin, dass durch die Übermittlung der Datenfelder *CompanyPrefix* und *ItemReference* in den ONS-Anfragen jedem Beobachter auf dem Transportweg die Möglichkeit eröffnet wird, Hersteller und Artikel zu ermitteln, auf die sich die Anfrage bezieht. Die Autoren geben zu bedenken, dass

---

[36]Jede Mitgliedsorganisation verwendet einen eigenen Domainnamen [EPC13, S. 13 f.]

Unternehmen und Privatnutzer dadurch u. U. unbewusst und auf unerwünschte Weise Auskunft über ihre Besitzverhältnisse geben. Anfragen für seltene EPCs oder Kombinationen aus mehreren EPCs können zudem zu einem eindeutigen Erkennungsmerkmal werden, anhand dessen sich Nutzer wiedererkennen lassen. Als Abhilfe wird in [GABK09] die Verwendung des Tor-Anonymitätsdienstes (s. Abschnitt 5.2.2) vorgeschlagen.

2.9.6 Unterstützung der Gegenstellen-Authentifizierung in TLS

Zahlreiche populäre Anwendungsprotokolle greifen zur Sicherung der übertragenen Daten auf das *Transport-Layer-Security-Protokoll* (TLS; RFC 5246 [DR08]) zurück. Insbesondere wird es von zahlreichen Webservern verwendet, um Daten vertraulich mit einem Browser auszutauschen („HTTPS"-Schema; RFC 2818 [Res00]). Das TLS-Protokoll wird jedoch nicht nur zur Verschlüsselung von Verbindungen eingesetzt. Die Kommunikationspartner haben damit auch die Möglichkeit, sich davon zu überzeugen, dass es sich bei der Gegenstelle um die tatsächlich gewünschte handelt – und nicht um einen sog. Man-in-the-Middle-Angreifer (MitM-Angreifer) [PP09, S. 342 ff.], der die Kommunikation (etwa durch einen DNS-Spoofing-Angriff, s. S. 116) zu sich umgeleitet hat. Für diese **Gegenstellen-Authentifizierung** kommen X.509-Zertifikate zum Einsatz, die in RFC 5280 im Kontext von TLS unter der Bezeichnung „PKIX-Zertifikate" definiert werden [Coo+08]. RFC 6125 beschreibt das Authentifizierungsprotokoll im Detail [SAH11].

Die Gegenstellen-Authentifizierung weist allerdings konzeptionelle Schwachstellen auf, woraus sich Sicherheitsrisiken ergeben. Es existieren drei Vorschläge, mit denen die Ausnutzbarkeit der Schwachstellen durch Nutzung des DNS behoben werden sollen: Zum einen gibt es die zwei **Domain-Inhaber-Konzepte** DANE und CAA, welche die Sicherheit erhöhen, indem der Domain-Inhaber zusätzliche RRs in seiner Zone definiert. Zum anderen gibt es **Drittanbieter-Konzepte** (sog. Notary-Dienste), die zur Zertifikatsvalidierung herangezogen werden. Ein DNS-basierter Vertreter ist der „ICSI Certificate Notary". Insbesondere die Drittanbieter-Konzepte können zu zusätzlichen Beobachtungsmöglichkeiten führen.

Dieser Abschnitt ist wie folgt aufgebaut: Im Folgenden wird zunächst in Abschnitt 2.9.6.1 die Problemstellung erläutert, d. h. welche Schwächen die TLS-Gegenstellen-Authentifizierung aufweist. Anschließend werden die Lösungsansätze betrachtet, die auf dem DNS basieren. Hierzu werden in Abschnitt 2.9.6.2 DANE und CAA vorgestellt, bevor in Abschnitt 2.9.6.3 der „ICSI Certificate Notary" beschrieben wird.

2.9.6.1 Schwächen der aktuellen Gegenstellen-Authentifizierung bei TLS

Die Schwächen der derzeit implementierten Form der Gegenstellen-Authentifizierung lassen sich anhand des Abrufs einer Webseite von einer HTTPS-URL illustrieren. In der Praxis wird bei HTTPS-Anfragen häufig auf eine gegenseitige Authentifizierung verzichtet; nur der Server authentifiziert sich gegenüber dem Browser, jedoch nicht anders herum.

Stellt der Browser eine HTTPS-Verbindung zu einem Webserver her, ermittelt er zunächst anhand des Domainnamens in der HTTPS-URL die IP-Adresse des Webservers. Zu diesem Webserver baut der Browser eine TCP-Verbindung auf und stößt den sog. TLS-Handshake an [Res00, S. 2]. Während des TLS-Handshakes überprüft der Client, ob der Server dazu berechtigt ist, Webseiten für die betreffende Domain auszuliefern. Als Beweis der Authentizität fordert der Browser vom Webserver ein PKIX-Zertifikat an [Bar11a, S. 1]. Der Server kann sich nur dann gegenüber dem Browser erfolgreich authentifizieren, wenn drei Bedingungen erfüllt sind [Bar11a, S. 4]:

1. Der im Server-Zertifikat enthaltene Domainname stimmt mit dem Domainnamen überein, der in der URL der abzurufenden Webseite enthalten ist [SAH11].

2. Das Server-Zertifikat wurde von einer vertrauenswürdigen Zertifizierungsstelle (Certification Authority; CA) ausgestellt, was in RFC 5280 als „Validierung des Zertifizierungspfads" bezeichnet wird [Coo+08, S. 77].

3. Der Server erbringt in einem Challenge-Response-Protokoll den Nachweis, dass er im Besitz des privaten Schlüssels ist, der zum Server-Zertifikat gehört.

Wurde die Gegenstellen-Authentifizierung erfolgreich durchlaufen, wird ein Sitzungs-schlüssel etabliert und die HTTP-Anfrage übermittelt; andernfalls zeigt der Browser dem Nutzer eine Fehlermeldung an. Zur Validierung des Zertifizierungspfads greifen die Browser auf einen eingebauten Zertifikatsspeicher zurück, in dem die Browser-Hersteller die Wurzelzertifikate von Zertifizierungsstellen hinterlegen, die sie als vertrauenswürdig einstufen [Bar11a, S. 4]. Die Sicherheit der Server-Authentifizierung ist gewährleistet, solange die beiden folgenden Annahmen erfüllt sind:

1. Der private Schlüssel ist dem Angreifer nicht zugänglich.

2. Alle im Browser hinterlegten CAs arbeiten korrekt, d. h. lediglich der rechtmäßige Betreiber eines bestimmten Online-Angebots bzw. der tatsächliche Inhaber einer Domain kann ein Zertifikat für diese Domain erhalten.

Solange beide Annahmen erfüllt sind, ist es einem Angreifer nicht möglich, die Identität des rechtmäßigen Webservers anzunehmen, da er nicht dazu in der Lage ist, die drei Bedingungen zu erfüllen, die während der Gegenstellen-Authentifizierung durchlaufen werden. Die erste Annahme kann durch mangelhafte Sicherheitsvorkehrungen auf dem Webserver des Dienstbetreibers verletzt werden. Eine Verletzung der zweiten Annahme ist hingegen schwerwiegender. Zum einen sind die Auswirkungen nicht auf einen einzelnen Webserver beschränkt, zum anderen werden die betroffenen Angebote (bzw. die Webserver) gar nicht unmittelbar angegriffen. Der Betreiber eines Webservers kann daher keine Maßnahmen zu seinem Schutz ergreifen, sondern muss darauf vertrauen, dass die CAs ihre Aufgabe korrekt erfüllen.

Die wesentliche Schwäche des derzeitigen PKIX-Konzepts – die durch DANE adressiert wird – besteht darin, dass alle vertrauenswürdigen CAs von den Browsern gleich behandelt werden. Jede CA, deren Wurzelzertifikat im Zertifikatsspeicher hinterlegt ist, ist prinzipiell berechtigt und auch dazu in der Lage, ein Zertifikat für einen beliebigen Domainnamen auszustellen, das von allen Browsern akzeptiert wird (s. [Bar11a, S. 4] und [SS11]). Darüber hinaus können Zertifizierungsstellen durch Ausstellung von sog. Intermediate-Zertifikaten andere Zertifizierungsstellen (sog. Sub-CAs) dazu ermächtigen, Zertifikate auszustellen – ebenfalls für beliebige Domainnamen. Den Ergebnissen einer Studie der Electronic Frontier Foundation (EFF) zufolge vertrauten im Jahr 2010 die Web-Browser Firefox und Internet Explorer indirekt somit den Zertifikaten von mehr als 650 Zertifizierungsstellen.[37] Diese konzeptionelle Schwäche wurde in der Vergangenheit mehrmals ausgenutzt, um MitM-Angriffe durchzuführen: Im Jahr 2011 gelang es Angreifern durch Kompromittierung einer Sub-CA von Comodo sowie der CA DigiNotar valide Zertifikate für populäre Webseiten wie Google und Paypal auszustellen [Lea11].

2.9.6.2 DANE und CAA

Aus den DNS-Anfragen, die beim Einsatz der Techniken DANE und CAA gestellt werden, ergeben sich auf den rekursiven und autoritativen Nameservern **keine zusätzlichen Beobachtungsmöglichkeiten**, die über die bereits durch die Namensauflösung existierenden Möglichkeiten hinausgehen. Daher werden diese Techniken nur kurz beschrieben.

DANE Die Abkürzung DANE steht für „DNS-based Authentication of Named Entities". DANE ist in den RFCs 6394 und 6698 standardisiert [Bar11b; HS12e]. Das DANE-Konzept ermöglicht es, die globale Autorität, die jeder CA im PKIX-Konzept eingeräumt wird, einzuschränken. Dabei wird die Tatsache ausgenutzt, dass der Domain-Inhaber üblicherweise genau weiß, welche Zertifikate er besitzt und von welchen CAs diese ausgestellt wurden. Dadurch können unberechtigt ausgestellte Zertifikate von den Clients erkannt werden.

DANE führt den neuen DNS-Record-Typ „TLSA" ein, der in RFC 6698 spezifiziert wird [HS12e]. Darin kann der Domain-Inhaber Details bezüglich der Server-Zertifikate bekanntgeben, die er in seiner Domain einsetzt. DANE-fähige Clients rufen die TLSA-Records während des TLS-Handshakes ab und überprüfen die während des Handshakes präsentierten Server-Zertifikate auf Konformität mit den Angaben in den TLSA-Records. Um zu verhindern, dass ein MitM-Angreifer die Angaben in den TLSA-Records manipulieren kann, setzt DANE die Verwendung von DNSSEC zur Sicherung der Integrität voraus.

TLSA-Records können gemäß RFC 6394 in den folgenden Anwendungsfällen eingesetzt werden [Bar11b; Bar11a, S. 5]:

- **Bekanntgabe von CA-Einschränkungen:** Der Client soll lediglich Server-Zertifikate akzeptieren, die von einer bestimmten CA ausgestellt wurden.

- **Bekanntgabe von Zertifikatseinschränkungen:** Der Client soll lediglich ein bestimmtes Server-Zertifikat akzeptieren.

---

[37]Datensatz und Präsentationsfolien sind unter *https://www.eff.org/observatory/* verfügbar.

- **Definition eines eigenen Vertrauensankers:** Der Client soll ein bestimmtes, im TLSA-Record zur Verfügung gestelltes, Wurzelzertifikat zur Überprüfung von Zertifikaten innerhalb der Domain verwenden.

TLSA-Records können von allen Anwendungen eingesetzt werden, die auf TLS zurückgreifen. Es existieren bereits die ersten praktischen Implementierungen in Web-Browsern; die Integration in E-Mail-Clients zur Überprüfung von S/MIME-Zertifikaten ist geplant [HS12f]. Der genaue Aufbau von TLSA-Records ist in RFC 6698 beschrieben.

CAA Ein zu DANE komplementäres Konzept ist „DNS Certification Authority Authorization" (CAA) [HBS13]. Auch beim CAA-Ansatz werden in einer Zone zusätzliche RRs eingefügt, mit denen der Domain-Inhaber spezifizieren kann, welche CA Server-Zertifikate für die jeweilige Domain ausstellen darf. Im Gegensatz zu DANE, bei dem ein TLS-Client diese RRs abruft und mit dem präsentierten Zertifikat vergleicht, richten sich die CAA-Records jedoch an CAs. Eine CAA-konforme CA muss bei der Ausstellung eines Server-Zertifikats für eine Domain überprüfen, ob der Domain-Inhaber für diese einen CAA-Record hinterlegt hat. Nur wenn in diesem CAA-Record die CA als berechtigte CA aufgeführt ist, darf sie das Zertifikat ausstellen.

Problematisch an diesem Ansatz ist, dass er die Sicherheit nur erhöht, wenn alle CAs CAA-konform handeln. Zudem schützt das Konzept nicht vor Angreifern, die in den Besitz des Zertifizierungsschlüssels einer CA gelangen (wie im Fall von DigiNotar) und selbst entscheiden, für welche Domainnamen sie Server-Zertifikate ausstellen.

2.9.6.3 ICSI Certificate Notary

Der vom ICSI betriebene DNS-Dienst „Certificate Notary" (*http://notary.icsi.berkeley.edu/*) verfolgt einen anderen Ansatz, um die Schwachstellen der Gegenstellen-Authentifizierung zu überwinden. Clients erhalten dadurch die Möglichkeit, zu erkennen, ob ein von einem Webserver präsentiertes Server-Zertifikat authentisch ist oder ob ein MitM-Angreifer dem Client ein nicht-autorisiertes Zertifikat präsentiert.

Dabei wird ausgenutzt, dass MitM-Angreifer typischerweise nur einen lokal abgegrenzten Teil des Internets kontrollieren und den Angriff zu einem bestimmten Zeitpunkt starten. Der ICSI-Notary-Dienst ermöglicht es dem Client zu überprüfen, wie das Server-Zertifikat des Webservers aus einer anderen Perspektive aussieht. Die Betreiber des Notary-Dienstes sammeln Server-Zertifikate, indem sie beobachten, welche Zertifikate im Datenverkehr von großen Internetanbietern übertragen werden (genaue Angaben zu den Quellen machen sie allerdings nicht). Wenn das dem Client präsentierte Zertifikat mit dem Zertifikat übereinstimmt, das dem Notary-Dienst für den jeweiligen Domainnamen bekannt ist, kann der Client davon ausgehen, dass gerade kein MitM-Angriff durchgeführt wird. Andernfalls kann der Nutzer entsprechend gewarnt werden.

Das Prinzip eines Notary-Dienstes wurde bereits zuvor von „Perspectives" [WAP08] und „Convergence" umgesetzt, zwei Add-Ons für den Firefox-Browser.[38] Der ICSI-Notary-Dienst unterscheidet sich von diesen Angeboten in Bezug auf den Zugriff: Bei Perspectives und Convergence erfolgt die Kommunikation mit den Notary-Diensten per HTTPS, d. h. die Betreiber der Notare können anhand der IP-Adresse des Clients und der angefragten Server-Zertifikate Rückschlüsse auf das Benutzerverhalten ziehen.

Diese Beobachtungsmöglichkeit gibt es beim ICSI-Notary-Dienst hingegen nicht, da er mittels DNS-Anfragen abgefragt wird, die über einen rekursiven Nameserver an den Dienst übermittelt werden. Die Informationen zu den Server-Zertifikaten werden in einem autoritativen Nameserver, der für die Domain *notary.icsi.berkeley.edu* zuständig ist, vorgehalten. Die Abfrage erfolgt ähnlich wie bei den Hash-basierten Blocklisten: Der SHA1-Hashwert (Fingerprint) des Zertifikats wird als Label dem Domainnamen des Dienstes vorangestellt und mittels einer DNS-Anfrage über den rekursiven Nameserver an den autoritativen Nameserver übermittelt. Die Antwort gibt Auskunft darüber, seit wann das entsprechende Zertifikat dem Notary-Dienst bekannt ist und ob sich eine Vertrauenskette zu einem der Root-Zertifikate herstellen lässt, die im Zertifikatsspeicher des Firefox-Browsers enthalten sind. Das nachfolgende Beispiel (angelehnt an das Beispiel unter *http://notary.icsi.berkeley.edu/*) verdeutlicht den Ablauf und die bei der Abfrage übertragenen Inhalte.

Beispiel 2.11. Ein Client möchte mittels des ICSI-Notary-Dienstes das Server-Zertifikat für den Domainnamen *svs.informatik.uni-hamburg.de* authentifizieren. Er stellt daher mit einem Browser eine HTTPS-Verbindung zu diesem Webserver her, um das Server-Zertifikat abzurufen und den Fingerprint zu ermitteln. Alternativ kann dazu das Programm *openssl* verwendet werden:

```
$ openssl s_client -connect svs.informatik.uni-hamburg.de:443 \
    < /dev/null 2> /dev/null openssl x509 -outform DER | openssl sha1
```

Der Client erhält dadurch den Fingerprint *4fc6a7cdecf5b64224f7765704a36c41d27e750c* (Stand: Januar 2014). Der Hashwert wird mit dem Domainnamen des Notary-Dienstes konkateniert und somit der Notary-Dienst wie folgt angefragt:

```
$ dig +short txt \
    4fc6a7cdecf5b64224f7765704a36c41d27e750c.notary.icsi.berkeley.edu
"version=1 first_seen=15650 last_seen=15650 times_seen=1 validated=1"
```

In der Antwort sind die Anzahl der Sichtungen („times_seen") sowie die Zeitpunkte der ersten („first_seen") und letzten Sichtung („last_seen") dieses Zertifikats enthalten. Die Zeitpunkte werden durch die Anzahl der Tage seit dem 1.1.1970 angegeben; der Wert 15650 entspricht dem 6. November 2012. Die Angabe von „validated=1" besagt, dass sich bei der letzten Sichtung eine Vertrauenskette zu einem Root-Zertifikat herstellen ließ.   □

---

[38]Homepages: *http://perspectives-project.org/* bzw. *http://convergence.io/*

Beobachtungsmöglichkeiten Im Gegensatz zu Perspectives und Collusion ist es den Betreibern des ICSI-Notary-Dienstes nicht möglich, das Verhalten einzelner Nutzer zu beobachten. Die Betreiber der **autoritativen Nameserver** des ICSI-Notary-Dienstes wissen zwar, zu welcher Domain der angefragte Fingerprint gehört, sie können jedoch – zumindest falls ein rekursiver Nameserver zur Abfrage verwendet wird – nicht die IP-Adresse des anfragenden Clients feststellen.

Der **rekursive Nameserver** kennt zwar die IP-Adresse des Clients, er kann jedoch anhand des Fingerprints nicht ohne weiteres den Domainnamen des zugehörigen Zertifikats ermitteln. Um den Domainnamen zu einem vorliegenden Fingerprint zu ermitteln, müsste sich der Betreiber probeweise mit allen Webservern verbinden, die ein Server-Zertifikat einsetzen, das Zertifikat herunterladen und den Fingerprint auf Übereinstimmung mit dem vorliegenden Fingerprint prüfen.

Der Aufwand, zu einem Fingerprint den Domainnamen zu ermitteln, sinkt allerdings erheblich, wenn der Betreiber des rekursiven Nameservers auf einen Datensatz zurückgreift, in dem alle im Internet verwendeten Server-Zertifikate enthalten sind. Einen solchen Datensatz stellt etwa das Unternehmen Rapid7 (u. a. Entwickler der Software „Metasploit") unter *https://scans.io* zu Forschungszwecken zur Verfügung [Moo13].

2.10 Fazit

In diesem Kapitel wurden Aufbau und Funktionsweise des DNS erläutert sowie die in der Dissertation verwendete Terminologie eingeführt. Dazu wurde zunächst der hierarchisch organisierte Namensraum vorgestellt. Anschließend wurden die wesentlichen Komponenten (Stub-Resolver, rekursive und autoritative Nameserver) charakterisiert. Weiterhin wurden das DNS-Anfrage-Protokoll und das Caching-Konzept beschrieben. Zum Abschluss wurden aktuelle Entwicklungen, welche die Nutzungsweise des DNS beeinflussen, identifiziert und neue DNS-Anwendungen vorgestellt.

Anhand der vorstehenden Darstellungen wird die Motivation für die fokussierte Formulierung von Forschungsfrage 1, „*Welche Beobachtungsmöglichkeiten existieren grundsätzlich im DNS und auf den rekursiven Nameservern im Besonderen? Welche Informationen lassen sich durch die Beobachtung der zur Adressauflösung dienenden DNS-Anfragen eines Nutzers gewinnen (Monitoring)?*", deutlich:

- In der Dissertation werden vordergründig die Beobachtungsmöglichkeiten untersucht, die sich aus der ursprünglichen DNS-Anwendung, der **Auflösung von Domainnamen in IP-Adressen (Adressauflösung)**, ergeben. Eine Beurteilung von Ausmaß und Auswirkung der Beobachtungsmöglichkeiten, die sich durch die geplante Einführung der in diesem Kapitel beschriebenen DNS-Anwendungen (u. a. der ONS-Dienst und der ENUM-Verzeichnisdienst) ergeben, ist derzeit noch nicht möglich und bleibt somit zukünftigen Arbeiten vorbehalten.

- In der Dissertation werden vordergründig die Beobachtungsmöglichkeiten untersucht, die sich durch die Auswertung der DNS-Anfragen einzelner Nutzer ergeben. Über diese Möglichkeit verfügen insbesondere die rekursiven Nameserver, die bei jeder DNS-Anfrage sowohl vom angefragten Domainnamen als auch von der Absender-IP-Adresse des Nutzers Kenntnis erlangen. Die autoritativen Nameserver sehen bei eingehenden Anfragen hingegen lediglich die IP-Adresse eines rekursiven Nameservers. Da typischerweise mehrere Nutzer denselben rekursiven Nameserver verwenden, ist eine Beobachtung des Verhaltens einzelner Nutzer auf den autoritativen Nameservern nicht möglich. In der Dissertation liegt der Fokus daher auf den **Beobachtungsmöglichkeiten auf den rekursiven Nameservern**. Über dieselben Beobachtungsmöglichkeiten verfügen Beobachter auf der Kommunikationsstrecke zwischen dem Nutzer und dem rekursiven Nameserver; diese werden aus Gründen der Übersichtlichkeit im Folgenden jedoch nicht mehr explizit erwähnt, wenn von den Beobachtungsmöglichkeiten der rekursiven Nameserver gesprochen wird.

Die in diesem Kapitel identifizierten Trends deuten darauf hin, dass die Beobachtungsmöglichkeiten auf den rekursiven Nameservern zukünftig an Bedeutung gewinnen werden: Inzwischen stehen geeignete Techniken und Software-Komponenten zur Aufzeichnung und Auswertung des DNS-Datenverkehrs zur Verfügung. Erfassung, Speicherung und Auswertung des DNS-Datenverkehrs sind daher für den Betreiber eines rekursiven Nameservers **mit geringem Aufwand möglich.**

Zum anderen ist der Trend erkennbar, dass Nutzer zur Namensauflösung zunehmend auf **Drittanbieter** zurückgreifen. Anstelle des rekursiven Nameservers des Internetzugangsanbieters verwenden sie **rekursive Nameserver von Drittanbietern**, etwa Google oder OpenDNS. Der Wechsel zu einem Drittanbieter ist einerseits durch die geringe Dienstqualität (lange Wartezeiten und häufige Server-Ausfälle) der rekursiven Nameserver der Internetzugangsanbieter motiviert. Darüber hinaus wird auf den rekursiven Nameservern der Internetzugangsanbieter zunehmend bewusst in die Namensauflösung eingegriffen, etwa um sog. Internet-Sperren zu realisieren oder um den Nutzer bei Eingabe eines ungültigen Domainnamens auf werbefinanzierte Suchseiten umzuleiten.

Im Hinblick auf den **Schutz der Privatsphäre** der Nutzer ist die Inanspruchnahme eines Drittanbieters kritisch zu bewerten. Bei der Untersuchung der Monitoring-Möglichkeiten in Kapitel 4 wird sich zeigen, dass der Anbieter anhand der DNS-Anfragen u. a. das Web-Nutzungsverhalten seiner Nutzer rekonstruieren kann, und die Ergebnisse der Untersuchung der Tracking-Möglichkeiten deuten darauf hin, dass eine Beobachtung auch über längere Zeiträume möglich ist (s. Kapitel 6). Auf Anwendungsmöglichkeiten im Bereich der **IT-Forensik** wird in Abschnitt 4.1 eingegangen. Im nächsten Kapitel folgt ein Überblick über die Bedrohungen und die existierenden Sicherheitsmechanismen im DNS.

3 Bedrohungen und Sicherheitsmechanismen

In Kapitel 2 wurden Aufbau und Funktionsweise des DNS überblicksartig beschrieben. Dabei wurde aufgezeigt, dass die rekursiven Nameserver eine zentrale Rolle bei der Namensauflösung spielen und die dort existierenden Beobachtungsmöglichkeiten in Zukunft an Bedeutung gewinnen werden. Im Fokus dieser Dissertation stehen daher Bedrohungen, die sich aus den Beobachtungsmöglichkeiten auf den rekursiven Nameservern ergeben.

Die Beobachtung des Nutzerverhaltens stellt eine Verletzung des Schutzziels Vertraulichkeit dar. Die existierenden Veröffentlichungen, die sich mit Sicherheitsaspekten des DNS beschäftigen, gehen zwar mitunter auf Vertraulichkeitsaspekte ein, allerdings werden dabei üblicherweise nur spezielle Angriffstechniken und Sicherheitsmechanismen vorgestellt. Der Schutz vor einer Beobachtung des Nutzerverhaltens durch den rekursiven Nameserver wird in der existierenden Literatur entweder weitgehend vernachlässigt oder als irrelevant eingestuft. Eine kompakte Aufstellung der Sicherheitsinteressen und der daraus resultierenden Konflikte (vgl. die Überlegungen zur sog. *mehrseitigen Sicherheit* [MP97]), welche *alle* Beteiligten berücksichtigt, wäre wünschenswert.

Das Ziel dieses Kapitels besteht darin, den aktuellen Stand der Technik in Forschung und Praxis in Bezug auf die im DNS existierenden Sicherheitsanforderungen sowie die implementierten Sicherheitsmechanismen zusammenzufassen. Dabei liegt der Fokus auf den Bedrohungen und Sicherheitsanforderungen, die für die Durchführung der Namensauflösung von Bedeutung sind. Anhand der Betrachtungen lässt sich die Bedrohung, die von den Beobachtungsmöglichkeiten ausgeht und den Schwerpunkt der Dissertation darstellt, von den bisher in der Literatur behandelten Vertraulichkeitsaspekten abgrenzen.

Wesentliche Inhalte In diesem Kapitel wird aufgezeigt, dass im DNS bislang der Schutz der Verfügbarkeit und der Integrität im Mittelpunkt stehen und dass in der Literatur nur ausgewählte Vertraulichkeitsanforderungen betrachtet werden. Die Beobachtungsmöglichkeiten, über die die rekursiven Nameserver verfügen, werden dabei weitgehend vernachlässigt. Darüber hinaus werden in diesem Kapitel die Bedrohungen, Schutzziele und Angreifermodelle charakterisiert, auf welche in späteren Kapiteln verwiesen wird.

Aufbau des Kapitels Zunächst wird ein Kommunikationsmodell aufgestellt, anhand dessen sich die für das DNS relevanten Bedrohungen, Schutzziele und Angreifermodelle präzise beschreiben lassen (s. Abschnitt 3.1). Im Anschluss daran werden in Abschnitt 3.2 die grundsätzlich für verteilte Systeme relevanten Bedrohungen und Schutzziele und Angreifermodelle (s. Abschnitt 3.3) erarbeitet. In Abschnitt 3.4 werden die bereits existierenden Arbeiten vorgestellt, die sich mit den Sicherheitsanforderungen des DNS auseinandersetzen. In den Abschnitten 3.5 bis 3.7 werden schließlich die in der Literatur beschriebenen Gefährdungen und Sicherheitsmechanismen erläutert. Das Kapitel schließt mit einem Fazit in Abschnitt 3.8.

3.1 Kommunikationsmodell

Beim DNS handelt es sich um ein verteiltes IT-System, das aus mehreren Komponenten besteht. Die an das DNS gestellten Sicherheitsanforderungen betreffen die einzelnen Komponenten und ihr Zusammenwirken auf unterschiedliche Weise. Zur präzisen Beschreibung von Bedrohungen und Sicherheitsmechanismen werden daher die folgenden Komponenten betrachtet, die in einem typischen Szenario anzutreffen sind:

1. der Stub-Resolver auf dem Endgerät des Nutzers,

2. der vom Nutzer für die Namensauflösung verwendete rekursive Nameserver,

3. die vom rekursiven Nameserver kontaktierten autoritativen Nameserver, darunter insbesondere die Root-Nameserver sowie die TLD-Nameserver.

Wie bereits in Abschnitt 2.4.2.3 erwähnt gibt es in einigen Szenarien noch eine zusätzliche Komponente, einen DNS-Proxy, der auf der ersten Kommunikationsverbindung zwischen Stub-Resolver und rekursivem Nameserver angeordnet ist. Weiterhin sind die folgenden Kommunikationsverbindungen zu betrachten:

1. die Kommunikationsverbindung zwischen dem Stub-Resolver (bzw. dem DNS-Proxy) und dem rekursiven Nameserver und

2. die Kommunikationsverbindungen zwischen dem rekursiven Nameserver und den autoritativen Nameservern.

Die Kommunikationsverbindung zwischen dem Stub-Resolver und dem DNS-Proxy wird nicht näher betrachtet, da unterstellt wird, dass sich diese im sog. Vertrauensbereich [FP97] des Teilnehmers befindet, auf den keine Angriffe durchgeführt werden. Falls dies nicht gewährleistet sein sollte, können die Überlegungen, die für die Verbindung zwischen Stub-Resolver und rekursivem Nameserver angestellt werden, unmittelbar auf diese Verbindung übertragen werden.

Abbildung 3.1 zeigt die Komponenten und Kommunikationsverbindungen im Überblick. Dargestellt sind lediglich die logischen Komponenten und Verbindungen. Diese können im realen System durch mehrere physische Komponenten oder Verbindungen realisiert werden (vgl. Mechanismen zur Gewährleistung der Verfügbarkeit in Abschnitt 3.5.3), es können jedoch auch mehrere logische Komponenten bzw. Verbindungen auf eine einzige physische Komponente bzw. Verbindung angewiesen sein. Die sich daraus in der Praxis ergebenden Konsequenzen werden im Folgenden nicht betrachtet. Die Komponenten Stub-Resolver, DNS-Proxy und rekursiver Nameserver werden im Folgenden mit dem allgemeinen Begriff **DNS-Clients** bezeichnet, wenn sie in der Rolle des Anfragenden auftreten und gleichermaßen von einer Bedrohung oder einem Sicherheitsmechanismus betroffen sind.

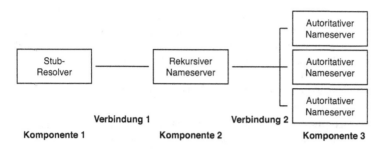

Abbildung 3.1: Komponenten und Kommunikationsverbindungen

3.2 Charakterisierung der relevanten Bedrohungen

Die konkreten Sicherheitsanforderungen, die an ein IT-System gestellt werden, ergeben sich aus den darauf einwirkenden *Bedrohungen*. Nach der Definition des Bundesamts für Sicherheit in der Informationstechnik (BSI) ist unter einer **Bedrohung** ein Umstand oder Ereignis zu verstehen, durch den oder das ein Schaden entstehen kann [Bun08, S. 191 ff.]. Existieren in IT-System Schwachstellen, werden aus abstrakten Bedrohungen konkrete Gefährdungen. Nach Howard und Longstaff lassen sich Schwachstellen auf fehlerhafte Design-Entscheidungen, Implementierungsfehler sowie Konfigurationsfehler zurückführen [HL98, S. 14]. Beim DNS resultieren die meisten Bedrohungen aus den getroffenen Design-Entscheidungen.

Die für IT-Systeme relevanten Bedrohungen wurden zum ersten Mal im amerikanischen „Orange Book" [Dep83] sowie von Voydock und Kent [VK83] systematisiert (vgl. hierzu [Pfi06]). Als erste einschlägige deutschsprachige Publikation gilt in diesem Zusammenhang das sog. „Grünbuch" der Zentralstelle für Sicherheit in der Informationstechnik (dem Vorläufer des BSI), das im Jahr 1989 veröffentlicht wurde [ZSI89]. Darin werden folgende grundsätzliche Bedrohungen für IT-Systeme genannt:

- unbefugter Informationsgewinn (Verlust der Vertraulichkeit),

- unbefugte Modifikation von Informationen (Verlust der Integrität) und

- unbefugte Beeinträchtigung der Funktionalität (Verlust der Verfügbarkeit).

Vertraulichkeit (engl. „confidentiality"), Integrität („integrity") und Verfügbarkeit („availability") werden in der deutschsprachigen Literatur üblicherweise als **Schutzziele** bezeichnet. An diesen grundlegenden Schutzzielen orientieren sich auch die existierenden Publikationen, in denen Sicherheitsanforderungen an das DNS erörtert werden (s. Abschnitt 3.4). Später wurden weitere Schutzziele definiert, etwa Anonymität, Zurechenbarkeit und Erreichbarkeit, um die potenziell konfliktionären Sicherheitsinteressen in komplexen IT-Systemen präzise modellieren zu können (s. [Pfi06; RP09; BA10; RB11] für einen Überblick).

Das DNS ist kein monolithisches, präzise abgrenzbares IT-System, sondern ein verteiltes System, in dem Daten in mehreren Komponenten gespeichert und verarbeitet sowie untereinander ausgetauscht werden. Bei der Betrachtung der Sicherheit im DNS ist daher darauf zu achten, welche Ressourcen bzw. Objekte jeweils zu schützen sind und welche Akteure (hier: die Betreiber bzw. Benutzer der in Abschnitt 3.1 aufgeführten Komponenten) ein Interesse an den jeweiligen Schutzzielen haben. Hinsichtlich der Interessen lassen sich die Schutzziele im DNS wie folgt unterscheiden:

Gemeinsame Sicherheitsinteressen Die Sicherheitsinteressen der Akteure bzgl. eines Schutzziels stimmen überein. Entweder kooperieren die Akteure, um ein Schutzziel gemeinsam umzusetzen, oder die Akteure verfolgen individuelle Sicherheitsinteressen, die zur Verfolgung des gemeinsamen Interesses beitragen (s. Abschnitt 3.5 und Abschnitt 3.6).

Unilaterale Sicherheitsinteressen Ein Akteur verfügt über ein individuelles Sicherheitsinteresse bzgl. eines Schutzziels. Dieses Interesse wird von den übrigen Akteuren nicht geteilt, d. h. entweder entstehen den übrigen Akteuren keine Nachteile, wenn das Schutzziel nicht erreicht wird oder das unilaterale Sicherheitsinteresse steht den individuellen Interessen der anderen Akteure entgegen. Ein Akteur kann daher nicht davon ausgehen, dass ihn die übrigen Akteure bei der Verfolgung seines individuellen Sicherheitsinteresses unterstützen (s. Abschnitt 3.7).

3.3 Ursachen für Bedrohungen

Die von der Zentralstelle für Sicherheit in der Informationstechnik gewählten Bedrohungsdefinitionen (s. S. 103) suggerieren, dass Bedrohungen ausschließlich von unbefugten Nutzern, also von Angreifern ausgehen. Die Sicherheit eines Systems kann jedoch nicht nur durch *beabsichtigte* Angriffe beeinträchtigt werden, sondern auch durch *unbeabsichtigte* Ereignisse. Während der Schutz vor beabsichtigten Angriffen im Englischen durch den Begriff „security" ausgedrückt wird, wird für den Schutz vor unbeabsichtigten Ereignissen üblicherweise der Begriff „safety" verwendet [FP00].

Dieser Abschnitt ist wie folgt aufgebaut: Für eine differenzierte Betrachtung werden zunächst die beabsichtigten Ereignisse weiter untergliedert (s. Abschnitt 3.3.1). Im Anschluss daran wird dargestellt, welche Bedrohungen von unbeabsichtigten (s. Abschnitt 3.3.2) bzw. beabsichtigten Ereignissen (s. Abschnitt 3.3.3 und Abschnitt 3.3.4) ausgehen.

3.3.1 Angreifermodelle

Beabsichtigte Angriffe gehen entweder von **aktiven Angreifern** oder von **passiven Angreifern** aus [VK83]. Insbesondere bei der Betrachtung des DNS ist zudem der Verfügungsbereich des Angreifers von Interesse. Abbildung 3.2 zeigt die gewählte Einordnung

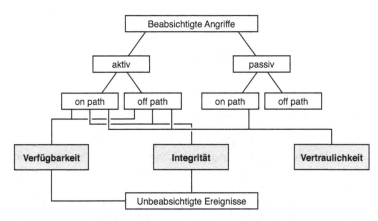

Abbildung 3.2: Klassifikation von Bedrohungen und dadurch bedrohte Schutzziele

im Überblick. Die Abbildung stellt auch dar, welche Schutzziele durch die einzelnen Angreifer bedroht werden. Auf die Einzelheiten wird in den folgenden Unterabschnitten noch näher eingegangen.

Zum einen gibt es Angreifer, die sich *auf dem Kommunikationspfad* („on-path adversary"; passend zu den in [HS12a] genannten „off-path adversaries") zwischen zwei Kommunikationsteilnehmern befinden, etwa weil sie an der Vermittlung der Nachrichten beteiligt sind oder die ausgetauschten Nachrichten abhören können. Internetzugangsanbieter und die Betreiber von Internet-Routern können aufgrund ihrer Stellung als solche **On-path-Angreifer** auftreten. Auch der rekursive Nameserver bzw. DNS-Forwarder können als On-path-Angreifer aufgefasst werden, da sie zwischen dem Teilnehmer und den autoritativen Nameservern angesiedelt sind. **Off-path-Angreifer** haben hingegen keinen unmittelbaren Zugriff auf die Nachrichten, die zwei Kommunikationspartner austauschen.

Unter Umständen kann sich ein Off-path-Angreifer allerdings durch Einsatz geeigneter Techniken Zugriff auf den Kommunikationspfad verschaffen und dadurch de facto zu einem On-path-Angreifern werden: Befindet sich der Angreifer im selben Netzsegment (genauer gesagt in derselben Broadcast-Domäne) wie der anzugreifende Sender oder Empfänger, kann er den Datenverkehr der beiden Teilnehmer durch Einsatz der sog. ARP-Spoofing-Technik über seine Station umleiten [Enc11].

3.3.2 Bedrohungen durch unbeabsichtigte Ereignisse

Zu den unbeabsichtigten Ereignissen zählen die Einwirkung von Naturgewalten, Verschleiß oder Fahrlässigkeit. In der Folge kann es entweder zu Übertragungsfehlern kommen, welche die **Integrität** beeinträchtigen, oder zu Ausfällen von Hardware- oder Software-Komponenten, welche die **Verfügbarkeit** beeinträchtigen.

Die Auswirkungen unbeabsichtigter Ereignisse können durch Fehlertoleranz- bzw. Ausfallsicherheitsmaßnahmen abgemildert werden. Hierunter fallen etwa fehlerkorrigierende Codes zur Erkennung und Korrektur von Übertragungsfehlern (vgl. etwa [MVO96, S. 362 f.]) sowie die redundante bzw. diversitäre Auslegung von Systemkomponenten [HGD00, S. 507 ff.].

3.3.3 Bedrohungen durch passive Angreifer

Passive Angreifer befinden sich *auf dem Kommunikationspfad* und können die zwischen Kommunikationsteilnehmern ausgetauschten Nachrichten beobachten. Selbst wenn sie eine aktive Rolle im Nachrichtentransport einnehmen, beschränken sich passive Angreifer darauf, die Informationen bzw. Nachrichten, die ihnen zur Verfügung stehen, zur Kenntnis zu nehmen. Sie greifen – abgesehen von den Aktivitäten, die im Rahmen der protokollkonformen Erfüllung ihrer Aufgabe nötig sind – nicht in die Datenübertragung ein, weswegen sie auch als „honest-but-curious" charakterisiert werden [Bea+90; Sch11c]. Passive Angriffe beeinträchtigen also ausschließlich die **Vertraulichkeit**. Unbefugte Beobachtung kann durch die Verschlüsselung der Nachrichteninhalte unterbunden werden.

Wie Voydock und Kent anmerken können passive Angreifer neben den (ggf. verschlüsselten) Nachrichteninhalten jedoch häufig auch die (nicht verschlüsselten) Kontroll-Informationen einsehen [VK83]. Hierzu zählen etwa die Sender- und Empfangsadressen, die für den Nachrichtentransport benötigt werden. Passive Angreifer können diese *Verkehrsdaten*, zu denen auch Zeitpunkte und Nachrichtenlänge gezählt werden können, analysieren und dadurch Rückschlüsse auf das Kommunikationsverhalten von Nutzern ziehen. Ein Schutz dieses „Informationsverhaltens" (s. [Gro+83, S. 189], zitiert nach [BA10]) kann durch Verschlüsselung allein nicht gewährleistet werden. Schutz vor Verkehrsanalysen bieten hingegen datenschutzfreundliche Techniken, welche eine anonyme Nutzung von Informationsdiensten ermöglichen (s. Abschnitt 5.2.2).

3.3.4 Bedrohungen durch aktive Angreifer

Im Unterschied zu einem passiven Angreifer greift ein aktiver Angreifer selbst in die Kommunikation ein. Befindet sich ein aktiver Angreifer auf dem Kommunikationspfad, kann er nach [VK83] in einer von drei Formen aktiv angreifen. Zum einen kann der Angreifer den Inhalt von Nachrichten modifizieren (Beeinträchtigung der **Integrität**). Weiterhin kann er die Weiterleitung von Nachrichten unterbinden (Beeinträchtigung der **Verfügbarkeit**). Schließlich kann er früher beobachtete Nachrichten erneut einspeisen bzw. selbst eine eigene Kommunikation initiieren und dabei die Identität eines anderen Teilnehmers angeben. Letzteres kann entweder zu einem Verlust der Integrität führen, wenn der Angreifer auf diese Weise veraltete oder gefälschte Daten einspeist, oder zu einem Verlust von **Vertraulichkeit**, etwa durch einen *Man-in-the-Middle-Angriff (MitM-Angriff)* [PP09, S. 342 ff.].

Wie angedeutet betrachten Voydock und Kent lediglich aktive Angreifer, die an der Nachrichtenweiterleitung beteiligt sind. Aktive Angriffe können jedoch auch von **Off-path-Angreifern** verübt werden. So kann die **Verfügbarkeit** durch aktiv handelnde Dritte beeinträchtigt werden, indem diese gezielt Kommunikationsverbindungen oder Komponenten überlasten. Da diese Vorgehensweise im Internet sehr verbreitet ist, ist sie inzwischen fest mit dem Begriff des *Denial-of-Service-Angriffs* (DoS-Angriff) verbunden [HRI06], obwohl es sich prinzipiell bei jedem Angriff auf die Verfügbarkeit um einen DoS-Angriff handelt. Insbesondere von *Distributed-Denial-of-Service-Angriffen* (DDoS-Angriffe), bei denen Angreifer den Datenverkehr einer Vielzahl von Teilnehmern bündeln, geht eine große Gefahr für die Verfügbarkeit aus [Spe04b]. Andere Mittel zur Beeinträchtigung der Verfügbarkeit sind das Herbeiführen einer Betriebsunterbrechung durch Ausnutzen von Sicherheitslücken (z. B. Buffer-Overflows) oder physische Angriffe auf die Infrastruktur.

Auch die **Integrität** kann im Internet durch aktive Off-path-Angreifer beeinträchtigt werden. Dazu initiiert der Angreifer von sich aus eine Kommunikation mit einem Dienst und speist – ggf. unter Angabe einer gefälschten Identität – dort manipulierte Daten ein. Wenn diese Daten zu einem späteren Zeitpunkt von anderen Teilnehmern abgerufen werden, greifen sie auf die manipulierten Daten zu.

Gegen absichtliche Modifikationen oder das Einspeisen gefälschter Nachrichten bieten die in Abschnitt 3.3.2 genannten fehlerkorrigierenden Codes keinen Schutz. Stattdessen müssen hier kryptographische Authentikationscodes (engl. „Message Authentication Codes", abgek. MACs, s. etwa [MVO96, S. 352 ff.]) oder digitale Signaturen (s. etwa [MVO96, S. 425 ff.]) eingesetzt werden.

Grundsätzlich können aktive Off-path-Angreifer nicht die **Vertraulichkeit** der Kommunikation zwischen zwei Teilnehmern verletzen. Allerdings kann ein aktiver Off-path-Angreifer u. U. durch Angabe einer falschen Identität (etwa durch DNS- oder URL-Spoofing oder Social-Engineering-Techniken) einen Teilnehmer u. U. dazu bringen, anstelle des eigentlich vorgesehenen Empfängers den Angreifer zu kontaktieren und diesem vertrauliche Daten zu übermitteln – damit wird er allerdings zu einem aktiven On-path-Angreifer. Im DNS gibt es allerdings einen Sonderfall: Beim sog. Cache-Snooping-Angriff (s. Abschnitt 3.7.3.2) handelt es sich tatsächlich um eine Gefährdung, bei der ein aktiver Off-path-Angreifer die Vertraulichkeit des Informationsverhaltens beeinträchtigen kann.

3.4 Existierende Arbeiten

In diesem Abschnitt werden die wesentlichen bereits existierenden Arbeiten vorgestellt, in denen eine Analyse der Sicherheitsanforderungen und -mechanismen im DNS vorgenommen wird. Bei jeder Arbeit werden kurz die adressierten Bedrohungen bzw. die jeweiligen Schutzziele genannt. Tabelle 3.1 zeigt die betrachteten Veröffentlichungen im Überblick.

Zumindest dem Titel nach („Threat Analysis of the Domain Name System") handelt es sich bei RFC 3833 [AA04] um die erste Veröffentlichung, die den Anspruch erhebt, die

Tabelle 3.1: Existierende Sicherheitsbetrachtungen

Herausgeber	Quellenverweis und wesentliche Inhalte
RFC Editor	[AA04] Fokus auf Schutz der Integrität der DNS-Antworten durch DNSSEC
NLNet Labs	[SK07] Attack-Tree-Analyse mit Fokus auf Cache-Poisoning- und Denial-of-Service-Angriffen; Empfehlungen zur Erkennung von bzw. Reaktion auf Angriffe; Bedrohung der Vertraulichkeit durch Cache-Snooping- und NSEC-Walking-Angriffe
NIST	[CR10; CR13] Empfehlungen zum sicheren Betrieb von Nameservern; Zugriffskontrolle anhand der IP-Adresse; Integritätssicherung durch TSIG und DNSSEC; Hinweise zur Nutzung von DNSSEC; Vertraulichkeitsinteressen der Nutzer nicht betrachtet
Internet Society	[Con12] Umfassende Übersicht über Bedrohungen und Schutzmechanismen zur Sicherstellung von Verfügbarkeit, Integrität und Vertraulichkeit im DNS; zusätzliche Betrachtung von Bedrohungen *durch* das DNS; Erwähnung der Vertraulichkeitsinteressen der Nutzer
RFC Editor	[Bor13] Erstmals Auseinandersetzung mit Vertraulichkeitsinteressen der Nutzer

Bedrohungen zu analysieren, die auf das DNS einwirken. Allerdings entstand dieser RFC vor dem Hintergrund der zum Veröffentlichungszeitpunkt stattfindenden Entwicklung von DNSSEC, auf das später noch eingegangen wird (s. S. 120). Die Autoren betrachten daher ausschließlich den Schutz der Integrität.

Auch Santcroos und Kolkman haben eine „DNS Threat Analysis" [SK07] durchgeführt. Ihre Ergebnisse hat die niederländische Forschungseinrichtung NLnet Labs veröffentlicht. Zur Gliederung der Analyse haben die Autoren einen Attack-Tree [Sch99] für das DNS konstruiert, in dem die Bedrohungen „Data Corruption" (Schutzziel Integrität), „Denial of Service" (Schutzziel Verfügbarkeit) und „Privacy" (Schutzziel Vertraulichkeit) berücksichtigt werden. Auch bei dieser Analyse liegt der Fokus allerdings auf dem Schutz der Integrität. Der Bereich „Privacy" wird oberflächlich auf gerade einmal einer Seite abgehandelt.

Die im Jahr 2010 veröffentlichten Empfehlungen zum sicheren Betrieb von Nameservern („Secure Domain Name System (DNS) Deployment Guide", Revision 1, [CR10]), die vom amerikanischen National Institute of Standards and Technology (NIST) herausgegeben werden, differenzieren anfangs ebenfalls zwischen den Schutzzielen „confidentiality", „integrity" und „availability". Die Vertraulichkeitsinteressen der Nutzer bleiben dabei jedoch völlig außen vor. Die Vertraulichkeitsinteressen der Nameserver-Betreiber werden per Definition ausgegrenzt („Because DNS data is meant to be public, preserving the confidentiality of DNS data pertaining to publicly accessible IT resources is not a concern" [CR10, ES-1]). Auch die im September 2013 veröffentlichte aktualisierte Revision 2 hält an dieser Darstellung fest [CR13]. Die Autoren befassen sich stattdessen primär mit der sicheren Konfiguration und dem sicheren Betrieb von Nameservern im Unternehmensumfeld sowie mit der Einrichtung von DNSSEC (s. S. 120).

Die Gemeinsamkeit der bisher genannten Veröffentlichungen besteht darin, dass sie sich darauf beschränken, die zum Veröffentlichungszeitpunkt bekannten Schwachstellen und Angriffe den drei Bedrohungsarten zuzuordnen und zu beschreiben. Zudem betrachten sie primär Mechanismen, welche die rekursiven oder autoritativen Nameservern betreffen.

Die erste systematische Betrachtung ist die Arbeit von Conrad [Con12], die von der Internet Society herausgegeben wurde. Auch Conrad orientiert sich an den einschlägigen Bedrohungen. Er unterscheidet zwischen „Denial of Service", „Data Corruption" sowie „Information Exposure". Im Gegensatz zu früheren Arbeiten betrachtet er, welche Auswirkungen die Bedrohungen auf die einzelnen Komponenten haben und wie diese adressiert werden können. Seine teilweise stichpunktartigen Ausführungen gehen allerdings nicht ins Detail und die Vertraulichkeitsinteressen der Nutzer erwähnt er nur am Rande.

Die Vertraulichkeitsinteressen der Nutzer rückten erst in den Fokus, als die weitreichenden Überwachungsaktivitäten von Nachrichtendiensten im Sommer 2013 aufgedeckt wurden. In diesem Zusammenhang ist insbesondere das Projekt „Tempora" des britischen Nachrichtendienstes [Mac+13] zu nennen, mit dem mutmaßlich Daten, die über zentrale Glasfaserkabel transportiert werden, abgehört und zwischengespeichert werden. Nach kurzer Diskussion [Far13] auf der IETF-Perpass-Mailingliste, die sich mit Bedrohungen auseinandersetzt, die von „pervasive passive monitoring" ausgehen, veröffentlichte Bortzmeyer im November 2013 einen ersten Internet-Draft [Bor13], der sich mit der Bedrohung der Privatsphäre von DNS-Nutzern auseinandersetzt.

Die genannten bisherigen Sicherheitsbetrachtungen setzen sich jeweils nur mit einzelnen Bedrohungen und Sicherheitsmaßnahmen auseinander; eine übersichtliche Zusammenstellung, welche alle Beteiligten in angemessener Weise berücksichtigt, fehlt bislang. Die nächsten drei Abschnitte fassen die wesentlichen Sicherheitsanforderungen und - mechanismen zusammen. Dabei liegt der Fokus auf Bedrohungen, welche die Namensauflösung beeinträchtigen können. In diesem Kapitel wird nicht der Anspruch erhoben, die Sicherheitsinteressen aller Akteure, alle Bedrohungen und alle Schutzmechanismen vollständig zu analysieren. Das Ziel besteht darin, einen kompakten systematischen Überblick über die Bedrohungen und Schutzmechanismen zu geben und dabei die gängigen Auffassungen, die in der Literatur vertreten werden, wiederzugeben.

3.5 Bedrohung der Verfügbarkeit

Wie in Abschnitt 3.2 angeführt beeinträchtigen Bedrohungen, die auf die Verfügbarkeit einwirken, die Funktionalität eines Systems. Aus Teilnehmersicht besteht die wesentliche Funktionalität des DNS in der Namensauflösung. Die Verfügbarkeit der Namensauflösung gilt als die wichtigste Sicherheitsanforderung, die an das DNS zu stellen ist (vgl. [Con12, S. 21]). Sie wurde bereits in RFC 1034 formuliert [Moc87a, S. 19]. Das DNS gilt als für das Internet kritischer Infrastrukturdienst [CM02; Law07; CCC13], da praktisch alle Internetdienste darauf angewiesen sind. Inzwischen sind auch Einrichtungen vom DNS abhängig, die zu den kritischen Infrastrukturen für das Gemeinwesen zählen, etwa die Energie-Branche [Cas+13].

Dieser Abschnitt ist wie folgt aufgebaut: In Abschnitt 3.5.1 wird die für das DNS relevante Verfügbarkeitsanforderung definiert. In Abschnitt 3.5.2 wird erörtert, inwiefern die Verletzung der Verfügbarkeit für die einzelnen Systemkomponenten eine Bedrohung darstellt. Abschließend werden in Abschnitt 3.5.3 die im DNS vorgesehenen Mechanismen zur Gewährleistung der Verfügbarkeit betrachtet.

3.5.1 Verfügbarkeit im DNS

In Anlehnung an die Definition der Schutzziele Verfügbarkeit bzw. Erreichbarkeit in [WP00] lässt sich die Verfügbarkeit der Namensauflösung aus Teilnehmersicht wie folgt definieren:

Definition 3.1. Die **Verfügbarkeit der Namensauflösung aus Teilnehmersicht** ist gewährleistet, wenn (1) alle Komponenten, die für die Namensauflösung kontaktiert werden müssen, erreichbar sind, und (2) auf allen Komponenten die jeweils erforderlichen Ressourcen und Dienste, die für die Namensauflösung benötigt werden, benutzbar sind, wann immer ein Teilnehmer eine Namensauflösung durchführen will, selbst wenn Dritte beabsichtigen, ihn daran zu hindern.

Da die Verfügbarkeit der Namensauflösung von der Verfügbarkeit aller Komponenten abhängt, handelt es sich dabei um ein gemeinsames Sicherheitsinteresse. Die an der Namensauflösung beteiligten Komponenten haben jeweils individuell ein Interesse daran, die Verfügbarkeit ihrer Dienste zu gewährleisten. Bei Verlust der Verfügbarkeit drohen ihnen zum Beispiel ein Verlust von Reputation (im Fall von rekursiven Nameservern), finanzielle Einbußen durch entgangene Umsätze (bei autoritativen Nameservern, die für kommerziell genutzte Second-Level-Domains zuständig sind) oder – insbesondere, aber nicht ausschließlich, den Betreibern der Root- und TLD-Nameserver – Vertragsstrafen, wie etwa dem Service-Level-Agreement zwischen ICANN und Verisign zu entnehmen ist [Intl2].

3.5.2 Bedrohungen für die Systemkomponenten

Im Folgenden werden die Bedrohungen charakterisiert, welche die Verfügbarkeit der Namensauflösung (s. Definition 3.1) beeinträchtigen können. Dazu sind die einzelnen Systemkomponenten zu betrachten.

Die Verfügbarkeit eines Nameservers kann entweder durch *unbeabsichtigten* Ausfall oder Überlastung des Nameservers oder seiner Kommunikationsverbindung(en), durch eine *aktiv herbeigeführte Überlastung* des Nameservers bzw. seiner Kommunikationsverbindung(en) oder durch eine *absichtlich herbeigeführte Betriebsunterbrechung* beeinträchtigt

Tabelle 3.2: Konsequenzen des Verlusts der Verfügbarkeit einzelner Komponenten

Bei Unverfügbarkeit	unverfügbare Domains	betroffene Teilnehmer
aller Root-Nameserver (NS)	alle	alle
aller TLD-NS für .com	*.com	alle
aller autoritat. NS von example.com	*.example.com	alle
eines rekursiven NS	alle	mehrere
des Stub-Resolvers/DNS-Proxys	alle	einzelne

werden [Con12]. Zu einer Unverfügbarkeit der Namensauflösung aus Teilnehmersicht kommt es auch, wenn ein Server bei einer andauernden Überlastung zwar noch in der Lage ist, auf eingehende Anfragen zu antworten, diese jedoch mit so großer Verzögerung beim anfragenden Client ankommen, dass bei diesem bereits die implementierungsspezifische Timeout-Zeit abgelaufen ist.

Die Unverfügbarkeit einzelner Komponenten hat unterschiedlich weitreichende Auswirkungen (s. Tabelle 3.2). Sind autoritative Nameserver nicht erreichbar bzw. benutzbar, ist die Namensauflösung für einige oder alle Domains nicht mehr verfügbar. Wegen des hierarchisch verteilten Namensraums sind an die Root-Nameserver und an die TLD-Nameserver die höchsten Verfügbarkeitsanforderungen zu stellen, da bei einem Ausfall oder Angriff auf diese Server die Verfügbarkeit der Namensauflösung für eine Vielzahl von Domains nicht gewährleistet werden kann. Während sich die Unverfügbarkeit von autoritativen Nameservern stets auf alle Teilnehmer auswirkt, sind von unverfügbaren rekursiven Nameservern lediglich dessen Nutzer betroffen. Der Ausfall des Stub-Resolvers bzw. eines zwischen Stub-Resolver und rekursivem Nameserver geschalteten DNS-Proxys betrifft hingegen lediglich einen bzw. einzelne Nutzer; diese Komponenten werden aus Verfügbarkeitsbetrachtungen üblicherweise ausgeklammert.

Der unterbrechungsfreie und zuverlässige Betrieb eines Root- oder TLD-Nameservers stellt offenbar eine Herausforderung dar. Das Forschungszentrum Jülich hat 2004 die Verfügbarkeit der Root-Nameserver und der TLD-Server für die Top-Level-Domain „de" untersucht [Lep04]. Dazu wurde an diese Nameserver über einen Zeitraum von einem Monat im Abstand von einer Minute eine DNS-Anfrage gesendet und ausgewertet, ob eine Antwort empfangen wurde. Keiner der Nameserver war im Experiment ununterbrochen verfügbar, und bei einigen Servern waren mehrstündige Ausfälle zu verzeichnen. Während bei der Mehrheit der Root-Nameserver mehr als 99 % aller Anfragen beantwortet wurden, erreichte nur ein einziger „de"-TLD-Server diesen Schwellenwert.

Es sind mehrere DDoS-Angriffe (Ausfall durch Überlastung) auf die Root-Nameserver dokumentiert, u. a. am 31. Oktober 2002 und am 6. Februar 2007 [Law07]. Der Angriff im Jahr 2007 bewirkte zwar, dass sowohl der G- als auch der L-Root-Nameserver zeitweise nicht mehr verfügbar waren; die übrigen Root-Nameserver waren jedoch nicht davon betroffen. In Deutschland waren keine Auswirkungen spürbar [ME07]. Auch TLD-Nameserver werden mitunter zum Ziel von DDoS-Angriffen. Die TLD-Nameserver, die für die Domain „cn" zuständig sind, wurden durch einen DDoS-Angriff am 25. August 2013 für einen Zeitraum von etwa zwei Stunden überlastet und dadurch unverfügbar [Moz13b].

Während für einen wirkungsvollen DDoS-Angriff auf die Root- oder TLD-Nameserver eine erhebliche Bandbreite erforderlich ist, kann die Verfügbarkeit von regulären autoritativen Nameservern, die für einzelne Second-Level-Domains zuständig sind, mit wesentlich geringerem Aufwand beeinträchtigt werden. So führten die DDoS-Angriffe auf die Nameserver von Akamai [Aka04] und Schlund Technologies [Bac08] zu erheblichen Einschränkungen der Verfügbarkeit vieler Internetseiten.

Groß angelegte DDoS-Angriffe auf die *rekursiven* Nameserver von Internetzugangsanbietern sind nicht dokumentiert. Dies ist durch die Tatsache begründet, dass rekursive Nameserver im Gegensatz zu autoritativen Nameservern meist nur aus dem Netz des Anbieters erreichbar sind und dadurch eine geringe Angriffsfläche bieten. Die wenigen dokumentierten Ausfälle, etwa bei Aon in Österreich [SK03], lassen sich auf unbeabsichtigte Ereignisse zurückführen.

Die bisher angeführten Bedrohungen resultieren unmittelbar aus den Design-Entscheidungen, die beim Entwurf des DNS getroffen wurden. Die Verfügbarkeit kann jedoch auch durch Implementierungsfehler beeinträchtigt werden. Im Oktober 2013 waren in der vom NIST betriebenen „National Vulnerability Database" 45 DoS-Schwachstellen für verschiedene Versionen der populären Nameserver-Implementierung BIND dokumentiert [CVE13], mit denen eine Betriebsunterbrechung herbeigeführt werden kann. 22 dieser Schwachstellen konnten von einem aktiven Angreifer über das Netz ausgenutzt werden und führten zu einem unmittelbaren Ausfall der verwundbaren BIND-Version [Nat13].

3.5.3 Implementierte Schutzmechanismen

Da das zum Transport von DNS-Nachrichten verwendete UDP keine Zustellungsgarantie bietet, wiederholen DNS-Clients eine Anfrage, falls sie innerhalb einer festgelegten Wartezeit (Timeout) keine Antwort erhalten. RFC 1536 enthält hierzu konkrete Implementierungsempfehlungen [Kum+93]. Durch das wiederholte Senden wird erreicht, dass kurzzeitige Überlastungen und Ausfälle der Kommunikationsverbindungen und Server die Verfügbarkeit der Namensauflösung nicht beeinträchtigen.

Schon die ursprüngliche Spezifikation des DNS sieht vor, dass jeder Nameserver, der eine bestimmte Funktion erfüllt, redundant ausgelegt sein kann, um zu gewährleisten, dass die angebotene Funktionalität auch bei einem Ausfall einer Komponente verfügbar bleibt. RFC 1034 sieht für jede Zone mindestens zwei autoritative Server vor [Moc87a]; RFC 2182 empfiehlt für jede Zone drei bis fünf autoritative Nameserver, die an verschiedenen geographischen und netzwerktopologischen Orten betrieben werden sollten.

In der Root- bzw. TLD-Ebene des Namensraums wird die Verfügbarkeit der Nameserver ebenfalls durch eine redundante Auslegung von Nameservern sichergestellt. Da die Root- und TLD-Nameserver von besonderer Bedeutung für das DNS sind, werden an ihren

Betrieb höhere Anforderungen gestellt als bei den übrigen autoritativen Nameservern. Operationelle und organisatorische Sicherheitsmanagement-Maßnahmen für den Betrieb von Root-Servern wurden u. a. in den RFCs 2010 und 2870 spezifiziert [MV96; Bus+00].

Die für eine Zone verfügbaren autoritativen Nameserver sind in NS-Records der Elternzone hinterlegt. Stellt ein rekursiver Nameserver eine Anfrage vom Typ NS, werden die Einträge in zufälliger Reihenfolge zurückgeliefert, um eine Lastverteilung zu realisieren [Bri95]. Rekursive Nameserver nutzen üblicherweise den ersten der zurückgelieferten Einträge und greifen auf die weiteren Nameserver nur dann zurück, wenn der zuerst kontaktierte Nameserver auf ihre Anfrage nicht innerhalb einer implementierungsspezifischen Timeout-Zeit reagiert.

Rekursive Nameserver können ebenfalls redundant ausgelegt werden: Die Stub-Resolver-Implementierungen der gängigen Betriebssysteme bieten die Möglichkeit, mehrere Nameserver-Adressen zu konfigurieren, um einen Serverausfall tolerieren zu können. Auch hier erfolgt der Wechsel automatisch, wenn Anfragen nicht innerhalb einer bestimmten Timeout-Zeit beantwortet werden.

Die bisher genannten Mechanismen wurden mit dem Ziel entwickelt, die Funktionalität des DNS-Namensdienstes beim Eintritt *unbeabsichtigter* Ereignisse zu gewährleisten. Gegen DDoS-Angriffe bieten die ursprünglich vorgesehenen Mechanismen jedoch keinen Schutz. Vor allem die Root- und TLD-Server waren unzureichend gegen bewusst herbeigeführte Überlastungen abgesichert. Eine Erhöhung der Anzahl der Root- bzw. TLD-Server gestaltete sich jedoch schwierig, da die Anzahl der redundanten Nameserver, die für eine Zone und insbesondere die Root-Zone zuständig sein kann, durch die Größenbeschränkung von DNS-Paketen begrenzt ist.

Durch die Verwendung der **IP-Anycast-Technik**, die bereits in RFC 1546 spezifiziert wurde [PMM93], konnte diese Begrenzung überwunden werden (für detaillierte Hinweise zur Verwendung von Anycast im DNS s. [SPT05]). Im Oktober 2013 wurden die 13 logischen Root-Nameserver auf 376 physische Server verteilt (s. *http://www.root-servers.org/*). Auch rekursive Nameserver können die Anycast-Technik einsetzen, um ihre Verfügbarkeit zu verbessern. Insbesondere Drittanbieter wie Google machen davon Gebrauch [Goo13]. Abgesehen von der Bereitstellung von Überkapazitäten existieren weitere Techniken zur Abwehr von DDoS-Angriffen, u. a. die Filterung des auf Routern eingehenden bzw. ausgehenden Datenverkehrs anhand spezifischer Kriterien. Gupta et al. geben einen ausführlichen Überblick über die verfügbaren Techniken [GJM12].

Eine Besonderheit des DNS besteht darin, dass kurzzeitige Ausfälle einzelner Nameserver durch die Caching-Mechanismen (s. Abschnitt 2.7) toleriert werden können. Solange die benötigten Informationen in den Zwischenspeichern des Stub-Resolvers bzw. des rekursiven Nameservers vorliegen und die TTL noch nicht abgelaufen ist, ist die Namensauflösung aus Teilnehmersicht noch verfügbar. Da gerade bei NS-Einträgen große TTL-Werte verwendet werden, können bei einem Ausfall eines TLD-Nameservers die populären Domainnamen üblicherweise noch für mehrere Stunden oder sogar Tage aufgelöst werden.

Nach gängiger Auffassung spielen die rekursiven Nameserver eine wichtige Rolle bei der Gewährleistung der Verfügbarkeit. In der Literatur wurden verschiedene Optimierungen vorgeschlagen, um die Folgen von DDoS-Angriffen abzumildern. Eine proaktive Maßnahme besteht darin, Cache-Einträge kurz vor ihrem Ablauf auch ohne konkreten Anlass eigenständig zu aktualisieren und dadurch die Daten der autoritativen Nameserver stärker zu verteilen [PMZ07]. Ballani et al. schlagen hingegen eine reaktive Maßnahme vor: Cache-Einträge sollten auch nach Ablauf der TTL vorgehalten werden, um darauf zurückgreifen zu können, falls bei einer späteren Anfrage der dafür zuständige autoritative Nameserver nicht erreichbar ist [BF08].

Zusammenfassend ist festzustellen, dass die Verfügbarkeit der Namensauflösung aus Teilnehmersicht durch die existierenden Maßnahmen weitgehend gewährleistet ist.

3.6 Bedrohung der Integrität

Bedrohungen der Integrität betreffen allgemein Modifikationen an übermittelten oder gespeicherten Daten (vgl. Abschnitt 3.2). Im DNS werden Daten in autoritativen Nameservern, rekursiven Nameservern, Stub-Resolvern sowie ggf. DNS-Proxys gespeichert. Des Weiteren werden Daten zwischen diesen Komponenten übertragen. Die Integrität der Namensauflösung kann durch jede der Komponenten bzw. auf jeder der Kommunikationsverbindungen beeinträchtigt werden.

Dieser Abschnitt ist wie folgt aufgebaut: In Abschnitt 3.6.1 wird die für das DNS relevante Integritätsanforderung definiert. In Abschnitt 3.6.2 wird erörtert, inwiefern die Verletzung der Integrität für die einzelnen Systemkomponenten eine Bedrohung darstellt. Abschließend werden in Abschnitt 3.6.3 die im DNS vorgesehenen Mechanismen zur Gewährleistung der Integrität betrachtet.

3.6.1 Integrität im DNS

Wie bereits bei der Verfügbarkeit wird in diesem Abschnitt wieder eine teilnehmerorientierte Sicht eingenommen.

Definition 3.2. Die **Integrität der Namensauflösung aus Teilnehmersicht** ist gewährleistet, wenn (1) die Namensauflösung für den von ihm (bzw. einer Anwendung auf seinem Endgerät) intendierten Domainnamen durchgeführt wird und er entweder (2) genau die Informationen erhält, die aus Sicht des rechtmäßigen Domain-Inhabers zum Zeitpunkt der Anfrage für diese Domain gültig sind, oder (3) im Falle eines nicht existierenden Domainnamens darüber informiert wird, dass der angefragte Name nicht existiert.

Die gewählte Definition abstrahiert bewusst von den Komponenten und Protokollen des DNS, da ihr Zusammenwirken für den einzelnen Teilnehmer nicht ersichtlich ist. Aus der Sicht eines Teilnehmers ist eine korrekte Namensauflösung hingegen genau dann gewährleistet, wenn sie es ihm ermöglicht, den durch den Domainnamen adressierten Dienst zu erreichen (präziser: die für den Domainnamen hinterlegten Daten zu erfahren). Wie der Schutz der Verfügbarkeit (s. Abschnitt 3.5) ist auch die Sicherstellung der Integrität der Namensauflösung aus Teilnehmersicht ein *gemeinsames Sicherheitsinteresse*. Nicht nur dem Teilnehmer selbst, sondern auch den Betreibern von Nameservern ist daran gelegen, dass Manipulationsversuche erkannt werden können. So droht den Betreibern von rekursiven Nameservern und autoritativen Nameservern (bzw. den damit in Verbindung gebrachten Online-Angeboten) ein Verlust an Reputation, wenn Nutzern in Folge von Manipulationen ein Schaden entsteht. Bei den Betreibern von Root- und TLD-Servern beruht das eigene Interesse wiederum auf der vertraglichen Verpflichtung, eine integritätsgesicherte Namensauflösung anzubieten [ICA12, S. 5-15]. Anders als die Verfügbarkeit ist die Gewährleistung der Integrität bislang jedoch nur ansatzweise möglich (s. Abschnitt 3.6.3).

3.6.2 Bedrohungen für die Systemkomponenten

Die Integrität der Namensauflösung (s. Definition 3.2) ist grundsätzlich auf allen Systemkomponenten und Kommunikationsverbindungen bedroht. Die in der Literatur identifizierten Bedrohungen werden im Folgenden anhand der in Abschnitt 3.2 beschriebenen Bedrohungsarten unterschieden.

Zunächst ist festzustellen, dass die Integrität der Namensauflösung durch **unbeabsichtigte Ereignisse** gefährdet ist. So kann es durch Übertragungsfehler oder fehlerhafte Hardwarekomponenten in den an der Namensauflösung beteiligten Komponenten zu Veränderungen an den übermittelten DNS-Nachrichten kommen. Zum anderen besteht die Gefahr, dass schon in den autoritativen Nameservern ungültige Daten hinterlegt sind. Ein solcher Fall trat zuletzt im Jahr 2010 auf, als die TLD-Server der „de"-Domain nach Migrationsarbeiten fälschlicherweise eine NXDOMAIN-Antwort (s. Abschnitt 2.6.3) für fast alle „de"-Domains zurücklieferten, was zur Folge hatte, dass ein Großteil der deutschen Internetseiten nicht mehr erreichbar waren und zahlreiche E-Mails verloren gingen [End10].

Im Zusammenhang mit dem Schutzziel Integrität ist jedoch vor allem die Bedrohung durch beabsichtigte aktive Angriffe von Bedeutung, die im weiteren Verlauf näher erläutert werden. Die in der Literatur dokumentierten Angriffe richten sich vor allem gegen Web-Nutzer und betreffen deren Adressauflösung, also DNS-Anfragen vom Typ A bzw. AAAA. Der Angreifer verfolgt dabei das Ziel, die in den DNS-Antworten enthaltenen IP-Adressen zu manipulieren, so dass einzelne oder mehrere DNS-Nutzer nicht den eigentlich gewünschten Server kontaktieren, sondern einen Server, den der Angreifer kontrolliert. Typischerweise präsentiert der Angreifer den Nutzern auf seinem Server eine Kopie der eigentlich gewünschten Seite, um Zugangsdaten oder persönliche Daten auszuspähen (sog. Phishing, vgl. auch [Orm13]).

Zunächst werden **On-path-Angreifer** betrachtet, die entweder auf die Kommunikationsverbindungen zwischen Stub-Resolver und rekursivem Nameserver oder auf die Kommunikationsverbindung zwischen rekursivem und autoritativen Nameservern zugreifen
können. In beiden Fällen ist die Integrität der übertragenen Nachrichten gefährdet, da ein
Angreifer dem Sender einer DNS-Anfrage eine dazu passende gefälschte DNS-Antwort
zurücksenden kann. Der Sender akzeptiert eine DNS-Antwort, wenn die folgenden Felder
der Antwort mit den korrespondierenden Feldern einer Anfrage übereinstimmen, auf
deren Antwort er gerade wartet [HM09, S. 13]:

- Absender-IP-Adresse mit der Empfänger-IP-Adresse in der Anfrage,

- Empfänger-IP-Adresse mit der Absender-IP-Adresse in der Anfrage,

- Zielport des Empfängers mit dem Quellport des Absenders der Anfrage,

- DNS-Transaktions-ID,

- angefragter Domainname und

- Anfrage-Klasse sowie -Typ.

Da ein On-path-Angreifer die DNS-Anfragen des Teilnehmers beobachten kann, verfügt er
über alle Informationen, die er zur Erzeugung einer gefälschten DNS-Antwort benötigt; dieser Angriff wird auch als **DNS-Spoofing** bezeichnet [Ste+06]. Da DNS-Nachrichten über
UDP transportiert werden, kann der Angreifer statt seiner eigenen IP-Adresse die Adresse
des eigentlich vorgesehenen Empfängers als Absenderadresse in die DNS-Antworten
einsetzen (sog. IP-Spoofing, vgl. [SGI13, S. 160] und [KKD07, S. 33]). Der Angriff ist erfolgreich, wenn die gefälschte Antwort den Sender vor der DNS-Antwort des tatsächlichen
Empfängers erreicht (s. [Ste+06] sowie [AA04, S. 2], da die gängigen Stub-Resolver und
Nameserver-Implementierungen nach einer DNS-Anfrage lediglich die erste bei ihnen
eingehende DNS-Antwort berücksichtigen.

Auch der rekursive Nameserver, der von einem Teilnehmer genutzt wird, kann als On-
path-Angreifer agieren. Dies wird in RFC 3833 als „Betrayal by Trusted Server" bezeichnet
[AA04, S. 7 f.]. Als Beispiel ist hier die Praxis einiger Internetzugangsanbieter anzuführen, Anfragen für nicht existierende Domains nicht wahrheitsgemäß zu beantworten (s.
Abschnitt 2.8.3). Weiterhin sind zahlreiche Fälle dokumentiert, in denen Angreifer mittels
Schadsoftware die Einstellungen auf den Endgeräten der Nutzer so manipuliert haben, dass
der Stub-Resolver nicht mehr den ursprünglich eingestellten rekursiven Nameserver nutzt,
sondern auf einen vom Angreifer betriebenen rekursiven Nameserver zugreift [Dag+08a].
Ein bekannter Vertreter dieser Gattung ist das Trojanische Pferd DNSChanger [Sch06;
Eik11]. Vergleichbare Angriffe zielen auf die in vielen Haushalten eingesetzten Internet-
Router ab, die über einen DNS-Proxy verfügen. Bei diesen sog. Drive-by-Pharming-
Angriffen werden Sicherheitslücken in der Software populärer Internet-Router ausgenutzt,
um den rekursiven Nameserver des Angreifers im DNS-Proxy einzutragen [SRJ07].

Auch **Off-path-Angreifer** können die Integrität der Namensauflösung beeinträchtigen.
Dabei ist zwischen opportunistischem DNS-Spoofing, das wie die bisher betrachteten

On-path-Angriffe auf eine gerade von einem Teilnehmer abgesendete Anfrage abzielt, und deterministischem DNS-Spoofing zu unterscheiden.

Bei *opportunistischen Angriffen* besteht die Herausforderung für einen Off-path-Angreifer darin, im richtigen Moment zu einer ihm nicht bekannten Anfrage eine passende Antwortnachricht an einen Teilnehmer zu senden. Opportunistische Angriffe richten sich vor allem gegen Stub-Resolver und DNS-Proxys; sie können grundsätzlich jedoch auch auf der Kommunikationsverbindung zwischen rekursiven und autoritativen Nameservern durchgeführt werden. Der Angriff ist allerdings nur dann erfolgversprechend, wenn der Angreifer Annahmen über das Anfrageverhalten eines Teilnehmers treffen kann. RFC 3833 führt hier das Beispiel eines Clients an, der bei einem Neustart DNS-Anfragen zu vorhersehbaren Domainnamen stellt [AA04, S. 4]. Damit der Stub-Resolver die gefälschten Antworten akzeptiert, müssen wie oben erläutert auch die restlichen Felder in der DNS-Antwort korrekt belegt sein. Insbesondere die Transaktions-ID und die vom Absender gewählte Portnummer erschweren dies, da beide Felder jeweils bis zu 2^{16} verschiedene Werte annehmen können. Bei völlig zufällig gewählten Werten muss der Angreifer im schlimmsten Fall also 2^{32} verschiedene DNS-Antworten an den Teilnehmer senden. Da diese den angegriffenen Teilnehmer vor der Antwort des tatsächlichen Empfängers erreichen müssen, erscheint dieser Angriff zunächst wenig praktikabel. Bis 2008 verwendeten die gängigen Implementierungen jedoch stets den Quellport 53, so dass der Angreifer nur die Transaktions-ID erraten musste. Wegen weiterer Implementierungsschwächen, u. a. schwacher Pseudozufallszahlengeneratoren, stellte die Transaktions-ID nur einen geringen Schutz dar [Ste+06].

Im Gegensatz zu opportunistischen Angriffen richten sich *deterministische Angriffe*, die in der Literatur auch als DNS-Cache-Poisoning-Angriffe bezeichnet werden [Dag+09; HS12b], immer gegen einen rekursiven Nameserver – und da rekursive Nameserver die manipulierten DNS-Antworten in ihrem Zwischenspeicher aufbewahren, betreffen sie mittelbar auch alle Stub-Resolver bzw. DNS-Proxys, die den angegriffenen rekursiven Nameserver zur Namensauflösung verwenden. Im Gegensatz zum opportunistischen Ansatz, bei dem der Angreifer warten muss, bis ein DNS-Client eine Namensauflösung durchführt, stößt der Angreifer beim deterministischen Ansatz selbst die Namensauflösung für den Domainnamen, den er angreifen will, an. Dazu sendet der Angreifer selbst eine DNS-Anfrage an den anzugreifenden rekursiven Nameserver, um zu veranlassen, dass dieser eine DNS-Anfrage an den autoritativen Nameserver der Domain sendet. Ab diesem Zeitpunkt sendet der Angreifer wie beim opportunistischen Angriff dazu passende gefälschte DNS-Antworten an den rekursiven Nameserver. Dabei setzt er die Absender-IP-Adresse auf die Adresse des autoritativen Nameservers und variiert Transaktions-ID und Zielport. Gelingt der Angriff, legt der rekursive Nameserver die gefälschten Daten in seinem Zwischenspeicher ab und liefert sie bis zum Ablauf der TTL an später anfragende Clients aus. Abbildung 3.3 stellt den zeitlichen Ablauf eines Cache-Poisoning-Angriffs dar.

Zur Durchführung eines deterministischen Angriffs muss der Angreifer also berechtigt sein, DNS-Anfragen an den anzugreifenden rekursiven Nameserver zu stellen. Diese Anforderung ist z. B. bei offenen Resolvern erfüllt, die ihre Dienste jedem Nutzer anbieten

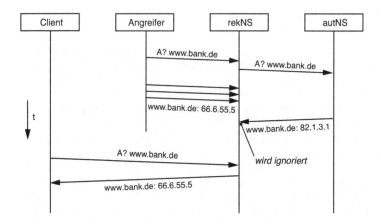

Abbildung 3.3: Zeitlicher Ablauf eines Cache-Poisoning-Angriffs

(s. Abschnitt 2.4.2.2). Im Falle eines rekursiven Nameservers, der nur von einer geschlossenen Nutzergruppe verwendet werden kann, muss der Angreifer zur Durchführung des Angriffs entweder selbst zu den berechtigten Nutzern gehören (etwa weil er Kunde eines Internetzugangsanbieters ist) oder er muss einen berechtigten Nutzer – etwa durch gezielten Versand einer E-Mail – dazu veranlassen, die den Cache-Poisoning-Angriff initiierende Namensauflösung durchzuführen.

Der Begriff Cache-Poisoning wird in der Literatur nicht nur im Zusammenhang mit dem dargestellten Angriff eines Off-path-Angreifers verwendet, sondern auch für Angriffe, die von On-path-Angreifern oder autoritativen Nameservern durchgeführt werden, wenn diese darin resultieren, dass gefälschte Informationen im Cache eines rekursiven Nameservers oder Stub-Resolvers (s. [Kle08a]) platziert werden (vgl. [AA04], [Dua+12] und [SS10]).

Abschließend sind noch zwei Angriffe auf die Integrität zu erwähnen, welche sich gegen *autoritative* Nameserver richten. Zum einen sind zahlreiche Fälle dokumentiert, in denen Angreifer unter Angabe einer falschen Identität Domain-Registrare kontaktiert haben und eine Änderung der autoritativen Nameserver für eine bestimmte Second-Level-Domain erwirkten (vgl. u. a. [Ble04; SE13]). Diese als **Domain-Hijacking** bezeichneten Angriffe können durch geeignete organisatorische Maßnahmen verhindert werden, die u. a. in [Pis05] näher erläutert sind. Die zweite Bedrohung betrifft die **Integrität des Zonentransfers** (s. Abschnitt 2.6.4), mit dem die Zonendaten auf allen für eine Zone autoritativen Nameservern synchronisiert werden. Ein On-path-Angreifer kann die während eines Zonentransfers übermittelten Daten durch einen MitM-Angriff manipulieren und dadurch die Integrität der Zonendaten auf dem empfangenden Nameserver verletzen [Ait11, S. 301].

3.6.3 Implementierte Schutzmechanismen

Bei der Konzipierung des DNS in den RFCs 1034 und 1035 spielte der Schutz der Integrität keine Rolle – dieses Schutzziel wird in den RFCs an keiner Stelle erwähnt. Da die ursprünglichen Protokolle keine integritätssichernden Mechanismen enthalten, ist es nicht verwunderlich, dass es in der Praxis zu den im vorherigen Abschnitt angeführten Integritätsverletzungen kam. Im Folgenden werden die wesentlichen Mechanismen und Protokollerweiterungen vorgestellt, die zum Schutz der Integrität vorgeschlagen wurden. Dabei sind in Anlehnung an die gängige Einteilung von Verschlüsselungsprotokollen (s. etwa [Bis03, S. 284 f.]) zwei Arten von Mechanismen zu unterscheiden:

- Mechanismen, welche die Integrität der Nachrichten während der Übertragung auf einzelnen Kommunikationsabschnitten sichern (**Integrität auf Verbindungsebene**), und

- Mechanismen, welche die Integrität der übermittelten Nachrichten von der ursprünglichen Datenquelle bis zum sie anfordernden Empfänger sichern (**Integrität auf Datenebene**).

Zunächst werden die Mechanismen vorgestellt, welche die **Integrität auf der Verbindungsebene** sicherstellen. Einen rudimentären Schutz der Integrität gegen unbeabsichtigte Übertragungsfehler auf der Verbindungsebene bietet die 16 Bit lange **UDP-Prüfsumme** (bzw. bei Verwendung von TCP die TCP-Prüfsumme), die sich als Einerkomplement-Summe über einen Pseudoheader und den übertragenen Nutzdaten berechnet [Pos80; Pos81b]. Die Prüfsumme sichert die Integrität der übertragenen DNS-Nachrichten allerdings lediglich auf einzelnen Verbindungen, also etwa bei der Kommunikation zwischen Stub-Resolver und rekursivem Nameserver. Zudem wird kritisiert, dass das einfach gestaltete Berechnungsverfahren Übertragungsfehler nicht zuverlässig erkennt [SP00].

Ein höheres Sicherheitsniveau wird durch die Verwendung des in RFC 2845 definierten **TSIG** erreicht, das die Integrität auf Verbindungsebene durch einen symmetrischen Authentikationscode schützt. Ursprünglich wurde lediglich das heute als unsicher angesehene Verfahren HMAC-MD5 unterstützt [Vix+00], später wurden Varianten hinzugefügt, die auf den sichereren Verfahren SHA-1 und SHA-2 basieren [Eas06b]. TSIG kann zwar grundsätzlich zur Absicherung von herkömmlichen DNS-Anfragen und -Antworten verwendet werden; durch die Verwendung von symmetrischen Schlüsseln ist der Schlüsselaustausch bei großen Nutzergruppen jedoch nicht praktikabel. TSIG eignet sich hingegen gut für den Einsatz in geschlossenen Benutzergruppen, zum einen zur Absicherung von sog. dynamischen Updates [Vix+97], mit denen DNS-Clients selbstständig Änderungen an Zonendaten durchführen können, zum anderen zur Absicherung von Zonentransfers (s. Abschnitt 2.6.4) zwischen autoritativen Nameservern [Ait11, S. 301 ff.]. Mit **SIG(0)**, das in RFC 2931 spezifiziert ist, existiert ein weiteres Verfahren zur Sicherung der Integrität auf Verbindungsebene [Eas00]. Der wesentliche Unterschied zu TSIG besteht darin, dass bei SIG(0) digitale Signaturen auf Basis eines asymmetrischen Kryptosystems zum Einsatz kommen, um das Schlüsselmanagement zu vereinfachen. Da SIG(0) zur Schlüsselverteilung auf die DNSSEC-Infrastruktur (s. S. 120) zurückgreifen soll, hat es in der Praxis bislang noch keine Verbreitung gefunden.

Mit den vorgestellten Mechanismen zum Schutz der Integrität auf Verbindungsebene können *nicht alle* unbeabsichtigten Ereignisse erkannt werden. Modifikationen der Zonendaten in den autoritativen Nameservern (vgl. den in Abschnitt 3.6.2 angeführten Fall der „de"-Zone) sowie Speicherfehler in Clients, Routern oder Nameservern können ebenfalls dazu führen, dass die Integrität der Namensauflösung aus Teilnehmersicht nicht gewährleistet ist. Dieser Umstand wird inzwischen bei sog. *Bitsquatting-Angriffen*[1] ausgenutzt. Angreifer registrieren dabei gezielt Domainnamen, die sich ergeben, wenn in DNS-Anfragen für populäre Domainnamen einzelne Bits durch Speicherfehler im Client gekippt werden [Nik+13a]. Experimente mit probeweise registrierten Bitsquatting-Domainnamen, etwa *iicrosoft.com*, deuten darauf hin, dass Bitsquatting-Angriffe erfolgversprechend sind [Din11]: Dinaburg beobachtete im Versuchszeitraum zahlreiche Zugriffe, sowohl von Browsern als auch von Betriebssystemkomponenten, die z. B. versuchten, von einer Bitsquatting-Domain Software-Updates zu beziehen.

Die in Abschnitt 3.6.2 genannten Cache-Poisoning-Angriffe gaben Anlass zu verschiedenen **Protokollnachbesserungen**. Anlass für viele dieser Bemühungen war insbesondere der im Jahr 2008 von Kaminsky veröffentlichte optimierte DNS-Cache-Poisoning-Angriff (s. [Alm08]), der große Aufmerksamkeit erregte [Nao08; Mar08]. Kaminskys Angriff weist nachweislich hohe Erfolgsaussichten auf [Ale+10]. Die einzelnen Nachbesserungen schützen für sich genommen weder die Integrität auf Daten- noch auf Verbindungsebene, sondern schließen lediglich Schwachstellen im DNS-Protokoll und seiner Implementierung, welche die Durchführung von Cache-Poisoning-Angriffen erleichtert hatten. Daher wird an dieser Stelle nicht näher auf die einzelnen Mechanismen eingegangen. Tabelle 3.3 listet die wesentlichen Nachbesserungen auf. Umfangreiche Betrachtungen zur Sicherheit der Maßnahmen finden sich bei Herzberg und Shulman [HS12a; HS12c; HS12d; Dag+09; SS10].

Gegen beabsichtigte aktive On-path-Angriffe sind sowohl die Mechanismen auf Verbindungsebene als auch die eben genannten Protokollnachbesserungen wirkungslos. Umfassenden Schutz vor Off-path- und On-path-Angreifern bieten nur Mechanismen, welche die **Integrität auf der Datenebene** gewährleisten. Dazu müssen bereits an der Datenquelle Maßnahmen ergriffen werden, welche die Integrität der Daten ohne Unterbrechung bis zum Erreichen des endgültigen Empfängers (dem anfragenden Stub-Resolver) gewährleisten.

Genau diese Zielsetzung wird mit **DNSSEC** (DNS Security Extensions) verfolgt, dessen Entwicklung 1997 begann [EK97] und zwei Jahre später in einen ersten Standard mündete [Eas99]. Nach zahlreichen Nachbesserungen wurde 2005 eine konsolidierte und erweiterte Fassung des Protokolls standardisiert und in RFC 4033 bis 4035 veröffentlicht [Are+05a;

---

[1]Der Name ist an den Begriff *Typosquatting* angelehnt, der die Praxis von Angreifern bezeichnet, gezielt Domains zu registrieren, die Tippfehler enthalten (s. etwa [ME10]). Durch Typosquatting können u. a. Phishing-Angriffe auf unachtsame Nutzer durchgeführt werden.

Tabelle 3.3: Protokollnachbesserungen zum Schutz vor Cache-Poisoning

---

Schwachstelle / Nachbesserung

Nicht-autoritative Daten
Rekursive Nameserver sollen in Antworten ausschließlich Informationen berücksichtigen, für die der kontaktierte autoritative Nameserver die Autorität hat. Informationen zu Domains, die für die Anfrage nicht relevant sind, sollen verworfen werden bzw. beim dafür autoritativen Nameserver erneut angefragt werden [HM09, S. 9].

Zu geringe Entropie
DNS-Clients sollen jede Anfrage von einem anderen Quellport und von einer anderen Sender-IP-Adresse (falls mehrere verfügbar sind) absenden sowie bei mehreren in Frage kommenden autoritativen Nameservern einen zufälligen auswählen [HM09, S. 14]. DNS-Clients sollen bei Anfragen Groß- und Kleinschreibung von Domainnamen zufällig variieren (sog. „0x20 encoding") und Antworten nur dann akzeptieren, wenn sie den Domainnamen in exakt derselben Schreibweise enthalten [Dag+08b]. Autoritative Nameserver sollen für ihre Domainnamen Wildcard-Subdomains anlegen, damit DNS-Clients den angefragten Domainnamen mit einem zufällig gewählten Präfix erweitern können, auf dessen Vorhandensein die Antwort überprüft wird [Per+09].

Geburtstagsangriff
Kann ein Off-path-Angreifer einen rekursiven Nameserver dazu veranlassen, parallel mehrere Anfragen für einen Domainnamen zu stellen, erhöht sich aufgrund des Geburtstagsparadoxons die Chance, eine gültige Antwort zu irgendeiner der ausstehenden Anfragen zu finden, erheblich. DNS-Clients sollen daher die Anzahl gleichzeitig ausstehender Anfragen für einen Domainnamen begrenzen [HS12d].

Are+05b; Are+05c]. Kurz zusammengefasst besteht die Idee von DNSSEC darin, dass jeder autoritative Nameserver für die Daten, die er in seiner Zone hinterlegt, mittels eines asymmetrischen Kryptosystems eine digitale Signatur erstellt und diese ebenfalls in der Zone hinterlegt (RRSIG-Records, [BH07, S. 186]). Anhand der digitalen Signatur können anfragende DNS-Clients die *Integrität* der empfangenen Antworten entlang des gesamten Transportwegs überprüfen [Ait11, S. 318] – auch dann, wenn die Antwort aus dem Zwischenspeicher eines rekursiven Nameservers entnommen wird. Zusätzlich muss der Client sich davon überzeugen können, dass die *Authentizität* der Daten gewährleistet ist [BH07, S. 184], also dass die übermittelte Signatur tatsächlich vom dafür zuständigen autoritativen Nameserver erzeugt wurde – und nicht von einem Angreifer. Zu diesem Zweck sieht DNSSEC einen in den Namensraum integrierten Schlüsselverteilungsmechanismus vor, der mit einer Public-Key-Infrastruktur (PKI) vergleichbar ist.[2] In jeder Zone wird dazu in einem DNSKEY-Record ein öffentlicher Testschlüssel (Zone-Signing-Key) veröffentlicht [BH07, S. 184], mit dem die in der Zone hinterlegten RRSIG-Records überprüft werden können. Zur Authentisierung der Delegation einer Zone signiert der Betreiber der jeweiligen Elternzone den Testschlüssel der Kindzone (genauer: den Key-Signing-Key der Kindzone, mit dem der Betreiber der Kindzone wiederum seinen Zone-Signing-Key unterschreibt) und stellt diese Signatur in der Elternzone in einem DS-Record zur Verfügung [BH07,

---

[2]DNSSEC wird in der Literatur teilweise mit PKIs gleichgesetzt (s. etwa [GSS11, S. 362] und [WWF13, S. 456]). Streng genommen erfüllt DNSSEC jedoch nicht sämtliche Anforderungen, die an eine PKI zu stellen sind [FS11, S. 895].

S. 187]. Dadurch entsteht eine Vertrauenskette [Ait11, S. 321], die sich bis zum öffentlichen Testschlüssel der Rootzone verfolgen lässt, der als Vertrauensanker fungiert [Lan10, S. 61].

Die Signatur der existierenden Einträge reicht zur Gewährleistung der Integrität allerdings noch nicht aus. Der autoritative Nameserver kann damit nicht beweisen, dass ein angefragter Domainname *nicht* existiert. Fragt ein Client einen existierenden Namen an, könnte ein On-path-Angreifer die signierte Antwort des autoritativen Nameservers unterdrücken und dem DNS-Client stattdessen eine unsignierte NXDOMAIN-Antwort (s. Abschnitt 2.6.3) zusenden, um ihm dadurch die Nichtexistenz des angefragten Namens zu signalisieren [GM13]. Abhilfe würde es schaffen, auch NXDOMAIN-Antworten zu signieren. Diese Vorgehensweise lässt sich jedoch nicht mit den an DNSSEC gestellten Skalierbarkeitsanforderungen vereinbaren: Um eine geringe Antwortzeit und Auslastung der autoritativen Nameserver zu gewährleisten, werden die Signaturen für die existierenden Einträge in einer Zone nicht bei jeder Anfrage neu berechnet, sondern „offline" für alle existierenden Domainnamen vorberechnet [Gie04, S. 24 ff.]. Da es in einer Zone jedoch eine unüberschaubare Menge von nicht-existierenden Domainnamen gibt, ist das Vorberechnen aller NXDOMAIN-Antworten nicht praktikabel. Der Beweis der Nichtexistenz erfolgt daher durch signierte NSEC-Records („Next secure", [Are+05a, S. 9]), welche die Bereiche der nicht-existierenden Domainnamen angeben, die sich bei kanonischer Anordnung [Are+05a, S. 18 f.] der existierenden Domains ergeben. Allerdings können NSEC-Records die Vertraulichkeitsinteressen der autoritativen Nameserver beeinträchtigen; sie wurden daher durch NSEC3-Records abgelöst, auf die in Abschnitt 3.7.2 eingegangen wird. Umfangreichere Hintergrundinformationen zu Nichtexistenzbeweisen in DNSSEC finden sich in [GM13].

Abschließend ist anzumerken, dass die von DNSSEC gewährleistete Integrität auf Datenebene nur dann umfassenden Schutz bietet, wenn die Validierung der Signaturen im Vertrauensbereich des Nutzers stattfindet und wenn gewährleistet ist, dass dort keine Manipulationen vorgenommen werden können. Dazu ist es jedoch erforderlich, dass der Stub-Resolver selbst (oder ein DNS-Proxy im Vertrauensbereich) die Validierung durchführt (sog. „validierender Stub-Resolver", [AA04, S. 7 f.]). Damit der rekursive Nameserver weiß, dass er keine Validierung durchführen und alle RRs zur Validierung an den Stub-Resolver weiterleiten soll, setzt der Stub-Resolver in den Anfragen das *DNSSEC-OK-Flag* und zusätzlich das *Checking-Disabled-Flag* [Are+05a, S. 12].

Gängige Betriebssysteme wie Windows, MacOS X und Linux enthalten jedoch (derzeit) keinen validierenden Stub-Resolver (vgl. etwa [Mic09]). Abgesehen von der Verwendung eines validierenden Stub-Resolvers sehen die RFCs daher folgende Alternative vor: Nutzer können die Validierung an einen rekursiven Nameserver auslagern. Setzt ein Client *ausschließlich* das *DNSSEC-OK-Flag*, führt der rekursive Nameserver die Validierung durch. Im Erfolgsfall wird das *Authentic-Data-Flag* in der Antwort gesetzt. Die Auslagerung der Validierung hat zwei Nachteile: Zum einen müssen zusätzliche Mechanismen zum Schutz der Integrität auf der Kommunikationsverbindung zwischen dem Stub-Resolver und dem rekursiven Nameserver ergriffen werden (etwa durch Verwendung der o. g. TSIG-Erweiterung). Die gängigen Stub-Resolver-Implementierungen bieten hierfür (noch) keine Unterstützung an. Zweitens muss der Nutzer darauf vertrauen, dass der rekursive Nameserver, der leicht die Rolle eines On-path-Angreifer einnehmen kann, nach der Validierung der Signaturen keine Manipulationen an den Antworten vornimmt [AA04, S. 7 f.]. Die Auslagerung der Validierung auf den rekursiven Nameserver bietet daher tendenziell einen geringeren Schutz als die Nutzung eines validierenden Stub-Resolvers.

DNSSEC weist derzeit noch eine beschränkte Verbreitung auf. Nur ein geringer Teil der Zonen ist mit Signaturen ausgestattet. In den Ländern mit der höchsten Verbreitung, Schweden und den Niederlanden, betrug der Anteil der signierten Second-Level-Zonen im März 2013 lediglich 12,6 % bzw. 27,5 %. Auch der Anteil der rekursiven Nameserver, welche dazu in der Lage sind, DNSSEC-Signaturen zu validieren, ist gering: In einer Studie wurde 2013 ein Anteil von 4,8 % gemessen, wobei Schweden und die Tschechische Republik mit einem Anteil von 56,3 % bzw. 31,1 % zu den Vorreitern zählen, während in Deutschland lediglich 3,8 % der rekursiven Nameserver DNSSEC-fähig waren [WW13].

3.7 Bedrohung der Vertraulichkeit

Im Hinblick auf die Analyse der Beobachtungsmöglichkeiten im DNS ist insbesondere das Schutzziel Vertraulichkeit von Bedeutung. Wie in Abschnitt 3.2 erläutert sind im Zusammenhang mit dem Schutzziel Vertraulichkeit alle Bedrohungen zu betrachten, die aus unbefugtem Informationsgewinn resultieren.

Dieser Abschnitt ist wie folgt aufgebaut: In Abschnitt 3.7.1 werden die im DNS existierenden Vertraulichkeitsanforderungen definiert. In Abschnitt 3.7.2 wird erörtert, inwiefern die Verletzung der Vertraulichkeit für die autoritativen Nameserver eine Bedrohung darstellt. Abschließend werden in Abschnitt 3.7.3 die in der Literatur bereits identifizierten Vertraulichkeitsanforderungen der Teilnehmer vorgestellt. Dabei wird (soweit vorhanden) auf die jeweils dazugehörigen Mechanismen zum Schutz der Vertraulichkeit eingegangen.

3.7.1 Vertraulichkeit im DNS

Während die Sicherstellung der Verfügbarkeit bzw. der Integrität der Namensauflösung aus Teilnehmersicht, wie in den vorigen Abschnitten dargestellt, mit den Interessen aller übrigen Akteure übereinstimmt, wird in der Literatur beim Schutzziel Vertraulichkeit zwischen den Interessen der Nutzer und den Erwartungen der Betreiber der autoritativen Nameserver unterschieden [Con12, S. 41]. Vor allem den Vertraulichkeitsanforderungen der autoritativen Nameserver an die Zonendaten wird viel Aufmerksamkeit gewidmet (s. [LA06, S. 295], [SK07, S. 12]):

Definition 3.3. Die **Vertraulichkeit der Zonendaten aus Sicht eines autoritativen Nameservers** ist gewährleistet, wenn es für Dritte keine effiziente Möglichkeit gibt, *alle* Domainnamen und die dazu hinterlegten Informationen zu ermitteln, die in einer Zonendatei gespeichert sind.

Die Vertraulichkeitsinteressen eines DNS-Nutzers betreffen die von ihm bzw. seinem Endgerät durchgeführten DNS-Anfragen (s. [Are+05a, S. 9], [CR10, S. 2-6]):

Definition 3.4. Die **Vertraulichkeit der Namensauflösung aus Teilnehmersicht** ist gewährleistet, wenn es weder den bei der Namensauflösung mitwirkenden Komponenten noch Dritten möglich ist, die von einem Teilnehmer angefragten Domainnamen mit seiner Identität in Verbindung zu bringen.

Primär kommt es bei der Vertraulichkeit der Namensauflösung auf die Domainnamen an, die in den vom Teilnehmer gesendeten DNS-Anfragen enthalten sind. Das Schutzziel wird jedoch nur erreicht, wenn auch der Empfang der Antworten nach Maßgabe von Definition 3.4 vertraulich erfolgt, da auch in den DNS-Antworten der angefragte Domainname enthalten ist.

Auch die Betreiber von **rekursiven Nameservern** haben eigene Vertraulichkeitsanforderungen. Nach deutscher Rechtsauffassung enthält das sog. Anfrage-Log (engl. „query log") personenbeziehbare Daten (vgl. zur Frage des Personenbezugs [HW10]), die nicht veröffentlicht werden dürfen. Im Anfrage-Log werden üblicherweise Zeitpunkt, Sender-IP-Adresse und Domainname der von den Teilnehmern übermittelten DNS-Anfragen protokolliert.

Definition 3.5. Die **Vertraulichkeit der auf einem rekursiven Nameserver erfassten personenbeziehbaren Daten** ist gewährleistet, solange niemand außer dem Betreiber des rekursiven Nameservers Zugriff auf die in seinem Anfrage-Log gespeicherten Informationen erhält.

Im Gegensatz zu den zuvor definierten Sicherheitsanforderungen ist die in Definition 3.5 aufgestellte Anforderung nicht für das DNS spezifisch. Es handelt sich vielmehr um eine grundsätzliche Datenschutz-Anforderung, die durch allgemeingültige organisatorische und technische Sicherheitsmechanismen (u. a. verschlüsselte Datenablage, Zugangs- und Zugriffskontrolle) adressiert werden kann; eine gute Zusammenfassung wichtiger Techniken zur Absicherung von Internet-Server-Diensten unter UNIX ist u. a. [GSS11].

In bestimmten Fällen hat auch der Betreiber eines rekursiven Nameservers ein Interesse an einer vertraulichen Namensauflösung. Als Beispiel sind Organisationen oder Unternehmen anzuführen, die einen eigenen rekursiven Nameserver betreiben, der exklusiv von ihren Nutzern verwendet wird. In solchen Fällen können sowohl die autoritativen Nameserver als auch Dritte Kenntnis von den Domainnamen erlangen, welche die Mitglieder der Organisation anfragen. Die Vertraulichkeitsinteressen eines solchen rekursiven Nameservers entsprechen im Wesentlichen denen eines einzelnen Teilnehmers (s. Definition 3.4), so dass an dieser Stelle auf eine separate Definition verzichtet wird.

3.7.2 Bedrohungen der Vertraulichkeit aus Sicht der autoritativen Nameserver

Die Vertraulichkeit der Zonendaten (s. Definition 3.3) ist zum einen durch unautorisierte Zonentransfers und zum anderen durch die Einführung von DNSSEC gefährdet. Im

Folgenden werden diese beiden Gefährdungen und die jeweils implementierten Schutzmechanismen dargestellt.

3.7.2.1 Zonentransfers

Bereits in den RFCs 1034 und 1035 wird der Zonentransfer-Mechanismus beschrieben
(s. Abschnitt 2.6.4), der von Slave-Nameservern verwendet wird, um die aktuellen Zonendaten vom Master-Server herunterzuladen. Implementiert ein Nameserver keine
Zugriffsbeschränkungen, können prinzipiell alle Nutzer im Internet einen Zonentransfer
anfordern. In der Tat ist eine Beschränkung von Zonentransfers in den ursprünglichen
RFCs nicht vorgesehen, da zum Zeitpunkt der Standardisierung davon ausgegangen wurde, dass die in einer Zone enthaltenen Daten nicht geheim sind, sondern auf Anfrage
jedem Teilnehmer mitgeteilt werden. Auf den ersten Blick ist daher nicht ersichtlich, inwiefern die Vertraulichkeitsinteressen des Nameserver-Betreibers durch einen Zonentransfer
gefährdet sein könnten.

Die obige Einschätzung ist allerdings nicht allgemein gültig. Sie berücksichtigt lediglich
den Fall eines öffentlichen autoritativen Nameserver, der ausschließlich Domainnamen
für öffentlich nutzbare Dienste enthält. In der Praxis betreiben manche Organisationen
allerdings autoritative Nameserver, die in ihrer Zone neben den öffentlich bekannten
Einträgen auch Domainnamen für interne Dienste vorhalten. Wie in Abbildung 3.4 illustriert ist der autoritative Nameserver mitunter so konfiguriert, dass er für die Clients
im Intranet als rekursiver Nameserver zur Verfügung steht (hybride Konfiguration, vgl.
Abschnitt 2.4.2.4). Die Intranet-Clients können diesen Nameserver sowohl zur Auflösung
der internen Domainnamen (im Beispiel *app1.firma.de*, *dc.firma.de* sowie *pc01.firma.de*,
etc.) als auch für beliebige Domainnamen im Internet verwenden.

In einem solchen Szenario kann ein Zonentransfer durchaus zu unbefugtem Informationsgewinn führen, da er einen aktiven Off-path-Angreifer dazu in die Lage versetzt, alle in
einer Zone existierenden Domainnamen zu ermitteln [Ope90; Nat97; MSK12; MIT13].
Anhand dieser Informationen kann der Angreifer auf die Topologie des nicht-öffentlichen
Intranets, auf die Rolle und Betriebsumgebung einzelner Server und Arbeitsplatz-PCs
sowie auf das Vorhandensein bestimmter Dienste schließen – Informationen, mit denen
ein gezielter Angriff auf die IT-Infrastruktur der Organisation vorbereitet werden kann.
Neben den bereits angesprochenen internen Adressen kann der Zonentransfer auch dazu
führen, dass nur für die interne Nutzung vorgesehene Server, die jedoch aus technischen
Gründen im öffentlichen Internet betrieben werden (etwa *db.firma.de* in Abbildung 3.4),
identifiziert werden können.

Mit der Einführung von IPv6 wird diese Bedrohung an Bedeutung gewinnen, da ein Angreifer durch einen Zonentransfer auch die von einer Organisation benutzten IP-Adressen
erfahren kann. Während ein vollständiges Aufklären von IP-Adressbereichen bei den
derzeit überwiegend verwendeten IPv4-Adressen noch in akzeptabler Zeit möglich ist,
ist absehbar, dass das vollständige Durchsuchen von Adressbereichen, die bei der Verwendung von IPv6 wesentlich größer sind, nicht mehr praktikabel ist. Eine vollständige

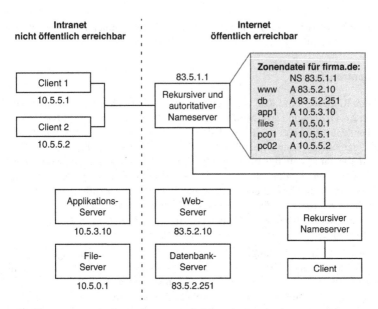

Abbildung 3.4: Bedrohung der Vertraulichkeit der Zonendaten

Aufstellung der tatsächlich benutzten IPv6-Adressen einer Organisation würde die Suche nach potenziell angreifbaren Diensten hingegen erheblich beschleunigen.

Der üblicherweise implementierte **Schutzmechanismus** besteht darin, die Durchführung von Zonentransfers auf die Gruppe der Slave-Nameserver zu beschränken und unberechtigte Zonentransfer-Anfragen mit einer REFUSED-Antwort (s. Abschnitt 2.6.3) abzuweisen. Beim Nameserver BIND kann der Betreiber zum einen eine Liste von zum Zonentransfer berechtigten IP-Adressen hinterlegen und zum anderen ggf. den Nameserver so konfigurieren, dass ein Transfer nur ausgeführt wird, wenn sich der Sender der Zonentransfer-Anfrage mittels TSIG als berechtigt ausweist (s. etwa [Ait11, S. 300 ff.]). Dieser Schutzmechanismus ist zwar grundsätzlich wirksam; er kann jedoch nicht verhindern, dass ein Angreifer die Zonendaten durch systematisches Durchprobieren („DNS Enumeration" [All12, S. 58 ff.]) aller möglichen Domainnamen ermitteln kann. DNS-Enumeration-Angriffe werden von den einschlägigen Penetrationstest-Werkzeugen, u. a. der Backtrack-DVD, Metasploit sowie nmap, unterstützt (s. u. a. [All12, S. 58 ff.]). Es ist daher umstritten, ob eine Einschränkung der Zonentransfers überhaupt sinnvoll ist [LH10, S. 22 f.]. Die Argumentation der Befürworter dieser Maßnahme ist von Pragmatismus geprägt, wie die folgenden Ausführungen von Liu und Albitz zeigen:

> „Benutzer auf entfernten Hosts, die die Zonendaten unseres Nameservers abfragen können, können nur Records (z. B. Adressen) von Domain-Namen

nachsehen, die sie bereits kennen, und zwar immer nur einen auf einmal. Benutzer, die in der Lage sind, Zonentransfers von Ihrem Server zu starten, können sich alle Records in Ihren Zonen anzeigen lassen. Es ist sozusagen die Frage, ob irgendwelche Leute beim Pförtner Ihres Unternehmens anrufen und sich die Telefonnummer von Jochen Z. geben lassen oder ob Sie Ihnen gleich das komplette Telefonverzeichnis zusenden." [LA02, S. 344]

Dennoch erscheint es bemerkenswert, dass auch bei der aktuellen Version des BIND-Nameservers im Auslieferungszustand Zonentransfer-Anfragen von beliebigen Teilnehmern akzeptiert werden [Intl3b, S. 72]. Kalafut et al. haben eine Stichprobe von über 74 Millionen Domainnamen aus den „com"- und „net"-Zonen gezogen [KSG08; KSG11]; bei immerhin 6,6 % der SLDs war ein Zonentransfer möglich.

Der Vollständigkeit halber sei erwähnt, dass neben den bisher betrachteten Off-path-Angreifern auch von On-path-Angreifern, welche Zugriff auf die Kommunikationsverbindung zwischen dem Master- und Slave-Nameserver haben, eine Bedrohung ausgeht. Diese Angreifer können Kenntnis der Zonendaten erlangen, wenn es ihnen gelingt einen unverschlüsselten Zonentransfer abzuhören. Ein wirksamer Schutzmechanismus besteht darin, die Kommunikation zwischen den autoritativen Nameservern zu verschlüsseln [Aitl1, S. 276], etwa durch die Verwendung von TLS [DR08] oder IPsec [KS05].

3.7.2.2 Zone-Walking-Angriff durch DNSSEC

Durch den Einsatz von DNSSEC kann es zu einer zusätzlichen Bedrohung der Vertraulichkeit der Zonendaten kommen. Diese resultiert aus den in Abschnitt 3.6.3 angesprochenen NSEC-Records, die zum Beweis der Nichtexistenz von Domains benötigt werden. Zur eindeutigen Festlegung der NSEC-Records werden die existierenden Domains dabei in kanonischer Ordnung (also lexikographisch aufsteigend sortiert) angeordnet [Are+05a, S. 9]. Jeder NSEC-Record deckt alle nicht-existierenden Domainnamen zwischen zwei existierenden Domainnamen dadurch ab, dass die zwei unmittelbar angrenzenden existierenden Domainnamen genannt werden. Schon RFC 4033, in dem DNSSEC zuletzt vollständig spezifiziert wurde, merkt an, dass diese Konstruktion die Vertraulichkeit der Zonendaten beeinträchtigt [Are+05a, S. 16]. Sie erlaubt nämlich die Durchführung eines sog. **Zone-Walking-Angriffs**, bei dem durch wiederholte Anfragen die Kette der NSEC-Records so lange weiterverfolgt wird, bis alle *existierenden* Domainnamen ermittelt sind (s. u. a. [Aitl1, S. 329], [Con12, S. 41] und [WI06, S. 2]).

Zur Abwehr von Zone-Walking-Angriffen wurde das Format der NSEC-Records so verändert, dass nicht mehr die Domainnamen selbst zur Abgrenzung der Lücken verwendet werden: Beim Nachfolger, dem NSEC3-Format [Lau+08], werden stattdessen Hashwerte der existierenden Domains abgelegt, die standardmäßig mit dem SHA-1-Verfahren erzeugt werden [Lau+08, S. 29].

Ein Zone-Walking-Angriff ist auch bei Verwendung von NSEC3 nicht vollständig ausgeschlossen, wie Rose und Nakassis erläutern [RN08]: Ein Angreifer erfährt bei NSEC3 zwar nur die Hashwerte der existierenden Domains; zu einem gegebenen Hashwert kann er jedoch ohne Netzkommunikation den dazugehörigen Domainnamen mittels eines Brute-Force-Angriffs ermitteln. Dazu wendet er die Hashfunktion probeweise auf alle in Frage kommenden Domainnamen an, bis er den vorliegenden Hashwert erhält. Um das Vorausberechnen von universell nutzbaren Rainbow-Tables [Oec03] zu erschweren, die zu einem Hashwert den passenden Domainnamen enthalten, fließt in die Hashfunktion ein zufällig gewählter Salt-Wert mit ein. Der Rechenaufwand für den Angreifer wird außerdem durch mehrmalige Ausführung der Hashfunktion erhöht. Die Anzahl der Ausführungsiterationen und der Salt-Wert werden im NSEC3-Record an den Teilnehmer übermittelt, um diesen in die Lage zu versetzen, die Hashwerte auf dieselbe Weise zu errechnen wie der Nameserver.

3.7.2.3 Schutz durch Split-DNS

Ein Schutzmechanismus, der zuverlässig verhindert, dass Off-path-Angreifer durch einen Zonentransfer oder Zone-Walking vertrauliche Informationen erlangen können, besteht darin, die Zonendaten auf (mindestens) zwei autoritative Nameserver aufzuteilen: Während der eine autoritative Nameserver öffentlich erreichbar ist, jedoch lediglich diejenigen Domainnamen enthält, die öffentlich bekannt werden dürfen, ist der zweite autoritative Nameserver, der zusätzlich die internen und vertraulich zu haltenden Domainnamen kennt, z. B. ausschließlich über das Intranet erreichbar. Da sich die Zonendaten auf den autoritativen Nameservern unterscheiden, ist ein automatischer Abgleich mittels eines Zonentransfers allerdings nicht mehr möglich. Um Inkonsistenzen durch die redundante Datenhaltung zu vermeiden, bietet es sich an, wie bereits in Abbildung 3.4 skizziert einen einzigen autoritativen Nameserver zu verwenden und diesen in einer **Split-Konfiguration**, auf die bereits in Abschnitt 2.4.2.4 hingewiesen wurde, zu betreiben [CR10, S. 7-5 f.]. Bei dieser Konfiguration werden für jede Zone, für die ein Nameserver autoritativ ist, mehrere Sichten konfiguriert, die unterschiedliche Domainnamen bzw. unterschiedliche Daten für die Domainnamen enthalten. Der Nameserver entscheidet bei eingehenden DNS-Anfragen dann anhand der Absender-IP-Adresse, welche Sicht auf die Zone zur Beantwortung herangezogen wird.

3.7.3 Bedrohung der Vertraulichkeit aus Sicht der Teilnehmer

Die Vertraulichkeit der Namensauflösung aus Teilnehmersicht ist bedroht, wenn es durch Kenntnis der von einem Teilnehmer angefragten Domainnamen zu einem unbefugten Informationsgewinn kommt (s. Definition 3.4). Ein potenzieller Angreifer muss dazu in der Lage sein, sowohl die Identität (häufig ersatzweise die IP-Adresse) eines Teilnehmers als auch dessen DNS-Anfragen einzusehen.

Über diese Fähigkeit verfügen typischerweise **passive On-path-Angreifer**, die entweder selbst den rekursiven Nameserver betreiben oder sich dazu Zugang verschafft haben, sowie

Angreifer, welche die Kommunikationsverbindung zwischen dem Teilnehmer und dem rekursiven Nameserver abhören können. Die Vertraulichkeitsinteressen der Teilnehmer können jedoch auch durch sog. Cache-Snooping-Angriffe beeinträchtigt werden, die unter bestimmten Voraussetzungen von **aktiven Off-path-Angreifern** durchgeführt werden können. Im Folgenden wird zunächst ausgeführt, wie die Bedrohung der Vertraulichkeit durch passive On-path-Angreifer in der Literatur dargestellt wird. Im Anschluss daran wird kurz auf Cache-Snooping-Angriffe durch aktive Off-path-Angreifer eingegangen.

3.7.3.1 Bedrohung durch passive On-path-Angreifer

In der existierenden Literatur werden Vertraulichkeitsanforderungen der *Teilnehmer* bislang nicht nur weitgehend vernachlässigt, der Schutz der Vertraulichkeit wird überwiegend sogar als „nicht erforderlich" eingestuft. So wurden bei der Konzipierung von DNSSEC Vertraulichkeitsinteressen vollständig ausgeschlossen, wie aus der Zusammenfassung eines IETF-Meetings hervorgeht [Gal93]. Zur Klarstellung enthält RFC 4033 einen expliziten Hinweis („Due to a deliberate design choice, DNSSEC does not provide confidentiality" [Are+05a, S. 16]). Der ältere RFC 2535 ist konkreter: Der Schutz der Vertraulichkeit von Anfragen und Antworten werde mit der Einführung von DNSSEC nicht beabsichtigt, da hierfür IPsec, TLS oder „andere Sicherheitsprotokolle" verwendet werden könnten [Eas99, S. 5]. Ohne Anpassung des DNS-Protokolls kann durch den Einsatz dieser Techniken jedoch nur Vertraulichkeit auf Verbindungsebene erreicht werden; ein umfassender Schutz der Vertraulichkeit der Namensauflösung, wie in Definition 3.4 formuliert, kann dadurch jedoch nicht realisiert werden (s. die Erläuterungen zum Einsatz von Verbindungsverschlüsselung in Abschnitt 5.2.1).

In der Sicherheitsanalyse von Santcroos und Kolkman werden die Interessen der Teilnehmer überhaupt nicht angesprochen [SK07]. In den Betriebsempfehlungen des NIST argumentieren Chandramouli und Rose, dass die Vertraulichkeit der DNS-Daten nicht von Interesse sei, da die im DNS hinterlegten Daten ohnehin öffentlich abrufbar seien [CR10, S. 2-6] – da mit dieser Argumentation üblicherweise die Einschränkung von Zonentransfers in Frage gestellt wird (s. Abschnitt 3.7.2), bleibt offen, ob die Autoren an dieser Stelle überhaupt auf die Schutzinteressen der Teilnehmer abstellen oder diese möglicherweise wie Santcroos und Kolkman gar nicht erkannt haben.

Eine Veröffentlichung, in der die Vertraulichkeit der Namensauflösung aus Teilnehmersicht thematisiert wird, ist die Sicherheitsanalyse der Internet Society [Con12]. Allerdings wird diese Bedrohung auch dort nur am Rande – mit einem vergleichsweise allgemein formulierten Satz – erwähnt: „DNS queries made by an individual are visible to their ISP. These queries may contain personal data, revealing information about individuals and the sites they visit." [Con12, S. 41]. Während diese Aussage andeutet, dass als Angreifer primär der Internetzugangsanbieter in Frage kommt, werden bei der Erläuterung der Schutzmechanismen auch externe Angreifer miteinbezogen:

> „Mitigation of unwarranted DNS query tracking can be undertaken via general system security and law. Effective physical security (preventing access

to the servers from external attackers as well as from unauthorized internal access) and network security minimize the opportunities for the DNS and DNS queries being compromised. A legal framework, however, needs to be in place to ensure DNS operators are not undermining the trust in the system." [Con12, S. 41]

Die obigen Ausführungen betreffen zwei verschiedene Anforderungen: zum einen die Anforderung der Teilnehmer an die Vertraulichkeit der Namensauflösung (Definition 3.4), zum anderen die Anforderung der rekursiven Nameserver an die Vertraulichkeit des Anfrage-Logs (Definition 3.5). Conrad schlägt im wesentlichen vor, die auf den rekursiven Nameservern hinterlegten Daten durch Zugangs- und Zugriffskontrollmechanismen gegen unberechtigtes Ausspähen zu schützen. Einen wirksamen technischen Schutzmechanismus zur Gewährleistung der Vertraulichkeit der Namensauflösung aus Teilnehmersicht nennt er jedoch nicht. Seine Forderung nach einer gesetzlichen Regelung, die sicherstellen soll, dass die Nutzer „dem System" (gemeint ist wohl der Betreiber des rekursiven Nameservers) *vertrauen* können, macht technische Schutzmechanismen auf den ersten Blick verzichtbar. Abgesehen von der Schwierigkeit, gesetzliche Regelungen international einzuführen und länderübergreifend geltend zu machen, greifen juristische Lösungen allerdings zu kurz, da eine globale Durchsetzung und Kontrolle kaum möglich ist: Rekursive Nameserver erlangen zwangsläufig von den aufzulösenden Domainnamen Kenntnis und können stets unbemerkt Auswertungen durchführen, die sie gegenüber Nutzern und Außenstehenden abstreiten können.

Bortzmeyer geht in einem Internet-Draft [Bor13] explizit auf die Vertraulichkeitsinteressen der Nutzer ein. Er beschreibt die relevanten Beobachtungsmöglichkeiten auf den Übertragungsstrecken sowie den rekursiven und autoritativen Servern. In der aktuellen Entwurfsversion 01 stehen die Überwachung durch autoritative Nameserver bzw. die Überwachung der Kommunikationsverbindungen im Vordergrund. Eine Überwachung durch rekursive Nameserver lässt sich dem Autor zufolge aus technischen Gründen nicht verhindern („It does not seem there is a possible solution against a leaky resolver. A resolver has to see the entire DNS traffic in clear." [Bor13, S. 10]). Sein Lösungsansatz besteht im Wesentlichen darin, **auf die Verwendung eines öffentlichen rekursiven Nameservers zu verzichten**. Die Nutzer sollen stattdessen auf jedem Endgerät einen Full-Resolver installieren (s. „Szenario 1: Full-Resolver" in Abschnitt 2.4.2) oder in ihrem Vertrauensbereich selbst einen rekursiven Nameserver betreiben. Eine ausführlichere Diskussion der Konsequenzen, die sich aus diesem Vorschlag ergeben, folgt in Abschnitt 5.1. Als zusätzlichen Schutzmechanismus sieht Bortzmeyer auch das Senden von Anfragen für zufällige Domainnamen vor, um die beabsichtigten Anfragen zu verschleiern [Bor13, S. 8]. Auf die eingeschränkte Wirksamkeit dieses Mechanismus wird in Kapitel 4 eingegangen.

3.7.3.2 Bedrohung durch aktive Off-path-Angreifer

Während die gerade genannten On-path-Angreifer bislang weitgehend ignoriert werden, hat der sog. **Cache-Snooping-Angriff**, der von aktiven Off-path-Angreifern durchgeführt

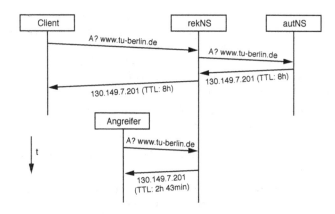

Abbildung 3.5: Ablauf des Cache-Snooping-Angriffs

werden kann, in der Vergangenheit größere Aufmerksamkeit erfahren. Das Ziel dieses Angriffs ist es, herauszufinden, welche Domains von den Nutzern eines bestimmten rekursiven Nameservers aufgelöst wurden. Dementsprechend bedroht er primär die Vertraulichkeit der Namensauflösung aus Teilnehmersicht (Definition 3.4). Da Cache-Snooping Einblick in das Anfrage-Log von rekursiven Nameservern erlaubt, berührt es auch deren Vertraulichkeitsinteressen (Definition 3.5).

Der Angriff gelingt allerdings nur unter bestimmten Voraussetzungen:

- Der Angreifer kann den anzugreifenden rekursiven Nameserver ebenfalls zur Namensauflösung verwenden. Diese Anforderung ist erfüllt, wenn der Angreifer seinerseits zur Benutzergruppe gehört, die Anfragen an den rekursiven Nameserver stellen dürfen, oder wenn der rekursive Nameserver Anfragen von beliebigen Nutzern über das Internet entgegennimmt (sog. „Open Resolver", s. Abschnitt 2.4.2.2). Letzteres gilt insbesondere für rekursive Nameserver, die von Drittanbietern betrieben werden (s. Abschnitt 2.8.4).

- Der rekursive Nameserver verfügt über einen Zwischenspeicher („Cache") und zieht die darin enthaltenen Informationen zur Beantwortung von Anfragen heran (s. Abschnitt 2.7). Diese Voraussetzung ist bei rekursiven Nameservern typischerweise erfüllt.

Im Folgenden wird eine gebräuchliche Variante des Cache-Snooping-Angriffs, bei dem rekursive Anfragen verwendet werden, vorgestellt. In der Veröffentlichung von Grangeia wird auch eine Variante mit iterativen Anfragen skizziert, die jedoch zusätzliche Voraussetzungen an den anzugreifenden Nameserver stellt [Gra04].

Der typische Ablauf der Ereignisse ist in Abbildung 3.5 dargestellt. In der Ausgangslage fordert ein Client mittels einer rekursiven Anfrage von seinem rekursiven Nameserver die Namensauflösung für die Domain *www.tu-berlin.de* an. Es sei angenommen, dass der rekursive Nameserver die benötigten Informationen nicht in seinem Zwischenspeicher vorliegen hat. Er muss daher seinerseits eine oder mehrere iterative Anfragen stellen, bis er vom autoritativen Nameserver der Domain *tu-berlin.de* die benötigten Informationen erhält. Die Antworten der kontaktierten autoritativen Nameserver legt er in seinem Zwischenspeicher ab und beantwortet schließlich die rekursive Anfrage des Clients.

Ein Angreifer kann nun einen Cache-Snooping-Angriff durchführen, indem er zu einem späteren Zeitpunkt ebenfalls eine rekursive Anfrage an den rekursiven Nameserver stellt. Falls die TTL des Eintrags noch nicht abgelaufen ist, beantwortet der rekursive Nameserver die Anfrage mit den Daten aus dem Zwischenspeicher. Andernfalls muss er erneut die autoritativen Nameserver befragen.

Der Angreifer kann anhand von zwei Kriterien überprüfen, ob der Domainname bereits von anderen Nutzern des Nameservers abgerufen wurde. Falls der Nameserver die Anfrage des Angreifers mit Daten aus dem Zwischenspeicher beantwortet hat, treffen folgende Bedingungen zu:

- Die Antwort enthält nicht die ursprüngliche TTL, die im autoritativen Nameserver hinterlegt ist, sondern einen kleineren Wert, und

- die Antwortzeit bei der Namensauflösung stimmt in etwa mit der Paketumlaufzeit (engl. „round-trip time") zwischen dem Angreifer und dem rekursiven Nameserver überein.

Die erste Bedingung lässt sich unmittelbar anhand des TTL-Werts überprüfen. Bei vielen Domains ist die in der Zonendatei hinterlegte TTL ein Vielfaches von 3600 Sekunden (eine Stunde); „krumme" Werte deuten darauf hin, dass die Daten bereits im Zwischenspeicher vorlagen. Zur zweifelsfreien Entscheidung kann der Angreifer den ursprünglichen TTL-Wert direkt beim autoritativen Nameserver in Erfahrung bringen und mit dem erhaltenen Wert vergleichen.

Zur Überprüfung der zweiten Bedingung muss der Angreifer die Paketumlaufzeit bestimmen. Dazu kann er entweder das ICMP-Echo-Protokoll („ping"-Tool) nutzen oder zwei Mal nacheinander denselben Domainnamen über den anzugreifenden rekursiven Nameserver auflösen, um dadurch die erwartete Bearbeitungszeit für Anfragen, die aus dem Zwischenspeichers beantwortet werden, zu bestimmen.

Abgesehen von der Information, ob ein bestimmter Domainname bereits zuvor abgefragt wurde oder nicht, kann der Angreifer auch den Zeitpunkt des Abrufs ermitteln, der dazu führte, dass der Eintrag im Zwischenspeicher abgelegt wurde (was nicht unbedingt dem Zeitpunkt der letzten Anfrage für diesen Domainnamen entspricht). Zur Veranschaulichung folgt ein Beispiel, in dem auch die unterschiedliche Ausprägung der beiden genannten Kriterien ersichtlich wird.

Beispiel 3.1. In Abbildung 3.6 sind die Antworten auf zwei DNS-Anfragen dargestellt, die mit dem dig-Kommandozeilenprogramm durchgeführt wurden. Die linke Anfrage

```
$ dig @134.100.9.61 www.tu-berlin.de          $ dig @134.100.9.61 www.tu-berlin.de

[...]                                          [...]

;; QUESTION SECTION:                           ;; QUESTION SECTION:
;www.tu-berlin.de.         A                   ;www.tu-berlin.de.       A

;; ANSWER SECTION:                             ;; ANSWER SECTION:
www.tu-berlin.de. 28800 A 130.149.7.201        www.tu-berlin.de.  59  A 130.149.7.201

[...]                                          [...]

;; Query time: 190 msec                        ;; Query time:  53 msec
;; SERVER: 134.100.9.61#53                     ;; SERVER: 134.100.9.61#53
;; WHEN: Sun Nov  3 12:05:42 2013              ;; WHEN: Sun Nov  3 20:04:43 2013
;; MSG SIZE  rcvd: 154                         ;; MSG SIZE  rcvd: 154
```

Abbildung 3.6: Cache-Snooping (rechts) ermöglicht die Bestimmung des Zeitpunkts der letzten Auflösung eines Domainnamens (links) anhand der TTL bzw. der Bearbeitungszeit des rekursiven Nameservers.

entspricht im Beispiel der Anfrage eines Clients, die rechte Anfrage wird vom Angreifer gestellt.

Der Client löst um 12:05:42 Uhr die Domain *www.tu-berlin.de* auf. Der rekursive Nameserver hat die angefragten Daten nicht in seinem Zwischenspeicher. In der Antwort übermittelt er die TTL, die ihm vom autoritativen Nameserver mitgeteilt wird: 28 800 Sekunden (8 Stunden).

Der Angreifer sendet seine DNS-Anfrage um 20:04:43 Uhr an den rekursiven Nameserver und erfährt, dass die TTL noch 59 Sekunden beträgt. Mittels einer vergleichbaren Anfrage direkt an den autoritativen Nameserver erfährt er die tatsächliche TTL (28 800 Sekunden), sodass er die Differenz der beiden TTL-Werte ermitteln kann (im Beispiel 28 741 Sekunden). Ausgehend vom Zeitpunkt seiner Anfrage kann er mit diesen Informationen den Zeitpunkt bestimmen, zu dem der Eintrag in den Cache aufgenommen wurde. □

Cache-Snooping-Angriffe weisen prinzipbedingt einige Einschränkungen auf:

- Rekursive Nameserver werden üblicherweise von einer Gruppe von Nutzern zur Namensauflösung verwendet. Der Angreifer kann nicht ermitteln, welcher Nutzer einen Domainnamen aufgelöst hat bzw. ob verschiedene Domainnamen vom selben Nutzer oder von unterschiedlichen Nutzern aufgelöst wurden. Er kann lediglich Aussagen über die gesamte Gruppe treffen.

- Der Angreifer kann nicht alle Domainnamen ermitteln, welche die Nutzer eines rekursiven Nameservers angefragt haben. Er kann lediglich einzelne, ihm bereits bekannte Domainnamen überprüfen.

- Sobald die TTL eines Eintrags abgelaufen ist, wird er aus dem Zwischenspeicher entfernt; der zugehörige Domainname kann dann nicht mehr mittels des Cache-Snooping-Angriffs überprüft werden.

- Verwendet der Angreifer wie im Beispiel in Abbildung 3.6 selbst auch rekursive Anfragen, legt der rekursive Nameserver die Antworten in seinem Zwischenspeicher ab. Dadurch sind Anfragen anderer Clients bis zum Ablauf der TTL nicht mehr mittels weiterer Cache-Snooping-Abfragen erkennbar. Eine solche Verunreinigung tritt bei der Verwendung von iterativen Anfragen nicht auf, allerdings beantworten die aktuellen Implementierungen von rekursiven Nameservern iterative Anfragen inzwischen nicht mehr, um Cache-Snooping-Angriffe zu erschweren.

Trotz dieser Einschränkungen wird Cache-Snooping in der Literatur als erhebliche Bedrohung wahrgenommen, die den Einsatz von **Schutzmechanismen** rechtfertigt (s. [SK07, S. 12] und [Con12, S. 41]). Neben der weitestmöglichen Einschränkung der Nutzergruppe, die Anfragen an einen rekursiven Nameserver stellen darf, wird vorgeschlagen, die an Clients zurückgelieferten TTL-Werte zufällig zu variieren oder auf 0 zu setzen [Gra04]. Für einen wirksamen Schutz muss zusätzlich auch die Antwortzeit durch Einfügen von künstlichen Verzögerungen verschleiert werden.

Cache-Snooping-Angriffe wurden in der Vergangenheit auch im Rahmen wissenschaftlicher Untersuchungen mit gutartigen Absichten durchgeführt. Akzan et al. zeigen, wie durch die Auswertung öffentlich erreichbarer rekursiver Nameserver geographische Unterschiede in Bezug auf das Nutzungsverhalten im WWW offenbart werden können [ASB08], und Rajab et al. demonstrieren, dass es möglich ist, mittels Cache-Snooping eine Abschätzung über die Anzahl der Nutzer, die einen rekursiven Nameserver verwenden, zu treffen [RMP10].

3.8 Fazit

In diesem Kapitel wurden die für das DNS relevanten Bedrohungen und Sicherheitsanforderungen präsentiert. Dazu wurden zunächst anhand eines Kommunikationsmodells die elementaren Schutzziele und Angreifer charakterisiert. Darauf aufbauend wurden die in der Literatur identifizierten Gefährdungen und die im DNS implementierten Sicherheitsmechanismen vorgestellt.

Beim Entwurf des DNS stand vor allem die ausreichende Skalierbarkeit und Flexibilität im Fokus; Sicherheitsmechanismen wurden erst nachträglich integriert. Die Auseinandersetzung mit der Literatur ergab, dass die bisherigen Sicherheitsbetrachtungen primär die Schutzziele Verfügbarkeit und Integrität adressieren. Am weitesten fortgeschritten ist die Gewährleistung der **Verfügbarkeit**, die vor allem durch eine ausreichende Dimensionierung und eine redundante Auslegung der Nameserver und Kommunikationsverbindungen erreicht wird. Die Wichtigkeit einer **Integritätssicherung** wurde erst später erkannt. Obwohl bereits seit 1997 an der Sicherheitserweiterung DNSSEC gearbeitet wird, ist nur ein

Bruchteil der Zonen mit digitalen Signaturen ausgestattet. Bis sich DNSSEC auf breiter Front durchgesetzt hat, soll der Bedrohung durch Cache-Poisoning-Angriffe durch Protokollnachbesserungen begegnet werden. Dadurch wird allerdings lediglich ein Schutz vor Off-path-Angreifern erreicht; On-path-Angreifer wie der rekursive Nameserver können weiterhin unbemerkt Manipulationen an den DNS-Antworten vornehmen.

In der Literatur werden zwar auch ausgewählte **Vertraulichkeitsanforderungen** betrachtet, etwa die Geheimhaltung der auf den autoritativen Nameservern vorgehaltenen Zonendaten sowie das Ausspähen der Cache-Inhalte der rekursiven Nameserver (Cache-Snooping); die Bedrohung durch die Beobachtung von Nutzern durch die Betreiber der rekursiven Nameserver wird allerdings weitgehend vernachlässigt oder als irrelevant eingestuft. Mit dieser Bedrohung setzt sich nur der Internet-Draft vom Bortzmeyer [Bor13] auseinander. Die von ihm vorgeschlagene Lösung, auf die Verwendung eines öffentlichen rekursiven Nameservers zu verzichten, weicht zum einen von der bisher gängigen Praxis ab und kann zum anderen unerwünschte Konsequenzen haben, auf die in Abschnitt 5.1 noch näher eingegangen wird. Bei den weiteren Betrachtungen wird daher davon ausgegangen, dass die Teilnehmer einen rekursiven Nameserver verwenden.

Wie sich im weiteren Verlauf der Dissertation zeigen wird, verfügen die rekursiven Nameserver über erhebliche Beobachtungsmöglichkeiten. Im nächsten Kapitel werden zunächst die Monitoring-Möglichkeiten betrachtet, die sich unmittelbar durch die Auswertung der DNS-Anfragen, die ein Nutzer innerhalb einer Internetsitzung stellt, ergeben. In Kapitel 6 wird dann auf die Tracking-Möglichkeiten eingegangen, welche eine Beobachtung des Nutzerverhaltens über längere Zeiträume erlauben.

4 Beobachtung durch rekursive Nameserver

Wie in Kapitel 2 dargelegt, spielen die rekursiven Nameserver im DNS eine entscheidende Rolle, da sie die Namensauflösung im Auftrag der Nutzer durchführen und dabei die IP-Adresse der Nutzer und die von ihnen angefragten Domainnamen erfahren. Die in Abschnitt 2.8 aufgezeigten Entwicklungen deuten darauf hin, dass die Auswertung des DNS-Datenverkehrs zukünftig an Bedeutung gewinnen wird. Insbesondere die Verwendung eines rekursiven Nameservers eines Drittanbieters ist kritisch zu bewerten, da im DNS keine Mechanismen zum Schutz der Vertraulichkeit der Namensauflösung vorgesehen sind, wie der Literaturüberblick in Kapitel 3 zeigte.

Bislang existieren noch keine Untersuchungen, mit denen Ausmaß und Qualität der Beobachtungsmöglichkeiten auf den rekursiven Nameservern quantifiziert werden können. Im Rahmen dieses Kapitels werden Untersuchungen durchgeführt, die eine erste Beurteilung ermöglichen. Der Fokus liegt dabei aus den in Abschnitt 2.10 dargelegten Gründen auf den Beobachtungsmöglichkeiten, die sich aus der **klassischen Adressauflösung**, also der Umsetzung von Domainnamen in IP-Adressen, ergeben.

Die Betrachtungen in diesem Kapitel adressieren **Forschungsfrage 1** (s. Abschnitt 1.2), d. h. es werden **Monitoring-Möglichkeiten** untersucht. Darunter werden in dieser Arbeit Beobachtungsmöglichkeiten verstanden, die sich unmittelbar aus einzelnen DNS-Anfragen oder Gruppen von DNS-Anfragen ergeben. Der Beobachter betrachtet dabei lediglich die DNS-Anfragen, die ein bestimmter Nutzer in einem vergleichsweise kurzen Zeitraum, etwa einer einzelnen Internetsitzung, gestellt hat. Auf die *Tracking-Möglichkeiten*, die eine Beobachtung mehrerer Nutzer über längere Zeiträume erlauben, wird in Kapitel 6 eingegangen.

Es werden zwei Teilprobleme in Betracht gezogen. Zunächst wird untersucht, inwiefern der rekursive Nameserver anhand von DNS-Anfragen **Rückschlüsse auf das Web-Nutzungsverhalten** seiner Nutzer ziehen kann, ob es ihm also gelingt, die von Nutzern abgerufenen Webseiten anhand der DNS-Anfragen zu rekonstruieren. Anschließend wird untersucht, inwiefern auch die **Identifizierung der von einem Nutzer verwendeten Software** möglich ist. In beiden Untersuchungen wird von einem typischen Szenario ausgegangen, in dem ein Nutzer einen Arbeitsplatz-Rechner mit gängiger Software einsetzt.

Die Untersuchung der Monitoring-Möglichkeiten ist einerseits zur Charakterisierung der daraus erwachsenden Risiken für die Privatsphäre von Interesse, andererseits ergeben sich dadurch potenziell neuartige Ermittlungsmethoden im Bereich der IT-Forensik.

Wesentliche Inhalte In diesem Kapitel wird aufgezeigt, dass der rekursive Nameserver anhand der DNS-Anfragen Informationen über Nutzer und deren Internetaktivitäten gewinnen kann. Dazu werden Verfahren und Techniken zur Rekonstruktion des Web-Nutzungsverhaltens entworfen und empirisch evaluiert (**Beitrag B1.1** aus Abschnitt 1.4). Die Ergebnisse deuten darauf hin, dass viele Webseiten charakteristische DNS-Abrufmuster aufweisen, anhand derer sie identifiziert werden können. Weiterhin werden Verfahren und Techniken vorgeschlagen, mit denen der Betreiber des rekursiven Nameservers auf die von einem Nutzer verwendete Software schließen kann (**Beitrag B1.2**). Die durchgeführten Untersuchungen belegen, dass die gängigen Betriebssysteme, Web-Browser und Desktop-Anwendungen autonom DNS-Anfragen für identifizierende Domainnamen stellen bzw. anhand ihrer charakteristischen Vorgehensweise bei der Namensauflösung identifiziert werden können.

Relevante Veröffentlichungen Auf die Möglichkeit zur Identifizierung von Betriebssystemen und Web-Browsern anhand von identifizierenden DNS-Anfragen wird bereits in [HFF14] hingewiesen.

Aufbau des Kapitels Zunächst werden in Abschnitt 4.1 die Chancen und Risiken betrachtet, die sich aus den Beobachtungsmöglichkeiten ergeben. In Abschnitt 4.2 folgt darauf die Beschreibung der Untersuchungen zur Rekonstruktion des Web-Nutzungsverhaltens. In Abschnitt 4.3 werden die Untersuchungen zur Identifizierbarkeit der von einem Nutzer verwendeten Software vorgestellt. Abschließend werden in Abschnitt 4.4 offene Fragen identifiziert, die in zukünftigen Untersuchungen betrachtet werden können. Das Kapitel schließt mit einem Fazit in Abschnitt 4.5

4.1 Chancen und Risiken

Die Beschäftigung mit den Beobachtungsmöglichkeiten, die sich aus der mangelnden Vertraulichkeit der Namensauflösung ergeben, ist aus zwei Gründen von Interesse. Zum einen ergeben sich daraus **Risiken** für die Privatsphäre von Nutzern bzw. für die Sicherheit von IT-Systemen, deren Ausmaß bislang nicht ausreichend untersucht wurde. Zum anderen bietet die Analyse der DNS-Anfragen auch **Chancen**, nämlich die Entwicklung neuer Ermittlungstechniken im Bereich der IT-Forensik.

Dieser Abschnitt ist wie folgt aufgebaut: In Abschnitt 4.1.1 werden die Chancen und Risiken allgemein erläutert. Im Anschluss daran werden die spezifischen Konsequenzen dargestellt, welche sich aus der Rekonstruktion des Web-Nutzungsverhaltens (s. Abschnitt 4.1.2) bzw. aus der Ermittlung der von einem Nutzer eingesetzten Software (s. Abschnitt 4.1.3) ergeben.

4.1.1 Überblick

Zum einen stellen die Beobachtungsmöglichkeiten eine **Bedrohung der Privatsphäre von Internetnutzern** dar, insbesondere, wenn dadurch das Recht auf informationelle Selbstbestimmung verletzt wird (vgl. u. a. [WB90; KP00; RP02; WB12]). Dieses Grundrecht wurde in Deutschland vom Bundesverfassungsgericht im sog. Volkszählungsurteil[1] als Bestandteil der verfassungsmäßigen Ordnung anerkannt [Gar03, S. 1]. Demnach hat jedes Individuum die Befugnis, über Preisgabe und Verwendung seiner persönlichen Daten zu bestimmen. Die informationelle Selbstbestimmung kann durch die Beobachtung von DNS-Anfragen beeinträchtigt werden, etwa wenn Dritte dadurch Kenntnis von personenbezogenen Daten erlangen oder wenn sie die Aktivitäten eines Nutzers mit dessen Identität verknüpfen können.

Ein weiteres Risiko, das durch die Beobachtung von DNS-Anfragen entstehen kann, ist die **Bedrohung der Sicherheit von IT-Systemen.** Anhand der DNS-Anfragen können Außenstehende mitunter sensible Informationen in Erfahrung bringen oder Rückschlüsse auf die Komponenten ziehen, die in einem IT-Verbund eingesetzt werden. Gerade bei gezielten Angriffen (sog. „targeted attacks") auf IT-Systeme kommt der vor dem eigentlichen Angriff durchgeführten Aufklärung des Angriffsziels eine große Bedeutung zu, um die Erfolgschancen zu steigern (s. hierzu [CWR06, S. 4 ff.]). Ein Angreifer, der die DNS-Anfragen eines Nutzers oder eines IT-Verbunds beobachten kann, kann durchaus hierfür relevante Informationen erlangen.

Neben den angesprochenen Risiken können die Beobachtungsmöglichkeiten, die das DNS bietet, jedoch auch als Chance aufgefasst werden. Durch die Auswertung von DNS-Anfragen ergeben sich **neue Analysemethoden zur Anwendung in der Netzwerkforensik**, einem Teilgebiet der *IT-Forensik* [Cas09; Cas11], das sich mit der Auswertung des Datenverkehrs zur Erhebung von Beweismitteln oder zur Aufklärung von Angriffen beschäftigt [Pal01; Cor+02; Cas04; DH12]. Durch die Analyse der DNS-Anfragen können zum einen die mit anderen Auswertungstechniken erhaltenen Erkenntnisse auf Plausibilität überprüft werden. Zum anderen geben die DNS-Anfragen u. U. zusätzliche Informationen preis, die mit anderen forensischen Verfahren nicht erhoben werden können.

4.1.2 Chancen und Risiken durch Rekonstruktion des Web-Nutzungsverhaltens

Bedrohung der Privatsphäre   Anhand der Webseiten, die ein Nutzer abgerufen hat, lassen sich Rückschlüsse auf demographische Attribute, Interessen und Gewohnheiten eines Nutzers ziehen: So zeigten Kosinski et al., dass sie bei vielen Nutzern anhand deren Facebook-Aktivitäten (Anklicken des „Like-Buttons") auf deren persönliche, nicht öffentlich bekannte Neigungen und Vorlieben schließen können [KSG13]. Die Anfragen, die Nutzer an Web-Suchmaschinen richten, eignen sich hierfür ebenfalls [Jon+07]. Bereits im Jahr 2000 demonstrierte Murray et al., dass sich anhand der besuchten Webseiten auf demographische Attribute eines anonymen Nutzers schließen lässt [MD00b]. Für die Bildung von Interessenprofilen muss der Beobachter nicht unbedingt alle Kommunikationsinhalte einsehen können. Häufig reichen schon die Empfänger-Adressen aus: Baykan et al. zeigen, dass es bei vielen Webseiten bereits anhand der URL möglich ist, auf ihre

---

[1]BVerfG, Urteil des Ersten Senats vom 15. Dezember 1983, 1 BvR 209/83 u. a.

thematische Ausrichtung zu schließen [Bay+09; Bay+11]. Dementsprechend ist davon auszugehen, dass auch die angefragten Domainnamen Hinweise auf die Interessen eines Nutzers geben.

Die aus der Analyse des Web-Nutzungsverhaltens gewonnen Erkenntnisse lassen sich zum einen zum sog. **„Behavioral Targeting"** einsetzen, also um Nutzern Anzeigen zu präsentieren, die zu ihren Interessen passen. Dieses Geschäftsmodell wird bereits von den Anbietern etablierter Werbenetzwerke, etwa dem zu Google gehörenden Dienst „Doubleclick", erfolgreich betrieben (vgl. die Ausführungen zu Werbenetzwerken in Abschnitt 6.1.2.3). Ein wesentlich problematischerer Einsatzzweck besteht in der **Angebots- und Preisdiskriminierung** auf Basis von demographischen Attributen, wie etwa der in den Medien dokumentierte Fall von „Orbitz", einem Reiseportal, das den Nutzern von Apple-Geräten höherpreisige Hotels anbot als den übrigen Nutzern, zeigt [Mat12].

Die Beobachtungsmöglichkeiten des rekursiven Nameservers sind im Vergleich zu einem Werbenetzwerk weitreichender: Während der Betreiber des Werbenetzwerks lediglich den Teil der Nutzeraktivitäten beobachten kann, der Seiten betrifft, die Teil des Werbenetzwerks sind, kann der Betreiber eines rekursiven Nameservers – wenn die Rekonstruktion des Web-Nutzungsverhaltens anhand der DNS-Anfragen erfolgreich ist – die Abrufe *aller Internetseiten* beobachten. Dadurch kann er u. U. detailliertere Nutzungsprofile erzeugen, als dies einem Werbenetzwerk möglich wäre.

Im Vergleich zu einem klassischen Werbenetzwerk hat der rekursive Nameserver jedoch einen Nachteil: Während Werbenetzwerke durch die Verwendung von Cookies die Aktivitäten eines Nutzers relativ zuverlässig über längere Zeit verfolgen können, kann der rekursive Nameserver die Aktivitäten eines Nutzers nur verketten, solange der Nutzer dieselbe IP-Adresse verwendet. In Kapitel 6 wird aufgezeigt, dass sich diese Einschränkung allerdings durch den Einsatz von verhaltensbasierten Verkettungsverfahren überwinden lässt.

Conrad [Con12] spekuliert, dass Werbenetzwerke in Zukunft auf die Auswertung der DNS-Daten zurückgreifen könnten, falls eine Auswertung des Web-Nutzungsverhaltens mittels Third-Party-Cookies (s. Abschnitt 6.1.2.3) in Folge der „Do-not-Track"-Debatte zukünftig nicht mehr möglich sein sollte. Diese Spekulationen werden durch die Tatsache genährt, dass Google zum einen eines der größten Werbenetzwerke betreibt und zum anderen auch einen der populärsten öffentlichen rekursiven Nameserver anbietet [Sch12b].

Wie die obigen Ausführungen zeigen, kann es zu einer Verletzung der Privatsphäre kommen, wenn es dem Betreiber des rekursiven Nameservers gelingt, durch die Beobachtung der DNS-Anfragen die von einem Nutzer besuchten Webseiten zu rekonstruieren. Den meisten Nutzern ist durchaus bewusst, dass ihre Online-Aktivitäten durch Werbenetzwerke ausgewertet werden; sie nehmen in Kauf, einen Teil ihrer Privatsphäre im Austausch für kostenlose oder personalisierte Angebote aufzugeben. Die Auswertung des Web-Nutzungsverhaltens auf dem rekursiven Nameserver ist dennoch problematisch, da sie – im Gegensatz zur bereits etablierten Beobachtung und Auswertung durch Werbenetzwerke – bislang ohne Kenntnis der Nutzer und zudem völlig unkontrolliert erfolgen kann. Dadurch verlieren die Nutzer die Möglichkeit, bewusst die Entscheidung zu treffen, ob und unter welchen Bedingungen sie einen Teil ihrer Privatsphäre aufgeben möchten, wie Krishnan und Monrose zutreffend anmerken [KM11].

Anwendung in der Netzwerkforensik   Strafverfolgungsbehörden stehen in Ermittlungsverfahren mitunter vor der Aufgabe, Indizien zu finden, welche darauf hindeuten, dass ein Tatverdächtiger eine bestimmte Webseite aufgerufen hat. Ein gängiger Ansatz besteht darin, das vom Tatverdächtigen vermeintlich verwendete Endgerät zu konfiszieren und mittels einer Analyse des Dateisystems, der Browser-History und des Browser-Caches nach Spuren zu suchen, welche beim Abruf der Seite entstanden sind [OLL11]. Allerdings ist dieser Ansatz ungeeignet, wenn der Festplatteninhalt verschlüsselt ist. Durch die Verfügbarkeit entsprechender Funktionen in aktuellen Betriebssystemen stehen die Ermittler daher zunehmend vor dem Problem, dass anhand der Festplatte keine Indizien gewonnen werden können [Cas+11].

Hat der Verdächtige allerdings einen rekursiven Nameserver benutzt, der seine DNS-Anfragen zu Auswertungszwecken protokolliert, können u. U. auch die dort vorliegenden Log-Daten im Zuge der Ermittlungen von einer Strafverfolgsbehörde beschlagnahmt und ausgewertet werden. Durch Anwendung eines Verfahrens zur Rekonstruktion der Web-Nutzungsaktivitäten können die Ermittler dann Indizien finden, die für oder gegen den Abruf der fraglichen Webseite sprechen.

4.1.3 Chancen und Risiken durch Ermittlung der verwendeten Software

Bedrohung der Sicherheit von IT-Systemen   Die Identifizierung des von einem Nutzer verwendeten Betriebssystems bzw. seiner Desktop-Anwendungen ist für einen Angreifer von Interesse, da durch dieses Wissen die Erfolgsaussichten bei einem **gezielten Angriff** (engl. „targeted attack" [Tho+12], auch „spearphishing" genannt [Hon12]), steigen.

Durch die Erkennung von Desktop-Anwendungen kann ein Beobachter zum einen Informationen über die Tätigkeiten und die technische Versiertheit eines Nutzers gewinnen: Eine Entwicklungsumgebung spricht für einen professionellen Nutzer, der Software entwickelt, wohingegen Computerspiele, Musik- und Video-Abspielprogramme auf eine rein private Nutzung hindeuten. Dieses Wissen kann bei gezielten Angriffen zur Auswahl eines geeigneten Angriffsziels dienen oder dazu verwendet werden, um bei Social-Engineering-Angriffen plausible, authentisch wirkende Angaben machen zu können.

Zum anderen steigen die Erfolgsaussichten eines gezielten Angriffs, wenn der Angreifer vorab Informationen über die vorhandenen Sicherheitsmechanismen einholen kann, etwa ob ein Personal-Firewall-Programm und ein Virenscanner eingesetzt werden und um welche Software es sich dabei handelt. Darüber hinaus geben die verwendeten Anwendungen Aufschluss über mögliche Schwachstellen, etwa wenn bekannt ist, dass auf einem System Java- oder Flash-Plug-Ins installiert sind.

Anwendung in der Netzwerkforensik   Die Tatsache, dass sich die Software, die auf einem Endgerät installiert ist, u. U. anhand von DNS-Anfragen identifizieren lässt, kann auch in einem Ermittlungsverfahren von Bedeutung sein (vgl. [Nov+04]). Wie bei der Rekonstruktion des Web-Nutzungsverhaltens besteht die Zielsetzung der Strafverfolger dabei darin, einem Verdächtigen eine strafbare Handlung nachzuweisen bzw. Indizien dafür zu finden, dass bzw. ob ein Verdächtiger als Täter in Frage kommt.

Der konkrete Nutzen lässt sich anhand folgender Situation illustrieren. In einer Wohngemeinschaft teilen sich zwei Bewohner einen Internetanschluss. Jeder Bewohner nutzt sein persönliches Laptop. Ein Bewohner begeht eine schwere Straftat, etwa indem er verbotene Betäubungsmittel auf einem Online-Marktplatz in Umlauf bringt. Die Strafverfolgungsbehörden ermitteln durch eine gerichtliche Anordnung den Internetanschluss, über den das Angebot eingestellt worden ist. Sie leiten ein Ermittlungsverfahren gegen die zwei Bewohner ein. Beide Bewohner streiten die Tat jedoch ab.

Falls die Ermittler beim Internetzugangsanbieter auch die DNS-Logdateien beschlagnahmen können, welche die DNS-Anfragen enthalten, die zum Tatzeitpunkt vom Internetanschluss der Wohngemeinschaft ausgingen, können sie u. U. Betriebssystem, Browser und andere Anwendungen identifizieren, die auf dem Rechner installiert sind, der zum Tatzeitpunkt online war. Falls sich die Systemumgebungen auf den beiden Laptops hinsichtlich dieser Gesichtspunkte unterscheiden, besteht die Möglichkeit, das verwendete Endgerät zu bestimmen und damit den Tatverdacht gegen einen der Bewohner zu erhärten.

4.2 Rekonstruktion des Web-Nutzungsverhaltens

In diesem Abschnitt wird die erste der beiden betrachteten Beobachtungsmöglichkeiten vorgestellt. Es wird untersucht, ob die DNS-Anfragen, die das Endgerät eines Nutzers stellt, Rückschlüsse auf sein Web-Nutzungsverhalten zulassen.

In der Literatur wird zwar bereits vereinzelt auf diese Beobachtungsmöglichkeit hingewiesen, allerdings handelt es sich dabei um bloße Behauptungen und Mutmaßungen. So motivieren Lu und Tsudik ihre Arbeit an einem datenschutzfreundlichen Namensdienst mit der Vermutung „[…] users' communication (e. g., browsing) patterns might become exposed […]" [LT10] und Conrad schreibt „DNS queries made by an individual are visible to their ISP. These queries may […] [reveal] information about individuals and the sites they visit" [Con12, S. 41]. Eine quantitative Untersuchung zur Praktikabilität der Rekonstruktion des Web-Nutzungsverhaltens wurde noch nicht durchgeführt.

Auf den ersten Blick erscheint es naheliegend, dass der Beobachter (der Betreiber des rekursiven Nameservers) anhand der beim Surfen erzeugten DNS-Anfragen auf die von einem Nutzer besuchten Webseiten schließen kann. Schließlich werden im WWW Webseiten durch URLs (Uniform Resource Locator, [BLMM94]) adressiert, die jeweils den Domainnamen des Webservers enthalten, auf dem die Webseite bereitgestellt wird. Um die IP-Adresse des Webservers zu erfahren, muss der Web-Browser daher (mindestens) eine DNS-Anfrage an den rekursiven Nameserver übermitteln. Wie die Untersuchungen in diesem Kapitel zeigen werden, gestaltet sich Rekonstruktion des Web-Nutzungsverhaltens anhand der DNS-Anfragen in der Praxis allerdings aufwendiger als zunächst angenommen.

Fragestellung Dieser Abschnitt befasst sich mit der Fragestellung, inwiefern es einem Beobachter aufgrund der DNS-Anfragen eines Nutzers möglich ist, auf die vom Nutzer abgerufenen Webseiten zu schließen.

Dieser Abschnitt ist wie folgt aufgebaut: Zunächst wird in Abschnitt 4.2.1 die zugrundeliegende Problemstellung konkretisiert und von vergleichbaren Problemen abgegrenzt. In Abschnitt 4.2.2 wird die Fallstudie erläutert, anhand der die zu bewältigenden Herausforderungen illustriert werden. Im weiteren Verlauf werden in Abschnitt 4.2.3 und in Abschnitt 4.2.4 zwei Verfahren zur Rekonstruktion des Nutzungsverhaltens entwickelt und hinsichtlich ihrer Praktikabilität anhand von echten Webseiten untersucht. Abschließend wird in Abschnitt 4.2.5 ein besonderes Beobachtungsszenario, die Ermittlung der von einem Nutzer an eine Web-Suchmaschine gerichteten Suchanfragen, diskutiert, bevor die Erkenntnisse in Abschnitt 4.2.6 zusammengefasst werden.

4.2.1 Problemstellung

Die Problemstellung der Ermittlung der besuchten Webseiten anhand aufgezeichneten Datenverkehrs ist aufwendiger als es die obigen Behauptungen und Mutmaßungen erahnen lassen. Der Abruf einer Webseite führt zwar zwangsläufig zu beobachtbaren DNS- und HTTP-Anfragen; daraus folgt jedoch nicht notwendigerweise, dass der Beobachter die einzelnen Abruf-Ereignisse bei der Auswertung des aufgezeichneten Datenverkehrs auch identifizieren kann. Die Schwierigkeit besteht insbesondere darin, aus der Masse der beobachtbaren Ereignisse die relevanten Ereignisse, die eigentlichen Nutzer-Aktivitäten, herauszufiltern. Diese Aufgabe wird insbesondere durch die Komplexität moderner Webseiten sowie die Funktionen zur Verbesserung der Performanz, die in modernen Web-Browsern implementiert sind, erschwert.

Dieser Abschnitt ist wie folgt aufgebaut: Zunächst wird in Abschnitt 4.2.1.1 der Stand der Forschung zur Rekonstruktion des Nutzerverhaltens anhand von aufgezeichnetem Datenverkehr zusammengefasst. In Abschnitt 4.2.1.2 wird erläutert, warum der Abruf einer Webseite eine Vielzahl von beobachtbaren Ereignissen hervorruft. Auf die dabei eingeführten sog. sekundären Domainnamen wird in Abschnitt 4.2.1.3 noch detaillierter eingegangen. In Abschnitt 4.2.1.4 werden schließlich die im weiteren Verlauf betrachteten Zielsetzungen des Beobachters definiert.

4.2.1.1 Verwandte Arbeiten

Für die Analyse des Web-Nutzungsverhaltens anhand von DNS-Anfragen sind zum einen die Resultate der bereits existierenden Arbeiten zur Rekonstruktion des Nutzerverhaltens von Interesse. Darüber hinaus sind Erkenntnisse anwendbar, die bei sog. Website-Fingerprinting-Verfahren gewonnen wurden. Im Folgenden werden die wesentlichen Veröffentlichungen aus diesen beiden Feldern kurz vorgestellt, um den Stand der Forschung darzustellen.

Rekonstruktion des Nutzerverhaltens   Die bereits veröffentlichten Arbeiten auf diesem Gebiet gehen davon aus, dass dem Beobachter entweder der gesamte Datenverkehr eines Nutzers zur Verfügung steht oder zumindest Log-Dateien, welche die von ihm angefragten URLs (und ggf. zusätzliche Informationen) enthalten.

In einer frühen Publikation [BC98] gehen Barford und Crovella davon aus, dass die Nutzeraktivitäten genau denjenigen HTTP-Anfragen entsprechen, bei denen HTML-Dateien abgerufen werden – was bei modernen Webseiten, die z. B. Inline-Frames verwenden, nicht mehr zutreffen muss. Bei anderen Vorschlägen [Mah97; Smi+01] werden die HTTP-Anfragen anhand der dazwischen liegenden Inaktivitätszeiten („idle time") gruppiert, was durch die Beobachtung motiviert ist, dass Web-Browser beim Besuch einer Webseite die darin eingebetteten Inhalte in schneller Abfolge herunterladen. Zur Rekonstruktion der Nutzeraktivitäten werden dann die URLs der jeweils ersten HTTP-Anfragen innerhalb der Anfrage-Gruppen extrahiert. Bei modernen Webseiten, die im Hintergrund mittels der AJAX-Technologie Inhalte dynamisch nachladen, ist die Rekonstruktion anhand dieser Heuristik jedoch nicht mehr zuverlässig möglich.

Spätere Ansätze nutzen Datenfelder in den HTTP-Anfragen, um Abhängigkeiten zwischen den Anfragen zu bestimmen. Ihm et al. schlagen das „StreamStructure"-Verfahren vor [IP11], mit dem die Access-Log-Dateien von Proxy-Servern analysiert werden können. Das StreamStructure-Verfahren nutzt die Tatsache aus, dass in vielen Webseiten Javascript- und Bilddateien von Werbenetzwerken eingebettet sind. Die von den Werbenetzwerken verwendeten URLs enthalten zum einen Hinweise auf die ursprünglich vom Nutzer angeforderte Seite, zum anderen können anhand dieser URLs die HTTP-Anfragen, die zu einer Webseite gehören, gruppiert werden. Seiten, die keine Inhalte von Werbenetzwerken einbinden, können mit StreamStructure jedoch nicht analysiert werden. Das ReSurf-Verfahren von Xie et al. unterliegt dieser Einschränkung nicht [Xie+13], setzt jedoch voraus, dass der Beobachter Zugriff auf den Referrer-Header in den HTTP-Anfragen hat, in dem jeweils die URL der Webseite steht, zu der das heruntergeladene Seitenelement gehört. Anhand dieser Angaben konstruiert ReSurf einen Abhängigkeitsgraphen, um alle Anfragen, die vom Web-Browser durchgeführt werden mussten, um die jeweilige Webseite anzuzeigen, herauszufiltern und somit diejenigen Anfragen zu bestimmen, die den eigentlichen Nutzeraktionen entsprechen. In empirischen Untersuchungen identifizierte das ReSurf-Verfahren über 90 % der Nutzeraktivitäten.

Selbst bei Vorliegen der HTTP-Anfragen bzw. des gesamten Datenverkehrs ist also ein erheblicher Aufwand nötig, um das Nutzerverhalten zu rekonstruieren. Ein Beobachter, dem lediglich die DNS-Anfragen zur Verfügung stehen, kann die Ansätze aus [BC98], [IP11] und [Xie+13] nicht einsetzen. Er kann allerdings die in [Mah97; Smi+01] verwendeten Inaktivitätszeiten heranziehen, wie in Abschnitt 4.2.3 gezeigt wird.

Website-Fingerprinting Auch hier besteht das Ziel darin, das Nutzerverhalten zu rekonstruieren. Konkret beabsichtigt der Beobachter, die Webseiten zu ermitteln, die ein Nutzer abruft. Wie bei den zuvor angesprochenen Arbeiten wird dabei unterstellt, dass der Beobachter Zugriff auf den Datenverkehr des Nutzers hat. Im Unterschied zum bisher betrachteten Szenario verwendet der Nutzer jedoch Verschlüsselungstechniken, um die Identität der abgerufenen Webseiten vor dem Beobachter zu verbergen. Die Techniken aus den zuvor vorgestellten verwandten Arbeiten sind daher nicht anwendbar.

Durch den Einsatz von Website-Fingerprinting-Techniken kann der Beobachter u. U. dennoch ermitteln, welche Seiten ein Nutzer abgerufen hat. Dabei wird die Tatsache ausgenutzt, dass viele Webseiten eine einzigartige Komposition aus Text- und Bild-Inhalten sowie CSS- und JavaScript-Dateien darstellen. Hintz, Danezis und Sun et al. haben unabhängig voneinander gezeigt, dass die **Anzahl und die Dateigrößen der einzelnen Dateien**, die beim Abruf einer Seite heruntergeladen werden, auch dann noch zu erkennen sind, wenn eine Webseite durch die Verwendung des HTTPS-Protokolls verschlüsselt abgerufen wird [Hin02; Dan02; Sun+02]. Um zu ermitteln welche Seite ein Nutzer von einem Webserver abgerufen hat, baut der Beobachter zunächst eine Datenbank auf, in der er die o. g. Metadaten, die „Fingerabdrücke", für die einzelnen Unterseiten des Webservers abspeichert (auch als Trainingsphase bezeichnet). Im Anschluss daran prüft der Beobachter anhand des ihm vorliegenden verschlüsselten Datenverkehrs des Nutzers, ob er ein Muster aus der Datenbank darin wiederfindet (Identifizierungs- oder Test-Phase).

Diese frühen Techniken versagen jedoch, wenn der Nutzer einen verschlüsselten Kanal, etwa ein Virtual-Private-Network (VPN), verwendet. Die Dateigrößen sind dann für den Beobachter nicht mehr ersichtlich. Fortgeschrittenere Website-Fingerprinting-Techniken können allerdings auch in diesem Szenario die abgerufenen Webseiten identifizieren, indem sie die beobachtbaren IP-Pakete analysieren. Bissias et al. demonstrieren, dass bei einigen Webseiten eine charakteristische Abfolge von Inter-Arrival-Times (die Zeitabstände zwischen aufeinanderfolgenden IP-Paketen) zu beobachten ist [Bis+05]. Dieses Merkmal weist jedoch nur eine geringe Robustheit auf, da es durch die Netzwerklatenz beeinflusst wird. Ein robusteres Merkmal ist hingegen die **Häufigkeitsverteilung der IP-Paketgrößen**, wie Liberatore und Levine anhand einer Stichprobe von 1000 Seiten zeigen [LL06]. Ihr bestes Verfahren, das auf einem Naïve-Bayes-Klassifikator basiert, erreicht eine Genauigkeit von 73 %. Diese Ergebnisse lassen sich durch geschickte Kombination von Klassifikationsverfahren und Transformationstechniken auf bis zu 97 % steigern, wie eigene Arbeiten auf diesem Gebiet belegen [HWF09]. Darauf aufbauend demonstrieren Panchenko et al., dass Website-Fingerprinting anhand dieses Merkmals auch beim Anonymitätsdienst Tor [DMS04] unter bestimmten Voraussetzungen möglich ist [Pan+11].

Weitere Veröffentlichungen befassen sich mit der Verbesserung der Erkennung sowie der Entwicklung von Gegenmaßnahmen [Dye+12; WG13; Xia+13].

Die bei den obigen Website-Fingerprinting-Techniken herangezogenen Merkmale stehen einem Beobachter, der die vom Nutzer abgerufenen Webseiten anhand der dabei gestellten DNS-Anfragen identifizieren möchte, nicht zur Verfügung. Im Gegensatz zu dem beim Website-Fingerprinting unterstellten Szenario hat der Beobachter jedoch Zugriff auf die Domainnamen. Wie sich in Abschnitt 4.2.4 zeigen wird, ist die Menge der Domainnamen, die beim Abruf einer Webseite zu beobachten ist, bei einigen Webseiten so charakteristisch, dass diese anhand ihrer DNS-Abrufmuster erkannt werden können.

4.2.1.2 Beobachtbare DNS-Anfragen beim Abruf einer Webseite

Der Abruf einer Webseite führt entweder zu gar keiner, einer oder mehreren DNS-Anfragen. In diesem Abschnitt werden die Zusammenhänge herausgearbeitet, die zwischen den Aktivitäten eines Benutzers und den DNS-Anfragen, anhand derer der Beobachter das Nutzungsverhaltens zu rekonstruieren versucht, bestehen. Zunächst wird die folgende Terminologie eingeführt, die eine prägnante Beschreibung des Sachverhalts ermöglicht:

Definition 4.1. Beim **primären Domainnamen einer Webseite** handelt es sich um den Domainnamen, der unmittelbar mit einer Nutzeraktivität in Verbindung steht und dem Nutzer beim Besuch der Webseite in der Adresszeile des Browsers angezeigt wird. Üblicherweise gibt der Nutzer den primären Domainnamen selbst in der Adresszeile des Browsers ein, um die entsprechende Webseite aufzurufen. Gelangt er auf eine Webseite über einen Link, ist der primäre Domainname üblicherweise der Domainname, der in der URL des Links enthalten ist. Alle übrigen Domainnamen, die der Web-Browser beim Abruf der Webseite auflöst, werden als **sekundäre Domainnamen der Webseite** bezeichnet.

Der Zusammenhang zwischen den Nutzeraktivitäten und den DNS-Anfragen wird anhand des folgenden Beispiels deutlich:

Beispiel 4.1. Es wird ein Nutzer betrachtet, der nacheinander drei Webseiten aufruft. In Abbildung 4.1 sind die Aktivitäten sowie die DNS-Anfragen dargestellt, die der Browser an den rekursiven Nameserver übermittelt. Der Nutzer führt folgende Aktionen durch:

1. Zunächst gibt der Nutzer *www.seite.de* in die Adresszeile ein und ruft diese Seite ab.

2. Anschließend klickt er auf der Webseite auf einen „Kontakt"-Link, der auf die Seite *http://www.seite.de/kontakt* zeigt.

3. Schließlich gibt er einen Suchbegriff in das Suchfeld des Browsers ein, um eine Google-Suche durchzuführen.

Wie in Abbildung 4.1 dargestellt kann der rekursive Nameserver vier DNS-Anfragen für vier Domainnamen beobachten: *www.seite.de* (primärer Domainname bei Abruf 1 und

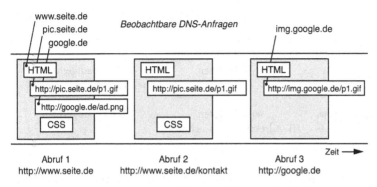

Abbildung 4.1: Nutzeraktivitäten und beobachtbare DNS-Anfragen in Beispiel 4.1

2), *pic.seite.de* (sekundärer Domainname bei Abruf 1 und 2), *google.de* (sekundärer Domainname bei Abruf 1, primärer Domainname bei Abruf 3) und *img.google.de* (sekundärer Domainname bei Abruf 3). □

Anhand des Beispiels lässt sich verdeutlichen, dass eine vollständige Rekonstruktion der Aktivitäten des Nutzers, d. h. welche Webseiten zu welchen Zeitpunkten aufgerufen wurden, dem rekursiven Nameserver anhand der vier beobachtbaren DNS-Anfragen nicht zuverlässig gelingt. Die dabei herrschende Unsicherheit lässt sich auf drei Umstände zurückführen:

Einschränkung 1 Pfad und Dateinamen der vom Browser abgerufenen Webseiten werden nicht in den DNS-Anfragen übermittelt, sondern nur in den HTTP-Anfragen an den Webserver gesendet. In den DNS-Anfragen ist lediglich der Domainname enthalten. Daher ist es nicht möglich, anhand einer beobachtbaren DNS-Anfrage die URL der abgerufenen Webseite (etwa *http://www.seite.de/kontakt* in Abruf 2 in Abbildung 4.1) zu ermitteln. Aus der Beobachtung eines bestimmten Domainnamens kann also zunächst nur darauf geschlossen werden, dass *irgendeine* Webseite von diesem Webserver heruntergeladen wurde. Allerdings ist selbst diese Schlussfolgerung nicht notwendigerweise zutreffend (vgl. Einschränkung 2).

Einschränkung 2 Nach dem Abruf der HTML-Datei lädt der Browser alle darin eingebetteten Elemente (z. B. Bilder, Javascript- und CSS-Dateien, usw.) herunter. Wenn diese auf anderen Webservern vorgehalten werden, muss der Browser neben dem primären Domainnamen weitere sekundäre Domainnamen auflösen; im Beispiel in Abbildung 4.1 etwa *google.de*, um das Bild *http://google.de/ad.png* herunterzuladen. Daher kann aus der Tatsache, dass ein bestimmter Domainname angefragt wurde, nicht unmittelbar darauf geschlossen werden, dass der Nutzer auch tatsächlich eine Webseite von diesem Webserver abgerufen hat.

Einschränkung 3 Da die mit den DNS-Antworten erhaltenen IP-Adressen im Browser und ggf. auch im Betriebssystem zwischengespeichert werden (vgl. Abschnitt 2.7),

Tabelle 4.1: Beobachtbare DNS-Anfragen erlauben keine eindeutige Schlussfolgerung

Sicht des Beobachters	Schlussfolgerung 1	Schlussfolgerung 2
Anfrage für w_1	w_1 aufgerufen	w_1 nicht aufgerufen (w_1 sekund. Name von w_2)
keine Anfrage für w_1	w_1 aufgerufen (IP-Adresse lag im Cache vor)	w_1 nicht aufgerufen

werden für weitere Webseitenabrufe von demselben Webserver u. U. für eine bestimmte Zeitspanne keine DNS-Anfragen gestellt (Abrufe 2 und 3 in Abbildung 4.1). Diese Webseitenabrufe können daher nicht anhand der DNS-Anfragen beobachtet werden. Die Tatsache, dass zu einem gewissen Zeitpunkt *keine* DNS-Anfrage für einen bestimmten Domainnamen zu beobachten ist, ist also *kein* hinreichendes Indiz dafür, dass der Nutzer zu diesem Zeitpunkt tatsächlich auch keine Webseite von dem entsprechenden Webserver abgerufen hat.

Zwischen den Aktivitäten des Nutzers und den beobachtbaren DNS-Anfragen besteht demnach kein eindeutiger Zusammenhang: Wie aus Tabelle 4.1 hervorgeht, ist eine DNS-Anfrage für einen Domainnamen w_1 **weder hinreichend noch notwendig** für den Abruf der Webseite w_1, so dass sich aus der An- oder Abwesenheit einer solchen Anfrage nichts über das tatsächliche Nutzungsverhalten schlussfolgern lässt. Weiterhin ist die Tatsache, dass keine Anfrage für w_1 zu beobachten ist, weder ein hinreichendes noch ein notwendiges Kriterium für den Nicht-Abruf von w_1. Daher ist eine absolut zuverlässige und vollständige Rekonstruktion des Nutzungsverhaltens anhand der DNS-Anfragen nicht möglich. Allerdings ist der Beobachter mitunter gar nicht auf eine vollständige Rekonstruktion aller Aktivitäten angewiesen, um sein Ziel zu erreichen (s. Abschnitt 4.2.1.4).

Bevor auf die Zielsetzungen des Beobachters näher eingegangen wird, folgt im nächsten Abschnitt ein Überblick über die Ursachen für die Auflösung sekundärer Domainnamen.

4.2.1.3 Ursachen der Auflösung sekundärer Domainnamen

Die sekundären Domainnamen erschweren einerseits die Ermittlung der tatsächlich abgerufenen Webseiten, andererseits können sie zur Identifizierung der abgerufenen Webseiten beitragen, wie sich in Abschnitt 4.2.4 zeigen wird. Die sekundären Domainnamen nehmen bei der Rekonstruktion des Nutzerverhaltens also eine ambivalente Rolle ein. Da sie für den Erfolg des Beobachters so ausschlaggebend sind, werden in diesem Abschnitt die Ursachen für die Auflösung sekundärer Domainnamen näher erläutert.

In Abbildung 4.2 ist ein Ausschnitt aus der Webseite *www.heise.de/-1973600* dargestellt. An diesem Beispiel lassen sich die Ursachen veranschaulichen.

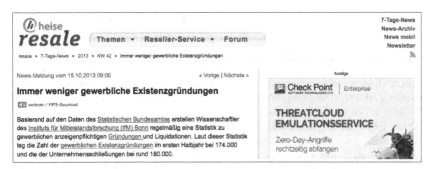

Abbildung 4.2: Veranschaulichung der Ursachen für sekundäre Domainnamen

Wie bereits in Abschnitt 4.2.1.2 ausgeführt, binden Webseiten mitunter **Inhalte von mehreren Webservern** ein. So wird etwa das Werbebanner im rechten Bereich in Abbildung 4.2 von einem externen Webserver heruntergeladen (*googleads.g.doubleclick.net*). Das Ausmaß der Einbindung von Inhalten von fremden Servern lässt sich anhand der Ergebnisse einer Studie von Butkiewicz et al. [BMS11] erkennen: Die Autoren haben 1748 populäre Webseiten hinsichtlich ihrer Zusammensetzung und Komplexität analysiert und fanden heraus, dass der Web-Browser bei fast allen Seiten beim Abruf der Hauptseite mehr als einen Webserver kontaktieren muss; etwa die Hälfte der untersuchten Webseiten band Inhalte von mehr als zehn verschiedenen Webservern auf ihrer Hauptseite ein. Diese Praktik war insbesondere bei News-Seiten verbreitet: etwa 80 % der Seiten in dieser Kategorie banden Inhalte von mehr als zehn Webservern ein. Von den fremden Webservern wurden laut Butkiewicz et al. insbesondere Javascript-Dateien für extern eingebundene Web-Analyse-Dienste bzw. soziale Netze sowie Werbebanner bezogen.

Die zweite Ursache für die Anfrage von sekundären Domainnamen ist die sog. **präemptive Namensauflösung** (auch: „proaktives Caching" oder „DNS-Prefetching"), die von modernen Browsern durchgeführt wird. Dieses Verfahren wurde (zumindest im akademischen Umfeld) zuerst von Cohen und Kaplan vorgeschlagen (s. [CK00; CK02] und [CK01; CK03]), nachdem in Studien nachgewiesen worden war, dass Wartezeiten bei der Namensauflösung bis zu 30 % der gesamten Wartezeit zwischen Aufruf und Anzeige von Webseiten ausmachen [HW00; WS00; BV02].

Bei der präemptiven Namensauflösung ermittelt der Web-Browser nach dem Herunterladen einer HTML-Datei im Hintergrund alle Links, die in Anchor-Tags („<a>") enthalten sind. Zeigt ein Link auf einen anderen Webserver, stellt der Browser für den jeweiligen Domainnamen im Hintergrund eine DNS-Anfrage und hinterlegt die erhaltene IP-Adresse in seinem DNS-Cache. Klickt der Nutzer kurze Zeit später einen solchen Link an, entfällt die Wartezeit für die Namensauflösung und der Browser kann unmittelbar die TCP-Verbindung herstellen. Im Beispiel aus Abbildung 4.2 enthält der Fließtext auf der linken

Seite zwei Links zu externen Webseiten (*www.destatis.de* und *www.ifm-bonn.org*), deren Domainnamen vom Browser beim Anzeigen der Webseite präemptiv aufgelöst werden.

Neben der präemptiven Namensauflösung, die von Mozillas Firefox-Browser [Hoc10; Moz10] und von Googles Chrome-Browser [Ros08] durchgeführt wird, gibt es noch zwei weitere Optimierungsverfahren, die zu automatisch erzeugten DNS-Anfragen führen können: *Link-Prefetching* und *Prerendering*. Beim **Link-Prefetching** fügt der Autor einer Webseite in den Quelltext <link>-Tags ein, die den Browser darüber informieren, welche Inhalte der Nutzer möglicherweise als nächstes abrufen wird. Kompatible Browser laden diese Inhalte dann im Hintergrund herunter. Mozilla erläutert das Konzept auf seiner Webseite [Moz12] ausführlich anhand eines Beispiels, das den Browser darüber informiert, dass er im Hintergrund eine alternative CSS-Datei für die aktuelle Seite sowie die als nächstes womöglich angeforderte Webseite herunterladen kann:

```
<link rel="prefetch alternate stylesheet" href="mozspecific.css">
<link rel="next" href="2.html">
```

Der Chrome-Browser integriert darüber hinaus eine **Prerendering-Funktion** [Goo12c]. Wie beim Prefetching informiert der Autor einer Webseite den Browser mittels eines <link>-Tags über die Seiten, die der Nutzer möglicherweise als nächstes abruft. Im Unterschied zum Link-Prefetching, das den Browser lediglich dazu veranlasst, die in den <link>-Tags angegebenen Ressourcen herunterzuladen, ist das Prerendering dafür gedacht, ganze Webseiten im Hintergrund herunterzuladen:

```
<link rel="prerender" href="http://example.org/index.html">
```

Der Chrome-Browser ruft dann sämtliche Ressourcen ab, die zum Anzeigen der angegebenen Webseite erforderlich sind und bereitet zusätzlich sogar die Darstellung in einem für den Nutzer nicht sichtbaren Fenster vor. Ruft der Nutzer die Seite später tatsächlich auf, kann die Seite ohne Verzögerung unmittelbar angezeigt werden. Seit Version 17 führt Chrome die Prerendering-Funktion u. U. auch beim Eintippen einer URL in die Adressleiste aus [Goo12c].

Experimentelle Untersuchung   Anhand der Beispiel-Webseite, die in Abbildung 4.2 dargestellt ist, lassen sich die Ursachen für die Auflösung sekundärer Domainnamen quantitativ untersuchen. Dazu werden die DNS-Anfragen protokolliert, die unter bestimmten Umständen beim Abruf der Webseite zu beobachten sind. Vor jedem Abruf werden die DNS-Caches des Browsers und des Betriebssystems geleert.

In Tabelle 4.2 sind als erstes die DNS-Anfragen aufgeführt, die zu beobachten sind, wenn die Webseite mit einem aktuellen Firefox-Browser (Version 25 in der Standard-Konfiguration unter MacOS X 10.8.5) besucht wird, bei dem die Funktion zur präemptive Namensauflösung aktiviert ist (**Ausgangssituation**). Insgesamt sind in diesem Fall DNS-Anfragen für 37 verschiedene Domainnamen zu beobachten.

Im Anschluss daran wird die Webseite mit deaktivierter[2] präemptiver Namensauflösung abgerufen (**Schritt 1**). Wie in Tabelle 4.2 ersichtlich, werden nun lediglich 28 Domainnamen angefragt. Ein direkter Vergleich der Mengen ist allerdings nicht möglich, da der Webserver bei jedem Abruf andere Werbebanner einblendet, so dass nicht genau erkennbar ist, welche DNS-Anfragen das Resultat der präemptiven Namensauflösung sind.

Dieser Störfaktor kann durch die Aktivierung eines Werbe-Blockers („Adblock Plus"[3] in der Konfiguration: „block tracking", „no malware" und „no social buttons") ausgeschlossen werden (**Schritt 2**): In diesem Fall werden bei aktivierter präemptiver Namensauflösung 16 der ursprünglichen 37 Domainnamen angefragt. Dieses Ergebnis verdeutlicht, dass ein erheblicher Teil (hier mehr als die Hälfte) der DNS-Anfragen durch Werbebanner und Web-Analyse-Diensten verursacht wird, die Inhalte von externen Webservern nachladen.

Wird nun zusätzlich die präemptive Namensauflösung deaktiviert (**Schritt 3**), bleiben 8 der 16 DNS-Anfragen übrig. Dabei handelt es sich um die Webserver von in die Seite integrierten Web-Analyse-Diensten (*script.ioam.de* wird für die Einbindung des „Audience-Measurement"-Dienstes des Anbieters INFOnline[4] angefragt), nicht herausgefilterte Werbebanner (Domainnamen, die auf *mywai.de* enden) sowie in die Seite eingebettete Bilder (Domainnamen, die auf *ix.de* enden). Durch einen Vergleich mit der Ergebnismenge in Schritt 2 wird deutlich, dass neben den oben erwähnten Domainnamen *www.destatis.de* und *www.ifm-bonn.org* noch sechs weitere Domainnamen auf die präemptive Namensauflösung zurückführen sind: *heise.de*, *m.heise.de*, *www.dci.de*, *www.etracker.de*, *www.heisemedien.de* und *www.interred.de*.

4.2.1.4 Ziele des Beobachters

Bei den in Abschnitt 4.2.1.1 beschriebenen verwandten Arbeiten, die sich mit der Rekonstruktion der Nutzeraktivitäten anhand der HTTP-Anfragen befassen, besteht die primäre Zielsetzung des Beobachters darin, aus der Menge aller beobachtbaren HTTP-Anfragen in einer Log-Datei bzw. der TCP-Verbindungen im aufgezeichnetem Datenverkehr die tatsächlich vom Nutzer abgerufenen Webseiten zu extrahieren und die dabei vom Web-Browser automatisch abgerufenen Inhalte herauszufiltern.

Ein Beobachter, der das Nutzungsverhalten anhand von DNS-Anfragen rekonstruieren möchte, steht vor einer vergleichbaren Herausforderung: Er muss die in Abschnitt 4.2.1.2 erläuterte Einschränkung 2 überwinden, also in der Menge aller beobachteten Domainnamen **die primären Domainnamen der tatsächlich vom Nutzer besuchten Webseiten**

---

[2]Zur Deaktivierung der präemptiven Namensauflösung muss auf der Konfigurationsseite „about:config" der Parameter „network.dns.disablePrefetch" auf „true" gesetzt werden. Zusätzlich muss der Parameter „network.prefetch-next" auf „false" gesetzt werden, um das Link-Prefetching zu deaktivieren.

[3]Homepage: *https://adblockplus.org*

[4]Homepage: *https://www.infonline.de*

Tabelle 4.2: Experimentelle Untersuchung der Anfragen für sekundäre Domainnamen

---

Ausgangssituation: www.heise.de/-1973600 (37 Domainnamen)

*www.heise.de script.ioam.de 2.f.ix.de 3.f.ix.de 1.f.ix.de widgets.mywai.de heise.ivwbox.de ad-emea·
.doubleclick.net ad.yieldlab.net counts.yieldlab.net a.ligatus.com i.ligatus.com d.ligatus.com pagead2·
.googlesyndication.com x.ligatus.com t.qservz.com clients1.google.com ocsp.digicert.com gtglobal-ocsp·
.geotrust.com de.ioam.de cm.g.doubleclick.net quisma-5.hs.llnwd.net prophet.heise.de heise.met.vg·
wort.de login.mywai.de www.mywai.de www.etracker.de m.heise.de www.destatis.de www.ifm-bonn·
.org heise.de googleads.g.doubleclick.net ms.ligatus.com www.googleadservices.com www.interred.de
www.heise-medien.de www.dci.de*

Schritt 1: Präemptive Namensauflösung deaktiviert (28 Domainnamen)

*www.heise.de heise.de script.ioam.de 2.f.ix.de 3.f.ix.de 1.f.ix.de widgets.mywai.de heise.ivwbox.de
ad-emea.doubleclick.net ad.yieldlab.net counts.yieldlab.net imagesrv.adition.com ad4.adfarm1·
.adition.com sb.scorecardresearch.com t.qservz.com ad2.adfarm1.adition.com accado.adspirit.de
pagead2.googlesyndication.com cdn.qservz.com ea.ccbparis.de cm.g.doubleclick.net s0.2mdn.net
de.ioam.de prophet.heise.de heise.met.vgwort.de login.mywai.de www.mywai.de www.etracker.de*

Schritt 2: Werbe-Blocker aktiviert (16 Domainnamen)

*www.heise.de script.ioam.de 2.f.ix.de 3.f.ix.de 1.f.ix.de widgets.mywai.de login.mywai.de m.heise.de
www.destatis.de www.ifm-bonn.org heise.de www.interred.de www.heise-medien.de www.mywai.de
www.dci.de www.etracker.de*

Schritt 3: Kombination von Schritt 1 und 2 (8 Domainnamen)

www.heise.de script.ioam.de 2.f.ix.de 3.f.ix.de 1.f.ix.de widgets.mywai.de login.mywai.de www.mywai.de

---

identifizieren (Zielsetzung 1). In Abschnitt 4.2.3 werden hierfür geeignete Heuristiken untersucht.

Eine zweite denkbare Zielsetzung ist die Überprüfung, **ob ein Nutzer eine bestimmte Webseite (identifiziert durch ihre URL) abgerufen hat (Zielsetzung 2).** Die Motivation hinter Zielsetzung 2 besteht darin, dass der primäre Domainname mitunter wenig aussagekräftig ist, während die abgerufene Unterseite Informationen über die Interessen und Absichten des Nutzers preisgibt. Dies wird etwa bei den URLs *http://askubuntu.com/ questions/94334/how-can-i-install-the-social-engineering-toolkit-set/* und *http://de.wiki-pedia.org/wiki/Alkoholkrankheit* deutlich, bei denen der abgerufene Inhalt nicht anhand des primären Domainnamens, allerdings sehr wohl anhand der Pfadangabe in der URL erkennbar ist. Wird diese Zielsetzung verfolgt, muss der Beobachter die in Abschnitt 4.2.1.2 erläuterte Einschränkung 1 überwinden. In Abschnitt 4.2.4 wird ein geeignetes Verfahren vorgestellt.

Der Vollständigkeit wegen sei darauf hingewiesen, dass eine Aufhebung von Einschränkung 3 dem betrachteten *passiven Beobachter* nicht möglich ist, da dieser das Caching-Verhalten nicht beeinflussen kann. Ein aktiver On-path-Angreifer kann die Auswirkungen von Einschränkung 3 durch eine Manipulation der DNS-Antworten reduzieren, indem er besonders niedrige TTL-Werte an den Client übermittelt. Durch diesen Eingriff verkürzt sich die Zeitspanne, in welcher der Benutzer Webseiten abrufen kann, ohne dass der rekursive Nameserver dies beobachten kann.

Inhaltliche Genauigkeit Die beiden Zielsetzungen unterscheiden sich also hinsichtlich der *inhaltlichen Genauigkeit*: Bei Zielsetzung 1 gibt sich der Beobachter mit Aussagen über die primären Domainnamen der vom Nutzer besuchten Webseiten zufrieden, während er bei Zielsetzung 2 Aussagen über vollständige URLs anstrebt. Ein weiterer Unterschied zwischen den beiden Zielsetzungen besteht darin, dass der Beobachter bei Zielsetzung 1 zunächst keine Vermutungen über die vom Nutzer besuchten Webseiten anstellen muss, während er bei Zielsetzung 2 einen konkreten Verdacht hat, den er überprüfen will. Im ersten Fall lautet die betrachtete Fragestellung „Welche Internetangebote hat der Nutzer besucht?", im zweiten Fall hingegen etwa „Hat der Benutzer die Seite *http://de.wikipedia.org/wiki/Alkoholkrankheit* aufgerufen?".

Zeitliche Genauigkeit Darüber hinaus lassen sich die Zielsetzungen hinsichtlich der *erreichbaren zeitlichen Genauigkeit* charakterisieren. Die Verfahren zur HTTP-basierten Rekonstruktion des Nutzungsverhaltens streben eine Rekonstruktion des **Click-Streams** (s. u. a. [Obe+07]) an. Dabei sollen die genaue Abfolge der besuchten Seiten und die jeweiligen Abrufzeitpunkte ermittelt werden. Aufgrund von Einschränkung 3 ist die vollständige Rekonstruktion des Click-Streams anhand von DNS-Anfragen nicht möglich.

Die bei Zielsetzung 1 angestrebte Ermittlung der Menge der primären Domainnamen ist mit der Bestimmung von sog. **Nutzungsprofilen** (s. u. a. [Mob+00]) vergleichbar, in denen Informationen über die von einem Nutzer abgerufenen Webseiten sowie über die Anzahl der Besuche der einzelnen Seiten enthalten sind. Die genaue Abruf-Reihenfolge und die genauen Abrufzeitpunkte spielen bei solchen Nutzungsprofilen in der Regel keine Rolle. Im Unterschied dazu weisen die bei Zielsetzung 2 angestrebten Aussagen bezüglich des Abrufs einer bestimmten Webseite grundsätzlich einen Zeitbezug auf.

4.2.2 Fallstudie zur empirischen Evaluation

Um die Praktikabilität der Erkennung von Webseiten anhand von DNS-Anfragen exemplarisch zu evaluieren, wurde ein Versuch unter realistischen Bedingungen durchgeführt. Anhand der dabei gewonnen Ergebnissen kann abgeschätzt werden, inwiefern der Betreiber eines rekursiven Nameservers anhand der an ihn gerichteten DNS-Anfragen ermitteln kann, welche Webseiten ein Nutzer abruft, d. h. inwiefern die o. g. Zielsetzungen erreicht werden können. Dazu wurden mit einem zum Versuchszeitpunkt aktuellen Firefox-Browser (Version 25 in der Standard-Konfiguration unter MacOS X 10.8.5) innerhalb einer Sitzung von etwa 10 Minuten verschiedene Internetseiten besucht. Während des Versuchs wurden benutzertypische Handlungen vollzogen, etwa das Eingeben von URLs in die Adresszeile, das Lesen von Nachrichten-Seiten, das Öffnen von Unterseiten auf diesen Seiten in einem neuen Fenster, das Klicken auf Links, die zu anderen Webseiten führen und ein späteres Zurückkehren auf die ursprüngliche Webseite. Die Zeitpunkte der tatsächlichen Nutzeraktivitäten wurden protokolliert. Die vom Browser an den rekursiven Nameserver übermittelten DNS-Anfragen wurden mit dem Programm Wireshark aufgezeichnet.

Insgesamt wurden 21 Aktionen auf 11 Webseiten durchgeführt. Dabei hat der Browser 329 DNS-Anfragen für insgesamt 292 unterschiedliche Domainnamen gestellt, d. h. einige Domainnamen wurden im Versuchszeitraum mehrmals angefragt, was sich dadurch erklären lässt, dass Firefox eine einheitliche DNS-Cache-Lebensdauer von 180 Sekunden verwendet (s. Abschnitt 2.7.3.3), der Stub-Resolver von MacOS X sich beim Caching an der in den DNS-Antworten enthaltenen TTL orientiert (s. Abschnitt 2.7.3.2) und bei einigen Domainnamen (z. B. *twitter.com*) kurze TTL-Werte (30 s) zum Einsatz kommen.

In Abbildung 4.3 sind die Zeitpunkte dargestellt, an denen DNS-Anfragen gestellt wurden, wobei jede DNS-Anfrage durch einen **kurzen vertikalen Strich** repräsentiert wird. Unterhalb der Zeitachse sind für vier ausgewählte Zeitspannen die Domainnamen aufgeführt, die innerhalb dieser Zeitspannen zu beobachten waren. Die Darstellung enthält nicht nur die Informationen, die dem unterstellten Beobachter vorliegen; im oberen Bereich sind zusätzlich die *tatsächlichen* Nutzeraktivitäten dargestellt: Die Pfeile weisen die Aktivitätszeitpunkte und die jeweiligen Webseiten aus, wobei aus Gründen der Übersichtlichkeit nur der Domainname und nicht die vollständige URL abgebildet ist.

Die Ereignisse im Datensatz lassen sich in vier Kategorien einteilen, die unterschiedliche Herausforderungen an die Verfahren zur Rekonstruktion des Nutzungsverhaltens stellen:

1. Eine Nutzeraktion löst eine Anfrage für den primären Domainnamen der Webseite aus, etwa beim ersten Abruf von *www.db.com* oder *www.bild.de*. Dies wird in der Abbildung durch die **verlängerten vertikalen Striche** angedeutet. Im Datensatz tritt allerdings nie die Situation ein, dass beim Aufruf einer Webseite *ausschließlich* der primäre Domainname zu beobachten ist; die Anfrage für den primären Domainnamen wird stets von Anfragen für sekundäre Domainnamen begleitet, deren Webseiten der Benutzer nicht besucht hat. Dies wird insbesondere beim Aufruf der Webseite *computeruniverse.net* deutlich: Wie im Detailkasten angedeutet, treten dabei zahlreiche DNS-Anfragen für primäre Domainnamen populärer Webseiten auf. Einschränkung 2 (s. Abschnitt 4.2.1.4) erschwert hier die Rekonstruktion.

2. Eine Nutzeraktion führt zu einer oder mehreren DNS-Anfragen, jedoch ist *keine* Anfrage für den primären Domainnamen der besuchten Webseite darunter. Die Rekonstruktion der zugrundeliegenden Nutzeraktivität wird in diesem Fall zusätzlich durch Einschränkung 3 erschwert. Diese Situation tritt etwa bei der zweiten und dritten Nutzeraktion auf *www.heise.de* auf. Wie der Detailkasten zeigt, deutet bei der dritten Nutzeraktion auf *www.heise.de* überhaupt keiner der beobachtbaren Domainnamen darauf hin, dass Inhalte von einem Heise-Server abgerufen werden. Auch der Abruf der Webseite *www.ifm-bonn.org*, die durch Anklicken eines Links auf der Seite *www.heise.de/-1973600* aufgesucht wurde, fällt in diese Kategorie: Der primäre Domainname ist zwar in der Menge der beobachtbaren DNS-Anfragen enthalten, er

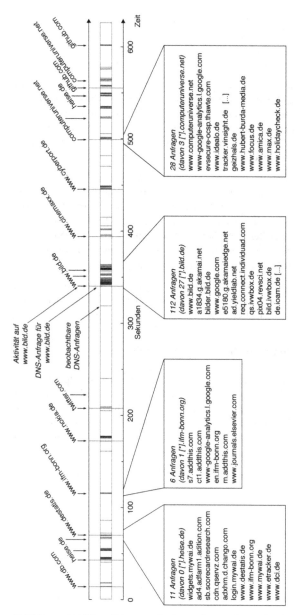

Abbildung 4.3: Visualisierung des betrachteten Szenarios

wurde allerdings vom Web-Browser im Zuge der präemptiven Namensauflösung bereits bei der dritten Nutzeraktion auf *www.heise.de* aufgelöst (s. Detailkasten). Anhand der DNS-Anfrage für *www.ifm-bonn.org* kann der Beobachter daher nicht erkennen, ob bzw. wann der Nutzer die Webseite tatsächlich abgerufen hat.

3. Eine Nutzeraktion führt zu überhaupt keinen beobachtbaren DNS-Anfragen. Eine Rekonstruktion der konkreten Nutzeraktivität zu diesem Zeitpunkt ist in diesem Fall nicht möglich. Diese Situation tritt dann auf, wenn für alle Domainnamen, die für die Darstellung einer Webseite benötigt werden, gültige Daten im DNS-Cache vorliegen. Im Datensatz ist dies bei der zweiten Nutzeraktion auf *twitter.com* (bei ca. 220 s auf der Zeitachse) zu beobachten.

4. Vom Betriebssystem oder anderen Anwendungsprogrammen auf dem System des Nutzers werden DNS-Anfragen gestellt, die in keinem Zusammenhang mit dem Abruf einer Webseite stehen. Die DNS-Anfragen für solche **irrelevante Domainnamen** können entweder fälschlicherweise dem Benutzer zugeschrieben werden oder die Rekonstruktion von parallel tatsächlich durchgeführten Nutzeraktivitäten verhindern. Dies gilt etwa für *www.journals.elsevier.com* beim Abruf von *www.ifm-bonn.org* sowie für die Anfrage für *p03-caldav.icloud.com* bei 240 s.

In den nächsten zwei Abschnitten werden Verfahren vorgestellt, welche trotz der o. g. Einschränkungen eine partielle Rekonstruktion des Nutzerverhaltens ermöglichen. Dabei wird die Fallstudie zur Veranschaulichung und Evaluation herangezogen.

4.2.3 Heuristiken zur Bestimmung der primären Domainnamen

Anhand der in der Fallstudie aufgezeichneten DNS-Anfragen werden im Folgenden zwei Heuristiken vorgestellt, mit denen Zielsetzung 1 erreicht werden kann. Im Kontext der Fallstudie besteht die Problemstellung des unterstellten Beobachters konkret darin, in der Menge der 329 beobachteten DNS-Anfragen die 11 primären Domainnamen der tatsächlich besuchten Seiten zu identifizieren. Im Anschluss daran wird in Abschnitt 4.2.4 ein leistungsfähigeres Verfahren (Website-Fingerprinting-Verfahren) betrachtet.

Dieser Abschnitt ist wie folgt aufgebaut: In Abschnitt 4.2.3.1 wird zunächst die Konstruktion der Heuristiken beschrieben. Für die Evaluation der Heuristiken werden im Anschluss daran Metriken eingeführt, mit denen die Genauigkeit der Vorhersagen beurteilt werden kann (s. Abschnitt 4.2.3.2). In Abschnitt 4.2.3.3 folgt schließlich die Beschreibung der durchgeführten Evaluation und der dabei erzielten Ergebnisse.

4.2.3.1 Konstruktion der Heuristiken

Die **erste Heuristik** basiert auf der Beobachtung, dass die meisten primären Domainnamen entweder aus genau drei Labels (s. S. 15 bzw. Abschnitt 2.3) bestehen, wobei das erste Label „*www*" lautet (z. B. *www.google.de*), oder aus nur zwei Labels bestehen (etwa *twitter.com*). Domainnamen, die beim Abruf einer Webseite vom Browser zusätzlich aufgelöst werden, weichen hingegen häufig von diesem Schema ab (z. B. *static.google.com* oder *bilder.bild.de*). Zu beachten ist dabei allerdings, dass es TLDs (s. S. 16) gibt, die selbst aus zwei Labels bestehen (z. B. *co.uk* oder *org.nz*). **Heuristik 1a** bestimmt die primären Domainnamen, indem alle Domainnamen ermittelt werden, die mit dem Label „*www*" beginnen, ein Label für die SLD aufweisen und mit einer gültigen TLD enden, die aus einem oder zwei Labels besteht. **Heuristik 1b** ermittelt hingegen alle Domainnamen, die aus genau einem Label für die SLD und einem bzw. zwei Labels für die TLD bestehen.

Die **zweite Heuristik** ermittelt die primären Domainnamen anhand der zeitlichen Abstände zwischen den DNS-Anfragen, der sog. **Inter-Arrival-Time (IAT)**. Diese Methode, die auch in einigen der zuvor genannten verwandten Techniken (s. Abschnitt 4.2.1.1) zum Einsatz kommt, basiert auf der Annahme, dass der Benutzer zwischen den Aktivitäten, die zu den beobachtbaren DNS-Anfragen führen, Pausen einlegt, etwa weil er den Inhalt der abgerufenen Seite liest. Dass diese These durchaus ihre Berechtigung hat, lässt sich gut in Abbildung 4.3 erkennen. Zwischen den Nutzeraktivitäten gibt es deutlich sichtbare Inaktivitätsphasen. Beachtenswert ist in diesem Zusammenhang, dass die Nutzung von IATs in Verbindung mit DNS-Anfragen einen Vorteil gegenüber der Nutzung mit HTTP-Anfragen aufweist. Wie bei der Beschreibung der verwandten Techniken angedeutet, gelingt die Rekonstruktion der Nutzeraktivitäten anhand der IATs zwischen den HTTP-Anfragen wegen der zunehmenden Verwendung von AJAX-Techniken inzwischen nicht mehr zuverlässig. Die AJAX-Anfragen, die nach dem eigentlichen Abruf der Webseite durchgeführt werden, führen jedoch üblicherweise zu keinen (die Erkennung störenden) DNS-Anfragen, da der Domainname der dabei verwendeten URL bereits im Cache des Browsers vorliegt.

Zur Bestimmung der primären Domainnamen mit der zweiten Heuristik muss ein Schwellenwert festgelegt werden. Ist der zeitliche Abstand einer DNS-Anfrage zur vorherigen Anfrage größer als der Schwellenwert, wird sie als primärer Domainname klassifiziert, sonst verworfen. Anhand der vergleichsweise wenigen Anfragen, die in der Fallstudie aufgezeichnet wurden, lässt sich kein allgemeingültiger Schwellenwert bestimmen. Es soll an dieser Stelle stattdessen lediglich exemplarisch aufgezeigt werden, inwiefern diese Heuristik grundsätzlich zur Bestimmung der primären Domainnamen geeignet ist. Hierzu wurden die IATs der 329 DNS-Anfragen bestimmt und aufsteigend sortiert (s. Abbildung 4.4). Jeder Punkt in der Abbildung gibt Auskunft über die IAT, die bei einer bestimmten DNS-Anfrage zu beobachten war. Die primären Domainnamen der tatsächlich abgerufenen Webseiten sind durch Hervorhebung kenntlich gemacht. Die Abbildung zeigt, dass die DNS-Anfragen für die primären Domainnamen bei einem Großteil der tatsächlich besuchten Webseiten (bei 8 von 11 Webseiten) einen IAT-Wert über 2 Sekunden aufweisen, wohingegen beim Großteil der sekundären Domainnamen ein geringerer IAT-Wert zu beobachten ist.

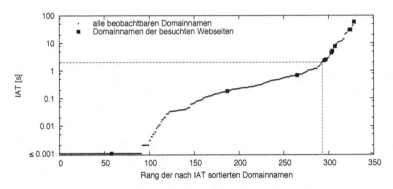

Abbildung 4.4: Bestimmung des Schwellenwertes für die IAT-Heuristik

4.2.3.2 Beurteilung der Güte

Zur Beurteilung der Heuristiken wird ein Gütekriterium benötigt. Informell ausgedrückt weist eine Heuristik eine hohe Güte auf, wenn sie folgende Kriterien erfüllt:

1. Sie liefert die primären Domainnamen von allen bzw. möglichst vielen der tatsächlich vom Nutzer abgerufenen Webseiten zurück und

2. sie liefert keine bzw. nur wenige sekundäre oder irrelevante Domainnamen zurück.

Zur quantitativen Bewertung der Güte werden im Folgenden die Kenngrößen *Precision* und *Recall* aus dem Bereich des „Information Retrieval" verwendet [HKP11, S. 368].[5] Der Recall-Wert gibt an, welcher Anteil der tatsächlich besuchten Webseiten von der Heuristik „gefunden" wurde; er ist also ein quantitatives Maß für das erste Gütekriterium. Der Precision-Wert beziffert hingegen den Anteil, den die Domainnamen der tatsächlich besuchten Webseiten an allen von der Heuristik zurückgelieferten Domainnamen ausmachen. Der Precision-Wert ist also ein quantitatives Maß für das zweite Gütekriterium.

4.2.3.3 Evaluation der Heuristiken

Die beschriebenen Heuristiken wurden anhand der in der Fallstudie aufgezeichneten DNS-Anfragen evaluiert. Das Ergebnis der Evaluation, also die von den Heuristiken zurückgelieferten vermeintlichen primären Domainnamen, ist in Tabelle 4.3 dargestellt. Die primären Domainnamen der tatsächlich abgerufenen Webseiten sind in schwarzer Schrift gesetzt, die übrigen Domainnamen in grauer Schrift. Die Precision- und Recall-Werte der Heuristiken sind in der jeweiligen Zeile angegeben.

Mit **Heuristik 1a** können fast alle besuchten Webseiten identifiziert werden; auch *www.computeruniverse.net* wird hierbei als Domainname einer tatsächlich besuchten Webseite

---

[5]In Kapitel 6 folgt eine formalere Erläuterung dieser Kenngrößen (s. S. 353).

Tabelle 4.3: Evaluation der Heuristiken zur Bestimmung der primären Domainnamen

---

Tatsächlich abgerufene Webseiten (11 Domainnamen)
computeruniverse.net github.com heise.de twitter.com www.bild.de www.cinemaxx.de www.cyberport·
.de www.db.com www.destatis.de www.ifm-bonn.org www.nokia.com

Heuristik 1a: www.SLD.TLD (51/292 Domainnamen, Precision: 10/51 = 0,20, Recall: 10/11 = 0,91)
www.bild.de www.cinemaxx.de www.computeruniverse.net www.cyberport.de www.db.com www.desta·
tis.de www.heise.de www.ifm-bonn.org www.nokia.com www.twitter.com www.amica.de www.autobild·
.de www.bildderfrau.de www.bildspielt.de www.cinemaxx.com www.computerbild.de www.cyberbloc.de
www.dci.de www.eff.org www.etracker.de www.fotoespresso.de www.google.com www.googleadservices·
.com www.googletagservices.com www.gstatic.com www.heise-medien.de www.holidaycheck.de www.hu·
bert-burda-media.de www.idealo.de www.interred.de www.klexxis-welt.de www.ligatus.de www.max.de
www.mittelstandswiki.de www.mywai.de www.netzwelt.de www.notebookcheck.com www.onlinekosten·
.de www.plusline.de www.seenby.de www.stylebook.de www.techstage.de www.teltarif.de www.transfer·
markt.de www.travelbook.de www.trustedshops.com www.tumblr.com www.userlike.com www.viagogo·
.de www.windows-smartphones.de www.zdnet.com

Heuristik 1b: SLD.TLD (11/292 Domainnamen, Precision: 4/11 = 0,36, Recall: 4/11 = 0,36)
computeruniverse.net github.com heise.de twitter.com atemda.com geizhals.at geizhals.de
ghconduit.com meta.localdomain pinterest.com stadt-bremerhaven.de

Heuristik 2: IAT > 2,0 s (33/292 Domainnamen, Precision: 8/33 = 0,24, Recall: 8/11 = 0,73)
computeruniverse.net github.com heise.de twitter.com www.bild.de www.cinemaxx.de www.cyberport·
.de www.db.com ad.yieldlab.net bewertungen.cyberport.de cdn.adspirit.de cdn.computeruniverse.net
connect.facebook.net.edgekey.net dart.l.doubleclick.net elb030649-1829668721.us-east-1.elb.amazon·
aws.com i1-j· s-14-3-01-177-132-i.init.cedexis-radar.net mf.cinemaxx-slider.c.nmdn.net mf2.nmdn.net
mu21p01sa.guzzoni-apple.com.akadns.net ocsp.xi.tcclass2-ii.trustcenter.de p03-caldav.icloud.com
pixel.adsafeprotected.com production.livfe.net qs.ivwbox.de r.nokia.com raw.github.com s7.addthis.com
script.ioam.de star.c10r.facebook.com t.qservz.com widgets.mywai.de wtk.db.com www.cinemaxx.com

Heuristik 1 und 2 mit IAT > 2,0 s (9/292 Domainnamen, Precision: 8/9 = 0,89, Recall: 8/11 = 0,73)
computeruniverse.net github.com heise.de twitter.com www.bild.de www.cinemaxx.de www.cyberport·
.de www.db.com www.cinemaxx.com

Heuristik 1 und 2 mit IAT > 0,1 s (19/292 Domainnamen, Precision: 10/19 = 0,53, Recall: 10/11 = 0,91)
computeruniverse.net github.com heise.de twitter.com www.bild.de www.cinemaxx.de www.cyberport·
.de www.db.com www.destatis.de www.nokia.com ghconduit.com www.cinemaxx.com www.cyberbloc.de
www.dci.de www.googletagservices.com www.gstatic.com www.mywai.de www.userlike.com
www.zdnet.com

Domainnamen der tatsächlich abgerufenen Webseiten sind *in schwarzer Farbe* gesetzt.

gewertet, da der Webserver bei der Verwendung des Domainnamens *computeruniverse.net* automatisch auf *www.computeruniverse.net* umleitet; entsprechendes gilt für den Domainnamen *www.twitter.com*, bei dem der Benutzer automatisch auf *twitter.com* umgeleitet wird. Da die Inhalte der Seiten *www.heise.de* und *heise.de* identisch sind, wird *www.heise.de* ebenfalls als tatsächlich besuchte Webseite gewertet, obwohl im Datensatz lediglich Anfragen für *heise.de* zu beobachten sind. Der von Heuristik 1a erzielte hohe Recall-Wert geht allerdings mit einem vergleichsweise geringen Precision-Wert einher, da zahlreiche Domainnamen zurückgeliefert werden, die zwar mit dem Label „www" beginnen, jedoch vom Browser automatisch aufgelöst wurden. Bei **Heuristik 1b** fällt der Recall-Wert erwartungsgemäß deutlich niedriger aus, da in der Fallstudie bei der Mehrheit der besuchten Webseiten ein führendes „www" im Domainnamen vorkam. Werden die Ergebnismengen von Heuristik 1a und 1b vereinigt (nicht in der Tabelle dargestellt), ergibt sich – nicht überraschend – ein Recall-Wert von 1,0. Der Precision-Wert der Vereinigungsmenge beträgt allerdings nur 0,19, da der Anteil der automatisch abgerufenen Domainnamen im Vergleich zu den einzelnen Ergebnismengen größer ist.

Heuristik 2 liefert bei einem IAT-Schwellenwert von 2 Sekunden, der in Abbildung 4.4 durch gestrichelte Linien markiert ist, 33 Domainnamen zurück, darunter 8 der 11 tatsächlich besuchten primären Domainnamen. Es wird zwar im Vergleich zu Heuristik 1 ein höherer Precision-Wert (0,24) erzielt; dieser geht jedoch mit einem geringeren Recall-Wert (0,73) einher.

Precision- und Recall-Werte können durch die Kombination der Heuristiken verbessert werden. Wird die Ergebnismenge von Heuristik 2 mit der oben gebildeten Vereinigungsmenge von Heuristik 1a und 1b geschnitten **(Heuristik 1 und 2 mit IAT > 2,0 s)**, steigt der Precision-Wert auf 0,89. In diesem Fall befindet sich nur noch ein Domainname (*www.cinemaxx.com*, dort werden andere Inhalt vorgehalten als auf *www.cinemaxx.de*) in der Ergebnismenge, der in der Fallstudie nicht vom Benutzer abgerufen wurde. Höhere Recall-Werte können erzielt werden, wenn der IAT-Schwellenwert gesenkt wird. Bei einem IAT-Schwellenwert von 0,1 Sekunden wird ein Recall-Wert von 0,91 bei einer Precision von 0,53 erreicht **(Heuristik 1 und 2 mit IAT > 0,1 s)**. Zu einem ähnlichen Ergebnis kommen Xie et al., die gute Erkennungsraten für IAT-Werte zwischen 0,1 s und 1 s erzielen [Xie+13].

Ist der Beobachter an einer hohen Precision interessiert, bietet sich eine **manuelle Nachbearbeitung** der von den Heuristiken bereits vorgefilterten Ergebnismenge an. So lässt sich durch einen Abruf der Startseite aller zurückgelieferten Domainnamen feststellen, dass bei *ghconduit.com*, *www.googletagservices.com* und *www.gstatic.com* gar keine Inhalte hinterlegt sind. Bei den übrigen sechs fälschlicherweise zurückgelieferten Domainnamen sind jedoch in der Tat Webseiten hinterlegt, so dass der Beobachter nicht unmittelbar ausschließen kann, dass diese vom Benutzer abgerufen wurden. Zur Klärung könnte der Beobachter die im nächsten Abschnitt beschriebenen Website-Fingerprinting-Technik einsetzen.

4.2.4 Website-Fingerprinting anhand charakteristischer DNS-Abrufmuster

Mit den in Abschnitt 4.2.3 diskutierten Heuristiken zur Ermittlung der primären Domainnamen kann sich ein Beobachter einen Überblick darüber verschaffen, welche Internetangebote ein Nutzer womöglich aufgerufen hat (Zielsetzung 1). Die gezeigten Heuristiken sind unabhängig vom Aufbau der Webseite einsetzbar, erzielen jedoch nur eine beschränkte Aussagekraft, da lediglich die primären Domainnamen zurückgeliefert werden. Die höchste Genauigkeit wird dabei erzielt, wenn beim Abruf einer Webseite abgesehen von der DNS-Anfrage für den primären Domainnamen keine weiteren Anfragen für sekundäre Domainnamen gestellt werden.

Die Tatsache, *dass* beim Abruf vieler Webseiten sekundäre Domainnamen angefragt werden, motiviert die Konstruktion des im Folgenden beschriebenen Website-Fingerprinting-Verfahrens auf Basis charakteristischer DNS-Abrufmuster. Damit kann Zielsetzung 2 erreicht werden (s. Abschnitt 4.2.1.4).

Dieser Abschnitt ist wie folgt aufgebaut: In Abschnitt 4.2.4.1 wird zunächst die Funktionsweise des Verfahrens beschrieben. Anschließend wird sie in Abschnitt 4.2.4.2 anhand der Fallstudie veranschaulicht. Darauf folgen in Abschnitt 4.2.4.3 und Abschnitt 4.2.4.4 empirische Untersuchungen zur Abschätzung der Praktikabilität unter kontrollierten Bedingungen. Eine Implementierung des Website-Fingerprinting-Verfahrens sowie die Evaluation verschiedener Implementierungsvarianten unter Realbedingungen bleibt zukünftigen Arbeiten vorbehalten (s. Abschnitt 4.4).

4.2.4.1 Konstruktion und Verwendung

Das vorgeschlagene Website-Fingerprinting-Verfahren basiert auf folgender Überlegung: Entsteht beim Abruf einer Webseite ein charakteristisches DNS-Abrufmuster, das bei keiner anderen Webseite zu beobachten ist, lässt sich aus der Tatsache, dass ihr DNS-Abrufmuster zu einem bestimmten Zeitpunkt zu beobachten ist, schlussfolgern, dass ein Nutzer zu diesem Zeitpunkt die zugehörige Webseite abgerufen hat.

Da dieses Verfahren auf DNS-Abrufmuster angewiesen ist, ist es allerdings nicht universell einsetzbar: Werden beim Abruf einer Webseite *keine* sekundären Domainnamen angefragt oder ergibt sich aus den angefragten sekundären Domainnamen kein charakteristisches DNS-Abrufmuster, ist das Website-Fingerprinting-Verfahren nicht anwendbar. In diesem Fall kann der Beobachter lediglich die Heuristiken aus Abschnitt 4.2.3 einsetzen. Zielsetzung 2 kann mit dem Website-Fingerprinting-Verfahren also nur erreicht werden, wenn beim Besuch des zu erkennenden Webauftritts bzw. beim Abruf der entsprechenden Unterseite ein DNS-Abrufmuster zu beobachten ist, das sich von den anderen Seiten unterscheidet.

Das in diesem Abschnitt betrachtete Website-Fingerprinting-Verfahren nutzt DNS-Abrufmuster, die wie folgt aufgebaut sind:

Definition 4.2. Das **DNS-Abrufmuster M_s einer Webseite s,** die durch ihre URL identifiziert wird, ist die Menge aller Domainnamen, die ein Web-Browser beim Abruf dieser Webseite auflöst, wenn alle beteiligten DNS-Zwischenspeicher leer sind.

Beispiel 4.2. Beim Aufruf der Webseite *http://www.magersucht.de/* sind folgende DNS-Anfragen zu beobachten: *www.magersucht.de* – 0,25 s Pause – *www.telefonseelsorge.de*, *www.essstoerungen-frankfurt.de*, *www.amazon.de* – 0,02 s Pause, *www.essfrust.de*. Das DNS-Abrufmuster der Hauptseite von *www.magersucht.de* ist demnach {*www.amazon.de*, *www.essfrust.de*, *www.essstoerungen-frankfurt.de*, *www.magersucht.de*, *www.telefonseelsorge.de*}. □

Reihenfolge und zeitliche Abstände zwischen den DNS-Anfragen werden bei dieser Definition bewusst vernachlässigt, um ein vom Zustand des Datennetzes unabhängiges Abrufmuster zu erhalten und somit die Robustheit des Verfahrens zu erhöhen. Grundsätzlich sind auch aufwendigere Konstruktionen vorstellbar, die z. B. aus aufeinanderfolgenden Anfragen N-Gramme (s. auch Abschnitt 6.2.4.4) bilden.

Vorgehensweise   Aus der Perspektive des Beobachters gibt es beim Einsatz des Website-Fingerprinting-Verfahrens zwei Phasen (s. auch Abschnitt 4.2.1.1): In der *Trainingsphase* zeichnet der Beobachter das DNS-Abrufmuster aller Webseiten auf, die er erkennen möchte, indem er sie mit einem Web-Browser (bzw. aus den in Abschnitt 4.2.4.5 diskutierten Gründen mit mehreren verschiedenen Web-Browsern) abruft und die DNS-Anfragen protokolliert. Im Anschluss daran sollte sich der Beobachter mit geeigneten Methoden vergewissern, dass sich das DNS-Abrufmuster der zu erkennenden Seiten von anderen Seiten unterscheidet. Eine geeignete Methode kann etwa darin bestehen, zusätzlich zu den zu erkennenden Webseiten eine ausreichend große Anzahl von anderen Webseiten abzurufen, um die relevanten DNS-Abrufmuster auf Einzigartigkeit zu überprüfen.

In der *Identifizierungsphase* verwendet der Beobachter dann eine geeignete Methode, um die DNS-Anfragen des Nutzers auf Übereinstimmung mit einem der ihm bekannten DNS-Abrufmuster zu überprüfen. Eine besonders einfach zu implementierende Methode, die zur weiteren Veranschaulichung in diesem Abschnitt verwendet wird, ist die **fortlaufende Berechnung des Übereinstimmungswerts** für alle betrachteten DNS-Abrufmuster. Um den Übereinstimmungswert $W_{M,t}$ eines DNS-Abrufmusters M zu einem Zeitpunkt t zu ermitteln, wird die Schnittmenge zwischen der Menge D_t, welche die Domainnamen enthält, die der Nutzer bis zum Zeitpunkt t angefragt hat, und der Menge M gebildet. Der Übereinstimmungswert ergibt sich dann aus dem Verhältnis der Mächtigkeiten:

$$W_{M,t} = \frac{|M \cap D_t|}{|M|} \tag{4.1}$$

Die Motivation für die Einbeziehung der Historie bei der Modellierung ergibt sich aus folgenden Überlegungen: Liegen keine Einträge im DNS-Cache des Nutzers vor, führt der

Besuch der zu erkennenden Webseite s zum Zeitpunkt t_1 dazu, dass alle Domainnamen aus M_s beobachtbar abgerufen werden. In diesem Fall steigt W_{M_s} bei t_1 sprunghaft von 0 auf den Wert 1, was der Beobachter als starkes Indiz für den Besuch der fraglichen Webseite interpretieren kann. Allerdings müssen beim Abruf einer Webseite nicht zwingend *alle* Domainnamen aus M_s auf einmal angefragt werden: Tritt ein Teil der Domainnamen aus M_s auch beim Abruf anderer Seiten auf und hat der Nutzer eine dieser Seiten bereits zu einem früheren Zeitpunkt t_0 besucht, wird der Web-Browser beim Besuch der Seite s zum Zeitpunkt t_1 nur noch diejenigen Domainnamen anfragen, für die keine gültigen Einträge im DNS-Cache enthalten sind. In diesem Moment steigt W_{M_s,t_1} auf den Wert 1, was wiederum als Indiz für den Besuch der Webseite zum Zeitpunkt t_1 zu werten ist.

Überwindung von Einschränkungen   Das unterstellte Modell ist zwar leicht nachvollziehbar, es weist jedoch zwei Einschränkungen auf: Zum einen wird unterstellt, dass **bei jedem Abruf einer Webseite das gleiche DNS-Abrufmuster** zu beobachten ist. Bei dynamischen Seiten trifft diese Annahme jedoch u. U. nicht zu, etwa wenn sich die eingeblendeten Werbebanner bei jedem Seitenabruf ändern. Durch die Verwendung von heuristischen Verfahren, etwa der **Festlegung eines Schwellenwertes**, kann eine Erkennung auch in diesem Fall gelingen.

Da wie oben ausgeführt der Wert W_{M_s} auch vor dem Besuch der Seite s bereits ansteigen kann, kommt der Wahl eines geeigneten Schwellenwertes eine entscheidende Bedeutung zu, um falsch-positive Erkennungen zu vermeiden. Es bietet sich daher an, als zusätzliches notwendiges Kriterium für die Erkennung des Abrufs einer Webseite s zu fordern, dass ihr primärer Domainname in der Menge D_t enthalten ist: Schließlich ist die Tatsache, dass über einen Zeitraum von einer Stunde nach und nach 19 von 20 Domainnamen des DNS-Abrufmusters M_s beobachtet wurden, kein hinreichendes Indiz für einen Besuch von s, wenn die eine DNS-Anfrage für den primären Domainnamen von s, die für den Abruf der Webseite auf jeden Fall notwendig ist, fehlt.

Die zweite Einschränkung ergibt sich aus der Tatsache, dass bei der oben dargestellten Berechnung von $W_{M,t}$ **stets die gesamte Historie D_t einbezogen** wird, d. h. die Übereinstimmungswerte aller Abrufmuster steigen im Verlauf der Beobachtung kontinuierlich an. Durch diese Monotonie-Eigenschaft ist es dem Beobachter nicht möglich, spätere Abrufe der Webseite s zu detektieren sobald $W_{M_s,t} = 1$. Der fortlaufende Anstieg der Übereinstimmungswerte kann auch dazu führen, dass der o. g. Schwellenwert ohne konkreten Anlass überschritten wird. Um diesen Problemen entgegenzuwirken, muss der Beobachter **Domainnamen nach Ablauf einer gewissen Zeit wieder aus D entfernen**. Idealerweise zieht der Beobachter hierzu die einzelnen TTL-Werte heran, die an den Client übermittelt wurden, so dass D möglichst genau den DNS-Cache des Clients nachbildet.

Anwendungsmöglichkeiten   Durch den Einsatz eines Website-Fingerprinting-Verfahren, das auf DNS-Abrufmustern basiert, kann der Beobachter grundsätzlich zweierlei

Aussagen treffen. Zum einen kann er darauf schließen, *dass* eine bestimmte Webseite (identifiziert durch ihren Domainnamen) bzw. eine Unterseite (identifiziert durch ihre URL) von einem Webserver abgerufen wurde. Andererseits kann das Website-Fingerprinting-Verfahren Hinweise darauf geben, dass eine bestimmte Seite vom Benutzer *nicht* besucht wurde. Dadurch kann der Beobachter die Ergebnismenge, die von den Heuristiken in Abschnitt 4.2.3 zurückgeliefert wird, bereinigen.

Die Anwendungsmöglichkeiten werden im Folgenden anhand des in der Fallstudie aufgezeichneten Datenverkehrs illustriert. Die Betrachtungen verdeutlichen die Herausforderungen, die bei der Implementierung und Evaluation zu berücksichtigen sind. Die dabei aufgeworfenen Fragestellungen werden im weiteren Verlauf des Abschnitts näher untersucht.

4.2.4.2 Veranschaulichung anhand der Fallstudie

In diesem Abschnitt wird das Website-Fingerprinting-Verfahren auf den in der Fallstudie aufgezeichneten Datenverkehr angewendet. Dabei wird angenommen, dass dem Beobachter zum einen der Datenverkehr des Nutzers zur Verfügung steht und zum anderen die DNS-Abrufmuster der Webseiten vorliegen, deren Besuch bzw. Nicht-Besuch er erkennen möchte. Im Versuch wurden die DNS-Abrufmuster erhoben, indem die zu überprüfenden Webseiten einige Stunden nach der Aufzeichnung der Fallstudie abgerufen und die dabei entstehenden DNS-Anfragen protokolliert wurden.

Zur Vereinfachung wird angenommen, dass der Beobachter den vom Nutzer verwendeten Web-Browser kennt und diesen zum Abruf verwendet. Den Web-Browser des Nutzers kann der Beobachter wie in Abschnitt 4.3 beschrieben ermitteln. Falls ihm dies nicht möglich ist, kann der Beobachter verschiedene Web-Browser einsetzen, um ggf. mehrere verschiedene Varianten eines Abrufmusters zu erhalten.

Zunächst wird die Erkennung des Besuchs bzw. Nicht-Besuchs von *Hauptseiten* erläutert. Im Anschluss daran wird die Erkennung des Besuchs bzw. Nicht-Besuchs von *Unterseiten* betrachtet.

Erkennung von Hauptseiten   Zur Veranschaulichung werden fünf Domainnamen betrachtet. Die DNS-Abrufmuster M_1 bis M_5 und das Ergebnis der Anwendung des Website-Fingerprinting-Verfahrens sind in Tabelle 4.4 dargestellt. Die schwarz gedruckten Domainnamen in den DNS-Abrufmustern treten im aufgezeichneten Datenverkehr des Nutzers auf, die grau gedruckten Domainnamen hingegen nicht. Im Falle der *besuchten Seiten* handelt es sich bei den schwarz gedruckten Domainnamen um die Elemente von $D_t \cap M_i$, d. h. es werden nur die DNS-Anfragen berücksichtigt, die bis zum Zeitpunkt des Abrufs der jeweiligen Webseite gestellt wurden. Auf das oben vorgeschlagene Entfernen von Domainnamen aus D_t entsprechend der TTLs wird zur besseren Nachvollziehbarkeit verzichtet. Bei den *nicht-besuchten Webseiten* wird t auf das Ende des Beobachtungszeit-

Tabelle 4.4: Erkennung (nicht-)besuchter Hauptseiten durch Vergleich der beobachtbaren Domainnamen mit den Domainnamen in ihren DNS-Abrufmustern

---

M_1: **www.ifm-bonn.org** (besucht; 6 Domainnamen; 6 davon beobachtet)
ct1.addthis.com en.ifm-bonn.org m.addthis.com s7.addthis.com www.google-analytics.com*
www.ifm-bonn.org

M_2: **www.cinemaxx.de** (besucht; 10 Domainnamen; 10 davon beobachtet)
cinemaxx.ivwbox.de googleapis.l.google.com qs.ivwbox.de star.c10r.facebook.com ticket.cinemaxx.de
twitter.com www.cinemaxx.com www.cinemaxx.de www.google-analytics.com* www.klexxis-welt.de

M_3: **www.cinemaxx.com** (nicht besucht; 4 Domainnamen; 3 davon beobachtet)
www.cinemaxx.com www.cinemaxx.de www.google-analytics.com* www.facebook.com

M_4: **computeruniverse.net** (besucht; 29 Domainnamen; 25 davon beobachtet)
accounts.google.com adfarm1.adition.com ajax.googleapis.com apis.google.com clients1.google.com
cloud.instore.net computeruniverse.net computeruniverse01.webtrekk.net d.cloudfront.net evsecure-ocsp-
.thawte.com geizhals.de ocsp.thawte.com ssl.gstatic.com static.computeruniverse.net static.vinsight.de
tracker.vinsight.de www.amica.de www.computeruniverse.net www.focus.de www.google-analytics.com*
www.holidaycheck.de www.hubert-burda-media.de www.idealo.de www.max.de www.trustedshops.com
gtglobal-ocsp.geotrust.com imagesrv.adition.com oauth.googleusercontent.com pic.computeruniverse.net

M_5: **www.holidaycheck.de** (nicht besucht; 48 Domainnamen; 19 davon beobachtet)
ad.yieldlab.net apiservices.krxd.net beacon.krxd.net cdn.qservz.com clients1.google.com googleads-
.g.doubleclick.net js.revsci.net ocsp.verisign.com pagead2.googlesyndication.com pix04.revsci.net
qs.ivwbox.de s0.2mdn.net static.vinsight.de t.qservz.com tracker.vinsight.de www.google.com
www.googleadservices.com www.google-analytics.com* www.holidaycheck.de ad.de.doubleclick.net
ad3.adfarm1.adition.com analytics.cnd-motionmedia.de api.peerpointer.com beacon-2.newrelic.com
cdn.krxd.net connect.facebook.net es.gmads.net graph.facebook.com gtglobal-ocsp.geotrust.com
holidayc.ivwbox.de i.tfag.de imagesrv.adition.com js-agent.newrelic.com ocsp.startssl.com omni.holiday-
check.de pq-direct.revsci.net req.connect.wunderloop.net s-static.ak.facebook.com sd.nakamitech.de
secure.holidaycheck.de static.ak.facebook.com static.ak.fbcdn.net stats.g.doubleclick.net tags.qservz.com
tu.connect.wunderloop.net www.facebook.com www.mietwagen-check.de www.safer-shopping.de

---

Im DNS-Log beobachtbare Domainnamen sind *in schwarzer Farbe* gesetzt.
* CNAME-RR; zeigt auf beobachtbaren Namen *www-google-analytics.l.google.com* (s. Fußnote 6).

raums gesetzt, d. h. die schwarz gedruckten Domainnamen waren irgendwann während der Durchführung der Fallstudie zu beobachten.

Die Webseite **www.ifm-bonn.org** (M_1) wurde in der Fallstudie (s. Abbildung 4.3) nach etwa 120 s besucht. Mit den in Abschnitt 4.2.3 beschriebenen Heuristiken kann der Besuch dieser Seite nicht zweifelsfrei nachgewiesen werden, da der primäre Domainname im Rahmen der präemptiven Namensauflösung angefragt wurde. Mit dem Website-Fingerprinting-Verfahren kann der Beobachter den Besuch hingegen erkennen: Alle Domainnamen des DNS-Abrufmusters M_1 sind im aufgezeichneten DNS-Log zu beobachten.[6] Der primäre Domainname wird bei etwa 75 s angefragt. Zu diesem Zeitpunkt kann man

---

[6]Tatsächlich ist der Domainname *www.google-analytics.com* im DNS-Log nicht zu beobachten, da er vor Beginn des Beobachtungszeitraums bereits angefragt wurde und im DNS-Cache liegt (TTL: 24 h). Dieser Name verweist mittels eines CNAME-RRs auf den Namen *www-google-analytics.l.google.com* (TTL:

noch nicht davon ausgehen, dass die Webseite besucht wurde, da lediglich einer von sechs Domainnamen aus dem DNS-Abrufmuster von *www.ifm-bonn.org* zu beobachten war. Bei 120 s werden allerdings die fehlenden fünf Domainnamen unmittelbar hintereinander angefragt, wodurch der Übereinstimungswert auf 1 steigt. Diesen Anstieg kann der Beobachter als starkes Indiz für den Besuch werten. Die während des Abrufs beobachtbare Anfrage für *www.journals.elsevier.com*, die nicht im DNS-Abrufmuster vorkommt und in der Fallstudie auch nicht durch den Besuch der Webseite verursacht wurde, wird durch die beschriebene Vorgehensweise (korrekterweise) ignoriert.

Die Webseite *www.cinemaxx.de* (M_2) wurde in der Fallstudie nach ca. 400 s besucht, was auch beim Einsatz der Heuristiken erkennbar ist. Fünf der zehn Domainnamen im DNS-Abrufmuster M_2 traten beim Abruf anderer Webseiten bereits zu früheren Zeitpunkten auf (*googleapis.l.google.com, www.google-analytics.com, qs.ivwbox.de, star.c10r.facebook.com* und *twitter.com*). Ein geeignetes Schwellenwertkriterium für die Erkennung von M_2 sollte also mindestens $W_{M_2} > 0,5$ lauten. Auch in diesem Fall kann der Beobachter den Besuch der Webseite im Moment des Abrufs erkennen, da dabei in schneller Folge acht der zehn Domainnamen des DNS-Abrufmusters angefragt werden, wodurch W_{M_2} sprunghaft auf den Wert 1 ansteigt. Wie bei der vorherigen Webseite sind beim Abruf Anfragen für Domainnamen zu beobachten, die nicht in M_2 enthalten sind (nicht abgebildet) und vom Website-Fingerprinting-Verfahren ignoriert werden.

Die Webseite *www.cinemaxx.com* (M_3) wurde in der Fallstudie nicht abgerufen; der Domainname wurde allerdings im Zuge der präemptiven Namensauflösung beim Besuch der Webseite *www.cinemaxx.de* vom Browser angefragt. Die in Abschnitt 4.2.3.1 konstruierten Heuristiken liefern den Domainnamen dennoch fälschlicherweise in den Ergebnismengen zurück. Durch Anwendung des Website-Fingerprinting-Verfahrens ergeben sich jedoch Hinweise darauf, dass die Webseite nicht besucht wurde: Zu dem Zeitpunkt, zu dem die DNS-Anfrage für *www.cinemaxx.com* zu beobachten ist, erreicht W_{M_3} lediglich den Wert 0,75 und auch im weiteren Verlauf nie den Wert 1, da im gesamten Beobachtungszeitraum keine DNS-Anfrage für den fehlenden Domainnamen, *www.facebook.com*, auftritt. Allerdings ist einschränkend zu bemerken, dass gerade dieser populäre Domainnamen in der Praxis häufig angefragt wird. Falls *www.facebook.com* in D enthalten ist, lässt sich anhand des DNS-Abrufmusters weder der *Abruf* noch der *Nicht-Abruf* von *www.cinemaxx.com* nachweisen, wenn zuvor *www.cinemaxx.de* besucht wurde. Anders verhält es sich, wenn der Nutzer *www.cinemaxx.de* zuvor *nicht* besucht hat – diese Tatsache kann der Beobachter daran erkennen, dass M_2 nicht vollständig auftritt. In diesem Fall lässt sich auf den (Nicht-)Abruf von *www.cinemaxx.com* insbesondere anhand der An- oder Abwesenheit des Domainnamens *www.cinemaxx.de* schließen.

Die Webseite *computeruniverse.net* (M_4) wurde bei ca. 500 s abgerufen, was auch mit den Heuristiken erkennbar ist. Zum Zeitpunkt des Abrufs von *http://computeruniverse.net/* steigt der Wert von W_{M_4} sprunghaft von 0,69 auf 0,86; die fehlenden vier der 29 Domainnamen in M_4 werden bis zum Ende des Beobachtungszeitraums nicht angefragt.

---

5 min), der im Log zu beobachten ist. Es wird angenommen, dass der Beobachter diese Zuordnung kennt und beim Abgleich berücksichtigt.

Eine Erkennung des Besuchs dieser Webseite anhand ihres DNS-Abrufmusters setzt also die Verwendung des zuvor angesprochenen Schwellenwertes voraus. In Verbindung mit dem Kriterium, dass ein Besuch nur detektiert wird, wenn der primäre Domainname angefragt wurde, erscheint etwa ein Schwellenwert von $W_{M_4} \geq 0{,}75$ sinnvoll, bei dem die Abwesenheit von drei weiteren Domainnamen toleriert werden kann.

Die Webseite *www.holidaycheck.de* (M_5) wurde in der Fallstudie nicht abgerufen; der Domainname wurde im Zuge der präemptiven Namensauflösung beim Besuch der Webseite *computeruniverse.net* vom Browser angefragt. Bei der kombinierten Anwendung der Heuristiken 1 und 2 wird der Domainname nicht in der Ergebnismenge zurückgeliefert. Auch der Abgleich mit dem DNS-Abrufmuster spricht gegen den Besuch der Seite, da der Überschneidungswert W_{M_5} im Laufe der Fallstudie lediglich den Wert 0,40 erreicht.

Insgesamt ist festzustellen, dass der Anteil der Domainnamen im DNS-Abrufmuster, die auch im aufgezeichneten Datenverkehr zu beobachten sind, bei den tatsächlich besuchten Webseiten tendenziell höher ausfällt als bei den nicht besuchten Seiten. Die in der Fallstudie besuchten Webseiten lassen sich demnach weitgehend fehlerfrei anhand ihres Abrufmusters identifizieren. Die Tatsache, dass eine Webseite bzw. ihre Hauptseite *nicht* besucht wurde, lässt sich in der Fallstudie ebenfalls erkennen. Die Fallstudie ist allerdings nicht repräsentativ; allgemeingültige Aussagen über die Praktikabilität des Website-Fingerprinting-Verfahrens sind damit nicht möglich.

Am Beispiel der Webseite *www.cinemaxx.com* lassen sich die Herausforderungen bei der Beurteilung der Eignung eines DNS-Abrufmusters zur Erkennung des (Nicht-)Abrufs einer Webseite erkennen: Die Tatsache, dass eine Webseite ein einzigartiges DNS-Abrufmuster hat, d. h., dass es keine andere Webseite gibt, bei der das gleiche Abrufmuster zu beobachten ist, ist kein *hinreichendes* Kriterium für die Identifizierbarkeit der Webseite anhand ihres DNS-Abrufmusters. Partielle Überschneidungen zwischen mehreren Mustern können dazu führen, dass in Folge von vorangegangenen Nutzeraktivitäten der (Nicht-)Besuch einer Webseite *s* nicht mehr detektierbar ist. Dieser Fall tritt ein, wenn im Laufe der Zeit für alle Domainnamen in M_s DNS-Anfragen gestellt wurden, so dass schließlich für alle diese Namen gültige Daten im DNS-Cache des Clients vorliegen. Daher ist selbst bei Kenntnis der Überschneidungen zwischen den einzelnen DNS-Abrufmustern eine abschließende Beurteilung der Eignung eines DNS-Abrufmusters zur Erkennung des (Nicht-)Abrufs einer Webseite nicht möglich. Im konkreten Fall hängt die Erkennbarkeit immer von den Aktivitäten ab, die der Nutzer zuvor durchgeführt hat.

Ein einzigartiges DNS-Abrufmuster ist zwar wie oben erläutert für eine erfolgreiche Identifizierung eines Webseitenabrufs nicht *hinreichend*, es ist jedoch ein *notwendiges* Kriterium: Webseiten, die *kein* einzigartiges DNS-Abrufmuster haben, lassen sich auch unter idealen Bedingungen nicht eindeutig identifizieren, da beim Auftreten des entsprechenden Abrufmusters *mehrere* Webseiten in Frage kommen.

Das Website-Fingerprinting-Verfahren ist also nur dann als praktikabel einzustufen, wenn bei einer ausreichend großen Menge von Webseiten DNS-Abrufmuster zu beobachten sind und wenn die einzelnen DNS-Abrufmuster einzigartig sind. Die zu untersuchenden Fragestellungen lauten daher im Einzelnen:

Fragestellung 1 Welcher Anteil der Webseiten hat ein DNS-Abrufmuster, d. h., bei welchem Anteil der Webseiten sind beim Besuch der Hauptseite DNS-Anfragen für sekundäre Domainnamen zu beobachten und wie viele sekundäre Domainnamen werden dabei typischerweise angefragt?

Fragestellung 2 Inwiefern eignen sich die DNS-Abrufmuster zur Erkennung des Besuchs bzw. Nicht-Besuchs, d. h., welcher Anteil der Hauptseiten lässt sich anhand des DNS-Abrufmusters von den Hauptseiten anderer Webseiten unterscheiden?

Anhand der Fallstudie lassen sich diese Fragen nicht beantworten, da dort nur eine kleine Auswahl von DNS-Abrufmustern betrachtet wird. Eine empirische Untersuchung dieser Fragen folgt in Abschnitt 4.2.4.3.

Erkennung von Unterseiten   Anhand der in Abschnitt 4.2.3 beschriebenen Heuristiken war die Erkennung der besuchten Unterseiten nicht möglich – mit dem Website-Fingerprinting-Verfahren kann die Erkennung hingegen gelingen, wenn sich die Seiten ausreichend stark voneinander unterscheiden. Die Möglichkeiten und Grenzen lassen sich anhand von zwei Unterseiten auf dem Heise-Webserver veranschaulichen, deren DNS-Abrufmuster in Tabelle 4.5 dargestellt sind. Die Tabelle stellt die Sicht des Beobachters in der Fallstudie am *Ende des Versuchszeitraums* dar, d. h. ein schwarz gedruckter Domainname wurde irgendwann im Laufe der Fallstudie angefragt.

Die Seite *www.heise.de/-1973600* (M_6) wurde in der Fallstudie abgerufen (3. Aktivität auf *heise.de* in Abbildung 4.3). Bereits mit dem Aufruf der Homepage *www.heise.de* (1. Aktivität) steigt der Übereinstimmungswert auf den Wert 0,19. Zum Zeitpunkt des Abrufs der Unterseite steigt der Wert von W_{M_6} erneut um 0,19 auf den Wert 0,38. Dass beim Besuch der Unterseite keine vollständige Übereinstimmung mit dem DNS-Abrufmuster erreicht wird, liegt daran, dass der Heise-Webserver beim Abruf mitunter andere Werbebanner ausliefert, die von anderen Werbenetzwerken heruntergeladen werden. Im weiteren Verlauf, u. a. beim Besuch weiterer Unterseiten auf dem Heise-Webserver, steigt W_{M_6} schrittweise bis auf 0,52.

Dieses Ergebnis muss allerdings mit anderen Unterseiten des Heise-Webservers in Beziehung gesetzt werden. Zur Veranschaulichung dient die Seite *www.heise.de/-1962527* (M_7), die in der Fallstudie nicht abgerufen wurde: In Abbildung 4.5 ist die Entwicklung der Übereinstimmungswerte von M_6 und M_7 im Zeitverlauf dargestellt. Bei der 1. Aktivität auf *www.heise.de* ergibt sich für M_7 bereits der Übereinstimmungswert $W_{M_7} = 0{,}26$, der W_{M_6} übertrifft. Bei der 3. Aktivität steigt W_{M_7} auf 0,31, fällt also hinter W_{M_6} zurück. Am Ende der Fallstudie erreicht W_{M_7} allerdings mit 0,54 einen höheren Wert als W_{M_6}.

Angesichts dieses Verhaltens gestaltet sich die Erkennung des (Nicht-)Besuchs von *www.heise.de/-1973600* allein anhand des Übereinstimmungswerts schwierig. Ein absoluter Schwellenwert müsste sehr niedrig angesetzt werden, etwa bei 0,35, woraus in der Praxis zahlreiche

Tabelle 4.5: Erkennung (nicht-)besuchter Unterseiten durch Vergleich der beobachtbaren Domainnamen mit den Domainnamen in ihren DNS-Abrufmustern

---

M_6: **www.heise.de/-1973600** (besucht; 48 Domainnamen; 25 davon beobachtet)
ad.yieldlab.net clients1.google.com counts.yieldlab.net de.ioam.de googleads.g.doubleclick.net heise.de heise.ivwbox.de heise.met.vgwort.de login.mywai.de m.heise.de pagead2.googlesyndication.com partner.googleadservices.com prophet.heise.de s0.2mdn.net script.ioam.de widgets.mywai.de www.dci.de www.destatis.de www.etracker.de www.googleadservices.com www.googletagservices.com www.heisemedien.de www.ifm-bonn.org www.interred.de www.mywai.de 1.f.ix.de 2.f.ix.de 3.f.ix.de a.ligatus.com accounts.google.com ad-emea.doubleclick.net ad.doubleclick.net ad.turn.com ads-de.ret01.ligatus.com adserver.adtechus.com cm.g.doubleclick.net content.quantcount.com d.ligatus.com exch.quantcount.com gtglobal-ocsp.geotrust.com i.ligatus.com ms.ligatus.com pixel.everesttech.net pixel.quantcount.com pubads.g.doubleclick.net r.ligatus.com www.heise.de x.ligatus.com

---

M_7: **www.heise.de/-1962527** (nicht besucht; 70 Domainnamen; 38 davon beobachtet)
abo.heise.de ad.yieldlab.net ad4.adfarm1.adition.com atemda.com bbnaut.ibillboard.com counts.yieldlab.net d.turn.com de.ioam.de googleads.g.doubleclick.net heise.de heise.ivwbox.de heise.met.vgwort.de ih.adscale.de image2.pubmatic.com m.heise.de mpp2.vindicosuite.com ocsp.verisign.com pagead2.googlesyndication.com pixel.rubiconproject.com plus.google.com prophet.heise.de qs.ivwbox.de s0.2mdn.net s1.adform.net sb.scorecardresearch.com script.ioam.de shop.heise.de ssp-csync.smartadserver.com tag.admeld.com tarifrechner.heise.de twitter.com ums.adtech.de webcasts.heise.de www.heise-medien.de www.interred.de www.plusline.de www.seenby.de www.techstage.de 1.f.ix.de 2.f.ix.de 3.f.ix.de EVIntl-ocsp.verisign.com ad-emea.doubleclick.net ad.360yield.com ad.doubleclick.net ad2.adfarm1.adition.com adclick.g.doubleclick.net adserver.adtechus.com blog.zanox.com business-services.heise.de cm.g.doubleclick.net content.quantcount.com d.refinedads.com dis.criteo.com e3191.dscc.akamaiedge.net exch.quantcount.com gtssl-ocsp.geotrust.com ib.adnxs.com imagesrv.adition.com ocsp.comodoca.com ocsp.usertrust.com pixel.quantcount.com pubads.g.doubleclick.net r.254a.com track.adform.net uip.semasio.net www.facebook.com www.heise.de www.usatoday.com www.zanox.com

---

Im DNS-Log beobachtbare Domainnamen sind *in schwarzer Farbe* gesetzt.

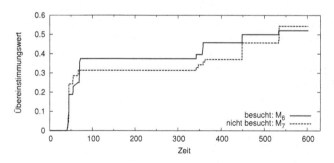

Abbildung 4.5: Entwicklung der Übereinstimmungswerte für die zwei Abrufmuster M_6 und M_7 in der Fallstudie im Zeitverlauf

Fehleinschätzungen resultieren würden. Wie anhand der Flanken in Abbildung 4.5 ersichtlich ist, ermöglicht auch das Differential des Schwellenwertes, also die Steigung je Zeiteinheit, keine trennscharfe Erkennung. Dies gilt auch für die Erkennung des Besuchs bzw. Nicht-Besuchs von *www.heise.de/-1962527.*

Der absolute Übereinstimmungswert ist in diesem Fall unaussagekräftig, da ein großer Teil des DNS-Abrufmusters aus **variablen Domainnamen** besteht, die bei der Einblendung der vom Webserver dynamisch ausgewählten Werbebanner angefragt werden. Da bei jedem Abruf nur ein Teil der variablen Domainnamen zu beobachten ist, wird nur ein vergleichsweise geringer Übereinstimmungswert erzielt. Werden dieselben Werbebanner auf verschiedenen Unterseiten eingeblendet, reduzieren die variablen Domainnamen zudem die Unterscheidbarkeit der Unterseiten. Eine zuverlässige Erkennung der Unterseiten kann jedoch gelingen, wenn die variablen Domainnamen ignoriert werden und lediglich die **invarianten Domainnamen** im DNS-Abrufmuster berücksichtigt werden. Die invarianten Domainnamen kann der Beobachter ermitteln, indem er eine zu erkennende Unterseite mehrmals abruft und die Schnittmenge aller dabei erhaltenen DNS-Abrufmuster bildet. Um möglichst viele Varianten der Unterseite beobachten zu können, bietet es sich an, dabei verschiedene Web-Browser einzusetzen. Zur Veranschaulichung sind in Tabelle 4.6 exemplarisch die Abrufmuster und die Schnittmenge für gängige Web-Browser dargestellt. Die erhaltene Schnittmenge stellt zwar ein browserunabhängiges Abrufmuster dar, sie ist allerdings auch sehr generisch und zur Unterscheidung von Unterseiten kaum geeignet.

Im weiteren Verlauf wird daher zur Identifizierung von Unterseiten ein anderer Ansatz betrachtet. Zu den invarianten Domainnamen gehören – zumindest bei den betrachteten Heise-Nachrichtenmeldungen – insbesondere die Domainnamen externer Web-Angebote (**externe Domainnamen**), auf die im Text der Nachrichtenmeldung durch Links verwiesen wird (vgl. Abbildung 4.2). Bei M_6 handelt es sich dabei um die Namen *www.destatis.de* und *www.ifm-bonn.org*, bei M_7 sind es die Namen *www.zanox.com*, *blog.zanox.com* und *www.usatoday.com*. Die Fokussierung auf diese externen Domainnamen bietet den Vorteil, dass sie in engem Zusammenhang mit dem tatsächlichen Seiteninhalt stehen und auch bei Layoutänderungen erhalten bleiben. Eine Einschränkung besteht darin, dass diese Namen nur angefragt werden, wenn der Web-Browser eine Funktion zur präemptiven Namensauflösung besitzt. Wie aus Tabelle 4.6 ersichtlich ist dies mit Ausnahme des Internet-Explorer-Browsers bei den aktuellen Versionen der gängigen Web-Browser der Fall.

Um zu analysieren, ob eine Fokussierung auf externe Domainnamen zur Erkennung des Abrufs von Unterseiten bei einem bestimmten Web-Angebot in der Praxis Aussicht auf Erfolg hat, sind neben den auf S. 168 formulierten Fragestellungen zusätzlich folgende Fragestellungen von Interesse:

Fragestellung 3 Welcher Anteil der Unterseiten hat ein DNS-Abrufmuster aus externen Domainnamen, d. h., bei welchem Anteil der Unterseiten des Web-Angebots sind beim Besuch der Unterseite DNS-Anfragen für externe Domainnamen zu beobachten und wie viele externe Domainnamen werden dabei typischerweise angefragt?

Tabelle 4.6: DNS-Abrufmuster verschiedener Web-Browser (*www.heise.de/-1973600*)

Firefox (Schnittmenge: 15 von 39 Domainnamen; präemptive Namensauflösung)
1.f.ix.de 2.f.ix.de 3.f.ix.de ad.doubleclick.net ad.yieldlab.net counts.yieldlab.net heise.ivwbox.de heise-.met.vgwort.de login.mywai.de prophet.heise.de s0.2mdn.net widgets.mywai.de www.etracker.de www-.heise.de www.mywai.de ad-ace.doubleclick.net ad-emea.doubleclick.net ad2.adfarm1.adition.com ad4·.adfarm1.adition.com adclick.g.doubleclick.net affiliates.hse24.de bid.g.doubleclick.net cm.g.doubleclick·.net de.ioam.de googleads.g.doubleclick.net heise.de imagesrv.adition.com m.heise.de pagead2.google·syndication.com pubads.g.doubleclick.net s1.2mdn.net sb.scorecardresearch.com script.ioam.de www·.dci.de www.destatis.de www.googleadservices.com www.heise-medien.de www.ifm-bonn.org www.inter·red.de

Chrome (Schnittmenge: 15 von 37 Domainnamen; präemptive Namensauflösung)
1.f.ix.de 2.f.ix.de 3.f.ix.de ad.doubleclick.net ad.yieldlab.net counts.yieldlab.net heise.ivwbox.de heise-.met.vgwort.de login.mywai.de prophet.heise.de s0.2mdn.net widgets.mywai.de www.etracker.de www-.heise.de www.mywai.de ad-emea.doubleclick.net c.unister-adservices.com cm.g.doubleclick.net de.io·am.de googleads.g.doubleclick.net heise.de m.heise.de m.unister-adservices.com pagead2.googlesyn·dication.com pubads.g.doubleclick.net qs.ivwbox.de quisma-5.hs.llnwd.net script.ioam.de t.qservz.com user.lucidmedia.com w.unister-adservices.com www.dci.de www.destatis.de www.googleadservices.com www.heise-medien.de www.ifm-bonn.org www.interred.de

Safari (Schnittmenge: 15 von 27 Domainnamen, präemptive Namensauflösung)
1.f.ix.de 2.f.ix.de 3.f.ix.de ad.doubleclick.net ad.yieldlab.net counts.yieldlab.net heise.ivwbox.de heise-.met.vgwort.de login.mywai.de prophet.heise.de s0.2mdn.net widgets.mywai.de www.etracker.de www-.heise.de www.mywai.de c.unister-adservices.com googleads.g.doubleclick.net heise.de m.heise.de m.unister-adservices.com quisma-5.hs.llnwd.net w.unister-adservices.com www.dci.de www.destatis.de www.heise-medien.de www.ifm-bonn.org www.interred.de

---

Internet Explorer 8 (Schnittmenge: 15 von 31 Domainnamen, keine präemptive Namensauflösung)
1.f.ix.de 2.f.ix.de 3.f.ix.de ad.doubleclick.net ad.yieldlab.net counts.yieldlab.net heise.ivwbox.de heise-.met.vgwort.de login.mywai.de prophet.heise.de s0.2mdn.net widgets.mywai.de www.etracker.de www-.heise.de www.mywai.de a.ligatus.com ad-emea.doubleclick.net ads.webmasterplan.com conrad.de con·radelectronic.de d.ligatus.com de.ioam.de i.ligatus.com m.unister-adservices.com pagead2.googlesyndi·cation.com qs.ivwbox.de quisma-5.hs.llnwd.net script.ioam.de t.qservz.com w.unister-adservices.com x.ligatus.com

Internet Explorer 10 (Schnittmenge: 15 von 32 Domainnamen, keine präemptive Namensauflösung)
1.f.ix.de 2.f.ix.de 3.f.ix.de ad.doubleclick.net ad.yieldlab.net counts.yieldlab.net heise.ivwbox.de heise-.met.vgwort.de login.mywai.de prophet.heise.de s0.2mdn.net widgets.mywai.de www.etracker.de www-.heise.de www.mywai.de ad-emea.doubleclick.net clients1.google.com cm.g.doubleclick.net crl.geotrust·.com de.ioam.de googleads.g.doubleclick.net gtglobal-ocsp.geotrust.com m.unister-adservices.com match.rtbidder.net ocsp.digicert.com pagead2.googlesyndication.com qs.ivwbox.de quisma-5.hs.llnwd·.net script.ioam.de t.qservz.com w.unister-adservices.com www.google.com

---

Domainnamen, die in der Schnittmenge enthalten sind, sind *in schwarzer Farbe* gesetzt.

Fragestellung 4 Inwiefern eignen sich die erhaltenen DNS-Abrufmuster zur Erkennung des Besuchs bzw. Nicht-Besuchs, d. h., welcher Anteil der Unterseiten lässt sich anhand des DNS-Abrufmusters von den übrigen Unterseiten unterscheiden?

Diese beiden Fragestellungen werden in Abschnitt 4.2.4.4 anhand von zwei konkreten Webseiten weiterverfolgt.

4.2.4.3 Identifizierbarkeit der Hauptseiten populärer Webseiten

In diesem Abschnitt werden die Ergebnisse empirischer Untersuchungen präsentiert, um die Fragestellungen 1 und 2 (s. S. 168) zu beantworten. Das Ziel der Untersuchungen besteht darin, eine erste Abschätzung der Praktikabilität des Website-Fingerprinting-Verfahrens zu erhalten, also zu überprüfen, ob beim Besuch von Webseiten typischerweise DNS-Abrufmuster zu beobachten sind *und* ob diese Abrufmuster einzigartig sind. Wie auf S. 167 ausgeführt wurde, ist das Vorliegen eines einzigartigen DNS-Abrufmusters eine notwendige Voraussetzung, um dem Nutzer den Abruf oder Nicht-Abruf einer Webseite nachzuweisen.

Vorgehensweise Um aussagekräftige Ergebnisse von hoher praktischer Bedeutung zu erhalten, wird die Untersuchung anhand der DNS-Abrufmuster durchgeführt, die beim Besuch der Hauptseiten von populären Webseiten auftreten. Diese werden von zahlreichen Nutzern besucht und ziehen einen erheblichen Anteil des gesamten Datenverkehrs im Internet auf sich [Bre+99].

Im **ersten Schritt** werden daher die Domainnamen von populären Webseiten ermittelt. Einer gängigen Praxis folgend (s. etwa [Yen+09; Age+10; ME10; RMP10; Pan+11; Aca+13; BWW13]) wird zur Ermittlung der populären Webseiten die sog. „Toplist"[7] des Anbieters Alexa herangezogen (Stand: 23. März 2013), eine gemäß Aufrufhäufigkeit absteigend sortierte Liste, die eine Million URLs enthält. Aus den URLs dieser Liste werden die ersten 100 000 unterschiedlichen Domainnamen extrahiert.

Im **zweiten Schritt** werden von den ermittelten 100 000 Domainnamen die Hauptseiten abgerufen. Der Abruf der Hauptseiten soll möglichst realitätsgetreu erfolgen. Eine naheliegende Option besteht in der Automatisierung eines herkömmlichen Desktop-Browsers. Allerdings erwies sich dieser Ansatz in früheren Untersuchungen als zeitaufwändig und fehleranfällig [HWF09]. Daher wird zum Abruf der Hauptseiten die seit 2011 verfügbare Open-Source-Software PhantomJS[8] eingesetzt. PhantomJS ist ein spezieller Web-Browser, der auf der auch im Safari- und Chrome-Browser eingesetzten Webkit-Engine basiert, im Gegensatz zu diesen Browsern jedoch keine Benutzeroberfläche besitzt. PhantomJS wird üblicherweise zum automatisierten Testen von Webseiten eingesetzt und verfügt über weitreichende Steuerungs- und Überwachungsmöglichkeiten, die durch selbst geschriebene

---

[7]Download unter *http://www.alexa.com/topsites* bzw. *http://s3.amazonaws.com/alexa-static/top-1m.csv.zip*

[8]Homepage: *http://phantomjs.org/*

JavaScript-Funktionen angesprochen werden können. Diese Eingriffsmöglichkeiten werden genutzt, um die 100 000 Hauptseiten automatisiert abzurufen und bei jeder Hauptseite die angefragten Domainnamen zu protokollieren.

Obwohl PhantomJS die heruntergeladenen Webseiten nicht auf dem Bildschirm anzeigt, lädt er sie auf dieselbe Weise herunter wie ein herkömmlicher Web-Browser. PhantomJS führt allerdings keine Inhalte aus, die Browser-Plug-Ins (z. B. das Flash- oder Java-Plug-In) benötigen. Ein weiterer Unterschied zu den Desktop-Versionen des Safari- und Chrome-Browsers besteht darin, dass PhantomJS *keine präemptive Namensauflösung* durchführt. Bei der Interpretation der Ergebnisse ist daher zu beachten, dass der Datensatz weniger sekundäre Domainnamen enthält als beim Einsatz eines „echten" Web-Browsers angefragt würden.

Die Datenerfassung erfolgte im März 2013 mit zehn parallel gestarteten Instanzen von PhantomJS und dauerte etwa eine Woche. Von 7120 der 100 000 Domainnamen konnte in diesem Zeitraum keine Hauptseite heruntergeladen werden, so dass der in der Auswertung verwendete **ALEXA-Datensatz** aus 92 880 Hauptseiten besteht.

Im **dritten Schritt** werden die aufgezeichneten DNS-Abrufmuster ausgewertet. Zur Beantwortung der Fragestellungen 1 und 2 ist zum einen n_{sek}, die Anzahl der sekundären Domainnamen, die beim Abruf der Hauptseiten zu beobachten sind, von Bedeutung. Zum anderen ist zu untersuchen, wie viele der Abrufmuster einzigartig sind. Für eine differenziertere Betrachtung wird dazu die *k-Identifizierbarkeit* berechnet, die in Anlehnung an die gängige Metrik *k-Anonymität* [Swe02] wie folgt definiert wird:

Definition 4.3. Eine Webseite s ist anhand ihres DNS-Abrufmusters M_s **k-identifizierbar**, wenn in der Datenbank des Beobachters noch $k - 1$ andere Webseiten das gleiche DNS-Abrufmuster, also M_s, besitzen.

Ergebnisse Zur Beantwortung von Fragestellung 1 wird zunächst n_{sek} betrachtet, die Anzahl der sekundären Domainnamen, die jeweils beim Abruf einer der Hauptseiten angefragt wird. Die Verteilung dieser Größe ist in Abbildung 4.6 graphisch dargestellt. Bei 8391 (9,0 %) der 92 880 Hauptseiten hat n_{sek} den Wert 0, d. h. beim Abruf dieser Hauptseiten ist ausschließlich die DNS-Anfrage für den primären Domainnamen zu beobachten. Der größte zu beobachtende Wert von n_{sek} ist 314. Die Webseiten, bei denen eine Vielzahl von sekundären Domainnamen auftritt, wurden stichprobenartig überprüft, um technische Fehler bei der Datenerhebung auszuschließen. Die Überprüfung offenbarte keine Auffälligkeiten; Webseiten wie *trendysturvs.blogspot.com* (n_{sek} = 193) binden auf ihrer Hauptseite tatsächlich Bilder von einer Vielzahl fremder Webserver ein. Die durchschnittliche Anzahl der sekundären Domainnamen in einem DNS-Abrufmuster ist $\overline{n}_{sek}$ = 12,0, der Median der Werte ist $\tilde{n}_{sek}$ = 8. Betrachtet man lediglich die Webseiten mit $n_{sek} > 0$, ist festzustellen, dass bei 55,5 % dieser Seiten Anfragen für 1–10 verschiedene sekundäre Namen auftreten; bei 25,2 % dieser Seiten Anfragen für 11–20 Domainnamen. Bei immerhin 19,3 % dieser Webseiten werden sogar mehr als 20 sekundäre Domainnamen angefragt. Bei einem überwiegenden Teil der populären Webseiten sind also beim Abruf der Hauptseite sekundäre

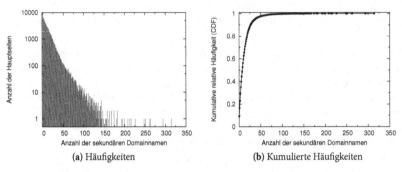

(a) Häufigkeiten   (b) Kumulierte Häufigkeiten

Abbildung 4.6: Häufigkeitsverteilung der Anzahl der sekundären Domainnamen auf den Hauptseiten im ALEXA-Datensatz

Domainnamen zu beobachten. Dieses Ergebnis bestätigt die Beobachtungen in [BMS11], auf die zuvor hingewiesen wurde (s. Abschnitt 4.2.1.3).

Ob die dadurch entstehenden DNS-Abrufmuster auch eine Identifizierung der Webseiten erlauben, klärt die Beantwortung von Fragestellung 2. Dazu werden die DNS-Abrufmuster aller 92 880 Webseiten des ALEXA-Datensatzes miteinander verglichen, um die k-Identifizierbarkeit jeder der Hauptseiten zu bestimmen. Die Analyse ergibt, dass 92 817 (99,9 %) der 92 880 Hauptseiten 1-identifizierbar sind. Diese Hauptseiten erzeugen ein DNS-Abrufmuster, das bei keiner anderen Hauptseite zu beobachten ist.

Dabei ist zu beachten, dass bei der Ermittlung der k-Identifizierbarkeit auf **exakte Übereinstimmung** der DNS-Abrufmuster geprüft wird, so dass auch DNS-Abrufmuster, die eine echte Teilmenge eines anderen Abrufmusters sind, als 1-identifizierbar eingestuft werden. Diese Einordnung unterstellt, dass der Beobachter den Abruf der Teilmenge vom Abruf des größeren DNS-Abrufmusters unterscheiden kann, etwa indem er beim Erkennen der Teilmenge kontrolliert, ob auch Domainnamen aus der größeren Menge abgerufen wurden.

In Tabelle 4.7 ist das Ergebnis der Analyse in Abhängigkeit von n_{sek} aufgeschlüsselt. Bei dieser ersten Auswertung, bei der der primäre Domainname als Teil des DNS-Abrufmusters berücksichtigt wird, ist noch kein klarer Zusammenhang zwischen n_{sek} und der k-Identifizierbarkeit zu erkennen, da beinahe alle Domainnamen 1-identifizierbar sind. Dieses Ergebnis besagt zwar, dass beim Abruf der meisten Hauptseiten ein einzigartiges DNS-Abrufmuster entsteht, es sagt allerdings nichts darüber aus, ob eine Webseite auch allein anhand ihrer sekundären Domainnamen zu erkennen ist. Vor dieser Herausforderung steht der Beobachter immer dann, wenn der primäre Domainname der Webseite nicht beobachtbar ist, etwa weil er im Rahmen der präemptiven Namensauflösung bereits beim Abruf einer anderen Seite angefragt wurde und sich somit im DNS-Cache des Clients befindet.

Aufschlussreicher ist daher die Auswertung in Tabelle 4.8, in der die k-Identifizierbarkeiten ausschließlich anhand der sekundären Domainnamen ermittelt werden. Die 8391 Hauptseiten, die überhaupt keine Anfragen für sekundäre Domainnamen enthalten, sind in diesem Fall nicht mehr 1-identifizierbar, sondern dementsprechend nur noch 8391-identifizierbar. Die Aufschlüsselung lässt erkennen, dass mit steigenden Werten von n_{sek} auch die Identifizierbarkeit der jeweiligen Hauptseiten tendenziell zunimmt (vgl. die Spalte für den Anteil der 1-identifizierbaren Webseiten in Tabelle 4.8). Dieser Zusammenhang ist plausibel, da die Wahrscheinlichkeit, mindestens eine vollständige Übereinstimmung zu finden, mit steigender Zahl der Domainnamen in einem DNS-Abrufmuster sinkt. Insgesamt lassen sich im ALEXA-Datensatz 73,7 % der Hauptseiten anhand ihrer sekundären Domainnamen eindeutig identifizieren. Bemerkenswert ist, dass von den 6962 Hauptseiten, die lediglich einen sekundären Domainnamen enthalten, immer noch 23,1 % der Seiten 1-identifizierbar sind. Bei den Webseiten mit $n_{sek} > 5$ steigt dieser Anteil auf über 90 %. Die Tatsache, *dass* eine Seite ein Abrufmuster aufweist, ist jedoch kein Garant für eine eindeutige Identifizierung: Von den Hauptseiten mit $n_{sek} > 0$ waren 17,3 % (16 031 von 92 880) nicht 1-identifizierbar.

Diskussion   Die berichteten Ergebnisse wurden mit dem PhantomJS-Browser erzielt, der wie bereits erwähnt keine präemptive Namensauflösung durchführt und Inhalte, die Browser-Plug-ins voraussetzen, nicht berücksichtigt. Herkömmliche Web-Browser lösen beim Besuch der untersuchten Webseiten u. U. wesentlich mehr sekundäre Domainnamen auf. Zusätzliche sekundäre Domainnamen können einerseits dazu führen, dass ein k-identifizierbares ($k > 1$) DNS-Abrufmuster einzigartiger wird, andererseits kann es dazu kommen, dass ein 1-identifizierbares Abrufmuster weniger einzigartig wird, weil es durch die zusätzlichen Domainnamen so ergänzt wird, dass es mit einem anderen Abrufmuster übereinstimmt.

Darüber hinaus wird bei der Evaluation vereinfachend angenommen, dass bei jedem Abruf der Hauptseite stets dasselbe DNS-Abrufmuster zu beobachten ist und stets alle Domainnamen abgerufen werden. Wie bereits in der Fallstudie gezeigt, trifft diese Annahme nicht immer zu. In der Praxis ist daher mit einem geringeren Anteil von eindeutig identifizierbaren Hauptseiten zu rechnen.

Schließlich ist zu bedenken, dass im ALEXA-Datensatz ausschließlich die Hauptseiten besonders beliebter Internetangebote enthalten sind (s. S. 172 zur Begründung der Fokussierung auf populäre Webseiten). Es ist allerdings zu vermuten, dass populäre Webseiten eine andere Charakteristik besitzen als weniger stark frequentierte Seiten (sog. „Closed-World"-Annahme, s. Abschnitt 4.2.4.5). Bei weniger populären Seiten ist tendenziell mit einer geringeren Identifizierbarkeit zu rechnen, insbesondere wenn sie nicht profitorientiert sind und daher keine Werbebanner oder Analysewerkzeuge einbetten. Die Untersuchungen im nächsten Abschnitt berücksichtigen diesen Einflussfaktor (indem neben dem WIKITOP-Datensatz auch der WIKIRAND-Datensatz betrachtet wird).

Tabelle 4.7: Identifizierbarkeit der Hauptseiten im ALEXA-Datensatz bei Einbeziehung des primären Domainnamens

n_{sek}	Anteil der k-identifizierbaren Webseiten							f_{abs}	f_{rel}
	1	2	3	4	5	6–10	>10		
0	1,000							8391	0,090
1	0,999	0,001						6962	0,075
2	0,999	0,001						5986	0,064
3	0,999	0,001						5910	0,064
4	0,998	0,002						5114	0,055
5	1,000	0,000						4656	0,050
6–10	0,999	0,001	0,000					18280	0,197
11–20	0,999	0,001						21288	0,229
21–30	1,000	0,000						8966	0,097
31–50	0,999					0,001		5107	0,055
51–100	1,000							1991	0,021
100–314	1,000							229	0,002
aggregiert	0,999	0,001	0,000	0,000	0,000	0,000	0,000	92880	1,000

Erläuterung: Jede Zeile enthält die Teilmenge mit den Seiten, die die angegebene Anzahl der sekundären Domainnamen im DNS-Abrufmuster (n_{sek}) aufweisen. Für jede Teilmenge werden absolute Anzahl (f_{abs}) bzw. relativer Anteil (f_{rel}) der Seiten, die dieses Kriterium erfüllen, ausgewiesen. Im Mittelteil ist die Verteilung der ermittelten k-Identifizierbarkeitswerte für die Seiten in der jeweiligen Teilmenge angegeben.

4.2.4.4 Identifizierbarkeit von Unterseiten

Nachdem im vorherigen Abschnitt die Identifizierbarkeit von Hauptseiten betrachtet wurde, folgen in diesem Abschnitt Untersuchungen zur Identifizierung von Unterseiten innerhalb einer Webseite (Fragestellungen 3 und 4, vgl. S. 170). Da die Identifizierung von Unterseiten, wie auf S. 170 dargelegt, durch *variable* Domainnamen erschwert werden kann, werden bei der Untersuchung ausschließlich die *externen* Domainnamen berücksichtigt, die im Zuge der präemptiven Namensauflösung angefragt werden.

Wie zuvor bei der Untersuchung der Identifizierbarkeit der Hauptseiten besteht das Ziel der im Folgenden beschriebenen Untersuchungen in einer ersten Abschätzung der Praktikabilität des Website-Fingerprinting-Verfahrens. Damit das Verfahren grundsätzlich als praktikabel eingestuft werden kann, müssen **zwei Voraussetzungen** erfüllt sein: Zum einen müssen die Unterseiten der für den Beobachter relevanten Webseiten Links auf externe Domainnamen enthalten (vgl. Fragestellung 3). Darüber hinaus ist vorauszusetzen, dass sich aus den Anfragen für die externen Domainnamen, die beim Besuch der Unterseiten zu beobachten sind, einzigartige Abrufmuster ergeben, die eine Identifizierung der Unterseiten ermöglichen (vgl. Fragestellung 4).

Tabelle 4.8: Identifizierbarkeit der Hauptseiten im ALEXA-Datensatz unter Ausschluss des primären Domainnamens

n_{sek}	Anteil der k-identifizierbaren Webseiten							f_{abs}	f_{rel}
	1	2	3	4	5	6–10	>10		
0							1,000	8391	0,090
1	0,231	0,030	0,016	0,009	0,006	0,019	0,689	6962	0,075
2	0,497	0,058	0,027	0,013	0,013	0,065	0,328	5986	0,064
3	0,580	0,047	0,023	0,020	0,013	0,034	0,284	5910	0,064
4	0,725	0,058	0,025	0,020	0,010	0,030	0,132	5114	0,055
5	0,789	0,054	0,027	0,012	0,009	0,034	0,076	4656	0,050
6–10	0,907	0,035	0,014	0,009	0,006	0,013	0,017	18280	0,197
11–20	0,959	0,015	0,007	0,003	0,001	0,006	0,009	21288	0,229
21–30	0,980	0,005	0,002	0,001	0,001	0,002	0,009	8966	0,097
31–50	0,992	0,003	0,001		0,002	0,001		5107	0,055
51–100	0,998	0,002						1991	0,021
100–314	1,000							229	0,002
aggregiert	0,737	0,026	0,012	0,007	0,005	0,015	0,108	92880	1,000

Erläuterung: s. Tabelle 4.7

Abbildung 4.7: Links mit externen Domainnamen in Wikipedia

Die erste Voraussetzung ist bei zahlreichen Webseiten erfüllt: Ein Vertreter mit großer Reichweite ist Wikipedia-Webseite. Wie sich am Beispiel des bereits auf S. 152 erwähnten Wikipedia-Eintrags für den Begriff „Alkoholkrankheit" erkennen lässt, kann die Ermittlung der auf Wikipedia aufgerufenen Einträge durchaus sensible Informationen preisgeben. Wie in Abbildung 4.7 ersichtlich werden die im Eintrag referenzierten Quellen mit Einzelnachweisen belegt. Diese Nachweise enthalten häufig URLs mit externen Domainnamen, die beim Abruf des Eintrags vom Web-Browser angefragt werden. Auch bei Web-Verzeichnissen, etwa dem „Open Directory Project", das unter der URL *http://dmoz.org/* (abgeleitet vom ursprünglichen Domainnamen der Seite: *directory.mozilla.org*) erreichbar ist, oder dem „Yahoo Directory" (*http://dir.yahoo.com/*) enthalten die Unterseiten zahlreiche Links mit externen Domainnamen. Einen Sonderfall stellen Web-Suchmaschinen dar, auf die in Abschnitt 4.2.5 noch näher eingegangen wird. Online-Redaktionen fügten zwar in der Vergangenheit in ihre Beiträge meist nur Links auf ihre eigenen Artikel ein [Cod12], es ist jedoch davon auszugehen, dass zukünftig zunehmend auch auf relevante externe Quellen verwiesen wird: Zu den Vorreitern zählen *www.bbc.co.uk* sowie Nachrichtenportale mit IT-Bezug, etwa *www.wired.com*, *www.engadged.com*, *www.cnet.com* sowie *www.zdnet.com*. In Deutschland verweisen u. a. „Spiegel Online" (*www.spiegel.de*) sowie das IT-Nachrichtenportal des Heise-Verlags (*www.heise.de*) im Nachrichtentext häufig auf externe Webseiten.

Inwiefern die zweite Voraussetzung, das Vorliegen einzigartiger Abrufmuster, erfüllt ist, wird im Folgenden exemplarisch anhand der englischen Wikipedia-Webseite sowie der Nachrichtenseite des Heise-Verlags überprüft. Die dabei erzielten Resultate gelten allerdings lediglich für die untersuchten Webseiten und lassen sich nicht ohne weiteres verallgemeinern. Ob die Voraussetzungen bei einer bestimmten, für den Beobachter relevanten Webseite vorliegen, muss stets im Einzelfall geprüft werden. Die erzielten Resultate sind dennoch von Bedeutung, da sie aufzeigen, dass ein Beobachter allein anhand der DNS-Anfragen auf die von einem Nutzer abgerufenen Wikipedia-Artikel und Newsmeldungen schließen kann, woraus er u. U. Rückschlüsse auf die Interessen des Nutzers ziehen kann.

Vorgehensweise   Die Untersuchung erfolgt anhand von drei Datensätzen, die von zwei Webseiten stammen: Der **HEISE-Datensatz** enthält Newsmeldungen des Heise-Verlags. Der **WIKITOP-Datensatz** enthält die am häufigsten aufgerufenen Einträge der englischsprachigen Wikipedia. Wie bereits bei der Diskussion der Ergebnisse für die Hauptseiten auf S. 175 angedeutet lassen sich die Ergebnisse für populäre Seiten nicht ohne weiteres auf „typische" Seiten übertragen. Daher werden im Folgenden auch zufällig ausgewählte englischsprachige Wikipedia-Einträge untersucht (**WIKIRAND-Datensatz**). Um aussagekräftige Ergebnisse zu erhalten, wird jeweils eine Menge von 5000 Unterseiten pro Datensatz angestrebt.

Im **ersten Schritt** werden die URLs der einzubeziehenden Unterseiten ermittelt. Zur Erhebung des HEISE-Datensatzes wurden im Nachrichtenarchiv (*http://www.heise.de/*

newsticker/archiv/?jahr=2013) die URLs aller Meldungen ermittelt, die in den Kalenderwochen 18 bis einschließlich 48 (29. April 2013 bis 1. Dezember 2013) veröffentlicht wurden. Die URLs im WIKITOP-Datensatz wurden aus der Liste der „Popular pages" (*http://en.wikipedia.org/wiki/Wikipedia:Top_5000_pages*) übernommen, welche die 5000 Artikel enthält, die im Zeitraum von einer Woche die meisten Zugriffe aufwiesen. Die Liste wurde am 25. Dezember 2013 abgerufen. Am selben Tag wurden die URLs für den WIKIRAND-Datensatz ermittelt, indem die Seite „Random Article"[9] (*http://en.wikipedia.org/wiki/Special:Random*) 5000 mal aufgerufen wurde.

Im **zweiten Schritt** werden die unter den gesammelten URLs hinterlegten HTML-Dateien mit dem Kommandozeilenprogramm *curl*[10] heruntergeladen. Aufgrund von Fehlern beim Abruf steht ein kleiner Anteil der Unterseiten nicht zur Analyse zur Verfügung (HEISE: 1 von 6284 URLs, WIKITOP: 27 von 5000 URLs, WIKIRAND: 8 von 5000 URLs). Anhand der heruntergeladenen HTML-Seiten werden anschließend die externen Domainnamen ermittelt. Im Fall des HEISE-Datensatzes wird dazu mit *sed* [Gol13] der eigentliche Text der Nachrichtenmeldung extrahiert, der bei Heise-Newsmeldungen durch die HTML-Tags „<article> ... </article>" eingeschlossen ist. Bei den beiden Wikipedia-Datensätzen werden zur Gewinnung der externen Domainnamen mit *sed* und *grep [BK09]* die HREF-Attribute der A-Tags ausgewertet, deren CLASS-Attribut den Wert „external text" hat – dadurch sind Links auf externe Seiten im HTML-Quelltext zu erkennen. Durch stichprobenhafte Kontrollen wurde sichergestellt, dass die dabei ermittelten externen Domainnamen mit den tatsächlich vom Browser angefragten Domainnamen übereinstimmen.

Im **dritten Schritt** werden die aus den externen Domainnamen resultierenden DNS-Abrufmuster ausgewertet. Die Analyse orientiert sich an der Vorgehensweise bei den Hauptseiten (s. Abschnitt 4.2.4.3), mit dem Unterschied, dass nun neben der k-Identifizierbarkeit der Wert n_{ext}, die Anzahl der externen Domainnamen im DNS-Abrufmuster, betrachtet wird. Die Ergebnisse des HEISE-Datensatzes sind aufgrund der unterschiedlichen Ausrichtung und Seitenstruktur nicht mit den Ergebnissen der beiden Wikipedia-Datensätzen vergleichbar. Daher sind die Datensätze separat auszuwerten

Ergebnisse für den HEISE-Datensatz Die Verteilung von n_{ext} ist in Abbildung 4.8 dargestellt. Bei 956 der 6283 Webseiten (15,2 %) hat n_{ext} den Wert 0, d. h. bei diesen Webseiten sind überhaupt keine Anfragen für externe Domainnamen zu beobachten. Der größte zu beobachtende Wert (n_{ext} = 36) ist bei einem Beitrag der Serie „Was war. Was wird." zu beobachten. Die durchschnittliche Anzahl der externen Domainnamen in einem DNS-Abrufmuster ist $\bar{n}_{ext}$ = 2,3, der Median der Werte ist $\tilde{n}_{ext}$ = 2. Diese Werte fallen erwartungsgemäß geringer aus als die Werte, die beim ALEXA-Datensatz für n_{sek} ermittelt wurden. Bei 35,5 % der Webseiten tritt genau eine Anfrage für einen

---

[9]Wie in [Wik13] erläutert gewährleistet der implementierte Pseudozufallszahlengenerator zwar nicht, dass jeder Wikipedia-Artikel dieselbe Auftretenswahrscheinlichkeit hat; für die hier vorliegende vergleichsweise kleine Zufallsstichprobe ist das Verfahren jedoch geeignet.

[10]Homepage: *http://curl.haxx.se/*

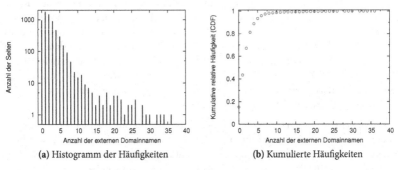

(a) Histogramm der Häufigkeiten   (b) Kumulierte Häufigkeiten

Abbildung 4.8: Häufigkeitsverteilung der Anzahl der externen Domainnamen (n_{ext})
auf den Seiten im HEISE-Datensatz

externen Domainnamen auf, bei 24,8 % der Webseiten sind es genau zwei Anfragen. Anders
ausgedrückt: Falls bei einer Unterseite Anfragen für externe Domainnamen auftreten,
dann sind es meistens (71,2 % der Fälle) 1–2 Anfragen. Anfragen für mehr als zehn externe
Domainnamen sind hingegen sehr selten zu beobachten (0,8 % der Unterseiten mit n_{ext} >
0). In Bezug auf Fragestellung 3 lässt sich demnach feststellen, dass zwar die meisten
Webseiten im HEISE-Datensatz ein DNS-Abrufmuster aufweisen, jedoch nur sehr wenige
externe Domainnamen darin enthalten sind.

Trotz der geringen Größe der DNS-Abrufmuster lassen sich die meisten Unterseiten jedoch
anhand der externen Domainnamen identifizieren, wie anhand der ermittelten Werte der
k-Identifizierbarkeit ersichtlich ist (s. Tabelle 4.9). Demnach sind 3943 (62,8 %) der 6283
Unterseiten 1-identifizierbar. Wie zuvor beim ALEXA-Datensatz ist zu erkennen, dass
Seiten, bei denen viele externe Domainnamen angefragt werden, tendenziell eindeutiger
identifiziert werden können: Von den Unterseiten mit n_{ext} = 1 können lediglich 44,9 %
anhand dieses externen Domainnamens eindeutig identifiziert werden. Für Werte von
$n_{ext} \geq 4$ beträgt der Anteil hingegen 100 %. Von den Seiten mit n_{ext} > 0 sind im HEISE-
Datensatz 43,9 % nicht eindeutig identifizierbar. Die auftretenden Abrufmuster sind sich
also ähnlicher als beim ALEXA-Datensatz, bei dem dieses Verhältnis 17,3 % beträgt. Im
Hinblick auf Fragestellung 4 ist demnach zusammenfassend festzustellen, dass die Identifizierung der Unterseiten anhand der externen Domainnamen bei Newsmeldungen auf
dem Heise-Webserver teilweise gelingen kann.

Ergebnisse für die Wikipedia-Datensätze Die Untersuchung von Fragestellung 3
ergibt, dass sich die Unterseiten in den beiden Datensätzen hinsichtlich ihrer DNS-Abrufmuster erheblich unterscheiden. Dies wird schon in der in Abbildung 4.9 dargestellten
Verteilung der Werte von n_{ext} deutlich. Während im WIKITOP-Datensatz bei lediglich 5
(0,1 %) der 4973 Unterseiten n_{ext} den Wert 0 hat, trifft dies im WIKIRAND-Datensatz auf

Tabelle 4.9: Identifizierbarkeit der Unterseiten im HEISE-Datensatz

n_{ext}	Anteil der k-identifizierbaren Webseiten							f_{abs}	f_{rel}
	1	2	3	4	5	6–10	>10		
0							1,000	956	0,152
1	0,449	0,131	0,074	0,061	0,052	0,113	0,121	2231	0,355
2	0,903	0,055	0,019	0,008	0,003	0,012		1561	0,248
3	0,995	0,005						769	0,122
4	1,000							366	0,058
5	1,000							187	0,030
6–10	1,000							170	0,027
11–20	1,000							32	0,005
21–29	1,000							11	0,002
aggregiert	0,628	0,061	0,031	0,024	0,019	0,043	0,195	6283	1,000

Erläuterung: s. Tabelle 4.7

374 (7,5 %) von 4992 Unterseiten zu. Die Abrufmuster im WIKITOP-Datensatz enthalten tendenziell wesentlich mehr externe Domainnamen als im WIKIRAND-Datensatz, was sich in den Maximalwerten von n_{ext} (751 bzw. 339), den Mittelwerten ($\bar{n}_{ext}^{TOP}$ = 95,0 und $\bar{n}_{ext}^{RAND}$ = 7,3) und den Medianen ($\tilde{n}_{ext}^{TOP}$ = 78 und $\tilde{n}_{ext}^{RAND}$ = 4) niederschlägt. Beim WIKITOP-Datensatz enthalten die DNS-Abrufmuster der Mehrheit (59,0 %) der Seiten 51–200 externe Domainnamen, bei WIKIRAND enthalten die Abrufmuster der Mehrheit (54,5 %) hingegen 1–5 externe Domainnamen. Mehr als 200 externe Domainnamen treten im WIKITOP-Datensatz nur selten auf (9,1 % der Seiten). Im WIKIRAND-Datensatz enthalten nur 3,0 % der Abrufmuster mehr als 30 Domainnamen. Die erheblichen Unterschiede lassen sich dadurch erklären, dass die Wikipedia-Artikel in WIKITOP gängige Themen adressieren, welche viel Aufmerksamkeit auf sich ziehen und daher wesentlich umfangreicher sind als typische Wikipedia-Artikel. WIKIRAND enthält hingegen vor allem Artikel zu Nischenthemen, die einen vergleichsweise geringen Umfang haben.

Angesichts der unterschiedlichen Größe der Abrufmuster ist zu erwarten, dass sich die Datensätze auch hinsichtlich der Identifizierbarkeit der Seiten unterscheiden. Wie die Analysen zur Untersuchung von Fragestellung 4 zeigen, fällt dieser Unterschied allerdings vergleichsweise gering aus: Im WIKITOP-Datensatz sind 4920 (98,9 %) der 4973 Unterseiten 1-identifizierbar. Im WIKIRAND-Datensatz trifft dies immerhin noch auf 3998 (80,1 %) von 4992 Seiten zu. Wie die aufgeschlüsselten Ergebnisse in Tabelle 4.10 und Tabelle 4.11 zeigen, nimmt auch hier wieder die Identifizierbarkeit der Unterseiten mit steigenden Werten von n_{ext} zu. Zusammenfassend lässt sich feststellen, dass ein Großteil der Unterseiten anhand der externen Domainnamen, die beim Besuch angefragt werden, erkannt werden kann.

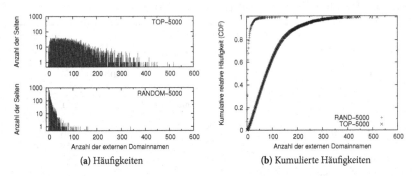

(a) Häufigkeiten   (b) Kumulierte Häufigkeiten

Abbildung 4.9: Häufigkeitsverteilung der Anzahl der externen Domainnamen (n_{ext}) auf den Seiten in den WIKI-Datensätzen

Bemerkenswert ist allerdings die Tatsache, dass es im WIKITOP-Datensatz eine kleine Menge von Unterseiten gibt, die trotz ihrer sehr großen DNS-Abrufmuster *nicht* 1-identifizierbar sind. Dieses Phänomen ist auch dadurch zu erklären, dass in der Wikipedia einige Artikel unter mehreren Begriffen erreichbar sind: So wird der Benutzer beispielsweise beim Aufruf des Beitrags „Houston, Texas" auf den Artikel „Houston" umgeleitet. Dabei wird jedoch kein HTTP-Redirect auf die URL des anderen Artikels durchgeführt, sondern es wird unter beiden URLs derselbe Inhalt angezeigt. Einige Unterseiten tauchen daher mehrmals in der Liste der „Popular pages" auf und sind somit auch mehrmals im WIKITOP-Datensatz vorhanden. Es ist also davon auszugehen, dass die angegebenen Anteile der 1-identifizierbaren Seiten die tatsächlichen Anteile im WIKITOP-Datensatz geringfügig unterschätzen.

Diskussion   Die ermittelten Ergebnisse deuten darauf hin, dass ein Beobachter ermitteln kann, welche Nachrichtenmeldungen auf dem Heise-Webserver bzw. welche Wikipedia-Einträge ein Nutzer abgerufen hat. Dabei wird ausgenutzt, dass sich ein Großteil der Unterseiten anhand der externen Domainnamen identifizieren lässt, die in den URLs von Links enthalten sind und vom Browser automatisch durch die präemptive Namensauflösung angefragt werden. Dieses Ergebnis ist allerdings lediglich für die betrachteten Webseiten gültig und nicht dazu geeignet, um allgemeingültige Aussagen über das Potenzial dieser Beobachtungsmöglichkeit zu machen (s. Abschnitt 4.2.4.5).

Bei der Interpretation der ermittelten k-Identifizierbarkeiten ist darüber hinaus zu beachten, dass bei der gewählten Vorgehensweise implizit unterstellt wird, dass dem Beobachter *ausschließlich* die externen Domainnamen vorliegen. In der Praxis werden zusätzlich mitunter jedoch auch nicht-externe Domainnamen angefragt. Diese kann der Beobachter u. U. nicht von den externen Domainnamen unterscheiden. Dieser Umstand kann dazu führen, dass ein in Bezug auf die externen Domainnamen einzigartiges Abrufmuster diese

Tabelle 4.10: Identifizierbarkeit der Unterseiten im WIKITOP-Datensatz

| | Anteil der k-identifizierbaren Webseiten | | | | | | | | |
n_{ext}	1	2	3	4	5	6–10	>10	f_{abs}	f_{rel}
0					1,000			5	0,001
1	0,833	0,167						12	0,002
2–5	0,964	0,036						55	0,011
6–10	0,986	0,014						147	0,030
11–30	0,991	0,009						648	0,130
31–50	0,987	0,008	0,004					717	0,144
51–100	0,992	0,007	0,002					1536	0,309
101–200	0,996	0,004						1398	0,281
201–300	0,977	0,023						341	0,069
301–751	1,000							114	0,023
aggregiert	0,989	0,008	0,001	0,000	0,001	0,000	0,000	4973	1,000

Erläuterung: s. Tabelle 4.7

Tabelle 4.11: Identifizierbarkeit der Unterseiten im WIKIRAND-Datensatz

| | Anteil der k-identifizierbaren Webseiten | | | | | | | | |
n_{ext}	1	2	3	4	5	6–10	>10	f_{abs}	f_{rel}
0							1,000	374	0,075
1	0,482	0,106	0,033	0,058	0,027	0,099	0,195	548	0,110
2	0,782	0,082	0,056	0,019	0,016	0,009	0,036	638	0,128
3	0,842	0,043	0,009	0,006	0,008	0,016	0,076	644	0,129
4	0,849	0,034	0,019	0,008		0,013	0,076	471	0,094
5	0,981	0,019						421	0,084
6–10	0,992	0,008						989	0,198
11–30	0,989	0,011						755	0,151
31–50	1,000							101	0,020
51–339	1,000							51	0,010
aggregiert	0,801	0,036	0,014	0,010	0,006	0,015	0,043	4992	1,000

Erläuterung: s. Tabelle 4.7

Eigenschaft verliert und nicht mehr eindeutig identifiziert werden kann. Auf der anderen Seite können die nicht-externen sekundären Domainnamen auch dazu führen, dass aus einem nicht-einzigartigen DNS-Abrufmuster ein einzigartiges wird. Hier sind weitere Untersuchungen nötig (s. Abschnitt 4.4).

4.2.4.5 Diskussion

Abgesehen von den bereits bei der Diskussion der Teilergebnisse genannten Einschränkungen sind bei der Interpretation der Ergebnisse noch weitere allgemeine Einschränkungen zu berücksichtigen.

Zum einen stellen die Untersuchungen eine sog. **Closed-World-Evaluation** [Rei78] dar, d. h. die erzielten k-Identifizierbarkeiten berücksichtigen ausschließlich die Webseiten, die im jeweils betrachteten Datensatz enthalten sind. In der Realität kann es durchaus weitere Webseiten geben, die ein bestimmtes DNS-Abrufmuster besitzen, wodurch der tatsächliche Anteil der 1-identifizierbaren Webseiten sinkt.

Weiterhin ist zu berücksichtigen, dass die Ergebnisse ein Szenario unterstellen, in dem alle betrachteten Domainnamen, d. h. der primäre und alle sekundären Domainnamen, beim Abruf einer Seite auch tatsächlich angefragt werden. Durch den Einsatz von **Caching** kann es in der Realität dazu kommen, dass nur ein Teil der für die Identifizierung benötigten Domainnamen angefragt wird. Der Beobachter kann jedoch, wie bei der Betrachtung der Fallstudie aufgezeigt, die Historie der Anfragen eines Nutzers vorhalten, um die Domainnamen, die auf dem Endgerät des Nutzers vermeintlich zwischengespeichert sind, ebenfalls bei der Identifizierung heranzuziehen.

Schließlich setzt das Website-Fingerprinting-Verfahren voraus, dass der Beobachter über eine **DNS-Abrufmuster-Datenbank** verfügt, in der die primären und sekundären Domainnamen der Webseiten enthalten sind, für die er sich interessiert. Die Vorhaltung und Pflege dieser Datenbank verursacht einen gewissen Aufwand, sie lässt sich allerdings weitgehend automatisieren. Der Beobachter muss zudem vor der Beobachtung eines Nutzers nicht alle erdenklichen Webseiten in seiner Datenbank vorhalten, sondern kann in Abhängigkeit der vom Nutzer gestellten Anfragen flexibel reagieren und nachträglich die noch fehlenden Abrufmuster herunterladen. Weitere Überlegungen zu den Einschränkungen des Website-Fingerprinting-Verfahrens folgen in Abschnitt 5.3.6.

4.2.5 Ermittlung von Suchbegriffen

Bei den bisherigen Betrachtungen lag der Fokus auf der Rekonstruktion des Web-Nutzungsverhaltens, also den besuchten Webseiten, anhand der DNS-Anfragen. In diesem Zusammenhang sind auch die Arbeiten von Krishnan und Monrose [KM10; KM11] von Interesse, die sich mit einer ähnlichen Problemstellung beschäftigen. Sie zeigen auf, dass anhand von DNS-Anfragen die Suchbegriffe ermittelt werden können, die ein Nutzer in eine Web-Suchmaschine eingibt. Das Verfahren nutzt die Tatsache aus, dass Web-Browser nach dem Absenden einer Suchanfrage an die Suchmaschine durch die **präemptive Namensauflösung** (s. Abschnitt 4.2.1.3) die Domainnamen aller Webseiten preisgeben, die in der Trefferliste enthalten sind. Anhand dieser Domainnamen kann der rekursive Nameserver dann auf die Suchbegriffe zurückschließen.

Das Verfahren von [KM10; KM11] besteht aus drei Schritten: Im ersten Schritt werden die vermeintlich zusammengehörenden DNS-Anfragen mit einer Heuristik, die die Inter-Arrival-Time auswertet, gruppiert. Im zweiten Schritt werden aus den beobachteten Domainnamen alle darin enthaltenen Schlüsselwörter extrahiert. Im dritten Schritt werden aus den am häufigsten auftretenden Schlüsselwörtern dazu passende Suchanfragen generiert. Im zweiten und dritten Schritt greifen die Autoren auf ein sog. Recommender-System zurück, dessen Funktionsweise sie allerdings nicht näher erläutern. Die Autoren verweisen lediglich auf ein generisches Verfahren [DK04] und deuten vage an, dass ihr Verfahren mit der Funktion „Google Suggest" vergleichbar sei, die während der Eingabe einer Suchanfrage vorschlägt, wie die Anfrage vervollständigt werden könnte. In einer kontrollierten Evaluation erreicht das Verfahren von Krishnan und Monrose eine sehr hohe Genauigkeit (True-Positive-Raten von 87–91 % bei False-Positive-Raten von 4–9 %).

Eine in der Praxis relevante Einschränkung dieses Verfahrens besteht allerdings darin, dass es auf die DNS-Anfragen angewiesen ist, die im Zuge der präemptiven Namensauflösung entstehen. In diesem Zusammenhang ist zu beachten, dass die populäre Web-Suchmaschine Google im Jahr 2011 damit begonnen hat, die Ergebnisseiten durch Verwendung des TLS-Protokolls verschlüsselt auszuliefern [Kao11]. Seit dem Jahr 2013 ist die Verschlüsselung für alle Nutzer bei allen Suchanfragen aktiviert [Chi13].

Um zu untersuchen, inwiefern es noch möglich ist, unter diesen Umständen die Suchbegriffe zu ermitteln, wurde im November 2013 eine eigene Untersuchung mit den aktuellen Versionen gängiger Web-Browser durchgeführt [HFF14]. Den Ergebnissen zufolge führen die untersuchten Web-Browser (Firefox 25, Chrome 31.0.1650.57, Safari 6.1 und Internet Explorer 10) keine präemptive Namensauflösung durch, wenn eine Webseite verschlüsselt übertragen wird. Das Verfahren von Krishnan und Monrose ist also – zumindest bei Google-Suchanfragen – nicht mehr anwendbar. Es funktioniert nur noch bei weniger populären Suchmaschinen (z. B. *bing.com*, *baidu.com*, *yahoo.com* und *yandex.com*), die bislang keine verschlüsselte Übertragung anbieten. Eine Ausnahme stellt der Chrome-Browser dar: In der Untersuchung waren beim verschlüsselten Abruf der Google-Suchergebnisse teilweise DNS-Anfragen zu beobachten, die darauf hindeuteten, dass der Web-Browser für einzelne Webseiten in der Trefferliste ein **Prerendering** (s. S. 150) durchführt. Bei wenigen Anfragen erreicht das Verfahren von Krishnan und Monrose zwar eine geringere Erkennungsgenauigkeit, u. U. lassen sich anhand dieser Anfragen jedoch trotzdem noch Rückschlüsse auf die eingegebenen Suchanfragen ziehen.

Neben der präemptiven Namensauflösung verfügen Web-Browser noch über eine weitere Funktion, die dazu beiträgt, dass sich die Suchbegriffe von Nutzern anhand der DNS-Anfragen erkennen lassen. In früheren Browser-Versionen war es üblich, dem Benutzer ein Eingabefeld für die URLs und ein zweites Eingabefeld für die Suche bei einer

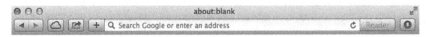

Abbildung 4.10: Universelles Eingabefeld für URLs und Suchanfragen (Safari-Browser)

Tabelle 4.12: Möglichkeiten zum Rückschluss auf Google-Suchanfragen anhand von
DNS-Anfragen

Funktion	Firefox	Chrome	Safari	Internet Explorer
Präemptive Namensauflösung	nein	nein	nein	nein
Prerendering	nein	ja	nein	nein
Spekulative Namensauflösung	ja	ja	nein	nein

voreingestellten Suchmaschine anzubieten. Die in der Untersuchung betrachteten Web-
Browser bieten dem Nutzer hingegen die Möglichkeit, nicht nur Adressen, sondern auch
Suchbegriffe direkt in die Adresszeile einzugeben. Manche Browser bieten sogar nur
noch ein einziges Eingabefeld an (vgl. das in Abbildung 4.10 dargestellte Eingabefeld des
Safari-Browsers). Die Web-Browser versuchen anhand der Eingabe zu erkennen, ob es
sich um eine URL handelt (erkennbar u. a. am Präfix „http://"), die direkt aufgerufen
werden kann, oder ob der Nutzer eine Suche durchführen möchte. Suchanfragen, die
aus mehreren Schlüsselwörtern bestehen, sind leicht anhand der Leerzeichen als solche
zu erkennen. Bei einer Suchanfrage, die keine Leerzeichen enthält (z. B. „alkoholkrankheit"), kann es sich allerdings prinzipiell auch um einen Domainnamen handeln, der aus
einem Label besteht (wie z. B. „localhost"), oder um einen Domainnamen, der um das im
System konfigurierte Domainsuffix (s. S. 208) ergänzt werden soll. Daher stellen einige
Web-Browser bei Eingaben, die keine Leerzeichen enthalten, *zuerst* eine DNS-Anfrage
(**spekulative Namensauflösung**), beispielsweise für die Domainnamen „alkoholkrankheit"
und „alkoholkrankeit.informatik.uni-hamburg.de". Falls diese Anfragen fehlschlagen, d. h.
wenn eine NXDOMAIN-Antwort (s. Abschnitt 2.6.3) empfangen wird, wird die Eingabe
an die Suchmaschine gesendet. In der Konsequenz kann der rekursive Nameserver alle in
der Adresszeile eingegebenen Ein-Wort-Suchanfragen beobachten.

Die Ergebnisse der im November 2013 durchgeführten Untersuchung [HFF14], in der
die DNS-Anfragen bei Benutzung der Google-Suchmaschine beobachtet wurden, sind in
Tabelle 4.12 zusammengefasst. Nur beim Internet-Explorer- und beim Safari-Browser sind
keinerlei DNS-Anfragen zu beobachten, die mit den Suchanfragen zusammenhängen.

4.2.6 Fazit zur Rekonstruktion des Web-Nutzungsverhalten

In diesem Abschnitt wurde aufgezeigt, dass ein rekursiver Nameserver anhand der DNS-
Anfragen Rückschlüsse auf die von einem Nutzer abgerufenen Webseiten ziehen kann. Die
Ermittlung der primären Domainnamen gelingt bereits durch den Einsatz von einfachen

Heuristiken. Die vorgestellte Website-Fingerprinting-Technik ermöglicht es dem Beobachter unter bestimmten Voraussetzungen, zusätzlich festzustellen, ob eine bestimmte Haupt- oder Unterseite abgerufen wurde. Die Einordnung der Erkenntnisse erfolgt am Ende dieses Kapitels in Abschnitt 4.5.

4.3 Identifizierung der vom Nutzer verwendeten Software

In diesem Abschnitt wird die zweite Beobachtungsmöglichkeit vorgestellt, die Identifizierung der von einem Nutzer eingesetzten Software anhand der beobachtbaren DNS-Anfragen. Wie in Abschnitt 4.1.3 erläutert, kann die Preisgabe von Informationen zur Betriebsumgebung die Sicherheit von IT-Systemen beeinträchtigen.

In diesem Abschnitt werden verschiedene **Fragestellungen** im Zusammenhang mit der Identifizierung der von einem Nutzer verwendeten Software untersucht. Die im Einzelnen betrachteten Fragestellungen werden in den jeweiligen Unterabschnitten genannt.

Dieser Abschnitt ist wie folgt aufgebaut: Es gibt bereits zahlreiche Verfahren, welche sich mit der Identifizierung von Software-Komponenten über das Netz beschäftigen. Zur besseren Einordnung der auf DNS-Anfragen basierenden Möglichkeiten wird daher zuerst in Abschnitt 4.3.1 der Stand der Technik in Wissenschaft und Praxis zusammengefasst. Im Anschluss daran wird in mehreren Experimenten untersucht, inwiefern sich das eingesetzte Betriebssystem (s. Abschnitt 4.3.2), der verwendete Web-Browser (s. Abschnitt 4.3.3) sowie weitere Anwendungen (s. Abschnitt 4.3.4) anhand der automatisch aufgelösten Domainnamen erkennen lassen. Darüber hinaus wird in Abschnitt 4.3.5 ein Ansatz zur verhaltensbasierten Erkennung vorgestellt, der eine Identifizierung auch dann ermöglicht, wenn keine identifizierenden Domainnamen angefragt werden. In jedem dieser Abschnitte werden die Untersuchungsmethodik und die Ergebnisse beschrieben. In Abschnitt 4.3.6 werden die Ergebnisse diskutiert; in Abschnitt 4.3.7 werden sie zusammengefasst.

4.3.1 Existierende Verfahren zur Software-Identifizierung

In Folgenden werden die wesentlichen Verfahren beschrieben, die sich mit der Identifizierung von Software-Komponenten beschäftigen. Es liegt nahe, zur Erkennung von Software-Komponenten **explizite Angaben** heranzuziehen, etwa das sog. Versionsbanner, das bei der Verbindung zu einem Dienst angezeigt wird (z. B. „SSH-2.0-OpenSSH_5.9p1 Debian-5ubuntu1.1"), oder der sog. User-Agent-String, der von einem Web-Browser übermittelt wird (z. B. „Mozilla/5.0 (Macintosh; Intel Mac OS X 10.8; rv:25.0) Gecko/20100101 Firefox/25.0"). Allerdings kann man sich auf diese Angaben nicht verlassen, da sie üblicherweise leicht manipuliert werden können. Die im Folgenden beschriebenen Verfahren, welche auf **impliziten Merkmalen** basieren, erlauben es Außenstehenden hingegen, durch die Beobachtung des Verhaltens eines Systems auch dann auf die tatsächlich eingesetzte Software zu schließen, wenn keine expliziten Angaben eingeholt werden können oder diese manipuliert wurden.

Für Verfahren, die auf impliziten Merkmalen basieren, hat sich der Begriff **Fingerprinting** etabliert, wie die Titel zahlreicher Veröffentlichungen deutlich machen [Lee+02; Bev04; Cro+07b; GT07b; GT07a; Dus+09; Yen+09; PVH10; KJ11; Mow+11; Abg+12; MS12b; BWW13; CF13; Dai+13; Mul+13a; Mul+13b]. Dieser Begriff drückt aus, dass die Verfahren anhand der impliziten Merkmale einen charakteristischen Fingerabdruck extrahieren, der eine Wiedererkennung der jeweiligen Komponente ermöglicht. In der Terminologie von Casey [Cas11, S. 17] handelt es sich dabei um sog. „class characteristics". Davon abzugrenzen sind Fingerprinting-Techniken, die „individual characteristics" ausnutzen, um einzelne Nutzer oder Geräte wiederzuerkennen. Diese werden bei der Betrachtung von Verkettungsverfahren in Abschnitt 6.1.3 betrachtet.

Die existierenden Verfahren lassen sich in Bezug auf die Rolle des Außenstehenden in aktive und passive Verfahren untergliedern. Bei **passiven Verfahren** reicht es aus, den Datenverkehr, den das zu analysierende System erzeugt, zu analysieren. Eine Erkennung ist also nur möglich, wenn Datenverkehr zu beobachten ist. Im Unterschied zu aktiven Verfahren können passive Verfahren jedoch unbemerkt eingesetzt werden. Bei **aktiven Verfahren** werden zur Erkennung Daten an das zu analysierende System gesendet bzw. es wird in anderer Form auf das zu analysierende System Einfluss genommen. Die daraufhin erhaltene Antwort oder das daraus resultierende Verhalten wird zur Erkennung der Software analysiert.

Dieser Abschnitt ist wie folgt aufgebaut: In den folgenden Abschnitten werden Verfahren zur Erkennung des Betriebssystems (s. Abschnitt 4.3.1.1), Verfahren zur Erkennung der verwendeten Server-Software (s. Abschnitt 4.3.1.2) sowie Verfahren zur Erkennung von Anwendungsprogrammen (s. Abschnitt 4.3.1.3) betrachtet. Aufgrund seiner herausragenden Bedeutung kommt dabei insbesondere der Erkennung des verwendeten Web-Browsers eine wichtige Rolle zu, auf die in Abschnitt 4.3.1.4 näher eingegangen wird.

4.3.1.1 Erkennung des Betriebssystems

Eines der ersten **aktiven Verfahren** zur Erkennung des Betriebssystems präsentieren Comer und Lin [CL94]. Es nutzt aus, dass sich die TCP-Implementierungen der Betriebssysteme SunOS, Solaris, HP-UX und IRIX im Detail unterschiedlich verhalten, da die TCP/IP-Standards [Pos81a; Pos81b] Entwicklern erhebliche Freiheitsgrade bei der Wahl der Betriebsparameter lassen. Die betrachteten Betriebssysteme unterscheiden sich insbesondere hinsichtlich des sog. Retransmission-Intervalls, der Zeitspanne, nach der die Übertragung von unbestätigten TCP-Frames wiederholt wird. Wie die Autoren aufzeigen, können Außenstehende, die zunächst nichts über ein System wissen, die bei der Entwicklung getroffenen Entscheidungen ermitteln, indem sie sog. Probing-Anfragen an das System senden und die dadurch provozierten Antworten analysieren. In diesen frühen Publikationen steht vor allem das Aufdecken von Implementierungsfehlern und ineffizienten Verhaltensweisen im Vordergrund (vgl. auch [PF01]).

Der Wunsch anhand des unterschiedlichen Verhaltens den Betriebssystem-Typ bzw. sogar die konkrete Version zu bestimmen, führte zur Entwicklung entsprechender Funktionen im Programm *nmap* [Lyo08] bzw. zur Entwicklung von Programmen wie *RING* und *Xprobe* [Tro03]. Diese Tools eignen sich allerdings nicht nur zur Durchführung von wissenschaftlichen Untersuchungen, sondern sie erleichtern es auch Angreifern, in einzelnen Betriebssystemen vorhandene Schwachstellen gezielt auszunutzen. Daher wurden Verfahren vorgeschlagen, mit denen der Einsatz aktiver Erkennungsverfahren erkannt und durch Manipulation des Datenverkehrs das tatsächliche System verschleiert werden kann [Wat+04; GT07b]. Wie Greenwald et al. zeigen lässt sich die Entdeckbarkeit der aktiven Verfahren jedoch durch eine Analyse des Informationsgewinns der einzelnen Probing-Anfragen reduzieren [GT07a].

Völlige Unentdeckbarkeit versprechen rein **passive Ansätze**. Eine frühe Arbeit ist die Veröffentlichung von Paxson, welche Verhaltensunterschiede verschiedener TCP/IP-Implementierungen ausnutzt, um das Betriebssystem zu erkennen [Pax97]. Diese Bestrebungen führten zur Entwicklung der Tools *p0f* (von engl. „passive operating system fingerprinting"), *siphon* (nicht mehr verfügbar) und *ettercap*, welche eine passive Betriebssystem-Erkennung anhand von hinterlegten Regeln durchführen.[11] Weitergehende Ansätze [Lip+03; Bev04] greifen auf Verfahren aus dem Bereich des maschinellen Lernens zurück, etwa einen Naïve-Bayes-Klassifikator, einen *k*NN-Klassifikator, Entscheidungsbäume und Support-Vector-Machines (auf einige dieser Verfahren wird in Abschnitt 6.2.4 noch näher eingegangen). Schutz gegen aktive und passive Erkennungsverfahren verspricht *IpMorph* [PVH10] von Prigent et al., das den Datenverkehr eines Systems so normalisiert, dass keine charakteristischen Elemente mehr enthalten sind.

4.3.1.2 Erkennung von Server-Software

Zur Erkennung der auf einem Server im Internet erreichbaren Server-Dienste werden meist **aktive Verfahren** eingesetzt: Dabei werden etwa im Rahmen eines Portscans Programme wie *nmap* (s. Abschnitt 4.3.1.1) verwendet, die sich probeweise mit allen offenen Ports verbinden. Die erhaltenen Antworten werden dann mit den im Programm hinterlegten charakteristischen Signaturen abgeglichen, um zu bestimmen, welche Server-Dienste auf den einzelnen Ports Verbindungen entgegennehmen.

Angesichts der großen Anzahl von Webservern und der zahlreichen Sicherheitslücken, die in den verschiedenen Versionen im Laufe der Zeit entdeckt wurden, ist für Angreifer insbesondere die Erkennung der eingesetzten Webserver-Software von Interesse. Lee at al. [Lee+02] zeigen u. a., dass sich Apache-Webserver von Microsoft-IIS-Webservern unterscheiden lassen, indem die Reihenfolge und die Inhalten der HTTP-Header sowie die in den Antworten zurückgelieferten Texte (z. B. Apache: „Not Found", IIS: „Object Not Found") ausgewertet werden. Neben dem daraus hervorgegangenen *hmap* existieren u. a. noch die Programme *httpprint* und *httprecon*, die zur Erkennung der eingesetzten Webserver-Software verwendet werden können.[12] Einen leistungsfähigeren Ansatz verfol-

---

[11]Homepages: *http://lcamtuf.coredump.cx/p0f3/* und *http://ettercap.github.io/ettercap/*

[12]Homepages: *https://github.com/Mebus/hmap, http://www.net-square.com/httprint.html* und *http://www.computec.ch/projekte/httprecon/*

gen Book et al., die aufzeigen, dass anstelle der manuellen Ermittlung der Entscheidungs-regeln durch den Einsatz eines Bayes-Klassifikators eine automatische Unterscheidung möglich ist [BWW13].

Neben der Identifizierung der Webserver-Software gibt es auch Verfahren, die sich auf die Ermittlung der auf den Webservern betriebenen Web-Anwendungen fokussieren. Da gängige Web-Anwendungen bei der Installation eine festgelegte Verzeichnisstruktur erzeugen, können Programme wie *BlindElephant*, *WhatWeb* und *WAFP* durch gezieltes Herunterladen einzelner Dateien und den Vergleich mit bekannten Mustern die installierte Web-Anwendung und mitunter auch die genaue Version ermitteln.[13]

Erkennung der Software rekursiver Nameserver   Auch zur Erkennung der Software, mit der ein Nameserver betrieben wird, existieren bereits Verfahren. Diese sind im Hinblick auf das in Laufe dieses Abschnitts entwickelte DNS-basierte Erkennungsverfahren für Betriebssysteme von Interesse und werden daher im Folgenden kurz beschrieben. Ein **aktives Verfahren** ist in dem von Arends und Schlyter veröffentlichten Programm *fpdns*[14] implementiert. Es kann eine Reihe von Nameservern daran unterscheiden, mit welchen DNS-Antworten diese auf spezielle Probing-Anfragen reagieren. Zur Erkennung des Betriebssystems eines Client-Rechners ist das Verfahren jedoch nicht geeignet, da der dort laufende Stub-Resolver keine DNS-Anfragen entgegennimmt.

Darüber hinaus gibt es zwei Veröffentlichungen [SK13; CF13], die sich mit einer **passiven Erkennung** der eingesetzten Nameserver-Software beschäftigen. Beide konzentrieren sich auf die Identifizierung der Software, die auf *rekursiven Nameservern* eingesetzt wird. Shue et al. [SK13] betrachten dazu den DNS-Server von „Microsoft Windows Server" sowie verschiedene Versionen von BIND. Sie führen eine empirische Untersuchung durch, in der sie die DNS-Anfragen, die auf einem von ihnen betriebenen autoritativen Nameserver eingehen, analysieren. Dabei stellen sie fest, dass sich die eingehenden DNS-Anfragen hinsichtlich der Flags „Recursion Desired" (s. Abschnitt 2.6.2), „Checking Disabled" (s. S. 122), „DNSSEC OK" (s. S. 122) sowie der angezeigten Verfügbarkeit von EDNS0 (s. S. 32) und der bei EDNS0 übermittelten Sender-UDP-Payload-Size unterscheiden. Untersuchungen unter Laborbedingungen demonstrieren, dass sich anhand dieser Kriterien die Anfragen des BIND-DNS-Servers von denen des Microsoft-DNS-Servers unterscheiden lassen.

Chitpranee et al. [CF13] berücksichtigen zusätzlich noch die Software *Unbound*. Im Unterschied zum Verfahren von Shue et al. gehen Chitpranee et al. davon aus, dass der Beobachter sämtliche DNS-Anfragen einsehen kann, die der zu erkennende rekursive Nameserver stellt. Zur Unterscheidung stellen sie 15 Entscheidungsregeln auf: Neben der Abfolge der Anfragen bei der iterativen Namensauflösung werden die Art und Weise der DNSSEC-Validierung, die (Nicht-)Verwendung von IPv6-Anfragen vom RR-Typ AAAA

---

[13]Homepages: *http://blindelephant.sourceforge.net/*, *http://www.morningstarsecurity.com/research/whatweb* und *https://code.google.com/p/webapplicationfingerprinter/*

[14]Homepage: *https://w3dt.net/tools/fpdns*

und die maximale Antwortgröße berücksichtigt. Die Autoren validieren ihr Verfahren anhand aufgezeichneten Datenverkehrs und berichten eine Erkennungsgenauigkeit von bis zu 99 %.

Wie Shue et al. in [SK13] feststellen, können verschiedene Stub-Resolver-Implementierungen – und damit das verwendete Betriebssystem auf Client-Rechnern – mit den verwendeten Kriterien allerdings nicht unterschieden werden. Auch ein Großteil der in [CF13] eingesetzten Entscheidungsregeln kommt dafür nicht in Frage, da Stub-Resolver ausschließlich rekursive DNS-Anfragen stellen (s. S. 35) und (zumindest momentan) keine DNSSEC-Validierung durchführen (s. S. 122). AAAA-Anfragen können allerdings ein nützliches Kriterium zur Unterscheidung verschiedener Stub-Resolver-Implementierungen darstellen, wie sich bei der Entwicklung des verhaltensbasierten Erkennungsverfahrens zeigen wird (s. Abschnitt 4.3.5).

4.3.1.3 Erkennung von Anwendungsprogrammen

Die Erkennung der auf einem Client-Rechner laufenden Anwendungen kann einem Angreifer die Ausnutzung konkret vorhandener Schwachstellen erleichtern. Wie die nachfolgende Aufstellung der existierenden Verfahren zeigt, gibt es allerdings auch nützliche Anwendungsfälle. Im Unterschied zu der im vorherigen Abschnitt betrachteten Server-Software reagieren Anwendungsprogramme, die auf Client-Rechnern laufen, üblicherweise *nicht* auf Anfragen aus dem Internet. Daher kommen zur Erkennung der auf einem Client laufenden Anwendungsprogramme meistens **passive Verfahren** zum Einsatz, die anhand des Datenverkehrs auf die eingesetzten Anwendungen schließen.

Der Großteil der existierenden Arbeiten widmet sich der Erkennung von Anwendungsklassen oder Protokollen, u. a. mit dem Ziel, unerwünschte Dienste (etwa Peer-to-Peer-basierte File-Sharing-Dienste oder Online-Spiele) blockieren zu können. Ausgehend von der Beobachtung, dass manche Anwendungen nicht über die für sie reservierten TCP-bzw. UDP-Portnummern kommunizieren, stellen Moore und Papagiannaki in [MP05] ein regelbasiertes Verfahren vor, das anhand des vollständigen Paketinhalts eine Zuordnung in grobe Applikationsklassen vornimmt. Die von den Autoren gewählten Kategorien (bulk, database, interactive, mail, services, www, P2P, malicious, games, multimedia) erlauben allerdings keine genaue Ermittlung der verwendeten Anwendung. Dies trifft auch auf die Verfahren von Zander et al. und Crotti et al. zu, die mit Hilfe von statistischen Verfahren charakteristische Eigenschaften einzelner Protokolle ermitteln und zur Klassifizierung unbekannten Datenverkehrs nutzen [ZNA05; Cro+07b]. Das Verfahren von Wright et al. [WMM06] erlaubt die Ermittlung des Protokolls auch dann, wenn die Daten in einem verschlüsselten Tunnel, etwa einem VPN, übertragen werden. Andere Arbeiten befassen sich mit der Erkennung von Datenverkehr, der in einem anderen Protokoll getunnelt übertragen wird (s. etwa [Cro+07a; Dus+09]).

In einem Übersichtsartikel von Nguyen und Armitage [NA08] findet sich lediglich eine einzige Arbeit, die sich der gezielten Erkennung eines spezifischen Anwendungsprogramms widmet: das Verfahren von Bonfiglio et al. [Bon+07] zur Erkennung von Skype-Datenverkehr, der während eines Telefonats entsteht. Darüber hinaus demonstrieren Sen et al. in [SSW04], dass es möglich ist, verschiedene Peer-to-Peer-basierte File-Sharing-Programme anhand des Datenverkehrs zu unterscheiden.

Ein Verfahren, das dem in diesem Abschnitt verfolgten Ziel sehr nahe kommt, stellen Dai et al. [Dai+13] vor. Die Autoren haben die Software *NetworkProfiler* implementiert, mit der ein Beobachter anhand des Datenverkehrs überprüfen kann, ob eine bestimmte Anwendung auf einem Android-Smartphone installiert ist. Dazu wird anhand der HTTP-Anfragen, welche die Anwendung bei der Benutzung stellt, ein Fingerabdruck erzeugt. Treten die im Fingerabdruck aufgezeichneten HTTP-Anfragen im beobachteten Datenverkehr auf, lässt sich daraus schließen, dass die jeweilige Anwendung auf dem Smartphone installiert ist. Im Gegensatz zu einer rein DNS-basierten Erkennung von Anwendungen kann NetworkProfiler die in den HTTP-Anfragen übertragenen Inhalte zur Unterscheidung heranziehen. Anhand dieser Informationen gelingt den Autoren bei der Evaluation ihres Verfahrens eine hohe Genauigkeit. Wie sich in Abschnitt 4.3.4 zeigen wird, reichen die DNS-Anfragen für eine Erkennung von Desktop-Anwendungen jedoch bereits aus.

4.3.1.4 Erkennung des Web-Browsers

Abschließend werden Verfahren vorgestellt, mit denen es dem kontaktierten Webserver oder Außenstehenden möglich ist, den von einem Nutzer verwendeten Web-Browser und u. U. auch dessen Version zu identifizieren.

Yen et al. stellen ein **passives Verfahren** [Yen+09] vor, mit dem ein Außenstehender, der Zugriff auf den Datenverkehr eines Nutzers hat, den verwendeten Browser bestimmen kann. Die Autoren unterstellen, dass dem Beobachter lediglich NetFlow-Logs zur Verfügung stehen, in denen keine Nutzdaten, sondern ausschließlich aggregierte Angaben (Startzeitpunkt, Dauer, die Menge der gesendeten bzw. empfangenen Bytes sowie die Anzahl der Pakete in Sende- und Empfangsrichtung) zu den einzelnen TCP-Verbindungen hinterlegt sind. Die Autoren verwenden einen auf Support-Vector-Machines basierenden Klassifikator und sind in der Lage, in aufgezeichnetem Datenverkehr die gängigen Web-Browser (Firefox, Opera, Internet Explorer und Safari) mit hoher Genauigkeit (75 % Precision bei 60 % Recall, s. Abschnitt 4.2.3.2) zu erkennen. Hervorzuheben ist, dass das Verfahren nicht darauf angewiesen ist, dass der Web-Browser Verbindungen zu Servern des jeweiligen Herstellers aufbaut, sondern unterschiedliche Web-Browser ausschließlich anhand ihres Verhaltens erkennt. Diese Eigenschaft weist auch das in Abschnitt 4.3.5 konzipierte verhaltensbasierte Browser-Erkennungsverfahren auf.

Darüber hinaus existieren **aktive Verfahren** zur Erkennung des verwendeten Browsers, mit denen der Betreiber eines Webservers den Web-Browser unabhängig von den Angaben im User-Agent-String ermitteln kann. Die aktiven Verfahren führen JavaScript-Code im Browser aus, mit dem implizite Merkmale ausgewertet werden, anhand derer sich verschiedene Browser unterscheiden lassen. Zu den impliziten Merkmalen zählen die unterschiedliche Auswertung von JavaScript-Anweisungen [Mow+11; Abg+12], Performance-Unterschiede bei der Ausführung einzelner JavaScript-Funktionen [Mul+13a] sowie die Ausnutzung des unterschiedlichen Grads der Unterstützung und Implementierung von HTML5 und CSS [Mul+13b; MS12b].

4.3.2 Betriebssystem-Erkennung durch Domainnamen

In moderne Betriebssysteme werden zunehmend Internetdienste integriert, etwa um die aktuelle Wettervorhersage aus dem Internet in den Desktop-Hintergrund einzublenden. Auch Funktionen, die grundsätzlich nicht auf aktuelle Informationen angewiesen sind, etwa Spracheingabe (vgl. die „Siri"-Funktion in MacOS X) oder ein Wörterbuch, werden auf Server im Netz ausgelagert. Dieser Trend wird insbesondere durch die Verbreitung von Smartphones befeuert. Auf aktuellen mobilen Endgeräten laufen oft nur noch schlanke Anwendungen („Apps"), welche eine Schnittstelle zur Dateneingabe zur Verfügung stellen. Die eigentliche Datenverarbeitung wird hingegen im Netz durchgeführt. Da die dabei kontaktierten Serverdienste auf Servern der Hersteller betrieben werden, lassen sich anhand der kontaktierten Empfänger-Adressen unmittelbar Rückschlüsse auf das verwendete Betriebssystem ziehen.

Dass die Erkennung von Smartphone-Betriebssystemen anhand von DNS-Anfragen ohne weiteres möglich ist, soll im Folgenden anhand eines Versuchs illustriert werden. Dazu wurde der Datenverkehr aufgezeichnet, der bei der Nutzung der Apps entsteht, die auf gängigen Smartphones vorinstalliert sind. Betrachtet werden die Betriebssysteme Apple iOS 7 (auf einem „iPhone 5S"), Google Android 4.4.0 (auf einem Samsung „Galaxy Nexus 5") und Microsoft Windows Phone 8.0 (auf einem Nokia „Lumia 620"). Tabelle 4.13 zeigt die Domainnamen, für die in den Versuchen DNS-Anfragen zu beobachten waren. Wie aus der Aufstellung hervorgeht, enthält ein Großteil der Domainnamen den Namen des Betriebssystem-Herstellers, teilweise auch den des Geräte-Herstellers. Dementsprechend kann ein *passiver On-path-Angreifer* (s. Abschnitt 3.3.1), der die DNS-Anfragen von Teilnehmern beobachten kann, leicht auf die verwendete Smartphone-Plattform schließen.

Wie zu erwarten lassen sich Smartphone-Betriebssysteme aufgrund der dort vorherrschenden verteilten Software-Architektur vergleichsweise leicht anhand von DNS-Anfragen identifizieren. Beim Smartphone-Versuch wurden die das Betriebssystem identifizierenden DNS-Anfragen unmittelbar durch Benutzeraktivitäten ausgelöst, die eine Kommunikation mit Netzdiensten des Herstellers erforderten. Es ist davon auszugehen, dass sich auch Desktop-Betriebssysteme anhand von DNS-Anfragen erkennen lassen, zumindest wenn der Nutzer entsprechende Funktionen oder Anwendungen aufruft, die eine Kommunikation mit den Netzdiensten des Herstellers erfordern.

Fragestellung   Aus Sicht des Beobachters, der das Betriebssystem eines Endgeräts ermitteln möchte, ist es allerdings wünschenswert, dass diese Erkennung nicht auf die

Tabelle 4.13: Erkennung von Smartphone-Betriebssystemen anhand von charakteristischen DNS-Anfragen

System	Domainnamen
Android	*2.android.pool.ntp.org accounts.google.com android.clients.google.com android.googleapis.com api.parse.com clients3.google.com clients4.google.com mtalk.google.com oauth.googleusercontent.com play.googleapis.com tools.google.com www.googleadservices.com www.googleapis.com*
iOS	*EVIntl-ocsp.verisign.com [x].da1.akamai.net [x].mzstatic.com [x].phobos.apple.com apple-mobile.query.yahooapis.com cl2.apple.com client-api.itunes.apple.com configuration.apple.com fmfmobile.icloud.com fmipmobile.icloud.com gs-loc.apple.com gsp-ssl.ls.apple.com gsp10-ssl.apple.com gspa[x].ls.apple.com gspa35-ssl.ls.apple.com guzzoni.apple.com init-p01md.apple.com init.ess.apple.com init.gc.apple.com init.itunes.apple.com itunes.apple.com mesu.apple.com [x]-bookmarks.icloud.com [x]-caldav.icloud.com [x]-contacts.icloud.com [x]-content.icloud.com [x]-fmfmobile.icloud.com [x]-fmip.icloud.com [x]-fmipmobile.icloud.com [x]-imap.mail.me.com [x]-keyvalueservice.icloud.com [x]-ubiquity.icloud.com [x]-ubiquityws.icloud.com p2-buy.itunes.apple.com pd-st.itunes.apple.com s.mzstatic.com se.itunes.apple.com secure.store.apple.com secure2.store.apple.com securemetrics.apple.com service.gc.apple.com service1.ess.apple.com sp.itunes.apple.com static.gc.apple.com statici.icloud.com store.apple.com www.isg-apple.com.akadns.net xp.apple.com*
Windows	*account.nokia.com api.bing.com api.live.net appserver.m.bing.net appspot.l.google.com blu-m.hotmail.com catalog.zune.net cdn.marketplaceimages.windowsphone.com cdp1.public-trust.com clientconfig.passport.net ctldl.windowsupdate.com dcpservice.windowsphone.com device.ccpservice.windowsphone.com device.rooms.windowsphone.com devicecertificateservice.windowsphone.com directory.services.live.com disco.moservices.microsoft.com discoveryservice.windowsphone.com docs.live.net download.nlp.nokia.com download.vcdn.nokia.com download.windowsupdate.com ds.download.windowsupdate.com evintl-ocsp.verisign.com evsecure-ocsp.verisign.com fe1.update.microsoft.com iaa.ccs.nokia.com image.catalog.zune.net inference.location.live.net login.live.com m.hotmail.com marketplaceconfigservice.windowsphone.com marketplaceedgeservice.windowsphone.com moservices.microsoft.com mscrl.microsoft.com ocsp.verisign.com odc.nokia.com p.pfx.msprod.online2.pos.svc.ovi.com roaming.officeapps.live.com safebrowsing-cache.google.com safebrowsing.google.com sqm.telemetry.microsoft.com static.bundles.nlp.nokia.com statsfe1.update.microsoft.com version.nlp.nokia.com www.msftncsi.com*

Legende: [x]: Platzhalter für variierende Zahlen/Zeichenfolge

Mitwirkung des Nutzers angewiesen ist. Die in diesem Abschnitt durchgeführte Untersuchung der Desktop-Betriebssysteme geht daher der Frage nach, inwiefern die Betriebssystem-Identifizierung **auch ohne nutzerinduzierte DNS-Anfragen** gelingen kann, ob also Desktop-Betriebssysteme ohne Zutun des Nutzers im Hintergrund DNS-Anfragen stellen, welche unmittelbar den Betriebssystem-Typ preisgeben oder anhand derer auf das verwendete Betriebssystem geschlossen werden kann.

Dieser Abschnitt ist wie folgt aufgebaut: Zunächst werden in Abschnitt 4.3.2.1 die Versuchsumgebung und die Vorgehensweise bei der Untersuchung beschrieben. Anschließend werden in Abschnitt 4.3.2.2 die Versuchsergebnisse dargestellt und in Abschnitt 4.3.2.3 in einem Fazit zusammengefasst.

4.3.2.1 Vorgehensweise

Gegenstand der Untersuchung sind sieben populäre Desktop-Betriebssysteme verschiedener Hersteller. Neben Microsoft Windows werden verschiedene Linux-Derivate (Ubuntu 12.04, CentOS 6.3 und openSUSE 12.2) sowie Apples MacOS X („Mountain Lion", Version 10.8.5) analysiert. Um Änderungen im Zeitverlauf darstellen zu können, wird nicht nur die aktuelle Version Windows 8 einbezogen, sondern zusätzlich auch die älteren Versionen Windows 7 und Windows XP (Service Pack 3). Die Untersuchung besteht aus drei Phasen: Vorbereitung, Beobachtung und Analyse.

In der **Vorbereitungsphase** werden die Desktop-Systeme getrennt voneinander mit dem Programm VMware Fusion[15] in virtuellen Maschinen (VMs) installiert. Um durch die Untersuchung praxisrelevante Aussagen treffen zu können, werden bei der Installation die vorgeschlagenen Einstellungen übernommen. Nach der Installation werden keine Veränderungen an Systemeinstellungen vorgenommen. Es handelt sich also um Standard-Installationen der Systeme, wie sie in der Praxis häufig zum Einsatz kommen (vgl. [SS08; Lohl1]). Bei Windows 8 wird das lokale Konto wie vorgeschlagen mit einem sog. Microsoft-Konto verknüpft, bei MacOS X wird eine Apple-ID zur Synchronisierung mit dem iCloud-Dienst eingetragen und bei Ubuntu wird der Online-Speicherdienst „Ubuntu One" eingerichtet. Die getesteten Smartphones werden auf die Werkseinstellungen zurückgesetzt. Bevor mit der Untersuchung begonnen wird, werden alle zum Untersuchungszeitpunkt (Oktober 2013) angebotenen Sicherheitsupdates eingespielt.

In der **Beobachtungsphase** wird jede VM separat gestartet. Für die Internetanbindung der VMs wird VMware im sog. NAT-Modus betrieben, der sicherstellt, dass die VMs außer dem Wirtssystem keine anderen Rechner im Netz wahrnehmen und somit ihr Verhalten nicht unkontrolliert beeinflusst wird. Die Namensauflösung erfolgt über einen rekursiven Nameserver der Universität Hamburg.

Im Wirtssystem (MacOS X 10.8) werden mit Wireshark alle DNS-Anfragen des jeweils untersuchten Betriebssystems protokolliert. Um zuverlässige Ergebnisse zu erhalten, wird jedes System über einen Zeitraum von zwei Wochen mehrmals gestartet und insgesamt etwa drei Stunden betrieben. Um auszuschließen, dass die aufgezeichneten DNS-Anfragen durch Benutzeraktivitäten verursacht werden, werden ausschließlich lokale Aktivitäten in den Systemen durchgeführt (Authentifizierung am Anmeldebildschirm, Öffnen und Editieren von Textdateien, usw.), die an sich keine Interaktion mit Internetdiensten erfordern.

In der **Analysephase** werden die erhobenen Daten ausgewertet. Das Ergebnis der obigen Untersuchungen ist die Menge der *automatisch angefragten Domainnamen* D_0. Nur wenn bekannt ist, dass ein Domainname ausschließlich von einem bestimmten Betriebssystem-Prozess aufgelöst wird, handelt es sich um einen *zweifelsfrei identifizierenden Domainnamen*. Anhand der Tatsache, dass ein zweifelsfrei identifizierender Domainname in den Anfragen eines Systems zu beobachten ist, kann darauf geschlossen werden, dass auf dem

---

[15]Homepage: *http://www.vmware.com/*

beobachteten System ein bestimmtes Betriebssystem in einer bestimmten Version zum Einsatz kommt.

Eine abschließende Prüfung, ob es sich bei den Domainnamen in D_0 um zweifelsfrei identifizierende Domainnamen handelt, ist äußerst aufwendig. Für eine erste Abschätzung werden im Rahmen der Untersuchung daher lediglich **potenziell identifizierende Domainnamen** ermittelt, indem alle Domainnamen in D_0 einer manuellen Prüfung unterzogen werden. Bei dieser Prüfung wird zum einen untersucht, ob mit einem automatisch angefragten Domainnamen ein System von den anderen in der Untersuchung betrachteten Systemen unterschieden werden kann (sog. „Closed-World"-Evaluation). Weiterhin wird untersucht, ob der jeweilige Domainname auch durch typische Nutzeraktivitäten oder durch Anwendungen des jeweiligen Herstellers aufgelöst wird, wenn diese unter einem anderen Betriebssystem ausgeführt werden. Die Prüfung besteht aus **vier Prüfschritten**:

1. Im ersten Prüfschritt wird die Menge aller automatisch angefragten Domainnamen D_0 betrachtet. In diesem Schritt wird ermittelt, ob die Domainnamen eine Unterscheidung der sieben betrachteten Systeme erlauben. Namen, die bei *mehreren* Betriebssystemen zu beobachten sind, werden nach dieser Systematik als *nichtidentifizierende Domainnamen* eingestuft, da sie keine eindeutige Bestimmung des Betriebssystems bzw. der verwendeten Version zulassen. Sie werden in die Menge D_0^* aufgenommen. Die Liste der verbliebenen Domainnamen $D_1 = D_0 \setminus D_0^*$ wird im zweiten Schritt untersucht.

2. Im zweiten Prüfschritt wird D_1 betrachtet. Soweit verfügbar werden Anwendungen der jeweiligen Hersteller unter fremden Betriebssystemen installiert (also etwa das Apple-Programm „iTunes" unter Windows) und in der fremden Betriebsumgebung gestartet. Die Programme werden so intensiv benutzt, dass sie mit den Online-Diensten der Hersteller interagieren. Die dabei gestellten DNS-Anfragen werden aufgezeichnet (D_1^*). Die Domainnamen in $D_1 \cap D_1^*$ sind wiederum *nicht-identifizierende Domainnamen*. Die Liste der verbliebenen Domainnamen $D_2 = D_1 \setminus D_1^*$ wird im dritten Prüfschritt untersucht.

3. Für jeden Domainnamen in D_2 wird geprüft, ob ein Webserver unter der IP-Adresse, auf die der Domainname zeigt, erreichbar ist. Wenn der Webserver Inhalte ausliefert, die sich offensichtlich an Menschen richten, handelt es sich beim geprüften Namen um einen nicht-identifizierenden Domainnamen, der zur Liste D_2^* hinzugefügt wird. Die Liste der verbliebenen Domainnamen $D_3 = D_2 \setminus D_2^*$ wird im vierten Prüfschritt untersucht.

4. In diesem Schritt wird abgeschätzt, ob Anfragen für die Domainnamen in D_3 auch dadurch hervorgerufen werden könnten, dass ein Nutzer im Internet surft. Dazu wurden zum einen 50 populäre Webseiten (auf Basis der statistischen Daten des Dienstleisters Alexa[16]) mit einem zum Untersuchungszeitpunkt aktuellen Firefox-Browser abgerufen und zum anderen die Seiten der Betriebssystem-Hersteller besucht. Der Abruf der Webseiten erfolgte jeweils per HTTP und – falls möglich –

---

[16]Homepage: *http://www.alexa.com/*

per HTTPS. Die dabei vom Browser gestellten DNS-Anfragen (inklusive der Anfragen im Rahmen der unten erläuterten Zertifikatsvalidierung) bilden die Menge D_3^*.[17] Domainnamen, die in D_3^* enthalten sind, eignen sich nicht zur Identifizierung. Bei den übrigen Domainnamen $D_4 = D_3 \setminus D_3^*$ handelt es sich schließlich um die *potenziell identifizierenden Domainnamen* für das jeweilige Betriebssystem.

4.3.2.2 Ergebnisse

In den Tabellen 4.14 und 4.15 sind die in der Beobachtungsphase aufgezeichneten Domainnamen aufgeführt, wobei die potenziell identifizierenden Domainnamen *in schwarzer Farbe* gesetzt sind. Die Aufstellung verdeutlicht einerseits, *dass* die verbreiteten Betriebssysteme unabhängig von den Aktivitäten des Benutzers im Hintergrund DNS-Anfragen stellen, und andererseits, dass fast alle betrachteten Systeme auch potenziell identifizierende Anfragen stellen. Bei einer rein quantitativen Betrachtung fällt auf, dass moderne Systeme, die sich an Heimverbraucher richten (Windows 7, Windows 8, MacOS X), wesentlich mehr Anfragen stellen als ältere Systeme (Windows XP) bzw. Betriebssysteme, die sich an technisch versierte Nutzer richten (Ubuntu, CentOS, openSUSE). Anhand der Domainnamen lässt sich in den meisten Fällen die Ursache für die Namensauflösung ermitteln. Im Folgenden werden die wesentlichen Erkenntnisse zusammengefasst.

Alle Systeme führen Update-Überprüfungen (**Kategorie U** in Tabelle 4.14) durch, indem sie auf der Internetseite des Herstellers die verfügbaren Updates abrufen. Anhand dieser Anfragen lässt sich in der Regel unmittelbar der Hersteller des Systems erkennen. Da sich die Routinen in den verschiedenen Betriebssystemversionen von Microsoft unterscheiden, kann hier sogar auf die Version des Betriebssystems geschlossen werden. So lässt sich Windows 8 etwa u. a. an der DNS-Anfrage für *au.v4.download.windowsupdate.com* von Windows 7 unterscheiden. Auch die Anfragen für *definitionupdates.microsoft.com* und *spynet2.microsoft.com*, die von den bei Windows 8 automatisch aktivierten Microsoft Security Essentials bzw. Microsoft SpyNet verursacht werden [Mic13e; Mic13b], ermöglichen die Unterscheidung. Windows XP lässt sich zwar anhand der *von ihm* gestellten Anfragen (*update.microsoft.com* und *download.windowsupdate.com*) nicht unmittelbar identifizieren, da diese Domains auch von Windows 7 angefragt werden; es lässt sich jedoch anhand der *nicht gestellten* Anfragen von anderen Systemen abgrenzen: Der Domainname *ctldl.windowsupdate.com* wird nur von Windows 7 bzw. Windows 8 angefragt. Bei den betrachteten Linux-Derivaten ist es hingegen nicht möglich, anhand der Abfragen die Version des Systems zu ermitteln, da alle aktuelleren Versionen von Ubuntu, CentOS und openSUSE während der Update-Überprüfung jeweils die in der Tabelle dargestellten Anfragen stellen.

Bis auf openSUSE werden alle betrachteten Systeme bei der Installation automatisch so konfiguriert, dass sie die Uhrzeit des Rechners in regelmäßigen Abständen über das

---

[17]Um bei diesem Schritt ausschließlich die DNS-Anfragen des Browsers zu erfassen, wird dessen Datenverkehr durch einen Squid-Proxy-Server (*http://www.squid-cache.org*) geleitet. Anhand der Access-Log-Dateien von Squid können dann die DNS-Anfragen des Browsers ermittelt werden.

Tabelle 4.14: Hintergrund-Aktivität der Betriebssysteme als Ursache für DNS-Anfragen

Windows XP	
U	*download.windowsupdate.com update.microsoft.com*
Z	*time.windows.com*

Windows 7	
U	*au.download.windowsupdate.com ctldl.windowsupdate.com*
	download.windowsupdate.comupdate.microsoft.com
Z	*time.windows.com*
P	**watson.microsoft.com**
N	**ipv6.msftncsi.com** *dns.msftncsi.com isatap.[domain] teredo.ipv6.microsoft.com wpad.[domain]*
	www.msftncsi.com
S	**gadgets.live.com money.service.msn.com weather.service.msn.com**

Windows 8	
U	**au.v4.download.windowsupdate.com bg.v4.emdl.ws.microsoft.com ds.download.windowsup-**
	date.com fe[x].update.microsoft.com fe[x].ws.microsoft.com definitionupdates.microsoft.com
	spynet2.microsoft.com *ctldl.windowsupdate.com*
Z	*time.windows.com*
P	**sqm.telemetry.microsoft.com watson.telemetry.microsoft.com**
N	*teredo.ipv6.microsoft.com www.msftncsi.com dns.msftncsi.com isatap.[domain] wpad.[domain]*
C	**crl.globalsign.net** *evintl-ocsp.verisign.com evsecure-ocsp.verisign.com* **mscrl.microsoft.com**
	ocsp.verisign.com
A	**clientconfig.passport.net** *go.microsoft.com login.live.com*
S	**appexbingfinance.trafficmanager.net appexbingweather.trafficmanager.net appexdb[x].stb.s-msn-**
	.com appexsports.trafficmanager.net client.wns.windows.com de-de.appex-rf.msn.com finance.ser-
	vices.appex.bing.com financeweur[x].blob.appex.bing.com ssw.live.com weather.tile.appex.bing-
	.com

Legende: [U]: Update-Überprüfung; [Z]: Zeit-Synchronisierung; [P]: Problembericht-Übermittlung; [N]: Netzstatus-Erkennung; [C]: Zertifikatsvalidierung; [A]: Aktivitäten nach der Anmeldung; [S]: sonstige Hintergrundaktivitäten; [x]: Platzhalter für variierende Zahlen/Zeichenfolge; [**domain**]: Platzhalter für Domainsuffix. **Potenziell identifizierende Domainnamen** sind *in schwarzer Farbe* gesetzt.

Internet synchronisieren (**Kategorie Z** in Tabelle 4.14). Dabei wird NTP (Network Time Protocol [Mil92; Mil+10]) verwendet. Die Hersteller der betrachteten Systeme betreiben zu diesem Zweck eigene NTP-Server, deren Domainname den Hersteller des Betriebssystems ausweist. Ubuntu verwendet zusätzlich einen GeoIP-Dienst, um herauszufinden, ob sich die Zeitzone geändert hat [Ubu13].

Aktuelle Systeme verfügen über eine Funktion zur automatischen Übermittlung von Problemberichten (**Kategorie P** in Tabelle 4.14). Bei Windows 7 und Windows 8 kommt hierfür der „Windows Error Reporting"-Dienst zum Einsatz [Mic13a]. Dadurch wird der Hersteller zum einen über Software-Abstürze informiert, zum anderen kann der Hersteller dem Nutzer bei einem Absturz konkrete Lösungsvorschläge anbieten. Da während der Untersuchungen keine Abstürze auftraten, deuten die beobachteten DNS-Anfragen der Systeme darauf hin, dass dieser Dienst auch ohne Anlass aktiv ist. Die Anfragen traten sogar noch auf, nachdem die Fehlerbericht-Übermittlung in den Systemeinstellungen

Tabelle 4.15: Hintergrund-Aktivität der Betriebssysteme (Fortsetzung von Tabelle 4.14)

MacOS X 10.8	
U	*su.itunes.apple.com swcdnlocator.apple.com swdist.apple.com swscan.apple.com*
	metrics.mzstatic.com r.mzstatic.com s.mzstatic.com swcdn.apple.com
Z	*time.euro.apple.com*
P	*internalcheck.apple.com radarsubmissions.apple.com* securemetrics.apple.com
C	*EVIntl-ocsp.verisign.com EVSecure-ocsp.verisign.com SVRSecure-G3-aia.verisign.com*
	ocsp.apple.com ocsp.entrust.net ocsp.verisign.com
A	*configuration.apple.com identity.apple.com init.ess.apple.com init-p[x]md.apple.com*
	albert.apple.com
S	*[x].guzzoni-apple.com.akadns.net a[x].phobos.apple.com ax.init.itunes.apple.com*
	keyvalueservice.icloud.com p[x]-caldav.icloud.com p[x]-contacts.icloud.com
	p[x]-imap.mail.me.com [x]-courier.push.apple.com itunes.apple.com

Ubuntu 12.04	
U	*changelogs.ubuntu.com*
Z	*geoip.ubuntu.com ntp.ubuntu.com*
P	*daisy.ubuntu.com*
A	*_https._tcp.fs.one.ubuntu.com fs-[x].one.ubuntu.com one.ubuntu.com*

CentOS 6.3	
U	*mirrorlist.centos.org*
Z	*[x].centos.pool.ntp.org*

openSUSE 12.2	
U	*download.opensuse.org opensuse-community.org*

Legende: siehe Tabelle 4.14

deaktiviert worden war. MacOS X verfügt mit CrashReporter und SubmitDiagInfo über vergleichbare Dienste, die im Experiment ebenfalls anlassunabhängig DNS-Anfragen erzeugten. Auch Ubuntu übermittelt Informationen zu Software-Abstürzen an seinen Hersteller.

Weitere DNS-Anfragen werden bei aktuellen Windows-Systemen von Funktionen verursacht, welche die Eigenschaften des Netzes, mit dem das System verbunden ist, ermitteln. Die dazugehörigen Anfragen sind in **Kategorie N** aufgeführt. Neben der Überprüfung der Unterstützung für das IPv6-Tunneling-Protokoll Teredo [Hui06] ist hier die Netzwerkverbindungs-Statusanzeige (Network Connectivity Status Indicator, abgekürzt NCSI) zu nennen [Kel06]. Jedes Mal, wenn eine Verbindung zu einem Netz (drahtlos oder drahtgebunden) hergestellt wird, überprüft das Betriebssystem, ob dieses Netz eine Verbindung zum Internet ermöglicht und informiert den Benutzer durch ein entsprechendes Symbol in der Taskleiste. Neben Teredo unterstützen die beiden Betriebssysteme auch das Intra-Site Automatic Tunnel Addressing Protocol (ISATAP, [TGT08]), das zu entsprechenden DNS-Anfragen führt, die mit der lokal konfigurierten DNS-Suchdomain ergänzt werden. Schließlich versuchen die neueren Windows-Betriebssysteme bereits direkt nach dem Booten mittels des WPAD-Protokolls (Web Proxy Autodiscovery Protocol, [Gau+99]) einen HTTP-Proxy im lokalen Netz zu finden. Windows XP führt WPAD-bezogene Anfragen zwar auch durch, allerdings nur anlassbezogen, etwa wenn der Internet Explorer gestartet wird; das IPv6-Protokoll wird von diesem System zwar grundsätzlich ebenfalls unterstützt, die entsprechenden Funktionen sind im Auslieferungszustand jedoch deaktiviert, so dass bei Windows XP typischerweise keine ISATAP- und Teredo-Anfragen zu beobachten sind.

Auch die Validierung von X.509-Zertifikaten führt zu DNS-Anfragen (**Kategorie C** in Tabelle 4.14). Die modernen Betriebssysteme nutzen SSL bzw. TLS, um die im Hintergrund an den Hersteller übermittelten Informationen vertraulich zu halten. Um die Gültigkeit der von den Servern präsentierten Zertifikate zu überprüfen, muss das Betriebssystem die aktuelle Certificate-Revocation-Liste bei der Zertifizierungsstelle (engl. „Certification Authority", abgek.: CA) herunterladen bzw. mit dem Online Certificate Status Protocol (OCSP, [Mye+99; San+13]) eine Anfrage an die CA senden (vgl. hierzu [Ble+05, S. 375 ff., 379 ff.]). Dies führt bei Windows 8 und MacOS X mehrmals täglich zu einer Menge von DNS-Anfragen. Anhand einiger Domainnamen (*mscrl.microsoft.com* bzw. *ocsp.apple.com*) kann teilweise auch auf den Hersteller des Systems zurückgeschlossen werden. Auch wenn die Betriebssysteme teilweise unterschiedlich CAs kontaktieren (Windows 8: GlobalSign, MacOS X: EnTrust), ist eine Identifizierung anhand der damit verbundenen DNS-Anfragen nicht unmittelbar möglich, da dieselben Anfragen auch beim Besuch von Webseiten erzeugt werden, die ein Zertifikat von diesen CAs verwenden – unabhängig davon, welches Betriebssystem dabei verwendet wird.

In den verbleibenden beiden Kategorien sind DNS-Anfragen aufgeführt, die sich keiner der bisherigen Kategorien zuordnen lassen. Dabei wird einerseits zwischen DNS-Anfragen unterschieden, die unmittelbar nach der Eingabe von Benutzername und Passwort auf dem Anmeldebildschirm zu beobachten sind und andererseits allen sonstigen anlassunabhängigen DNS-Anfragen. Bei Windows 8, MacOS X und Ubuntu sind DNS-Anfragen beim Anmeldevorgang (**Kategorie A** in Tabelle 4.14) zu beobachten – und diese lassen großteils unmittelbar Rückschlüsse auf den Hersteller zu. Als Ursache lässt sich die enge Integration der Online-Konten der Hersteller in die jeweiligen Systeme identifizieren. Bei Windows 8 ist das lokale Benutzer-Konto mit dem online gepflegten Microsoft-Konto verknüpft [Micl3d], bei MacOS X ist im System die Apple-ID hinterlegt, die zur Synchronisierung von Daten (etwa dem Kalender und dem Adressbuch) mit dem iCloud-Dienst verwendet werden soll [App13], und bei Ubuntu ist der Online-Speicherdienst Ubuntu One in das Betriebssystem integriert.

Die sonstigen Hintergrundanfragen, die in **Kategorie S** aufgeführt sind, resultieren schließlich aus regelmäßig angestoßenen Synchronisationsprozessen (insbesondere bei MacOS X) und der fortlaufenden Aktualisierung der Mini-Programme auf dem Desktop (Windows 7) bzw. der Kacheln (Windows 8).

Die in **Kategorie S** enthaltenen Namen sind in Tabelle 4.14 zwar gemäß der aufgestellten Systematik als potenziell identifizierende Domainnamen ausgewiesen, allerdings ist zu bedenken, dass diese Namen u. U. auch von mobilen Endgeräten des jeweiligen Herstellers (Apples iPhone bzw. Windows Phone) angefragt werden. Wie im einleitenden

Beispiel illustriert, lösen mobile Endgeräte jedoch bei der Benutzung zahlreiche identifizierende Domainnamen auf, anhand derer ein mobiles Endgerät als solches zu erkennen ist. Eine genauere Untersuchung zur Abgrenzung der mobilen Endgeräte von Desktop-Betriebssystemen bleibt zukünftigen Arbeiten vorbehalten.

Eine Diskussion der Aussagekraft der Ergebnisse folgt in Abschnitt 4.3.6.

4.3.2.3 Fazit zur Betriebssystem-Erkennung

Die betrachteten Betriebssysteme verfügen über Hintergrunddienste, welche unabhängig vom Nutzer DNS-Anfragen stellen. Bis auf die beiden Systeme Windows XP und openSUSE finden sich bei allen betrachteten Betriebssystemen potenziell identifizierende Domainnamen. Bei diesen Domainnamen ist davon auszugehen, dass sie ausschließlich durch das jeweilige Betriebssystem abgerufen werden und somit zur Identifizierung des verwendeten Betriebssystems geeignet sind. Da die meisten Systeme innerhalb kurzer Zeit zahlreiche dieser Domainnamen auflösen, hat ein passiver On-path-Angreifer, etwa ein rekursiver Nameserver, in der Praxis gute Chancen, das Betriebssystem eines Teilnehmers schon anhand der automatisch generierten DNS-Anfragen zu ermitteln.

Die domainbasierte Betriebssystemerkennung kann verhindert werden, indem die betreffenden Dienste, etwa die automatische Synchronisierung der Uhrzeit und die Suche nach Aktualisierungen, deaktiviert werden. Bei modernen Systemen, wie Windows 8 und MacOS X 10.8.5, die eng an die Online-Dienste ihrer Hersteller gekoppelt sind, ist es jedoch u. U. nicht möglich, alle Verursacher zu deaktivieren. Bei diesen Systemen sind zusätzliche technische Maßnahmen erforderlich, um zu verhindern, dass identifizierende Anfragen gestellt werden. Im betrieblichen Umfeld kommt zum Beispiel die Verwendung eines eigenen rekursiven Nameservers in Frage, der die betreffenden DNS-Anfragen nicht weiterleitet. Hierzu eignen sich etwa die von Vixie eingeführten „Response Policy Zones" (abgek. RPZ [Vix13]).

4.3.3 Web-Browser-Erkennung durch Domainnamen

Auch die Hersteller von Web-Browsern integrieren zunehmend Online-Dienste in ihre Programme. Es besteht daher Grund zur Annahme, dass auch Web-Browser anhand der von ihnen aufgelösten Domainnamen identifiziert werden können. Die Identifizierung des von einem Nutzer verwendeten Web-Browsers kann die gezielte Ausnutzung von Sicherheitslücken erleichtern.

Fragestellung   In diesem Abschnitt wird der Frage nachgegangen, ob der Beobachter die gängigen Web-Browser anhand der von ihnen automatisch aufgelösten Domainnamen identifizieren kann.

Dieser Abschnitt ist wie folgt aufgebaut: Zunächst werden in Abschnitt 4.3.3.1 die Versuchsumgebung und die Vorgehensweise bei der Untersuchung beschrieben. Anschließend werden in Abschnitt 4.3.3.2 die Versuchsergebnisse dargestellt und in Abschnitt 4.3.3.3 in einem Fazit zusammengefasst.

4.3.3.1 Vorgehensweise

Gegenstand der Untersuchung sind die gängigen Web-Browser in den zum Versuchszeitpunkt (November 2013) aktuellen Versionen: Microsoft Internet Explorer 8 bzw. 10, Mozilla Firefox 25, Safari 6.1 und Google Chrome 31.0.1650.57.

Die Versuchsdurchführung orientiert sich weitgehend an der in Abschnitt 4.3.2 beschriebenen Vorgehensweise: In der *Vorbereitungsphase* werden die Web-Browser in den virtuellen Maschinen aller Betriebssysteme installiert. Browser, die für mehrere Betriebssysteme verfügbar sind, wurden jeweils unter allen in Frage kommenden Betriebssystemen untersucht, um betriebssystemspezifische Unterschiede im Anfrageverhalten aufzudecken. Zur Installation des Firefox-Browsers in den Linux-Systemen wurde nicht die distributionseigene Paketverwaltung verwendet, sondern das Installationspaket von der Homepage der Browser-Hersteller heruntergeladen, um die Untersuchung mit einem einheitlichen Versionsstand durchführen zu können; eventuell vorhandene distributionsspezifische Anpassungen sind in der Untersuchung daher nicht zu beobachten.

Um möglichst generalisierbare Erkenntnisse zu gewinnen, werden die Browser so konfiguriert, dass sie beim Start eine leere Seite („about:blank") öffnen; der Aufruf der herstellereigenen Startseite, die naturgemäß potenziell identifizierende Domainnamen enthält, wird dadurch unterbunden. Abgesehen davon wird die Standard-Konfiguration beibehalten. In der *Beobachtungsphase* werden mit Wireshark die DNS-Anfragen protokolliert, welche die Web-Browser nach dem Start bzw. im Hintergrund stellen. In der *Analysephase* wird wie in Abschnitt 4.3.2 geprüft, ob die in der Beobachtungsphase gesammelten Anfragen potenziell identifizierende Domainnamen enthalten.

4.3.3.2 Ergebnisse

Im Versuch waren keine betriebssystemspezifischen Unterschiede zu beobachten. Die potenziell identifizierenden Domains, die in der Untersuchung reproduzierbar beim Start bzw. im Betrieb der Web-Browser zu beobachten waren, sind in Tabelle 4.16 aufgeführt.

Der Firefox-Browser lässt sich anhand der regelmäßig durchgeführten Prüfung auf Aktualisierungen des Browsers (insbesondere anhand von *aus3.mozilla.org*) bzw. der installierten Add-Ons (u. a. *versioncheck.addons.mozilla.org*) erkennen. Das Herunterladen von Aktualisierungen führt ebenfalls zu charakteristischen DNS-Anfragen (*download.cdn.mozilla.net*). Weiterhin führt die nach der Installation automatisch aktivierte Übermittlung von Fehlerberichten an den Hersteller („Firefox Health Report" [Fit12]) zu Anfragen für den potenziell identifizierenden Domainnamen *fhr.data.mozilla.com*.

Die beiden Internet-Explorer-Browser lösen den Domainnamen *urs.microsoft.com* auf. Dies lässt sich auf den sog. SmartScreen-Filter zurückführen, mit dem die Reputation

Tabelle 4.16: Hintergrund-Aktivität der Web-Browser als Ursache für DNS-Anfragen

Browser	Domainnamen
Firefox	*aus3.mozilla.org download.cdn.mozilla.net fhr.data.mozilla.com services.addons.mozilla.org versioncheck-bg.addons.mozilla.org versioncheck.addons.mozilla.org addons.mozilla.org cache.pack-.google.com download.mozilla.org [x].pack.google.com safebrowsing-cache.google.com safebrowsing.clients.google.com tools.google.com*
IE 8	*urs.microsoft.com*
IE 10	*ctldl.windowsupdate.com iecvlist.microsoft.com t.urs.microsoft.com mscrl.microsoft.com urs.microsoft.com www.bing.com*
Safari	*apis.google.com clients.l.google.com clients1.google.com safebrowsing-cache.google.com safebrowsing.clients.google.com ssl.gstatic.com www.google.com www.google.de www.gstatic.com*
Chrome	*safebrowsing.google.com translate.googleapis.com [xxxxxxxxxx].[domain] apis.google.com cache-.pack.google.com clients[x].google.com [x].pack.google.com safebrowsing-cache.google.com safebrowsing.clients.google.com ssl.gstatic.com tools.google.com www.google.com www.google.de www.gstatic.com*

Legende: [x]: Platzhalter für variierende Zahlen/Zeichenfolge; [domain]: Platzhalter für Domainsuffix
Potenziell identifizierende Domainnamen sind *in schwarzer Farbe* gesetzt.

von eingegebenen URLs überprüft wird [Mic12c]. Anhand dieses Domainnamens alleine lassen sich die beiden Versionen daher nicht unterscheiden. Da der neuere Browser jedoch weitere potenziell identifizierende Domainnamen auflöst, die bei Version 8 nicht zu beobachten sind, ist eine Unterscheidung der beiden Browser-Versionen dennoch möglich. Version 10 lässt sich insbesondere an den Domainnamen *ctldl.windowsupdate.com* und *iecvlist.microsoft.com* erkennen, die bei der Aktualisierung der Root-Zertifikate aufgelöst werden [Mic13c].

Safari ist in der Untersuchung der einzige Web-Browser, der sich anhand der im Hintergrund gestellten DNS-Anfragen nicht identifizieren lässt. Die von ihm im Hintergrund aufgelösten Domainnamen treten auch bei den Firefox- und Chrome-Browsern auf. Diese drei Web-Browser zeichnen sich dadurch aus, dass sie zum einen die Funktion „Google Suggest" verwenden, mit der schon während der Eingabe einer URL Such-Vorschläge generiert werden, und zum anderen die Googles Safe-Browsing-Funktion nutzen, um vor Webseiten zu warnen, die Schadsoftware verteilen. Die dabei gestellten Anfragen sind demnach nicht potenziell identifizierend, sondern können lediglich zur Eingrenzung des Web-Browsers auf die Gruppe Firefox, Safari oder Chrome dienen.

Auch der Chrome-Browser weist einige potenziell identifizierende Domainnamen auf, etwa *safebrowsing.google.com* und *translate.googleapis.com*. Direkt nach dem Start stellt Chrome zudem charakteristische Anfragen für Domainnamen, die aus einer zufällig gewählten zehnstelligen Buchstabenkombination und dem Domainsuffix (s. S. 208) bestehen.

Eine Diskussion der Aussagekraft der Ergebnisse folgt in Abschnitt 4.3.6.

4.3.3.3 Fazit zur Web-Browser-Erkennung

Die gängigen Web-Browser (außer Safari) lassen sich unabhängig vom verwendeten Betriebssystem anhand von potenziell identifizierenden Domainnamen, die sie selbstständig im Hintergrund auflösen, identifizieren. Es ist also davon auszugehen, dass passive On-path-Angreifer, die Zugriff auf die DNS-Anfragen eines Teilnehmers haben, dazu in der Lage sind, den verwendeten Web-Browser zu ermitteln.

Die potenziell identifizierenden DNS-Anfragen werden vor allem durch Sicherheits- und Komfortfunktionen hervorgerufen, die zunehmend in die Web-Browser integriert werden. Eine Erkennung des Browsers anhand der angefragten Domainnamen kann verhindert werden, indem diese Funktionen deaktiviert werden – und der damit einhergehende Verlust an Sicherheit und Komfort hingenommen wird. In einigen Fällen (etwa beim Chrome-Browser) ist es jedoch nicht möglich, alle Funktionen zu deaktivieren, die zu den potenziell identifizierenden DNS-Anfragen führen. Es bleibt dann lediglich der Rückgriff auf die Filterung der ausgehenden DNS-Anfragen, etwa durch den Betrieb eines eigenen rekursiven Nameservers in Verbindung mit der bereits erwähnten RPZ-Technik (s. S. 201).

4.3.4 Anwendungs-Erkennung durch Domainnamen

In den vorherigen Abschnitten wurde dargelegt, dass sich gängige Betriebssysteme und Web-Browser anhand der aufgelösten Domainnamen erkennen lassen. Wie der bereits in Abschnitt 4.3.1.3 angesprochene NetworkProfiler von [Dai+13] und das einleitende Beispiel in Abschnitt 4.3.2 zeigen, ist diese Vorgehensweise auch bei Smartphone-Anwendungen zielführend. Smartphone-Anwendungen kommunizieren allerdings prinzipbedingt häufiger mit Online-Diensten als die im Folgenden betrachteten Desktop-Anwendungen.

Fragestellung   In diesem Abschnitt wird anhand ausgewählter Beispiele untersucht, welche gängigen Desktop-Anwendungen durch die Beobachtung von DNS-Anfragen identifiziert werden können.

Dieser Abschnitt ist wie folgt aufgebaut: Zunächst wird in Abschnitt 4.3.4.1 die zur Evaluation verwendete Vorgehensweise beschrieben. Anschließend werden in Abschnitt 4.3.4.2 die Ergebnisse dargestellt und in Abschnitt 4.3.4.3 in einem Fazit zusammengefasst.

4.3.4.1 Vorgehensweise

Repräsentative Aussagen zur Identifizierbarkeit von Desktop-Anwendungen erfordern umfangreiche Untersuchungen, in denen jede Anwendung manuell analysiert werden muss. Daher wird an dieser Stelle auf die Möglichkeit der Identifizierung von Desktop-Anwendungen lediglich exemplarisch hingewiesen.

Dazu wird in einem Experiment eine Auswahl populärer Desktop-Anwendungen betrachtet. Die Anwendungen werden in den in Abschnitt 4.3.2 genannten virtuellen Maschinen installiert (Standardinstallation ohne Anpassung der Konfiguration) und mit dem Verfahren analysiert, das bereits bei der Untersuchung der Web-Browser in Abschnitt 4.3.3 eingesetzt wurde. Dabei werden die DNS-Anfragen während des Starts der Anwendungen und zur Laufzeit protokolliert. Abgesehen vom einmaligen Start erfolgt keine weitere Interaktion mit den Anwendungen; es sind also lediglich DNS-Anfragen aufgelistet, die ohne Zutun des Nutzers entstehen. Anhand der aufgezeichneten automatisch angefragten Domainnamen werden schließlich durch Anwendung der Prüfschritte (s. S. 196) die potenziell identifizierenden Domainnamen ermittelt.

4.3.4.2 Ergebnisse

Die beobachteten Domainnamen sind in Tabelle 4.17 dargestellt, wobei zwischen Domainnamen, die lediglich beim Start der Anwendung aufgelöst werden, und den fett gedruckten Domainnamen, die während der Laufzeit der Anwendung mehrmals aufgelöst werden, unterschieden wird. Die gemäß der Prüfschritte als potenziell identifizierend einzustufenden Domainnamen sind in schwarzer Schrift gesetzt, die übrigen Domainnamen in grauer Schrift.

Die erste Gruppe der Anwendungen umfasst gängige **Virenscanner**. Diese prüfen beim Start und zur Laufzeit auf das Vorhandensein neuer Signaturdateien und verursachen dadurch DNS-Anfragen, die den Namen des Herstellers preisgeben. Abgesehen von Symantec stellen die zu beobachtenden Unternehmen ausschließlich Sicherheitsprodukte wie Virenscanner und Firewalls her, so dass anhand der Beobachtung der Domainnamen auf den Einsatz dieser Schutzmechanismen geschlossen werden kann.

In der zweiten Gruppe sind die **Kommunikationsanwendungen** Skype, ICQ und Adium enthalten, die sich beim Start mit einem zentralen Serverdienst verbinden und die Verbindung über die gesamte Laufzeit aufrechterhalten. Daher sind zur Laufzeit keine weiteren DNS-Anfragen zu beobachten. Die beobachtbaren Domainnamen geben Aufschluss über den jeweils eingesetzten Kommunikationsdienst.

Die dritte Gruppe umfasst **Synchronisationsanwendungen**, die den lokalen vorhandenen Informations- und Datenbestand mit einem Serverdienst abgleichen. Durch die dabei verursachten DNS-Anfragen geben sie ihren Hersteller bzw. ihren Produktnamen preis. Im Gegensatz zu den zuvor betrachteten Kommunikationsanwendungen sind bei den Synchronisationsanwendungen auch zur Laufzeit DNS-Anfragen zu beobachten. Dieser Unterschied lässt sich darauf zurückführen, dass die Anwendungen keine langlebige Verbindung zum Serverdienst herstellen, sondern (vermutlich u. a. zur Lastverteilung) zur Kommunikation während der Laufzeit kurzlebige Verbindungen nutzen. Liegt ein Domainname zum Zeitpunkt eines Verbindungsaufbaus nicht mehr im Cache vor, ist wieder eine DNS-Anfrage zu beobachten.

In der vierten Gruppe sind die **Browser-Plug-Ins** Flash und Java aufgeführt, die bei der Ausführung in unregelmäßigen Abständen nach Software-Aktualisierungen suchen. Die letzte Gruppe enthält **sonstige Desktop-Anwendungen**. Auch diese Anwendungen

Tabelle 4.17: Identifizierung von Desktop-Anwendungen anhand von DNS-Anfragen

Anwendung	Domainnamen
Avira	*notifier.avira.com personal.avira-update.com*
Avast	*[x].avast.com*
Bitdefender	*update.bitdefender.com upgrade.bitdefender.com*
Kaspersky	*dnl-[x].geo.kaspersky.com*
McAffee	*sm.mcaffee.com su3.mcaffee.com updatekeepalive.mcaffee.com*
Norton	*liveupdate.symantecliveupdate.com*
Adium	*www.adium.im*; Login bei ICQ: *login.icq.com api.login.icq.net*
ICQ	*api.login.icq.net login.icq.com **update.icq.com***
Skype	*conn.skype.com ui.skype.com*
Dropbox	***client[x].dropbox.com** d.dropbox.com **dl-client[x].dropbox.com** notify[x].dropbox.com*
Evernote	*www.evernote.com announce.evernote.com evernote.com evernote-a.akamai.net*
Things	***thingscloud.appspot.com** culturedcode.cachefly.net download.culturedcode.com*
Twitter	***api.twitter.com** twitter.com **userstream.twitter.com** settings.crashlytics.com*
Flash	*fpdownload[x].macromedia.com*
Java	*javadl-esd.oracle.com*
Acrobat	*acroipm.adobe.com service-updates.adobe.com*
Eclipse	*download.eclipse.com*
jDownloader	*update[x].jdownloader.com*
µTorrent	*router.utorrent.com update.utorrent.com*
StarMoney	*services.starfinanz.de*
VMware	*softwareupdate.vmware.com ueip.vmware.com ueip-vip.vmware.com*
VirtualBox	*update.virtualbox.org*

Legende: [x]: Platzhalter für variierende Zahlen/Zeichenfolge; **potenziell identifizierende Domainnamen** sind *in schwarzer Farbe* gesetzt; **fettgedruckte Domainnamen** werden zur Laufzeit mehrmals angefragt.

lassen sich mehrheitlich anhand ihrer DNS-Anfragen identifizieren, die sie beim Start zur Überprüfung auf Updates stellen.

Diskussion   Bei der Interpretation dieses Ergebnisses ist zu bedenken, dass im Versuch lediglich die DNS-Anfragen beim bzw. nach dem ersten Start der Anwendung aufgezeichnet wurden. Während einige Anwendungen bei jedem Start erneut nach Aktualisierungen suchen (z. B. VMware), führen andere diese Prüfung seltener, etwa z. B. nur einmal täglich durch (z. B. VirtualBox). Gerade bei kurzen Beobachtungszeiträumen ist eine zuverlässige Erkennung einer Anwendung anhand der DNS-Anfragen also nicht immer gewährleistet. Weitere Überlegungen zur Aussagekraft der Ergebnisse folgen in Abschnitt 4.3.6.

4.3.4.3 Fazit zur Anwendungs-Erkennung

Anhand der durchgeführten exemplarischen Untersuchungen wird deutlich, dass sich auch Desktop-Anwendungen anhand der angefragten Domainnamen identifizieren lassen. Zu den Ursachen zählen die mehr oder weniger regelmäßige Überprüfung auf Software-Updates beim Start sowie die Kommunikation mit Serverdiensten der Hersteller. Eine zuverlässige Erkennung ist vor allem bei Synchronisierungsanwendungen möglich, die sich im Betrieb in kurzen Abständen immer wieder erneut mit dem Serverdienst des Herstellers verbinden, da dadurch wiederkehrend derselbe Domainname angefragt wird.

Aktuelle Trends könnten allerdings dazu führen, dass die Erkennung von Desktop-Anwendungen anhand von DNS-Anfragen in Zukunft nicht mehr so gut gelingt. Einerseits werden Anwendungen in Zukunft möglicherweise zunehmend über die in Desktop-Betriebssystemen inzwischen integrierten „App-Stores" bezogen. Die Überprüfung auf Updates wird dabei in der Regel über einen Serverdienst des Betriebssystem-Herstellers abgewickelt, dessen Domainname keine Informationen über die installierten Anwendungen preisgibt. Zum anderen gibt es inzwischen erste Angebote (z. B. „Google App Engine"[18]), die es erlauben den Betrieb von Serverdiensten an einen Dienstleister auszulagern. Werden dabei generische Domainnamen verwendet, ist ein Rückschluss auf die genutzte Anwendung nicht mehr möglich.

4.3.5 Verhaltensbasierte Betriebssystem- und Browser-Erkennung

In den beiden vorigen Abschnitten wurde gezeigt, dass gängige Betriebssysteme und Browser potenziell identifizierende Domainnamen auflösen. Im Folgenden wird illustriert, dass eine Erkennung des Betriebssystems bzw. Web-Browsers auch dann gelingen kann, wenn der Beobachter *keine* potenziell identifizierenden Domainnamen erfassen kann, dass es also zum Schutz vor unerwünschter Preisgabe von Informationen nicht ausreicht, die Auflösung potenziell identifizierender Domainnamen zu unterdrücken.

Die verhaltensbasierte Erkennung basiert auf der Beobachtung, dass die RFCs keine präzisen Angaben zur Implementierung der Namensauflösung enthalten. Da die Stub-Resolver-Implementierungen in den verschiedenen Betriebssystemen bzw. die Funktionen zur Adressauflösung in den Browsern teilweise unabhängig voneinander entwickelt wurden, ist es gut vorstellbar, dass sich unterschiedliche Verhaltensweisen herausgebildet haben. Falls diese Vermutung zutrifft, ließe sich durch Beobachtung und Dokumentation des Verhaltens der Betriebssysteme bzw. Browser die für eine verhaltensbasierte Erkennung nötige Wissensbasis schaffen. Lassen sich in den DNS-Anfragen eines Clients Verhaltensmuster wiederfinden, die nur bei einem bestimmten Betriebssystem bzw. Browser auftreten, kann dadurch u. U. auf die verwendete Software geschlossen werden. Falls es keine eindeutige Übereinstimmung gibt oder mehrere Konstellationen zum selben Verhalten führen, können zumindest einzelne Systeme ausgeschlossen werden.

---

[18]Homepage: *https://developers.google.com/appengine*

In Voruntersuchungen wurden **vier Verhaltensmerkmale** identifiziert, die bei den gängigen Betriebssysteme und Web-Browsern teilweise unterschiedlich ausgeprägt sind. Alle Merkmale lassen sich bei der normalen **Adressauflösung** beobachten, also wenn eine Anwendung den Stub-Resolver mit der Auflösung eines Domainnamens in eine IP-Adresse beauftragt (Resource-Record vom Typ A):

Verhaltensmerkmal 1 Wie reagiert der Stub-Resolver auf eine NXDOMAIN-Antwort (s. Abschnitt 2.6.3), also wenn der angefragte Domainname nicht existiert? Wird dieselbe Anfrage wiederholt, stellt der Stub-Resolver eine abgewandelte Anfrage oder verzichtet er auf die Wiederholung?

Verhaltensmerkmal 2 Sendet der Stub-Resolver ausschließlich eine Typ-A-Anfrage an den rekursiven Nameserver oder übermittelt er zusätzlich eine Typ-AAAA-Anfrage, um eine potenziell vorhandene IPv6-Adresse zu ermitteln? Viele Anwendungen übermitteln beim Aufruf der API-Funktionen zur Namensauflösung (s. Abschnitt 2.4.2.2) keinen RR-Typ (vgl. [TIT06]). Welche DNS-Anfragen schlussendlich gesendet werden hängt einerseits von der Konfiguration und Implementierung des Stub-Resolvers und andererseits von der Netzwerkumgebung, in der das Betriebssystem eingesetzt wird, ab. So senden beispielsweise Windows-Systeme nur dann Typ-AAAA-Anfragen, wenn ihnen eine öffentliche IPv6-Adresse zugewiesen wird [Mic06].

Verhaltensmerkmal 3 Sendet der Stub-Resolver den vom Aufrufer übergebenen Domainnamen an den rekursiven Nameserver oder hängt er das Domainsuffix, das im Betriebssystem hinterlegt ist bzw. dem System vom DHCP-Server übergeben wurde (vgl. [AC02]), an den aufzulösenden Domainnamen an?[19] Übermittelt der Stub-Resolver dabei ausschließlich eine Anfrage oder mehrere verschiedene Varianten? Das resultierende Verhalten hängt von der Implementierung des Stub-Resolvers und von der Netzwerkumgebung, in der das Betriebssystem eingesetzt wird, ab. Während der Prozessablauf für Windows-Systeme anschaulich in [Mic12d] dokumentiert ist, ist das Verhalten der übrigen Systeme nicht vollständig dokumentiert.

Verhaltensmerkmal 4 Da die Stub-Resolver die DNS-Anfragen über das verbindungslose UDP senden, müssen sie damit rechnen, dass ihre Anfrage bzw. die Antwort auf dem Transportweg verloren gegangen ist [Moc87a, S. 32]. Wie verhält sich der Stub-Resolver, wenn er vom rekursiven Nameserver keine Antwort erhält? Wie lange wartet er, bis er die Anfrage erneut übermittelt (sog. „retransmission"), und wie viele Versuche werden durchgeführt? Bei den meisten Betriebssysteme ist die implementierte **Retransmission-Strategie** nicht dokumentiert; die Implementierung in Windows-Systemen ist in [Mas11] beschrieben.

---

[19]In Windows-Systemen wird diese Domain als „DNS-Suffix" bezeichnet [Mic05] und in den Einstellungen eines Netzwerkadapters eingetragen. In Linux-Systemen wird die Domain in der „search list" konfiguriert, die in der Datei *resolv.conf* konfiguriert wird [Vix02]. Viele DSL-Router übermitteln per DHCP ein Domainsuffix, um eine nutzerfreundliche Adressierung von Endgeräten im lokalen Netz zu ermöglichen (so weist etwa der DHCP-Server, der auf Fritz!Box-Routern verwendet wird, den Endgeräten das Domainsuffix *fritz.box* zu).

Um Möglichkeiten und Grenzen der verhaltensbasierten Erkennung zu bestimmen, wurden in einer kontrollierten Umgebung umfangreiche Untersuchungen durchgeführt, die im Folgenden beschrieben werden.

Fragestellung In diesem Abschnitt wird der Frage nachgegangen, inwiefern sich gängige Betriebssysteme und Web-Browser anhand der vier vorgestellten Verhaltensmerkmale identifizieren lassen, ob die Erkennung also auch dann gelingt, wenn keine identifizierenden Domainnamen zu beobachten sind. Dabei ist insbesondere von Interesse, ob zur Identifizierung bereits einzelne Merkmale ausreichen oder erst durch die Kombination mehrerer Merkmale eine eindeutige Erkennung eines Systems möglich ist.

Dieser Abschnitt ist wie folgt aufgebaut: Zunächst wird in Abschnitt 4.3.5.1 die Vorgehensweise bei der Untersuchung erläutert. Es werden drei Versuchsreihen durchgeführt, deren Ergebnisse in Abschnitt 4.3.5.2 dargestellt werden. In den Abschnitten 4.3.5.3 und 4.3.5.4 wird anhand der einzelnen in den Versuchen ermittelten Unterscheidungsmöglichkeiten die Praktikabilität der Betriebssystem- und Web-Browser-Identifizierung erörtert. Abschließend wird in Abschnitt 4.3.5.5 die Aussagekraft der Ergebnisse diskutiert, bevor in Abschnitt 4.3.5.6 ein Fazit gezogen wird.

4.3.5.1 Vorgehensweise

Im Folgenden wird das Verhalten der Stub-Resolver-Implementierungen gängiger Betriebssysteme in drei Versuchsreihen untersucht. Dazu kommt die in Abschnitt 4.3.2 beschriebene Versuchsumgebung zum Einsatz, bei der die Systeme Windows XP, Windows 7, Windows 8, MacOS X 10.8.5, Ubuntu 12.04, centOS 6.3 und openSUSE 12.2 in virtuellen Maschinen laufen. In der Versuchsumgebung werden keine IPv6-Adressen verwendet; bis auf Windows XP, bei dessen IPv6-Unterstützung bei der Installation nicht aktiviert wird, weisen sich alle Systeme allerdings automatisch eine link-lokale IPv6-Adresse mit dem Präfix „fe80" zu [HD06b, S. 6]. Der DHCP-Server, von dem die Systeme ihre IP-Adresse beziehen, übermittelt das Domainsuffix „*localdomain*", das auch standardmäßig von einigen Linux-Systemen verwendet wird [Feil3]. Da die Domain „*localdomain*" nicht existiert, resultieren Anfragen für Domainnamen, die mit diesem Suffix enden, in NXDOMAIN-Antworten.

Die Beobachtung der DNS-Anfragen erfolgt – wie bei den vorherigen Versuchen in den Abschnitten 4.3.2 bis 4.3.4 – mit Wireshark, das im Wirtssystem ausgeführt wird; die Implikationen dieser Vorgehensweise werden in Abschnitt 4.3.5.5 diskutiert.

Die **erste Versuchsreihe** dient der Analyse der Verhaltensmerkmale 1–3. Der Einfluss von Merkmal 4 wird in diesem Versuch explizit ausgeschlossen, indem zur Namensauflösung ein normaler rekursiver Nameserver im lokalen Netz verwendet wird, der Anfragen stets innerhalb weniger Millisekunden beantwortet. In jedem untersuchten System werden der Reihe nach **drei Typ-A-Anfragen für verschiedene Domainnamen** gestellt. Die Adressauflösung wird durch ein „normales" Anwendungsprogramm angestoßen, dem

Kommandozeilen-FTP-Programm, das mit dem jeweiligen System ausgeliefert wird. Es werden drei Namen angefragt:

1. Der erste Name ist ein existierender FQDN (vgl. Abschnitt 2.3): *„www.name.de".* Für diesen FQDN ist im autoritativen Nameserver ein Typ-A-RR hinterlegt, der auf eine IP-Adresse zeigt, unter der ein FTP- bzw. ein Webserver erreichbar sind.[20] Da kein Typ-AAAA-RR hinterlegt ist, werden entsprechende Anfragen mit einer leeren DNS-Antwort (Status-Code: NOERROR) beantwortet (s. Abschnitt 2.6.3). Mit diesem Namen wird das Verhalten bei der normalen Adressauflösung untersucht (Verhaltensmerkmal 2).

2. Der zweite Name ist ein nicht-existierender FQDN: *„invalid.name.de".* Anfragen für diesen Namen resultieren unabhängig vom RR-Typ in einer NXDOMAIN-Antwort (s. Abschnitt 2.6.3). Mit diesem Namen kann das Verhalten in Bezug auf Verhaltensmerkmal 1 analysiert werden.

3. Der dritte Name dient dazu, das Anhängen des Domainsuffixes (Verhaltensmerkmal 3) zu provozieren: Es handelt sich um einen unvollständigen Domainnamen, der lediglich aus einem einzigen Label besteht (*„invalid"*). Zum Versuchszeitpunkt existierte keine TLD mit dieser Bezeichnung, d. h. Anfragen für *invalid* werden unabhängig vom RR-Typ mit NXDOMAIN beantwortet; Anfragen für *invalid.localdomain* ebenfalls (s. oben). Die Reaktion auf die NXDOMAIN-Antwort lässt ebenfalls Rückschlüsse auf das Verhalten des Stub-Resolvers zu (Verhaltensmerkmal 1).

Aus der ersten Versuchsreihe ist direkt das Verhalten des Stub-Resolvers bei der Adressauflösung ersichtlich. Bei typischem Gebrauch werden die meisten Adressen jedoch beim Surfen im WWW aufgelöst. In der **zweiten Versuchsreihe** wird daher untersucht, ob die Namensauflösung durch die Verwendung verschiedener Web-Browser beeinflusst wird. Da Web-Browser mehr Einfluss auf die Namensauflösung nehmen als normale Anwendungen, besteht einerseits die Möglichkeit, dass charakteristische Verhaltensweisen einzelner Betriebssysteme durch die Verwendung eines bestimmten Browsers kaschiert werden. Andererseits können die Web-Browser ihrerseits charakteristische Verhaltensweisen aufweisen, die – unabhängig von der Identifizierung des Betriebssystems – eine Identifizierung des *Web-Browsers* ermöglichen.

Für die Untersuchung werden dieselben Domainnamen wie in der ersten Versuchsreihe verwendet. Diese werden mit den in Abschnitt 4.3.3 genannten Web-Browsern aufgerufen. Die Domainnamen werden nicht in die Adresszeile eingegeben; sie sind Bestandteil der URL eines Bildes, das in einer HTML-Seite referenziert wird. Diese HTML-Seite wird im Browser geöffnet, um die Namensauflösung anzustoßen. Dadurch soll erreicht werden, dass das Verhalten der „normalen" Namensauflösungsroutine des Browsers beobachtet wird. Würde der Domainname in die Adresszeile eingegeben, wäre die Beobachtung durch die dort greifende Sonderbehandlung (z. B. Namensauflösungsversuche schon während

---

[20]„name.de" ist in den Versuchen ein Platzhalter, der stellvertretend für eine zu Versuchszwecken registrierte Second-Level-Domain steht.

Tabelle 4.18: Verhalten der Betriebssysteme bei der Namensauflösung

System	*www.name.de*	*invalid.name.de*	*invalid*
Win XP	a	a a	c
Win 7	a	a	c
Win 8	a	a	c
MacOS X	ab	ab	cd
Ubuntu	a	a c	c a
CentOS	ab	ab cd	cd ab
openSUSE	ab	ab cd	cd ab

Legende: [a]: Typ-A-Anfrage für die Domain; [b]: Typ-AAAA-Anfrage für die Domain; [c]: Typ-A-Anfrage für die Domain mit Domainsuffix; [d]: Typ-AAAA-Anfrage für die Domain mit Domainsuffix. Zusammengeschriebene Anfragen werden gleichzeitig gesendet. Ein Zwischenraum vor einer Anfrage deutet an, dass sie erst nach Erhalt der zur vorherigen Anfrage gehörenden DNS-Antwort gesendet wird.

der Eingabe der URL und automatisches Anhängen von „.*com*" und anderen TLDs an den Domainnamen) nicht aussagekräftig.

In der **dritten Versuchsreihe** wird Verhaltensmerkmal 4 (Verhalten bei ausbleibender Antwort) untersucht. Dazu werden im Hostsystem Firewall-Regeln eingerichtet, die verhindern, dass die DNS-Antworten die virtuelle Maschine erreichen. Dies veranlasst den Stub-Resolver im untersuchten System dazu, die Anfrage nach festgelegten Wartezeiten erneut zu senden. Die Adressauflösung wird in diesem Versuch mit dem existierenden FQDN, *www.name.de*, durchgeführt. Dabei wird sowohl (wie in der ersten Versuchsreihe) das Verhalten des Stub-Resolvers selbst als auch (wie in der zweiten Versuchsreihe) das Verhalten der verschiedenen Web-Browser untersucht.

4.3.5.2 Ergebnisse

Die Ergebnisse der **ersten Versuchsreihe** sind in Tabelle 4.18 dargestellt. Die verschiedenen Anfragen werden zur besseren Übersicht durch die Buchstaben a–d repräsentiert.

Bei der Adressauflösung von *www.name.de* senden die Windows-Systeme wie dokumentiert lediglich eine Typ-A-Anfrage. MacOS X, CentOS und openSUSE übermitteln hingegen zusätzlich eine Typ-AAAA-Anfrage. Dass sich Ubuntu hingegen auf eine Typ-A-Anfrage beschränkt, ist dadurch zu erklären, dass in Ubuntu nicht der normale Stub-Resolver aus der *glibc* verwendet wird, sondern das Programm *dnsmasq*, das ein abweichendes Verhalten aufweist.[21] Anhand von Verhaltensmerkmal 2 lassen sich die Betriebssysteme also lediglich in zwei Gruppen einteilen.

Das Verhalten bei der Auflösung von *invalid.name.de* erlaubt eine feinere Unterscheidung: Windows 7/8 sowie MacOS X senden nach Erhalt der NXDOMAIN-Antwort keine weiteren Anfragen. Windows XP übermittelt hingegen dieselbe Anfrage ein zweites Mal. Die

---

[21]Homepage: *http://www.gnu.org/software/libc/* bzw. *http://www.thekelleys.org.uk/dnsmasq/*

Tabelle 4.19: Verhalten der Web-Browser bei der Namensauflösung

System	*www.name.de*	*www2.name.de**	*invalid.name.de*	*invalid*
Win XP				
Firefox	a	a	a a	c
IE 8	a	a	a a	c
Chrome	a	a	a c	c
Win 7/8				
Firefox	a	a a	a	c
IE 10	a	a	a	c
Chrome	a	a	a	c
MacOS X				
Firefox	a	a	a	c
Safari	a	a a a a a a a	a	c
Chrome	a	a	a c a	c c
Ubuntu				
Firefox	a	a a	a c a c a c a c	c a c a c a c a
Chrome	ab	ab	a c a c	c c a
CentOS				
Firefox	ab	ab a	ab cd ab cd ab cd	cd cd cd
Chrome	ab	ab	a c ab cd	c cd
openSUSE				
Firefox	ab	ab a	ab cd ab cd ab cd	cd ab cd ab cd ab
Chrome	ab	ab	a c ab cd	c cd ab

Legende: siehe Tabelle 4.18; Unterstrichene Anfragemuster entsprechen dem Verhalten des Stub-Resolvers.
* FQDN, dessen IP-Adresse keinem Server zugeordnet ist.

drei Linux-Systeme unterscheiden sich von den anderen Systemen dadurch, dass sie im Fehlerfall eine weitere Typ-A-Anfrage (und im Fall von CentOS/openSUSE zusätzlich eine Typ-AAAA-Anfrage) für *invalid.name.de.localdomain* senden. Anhand des Verhaltens bei nicht-existierenden Domainnamen lassen sich also die Systeme Windows XP, MacOS X und Ubuntu eindeutig erkennen. Windows 7 und Windows 8 sowie CentOS und openSUSE lassen sich zwar von den anderen Systemen, jedoch nicht untereinander unterscheiden. Das beobachtbare Verhalten bei der Auflösung des Domainnamens *invalid* erlaubt keine weitere Differenzierung, da alle Betriebssysteme bereits bei der ersten DNS-Anfrage das Domainsuffix anhängen. Die Linux-Systeme wiederholen die Anfrage nach Erhalt der NXDOMAIN-Antwort ohne das Domainsuffix. Im Unterschied zur Auflösung von *invalid.name.de* verzichtet Windows XP in diesem Fall auf die Wiederholung der Anfrage und ist daher nicht von Windows 7/8 zu unterscheiden.

In der **zweiten Versuchsreihe** wird einerseits geprüft, ob sich das unterschiedliche Verhalten der Systeme auch dann noch erkennen lässt, wenn die Namensauflösung durch einen Web-Browser angestoßen wird. Zusätzlich wird untersucht, ob auch die Web-Browser anhand des Verhaltens bei der Namensauflösung identifiziert werden können. Die Ergebnisse dieser Versuche sind in Tabelle 4.19 dargestellt. Auf den ersten Blick verdeutlicht die Tabelle, dass durch die Browser das Verhalten der Stub-Resolver nicht bei allen Systemen erhalten bleibt. Es kommt zu einer Vielzahl unterschiedlicher Verhaltensweisen. Im Folgenden werden die wichtigsten Zusammenhänge zusammengefasst.

Dazu soll zunächst lediglich das Verhalten bei der Auflösung der Namen *www.name.de*, *invalid.name.de* und *invalid* betrachtet werden. Wie durch die Unterstreichungen angedeutet, entspricht das beobachtbare Verhalten bei Verwendung des Firefox- bzw. Internet-Explorer-Browsers bei Windows XP/7/8 genau dem Verhalten des Stub-Resolvers. Dies gilt grundsätzlich auch für den Chrome-Browser, der jedoch unter Windows XP bei der Auflösung von *invalid.name.de* nach Erhalt der NXDOMAIN-Antwort zusätzlich noch *invalid.name.de.localdomain* anfragt. Windows XP lässt sich jedoch weiterhin von den Betriebssystemen Windows 7/8 unterscheiden.

Unter MacOS X weichen alle Browser vom Verhalten des Stub-Resolvers ab, da sie keine AAAA-Anfragen stellen. Bei Verwendung von Firefox und Safari ist die Namensauflösung nicht von Windows 7/8 zu unterscheiden; Chrome stellt hingegen bei der Auflösung von *invalid.name.de* und *invalid* charakteristische Anfragen, die sonst in keiner Konstellation auftreten und somit eine Identifizierung des Betriebssystems ermöglichen.

Bei den Linux-Systemen Ubuntu, CentOS und openSUSE stimmt das beobachtbare Verhalten bei der Verwendung des Firefox-Browsers im Wesentlichen mit dem Stub-Resolver überein. Lediglich unter CentOS weicht Firefox bei der Auflösung von *invalid* vom Stub-Resolver ab. Da das Anfragemuster „cd cd cd cd" sonst in keiner Konstellation auftritt, kann dadurch CentOS von den anderen betrachteten Systemen abgegrenzt werden, was allein anhand des Verhaltens des Stub-Resolvers nicht möglich ist. Der Chrome-Browser weicht unter den Linux-Systemen zwar stärker vom Verhalten des Stub-Resolvers ab, erzeugt jedoch ebenfalls charakteristische Anfragemuster, anhand derer eine Unterscheidung der Betriebssysteme möglich ist.

Als weiteres Unterscheidungskriterium eignet sich das Verhalten, das die Browser zeigen, wenn die Adressauflösung zwar erfolgreich ist, **jedoch im Anschluss an die Adressauflösung keine HTTP-Verbindung zur erhaltenen IP-Adresse aufgebaut werden** kann, da die im DNS hinterlegte IP-Adresse keinem Server zugeordnet ist oder der Verbindungsaufbauversuch aus anderen Gründen nicht erwidert wird, so dass es zu einem Timeout kommt. Wie die Ergebnisse für den Namen *www2.name.de* in Tabelle 4.19 zeigen, kommt es in einem solchen Fall in manchen Konstellationen zu weiteren DNS-Anfragen.

Gegenstand der **dritten Versuchsreihe** ist das Verhalten der Stub-Resolver bzw. Web-Browser, wenn auf eine DNS-Anfrage keine Antwort empfangen wird, die Retransmission-Strategie. Die Ergebnisse der dritten Versuchsreihe sind in Tabelle 4.20 dargestellt. Das Verhalten des Stub-Resolvers ist direkt rechts neben der Betriebssystem-Bezeichnung dargestellt, das Verhalten der Browser in den darauffolgenden Zeilen.

So wiederholt beispielsweise Windows XP eine unbeantwortete Anfrage bereits nach einer Sekunde. Reagiert der rekursive Nameserver darauf ebenfalls nicht, erfolgen noch drei weitere Wiederholungen im Abstand von einer, zwei und vier Sekunden. Bei der Verwendung des Internet-Explorer-8-Browsers ergibt sich exakt dasselbe Verhalten. Beim Firefox-Browser wird diese Sequenz zweimal durchlaufen, wobei zwischenzeitlich eine

Tabelle 4.20: Verhalten bei ausbleibender Antwort

System	Auflösung von *www.name.de* durch das Betriebssystem bzw. durch den Browser
Win XP	a 1 a 1 a 2 a 4 a
Firefox	a 1 a 1 a 2 a 4 a 14 a 1 a 1 a 2 a 4 a
IE 8	a 1 a 1 a 2 a 4 a
Chrome	a 1 a 1 a 2 a 2 a 1 a 1 a 0 a 2 a 4 a 4 a 1 a 1 a 2 a 4 a
Win 7/8	a 1 a 1 a 2 a 4 a
Firefox	a 1 a 1 a 2 a 4 a 6 a 1 a 1 a 2 a 4 a (Win 7); a 1 a 1 a 2 a 4 a 4 a 1 a 1 a 2 a 4 a (Win 8)
IE 10	a 1 a 1 a 2 a 4 a 4 a 1 a 1 a 2 a 4 a
Chrome	a 1 a 1 a 2 a 2 a 1 a 1 a 0 a 2 a 4 a
MacOS X	ab 1 ab 3 ab 9 ab
Firefox	a 1 a 3 a 9 a 17 a 1 a 3 a 9 a
Safari	a 1 a 3 a 9 a 27 a 81 a
Chrome	a 1 a 2 a 1 a 3 a 9 a 27 a
Ubuntu	a 5 a 5 c 5 c
Firefox	a 5 a 5 c 5 c 5 a 5 a 5 c 5 c 5 a 5 a 5 c 5 c 5 a 5 a 5 c 5 c
Chrome	a 0.1 a 1 a 2 a 5 a 1 a 5 a 7 a 5 c 0.1 c 1 c 2 c 5 c 1 c 5 c 7 c
CentOS	ab 5 ab 5 cd 5 cd
Firefox	ab 5 ab 5 cd 5 cd 5 ab 5 ab 5 cd 5 cd 5 ab 5 ab 5 cd 5 cd 5 ab 5 ab 5 cd 5 cd
Chrome	ab 1 ab 2 ab 5 abab 4 cd 1 ab 4 cd 1 cd 2 ab 3 cd 2 ab 5 cd 5 cd
openSUSE	ab 5 ab 5 cd 5 cd
Firefox	ab 5 ab 5 cd 5 cd 5 ab 5 ab 5 cd 5 cd 5 ab 5 ab 5 cd 5 cd 5 ab 5 ab 5 cd 5 cd
Chrome	ab 1 ab 2 ab 5 abab 4 cd 1 ab 4 cd 1 cd 2 ab 3 cd 2 ab 5 cd 5 cd

Legende: siehe Tabelle 4.18; **[Zahl]:** Zeitabstand in Sekunden.

14-sekündige Pause zu beobachten ist. Der Chrome-Browser startet hingegen offenbar parallel zur ersten Namensauflösung zwei weitere Versuche, die ein überlagertes Verzögerungsmuster erzeugen.

Windows 7 und Windows 8 verwenden dieselbe Retransmission-Strategie wie Windows XP, können anhand der Retransmission-Strategie also zunächst nicht identifiziert werden. Das Verhalten des Internet-Explorer-10- und des Chrome-Browsers unterscheidet sich allerdings im Vergleich zum Einsatz unter Windows XP. Interessant ist hier insbesondere das Verhalten des Firefox-Web-Browsers, der aus ungeklärten Gründen bei den beiden Betriebssystemen unterschiedliche Pausen zwischen seinen zwei Retransmission-Sequenzen einfügt. Da sein Verhalten unter Windows 8 allerdings mit dem des Internet-Explorer-Browsers übereinstimmt lassen sich die beiden Betriebssysteme nur dann unterscheiden, wenn – etwa durch inhaltsbasierte Analysen – zusätzlich bekannt ist, dass tatsächlich der Firefox-Browser eingesetzt wird.

Die Retransmission-Strategie von MacOS X lässt sich anhand der Verdreifachung der Timeout-Intervalle erkennen (1 Sekunde, 3 Sekunden, 9 Sekunden). Firefox stellt nach dem Fehlschlagen der ersten Sequenz auch unter MacOS X eine weitere Anfrage, allerdings erst nach einer 17-sekündigen Unterbrechung. Beim Safari-Browser verlängert sich die

Sequenz um zwei weitere Anfragen nach 27 bzw. 81 Sekunden; der Chrome-Browser weicht von den übrigen Browsern geringfügig ab, jedoch in charakteristischer Weise.

Die drei Linux-Systeme verwenden eine Timeout-Zeit von fünf Sekunden. Im Unterschied zu den bisher beschriebenen Systemen wiederholen sie die Anfrage für *www.name.de* nur ein einziges Mal und hängen bei den weiteren beiden Versuchen das Domainsuffix an (ähnlich wie beim Umgang mit NXDOMAIN-Antworten in der ersten und zweiten Versuchsreihe). Anhand des Verhaltens des Stub-Resolvers allein lassen sie sich nicht voneinander unterscheiden; gehen die Anfragen jedoch von einem Web-Browser aus, werden unterschiedliche Retransmission-Strategien ersichtlich. Beim Einsatz des Firefox-Browsers variiert die Anzahl der Anfrage-Sequenzen (Ubuntu: 4, CentOS: 5, openSUSE: 4). Der Chrome-Browser erzeugt zwar unter CentOS und openSUSE dasselbe Anfragemuster, dieses Muster unterscheidet sich jedoch deutlich von der Retransmission-Strategie, die unter Ubuntu beobachtbar ist.

Abschließend ist anzumerken, dass die Bestimmung der Retransmission-Strategie fehlschlagen kann, wenn der Nutzer das Laden der Webseite abbricht, sodass nur ein Teil der Anfrageversuche beobachtbar ist. In einigen Konstellationen übermittelte der Web-Browser bzw. der Stub-Resolver jedoch trotz des Abbruchs alle Wiederholungen an den Nameserver.

4.3.5.3 Praktikabilität der Betriebssystem-Erkennung

Die in den drei Versuchsreihen beobachteten Anfragemuster bestätigen zwar die eingangs aufgestellte These, dass sich die Betriebssysteme bei der Namensauflösung unterschiedlich verhalten; die Frage, ob sich die Systeme anhand der Unterschiede identifizieren lassen, kann allerdings nur in der Gesamtschau beantwortet werden. Da eine Unterscheidung zwischen Windows 7 und Windows 8 ausschließlich in der dritten Versuchsreihe mit dem Firefox-Browser möglich war, werden diese beiden Systeme zur Verbesserung der Übersichtlichkeit im Folgenden zusammengefasst.

In Tabelle 4.21 sind die Ergebnisse der Analyse aufgeführt. Für jede Kombination aus Betriebssystem und Browser wird zum einen ausgewiesen, ob ein Beobachter das verwendete Betriebssystem in dieser Konstellation anhand der Verhaltensmerkmale 1–3 (s. S. 208) identifizieren kann und bei welchem Domainnamen das für die erfolgreiche Identifizierung ausschlaggebende Verhalten zu beobachten ist.

In einigen Konstellationen ist anhand der Verhaltensmerkmale 1–3 keine eindeutige Identifizierung möglich, was in der mit „Alternativen" überschriebenen Spalte ersichtlich ist. Dass das Verhalten des Stub-Resolvers von Windows 7/8 mit dem Verhalten des Internet-Explorer- bzw. Chrome-Browsers übereinstimmt, würde der Betriebssystem-Identifizierung nicht im Wege stehen; problematisch ist jedoch, dass sich diese Konstellationen nicht vom Verhalten des Firefox-Browsers unterscheiden lassen, wenn dieser in MacOS X eingesetzt wird. Abgesehen davon lassen sich die beiden Linux-Derivate CentOS und openSUSE nicht voneinander unterscheiden.

Tabelle 4.21: Verhaltensbasierte Identifizierung der Betriebssysteme

System	Betriebssystem-Identifizierung anhand von	Alternativen	Retransmissions
1. Win XP	*invalid.name.de*	–	wie 1b, 2
a. Firefox	*invalid.name.de*	–	eindeutig
b. IE 8	*invalid.name.de*	–	wie 1, 2
c. Chrome	*invalid.name.de*	–	eindeutig
2. Win 7/8	–	3	wie 1, 1b
a. Firefox	*www2.name.de* u. (*invalid.name.de* o. *invalid*)	–	eindeutig
b. IE 10	–	3	eindeutig
c. Chrome	–	3	eindeutig
3. MacOS X	*invalid.name.de* oder *invalid*	–	eindeutig
a. Firefox	–	2	eindeutig
b. Safari	*www2.name.de*	–	eindeutig
c. Chrome	*invalid.name.de* oder *invalid*	–	eindeutig
4. Ubuntu	*invalid*	–	eindeutig
a. Firefox	*invalid.name.de* oder *invalid*	–	eindeutig
b. Chrome	*invalid.name.de* oder *invalid*	–	eindeutig
5. CentOS	–	6	wie 6
a. Firefox	*invalid*	–	eindeutig
b. Chrome	*invalid*	–	wie 6b
6. openSUSE	–	5	wie 5
a. Firefox	*invalid*	–	eindeutig
b. Chrome	*invalid*	–	wie 5b

In der Spalte „Retransmissions" ist angegeben, ob das in der dritten Versuchsreihe beobachtete Verhalten bei ausbleibender Antwort eine Identifizierung erlaubt. Wie die Tabelle zeigt, ist eine Identifizierung des Betriebssystems in vielen Konstellationen bereits allein anhand von Verhaltensmerkmal 4 möglich. Lediglich die Paare Windows XP und Windows 7/8 sowie CentOS und Chrome lassen sich anhand dieses Merkmals nicht auseinanderhalten.

Können sowohl die Verhaltensmerkmale 1–3 als auch Verhaltensmerkmal 4 beobachtet werden, lässt sich Windows XP von Windows 7/8 und von MacOS X unterscheiden. Die beiden Systeme CentOS und openSUSE lassen sich ebenfalls voneinander unterscheiden, sofern die DNS-Anfragen vom Firefox- oder Chrome-Browser ausgehen.

4.3.5.4 Praktikabilität der Web-Browser-Erkennung

Auch die These, dass das Verhalten der Web-Browser bei der Namensauflösung variiert, wird durch die Ergebnisse der Versuchsreihen bestätigt. Wie bei den Betriebssystemen soll nun ermittelt werden, ob die Unterschiede für eine Identifizierung einzelner Browser ausreichen. Das Resultat der Analyse ist in Tabelle 4.22 dargestellt.

Tabelle 4.22: Verhaltensbasierte Identifizierung der Web-Browser

System	Web-Browser-Identifizierung anhand von	Alternativen	Retransmissions
1. Win XP			wie 1b, 2
a. Firefox	–	1, 1b	eindeutig
b. IE 8	–	1, 1a	wie 1, 2
c. Chrome	*invalid.name.de*	–	eindeutig
2. Win 7/8			wie 1, 1b
a. Firefox	*www2.name.de* u. (*invalid.name.de* o. *invalid*)	–	eindeutig
b. IE 10	–	2, 2c, 3a	eindeutig
c. Chrome	–	2, 2b, 3a	eindeutig
3. MacOS X			eindeutig
a. Firefox	–	2, 2b, 2c	eindeutig
b. Safari	*www2.name.de*	–	eindeutig
c. Chrome	*invalid.name.de* oder *invalid*	–	eindeutig
4. Ubuntu			eindeutig
a. Firefox	*invalid.name.de* oder *invalid*	–	eindeutig
b. Chrome	*invalid.name.de* oder *invalid*	–	eindeutig
5. CentOS			wie 6
a. Firefox	*invalid*	–	eindeutig
b. Chrome	*invalid*	–	wie 6b
6. openSUSE			wie 5
a. Firefox	*invalid*	–	eindeutig
b. Chrome	*invalid*	–	wie 5b

Auch hier wird wieder zwischen den Verhaltensmerkmalen 1–3 und Merkmal 4, der Retransmission-Strategie, unterschieden. Im Folgenden werden die wichtigsten Ergebnisse der Analyse wiedergegeben.

Die Web-Browser, die in mehreren Systemen getestet wurden, zeigen (bis auf Chrome in CentOS und openSUSE) in jedem Betriebssystem ein anderes Verhalten. Ist in der Tabelle also eine Konstellation als identifizierbar ausgewiesen (durch einen Domainnamen in der Spalte „Web-Browser identifizierbar anhand von" bzw. den Begriff „eindeutig" in der Retransmission-Spalte), bedeutet das, dass nicht nur der verwendete Web-Browser identifiziert werden kann, sondern die Konstellation als ganzes von den übrigen untersuchten Konstellationen unterschieden werden kann. Zusammen mit der Identifizierung des Web-Browsers lässt sich also auch das verwendete Betriebssystem ermitteln.

In Windows XP unterscheiden sich die Web-Browser Firefox und Internet Explorer hinsichtlich der Merkmale 1–3 nicht vom Stub-Resolver des Betriebssystems. Sie werden daher als nicht identifizierbar eingestuft. Unter Windows 7/8 lassen sich hingegen die Browser Internet Explorer und Chrome nicht voneinander unterscheiden. Diese weisen zudem dasselbe Verhalten wie Firefox unter MacOS X auf. Die übrigen Konstellationen sind anhand der Merkmale 1–3 identifizierbar.

Die Web-Browser-Identifizierung anhand der Retransmission-Strategie gelingt bis auf eine Ausnahme bei allen Web-Browsern: Nur das Verhalten des Internet-Explorer-Browsers unter Windows XP ist nicht eindeutig diesem Browser zuzuordnen. Bis auf diese eine Konstellation können jedoch alle Konstellationen durch Kombination der Verhaltensmerkmale 1–3 und Merkmal 4 identifiziert werden.

4.3.5.5 Diskussion

Bei der Versuchsdurchführung wurden die angefragten Domainnamen **auf dem Wirtssystem, also im lokalen Netz aufgezeichnet** (s. Abschnitt 4.3.5.1). Diese Vorgehensweise könnte die Ergebnisse verfälschen, da dadurch u. U. mehr Informationen zur verhaltensbasierten Unterscheidung herangezogen wurden als einem rekursiven Nameserver im Internet in der Praxis bei der Durchführung der verhaltensbasierten Software-Identifizierung zur Verfügung stünden.

Es könnte durchaus sein, dass der DNS-Forwarder (s. Abschnitt 2.4.2.3) im DSL-Router die unvollständigen Anfragen („*invalid*") bzw. die Domainnamen, an die das Betriebssystem das lokale Domainsuffix angehängt hat (z. B. „*invalid.localdomain*"), selbst beantwortet und nicht zum rekursiven Nameserver weiterleitet. Eine Überprüfung ergab, dass dies zumindest bei der in den Versuchen verwendeten AVM FritzBox 7270 nicht der Fall ist: Alle auf dem Wirtssystem aufgezeichneten Anfragen erreichten auch den rekursiven Nameserver.

Aus dieser Beobachtung lässt sich jedoch nicht mit Bestimmtheit schließen, dass sich alle DNS-Forwarder so verhalten. Insbesondere bei der Verwendung von hybriden Nameserver-Konfigurationen (s. Abschnitt 2.4.2.4), bei denen im Betriebssystem ein Nameserver eingetragen ist, der sowohl zur rekursiven Namensauflösung verwendet wird als auch für die Domain autoritativ ist, die im lokalen Netz als Domainsuffix verwendet wird, werden diejenigen Anfragen, an die das Betriebssystem das Domainsuffix anhängt, nicht an den rekursiven Nameserver im Internet weitergeleitet, sondern direkt vom hybriden Nameserver beantwortet.

Ist hingegen der rekursive Nameserver eines Drittanbieters im Betriebssystem eingetragen, ist der DNS-Forwarder des Routers nicht am Nachrichtentransport beteiligt. In diesem Fall erreichen die Anfragen für die fraglichen Domainnamen den rekursiven Nameserver auf jeden Fall.

Bei der Interpretation der Ergebnisse ist zu bedenken, dass sich die Systeme **primär durch das Verhalten bei der Fehlerbehandlung** (dem Umgang mit NXDOMAIN-Antworten und der Retransmission-Strategie) unterscheiden lassen. Bei passiven On-path-Angreifern funktioniert die verhaltensbasierte Erkennung daher nicht zuverlässig – sie sind darauf angewiesen, dass ein Teilnehmer nicht-existierende Domainnamen anfragt bzw. der rekursive Nameserver auf eingehende Anfragen nicht zeitnah antwortet. Allerdings treten Fehler im normalen Betrieb offenbar recht häufig auf: In einer 2013 veröffentlichten Studie [Gao+13] haben Gao et al. den Datenverkehr von rekursiven Nameservern untersucht und dabei festgestellt, dass 18 % der Anfragen mit NXDOMAIN-Fehlern beantwortet wurden. Diese Anfragen entsprechen den Domainnamen „*invalid.name.de*" im Versuch und können zur passiven verhaltensbasierten Erkennung herangezogen werden. Darüber hinaus ist folgendes Ergebnis aus [Gao+13] von Interesse: 1,2 % der Anfragen wiesen eine ungültige TLD auf, etwa „*local*" oder „*localdomain*", wobei 16,7 % dieser Menge einen Domainnamen enthielten, in dem überhaupt kein Punkt vorkam. Diese Anfragen entsprechen den Anfragen für den Domainnamen „invalid", der sich bei der Unterscheidung einiger Systemkonfigurationen als nützlich erwiesen hat.

Aktive On-path-Angreifer können mit der verhaltensbasierten Erkennung Betriebssystem und Browser hingegen wesentlich zuverlässiger identifizieren: Sie können den Teilnehmer zum Beispiel dazu veranlassen, eine speziell präparierte Webseite mit Bildern zu besuchen, deren URLs ungültige (vgl. „*invalid.name.de*") bzw. unvollständige („*invalid*") Domainnamen enthalten, um Einblicke in die Fehlerbehandlungsroutinen zu erhalten. Weiterhin können sie die Weiterleitung von Antworten unterdrücken, um die Retransmission-Strategie des zu identifizierenden Systems aufzudecken. Gerade für aktive Angreifer, die das Verhalten eines rekursiven Nameservers oder eines vom Teilnehmer verwendeten DNS-Forwarders beeinflussen können, ist die verhaltensbasierte Erkennung daher aussichtsreich.

Bei der Interpretation der Ergebnisse ist weiterhin zu bedenken, dass die vorgestellten Untersuchungen in einer **IPv4-Umgebung** durchgeführt wurden. Die Einführung von IPv6 kann die Praktikabilität des vorgestellten Verfahrens, das u. a. unterschiedliches Verhalten in Bezug auf AAAA-Anfragen ausnutzt, beeinflussen.

4.3.5.6 Fazit zur verhaltensbasierten Identifizierung

Wie die Versuche zeigen unterscheiden sich die Stub-Resolver-Implementierungen der gängigen Betriebssysteme hinsichtlich ihres Verhaltens bei der Namensauflösung. Auch der Großteil der untersuchten Web-Browser lässt sich am Verhalten erkennen. Ein Beobachter kann die von einem Nutzer verwendete Software also auch dann erkennen, wenn Betriebssystem bzw. Web-Browser keine identifizierenden Domainnamen anfragen.

4.3.6 Diskussion

Bei der Interpretation der Ergebnisse in diesem Abschnitt ist zu beachten, dass diese im Rahmen einer **Closed-World-Evaluation** [Rei78] erhoben wurden (s. Abschnitt 4.2.4.5). Es ist nicht auszuschließen, dass es weitere Betriebssysteme, Web-Browser und Anwendungen gibt, die sich nicht anhand von identifizierenden Domainnamen erkennen lassen bzw. welche dieselben Domainnamen anfragen wie die hier untersuchten Betriebssysteme.

Eine weiterer Umstand, der die Aussagekraft der Ergebnisse beeinträchtigen könnte, besteht darin, dass die in den Versuchen beobachteten Domainnamen bzw. die Verhaltensmuster **unter einheitlichen und gleichbleibenden Bedingungen** erhoben wurden. Soft-

ware-Aktualisierungen, Abweichungen von der Standardkonfiguration oder der Einsatz
in anderen Netzwerkumgebungen haben u. U. Auswirkungen auf das Verhalten der Systeme. Bevor die DNS-basierte Software-Identifizierung in der Praxis eingesetzt wird, sollte
ihr Verhalten in weiteren Konfigurationen und Einsatzumgebungen untersucht werden
werden. Durch den Einsatz der vorgestellten Vorgehensweise ist dies mit überschaubarem
Ressourceneinsatz möglich.

4.3.7 Fazit

Die in diesem Abschnitt durchgeführten Versuche illustrieren, dass es einem Beobachter
grundsätzlich möglich ist, das von einem Teilnehmer verwendete Betriebssystem bzw. den
verwendeten Browser anhand der DNS-Anfragen zu identifizieren.

Zwar kann weder die in den Abschnitten 4.3.2 bis 4.3.4 beschriebene inhaltsbasierte Erkennung noch die in Abschnitt 4.3.5 beschriebene verhaltensbasierte Erkennung unter
allen Umständen für sich allein genommen eine absolut zuverlässige Identifizierung gewährleisten; die Erkenntnisse aus den beiden Erkennungsverfahren lassen sich jedoch zur
Verbesserung der Erkennungsleistung kombinieren. Hat der Beobachter im Datenstrom
potenziell identifizierende Domainnamen erkannt, kann er ggf. den sich daraus ergebenden Verdacht durch einen Abgleich mit dem Ergebnis der Verhaltensanalyse erhärten oder,
etwa bei einem nicht-eindeutigen Befund, zumindest die in Frage kommenden Systeme
eingrenzen.

4.4 Erweiterungsmöglichkeiten und offene Fragen

Die in diesem Abschnitt präsentierten Ergebnisse bilden die Grundlage für weitere Untersuchungen, mit denen die Praktikabilität der Beobachtungsmöglichkeiten in der Praxis
überprüft werden kann. Im Folgenden werden dazu aussichtsreiche Forschungsansätze
vorgeschlagen. Anschließend werden weitere Beobachtungsmöglichkeiten skizziert, deren
Untersuchung lohnenswert erscheint.

Rekonstruktion des Web-Nutzungsverhaltens Die Untersuchungen in kontrollierten Bedingungen deuten darauf hin, dass sich zahlreiche Webseiten anhand von charakteristischen DNS-Abrufmustern identifizieren lassen. Zur Bestätigung dieser Vermutung
sind jedoch **weitere Experimente unter realistischeren Bedingungen** nötig. Dabei könnten – ähnlich wie in der Fallstudie – sowohl die Aktivitäten der Nutzer im Browser als
auch die DNS-Anfragen, die der rekursive Nameserver beobachten kann, über einen
längeren Zeitraum aufgezeichnet werden, um zu untersuchen, inwiefern das vorgestellte
Website-Fingerprinting-Verfahren dazu geeignet ist, trotz Caching im Stub-Resolver und
im Web-Browser eine hohe Genauigkeit zu erzielen. Anhand der Ergebnisse ließe sich
das Potenzial bzw. die Grenzen der Rekonstruktion des Web-Nutzungsverhaltens unter
realistischen Bedingungen aufzeigen.

Identifizierung verwendeter Software   Die Erkennung der verwendeten Software wurde in diesem Kapitel ebenfalls nur unter kontrollierten Bedingungen untersucht. Auch hier könnte ein entsprechender **Feldversuch** durchgeführt werden, bei dem der Datenverkehr von Internetnutzern aufgezeichnet wird, um die in der Praxis erreichbare Genauigkeit des Verfahrens besser beurteilen zu können. Dabei könnten neben den in diesem Kapitel betrachteten Arbeitsplatz-Rechnern auch mobile Endgeräte und Smartphones berücksichtigt werden.

Darüber hinaus sollten weitere Untersuchungen angestellt werden, um zu überprüfen, ob die *verhaltensbasierte* Erkennung von Betriebssystemen und Browsern (s. Abschnitt 4.3.5) noch verbessert werden kann. Dazu könnten weitere Merkmale zur Erkennung herangezogen werden, die ein rein passiver Beobachter zur Kenntnis nehmen kann. Ein naheliegendes Merkmal sind etwa die **Zeitabstände**, in denen wiederkehrende Anfragen für denselben Domainnamen gestellt werden, da die Prüfung auf Software-Updates üblicherweise in regelmäßigen Abständen erfolgt. Darüber hinaus bietet es sich an, **Reihenfolge und zeitlichen Verlauf der DNS-Anfragen beim Abruf einer Webseite** zu analysieren. In den Versuchen waren bei den betrachteten Web-Browsern erhebliche Unterschiede zu beobachten, die sich zur Differenzierung eignen könnten.

Weitere Beobachtungsmöglichkeiten   In diesem Kapitel wurde ausschließlich der Datenverkehr betrachtet, der zur Identifikation von Webseiten bzw. der verwendeten Software benötigt wird. Neben diesen DNS-Anfragen waren in den Experimenten auch weitere DNS-Anfragen zu beobachten, die sensible Informationen an den rekursiven Nameserver preisgeben:

- Einige Betriebssysteme fragen nach dem Herstellen einer Netzwerkverbindung stets ihren eigenen Hostnamen ab. Bei der Verwendung einer Standardinstallation enthält dieser mitunter Namensbestandteile des Besitzers (z. B. „*PETERMUELLERS-PC.WORKGROUP*") oder gibt Fabrikat und Hersteller (z. B. „*ThinkPad-X230.local*") preis.

- Mitunter wird nach dem Herstellen der Netzwerkverbindung eine PTR-Anfrage für die erhaltene IP-Adresse gestellt. Handelt es sich dabei um eine interne Adresse (RFC 1918, [Rek+96]), erhält der Beobachter Einblick in die im internen Netz vergebenen IP-Adressen (z. B. „*23.1.0.10.in-addr.arpa*"). Diese Information kann zur Durchführung von gezielten Angriffen, etwa bei Cross-Site-Request-Forgery-Angriffen (CSRF-Angriffe, [Gol11, S. 350 ff.] auf die Web-Oberfläche des Routers, verwendet werden.

- Wie in den Versuchen gezeigt wurde, wird in einigen Fällen, etwa wenn ein Domainname nicht aufgelöst werden kann, bei einer DNS-Anfrage automatisch das lokale Domainsuffix an den angefragten Domainnamen angehängt. Ist das Domainsuffix (z. B. bei geschäftlich genutzten Endgeräten) fest im Betriebssystem konfiguriert, wird es immer angehängt, also auch dann, wenn sich das Endgerät (z. B. ein Notebook) gerade *nicht* im internen Firmennetz befindet. Das Suffix kann dann u. U. preisgeben, zu welcher Organisation ein Nutzer gehört. So würde etwa bei einem Tippfehler in der Domain *www.heise.de* u. a. eine Anfrage für „*www.heise.dew.intranet.db.com*" gestellt werden. Das Domainsuffix kann auch bei Verbrauchern und Privatanwendern sensible Daten preisgeben: Der rekursive Nameserver kann u. U. Fabrikat und Hersteller des DSL-Routers in Erfahrung bringen, wenn der Router, wie etwa die Speedport-Geräte des Anbieters T-Com, den Endgeräten im Netz ein entsprechendes Domainsuffix zuweist (z. B. *LAP-TOP.Speedport_W723_V_Typ_A_1_00_096*).

• Schließlich war bei den Versuchen zu beobachten, dass einige Betriebssysteme DNS-Anfragen für die Hostnamen von anderen Endgeräten im Netz stellen, wodurch der Beobachter Einblick in die Struktur des Netzes und die dort betriebenen Geräte erhält.

Ähnliche Beobachtungen wurden bereits in früheren Studien gemacht [Aur+08; Kön+13]. Bislang existiert jedoch keine systematische Untersuchung der Beobachtungsmöglichkeiten, die sich aus diesen DNS-Anfragen ergeben. In einer Studie könnte das Verhalten von gängigen Betriebssystemen und netzwerkfähigen Endgeräten untersucht werden, um das Ausmaß der preisgegebenen Informationen zu bestimmen.

4.5 Fazit

In diesem Kapitel wurden anhand von zwei konkreten Teilproblemen die **Monitoring-Möglichkeiten** evaluiert, über die der rekursive Nameserver verfügt. Im Fokus der Betrachtungen stand die Adressauflösung auf typischen Arbeitsplatz-Rechnern. Dazu wurden zunächst die Chancen und Risiken, die sich aus den Beobachtungsmöglichkeiten ergeben, charakterisiert. Für jedes Teilproblem wurden verwandte Arbeiten beschrieben, um Parallelen und Abweichungen zu identifizieren. Anschließend wurde das Potenzial der Beobachtungsmöglichkeiten durch Versuche unter kontrollierten Bedingungen abgeschätzt. Auf Basis dieser Vorarbeiten kann in zukünftigen Arbeiten ein automatisiertes Erkennungsverfahren implementiert und quantitativ evaluiert werden.

Beim ersten Teilproblem handelt es sich um die **Rekonstruktion des Web-Nutzungsverhaltens (Beitrag B1.1)**. Aufgrund von Caching, dem komplexen Aufbau moderner Webseiten und der Funktion zur präemptiven Namensauflösung lässt sich das Web-Nutzungsverhalten nicht unmittelbar den beobachteten DNS-Anfragen entnehmen: Die Beobachtung einer Anfrage für einen bestimmten Domainnamen ist weder ein hinreichendes noch ein notwendiges Kriterium für den Besuch oder den Nicht-Besuch der entsprechenden Webseite (vgl. Tabelle 4.1 auf S. 148). Die Herausforderung für den Beobachter besteht daher darin, anhand von zusätzlich beobachtbaren DNS-Anfragen auf das tatsächliche Nutzerverhalten zu schließen.

Im weiteren Verlauf wurde anhand einer Fallstudie aufgezeigt, dass der rekursive Nameserver die besuchten Internetseiten bereits mit einfachen Heuristiken gut rekonstruieren kann. Durch das im Anschluss daran entwickelte **Website-Fingerprinting-Verfahren** lassen sich zusätzlich mitunter auch die abgerufenen Unterseiten bestimmen. Obwohl dem rekursiven Nameserver nur die Domainnamen bekannt sind, kann er dadurch u. U. die URLs der abgerufenen Webseiten ermitteln. Das Verfahren nutzt die Tatsache aus, dass bei vielen Webseiten Inhalte von mehreren Webservern abgerufen werden, wodurch ein charakteristisches **DNS-Abrufmuster** entsteht.

Die Beobachtung des Web-Nutzungsverhaltens anhand der DNS-Anfragen **bedroht die Privatsphäre** von Internetnutzern und **verletzt die informationelle Selbstbestimmung,** da sie ohne Einwilligung – und im Gegensatz zur Beobachtung des Web-Nutzungsverhaltens anhand von HTTP-Cookies – völlig unbemerkt durchgeführt werden kann. Auf der anderen Seite bietet sich die Auswertung der DNS-Anfragen als zusätzliches Ermittlungswerkzeug in der **IT-Forensik** an.

Beim zweiten Teilproblem geht es um die **Identifizierung der von einem Nutzer verwendeten Software (Beitrag B1.2)**. Wie die durchgeführten Versuche zeigen, lassen sich fast alle gängigen Betriebssysteme und Web-Browser sowie einige Anwendungsprogramme anhand der von ihnen **automatisch angefragten Domainnamen** identifizieren. Die häufigste, jedoch nicht ausschließliche Ursache für identifizierende Domainnamen ist die Funktion zur automatischen Überprüfung auf Software-Updates, die meist bei jedem Programmstart oder zumindest einmal pro Tag aktiv wird.

Bemerkenswert ist, dass die Identifizierung auch dann gelingt, wenn die automatischen DNS-Anfragen deaktiviert oder unterbunden werden. Da in den RFCs der Prozess der Namensauflösung nicht präzise beschrieben ist, gibt es bei der Implementierung von Stub-Resolvern Ermessensspielräume. Wie sich herausstellte, führen die meisten Betriebssysteme und Web-Browser die Namensauflösung auf charakteristische Weise durch, sodass sich fast alle Kombinationen an ihrem Verhalten identifizieren lassen.

Die Möglichkeit der Software-Identifizierung kann eine **Bedrohung für die Sicherheit eines IT-Systems** darstellen. Kann ein externer Angreifer die Betriebsumgebung in Erfahrung bringen, kann er gezielte Angriffe durchführen, die präzise auf die Infrastruktur abgestimmt sind. Auch diese Beobachtungsmöglichkeit kann allerdings im Rahmen von Ermittlungen in der **IT-Forensik** eingesetzt werden, etwa um IT-Systeme, die bei strafbaren Handlungen benutzt wurden, anhand von impliziten Merkmalen wiederzuerkennen, eine Ermittlungsmethode, die bereits in [Nov+04] vorgeschlagen wurde.

Abgesehen von der Untersuchung der zwei angesprochenen Teilprobleme, die im Kontext des DNS bislang nicht betrachtet wurden, wurde auf **weitere Beobachtungsmöglichkeiten** hingewiesen: So kann der rekursive Nameserver mitunter Rückschlüsse auf die Suchanfragen ziehen, die ein Nutzer an eine Web-Suchmaschine gerichtet hat (s. Abschnitt 4.2.5). Weiterhin wurde bei den Versuchen festgestellt, dass einige Betriebssysteme und Endgeräte DNS-Anfragen stellen, die sensible Informationen über die Endgeräte in der lokalen Netzwerkumgebung sowie Details über den Besitzer preisgeben können (s. Abschnitt 4.4).

Nachdem in diesem Kapitel die Monitoring-Möglichkeiten betrachtet wurden, werden im nächsten Kapitel Techniken zum Schutz vor Beobachtung behandelt. Dabei wird das in diesem Kapitel konzipierte Website-Fingerprinting-Verfahren erneut zur Anwendung kommen (s. Abschnitt 5.3). In Kapitel 6 wird dann auf die Problemstellung des Trackings, also der längerfristigen Beobachtung von DNS-Nutzern, eingegangen.

5 Techniken zum Schutz vor Beobachtung

In Kapitel 4 wurden die Monitoring-Möglichkeiten des rekursiven Nameservers untersucht. Dazu wurden Verfahren konzipiert und evaluiert, mit denen der Beobachter auf die abgerufenen Webseiten und die von einem Nutzer verwendete Software schließen kann. Dabei wurde deutlich, dass der Beobachter trotz der beschränkten Sicht, die ihm die DNS-Anfragen auf das Nutzerverhalten geben, unter Umständen dazu in der Lage ist, sensible Informationen zu gewinnen.

Da nicht davon auszugehen ist, dass das DNS auf absehbare Zeit von einem datenschutzfreundlicheren Namensdienst abgelöst wird, bleibt den Nutzern lediglich die Möglichkeit, Techniken zum Selbstdatenschutz einzusetzen. Dieses Kapitel adressiert **Forschungsfrage 3** (s. Abschnitt 1.2), d. h. es wird untersucht, wie geeignete Selbstdatenschutztechniken zum **Schutz vor Monitoring** gestaltet werden können. Zur Einschätzung der Wirksamkeit werden die Techniken in Experimenten empirisch evaluiert. Im Fokus der Betrachtungen steht dabei – genau wie in Kapitel 4 – aus den in Abschnitt 2.10 genannten Gründen wieder die Adressauflösung. In diesem Kapitel geht es insbesondere um den Schutz der Adressauflösung bei der wichtigsten Internetanwendung, dem Surfen im WWW.

Die in diesem Kapitel betrachteten Techniken sollen es dem Nutzer ermöglichen, die Namensauflösung durchzuführen, ohne dass eine der beteiligten Komponenten seine Anfragen mit seiner Identität (der Absender-IP-Adresse) verknüpfen kann. Die Techniken sind vor allem für Nutzer von Interesse, welche zur Namensauflösung auf den rekursiven Nameserver eines Drittanbieters zurückgreifen und sicherstellen wollen, dass dieser ihre DNS-Anfragen nicht beobachten kann. Zwar kann ein Nutzer die untersuchten Techniken auch einsetzen, um ein Monitoring auf dem rekursiven Nameserver seines Internetzugangsanbieters zu verhindern, allerdings kann dadurch kein zuverlässiger Schutz vor Beobachtung durch den Anbieter erreicht werden. Wie in Abschnitt 2.8.4.3 auf S. 72 erläutert, ist der Internetzugangsanbieter zur Analyse des Nutzerverhaltens seiner Kunden nicht auf die Beobachtung der DNS-Anfragen angewiesen. Zum Schutz vor Beobachtung durch den Internetzugangsanbieter muss der gesamte Datenverkehr über einen Anonymitätsdienst wie Tor oder AN.ON (s. Abschnitt 5.2.2) geleitet werden.

Wesentliche Inhalte Die Ergebnisse der Untersuchungen in diesem Kapitel belegen, dass das Range-Query-Verfahren von Zhao et al. [ZHS07a] die Privatsphäre weniger gut schützt als bislang angenommen (**Beitrag B3.1** aus Abschnitt 1.4). Weiterhin wird der DNSMIX-Anonymitätsdienst vorgestellt (**Beitrag B3.2**), der die Beobachtung des Anfrageverhaltens einzelner Teilnehmer durch die Verwendung einer Mix-Kaskade verhindert und zugleich besonders niedrige Antwortzeiten bei der Auflösung populärer Domainnamen erreicht, da diese mittels einer Push-Komponente unaufgefordert an alle Teilnehmer gesendet werden.

Relevante Veröffentlichungen Die Ausführungen zur Analyse des Range-Query-Verfahrens (s. Abschnitt 5.3) basieren auf [HMF14]. Der dabei verwendete Datensatz und die Evaluationsumgebung wurden unter *https://github.com/Semantic-IA* veröffentlicht. Der in Abschnitt 5.4 beschriebene DNSMIX-Dienst wurde bereits in [Fed+11] vorgestellt.

Aufbau des Kapitels Zunächst wird in Abschnitt 5.1 erörtert, inwiefern der Verzicht auf die Nutzung eines öffentlichen rekursiven Nameservers als Schutzmaßnahme in Frage kommt. Anschließend werden in Abschnitt 5.2 die grundsätzlich zum Schutz vor Beobachtung geeigneten Datenschutztechniken vorgestellt. In Abschnitt 5.3 wird das angesprochene Range-Query-Verfahren untersucht, bevor in Abschnitt 5.4 der DNSMIX-Anonymitätsdienst vorgestellt wird. Das Kapitel schließt mit einer Betrachtung offener Fragestellungen für zukünftige Arbeiten (s. Abschnitt 5.5) und einem Fazit (s. Abschnitt 5.6).

5.1 Verzicht auf rekursive Nameserver

Bortzmeyer empfiehlt in [Bor13] zum Schutz vor *Überwachung auf rekursiven Nameservern*, auf die Verwendung eines öffentlichen rekursiven Nameservers zu verzichten. Stattdessen sollen die Teilnehmer auf ihrem Endgerät oder in ihrem Vertrauensbereich einen eigenen rekursiven Nameserver installieren (s. „Szenario 1: Full-Resolver" in Abschnitt 2.4.2) und diesen zur Namensauflösung verwenden. Statt an den rekursiven Nameserver senden die Teilnehmer ihre DNS-Anfragen dann direkt zu den autoritativen Nameservern.

Dieser Vorschlag ist allerdings problematisch, da sich dadurch für den Teilnehmer zwei Nachteile ergeben. Zum einen **steigt die Antwortzeit bei der Namensauflösung**: Öffentliche rekursive Nameserver, die von Internetzugangsanbietern oder Drittanbietern betrieben werden, werden von einer Vielzahl von Nutzern verwendet. Die Nutzer profitieren dabei vom gemeinsam genutzten Cache des rekursiven Nameservers (s. Abschnitt 2.7.3.1). Sendet jeder Teilnehmer hingegen seine Anfragen selbstständig an die autoritativen Nameserver, kann er nur diejenigen Domainnamen verzögerungsfrei auflösen, die er bereits selbst kurz zuvor abgerufen hat. Bei allen anderen Anfragen muss er mit den Root-, TLD- und SLD-Servern interagieren, um die Antwort zu erhalten. Im Vergleich zu den rekursiven Nameservern sind die autoritativen Nameserver meist weiter vom Teilnehmer entfernt, was in einer höheren Paketumlaufzeit und Paketverlustrate resultiert [Wea+11; CAR13].

Der zweite Nachteil besteht darin, dass sich beim Verzicht auf die Verwendung eines öffentlichen rekursiven Nameservers eine **zusätzliche Beobachtungsmöglichkeit auf den autoritativen Servern** ergibt. Wie bereits in Abschnitt 2.6.2.3 festgestellt, hat ein rekursiver Nameserver implizit eine Datenschutzfunktion, da er die IP-Adresse der anfragenden

Teilnehmer vor den autoritativen Nameserver verbirgt. Sendet ein Teilnehmer seine Anfragen direkt an die autoritativen Nameserver, erfahren diese hingegen seine IP-Adresse und den angefragten Domainnamen; die Vertraulichkeit der Namensauflösung (s. Definition 3.4 auf S. 124) ist also nicht mehr gewährleistet. Im Unterschied zu einem rekursiven Nameserver, der die Anfragen eines Teilnehmers für sämtliche Domainnamen sieht, sind die Beobachtungsmöglichkeiten auf den autoritativen Servern zwar auf diejenigen Domainnamen beschränkt, für die sie selbst autoritativ sind bzw. die sie delegiert haben. Da die Teilnehmer jedoch stets den vollständigen FQDN an die autoritativen Nameserver übermitteln (s. Abschnitt 2.6.2.3), verlagern sich die Beobachtungsmöglichkeit von den rekursiven Nameservern zu den Root- und TLD-Servern.

Um die Überwachung durch die Root-Server zu verhindern, schlägt Bortzmeyer vor, die Resolver-Implementierungen so anzupassen, dass sie bei der Übermittlung einer Anfrage an einen autoritativen Nameserver nicht mehr den vollständigen FQDN übermitteln, sondern nur das Suffix, das zur Ermittlung des autoritativen Nameservers erforderlich ist („qname minimization"). Die *TLD-Server* (z. B. der „com"-Server) erfahren allerdings trotz dieser Maßnahme die SLD (z. B. „cnn.com"), die in den meisten Fällen den Domainnamen des Webservers preisgibt, von dem der Nutzer eine Webseite abruft (z. B. „*www.cnn.com*"). Insbesondere der Anbieter Verisign, der für die TLD-Server der Domains „com", „net", „tv", „cc" und „*name*" zuständig ist [Ver14], kann daher weiterhin einen erheblichen Teil der aufgelösten Domainnamen beobachten.

Der Verzicht auf den rekursiven Nameserver bietet zudem keinen Schutz vor einem Beobachter, der die Kommunikationsverbindung beobachten kann, die der Teilnehmer zur Übermittlung der DNS-Anfragen nutzt. Zum Schutz vor der *Überwachung auf den Kommunikationsverbindungen* empfiehlt Bortzmeyer den Einsatz von Verbindungsverschlüsselung zwischen dem rekursiven Nameserver und allen autoritativen Nameservern (s. Abschnitt 5.2.1). Da dies eine Anpassung aller autoritativen Nameserver und eine Lösung zum sicheren Schlüsselaustausch erfordert, gestaltet sich die Umsetzung dieses Vorschlags allerdings sehr aufwendig.

Wird auf einen öffentlichen rekursiven Nameserver verzichtet, gibt es allerdings selbst beim konsequenten Einsatz von Verbindungsverschlüsselung noch Überwachungsmöglichkeiten auf den Kommunikationsverbindungen: Die Vertraulichkeit der Nachrichteninhalte ist dabei zwar eigentlich geschützt; ein passiver On-path-Angreifer (s. Abschnitt 3.3) kann allerdings anhand der Empfänger-IP-Adresse die Identität des kontaktierten autoritativen Nameservers ermitteln und somit u. U. auf den geschützten Nachrichteninhalt, im obigen Beispiel die Anfrage „www.cnn.com", schließen. Da die verschlüsselten Anfragen bei Bortzmeyers Vorschlag außerdem die Absender-IP-Adresse des anfragenden Teilnehmers tragen, ist die Vertraulichkeit der Namensauflösung gemäß Definition 3.4 in einem solchen Fall nicht mehr gewährleistet.

Insbesondere wegen der skizzierten zusätzlichen Beobachtungsmöglichkeiten durch die autoritativen Nameserver erscheint es nicht sinnvoll, auf den rekursiven Nameserver zu verzichten.

5.2 Anwendbare Datenschutztechniken

In diesem Abschnitt werden Datenschutztechniken und existierende Vorschläge vorgestellt, die sich zum Schutz der Privatsphäre der DNS-Nutzer eignen.

Dieser Abschnitt ist wie folgt aufgebaut: Zunächst werden in Abschnitt 5.2.1 Verbindungs- und Ende-zu-Ende-Verschlüsselungstechniken betrachtet. In Abschnitt 5.2.2 werden die bei der Realisierung des DNSMIX-Dienstes verwendeten Techniken zum Schutz der Anonymität vorgestellt. Abschließend wird in Abschnitt 5.2.3 auf Range-Query-Techniken zur Verschleierung von DNS-Anfragen eingegangen.

5.2.1 Verbindungs- und Ende-zu-Ende-Verschlüsselung

Schutz vor einem unerwünschten Vertraulichkeitsverlust kann grundsätzlich durch den Einsatz von Verschlüsselungstechniken erreicht werden. Wie bereits bei den integritätssichernden Mechanismen (s. Abschnitt 3.6.3) angedeutet, ist dabei zwischen Verbindungsverschlüsselung und Ende-zu-Ende-Verschlüsselung zu unterscheiden [Bis03, S. 284 f.].

Die **Verbindungsverschlüsselung** schützt die übertragenen Nachrichten lediglich auf den Kommunikationsverbindungen. Auf Zwischenstationen werden die Nachrichten jeweils entschlüsselt und ggf. vor der Weiterleitung erneut verschlüsselt. Solche Verfahren schützen also lediglich gegen *nicht an der Kommunikation beteiligte* außenstehende Angreifer; sie bieten jedoch keinen Schutz vor angreifenden Kommunikationspartnern, etwa dem rekursiven Nameserver selbst. Beim Einsatz von **Ende-zu-Ende-Verschlüsselung** werden die Nachrichten hingegen vom Sender verschlüsselt und erst beim Empfänger entschlüsselt, so dass Zwischenstationen keine Kenntnis von den übertragenen Nachrichten erhalten können.

Eine Ende-zu-Ende-Verschlüsselung lässt sich allerdings nicht ohne weiteres auf das Kommunikationsmodell des DNS übertragen, wie die folgenden Überlegungen zeigen. Beim Einsatz einer Ende-zu-Ende-Verschlüsselung muss ein Teilnehmer seine Anfragen so chiffrieren, dass lediglich der zuständige autoritative Nameserver sie entschlüsseln kann. Die Anfrage sendet der Teilnehmer jedoch an den rekursiven Nameserver, der sie für ihn an den autoritativen Nameserver weiterleiten soll. Wegen der Ende-zu-Ende-Verschlüsselung kann der rekursive Nameserver zwar keine Kenntnis vom Inhalt nehmen, er kann jedoch auch nicht ermitteln, an welchen autoritativen Nameserver er die Anfrage weiterleiten soll.

Zunächst werden in Abschnitt 5.2.1.1 Vorschläge zur Verbindungsverschlüsselung vorgestellt, anschließend wird in Abschnitt 5.2.1.2 erörtert, unter welchen Umständen eine Ende-zu-Ende-Verschlüsselung im DNS realisiert werden könnte.

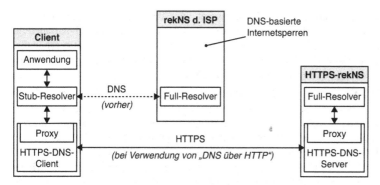

Abbildung 5.1: Transport von DNS-Nachrichten über HTTPS-Tunnel

5.2.1.1 Existierende Vorschläge zur Verbindungsverschlüsselung

Im Folgenden werden in der Literatur vorgeschlagene bzw. bereits implementierte Systeme vorgestellt, welche eine Verbindungsverschlüsselung einsetzen. Systeme, die eine Ende-zu-Ende-Verschlüsselung zur Verfügung stellen, existieren bislang nicht.

DNS über HTTPS/TLS Die in Abschnitt 2.8.2 angesprochene Diskussion über das Zugangserschwerungsgesetz, das die Einrichtung von Internetsperren auf Basis des DNS vorsah, führte zur Entwicklung von Lösungen, mit denen Nutzer ihre DNS-Anfragen über einen verschlüsselten SSH- oder SSL-Tunnel zu einem rekursiven Nameserver senden können. Der Gesetzentwurf sah vor, dass die rekursiven Nameserver aller Internetzugangsanbieter in Deutschland Anfragen für bestimmte Domainnamen unterbinden sollten. Wie in Abschnitt 2.8.2 erläutert hätten die Nutzer die Sperren in diesem Fall durch das Ausweichen auf einen rekursiven Nameserver eines Drittanbieters leicht aushebeln können. Die Datenschutzorganisation „German Privacy Foundation" befürchtete, dass die Internetzugangsanbieter dazu gezwungen werden könnten, die Nutzung von rekursiven Nameservern, die von Drittanbietern betrieben werden, mit technischen Mitteln zu verhindern, um die Sperren wirksam durchzusetzen. Daher stellte sie zwei Konzepte vor, mit denen DNS-Anfragen in einem verschlüsselten Tunnel gekapselt zu einem rekursiven Nameserver transportiert werden: Zur technischen Realisierung wurden prototypische Lösungen auf Basis von HTTPS und des TLS-Protokolls entwickelt [Ger13; Ger09].

Abbildung 5.1 zeigt eine schematische Darstellung am Beispiel von „DNS über HTTPS". Der rekursive Nameserver des Internetzugangsanbieters ist mit „rekNS d. ISP" bezeichnet, der Nameserver des Drittanbieters, zu dem die verschlüsselte Verbindung hergestellt wird, mit „HTTPS-rekNS". Das Konzept sieht vor, dass auf dem Endgerät des Nutzers eine Client-Software installiert wird, die vom Betriebssystem als rekursiver Nameserver verwendet wird. Dazu wird im Betriebssystem des Teilnehmers die IP-Adresse des zu verwendenden Nameservers auf 127.0.0.1 gesetzt. Die Client-Software fungiert dann als Proxy-Server und überträgt u. a. Domainname und RR-Typ in HTTP-GET-Parametern über eine HTTPS-Verbindung an den HTTPS-rekNS. Die angeforderten RRs erhält die Client-Software als XML-Datei. Anhand der erhaltenen Daten wird eine DNS-Antwort konstruiert, die an den Stub-Resolver übermittelt wird.

Die gewählte Architektur mit einem **DNS-Proxy**, der im Betriebssystem des Nutzers als rekursiver Nameserver eingetragen wird, hat sowohl Vorteile als auch Nachteile. Der Vorteil besteht darin, dass der Benutzer durch eine einzige Konfigurationsänderung die DNS-Anfragen aller Anwendungen durch den HTTPS-Tunnel transportieren kann. Der Nachteil dieser Lösung ist, dass der Proxy-Server die DNS-Anfragen des Stub-Resolvers auf dem privilegierten UDP-Port 53 entgegennehmen können muss, was nur möglich ist, wenn der Proxy-Server mit Systemverwalter-Rechten gestartet wird. Daher ist ein hohes Maß an Vertrauen in den Herausgeber der Implementierung erforderlich, und an die Implementierung sind hohe Sicherheitsanforderungen zu stellen.

DNSCrypt Auch das ursprünglich von OpenDNS entwickelte Konzept DNSCrypt[1] verfolgt das Ziel, DNS-Anfragen zwischen dem Endgerät eines Teilnehmers und dem rekursiven Nameserver mittels Verbindungsverschlüsselung zu schützen [Dav11]. Dazu wird ein DNS-Proxy auf dem Endgerät des Teilnehmers installiert, der als rekursiver Nameserver fungiert. Zur Übertragung nutzt DNSCrypt das Nachrichtenformat von DNS-Curve[2], das zur Verschlüsselung u. a. auf Elliptische-Kurven-Kryptographie (Curve25519 [Ber06]) zurückgreift.

5.2.1.2 Vorschlag zur Nutzung von Ende-zu-Ende-Verschlüsselung

Die grundlegende Eigenschaft des DNS, welche den Einsatz der Ende-zu-Ende-Verschlüsselung erschwert, ist die Tatsache, dass der Domainname selbst die Informationen enthält, welche zum Routing einer Anfrage an den zuständigen autoritativen Nameserver erforderlich sind. Soll der Router (der rekursive Nameserver) nun keine Kenntnis von den angefragten Domainnamen erlangen dürfen, dann hat er folglich auch keinen Zugriff auf die Routinginformationen mehr.

Der Einsatz einer Ende-zu-Ende-Verschlüsselung ist im DNS lediglich für spezielle Anwendungsfälle vorstellbar. An diese ist die Anforderung zu stellen, dass zum einen dem Teilnehmer der autoritative Nameserver, der die angefragten Informationen vorhält, bekannt ist, und dass zum anderen aus der Kenntnis des zuständigen autoritativen Nameservers (bzw. dessen Domainnamens) kein Verlust der Vertraulichkeit resultiert.

Ein Beispiel für eine solche DNS-Anwendung ist die Abfrage von DNS-Blocklisten (s. Abschnitt 2.9.2), die auf Mailservern zur Erkennung von Spam-E-Mails verwendet werden.

---

[1]Homepage: *http://dnscrypt.org*

[2]Homepage: *http://dnscurve.org*

Dabei werden u. a. Domainnamen der Form *77.1.0.13.sbl.spamhaus.org* angefragt. Durch den Einsatz einer Ende-zu-Ende-Verschlüsselung könnte der Teilnehmer erreichen, dass die im Präfix dieser Domainnamen angegebene IP-Adresse vor dem rekursiven Nameserver verborgen bleibt. Dazu müsste der Teilnehmer das Präfix mit einem geeigneten Verfahren verschlüsseln, es auf geeignete Weise kodieren und mit dem Suffix des Domainnamens konkatenieren. An den rekursiven Nameserver würde der Teilnehmer dann etwa eine Anfrage für *2etxrtbr5kqw5.sbl.spamhaus.org* senden, die vom rekursiven Nameserver an den autoritativen Nameserver der Domain *sbl.spamhaus.org* weitergeleitet werden würde. Der autoritative Nameserver würde das Präfix in der Domain entschlüsseln und eine geeignet verschlüsselte Antwort zurückschicken.

Abgesehen von der Nutzung zur Abfrage von DNS-Blocklisten wäre ein solches Verfahren auch beim ICSI-Certificate-Notary-Dienst (s. Abschnitt 2.9.6.3) einsetzbar. Auf die ENUM- und ONS-Dienste, welche ebenfalls festgelegte Suffixe verwenden (*e164.arpa* bzw. z. B. *onsepc.com*), treffen die genannten Anforderungen allerdings nicht zu. Im Gegensatz zu DNS-Blocklisten ist bei diesen Anwendungen nicht ein einziger Nameserver für die gesamte Domain zuständig. Stattdessen wird die Autorität für einzelne Zonen jeweils an die autoritativen Nameserver verschiedener Organisationen delegiert (s. z. B. [EPC13, S. 13 f.]).

Für die reguläre Adressauflösung, also die Übersetzung von Domainnamen in IP-Adressen, eignet sich dieses Verfahren ebenfalls nicht, da der Nameserver, der für einen angefragten Domainnamen autoritativ ist, a priori nicht bekannt ist. Zudem gibt die Domain des autoritativen Nameservers häufig bereits einen Hinweis auf den angefragten Domainnamen: So könnte der rekursive Nameserver aus der Tatsache, dass er eine verschlüsselte Anfrage an den autoritativen Nameserver *ns1.wikileaks.org* weiterleiten soll, schließen, dass es sich vermutlich um eine DNS-Anfrage für einen Domainnamen unterhalb der Domain *wikileaks.org* handelt.

5.2.2 Beziehungsanonymität durch Mix-Netze

In diesem Abschnitt werden datenschutzfreundliche Techniken beschrieben, welche die Verknüpfung der Sender-Identität mit den angefragten Domainnamen verhindern. Grundsätzlich kommen dazu Techniken in Betracht, welche die **Senderanonymität** gewährleisten, etwa das DC-Netz [Cha88], das es einem Teilnehmer ermöglicht, eine Nachricht zu senden, ohne seine Identität zu verraten; Untersuchungen zur Realisierung eines DNS-Anonymitätsdienstes mit dem DC-Netz bleiben jedoch zukünftigen Arbeiten vorbehalten. Zur Konstruktion des DNSMIX-Anonymitätsdienstes werden stattdessen Techniken genutzt, die zur Herstellung von **Beziehungsanonymität** [PH10] geeignet sind, die sog. Mix-Netze, die im Folgenden näher erläutert werden. Der DNSMIX-Dienst erhält auch einen Mechanismus zur Gewährleistung von **Empfängeranonymität**, auf den in Abschnitt 5.4.3.2 noch näher eingegangen wird.

Ein **Mix-Netz** ist ein System, das durch die Verwendung von kryptographischen Operationen die Verfolgung von Nachrichten in Kommunikationsnetzen erschwert. Die grund-

sätzliche Idee besteht darin, Nachrichten über mehrere Zwischenstationen (die „Mixe")
zu transportieren, die von unabhängigen Betreibern bereitgestellt werden. Durch die
mehrfache Weiterleitung werden die Kommunikationsbeziehungen zwischen Sendern
und Empfängern verborgen.

Das ursprüngliche Konzept des Mix-Netzes geht auf Chaum zurück [Cha81] und basiert
auf einem hybriden Kryptosystem, bei dem jede Nachricht einzeln durch die Kombination von asymmetrischen und symmetrischen Verschlüsselungsverfahren gesichert wird.
Der Schutz der Kommunikationsbeziehungen wird erreicht, indem der Teilnehmer jede
Nachricht mehrmals verschlüsselt (verschachtelte Verschlüsselung). Werden beispielsweise drei Mixe verwendet, verschlüsselt der Teilnehmer die Nachricht zuerst mit dem
öffentlichen Schlüssel des *letzten* Mixes. Den resultierenden Chiffretext verschlüsselt er
ein weiteres Mal, jedoch mit dem öffentlichen Schlüssel des *vorletzten* Mixes. Das Resultat
wird schließlich mit dem öffentlichen Schlüssel des ersten Mixes verschlüsselt. Die endgültige Nachricht sendet der Teilnehmer dann an den ersten Mix. Jeder Mix entschlüsselt
die eingehenden Nachrichten und leitet sie an den nächsten Mix weiter. Der letzte Mix
erhält schließlich den Klartext und fungiert als Proxy-Server, der die Nachricht an den
vom Teilnehmer designierten Empfänger übermittelt.

Durch die verschachtelte Verschlüsselung ist gewährleistet, dass keiner der Mixe den Absender *und* den Empfänger einer Nachricht erfährt. Gemäß der Terminologie von [PH10,
S. 15] stellen Mixe demnach **Beziehungsanonymität** her. Diese Aussage gilt allerdings nur
unter der Voraussetzung, dass die Mix-Server von verschiedenen nicht-kollaborierenden
Betreibern zur Verfügung gestellt werden. Die Beziehungsanonymität geht verloren, wenn
alle Betreiber zusammenarbeiten, um ihr Wissen über ein- und ausgehende Nachrichten
zu vereinigen. In einem typischen Anwendungsfall, etwa bei einem Mix-basierten Anonymitätsdienst zum Surfen im Internet, gilt zusätzlich: Der Sender (Client) kennt die
Identität des Empfängers (in diesem Fall den Domainnamen des Webservers); der Server
erfährt jedoch nicht die Identität (die IP-Adresse) des Senders. Da weder die Mixe noch
der kontaktierte Server den Absender *und* den Nachrichteninhalt erfahren, stellen Mixe
in diesem Szenario auch **Senderanonymität** her.

Abbildung 5.2 zeigt schematisch die grundsätzliche Architektur eines solchen auf Mixen
basierenden Anonymitätsdienstes, den ein Client nutzen kann, um auf einen Server
zuzugreifen, ohne seine Identität preiszugeben. Ein solcher Anonymitätsdienst besteht
aus einer **Mix-Kaskade** mit mehreren, mindestens jedoch zwei Mix-Servern und einer
Mix-Client-Software, die auf dem Endgerät des Clients oder im Vertrauensbereich des
Nutzers betrieben wird.

In Chaums ursprünglichem (nachrichtenorientierten) Konzept ist vorgesehen, dass die
Mixe eine eingegangene Nachricht nicht sofort weiterleiten, sondern stets mehrere Nachrichten sammeln und diese dann auf einmal in einem *Schub* ausgeben. Dadurch soll
verhindert werden, dass ein externer Beobachter ein- und ausgehende Nachrichten anhand der zeitlichen Abfolge korrelieren kann. Bei asynchroner Kommunikation, etwa
dem Versand von E-Mails, ist die Verzögerung, die durch das Sammeln der Nachrichten

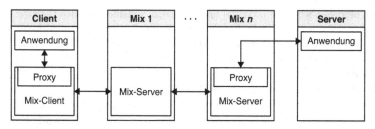

Abbildung 5.2: Schematische Architektur eines Mix-basierten Anonymitätsdienstes

entsteht, tolerierbar. Für die Anonymisierung von Echtzeitkommunikation, bei der es auf geringe Antwortzeiten ankommt, ist Chaums ursprüngliches Verfahren hingegen weniger geeignet.

Kanal-orientierte Anonymitätsdienste Pfitzmann et al. und Goldschlag et al. haben unabhängig voneinander das ursprüngliche Konzept von Chaum weiterentwickelt und so angepasst, dass es auch zur Absicherung von verbindungsorientierter Echtzeitkommunikation verwendet werden kann [PPW91; GRS99]. Bei diesen Systemen werden **Kanäle** eingesetzt, über die mehrere Nachrichten oder kontinuierliche Datenströme gesendet werden können. Zur Verschlüsselung der Nachrichten vereinbart ein Teilnehmer beim Verbindungsaufbau mit jedem Mix einen symmetrischen Sitzungsschlüssel, indem ein Schlüsselaustauschprotokoll durchlaufen wird.

Bei Tor wird der Kanal wie ein „Teleskop" (s. [DMS04]) schrittweise aufgebaut: Im Fall von drei Mixen vereinbart der Teilnehmer zunächst einen Sitzungsschlüssel mit dem ersten Mix; der Kanal reicht jetzt bis zum ersten Mix. Über den zum ersten Mix etablierten Kanal wickelt der Teilnehmer dann das Schlüsselaustauschprotokoll mit dem zweiten Mix ab. Dadurch wird erreicht, dass der zweite Mix die Identität des Teilnehmers, mit dem er den Schlüssel aushandelt, nicht erfährt. Über den bis zum zweiten Mix etablierten Kanal wird dann mit dem letzten Mix ein Schlüssel ausgehandelt.

Ist der Kanal bis zum letzten Mix aufgebaut, können die Nutzdaten (Kanalnachrichten) übertragen werden. Dazu wendet der Teilnehmer wie beim ursprünglichen Verfahren von Chaum auf die Nutzdaten eine verschachtelte Verschlüsselungsfunktion an, wobei er die mit den Mixen vereinbarten symmetrischen Sitzungsschlüssel verwendet. Da alle Nachrichten, die innerhalb desselben Kanals übertragen werden, miteinander verkettet werden können, muss der Teilnehmer in regelmäßigen Abständen neue Kanäle aufbauen, um zu vermeiden, dass seine Aktivitäten vom letzten Mix, wo die Nachrichten wieder im Klartext vorliegen, über längere Zeiträume beobachtet werden können.

In der Praxis haben sich drei Mix-basierte Anonymitätsdienste etabliert, mit denen die Nachverfolgbarkeit von verbindungsorientierter Echtzeitkommunikation erschwert werden kann: AN.ON [BFK01], das inzwischen unter der Bezeichnung „JonDonym" teilweise kommerziell betrieben wird, Tor [DMS04] und I2P.[3] Diese Systeme leiten den Datenverkehr zwar über mehrere Mixe (die bei Tor als Onion Router bezeichnet werden) weiter, verzichten jedoch darauf, eingehende Nachrichten vor der Weiterleitung zu sammeln. Sie bieten daher keinen Schutz vor einem globalen Angreifer, der den Datenverkehr auf allen Kommunikationsverbindungen beobachten und dadurch den Weg einer Nachricht vom Sender zum Empfänger durch zeitliche Korrelationen nachvollziehen kann.

Da die o. g. Dienste, insbesondere Tor und I2P, für verschiedene Anwendungsprotokolle geeignet sind, werden sie im folgenden mit dem Begriff **generische Anonymitätsdienste** bezeichnet.

DNS über generische Anonymitätsdienste   Existierende generische Anonymitätsdienste eignen sich nur eingeschränkt zum Schutz der Vertraulichkeit der Namensauflösung. In Untersuchungen von Fabian et al. [Fab+10] betrug der Median der Antwortzeit für die Namensauflösung über den Tor-Anonymitätsdienst 1,38 Sekunden – mehr als das 40-Fache im Vergleich zur direkten Namensauflösung.

Die Nutzung eines generischen Anonymitätsdienstes zum Transport von DNS-Nachrichten, die beim Websurfen entstehen, ist daher als wenig praktikabel einzustufen. Die hohen Antwortzeiten bei der Namensauflösung würden zu erheblichen Wartezeiten beim Websurfen führen [CK00; CK02]. Bei anderen DNS-Anwendungen, bei denen es nicht auf eine niedrige Antwortzeit ankommt, erscheint die Nutzung von generischen Anonymitätsdienstes hingegen grundsätzlich vorstellbar.

5.2.3 Verschleierung von Anfragen mit Range-Querys

Im Unterschied zu den Techniken, die im vorigen Abschnitt beschrieben wurden, wird bei der Verschleierung von Anfragen die Identität des Anfragenden nicht geschützt. Stattdessen besteht das Ziel darin, die von einem Sender tatsächlich beabsichtigte Anfrage vor einem Dienstbetreiber zu verbergen, indem diese durch zusätzliche Dummy-Anfragen getarnt („verschleiert") wird.

Dieser Abschnitt ist wie folgt aufgebaut: Zunächst wird in Abschnitt 5.2.3.1 das Ein-Server-Verfahren von Zhao et al. beschrieben, das im weiteren Verlauf dieser Arbeit näher untersucht wird. Im Anschluss daran werden in Abschnitt 5.2.3.2 zur Abgrenzung die übrigen bisher publizierten Range-Query-Verfahren vorgestellt.

5.2.3.1 Ein-Server-Range-Query-Verfahren nach Zhao et al.

Das erste Range-Query-Verfahren wurde von Zhao et al. vorgeschlagen [ZHS07a]. Es wurde in späteren Arbeiten aufgegriffen und ausgebaut [ZHS07b; CPGA08; CPGA09;

---

[3]Homepages: *http://www.jondonym.de*, *http://www.torproject.org* und *https://geti2p.net*

LT10; ZHS10]. Die Beschreibung des Verfahrens in [ZHS07a] weist allerdings eine geringe Präzision auf. Daher liegen den genannten Arbeiten leicht voneinander abweichende Auffassungen über die genaue Realisierung des Systems zugrunde. Aus Gründen der Übersichtlichkeit werden im Folgenden nicht alle Varianten beschrieben, sondern lediglich *eine* konkrete Realisierung, welche hinsichtlich ihrer Eigenschaften mit der ursprünglichen Idee aus [ZHS07a] übereinstimmt.

Architektur Zhao et al. gehen davon aus, dass ein Nutzer auf seinem Endgerät eine Range-Query-Client-Software installiert, welche die beabsichtigten DNS-Anfragen des Nutzers durch zusätzliche Dummy-Anfragen verschleiert. Zur Generierung der Dummy-Anfragen greift die Client-Software auf eine Liste von Domainnamen zurück, die auf dem Endgerät hinterlegt ist (**Dummy-Datenbank**).

In der Literatur wurde das Verfahren bislang nur in der Theorie betrachtet, ohne Annahmen darüber zu treffen, wie die Client-Software realisiert ist. Für eine anschauliche Beschreibung und Abschätzung der Implikationen in einer realen Umgebung ist es hilfreich, eine konkrete Implementierung zu betrachten. Daher wird im Folgenden eine konkrete Realisierungsmöglichkeit beschrieben.

Da Zhao et al. ihr Verfahren insbesondere zum Schutz der DNS-Anfragen vorschlagen, die beim Websurfen entstehen, bietet sich die Realisierung der Client-Software als *Browser-Plug-in* an. Die Realisierungsvariante eines Browser-Plug-ins wurde auch bei „TrackMeNot" gewählt, einem Plug-in, das die von einem Nutzer gestellten Anfragen an Web-Suchmaschinen durch zusätzlich abgeschickte Dummy-Anfragen verschleiert [PS10]. Die Implementierung als Plug-in bietet zwei Vorteile: Zum einen ist es aus Entwicklersicht zu begrüßen, dass in diesem Fall auf eine Implementierung des DNS-Protokolls verzichtet werden kann, da zum Absenden der Dummy-Anfragen die existierenden API-Funktionen des Stub-Resolvers aufgerufen werden können. Darüber hinaus gibt es auch einen Vorteil für den Anwender: Die Verwendung des Range-Query-Clients erfordert keine Anpassung der Nameserver-Einstellungen im Betriebssystem; dort ist weiterhin der zu verwendende rekursive Nameserver eingetragen. Auch die anderen Nachteile einer Implementierung in Form eines DNS-Proxys, auf die im Zusammenhang mit „DNS über HTTPS" hingewiesen wurde (s. S. 230), werden durch die Realisierung als Plug-in vermieden. Die Architektur des Systems ist in Abbildung 5.3 dargestellt.

Verfahren und erreichbare Sicherheit Für jede **beabsichtigte Anfrage der Anwendung** erzeugt der **Range-Query-Client (RQ-Client)** $N - 1$ **Dummy-Anfragen**, indem er $N - 1$ Domainnamen ohne Zurücklegen aus der Dummy-Datenbank zieht. Jede der resultierenden N Anfragen wird durch Aufruf des Stub-Resolvers an den im System konfigurierten rekursiven Nameserver gesendet. Die Antworten leitet der Stub-Resolver an den RQ-Client weiter. Sobald die Antwort für die beabsichtigte Anfrage eintrifft, übermittelt der RQ-Client diese an die Anwendung bzw. bei der Realisierung als Plug-in an den Browser.

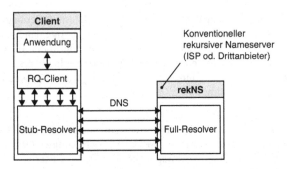

Abbildung 5.3: Architektur für das Ein-Server-Range-Query-Verfahren

Zhao et al. stellen fest, dass der Betreiber des rekursiven Nameservers bei dieser Vorge-hensweise die beabsichtigten Anfragen nicht mehr unmittelbar beobachten kann. Wählt er zufällig irgendeine der beobachteten Anfragen aus, errät er dabei mit einer Ratewahrschein-lichkeit von $\frac{1}{N}$ die tatsächlich beabsichtigte Anfrage. Durch die zusätzlichen Anfragen steigt jedoch das übertragene Datenvolumen; es hängt, je nachdem, wie lang die Dum-my-Namen bzw. wie groß die erhaltenen DNS-Antworten sind, in etwa linear von N ab. Dementsprechend schlagen Zhao et al. vor, im RQ-Client dem Nutzer die Festlegung von N zu ermöglichen, damit der Nutzer einen für ihn geeigneten Kompromiss zwischen Datenvolumen und erwartetem Datenschutz treffen kann.

Kompatibilität mit konventionellen Nameservern   Die obige Realisierung weicht in einem wichtigen Punkt vom ursprünglichen Verfahren in [ZHS07a] ab: Die in dieser Arbeit (und in [CPGA08; CPGA09]) betrachtete Realisierung des RQ-Clients verwendet *herkömmliche DNS-Anfragen*, um die Range-Querys aufzulösen, und ist dadurch mit konventionellen rekursiven Nameservern kompatibel.

Das in [ZHS07a] von Zhao et al. ursprünglich vorgeschlagene Verfahren sieht hingegen ein **proprietäres Protokoll** zwischen dem RQ-Client und einem speziellen Range-Query-fähigen rekursiven Nameserver vor: Dabei sendet der RQ-Client alle Domainnamen einer Range-Query *in einer Nachricht* gebündelt an den Nameserver. Die Reihenfolge der Domainnamen wird dabei zufällig gewählt, der RQ-Client merkt sich jedoch die Position der beabsichtigten Anfrage. Der Range-Query-Nameserver übermittelt in seiner Antwort dann die Liste der zugehörigen IP-Adressen, wobei diese in derselben Reihenfolge angeordnet sind wie die Domainnamen in der Anfrage. Der RQ-Client ermittelt in der Liste dann die von der Anwendung gewünschte IP-Adresse.

Zhao et al. erläutern allerdings nicht, was sie dazu bewogen hat, anstelle des konventio-nellen Nachrichtenformats von DNS ein proprietäres Protokoll zu entwerfen, das mit existierenden Nameservern inkompatibel ist. Im weiteren Verlauf der Analyse wird sich herausstellen, dass das proprietäre Protokoll noch einen weiteren Nachteil hat: Es bietet geringeren Schutz vor Beobachtung als die oben beschriebene abgewandelte Realisierung (s. Abschnitt 5.3.4.5).

5.2.3.2 Weitere Range-Query-Verfahren

Neben dem ursprünglichen Verfahren [ZHS07a] wurden weitere Range-Query-Verfahren vorgeschlagen. Da diese im Rahmen der nachfolgenden Untersuchungen nicht betrachtet werden (zur Begründung s. Abschnitt 5.3.1.1), werden nur die jeweiligen Besonderheiten erläutert.

Zhao et al. haben auch ein **Zwei-Server-Range-Query-Verfahren** vorgeschlagen, das dem Private-Information-Retrieval-Verfahren [KO97; Cho+98] bzw. dem unabhängig davon entwickelten Blind-Message-Service [CB95] nachempfunden ist. Die grundsätzliche Idee besteht dabei darin, dass der Teilnehmer zur Übermittlung einer beabsichtigten Anfrage q^* zwei Anfragemengen Q_1 und Q_2 mit Dummy-Anfragen q_i erzeugt, die er an zwei verschiedene Range-Query-Server sendet. Dabei ist $Q_1 = \{q_1, q_2, \ldots, q_n\}$ und $Q_2 = Q_1 \cup \{q^*\}$. Jeder Range-Query-Server ermittelt die IP-Adressen für alle Anfragen und kombiniert diese durch Anwendung der XOR-Operation zu einem Wert r_j. Das Resultat r_j wird an den Teilnehmer zurückgesendet. Der Teilnehmer kann dann die gewünschte IP-Adresse durch $r = r_1 \oplus r_2$ bestimmen. Ein Nachteil des Verfahrens besteht darin, dass ein passiver On-path-Angreifer die beabsichtigte IP-Adresse anhand der unverschlüsselt übertragenen Anfragen leicht ermitteln kann.

Das **Mehr-Server-Verfahren** von Castillo-Perez und García-Alfaro [CPGA08; CPGA09] reduziert die Antwortzeit des ursprünglichen Verfahrens aus [ZHS07a]. Dazu sollen die Teilnehmer eine Range-Query nicht an *einen* Server senden, sondern auf mehrere Server aufteilen. Es wird also vorausgesetzt, dass dem Teilnehmer mehrere rekursive Nameserver zur Verfügung stehen.

Lu und Tsudik haben den datenschutzfreundlichen Namensdienst **PPDNS** [LT10] vorgeschlagen, bei dem es sich um eine Erweiterung von CoDoNS [RS04] handelt. CoDoNS ist eine auf Peer-to-Peer-Techniken basierende Namensdienst-Infrastruktur, die zur Ablösung des hierarchisch organisierten DNS vorgeschlagen wurde. Da CoDoNS den Namensraum als verteilte Hashtabelle (engl. „distributed hash-table", abgek. DHT) organisiert, können Range-Querys realisiert werden, indem Teilnehmer bei ihren Anfragen anstelle des vollständigen Hashwerts des gewünschten Domainnamens nur ein Präfix des Hashwerts übermitteln. Sie erhalten dann die Daten aller Domainnamen, deren Hashwert mit diesem Präfix beginnt. Allerdings ist derzeit nicht abzusehen, dass CoDoNS in nächster Zeit eine große Verbreitung im Internet finden wird.

5.3 Analyse des Range-Query-Verfahrens nach Zhao et al.

Wie der Überblick über die anwendbaren Datenschutztechniken in Abschnitt 5.2 zeigt, gibt es in der Literatur erste Ansätze zur Entwicklung von Selbstdatenschutztechniken, mit denen sich Nutzer vor der Beobachtung durch rekursive Nameserver schützen können. Die für das DNS spezifischen Vorschläge, die Range-Query-Verfahren, basieren auf der Verschleierung der tatsächlich beabsichtigten Anfragen eines Nutzers durch Dummy-Anfragen. Aufgrund seiner Einfachheit ist insbesondere das Ein-Server-Verfahren von Zhao et al. (s. Abschnitt 5.2.3.1, [ZHS07a]) als Selbstdatenschutztechnik geeignet (vgl. Abschnitt 5.3.1.1).

Bislang wurde die Sicherheit von Range-Query-Verfahren nur in einem einfachen theoretischen Modell untersucht. Das in der Literatur verwendete Modell zur Beschreibung der erreichbaren Unbeobachtbarkeit geht implizit davon aus, dass ein Nutzer stets *einzelne, voneinander unabhängige* DNS-Anfragen stellt. Zhao et al. schlagen ihr Verfahren jedoch insbesondere für ein Szenario vor, in dem Nutzer die abgerufenen Webseiten vor dem rekursiven Nameserver verbergen möchten. Es ist zweifelhaft, ob die auf Basis des einfachen Modells bisher getroffenen Sicherheitsaussagen auf diesen typischen Anwendungsfall übertragbar sind: Wie die Untersuchungen in Kapitel 4 zeigen, kommt es beim Abruf einer Webseite zu DNS-Abrufmustern, die aus charakteristischen DNS-Anfragen bestehen. Die aufeinanderfolgenden DNS-Anfragen, die beim Abruf einer Webseite zu beobachten sind, sind also gerade nicht voneinander unabhängig.

Fragestellung und wesentliche Beiträge   In diesem Abschnitt wird der Frage nachgegangen, ob ein Beobachter das in Abschnitt 4.2.4 vorgestellte DNS-basierte Website-Fingerprinting-Verfahren verwenden kann, um die tatsächlich vom Nutzer abgerufenen Webseiten trotz der Anwendung des Range-Query-Verfahrens von Zhao et al. zu bestimmen. Weiterhin wird untersucht, welche Einflussfaktoren die Erkennung begünstigen und wie das Range-Query-Verfahren anzupassen ist, um die Erkennung der Webseiten zu verhindern.

Der wesentliche Beitrag dieses Abschnitts besteht darin, aufzuzeigen, dass das Range-Query-Verfahren in der Praxis einen deutlich geringeren Schutz vor Beobachtung bietet als bisher angenommen. Dazu werden analytische Überlegungen und empirische Untersuchungen durchgeführt. Die Ergebnisse belegen, dass der Betreiber des rekursiven Nameservers durch Anwendung eines entsprechend adaptierten Website-Fingerprinting-Verfahrens die von einem Nutzer tatsächlich abgerufenen Webseiten mit hoher Wahrscheinlichkeit bestimmen kann. Durch ein verbessertes Range-Query-Verfahren kann der Nutzer zwar verhindern, dass der Beobachter durch das Website-Fingerprinting-Verfahren einen Informationsgewinn realisieren kann, die Implementierung des verbesserten Verfahren erweist sich bei näherer Betrachtung jedoch als wenig praktikabel.

Dieser Abschnitt ist wie folgt aufgebaut: In Abschnitt 5.3.1 werden das betrachtete Szenario und das adaptierte Website-Fingerprinting-Verfahren beschrieben. Im Anschluss daran wird in Abschnitt 5.3.2 der Datensatz charakterisiert, anhand dessen die weiteren Untersuchungen durchgeführt werden. In Abschnitt 5.3.3 wird ein analytisches Modell aufgestellt, um das Beobachtungspotential abzuschätzen, bevor in Abschnitt 5.3.4 empirische Untersuchungen vorgenommen werden, um die in der Praxis erreichbare Sicherheit des

Range-Query-Verfahrens zu beurteilen. Anschließend wird in Abschnitt 5.3.5 ein verbessertes Range-Query-Verfahren vorgestellt, welches verhindert, dass der Beobachter durch Anwendung des Website-Fingerprinting-Verfahrens die tatsächlich abgerufene Webseite ermitteln kann. Abschließend folgt in Abschnitt 5.3.6 eine Diskussion der Ergebnisse und der Untersuchungsmethodik, bevor die Erkenntnisse in Abschnitt 5.3.7 zusammengefasst werden.

5.3.1 Grundlagen

Dieser Abschnitt ist wie folgt aufgebaut: Zunächst wird in Abschnitt 5.3.1.1 die Wahl des betrachteten Range-Query-Verfahrens motiviert. Anschließend wird in Abschnitt 5.3.1.2 die verwendete Terminologie eingeführt. In Abschnitt 5.3.1.3 werden die zur Analyse und Evaluation verwendeten Beobachtungsszenarien aufgestellt. In Abschnitt 5.3.1.4 wird schließlich die Anwendung des Website-Fingerprinting-Verfahrens erläutert.

5.3.1.1 Betrachtetes Range-Query-Verfahren

Im Folgenden wird das ursprüngliche Ein-Server-Range-Query-Verfahren von Zhao et al. betrachtet, das in [ZHS07a] publiziert wurde.

Die Auswahl des Ein-Server-Verfahrens von Zhao et al. ist dadurch begründet, dass es sich im Unterschied zu den später publizierten Verfahren zum Selbstdatenschutz eignet, ohne auf die Unterstützung von Infrastrukturdiensten angewiesen zu sein: Der Nutzer verwendet dabei einen konventionellen rekursiven Nameserver, auf dem keinerlei Anpassungen erforderlich sind. Die einzige Anpassung wird auf dem Endgerät des Nutzers vorgenommen. Dort wird eine Range-Query-Client-Software (**RQ-Client**) installiert, die für alle vom System gestellten DNS-Anfragen Range-Querys erzeugt.

Bei den übrigen Range-Query-Verfahren (s. Abschnitt 5.2.3.2) müssen hingegen weitere Voraussetzungen erfüllt sein.

- Das Zwei-Server-XOR-Verfahren von Zhao et al. [ZHS07b] setzt voraus, dass es zwei nicht-kollaborierende Nameserver gibt. Darüber hinaus wird ein proprietäres Protokoll zur Kommunikation zwischen dem Range-Query-Client und den Nameservern verwendet.

- Beim Mehr-Server-Verfahren von Castillo-Perez [CPGA08; CPGA09] wird vorausgesetzt, dass es mindestens zwei rekursive Nameserver gibt.

- PPDNS [LT10]setzt voraus, dass der Namensdienst CoDoNs [RS04] verfügbar ist.

Diese zusätzlichen Anforderungen stellen eine zusätzliche Hürde dar, die den Einsatz der jeweiligen Range-Query-Verfahren in der Praxis erschwert. Zum einen gibt es bislang keine öffentlich verfügbaren Nameserver, die das von Zhao et al. vorgeschlagene XOR-Verfahren unterstützen. Zum anderen basiert die Sicherheit der Zwei- und Mehr-Server-Verfahren darauf, dass die genutzten rekursiven Nameserver nicht kollaborieren;

sie müssen dazu üblicherweise von unterschiedlichen Anbietern betrieben werden. Für Nutzer, die einen ganz bestimmten rekursiven Nameserver verwenden möchten, etwa weil dieser entsprechende Sicherheitsfunktionen anbietet, sowie für Nutzer, die aufgrund von technischen Sperren einen ganz bestimmten Nameserver verwenden müssen, sind die Zwei- bzw. Mehr-Server-Verfahren daher nicht geeignet.

5.3.1.2 Terminologie: Abrufmuster und Blöcke

In Abschnitt 4.2.4 wurde ausgeführt, dass beim Abruf von Webseiten üblicherweise mehrere Domainnamen aufgelöst werden. Gemäß Definition 4.2 (s. S. 162) enthält ein **Abrufmuster** M_s die Menge der Domainnamen, die beim Abruf einer Webseite s aufgelöst werden, wenn alle DNS-Zwischenspeicher leer sind.

Setzt ein Nutzer zum Abruf einer Seite s das in Abschnitt 5.2.3.1 beschriebene Ein-Server-Range-Query-Verfahren ein, erzeugt der Range-Query-Client für jeden Domainnamen in M_s eine individuelle Range-Query, die jeweils aus N DNS-Anfragen besteht. Zur besseren Lesbarkeit werden die DNS-Anfragen, die zu einer einzelnen Range-Query gehören, im Folgenden als Anfrageblock bzw. einfach nur als **Block** bezeichnet. Beim Abruf von s entstehen demnach $|M_s|$ Blöcke, wobei jeder Block eine **Blockgröße** von N hat.

5.3.1.3 Modellierung der Beobachtungsszenarien

Wie bei der Einführung des Website-Fingerprinting-Verfahrens in Abschnitt 4.2.4.1 wird davon ausgegangen, dass dem Beobachter eine Datenbank mit den Abrufmustern der Webseiten vorliegt, deren Abruf er erkennen möchte. Die weitere Vorgehensweise hängt davon ab, ob er die einzelnen Anfrageblöcke, die vom Nutzer beim Abruf einer Webseite gesendet werden, unterscheiden kann. Wie die folgenden Überlegungen zeigen, sind zwei Fälle zu betrachten (s. Abbildung 5.4):

1. Der Beobachter kann alle Blöcke voneinander unterscheiden (**ABU, „alle Blöcke unterscheidbar"**). In diesem Fall kann der Beobachter erkennen, welche DNS-Anfragen zum selben Block gehören. Dem Beobachter liegen $|M_s|$ Blöcke vor.

2. Der Beobachter kann nur erkennen, welche DNS-Anfragen zum ersten Block gehören (**EBU, „nur erster Block unterscheidbar"**). Welche der übrigen Anfragen zum selben Block gehören, kann der Beobachter nicht erkennen.

Zur Veranschaulichung der Szenarien dient das folgende Beispiel.

Beispiel 5.1. Wenn eine Nutzerin die Seite *http://www.rapecrisis.org.uk* aufruft, wird eine Anfrage für den Domainnamen *www.rapecrisis.org.uk* gestellt. Es sei angenommen, dass beim Download der Webseite zwei weitere Anfragen gestellt werden: für *twitter.com* und für *www.rapecrisislondon.org*. Aus Gründen der Übersichtlichkeit werden im Folgenden Range-Querys mit $N = 3$ betrachtet.

Im ABU-Szenario kann der Beobachter z. B. diese drei Anfrageblöcke erkennen:

ABU: alle Blöcke unterscheidbar

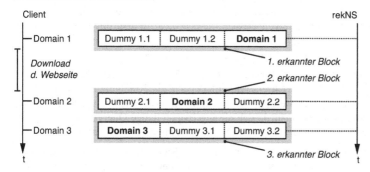

EBU: nur erster Block unterscheidbar

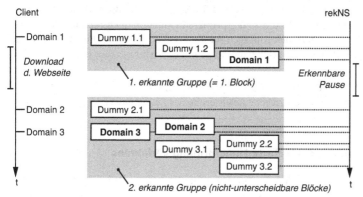

Abbildung 5.4: Mögliche Beobachtungsszenarien für den rekursiven Nameserver (in der Abbildung mit „rekNS" bezeichnet)

- 1. Block: (*www.cnn.com, www.rapecrisis.org.uk, static.feedpress.it*),
- 2. Block: (*github.com, twitter.com, s.telegraph.co.uk*),
- 3. Block: (*www.rapecrisislondon.org, images.google.com, conn.skype.com*).

Im EBU-Szenario sieht der Beobachter hingegen lediglich zwei Anfragegruppen, wobei die erste Gruppe mit dem ersten Block übereinstimmt.

- 1. Gruppe: (*www.cnn.com, www.rapecrisis.org.uk, static.feedpress.it*),
- 2. Gruppe: (*github.com, twitter.com, www.rapecrisislondon.org, s.telegraph.co.uk, images.google.com, conn.skype.com*). □

Das ABU-Szenario ist für Range-Query-Verfahren relevant, bei denen die Anfragen eines Blocks mit Hilfe eines proprietären Protokolls in einer Nachricht gesammelt an den rekursiven Nameserver übertragen werden, wie es etwa beim ursprünglichen Vorschlag des Ein-Server-Range-Query-Verfahrens von Zhao et al. vorgesehen ist (s. S. 236). Die einzelnen Blöcke liegen dem Beobachter dann unmittelbar vor.

Das EBU-Szenario ist hingegen für die in Abschnitt 5.2.3.1 vorgestellte Realisierung des Ein-Server-Range-Query-Verfahrens relevant, bei dem alle Domainnamen in einzelnen DNS-Anfragen übermittelt werden. Die Blockgrenzen lassen sich beim EBU-Szenario nicht mehr zuverlässig erkennen, da sich die angefragten Range-Querys u. U. überlagern, etwa wenn der Browser in sehr kurzen Zeitabständen mehrere DNS-Anfragen stellt.

Die Anfragen *im ersten Block* lassen sich auch im EBU-Szenario von den übrigen Anfragen unterscheiden, da die übrigen Anfragen erst gestellt werden können, nachdem der primäre Domainname der Webseite aufgelöst worden ist: Erst wenn der Browser die HTML-Datei vom Webserver heruntergeladen hat, werden die sekundären Domainnamen angefragt, um die übrigen Inhalte abzurufen. Die HTML-Datei kann der Browser jedoch erst herunterladen, wenn er die IP-Adresse des primären Domainnamens kennt. Diese erhält er, wenn die Antworten zu den Anfragen aus dem ersten Block eintreffen. Die Anfragen aus späteren Blöcken können sich daher nicht mit den Anfragen aus dem ersten Block überlagern.

Im weiteren Verlauf des Abschnitts wird primär das EBU-Szenario betrachtet, da es für die in Abschnitt 5.2.3.1 beschriebene Realisierung des Range-Query-Verfahrens relevant ist.

5.3.1.4 Anwendung des Website-Fingerprinting-Verfahrens

Wie beim ursprünglichen Website-Fingerprinting-Verfahren, das in Abschnitt 4.2.4 vorgestellt wurde, wird davon ausgegangen, dass der Beobachter über eine **Abrufmuster-Datenbank** verfügt, in welcher die primären und sekundären Domainnamen enthalten sind, für die er sich interessiert.

Wie die Anwendung des Website-Fingerprinting-Verfahrens auf die Fallstudie zeigte, kann der Beobachter nicht davon ausgehen, dass bei einem Abruf einer Webseite stets alle Domainnamen, die er in der Abrufmuster-Datenbank für diese Webseite gespeichert hat, zu beobachten sind (s. Abschnitt 4.2.4.2). Da in diesem Abschnitt die Beurteilung der Sicherheit des Range-Query-Verfahrens im Vordergrund steht, wird von den tatsächlichen Gegebenheiten in der Realität abstrahiert (vgl. die Diskussion der Einschränkungen in Abschnitt 5.3.6). Stattdessen wird der Abruf einer Webseite isoliert betrachtet, d. h. es wird angenommen, dass der Beobachter alle Anfragen, die in Verbindung mit dem Abruf einer Webseite entstehen, beobachten kann und dass er aufeinanderfolgende Webseiten-Abrufe – etwa durch ausreichend lange Pausen zwischen den Abrufen – auseinanderhalten kann.

Im **ABU-Szenario** liegen dem Beobachter, abgesehen von der Abrufmuster-Datenbank, $|M_s|$ unmittelbar aufeinanderfolgende Blöcke vor, die der Nutzer beim Abruf einer Webseite s an den rekursiven Nameserver übermittelt hat. Der Angreifer kann wie folgt vorgehen, um die abgerufene Webseite zu ermitteln:

1. Aus der Abrufmuster-Datenbank wählt der Angreifer alle Abrufmuster aus, deren primärer Domainname im ersten Block enthalten ist. Dadurch erhält er die Menge der Kandidaten C.

2. Aus der Menge C wählt der Angreifer diejenigen Abrufmuster aus, deren Länge mit der Anzahl der beobachteten Blöcke, $|M_s|$, übereinstimmt, um die Menge $C_{|M_s|}$ zu erhalten, in der alle Muster enthalten sind, die dieselbe Länge haben wie die tatsächlich besuchte Webseite s.

3. Für jedes Abrufmuster $q \in C_{|M_s|}$ überprüft der Beobachter, ob q ein **passendes Abrufmuster** ist. Dies ist der Fall, wenn die Domainnamen in q auf sinnvolle Weise auf die Blöcke verteilt sind, also wenn

   a) jeder Block mindestens ein Element aus q enthält und

   b) jedes Element von q in mindestens einem Block auftritt und

   c) q vollständig gebildet werden kann, indem aus jedem Block genau ein Domainname entnommen wird.[4]

Im **EBU-Szenario** liegen dem Beobachter hingegen lediglich zwei Gruppen (Mengen) von Anfragen vor: die *erste Gruppe* G_1, die mit dem ersten Block übereinstimmt, und die *zweite Gruppe* G_2, in der alle Domainnamen enthalten sind, die zu den übrigen Blöcken gehören (s. Abschnitt 5.3.1.3). In diesem Szenario geht der Beobachter wie folgt vor:

1. Aus der Abrufmuster-Datenbank wählt der Beobachter alle Abrufmuster aus, deren primärer Domainname in G_1 enthalten ist. Dadurch erhält er die Menge der Kandidaten C.

2. Für jedes Abrufmuster $q \in C$ überprüft der Beobachter, ob q ein **passendes Abrufmuster** ist. Dies ist der Fall, wenn alle sekundären Domainnamen von q in G_2 enthalten sind.

Längenbestimmung im EBU-Szenario   Eine wesentliche Einschränkung der Beobachtungsmöglichkeit im EBU-Szenario besteht darin, dass der Beobachter die Länge des Abrufmusters von s, die mit $|M_s|$ bezeichnet wird, nicht zur Filterung von C heranziehen kann: Im Gegensatz zum ABU-Szenario kann er die Anzahl der Blöcke nicht unmittelbar erkennen und eine rechnerische Bestimmung von $|M_s|$ gelingt ihm nicht zuverlässig, wie die folgenden Ausführungen zeigen.

Um die zugrundeliegende Problemstellung bei der Bestimmung von $|M_s|$ zu illustrieren, wird zunächst dargestellt, dass die Bestimmung unter bestimmten Annahmen *gelingen*

---

[4]Damit q ein passendes Abrufmuster ist, reicht es streng genommen aus, wenn diese Bedingung erfüllt ist. Die beiden anderen Bedingungen dienen hier der besseren Anschaulichkeit.

würde (Idealfall). Der Beobachter könnte zur Ermittlung der Anzahl der Blöcke im EBU-Szenario wie folgt vorgehen: Zunächst könnte er die vom RQ-Client verwendete Blockgröße N durch Abzählen der Domainnamen in der ersten Gruppe ermitteln, also $\tilde{N} = |G_1|$; danach könnte der Beobachter die Anzahl der Blöcke (inklusive des ersten Blocks) wie folgt bestimmen: $|\tilde{M}_s| = 1 + |G_2| / \tilde{N}$. Die auf diese Weise vermutete Abrufmuster-Länge $|\tilde{M}_s|$ stimmt allerdings nur dann mit der tatsächlichen Länge $|M_s|$ überein, wenn in jedem Block der zweiten Gruppe *alle* N Domainnamen angefragt werden.

Im Folgenden wird dargestellt, warum in der Praxis nicht von diesem Idealfall ausgegangen werden kann. Gängige Web-Browser lösen die zur Darstellung einer Webseite benötigten sekundären Domainnamen zwar meist parallel, jedoch üblicherweise nicht *alle* zu ein und demselben Zeitpunkt auf; die ausstehenden DNS-Anfragen werden schubweise an den Stub-Resolver (hier: an den RQ-Client) übermittelt.

Dadurch kann es passieren, dass den Client die Antworten für eine *zuerst* gestellte Range-Query bereits erreichen, bevor er die *späteren* Range-Querys erzeugt und abgesendet hat. Da alle DNS-Antworten bei der in Abschnitt 5.2.3.1 beschriebenen Realisierung beim Stub-Resolver eintreffen, werden auch die Antworten für Dummy-Anfragen in den Cache des Stub-Resolvers aufgenommen. Zieht der RQ-Client nun zufällig bei einer *späteren* Anfrage einen Dummy-Domainnamen, der bereits in einer *früheren* Range-Query enthalten war, kann diese Dummy-Anfrage unmittelbar vom Stub-Resolver beantwortet werden; den rekursiven Nameserver erreicht sie gar nicht erst. Diese Situation wird als **Kollision** bezeichnet.

Folglich kann der rekursive Nameserver u. U. nicht alle $|M_s| \cdot N$ DNS-Anfragen beobachten, sondern eine geringere Menge. Die Wahrscheinlichkeit für Kollisionen, also einen bestimmten Dummy-Domainnamen beim Abruf einer Webseite in mehreren Range-Querys zu verwenden, hängt vom Verhältnis zwischen der Größe der Dummy-Datenbank und dem Produkt $|M_s| \cdot N$ ab. Wie Voruntersuchungen ergaben, ist diese Wahrscheinlichkeit bei den Experimenten, die im weiteren Verlauf des Abschnitts durchgeführt werden, so groß, dass sie nicht vernachlässigt werden kann.

Da gemäß der obigen Ausführungen nicht davon ausgegangen werden kann, dass der Beobachter $|M_s|$ zur Filterung von C heranziehen kann, wird sie bei der Untersuchung des Range-Query-Verfahrens zunächst nicht herangezogen, wodurch sich der Schwierigkeitsgrad der Problemstellung erhöht. Die dabei erhaltenen Erkennungsgenauigkeitswerte unterschätzen daher die Erkennungsgenauigkeit, die ein Beobachter erreichen würde, der in einem konkreten Fall dazu in der Lage wäre, $|M_s|$ zu bestimmen.

EBU⁺-Szenario: Abschätzung der Länge Im EBU-Szenario wird wegen möglicher Kollisionen davon ausgegangen, dass der Beobachter keine Informationen über die Länge des tatsächlichen Abrufmusters hat. Diese Annahme ist äußerst pessimistisch. In der Praxis könnte der Beobachter anhand der beobachtbaren Anfragen in der ersten und zweiten Anfragegruppe die in Frage kommenden Abrufmusterlängen erheblich einschränken.

Um zu illustrieren, welcher Nutzen dem Beobachter durch die Einschränkung der Abrufmusterlänge entstehen kann, wird bei der Evaluation in Abschnitt 5.3.4.5 das EBU$^+$-Szenario betrachtet, bei dem der Beobachter die Menge aller in Frage kommenden Abrufmuster C in ähnlicher Weise wie im ABU-Szenario anhand der Abrufmusterlänge verkleinert. Dazu schätzt der Beobachter ab, wie viele Kollisionen minimal und maximal aufgetreten sein können und bestimmt dadurch eine untere und obere Grenze für die in Frage kommenden Abrufmusterlängen. Alle zu kurzen oder zu langen Abrufmuster werden aus C entfernt.

In [Maa13] werden ausführliche Überlegungen zur analytischen Bestimmung sinnvoller oberer und unterer Grenzen angestellt. Als untere Grenze m_1 und als obere Grenze m_2 werden dort folgende konservative Werte gewählt:

$$
\begin{aligned}
m_1 &= \left\lceil |G_1 \cup G_2| / (|G_1| + 1) \right\rceil \\
m_2 &= \tilde{m}_2 + 2\left\lceil \tilde{m}_2 / |G_1| \right\rceil, \text{wobei} \\
\tilde{m}_2 &= \left\lceil |G_1 \cup G_2| / |G_1| \right\rceil
\end{aligned}
\tag{5.1}
$$

Auf eine Wiedergabe der Herleitung wird an dieser Stelle verzichtet. Die Wirkungsweise der Berechnungsvorschrift wird stattdessen an folgendem Beispiel verdeutlicht:

Beispiel 5.2. Der Nutzer verwendet $N = 3$ und hat eine Webseite abgerufen, welche ein Abrufmuster p mit der Länge $|p| = 9$ hat. Sechs Anfragen wurden wegen Kollisionen nicht an den Beobachter übermittelt. Der Beobachter sieht die Gruppen $G_1 = \{d_1, d_2, d_3\}$ und $G_2 = \{d_4, d_5, \ldots, d_{21}\}$, wobei $|G_2| = 3$ und $|G_2| = 18$.

Als untere Grenze der Länge ermittelt sich demnach $m_1 = \lceil 21/4 \rceil = \lceil 5{,}25 \rceil = 6$. Weiterhin gilt $\tilde{m}_2 = \lceil 21/3 \rceil = 7$ und somit $m_2 = 7 + 2\lceil 7/3 \rceil = 7 + 2 \cdot 3 = 13$. □

5.3.2 Datensatz

Die erreichbare Sicherheit des Range-Query-Verfahrens wird im weiteren Verlauf dieses Abschnitts durch analytische Betrachtungen und empirische Evaluation überprüft. Dabei wird der ALEXA-Datensatz verwendet, der bereits bei der Untersuchung des Website-Fingerprinting-Verfahrens in Abschnitt 4.2.4.3 zum Einsatz kam.

Der ALEXA-Datensatz enthält $|P| = 92\,880$ Abrufmuster und $|Q| = 216\,925$ Domainnamen. Die mittlere Anzahl der Domainnamen in einem Abrufmuster (in diesem Abschnitt als *Länge* des Abrufmusters bezeichnet) ist 13,02 bei einer Standardabweichung von 14,28.[5] Zahlreiche Anfragemuster weisen zwar lediglich eine Länge von 1 auf, bei der Mehrheit der Webseiten werden jedoch zahlreiche Domainnamen angefragt. Das längste Abrufmuster enthält 315 Domainnamen.

Weitere Angaben zum Datensatz finden sich in Abschnitt 4.2.4.3.

---

[5] Da einige Domainnamen in mehreren Abrufmustern vorkommen, stimmt der angegebene Wert nicht mit dem Verhältnis $|Q| / |P| = 2{,}34$ überein.

5.3.3 Probabilistische Analyse

In diesem Abschnitt wird zunächst ein probabilistisches Modell entwickelt, mit dem die **Wahrscheinlichkeit des Auftretens eines mehrdeutigen Ergebnisses** bestimmt werden kann. Das Modell wird im Anschuss durch empirische Untersuchungen in Abschnitt 5.3.4 validiert.

Ein **mehrdeutiges Ergebnis** liegt genau dann vor, wenn der RQ-Client bei der Konstruktion der Range-Querys, die zum Abruf der tatsächlich angeforderten Webseite gestellt werden, durch Zufall sämtliche Domainnamen eines anderen Abrufmusters aus der Dummy-Datenbank zieht und diese in einer plausiblen Anordnung über die Range-Querys verteilt. Wendet der Beobachter dann das Website-Fingerprinting-Verfahren an, bleiben am Ende zwei *passende Abrufmuster* übrig, das **tatsächliche Abrufmuster** und das **zufällige Abrufmuster**. Er kann die tatsächlich angeforderte Webseite dann nicht mehr zweifelsfrei bestimmen.

Da der RQ-Client die Dummy-Domainnamen zufällig und unabhängig voneinander aus der Dummy-Datenbank zieht, erscheint es intuitiv relativ unwahrscheinlich, dass in den Range-Query-Anfragen, die der RQ-Client an den rekursiven Nameserver sendet, ein vollständiges Abrufmuster einer anderen Webseite enthalten ist. Die Chancen, dass der Beobachter lediglich ein einziges Abrufmuster vollständig in den Anfragen vorfindet, sollten daher relativ hoch sein.

Dieser Abschnitt ist wie folgt aufgebaut: In Abschnitt 5.3.3.1 wird das zur Analyse verwendete probabilistische Modell aufgestellt. Das Ergebnis der Analyse folgt in Abschnitt 5.3.3.2.

5.3.3.1 Modellierung der Auftretenswahrscheinlichkeit mehrdeutiger Ergebnisse

Die Modellierung wird im Folgenden lediglich für das EBU-Szenario durchgeführt; die Modellierung für das hier nur am Rande betrachtete ABU-Szenario findet sich in [Maa13]. Im EBU-Szenario entsteht ein mehrdeutiges Ergebnis, wenn der primäre Domainname des zufälligen Abrufmusters im ersten Block als Dummy-Domainname gezogen wird und alle sekundären Domainnamen des zufälligen Abrufmusters in der Vereinigungsmenge der übrigen Blöcke enthalten sind.

Die Wahrscheinlichkeit eines mehrdeutigen Ergebnisses lässt sich durch eine Serie von hypergeometrischen Verteilungen modellieren. Allgemein gilt: Eine hypergeometrische Verteilung $h(k|N; M; n)$ beschreibt die Wahrscheinlichkeit, k Elemente mit einer bestimmten Eigenschaft zu erhalten, wenn n Elemente aus einer Menge von N Elementen gezogen werden, von denen M Elemente diese Eigenschaft aufweisen. Die allgemeine Funktion der hypergeometrischen Verteilung ist in Equation 5.2 gegeben, wobei $\binom{n}{k}$ der Binomialkoeffizient ist:

$$h(k|N; M; n) = \frac{\binom{M}{k}\binom{N-M}{n-k}}{\binom{N}{n}}. \tag{5.2}$$

Zunächst ist die Wahrscheinlichkeit zu bestimmen, den primären Domainnamen (das erste Element) eines Abrufmusters, das die korrekte Länge n hat, im ersten Block als Dummy-Domainnamen zu ziehen. Da die Bezeichner, die zur Beschreibung einer hypergeometrischen Verteilung üblicherweise verwendet werden, mit den Bezeichnern kollidieren, die zur Modellierung von Range-Querys verwendet wurden, werden fortan letztere verwendet. N entspricht $|Q|$, der Anzahl der Domainnamen in der Dummy-Datenbank. M entspricht der Anzahl der Abrufmuster, welche die korrekte Länge aufweisen; diese Anzahl wird im Folgenden mit $|P_n|$ bezeichnet. Der Parameter n der hypergeometrischen Verteilung ist bei Range-Querys $N-1$, da $N-1$ Dummy-Domainnamen aus der Dummy-Datenbank gezogen werden, um den ersten Block zu erzeugen. Werden diese Bezeichner in Equation 5.2 eingesetzt, ergibt sich eine Funktion $p(n,k)$, welche die Wahrscheinlichkeit angibt, bei der Erzeugung des ersten Blocks genau k primäre Domainnamen von Abrufmustern der Länge n aus der Dummy-Datenbank zu ziehen:

$$p(n,k) = \frac{\binom{|P_n|}{k}\binom{|Q|-|P_n|}{(N-1)-k}}{\binom{|Q|}{N-1}}. \tag{5.3}$$

Weiterhin muss die Wahrscheinlichkeit bestimmt werden, die übrigen $(n-1)k$ Domainnamen in die zweite beobachtbare Gruppe, also die Vereinigungsmenge der übrigen Blöcke zu ziehen. Diese enthält $(n-1)(N-1)$ zufällig gezogene Dummy-Domainnamen. Um die k Abrufmuster zu vervollständigen, müssen die passenden $(n-1)k$ Dummy-Domainnamen gezogen werden. Die Erfolgswahrscheinlichkeit wird im Folgenden mit der Funktion $q(n,k)$ bezeichnet, die wie folgt aufzustellen ist:

$$q(n,k) = \frac{\binom{n-1}{n-1}^k \binom{|Q|-(n-1)k}{(n-1)(N-1)-(n-1)}}{\binom{|Q|}{(n-1)(N-1)}} = \frac{\binom{|Q|-(n-1)k}{(n-1)(N-1)-k(n-1)}}{\binom{|Q|}{(n-1)(N-1)}}. \tag{5.4}$$

Die zwei Wahrscheinlichkeiten $p(n,k)$ und $q(n,k)$ können nun durch Multiplikation kombiniert werden, um die Wahrscheinlichkeit zu bestimmen, dass k vollständige **zufällige Abrufmuster** der korrekten Länge n beim Abruf einer Webseite auftreten:

$$P(n,k) = p(n,k) \cdot q(n,k). \tag{5.5}$$

Um Aussagen über die Wahrscheinlichkeit mehrdeutiger Ergebnisse machen zu können, ist der Erwartungswert von $P(n,k)$ für verschiedene Werte von n von Interesse.

$$E(X) = \sum_{i \in I}(x_i p_i). \tag{5.6}$$

Im vorliegenden Fall entspricht x_i dem Bezeichner k, der die Anzahl der Abrufmuster angibt, und p_i entspricht $P(n,k)$, der Wahrscheinlichkeit, genau k zufällige Abrufmuster zu erhalten. Durch Einsetzen und Festlegen der Grenzen der Summe ergibt sich damit der Erwartungswert in Abhängigkeit der Länge des Abrufmusters n als

$$E(n) = 1 + \sum_{k=1}^{N-1}(k \cdot P(n,k)). \tag{5.7}$$

Der Erwartungswert wird um den Wert 1 erhöht, da neben den *zufälligen Abrufmustern* auch das *tatsächliche Abrufmuster* zu beobachten ist.

Das Zwischenergebnis in Equation 5.7 stellt den Erwartungswert für die Anzahl der erkannten Abrufmuster dar, wenn die Länge des tatsächlichen Abrufmusters bekannt ist, wie es im ABU-Szenario der Fall ist. Im EBU-Szenario wird allerdings davon ausgegangen, dass dem Beobachter die Länge des Abrufmusters nicht bekannt ist. Daher müssen bei der Bestimmung des Erwartungswerts Abrufmuster mit einer beliebigen Länge in Erwägung gezogen werden. Um den im EBU-Szenario geltenden Erwartungswert zu erhalten, muss Equation 5.4 wie folgt angepasst werden:

$$q(n,k,M) = \frac{\binom{|Q|-(n-1)k}{(M-1)(N-1)-(n-1)k}}{\binom{|Q|}{(M-1)(N-1)}}. \tag{5.8}$$

In Equation 5.8 ist der Bezeichner n die Länge des zufälligen Abrufmusters, während M die Länge des tatsächlichen Abrufmusters angibt. Diese Anpassungen sind nun in Equation 5.5 und Equation 5.7 nachzuvollziehen. Es gilt

$$P(n,k,M) = p(n,k) \cdot q(n,k,M) \tag{5.9}$$

sowie

$$E(M) = 1 + \sum_{n=1}^{M} \sum_{k=1}^{N-1} (k \cdot P(n,k,M)). \tag{5.10}$$

Für den Erwartungswert der mittleren Anzahl der erkannten Abrufmuster, die der Beobachter bei Verwendung einer bestimmten Blockgröße N erhalten wird, gilt folglich

$$F(N) = \frac{1}{|P|} \sum_{M=1}^{L} (E(M) \cdot |P_M|), \tag{5.11}$$

wobei L der Länge des längsten Abrufmusters entspricht und $|P_M|$ die Anzahl der Abrufmuster mit der Länge M angibt.

5.3.3.2 Ergebnis der Analyse

Wertet man Equation 5.11 für verschiedene Werte von N aus, lässt sich abschätzen, wie viele Abrufmuster der Beobachter bei unterschiedlichen Blockgrößen im Mittel erkennen wird. Das analytisch aufgestellte Modell wird dazu anhand der Daten für die 92 880 Abrufmuster, die im ALEXA-Datensatz enthalten sind (s. Abschnitt 5.3.2), ausgewertet.

In Tabelle 5.1 sind die berechneten Werte von $F(N)$ für die Blockgrößen 10, 50 und 100 dargestellt. Die berechneten Erwartungswerte bestätigen die anfangs aufgestellte

Tabelle 5.1: Analytisch bestimmte Erwartungswerte der mittleren Anzahl der erkannten Abrufmuster $F(N)$ für verschiedene Blockgrößen N

N	10	50	100
$F(N)$	1,35	2,93	4,83

Hypothese, dass es sehr unwahrscheinlich ist, dass der RQ-Client durch zufälliges Ziehen von Dummy-Domainnamen ein vollständiges Abrufmuster erzeugt.

In der Literatur war bislang angenommen worden, dass der Angreifer den tatsächlich beabsichtigten Domainnamen lediglich mit einer Ratewahrscheinlichkeit von $\frac{1}{N}$ bestimmen kann. Wie das analytische Ergebnis zeigt, gilt dies jedoch nicht, wenn Abhängigkeiten zwischen den Domainnamen bestehen, die in aufeinanderfolgenden Range-Querys angefragt werden.

Begrenzte Genauigkeit der Modellierung Bei der Interpretation des Ergebnisses ist allerdings zu bedenken, dass der Erwartungswert mit dem vorgestellten Modell nur näherungsweise bestimmt werden kann. Um die Komplexität des Modells zu beschränken, wurde darauf verzichtet, Überlappungen zwischen mehreren Abrufmustern zu berücksichtigen, die daraus resultieren, dass ein bestimmter Domainname Teil von mehreren Abrufmustern sein kann. Dadurch *unterschätzt* der bestimmte Erwartungswert die tatsächliche Anzahl der Abrufmuster, die der Beobachter bei der Anwendung des Website-Fingerprinting-Verfahrens erkennen wird.

Die wesentliche Erkenntnis der durchgeführten Analyse besteht darin, aufzuzeigen, dass bei der Berücksichtigung von Abhängigkeiten ein wesentlich komplexeres Modell entsteht, als bei der in der Literatur bisher vorherrschenden Modellierung für einzelne Anfragen.

Für eine genauere Beurteilung der erreichbaren Erkennungsgenauigkeit werden im Folgenden empirische Untersuchungen durchgeführt.

5.3.4 Empirische Evaluation

In diesem Abschnitt wird die erreichbare Sicherheit, die das Ein-Server-Range-Query-Verfahren beim Abruf von Webseiten bietet, anhand von empirischen Untersuchungen beurteilt, die ein realitätsnahes Szenario nachstellen. Dazu wurde eine Evaluationsumgebung implementiert, welche das Verhalten des RQ-Clients und des Beobachters simuliert und die Erkennungsgenauigkeit des Website-Fingerprinting-Verfahrens analysiert.

Dieser Abschnitt ist wie folgt aufgebaut: In Abschnitt 5.3.4.1 wird die Vorgehensweise und die Systematik der Auswertung beschrieben. Im ersten Experiment, das in Abschnitt 5.3.4.2 beschrieben wird, wird zunächst die Blockgröße im EBU-Szenario variiert. Danach wird in Abschnitt 5.3.4.3 der Zusammenhang zwischen der Länge der Abrufmuster und der Identifizierbarkeit untersucht. Im zweiten Experiment, das in Abschnitt 5.3.4.4 beschrieben wird,

wird die Größe der Dummy-Datenbank variiert. Abschließend wird in Abschnitt 5.3.4.5 untersucht, inwiefern sich die Erkennungsgenauigkeit des Beobachters verbessern lässt, wenn er im EBU$^+$-Szenario die Länge des tatsächlichen Musters abschätzen kann bzw. zusätzlich, im ABU-Szenario, sämtliche Blöcke unterscheiden kann.

5.3.4.1 Vorgehensweise

Bei der Evaluationsumgebung handelt es sich um ein Python-Skript, das die Abrufmuster der Webseiten aus dem ALEXA-Datensatz aus einer Datei einliest. Das Skript simuliert nacheinander den Abruf jeder der 92 880 Webseiten, die im Datensatz enthalten sind. Dazu erzeugt das Skript für jede Webseite anhand des dazu hinterlegten Abrufmusters Range-Querys. Die simulierten Abrufe erfolgen vollständig unabhängig voneinander, d. h. Effekte durch Caching zwischen verschiedenen Abrufen werden nicht simuliert.

Die Simulation berücksichtigt die auf S. 244 erläuterte Problematik der Kollisionen, d. h. es kann passieren, dass ein Domainname in mehreren Range-Querys als Dummy gezogen wird, sodass weniger als $|M_s| \cdot N$ Domainnamen beim simulierten Beobachter ankommen. Als Dummy-Domainnamen werden (wenn nicht anders angegeben) grundsätzlich alle 216 925 im ALEXA-Datensatz enthaltenen Domainnamen verwendet; der gesamte Datensatz fungiert also als Dummy-Datenbank des simulierten RQ-Clients.

Die erzeugten Range-Querys werden nacheinander einem simulierten Beobachter vorgelegt, der mit Hilfe des Website-Fingerprinting-Verfahrens versucht, die jeweils tatsächlich beabsichtigte Webseite zu bestimmen. Dem Beobachter steht dazu als Abrufmuster-Datenbank ebenfalls der vollständige ALEXA-Datensatz zur Verfügung, d. h. er kennt alle 92 880 Abrufmuster, die der simulierte Client abruft.

Zur Bewertung der Erkennungsgenauigkeit wird die bereits in Definition 4.3 (s. S. 173) eingeführte **k-Identifizierbarkeit** verwendet. Eine Webseite ist in der Simulation k-identifizierbar, falls der Beobachter durch die Anwendung des Website-Fingerprinting-Verfahrens auf die ihm vorliegenden aufeinanderfolgenden Range-Querys genau k passende Abrufmuster gefunden hat.

Um bei der Auswertung der folgenden Experimente platzsparend einen möglichst vollständigen Eindruck von der Erkennungsgenauigkeit des Verfahrens zu vermitteln, wird jeweils die kumulative Verteilung der ermittelten k-Identifizierbarkeitswerte für alle 92 880 Webseiten abgebildet. Ein Punkt in dieser Verteilung entspricht dem Anteil der Webseiten, die in einem Experiment k-identifizierbar oder weniger als k-identifizierbar sind.

Die angegebenen Werte sind das Ergebnis von jeweils einem Simulationslauf. Um zu überprüfen, ob die erhaltenen Werte durch zufällig auftretende Effekte verzerrt sind, wurden die Experimente stichprobenartig wiederholt, wobei jedes Mal ein anderer Startwert für den Pseudozufallszahlengenerator verwendet wurde. Es konnten keine Auffälligkeiten festgestellt werden.

5.3.4.2 Experiment 1: Variation der Blockgröße im EBU-Szenario

Aus der Perspektive des Clients ist bei der Erzeugung von Range-Querys die Blockgröße N der entscheidende Parameter. Der Einfluss dieses Parameters erscheint intuitiv: Mit je mehr Dummy-Domainnamen die beabsichtigten Anfragen verschleiert werden, desto schwieriger sollte es für den Beobachter werden, die tatsächlich abgerufenen Webseiten zu bestimmen.

Fragestellung In Experiment 1 wird daher die Blockgröße N variiert, um den Einfluss auf die Erkennungsgenauigkeit zu bestimmen. Ausgehend vom Ergebnis der probabilistischen Analyse in Abschnitt 5.3.3.2 ist zu erwarten, dass der Beobachter nur wenige mehrdeutige Ergebnisse erhalten wird. Die Wahrscheinlichkeit für das Auftreten eines zufälligen Abrufmusters steigt mit zunehmender Blockgröße, da dabei die Anzahl der Zufallsziehungen steigt. Daher ist zu erwarten, dass die Erkennungsgenauigkeit mit steigenden Werten von N abnimmt.

Empirische Untersuchung Es werden Simulationen mit $N = 10$, $N = 50$ und $N = 100$ durchgeführt. Als Dummy-Datenbank des RQ-Clients bzw. als Abrufmuster-Datenbank des Beobachters wird der vollständige ALEXA-Datensatz verwendet. Die Simulation wird unter den Bedingungen des EBU-Szenarios durchgeführt.

Zum Vergleich lassen sich die Ergebnisse heranziehen, die in Tabelle 4.7 (s. S. 176) erzielt wurden. Dort wurde das Website-Fingerprinting-Verfahren ohne Range-Querys auf die Abrufmuster angewendet. Der Anteil der 1-identifizierbaren Webseiten betrug in diesem Fall 99,9 %.

Die Ergebnisse von Range-Query-Experiment 1 sind in Tabelle 5.2 und Abbildung 5.5 zusammengefasst. Bei $N = 10$ ist die Mehrheit der Webseiten (62 %) 1-identifizierbar – auf den ersten Blick eine erhebliche Reduktion im Vergleich zur Ausgangssituation ohne Range-Querys. Wie Tabelle 5.2 zu entnehmen ist, sind 99 % der Webseiten jedoch höchstens 5-identifizierbar. Bei fast allen Webseiten ist die Ratewahrscheinlichkeit des Beobachters also $1/5$ oder besser – und damit wesentlich besser als der bislang in der Literatur angenommene Wahrscheinlichkeitswert von $1/10$ bei $N = 10$. Bei größeren Blockgrößen nimmt die Erkennungsgenauigkeit erwartungsgemäß ab: Bei $N = 50$ ist kein Abrufmuster schlechter als 14-identifizierbar, bei $N = 100$ ist keines schlechter als 18-identifizierbar. Auch in diesen Fällen ist die Ratewahrscheinlichkeit des Angreifers wesentlich besser als durch die gewählte Blockgröße suggeriert wird.

Das Ergebnis zeigt, dass die Steigerung von N nicht zu einer linearen Verbesserung der Verschleierung führt. Während die Steigerung von $N = 10$ auf $N = 50$ den Anteil der 1-identifizierbaren Webseiten um 54 % reduziert, führt das Hinzufügen von 50 weiteren Dummy-Domainnamen lediglich zu einer Verringerung des Anteils um 7,2 Prozentpunkte. Ähnlich verhält es sich mit den Maximalwerten von k. Abweichend davon fällt der

Tabelle 5.2: Ergebnisse bei Variation der Blockgröße N (bei Verwendung der vollständigen Dummy-Datenbank)

N	S	1-identifizierbar	$\leq$ 5-identifizierbar	median(k)	max(k)
10	216 925	62 %	99 %	1	6
50	216 925	8 %	88 %	3	14
100	216 925	1 %	43 %	6	18

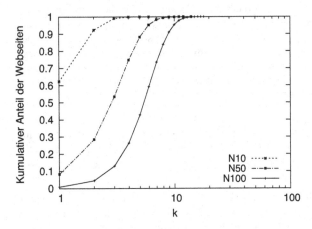

Abbildung 5.5: Verteilung der k-Identifizierbarkeit für verschiedene Blockgrößen N (bei Verwendung der vollständigen Dummy-Datenbank)

Anteil der höchstens 5-identifizierbaren Webseiten bei der ersten Steigerung lediglich um 11 Prozentpunkte, jedoch bei der zweiten Steigerung um 45 Prozentpunkte.

Zusammenfassend lässt sich jedoch feststellen, dass das Ein-Server-Range-Query-Verfahren nach Zhao et al. beim Abruf von Webseiten weitaus geringeren Schutz vor Beobachtung bietet als bislang angenommen. Für ein angemessenes Schutzniveau muss der Client eine erhebliche Menge von Dummy-Anfragen senden.

5.3.4.3 Effekt der Länge der Abrufmuster auf die Identifizierbarkeit im EBU-Szenario

Bei der Evaluation des Website-Fingerprinting-Verfahrens in Abschnitt 4.2.4 bestand eine wesentliche Erkenntnis darin, dass die Identifizierung von Webseiten tendenziell besser gelingt, wenn diese viele sekundäre Domainnamen enthalten. Dieses Ergebnis

Tabelle 5.3: Zusammenhang zwischen Abrufmuster-Länge und k-Identifizierbarkeit

k	1	2	3	4	5	6	7	8	9	≥ 10
n_k	7693	18790	23184	19784	12497	6532	2875	1077	336	121
$\overline{\lvert p \rvert}$	10,59	11,43	12,52	13,54	14,43	15,45	16,22	17,65	17,09	19,47
SD	12,16	13,24	13,65	14,55	15,02	16,14	16,65	17,71	15,35	19,68

war intuitiv nachvollziehbar, da mit zunehmender Anzahl sekundärer Domainnamen die Einzigartigkeit des Abrufmusters steigt.

Fragestellung Es stellt sich die Frage, ob dieser Zusammenhang auch beim Einsatz des Range-Query-Verfahrens gilt. Daher soll untersucht werden, ob Webseiten eher dann 1-identifizierbar sind, wenn sie längere Abrufmuster aufweisen, oder eher dann, wenn sie kürzere Abrufmuster aufweisen.

Wie die nachfolgenden Überlegungen nahelegen, besteht der in Abschnitt 4.2.4 gefundene Zusammenhang nicht mehr, wenn die beabsichtigten Anfragen mittels Range-Querys verschleiert werden. Beim Abruf von Webseiten, die ein kurzes Abrufmuster haben, wird eine vergleichsweise geringe Anzahl von Dummy-Domainnamen aus der Dummy-Datenbank gezogen. Daher ist die Wahrscheinlichkeit gering, ein zufälliges Abrufmuster vollständig zu ziehen. Dementsprechend lässt sich die **Hypothese** aufstellen, dass die erwartete Anzahl der erkannten Abrufmuster mit zunehmender Länge des Abrufmusters der tatsächlich beabsichtigten Webseite steigt, die Erkennungsgenauigkeit also abnimmt.

Diese Überlegungen berücksichtigen allerdings nicht, dass es im Datensatz (und vermutlich auch im gesamten Internet) tendenziell mehr Webseiten mit kurzen als langen Abrufmustern gibt. Daher ist die Chance, ein kurzes Abrufmuster vollständig zu ziehen, im Vergleich zu einem längeren Abrufmuster effektiv möglicherweise doch höher.

Empirische Untersuchung Um die aufgestellte Hypothese bezüglich des Zusammenhangs zwischen der Länge der Abrufmuster und der erreichbaren Erkennungsgenauigkeit zu überprüfen, werden im Folgenden die Ergebnisse von Experiment 1 ($N = 50$) herangezogen. Dazu wurden alle Webseiten entsprechend ihres k-Identifizierbarkeitswertes gruppiert, um die mittlere Länge zu bestimmen.

Das Ergebnis dieser Analyse ist in Tabelle 5.3 dargestellt; n_k bezeichnet dabei die Anzahl der Webseiten, die für den Beobachter k-identifizierbar sind, $\overline{\lvert p \rvert}$ die mittlere Länge ihrer Abrufmuster und SD die Standardabweichung. Die Ergebnisse bestätigen die Hypothese: Die Webseiten, die im Experiment eine größere k-Identifizierbarkeit aufweisen, also vom Beobachter nicht eindeutig erkannt werden können, haben im Mittel eine größere Abrufmuster-Länge $\overline{\lvert p \rvert}$. Dieser Zusammenhang ließ sich in weiteren Untersuchungen unabhängig von der Blockgröße beobachten. Bei geringen Blockgrößen ist er allerdings weniger stark ausgeprägt, da das Spektrum der k-Identifizierbarkeitswerte zu gering ist, um einen deutlichen Trend zu erkennen.

5.3.4.4 Experiment 2: Variation der Größe der Dummy-Datenbank im EBU-Szenario

Das Range-Query-Verfahren setzt voraus, dass der RQ-Client über eine Dummy-Datenbank mit gültigen Domainnamen verfügt. Das Vorhalten und Aktualisieren ist keine triviale Aufgabe, die zudem mit steigender Größe aufwendiger wird.

Fragestellung Daher wird in diesem Abschnitt der Frage nachgegangen, inwiefern die Größe der Dummy-Datenbank den erreichbaren Schutz des Verfahrens beeinflusst.

Empirische Untersuchung Zur Begrenzung der Freiheitsgrade bei der Evaluation wird angenommen, dass der Beobachter unabhängig vom Client weiterhin die vollständige Abrufmuster-Datenbank vorhält, dass also die Dummy-Datenbank eine echte Teilmenge der Abrufmuster-Datenbank ist. Diese Annahme wird auch in der Praxis üblicherweise erfüllt sein, wenn man bedenkt, dass der Beobachter typischerweise über mehr Ressourcen verfügen wird als der Client. Zudem lässt sich das Sammeln von Abrufmustern gut automatisieren.

Es werden drei verschiedene Größen der Dummy-Datenbank betrachtet: $S = 2000$, $S = 20\,000$ und $S = 200\,000$ Domainnamen. Die jeweils verwendeten Domainnamen sind Teilmengen des ALEXA-Datensatzes. Dazu werden aus dem ALEXA-Datensatz ohne Zurücklegen solange vollständige Abrufmuster gezogen, bis die gewünschte Anzahl der Domainnamen für die Dummy-Datenbank vorliegt. Durch diese Vorgehensweise wird sichergestellt, dass in der Dummy-Datenbank ausschließlich Domainnamen enthalten sind, die sich zu einem vollständigen Abrufmuster zusammenfügen lassen – der RQ-Client hat also weiterhin die Chance, beim zufälligen Ziehen von Dummy-Domainnamen vollständige Abrufmuster zu generieren.

Die im Folgenden dargestellten Ergebnisse wurden mit der Blockgröße $N = 50$ erzielt. Ähnliche Zusammenhänge sind auch bei den anderen beiden Blockgrößen zu beobachten. Die Ergebnisse von Experiment 2 sind in Tabelle 5.4 und Abbildung 5.6 zusammengefasst.

Wie die kumulativen Verteilungen in Abbildung 5.6 zeigen, hat die Wahl von S nur einen verhältnismäßig geringen Einfluss auf die Identifizierbarkeit der Webseiten. Die betragsmäßig größten Unterschiede sind beim Anteil der 1-identifizierbaren Webseiten zu verzeichnen: Bei der Erhöhung von $S = 2000$ auf $S = 20\,000$ sinkt dieser Anteil um 3 Prozentpunkte, bei der Erhöhung auf $S = 200\,000$ um weitere 7 Prozentpunkte.

Den Ergebnissen zufolge spielt die Größe der Dummy-Datenbank S auf den ersten Blick eine weitaus geringere Rolle als die Blockgröße N. Allerdings ist zu bedenken, dass die Verwendung einer kleinen Dummy-Datenbank zusätzliche Risiken für den Nutzer birgt:

Tabelle 5.4: Ergebnisse bei Variation der Größe der Dummy-Datenbank S (bei Verwendung der Blockgröße $N = 50$)

N	S	1-identifizierbar	$\leq$ 5-identifizierbar	median(k)	max(k)
50	2 000	19 %	92 %	3	14
50	20 000	16 %	95 %	3	11
50	200 000	9 %	88 %	3	13

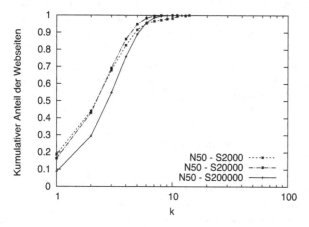

Abbildung 5.6: Verteilung der k-Identifizierbarkeit für verschiedene Größen der Dummy-Datenbank S (bei Verwendung der Blockgröße $N = 50$)

Da die Dummy-Domainnamen zufällig aus der Datenbank gezogen werden, hat der Beobachter schon nach wenigen DNS-Anfragen alle Dummy-Domainnamen mehrmals gesehen. Durch die Zufallsauswahl treten alle Dummy-Domainnamen ungefähr mit der gleichen Häufigkeit auf. Der Beobachter kann somit die Domainnamen bestimmen, die sich in der Dummy-Datenbank des Nutzers befinden. Beobachtet er dann in einer Range-Query einen Domainnamen, der sich *nicht* in der vermuteten Dummy-Datenbank befindet, kann der Beobachter darauf schließen, dass es sich dabei um einen tatsächlich beabsichtigten Domainnamen handelt. Daher ist es aus Sicht des Nutzers wünschenswert, eine möglichst große Dummy-Domaindatenbank vorzuhalten, diese vor dem Beobachter geheimzuhalten und ihre Zusammensetzung möglichst fortlaufend zu verändern.

5.3.4.5 Experimente 3 und 4: Variation der Blockgröße im EBU$^+$- und ABU-Szenario

Fragestellung In den folgenden beiden Experimenten wird der Frage nachgegangen, welche Vorteile sich für den Beobachter im EBU$^+$- bzw. im ABU-Szenario ergeben. Dazu werden die Untersuchungen von Experiment 1 mit den entsprechend angepassten Verfahren wiederholt.

Experiment 3 Im EBU$^+$-Szenario (s. S. 244) trifft der Beobachter anhand der ihm vorliegenden Anfragen eine Abschätzung über die in Frage kommenden Abrufmusterlängen. Er berücksichtigt dann ausschließlich die Abrufmuster, deren Länge innerhalb der geschätzten Grenzen liegen.

Die Ergebnisse der Untersuchungen zeigen, dass die Erkennungsgenauigkeit dadurch erheblich gesteigert werden kann. Bei $N = 10$ sind 94 % aller Webseiten 1-identifizierbar (in Experiment 1: 62 %), bei $N = 50$ beträgt der Anteil 83 % (Experiment 1: 8 %) und bei $N = 100$ sind es 80 % (Experiment 1: 0,8 %).

Experiment 4 Im ABU-Szenario sind für den Beobachter alle Blöcke unterscheidbar. Dadurch kann er zum einen die Länge des tatsächlichen Abrufmusters unmittelbar bestimmen, zum anderen erkennt der Beobachter nur noch dann ein zufälliges Abrufmuster, wenn dieses die drei zusätzlichen Bedingungen erfüllt, die bei der Beschreibung des Website-Fingerprinting-Verfahrens auf S. 243 aufgestellt wurden (ABU-Bedingungen). Dementsprechend ist zu erwarten, dass die Erkennungsgenauigkeit weiter steigt.

Das Ergebnis bestätigt diese Vermutung: Im ABU-Szenario beträgt der Anteil der 1-identifizierbaren Webseiten 97 % für $N = 10$, 89 % bei $N = 50$ und 87 % bei $N = 100$. Die hohe Steigerung der Erkennungsgenauigkeit im Vergleich um EBU-Szenario geht auf die beiden o. g. Effekte zurück.

Interpretation Anhand der Ergebnisse lässt sich zwar nicht der Anteil quantifizieren, den jeder der beiden Effekte an der Gesamtsteigerung hat; allerdings ist festzustellen, dass die Erkennungsgenauigkeit bereits im EBU$^+$-Szenario, bei dem der Beobachter lediglich eine grobe Schätzung bezüglich der Abrufmusterlänge heranzieht, ein sehr hohes Niveau erreicht. Bei der Konstruktion zukünftiger Range-Query-Verfahren, welche die Beobachtung der abgerufenen Webseiten verhindern sollen, ist also darauf zu achten, dass die Länge des tatsächlichen Abrufmusters verschleiert werden sollte.

5.3.5 Verbessertes Range-Query-Verfahren

Wie die vorstehenden Untersuchungen gezeigt haben, kann ein Nutzer mit dem betrachteten Ein-Server-Range-Query-Verfahren die abgerufenen Webseiten nur eingeschränkt vor dem rekursiven Nameserver verschleiern.

Tabelle 5.5: Ergebnisse bei Variation der Blockgröße N bei der Abrufmuster-basierten Dummy-Auswahlstrategie

N	S	1-identifizierbar	$\leq$ 5-identifizierbar	median(k)	max(k)
10	216 925	0 %	0 %	10	10
50	216 925	0 %	0 %	50	50
100	216 925	0 %	0 %	100	100

Fragestellung In diesem Abschnitt wird der Frage nachgegangen, ob das Range-Query-Verfahren so angepasst werden kann, dass die Identifizierung der abgerufenen Webseiten anhand der charakteristischen Abrufmuster verhindert wird.

Dieser Abschnitt ist wie folgt aufgebaut: In Abschnitt 5.3.5.1 wird das ursprüngliche Range-Query-Verfahren verbessert und erneut evaluiert. In Abschnitt 5.3.5.2 werden weitere Anpassungsmöglichkeiten beschrieben.

5.3.5.1 Abrufmuster-basierte Dummy-Auswahl

Das bisher betrachtete Verfahren zieht in jeder Range-Query zufällige Dummy-Domainnamen ohne Zurücklegen aus der Dummy-Datenbank. Die voneinander abhängigen Domainnamen des tatsächlichen Abrufmusters lassen sich dadurch nicht zuverlässig verschleiern. Im Folgenden wird eine Abrufmuster-basierte Dummy-Auswahlstrategie vorgestellt, welche die Schwäche des ursprünglichen Verfahrens beseitigt.

Bei der **Abrufmuster-basierten Dummy-Auswahlstrategie** zieht der RQ-Client die Dummy-Domainnamen nicht mehr zufällig und unabhängig voneinander. Stattdessen werden aus der Dummy-Datenbank stets $N-1$ vollständige Abrufmuster gezogen, welche dieselbe Länge wie das zu verschleiernde Abrufmuster aufweisen. Die Domainnamen dieser Abrufmuster werden bei der Erzeugung der Range-Querys auf plausible Weise über die Blöcke verteilt, so dass für den Beobachter jedes der Abrufmuster in Frage kommt. Dadurch wird erreicht, dass der Beobachter nach der Anwendung des Website-Fingerprinting-Verfahrens im Ergebnis neben dem tatsächlichen Abrufmuster $N-1$ zufällige Abrufmuster erkennt – seine Ratewahrscheinlichkeit beträgt dann $\frac{1}{N}$.

Empirische Untersuchung Zur Untersuchung der Abrufmuster-basierten Dummy-Auswahlstrategie wird Experiment 1 wiederholt. Die Ergebnisse sind in Tabelle 5.5 dargestellt und belegen, dass der Beobachter durch die Anwendung des Website-Fingerprinting-Verfahrens in der Tat keine zusätzlichen Informationen über die tatsächlich abgerufene Webseite erhält.

Beschränkte Praktikabilität Das Abrufmuster-basierte Verfahren verhält sich zwar bei der Evaluation unter kontrollierten Bedingungen wie erwartet, für den RQ-Client ergeben sich dabei in der Realität jedoch zusätzliche Herausforderungen, welche die Praktikabilität einschränken.

Stehen zur Verschleierung eines bestimmten Abrufmusters nicht ausreichend viele Abrufmuster mit derselben Länge zur Verfügung, sucht das implementierte Verfahren nach einer Kombination von zwei kürzeren Abrufmustern, die konkateniert werden, um ein kombiniertes Abrufmuster der korrekten Länge zu erhalten. Ist dem Beobachter diese Vorgehensweise des RQ-Clients bekannt, kann er die jeweils konkatenierten Abrufmuster erkennen und daraus schließen, dass es sich bei diesen Abrufmustern *nicht* um das tatsächliche Abrufmuster handelt.

Die eigentliche Herausforderung besteht bei diesem Verfahren jedoch darin, dass dabei implizit unterstellt wird, dass der RQ-Client die Länge des Abrufmusters der vom Nutzer abgerufenen Webseite kennt; diese benötigt er, um andere zufällige Abrufmuster auszuwählen und deren primäre Domainnamen als Dummy-Domainnamen dem ersten Block hinzuzufügen. Der RQ-Client würde also eine Datenbank benötigen, in der für jeden vom Nutzer angefragten primären Domainnamen die Länge des zugehörigen Abrufmusters hinterlegt ist. Das Vorhalten und Aktualisieren einer solchen Datenbank ist nicht praktikabel, zumal die Unterseiten, die sich denselben primären Domainnamen teilen, verschiedene Abrufmusterlängen aufweisen können. Als Alternative könnte der RQ-Client die Abrufmusterlänge schätzen. Stellt sich die Schätzung nach dem Download der HTML-Seite als zu kurz heraus, lässt sich dieser Fehler nachträglich nicht mehr korrigieren – die abgerufene Webseite kann dann nicht mehr zuverlässig verschleiert werden.

Diese prinzipbedingten Schwächen des Abrufmuster-basierten Verfahrens können teilweise durch die in Abschnitt 5.3.5.2 vorgestellten weiteren Anpassungsmöglichkeiten adressiert werden.

5.3.5.2 Verschleierung der Abrufmuster-Länge

In diesem Abschnitt wurde ein Ein-Server-Range-Query-Verfahren betrachtet, das abgesehen von den in Abschnitt 5.2.3.1 geschilderten Implementierungsdetails weitgehend der Beschreibung in [ZHS07a] entspricht. Im Folgenden werden zwei grundlegende Veränderungen diskutiert, welche die Abrufmuster-Länge verschleiern und dadurch die Sicherheit des Verfahrens verbessern können. Durch die Anpassungen wird erreicht, dass der Beobachter die Länge des tatsächlichen Abrufmusters nicht mehr ermitteln bzw. ausreichend genau schätzen kann.

Zum einen besteht die Möglichkeit, anstelle einer konstanten Blockgröße N, die bei allen aufeinanderfolgenden Range-Querys verwendet wird, für jede Range-Query eine **variable Blockgröße** einzusetzen, die zufällig gewählt wird. Durch die Verwendung einer variablen Blockgröße kann der Beobachter im EBU-Szenario keine Abschätzung der Abrufmusterlänge mehr vornehmen, die in Experiment 3 zu einer erheblichen Steigerung der Erkennungsgenauigkeit führte. Eine Analyse geeigneter Verteilungen, aus denen N

zufällig zu wählen ist, und der dabei verbleibenden Beobachtungsmöglichkeiten bleibt zukünftigen Arbeiten vorbehalten.

Weiterhin besteht bei der Abrufmuster-basierten Dummy-Auswahlstrategie die Möglichkeit, anstelle von Abrufmustern, welche exakt dieselbe Länge wie das tatsächliche Abrufmuster aufweisen, **Abrufmuster mit einer beliebigen Länge** zu verwenden und diese bei der Konstruktion der Range-Querys zu nutzen. Stellt sich heraus, dass das tatsächliche Abrufmuster kürzer ist als einige der zufälligen Abrufmuster, werden die übrigen Anfragen dennoch gestellt, d. h. dadurch kommt es implizit zu variierenden Blockgrößen. Wenn der Beobachter weiß, dass der RQ-Client diese Strategie verfolgt, kann er keine Rückschlüsse auf das tatsächliche Abrufmuster ziehen. Zu beachten ist allerdings, dass der RQ-Client die überschüssigen Anfragen auf eigene Veranlassung stellen muss, da der Web-Browser keine weiteren beabsichtigten Anfragen stellen wird, wenn er die Antworten für alle benötigten Domainnamen erhalten hat. Der RQ-Client muss die überschüssigen Anfragen auf „plausible" Art und Weise in Bezug auf Zeitabstände und Reihenfolge stellen, damit der Beobachter nicht anhand dieser Meta-Informationen erkennen kann, dass es sich dabei um Dummy-Anfragen handelt.

5.3.6 Diskussion der Ergebnisse

Das in Abschnitt 5.3.1.3 aufgestellte Modell und die in Abschnitt 5.3.4 beschriebene Evaluationsumgebung sind so gestaltet, dass sie eine weitgehend realitätsnahe Beurteilung der erreichbaren Sicherheit zulassen, die das Range-Query-Verfahren beim Abruf von Webseiten bietet. In diesem Abschnitt werden die Grenzen des Modells und der Evaluationsmethode aufgezeigt, um die Aussagekraft der Ergebnisse richtig einschätzen zu können.

Zunächst ist anzumerken, dass bei der Interpretation dieselben Einschränkungen gelten, die bereits bei Evaluation des Website-Fingerprinting-Systems in Abschnitt 4.2.4 erwähnt wurden. Im einzelnen sind dies folgende Einschränkungen:

- Es handelt sich um eine Closed-World-Evaluation (s. S. 184), d. h. die k-Identifizierbarkeitswerte sind ausschließlich auf die 92 880 Hauptseiten der Webseiten aus dem ALEXA-Datensatz bezogen. Es ist davon auszugehen, dass es weitere Webseiten – Unterseiten auf den betrachteten Webseiten – gibt, welche dasselbe Abrufmuster besitzen. Die errechneten Anteilswerte der Webseiten mit einer bestimmten k-Identifizierbarkeit überschätzen daher den tatsächlichen Anteil.

- Der ALEXA-Datensatz wurde mit PhantomJS erhoben. Dieser Browser führt keine aktiven Inhalte aus und führt keine präemptive Namensauflösung durch. Die Abrufmuster können daher von anderen Web-Browsern abweichen (s. S. 175).

- Die k-Identifizierbarkeit wird auf Basis einer vollständigen Übereinstimmung von Abrufmustern ermittelt. Es wird somit davon ausgegangen, dass der Beobachter in der Realität ein Abrufmuster, das eine echte Teilmenge eines anderen Abrufmusters ist, von diesem unterscheiden kann (s. S. 174). Andernfalls würde er neben dem vollständig übereinstimmenden Abrufmuster u. U. auch alle Abrufmuster erkennen, die eine echte Teilmenge dieses Abrufmusters darstellen.

- Es wird weiterhin davon ausgegangen, dass bei jedem Abruf einer Webseite dasselbe Abrufmuster zu beobachten ist, d. h., dass sich die Abrufmuster nicht verändern und stets vollständig zu beobachten sind (s. S. 175).

- Schließlich setzt das Website-Fingerprinting-Verfahren voraus, dass der Beobachter über eine Abrufmuster-Datenbank verfügt, in der die primären und sekundären Domainnamen der Webseiten enthalten sind, für die er sich interessiert (s. S. 184).

Neben diesen allgemeinen Einschränkungen ist noch eine zusätzliche Einschränkung zu berücksichtigen, die sich durch die Modellierung der Range-Querys bzw. des Beobachters ergibt: So wurde bei der Modellierung des EBU-Szenarios zwar berücksichtigt, dass es durch Caching im Stub-Resolver bei den Dummy-Domainnamen zu Kollisionen kommen kann, d. h. der Beobachter sieht nicht alle Anfragen, die der RQ-Client stellt. Da jeder Webseitenabruf isoliert von vorherigen Webseitenabrufen betrachtet wurde, wurden **Caching-Effekte, die die beabsichtigten Domainnamen betreffen**, jedoch vernachlässigt. Liegt die IP-Adresse für einen beabsichtigten Domainnamen bereits im Zwischenspeicher des *Web-Browsers* vor, wird überhaupt keine Anfrage an den RQ-Client gestellt, d. h. es wird auch kein Block für diese Anfrage erzeugt. Der Beobachter nimmt dadurch Abrufmuster einer geringeren Länge wahr. Liegt die IP-Adresse hingegen im Cache des Stub-Resolvers vor, erzeugt der RQ-Client eine Range-Query, die den Beobachter erreicht; allerdings fehlt in diesem Block dann der beabsichtigte Domainname. In beiden Fällen ist damit zu rechnen, dass die Erkennungsgenauigkeit sinkt. Der Beobachter kann diesem Problem begegnen, indem er – wie bereits bei der Betrachtung des Website-Fingerprinting-Verfahrens in der Fallstudie in Abschnitt 4.2.4 dargestellt – die Historie der vom Nutzer gestellten Anfragen speichert, um dadurch die im Cache liegenden Domainnamen bei der Ermittlung der passenden Muster zu berücksichtigen.

5.3.7 Fazit

In diesem Abschnitt wurde gezeigt, dass das Ein-Server-Range-Query-Verfahren von Zhao et al. die von einem Nutzer abgerufenen Webseiten wesentlich schlechter verschleiert als bisher angenommen.

Im Unterschied zu dem in der Literatur verwendeten einfachen Beobachtungsmodell, das ausschließlich voneinander unabhängige, singuläre DNS-Anfragen betrachtet, wurde in diesem Abschnitt ein Modell aufgestellt, das eine höhere Realitätsnähe aufweist. Es berücksichtigt die Möglichkeit des Beobachters, Abrufmuster in aufeinanderfolgenden Range-Query-Anfragen heranzuziehen, um die dazugehörige Webseite zu bestimmen. Schon durch die probabilistische Analyse war abzusehen, dass die erreichbare Sicherheit in diesem Fall weit hinter den Erwartungen zurückbleiben würde. Diese Vermutung hat sich in empirischen Untersuchungen bestätigt. Zur Bestimmung der Webseiten kam ein entsprechend adaptiertes Website-Fingerprinting-Verfahren zum Einsatz, mit dem der Beobachter die in Frage kommenden Webseiten erheblich einschränken könnte.

Weiterhin wurde gezeigt, dass durch den Einsatz eines **Abrufmuster-basierten Dummy-Auswahlverfahrens** die ursprüngliche Ratewahrscheinlichkeit von $\frac{1}{N}$ erreicht werden kann. Dazu muss der Range-Query-Client allerdings über eine Datenbank verfügen, in der die aktuellen DNS-Abrufmuster einer großen Menge von Webseiten enthalten sind.

Eine wesentliche Erkenntnis der Untersuchungen besteht darin, dass die Erkennung besonders gut gelingt, wenn der Beobachter die Abrufmuster-Länge heranziehen kann, um einen Großteil der in Frage kommenden Abrufmuster auszuschließen. Insgesamt zeigen die Ergebnisse, dass es von erheblicher Bedeutung ist, beim Entwurf und bei der Evaluation der Sicherheit von Range-Query-Verfahren mögliche Abhängigkeiten zwischen den beabsichtigten Anfragen zu berücksichtigen.

5.4 DNSMIX-Anonymitätsdienst

Im vorangegangenen Abschnitt wurde das Range-Query-Verfahren betrachtet, das die von einem Nutzer gewünschten Anfragen durch Dummy-Anfragen verschleiert. Wie die angestellten Analysen und Untersuchungen zeigen, bietet das ursprünglich vorgeschlagene Range-Query-Verfahren nur unzureichenden Schutz vor Beobachtung: Der rekursive Nameserver kann trotz des Sendens von Dummy-Anfragen Rückschlüsse auf die von einem Nutzer abgerufenen Webseiten ziehen.

Als Alternative zur Verschleierung der Anfragen eines Nutzers kommt die Verwendung von Mix-basierten Anonymitätsdiensten in Frage, welche die Identität der Nutzer vor dem rekursiven Nameserver verbergen, also **Senderanonymität** herstellen. Wie am Ende von Abschnitt 5.2.2 dargelegt, eignen sich die existierenden generischen Anonymitätsdienste allerdings aufgrund der hohen Antwortzeiten nur beschränkt zur Realisierung einer vertraulichen Namensauflösung.

Fragestellung und wesentliche Beiträge Daher wird in diesem Abschnitt der Frage nachgegangen, wie ein Mix-basierter Anonymitätsdienst gestaltet werden kann, der durch die Ausnutzung der spezifischen Eigenschaften des DNS niedrige Antwortzeiten bietet.

Das Ergebnis dieser Bestrebungen ist der im Folgenden als DNSMIX bezeichnete Anonymitätsdienst. Die Besonderheit des DNSMIX-Dienstes besteht darin, dass die RRs für populäre Domainnamen mittels einer *Push-Komponente* unaufgefordert an die teilnehmenden Clients übermittelt werden. Die DNS-Anfragen, die die Nutzer für diese Domainnamen stellen, können vom DNSMIX-Client **verzögerungsfrei aufgelöst werden** und sind zudem für den DNSMIX-Dienstbetreiber **unbeobachtbar** (im Sinne der Definition von [PH10]). Nur die Anfragen für weniger populäre Domainnamen, die nicht von der Push-Komponente abgedeckt werden, werden über eine Mix-Kaskade zu einem rekursiven Nameserver gesendet.

Dieser Abschnitt ist wie folgt aufgebaut: Zunächst werden in Abschnitt 5.4.1 die spezifischen Eigenschaften des DNS erörtert, welche bei der Konzipierung des DNSMIX-Dienstes zu berücksichtigen sind. Anschließend wird in Abschnitt 5.4.2 die Architektur des Dienstes vorgestellt. Implementierungsdetails folgen in Abschnitt 5.4.3. In den Abschnitten 5.4.4 und 5.4.5 werden die Push-Komponente und die Mix-Kaskade einer empirischen Evaluation unterzogen. Die Betrachtungen schließen mit einem Fazit in Abschnitt 5.4.6.

5.4.1 Spezifika des DNS-Datenverkehrs

In diesem Abschnitt werden die spezifischen Eigenschaften des DNS-Datenverkehrs vorgestellt. Die beobachteten Merkmale des Datenverkehrs deuten darauf hin, dass der Einsatz einer Push-Komponente, welche die populären Domainnamen an Clients übermittelt, praktikabel und vielversprechend ist.

Da die letzten öffentlich verfügbaren Untersuchungen des DNS-Datenverkehrs lange zurückliegen (sie wurden in den Jahren 2001 und 2004 durchgeführt), wurde zur Analyse der Spezifika und zur Evaluation des DNSMIX-Dienstes ein eigener DNS-Datensatz erzeugt, indem die DNS-Anfragen einer geschlossenen Nutzergruppe aufgezeichnet wurden.

Dieser Abschnitt ist wie folgt aufgebaut: Zunächst wird in Abschnitt 5.4.1.1 der zur Analyse und Evaluation verwendete DNS-Datensatz charakterisiert. Anschließend werden in Abschnitt 5.4.1.2 die spezifischen Eigenschaften, die für die Konzipierung der Push-Komponente relevant sind, aufgezeigt.

5.4.1.1 Verwendeter DNS-Datensatz

Als Basis für den in diesem Abschnitt verwendeten Datensatz dienen Log-Dateien, welche auf den rekursiven Nameservern der Universität Regensburg aufgezeichnet wurden. Da der Datensatz primär zur Evaluation des verhaltensbasierten Verkettungsverfahrens (s. Kapitel 6) verwendet wird, erfolgt die ausführliche Beschreibung der Datenerhebung und des Aufbaus des Datensatzes erst in Abschnitt 6.3.1. Im Folgenden wird lediglich erläutert, wie anhand der ursprünglichen Log-Dateien die Datensätze erzeugt wurden, die in diesem Abschnitt zur Analyse und Evaluation des DNSMIX-Dienstes eingesetzt werden.

Wie bei der Evaluation des verhaltensbasierten Verkettungsverfahrens werden in diesem Abschnitt lediglich die DNS-Anfragen berücksichtigt, die von Nutzern aus dem *Wohnheim-Netzsegment* stammen, da davon ausgegangen werden werden kann, dass im Wohnheim-Netzsegment primär Desktop-PCs betrieben werden, die von Menschen bedient werden. Die DNS-Anfragen aus dem übrigen Campus-Netz werden großenteils teilweise Server-Diensten erzeugt, was zu einer Verzerrung der Ergebnisse führen könnte.

Der zur Analyse und Evaluation herangezogene Datenverkehr umfasst einen Zeitraum von fünf Monaten (1. Februar 2010 bis 30. Juni 2010). In diesem Zeitraum wurden insgesamt 9 946 138 unterschiedliche Domainnamen aufgelöst, wobei die DNS-Anfragen von 4159 verschiedenen, den Nutzern statisch zugewiesenen IP-Adressen ausgingen. An einem durchschnittlichen Tag waren 2126 Nutzer aktiv.

Die aufgezeichneten Log-Dateien enthalten lediglich Angaben zu den *DNS-Anfragen*, also den Zeitpunkt der Anfrage, ein Nutzerpseudonym sowie angefragten RR-Typ und Domainnamen; Angaben zu den *DNS-Antworten* wurden bei der Datenerhebung nicht aufgezeichnet. Da für die beabsichtigten Auswertungen auch Informationen über die DNS-Antworten sowie die Antwortzeit bei der Namensauflösung jedes Domainnamen benötigt wurden, wurden nach Abschluss der Datenerhebung alle Domainnamen mit dem Kommandozeilenprogramm *dig* über den von Google betriebenen öffentlichen Nameserver 8.8.8.8 aufgelöst (**Datenerhebung D1**). Dabei wurden die Paketgrößen der Anfrage (s_q, von engl. „query size") und der Antwort (s_r, von engl. „reply size") sowie die Auflösungszeit (τ_l, von engl. „lookup latency") protokolliert.

Zur Evaluation der Push-Komponente wurden weiterhin die TTL-Werte aller Domainnamen benötigt. Diese wurden mit *„dig +trace"* direkt bei den jeweils zuständigen autoritativen Nameserver abgerufen (**Datenerhebung D2**). Für nicht-existierende Domainnamen wurde die TTL gemäß RFC 2308 anhand des Werts im SOA-RR ermittelt [And98]. Bei der Erhebung der TTL-Werte wurden bei zahlreichen Domainnamen CNAME-RRs beobachtet – eine Folge der zunehmenden Verbreitung von Content-Delivery-Netzen (s. Abschnitt 2.8.1). Bei diesen Namen wurden weitere Namensauflösungen durchgeführt, um die Kette der CNAME-RRs bis zum endgültigen A-Record weiterzuverfolgen. Als effektive TTL für den ursprünglichen Domainnamen wurde das Minimum aller dabei aufgetretenen TTLs hinterlegt, wie das folgende Beispiel zeigt:

Beispiel 5.3. Wird der Domainname *www.audi.de* im Februar 2014 aufgelöst, müssen insgesamt drei RRs abgefragt werden, um die IP-Adresse im A-Record zu erhalten:

```
www.audi.de.                 900 IN CNAME www.audi.de.edgesuite.net.
www.audi.de.edgesuite.net. 21600 IN CNAME a1845.r.akamai.net.
a1845.r.akamai.net.           20 IN A 92.122.214.88
```

Für diesen Domainnamen würde demnach eine TTL von 20 s im Datensatz gespeichert.
□

Die oben erwähnten Log-Dateien werden um die zusätzlich erhobenen Daten aus D1 und D2 angereichert, um schließlich den **5M-Datensatz** zu erhalten. Tabelle 5.6 illustriert den Aufbau des Datensatzes am Beispiel einiger Anfragen. Aus der Tabelle sind auch die Datenquellen ersichtlich. Wie anhand der Beispieldaten zu erkennen ist, werden die für jeden Domainnamen nachträglich einmalig erhobenen Metadaten aus D1 und D2 für sämtliche Anfragen, die einen Domainnamen betreffen, verwendet. Dass bei der Evaluation dadurch eine geringfügige Diskrepanz zur Realität entsteht, ist unvermeidbar; für eine realitätsgetreuere Evaluation hätte das Rechenzentrum der Universität Regensburg den gesamten DNS-Datenverkehr aufzeichnen müssen, was aus technischen Gründen nicht in Frage kam.

Tabelle 5.6: Illustration des Aufbaus des 5M-Datensatzes

Aufgezeichnete Anfragen aus Log-Dateien			D1			D2
Zeitstempel	Nutzer	Name/Typ	s_q	s_r	τ_l	TTL
1271454859.848	1a_1	www.weather.com A	33	142	8	60 s
1271454860.156	1a_1	12.161.199.132.in-addr.arpa PTR	45	84	27	1 d
1271454860.392	16_2	wpad.uni-regensburg.de A	40	96	30	1 d
1271454860.428	7c_2	i3.ytimg.com A	30	235	26	300 s
1271454861.178	fa_1	safebrowsing-cache.google.com A	47	178	13	300 s
1271454862.284	cc_2	www.pubmed.com A	32	86	30	30 s
1271454862.318	16_2	bostoncalendar.zvents.com A	43	59	165	1800
1271454863.120	fa_1	safebrowsing-cache.google.com A	47	178	13	300 s
1271454865.002	cc_2	wpad.uni-regensburg.de A	40	96	30	1 d

5.4.1.2 Analyse der spezifischen Eigenschaften

DNS ist ein verbindungsloses Anfrage-Antwort-Protokoll (s. Abschnitt 2.6), das sich erheblich von gängigen verbindungsorientierten Anwendungsprotokollen wie HTTP, FTP oder SMTP unterscheidet. DNS weist drei spezifische Eigenschaften auf, die im Zusammenhang mit der Konstruktion des DNSMIX-Dienstes von Interesse sind: das verhältnismäßig geringe Datenvolumen von Anfragen und Antworten, weitgehende Konsistenz der im DNS hinterlegen Daten sowie das ungleichmäßige Anfrageverhalten.

Zunächst ist das **geringe Datenvolumen** hervorzuheben. DNS-Pakete machen nach Angaben von Brandhorst et al. lediglich 0,05 % des gesamten Datenverkehrs im Internet aus [BP06]. Im 5M-Datensatz beträgt das DNS-Datenvolumen pro Nutzer etwa 120 KB, wobei 33 KB auf die DNS-Anfragen und 87 KB auf die Antworten entfallen. Die mittlere Größe der IP-Pakete von DNS-Anfragen beträgt s_q = 36 Bytes und die mittlere Größe der DNS-Antworten beträgt s_r = 102 Bytes.

Diese geringe Bandbreitenanforderung ist nicht nur dadurch bedingt, dass die zu übertragenden Nachrichten so klein sind, sie ist auch auf die konzeptionell vorgesehene **Konsistenz der im DNS vorgehaltenen Daten** zurückzuführen. Jede Anfrage für einen bestimmten Domainnamen wird – gemäß des ursprünglichen DNS-Konzepts, in dem keine Content-Delivery-Netze vorgesehen sind – mit denselben Daten beantwortet. Im Gegensatz zu Protokollen wie HTTP gibt es bei den meisten DNS-Anwendungsfällen keine dynamischen oder personalisierten Inhalte. Dadurch ist es möglich, die in den Antworten erhaltenen Daten zwischenzuspeichern und mehreren Clients zur Verfügung zu stellen. Folglich kann die Mehrheit der von einem Client an den Stub-Resolver gerichteten Anfragen aus dem Cache des Stub-Resolvers bzw. des rekursiven Nameservers beantwortet werden. In diesem Zusammenhang wird häufig auf die Untersuchungen von Jung et al. [Jun+02] verwiesen; demzufolge können unter Berücksichtigung der TTLs 60–80 % aller an den Stub-Resolver gerichteten Anfragen aus clientseitigen Zwischenspeichern (im Stub-Resolver bzw. in den Anwendungen) beantwortet werden.

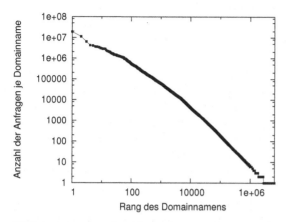

Abbildung 5.7: Verteilung der Anfragen auf die Domainnamen im 5M-Datensatz

Die dritte spezifische Eigenschaft ist das ungleichmäßige, **einem Potenzgesetz gehorchen-de Anfrageverhalten.** Untersuchungen haben gezeigt, dass sich die auf die Domainnamen entfallende Anzahl von Anfragen mit einer Zipf-Verteilung (s. [Zip68]) modellieren lässt [Bre+99; AH02; Jun+02]: Eine sehr kleine Menge von Domainnamen zieht den Großteil der Anfragen auf sich, während die überwiegende Mehrheit der Domainnamen nur sehr selten aufgelöst wird. In den Untersuchungen von Jung et al. entfielen 58 % der Anfragen auf die 10 % populärsten Domainnamen. Im 5M-Datensatz (s. Abschnitt 5.4.1.1) ist dieses Missverhältnis sogar noch wesentlich stärker ausgeprägt: Dort ziehen die 10 % populärsten Domainnamen 97,7 % der Anfragen auf sich. Das Anfrageverhalten folgt auch in diesem Datensatz einem Potenzgesetz, wie am annähernd geraden Kurvenverlauf in der logarithmierten Darstellung in Abbildung 5.7 erkennbar ist.

Im weiteren Verlauf wird insbesondere die Gruppe der 10 000 populärsten Domainnamen betrachtet; diese ziehen 80,2 % der Anfragen auf sich. Wie durch die nachfolgenden Überlegungen deutlich wird, handelt es sich bei diesen Domainnamen allerdings nicht unbedingt um die Domainnamen der 10 000 am häufigsten besuchten Webseiten.

Die Verteilung der TTL-Werte für diese Domainnamen ist in Abbildung 5.8 dargestellt. Wie der Vergleich mit der Verteilung für die TTL-Werte für die 1000 populärsten Domainnamen deutlich macht, ist der Anteil der Domainnamen mit kurzen TTL-Werten unter den 1000 populärsten Domainnamen höher. Aus dieser Beobachtung lässt sich allerdings nicht auf eine Kausalität schließen; es kann einerseits sein, dass bei den 1000 populärsten Domainnamen in der Tat kürzere TTLs verwendet werden; es könnte allerdings auch sein, dass die 1000 populärsten Domainnamen gerade deswegen eine höhere Anzahl an Anfragen auf sich ziehen, weil sie eine kürzere TTL aufweisen, also in kürzeren Abständen wiederkehrende Anfragen zu beobachten sind.

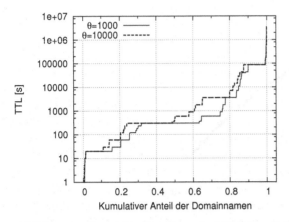

Abbildung 5.8: Kumulative Verteilung der TTL-Werte für die 1000 und 10 000 populärsten Domainnamen im 5M-Datensatz

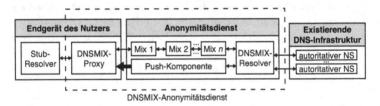

DNSMIX-Anonymitätsdienst

Abbildung 5.9: Architektur des DNSMIX-Anonymitätsdienstes (Abb. nach [Fed+11])

Unabhängig davon ist festzustellen, dass von den 10 000 populärsten Domainnamen knapp 20 % der Domainnamen eine TTL von 60 Sekunden aufweisen, weitere 20 % haben eine TTL von 300 Sekunden. Weitere Ansammlungen gibt es bei 3600 und 86 400 Sekunden (1 Stunde bzw. 24 Stunden).

5.4.2 Architektur des DNSMIX-Dienstes

Die Architektur des DNSMIX-Anonymitätsdienstes ist in Abbildung 5.9 dargestellt. Der Dienst besteht aus vier Komponenten, einem DNSMIX-Proxy, einer Mix-Kaskade mit mehreren Mixen, der Push-Komponente sowie einem Full-Resolver, der in der Abbildung als „DNSMIX-Resolver" bezeichnet wird.

Beim implementierten Prototyp wird der DNSMIX-Proxy auf dem Endgerät des Nutzers als Systemdienst installiert, der sich wie ein konventioneller rekursiver Nameserver verhält und auf dem UDP-Port 53 DNS-Anfragen vom Stub-Resolver entgegennimmt.

Im Betriebssystem des Nutzers wird zur Nutzung des DNSMIX-Dienstes dann die IP-Adresse 127.0.0.1 als Nameserver eingetragen. Grundsätzlich ist auch eine Realisierung als Browser-Plug-in vorstellbar, um die bereits angesprochenen Nachteile einer Proxy-Lösung zu vermeiden (vgl. S. 230 und S. 235).

Die DNS-Anfragen werden vom DNSMIX-Proxy über die Mix-Kaskade zum DNSMIX-Resolver geleitet. Beim **DNSMIX-Resolver** handelt es sich um einen Full-Resolver, der zur Namensauflösung mit den autoritativen Nameserver interagiert. Sowohl der DNSMIX-Proxy als auch der DNSMIX-Resolver verfügen über einen Cache, in dem die angefragten RRs gemäß der TTL-Werte zwischengespeichert werden.

Die Kommunikation zwischen dem Proxy und dem Resolver wird durch die **Mix-Kaskade** (s. Abschnitt 5.2.2) geleitet. Die Mix-Kaskade stellt Senderanonymität her, indem sie verhindert, dass die Identität der Teilnehmer mit den angefragten Domainnamen verkettet werden kann. Die Teilnehmer offenbaren ihre IP-Adresse lediglich gegenüber dem ersten Mix und der Push-Komponente; die DNS-Anfragen liegen aber nur dem letzten Mix und dem DNSMIX-Resolver vor.

Es wird davon ausgegangen, dass die Mixe von unterschiedlichen Betreibern bereitgestellt werden, die nicht miteinander kollaborieren. Als DNSMIX-Resolver kann entweder ein existierender rekursiver Nameserver, der von einem Drittanbieter betrieben wird, verwendet werden; eine Alternative besteht darin, direkt auf dem letzten Mix einen dedizierten Full-Resolver zu betreiben oder diesen direkt in den letzten Mix-Server zu integrieren. Der DNSMIX-Proxy und die Mixe kommunizieren untereinander mit einem proprietären Protokoll. Der DNSMIX-Resolver verwendet zur Kommunikation mit den autoritativen Nameservern das DNS-Protokoll.

Die **Push-Komponente** interagiert ebenfalls mit dem DNSMIX-Resolver, um autonom populäre Domainnamen aufzulösen. Die erhaltenen Daten übermittelt sie mit einem proprietären Protokoll an die DNSMIX-Proxys der mit dem Dienst verbundenen Teilnehmer. Die Push-Komponente kann von einem Betreiber des ersten Mixes oder eines mittleren Mixes zur Verfügung gestellt werden; sie kann direkt auf einem dieser Server betrieben werden. Sie darf allerdings nicht mit dem letzten Mix zusammenarbeiten (s. Abschnitt 5.4.3.1).

Die Motivation für diesen Architekturentwurf besteht darin, eine für den Nutzer *transparente* Anonymisierung zu erreichen. Dadurch kann der DNSMIX-Dienst von allen existierenden Anwendungsprogrammen genutzt werden, ohne Anpassungen an diesen Programmen zu erfordern. Weiterhin ist die Lösung so gestaltet, dass sie mit der existierenden DNS-Infrastruktur zusammenarbeitet.

5.4.3 Implementierungsdetails

Alle Komponenten der vorgestellte DNSMIX-Architektur wurden implementiert, um die Praktikabilität des Konzepts durch empirische Untersuchungen in einem realistischen Szenario überprüfen zu können.

Dieser Abschnitt ist wie folgt aufgebaut: Zunächst wird in Abschnitt 5.4.3.1 das Angreifer-modell des DNSMIX-Dienstes beschrieben. Anschließend werden die wichtigsten Aspekte der Push-Komponente erläutert (s. Abschnitte 5.4.3.2 bis 5.4.3.4). Schließlich wird auf die Realisierung der Mix-Kaskade eingegangen (s. Abschnitte 5.4.3.5 und 5.4.3.6).

5.4.3.1 Angreifermodell

In diesem Abschnitt wird das Angreifermodell erläutert, das dem implementierten Pro-totyp des DNSMIX-Anonymitätsdienstes zugrunde liegt. Zunächst werden Angreifer betrachtet, die einzelne Komponenten der Mix-Kaskade bzw. den DNSMIX-Resolver kon-trollieren. Im Anschluss daran wird auf das Angreifermodell für die Push-Komponente eingegangen.

Angreifermodell für die Mix-Kaskade Das Angreifermodell der Mix-Kaskade ent-spricht im Wesentlichen dem Angreifermodell der bereits erwähnten Anonymitätsdienste Tor und AN.ON. Die Mix-Kaskade bietet Schutz vor Verkettung der Nutzeridentität und der angefragten Domainnamen gegenüber drei Arten von **lokalitätsbeschränkten Angreifern:**

- passive oder aktive Angreifer, die den ersten Mix kontrollieren bzw. auf die Verbin-dung zwischen DNSMIX-Proxy und erstem Mix Zugriff haben (**Angreifer 1**),

- Angreifer, die den letzten Mix kontrollieren (**Angreifer 2**), und

- Angreifer, die lediglich den DNSMIX-Resolver kontrollieren oder auf die Kommu-nikationsverbindung zwischen letztem Mix und DNSMIX-Resolver Zugriff haben, wenn letzter Mix und DNSMIX-Resolver von verschiedenen Betreibern angeboten werden (**Angreifer 3**).

Der DNSMIX-Dienst bietet auch Schutz vor Angreifern, die einen mittleren Mix kon-trollieren, vor Angreifern, die einen ersten und mittleren bzw. mittleren und letzten Mix kontrollieren sowie vor Angreifern, die sowohl Zugriff auf den letzten Mix als auch auf den DNSMIX-Resolver haben. Da sich für diese Angreifer keine zusätzlichen Beobach-tungsmöglichkeiten ergeben, wird auf diese im weiteren Verlauf nicht weiter eingegangen.

Der Dienst bietet keinen Schutz vor **globalen passiven Angreifern** (engl. „global passive adversaries"), welche die übertragenen Daten auf allen Kommunikationsstrecken beob-achten können (**Angreifer 4**). Diese Angreifer können in vielen Anwendungsfällen durch die Beobachtung der Kommunikation, die sich an die Namensauflösung anschließt, auf die von einem Nutzer angefragten Domainnamen schließen. Bei HTTP wird der aufge-löste Domainname etwa im Klartext im Host-Header übertragen; bei Verwendung des verschlüsselten HTTPS ist er durch die Verwendung der CONNECT-Methode und die Nennung im Serverzertifikat üblicherweise ebenfalls erkennbar.

Der implementierte Prototyp bietet weiterhin keinen Schutz vor Angreifern, die **sowohl den ersten als auch den letzten Mix** (oder den DNSMIX-Resolver) kontrollieren bzw.

durch Beobachtung des Datenverkehrs auf den angrenzenden Verbindungen die Nachrichten korrelieren können, die auf der Verbindung zwischen DNSMIX-Proxy und erstem Mix sowie letztem Mix (bzw. DNSMIX-Resolver) und autoritativen Nameservern ausgetauscht werden (**Angreifer 5**). Schutz vor diesen Angreifern wäre möglich, wenn auf den Mixen eine geeignete Ausgabestrategie eingesetzt würde, welche Nachrichten vor der Weiterleitung verzögert oder mehrere Nachrichten schubweise ausgibt. Die DNSMIX-Architektur lässt die Verwendung einer entsprechenden Ausgabestrategie grundsätzlich zu; allerdings ist davon auszugehen, dass sich dadurch die Antwortzeiten erhöhen.

In Abschnitt 5.4.3.5 wird darauf eingegangen, mit welchen Mechanismen das beschriebene Schutzniveau in der Mix-Kaskade realisiert wird.

Angreifermodell für die Push-Komponente   Der Prototyp des DNSMIX-Anonymitätsdiensts kann die Unverkettbarkeit von Teilnehmeridentität und angefragten Domainnamen nicht gewährleisten, wenn ein Angreifer **sowohl die Push-Komponente als auch den letzten Mix** (bzw. den DNSMIX-Resolver) kontrolliert. Ein solcher Angreifer kennt zum einen die Identität (die IP-Adresse) der verbundenen Teilnehmer, an welche die Push-Komponente die RRs sendet; zum anderen kann er auf dem letzten Mix die angefragten Domainnamen aller Nutzer beobachten.

Da es im Internet keinen zuverlässigen Broadcastdienst gibt, kann der Angreifer herausfinden, ob ein bestimmter Nutzer einen bestimmten populären Domainnamen h auflöst, indem er die Push-Komponente so modifiziert, dass sie dem anzugreifenden Nutzer den RR von h *nicht übermittelt*; allen anderen Nutzern wird der RR von h hingegen weiterhin unaufgefordert übermittelt. Gehen dann beim DNSMIX-Resolver Anfragen für h ein, weiß der Angreifer, dass diese vom angegriffenen Nutzer gestellt worden sein müssen.

Um solche Angriffe abzuwehren, bedarf es eines sog. „zuverlässigen" Broadcast-Protokolls, das die Konsistenz der Verteilung gewährleistet (vgl. [WP90]). Diese Problemstellung, die sich auf das sog. „Problem der Byzantinischen Generäle" zurückführen lässt, kann durch den Einsatz eines geeigneten Protokolls adressiert werden [PSL80; LSP82]. Eine Evaluation und Implementierung entsprechender Mechanismen bleibt zukünftigen Arbeiten vorbehalten.

Schutz der Verfügbarkeit und der Integrität   Abschließend ist anzumerken, dass der Prototyp keine Mechanismen enthält, die den Schutz der Verfügbarkeit (s. Abschnitt 3.5) bzw. den Schutz der Integrität der Namensauflösung (s. Abschnitt 3.6) gewährleisten Der Betreiber des letzten Mixes bzw. des DNSMIX-Resolvers kann daher die DNS-Antworten manipulieren oder die Namensauflösung blockieren. Für einen zuverlässigen Schutz der Integrität auf Nachrichtenebene ist es – unabhängig vom DNSMIX-Dienst – erforderlich, dass der Nutzer einen validierenden Stub-Resolver verwendet und dass die autoritativen Nameserver ihre Zonen signieren (s. Abschnitt 3.6.3).

Auf den DNSMIX-Komponenten sind für den Transport der DNSSEC RRs daher grundsätzlich keine Anpassung erforderlich. Da DNSSEC-Antworten allerdings teilweise erheblich größer sind als herkömmliche DNS-Antworten [ADF06], wäre es empfehlenswert, auf Basis empirischer Daten die vorgesehenen Nachrichtengrößen der Mix-Nachrichten entsprechend anzuheben, um den Anteil der fragmentierten Nachrichten gering zu halten (s. Abschnitt 5.4.3.5).

5.4.3.2 Push-Komponente

Die Push-Komponente übermittelt die RRs von populären Domainnamen an die am DNS-MIX-Dienst angemeldeten Teilnehmer. Die gewählte Bezeichnung soll den Unterschied zum konventionellen Anfrage-Antwort-Paradigma ausdrücken, bei dem ein DNS-Client Daten vom rekursiven Nameserver anfordert („pull"). Wegen der in Abschnitt 5.4.1.2 angesprochenen ungleichmäßigen Verteilung der Anfragen auf die Domainnamen ist zu erwarten, dass durch die unaufgeforderte Übermittlung ein Großteil aller Anfragen direkt im DNSMIX-Proxy aufgelöst werden kann. DNS-Anfragen für diese Domainnamen kann der DNSMIX-Proxy unverzüglich beantworten, sodass die Antwortzeit bei einem Großteil der Anfragen auf den Wert 0 fällt. Das Push-Konzept ist auch unter Datensparsamkeitsgesichtspunkten zu begrüßen, da die lokal aufgelösten Anfragen nicht beobachtbar sind.

Trotz des geringen Datenvolumens des DNS-Protokolls wäre es äußerst ineffizient und ohnehin kaum praktikabel, sämtliche RRs, die im DNS gespeichert sind, unaufgefordert an alle Clients zu übermitteln. Zum einen beanspruchen schon die SLDs ein erhebliches Datenvolumen: Schätzungen von Verisign zufolge waren im 4. Quartal 2010 etwa 205,3 Millionen SLDs registriert [Ver11]. Bei einer geschätzten durchschnittlichen Größe von 50 Bytes pro RR würde die Größe der gesamten Datenbank über 9,5 GB betragen. Abgesehen davon gibt es noch ein zweites Hindernis, das die Verteilung der gesamten Datenbank erschwert: Es gibt keine effiziente Möglichkeit, alle Domainnamen in Erfahrung zu bringen, da die meisten autoritativen Nameserver keine Zonentransfers zulassen (vgl. Abschnitt 3.7.2).

Daher wird mit dem DNSMIX-Anonymitätsdienst ein hybrider Ansatz verfolgt. Es werden lediglich diejenigen Domainnamen unaufgefordert an alle Nutzer gesendet, bei denen der größte Nutzen entsteht. Die übrigen Anfragen werden über die Mix-Kaskade aufgelöst. Die Kombination der beiden Techniken bietet die Möglichkeit, einen Kompromiss zwischen verzögerungsfreier, unbeobachtbarer Namensauflösung auf der einen und erforderlicher Bandbreite auf der anderen Seite.

Zur Beschreibung konkreter Ausgestaltungsmöglichkeiten wird in den weiteren Ausführungen das Konzept der „TopList" und der „TailList" verwendet. Die **TopList** enthält die Domainnamen, die die Push-Komponente unaufgefordert an die Teilnehmer übermittelt, die **TailList** enthält die übrigen Domainnamen, die über die Mix-Kaskade aufgelöst werden. Zur Formalisierung dient ein vereinfachtes Modell: Alle von den Nutzern angefragten Domainnamen werden gemäß ihrer Popularität (s. unten) in einer absteigend sortierten Liste H aufgereiht. Die Liste wird nach θ Elementen geteilt, um die beiden Listen TopList$_\theta$

und TailList$_\theta$ zu erhalten. Es gilt also $H = \text{TopList}_\theta \cup \text{TailList}_\theta$ und $\text{TopList}_\theta \cap \text{TailList}_\theta = \varnothing$. Ein Domainname h ist demnach in TopList$_\theta$ enthalten, wenn rang$(h) \leq \theta$, andernfalls gehört er zur TailList$_\theta$.

Der Parameter θ ermöglicht es dem Betreiber der Push-Komponente, den gewählten Kompromiss zwischen Antwortzeit und Bandbreitenverbrauch festzulegen. Je größer der Wert von θ, desto höher ist die erwartete Hit-Rate, also der Anteil der Anfragen, die der DNSMIX-Proxy der Teilnehmer verzögerungsfrei beantworten kann. Gleichzeitig steigt bei steigendem θ jedoch auch die benötigte Bandbreite, um die TopList an die Teilnehmer zu übermitteln.

In Abschnitt 5.4.3.3 wird erläutert, welche Gestaltungsmöglichkeiten der Betreiber der Push-Komponente hat, um die Domainnamen zu bestimmen, die in der TopList enthalten sind, und wie er sie aktualisieren kann. Anschließend wird in Abschnitt 5.4.3.4 darauf eingegangen, wie die unaufgeforderte Übermittlung der RRs an die Teilnehmer realisiert werden kann. In beiden Abschnitten wird auch auf die Implementierung des später zu evaluierenden Prototyps eingegangen.

5.4.3.3 Festlegung und Aktualisierung der TopList

Idealerweise sollte die TopList möglichst anhand des tatsächlichen Nutzerverhaltens der aktuell verbundenen Teilnehmer gebildet werden – dann ist der Anteil der durch die TopList eingesparten Anfragen am größten.

Da sich das Nutzungsverhalten im Laufe der Zeit ändern kann, reicht es nicht aus, die TopList einmalig festzulegen; der Betreiber der Push-Komponente muss sie kontinuierlich an das Verhalten der Teilnehmer anpassen. Allerdings ist es ihm prinzipbedingt nicht möglich, das Nutzungsverhalten der Teilnehmer zu ermitteln – schließlich werden die DNS-Anfragen für Domainnamen, die in der TopList enthalten sind, direkt vom DNSMIX-Proxy beantwortet; sie sind für den Betreiber unbeobachtbar. Gerade das Nutzungsverhalten in Bezug auf die Domainnamen in der TopList ist jedoch zur Festlegung der Domains in der TopList von Bedeutung.

Im Folgenden werden daher drei alternative Datenquellen vorgestellt, anhand derer der Betreiber der Push-Komponente das Nutzungsverhalten der Teilnehmer näherungsweise bestimmen und somit die Domainnamen festlegen kann, die in die TopList aufgenommen werden sollen. Zur fortlaufenden Aktualisierung der TopList muss der Betreiber diese Datenquellen kontinuierlich abfragen.

Bei der Verwendung von **Datenquelle 1** greift der Betreiber der Push-Komponente auf globale Web-Nutzungsstatistiken von Anbietern wie Alexa, Comcast oder NetRatings zurück, auf die öffentlich oder gemäß individueller Vereinbarungen zugegriffen werden kann.[6] Der Vorteil dieser Datenquelle besteht im leichten Zugriff auf die benötigten Daten. Allerdings weicht das globale oder nationale Nutzungsverhalten, das durch diese Statistiken

---

[6]Homepages: *http://www.alexa.com*, *http://www.comcast.com* und *http://www.netratings.com*

repräsentiert wird, womöglich vom Nutzungsverhalten der am Dienst angemeldeten Teilnehmer ab. Daher ist davon auszugehen, dass die TopList eine geringe Effizienz aufweist, also nur ein geringer Teil aller Anfragen unmittelbar vom DNSMIX-Proxy beantwortet werden kann.

Eine geringere Abweichung kann erreicht werden, wenn bekannt ist, dass die Teilnehmer aus einer bestimmten geographischen Region stammen oder einer bestimmten Nutzergruppe zuzurechnen sind. In diesem Fall könnte der Betreiber der Push-Komponente die Zugriffsstatistiken konsultieren, die auf einem *anderen rekursiven Nameserver* (oder auf einem HTTP-Proxyserver) erhoben werden, der sich an dieselbe Zielgruppe richtet **(Datenquelle 2)**. Grundsätzlich besteht auch die Möglichkeit, den DNSMIX-Resolver absichtlich als offenen Resolver zu betreiben und dadurch das Nutzungsverhalten von Nicht-Teilnehmern zu erheben. Da in diesem Fall prinzipiell jeder beliebige Internetnutzer Anfragen über den DNSMIX-Resolver stellen kann, ist zu erwarten, dass das dabei erfasste Nutzungsverhalten eine geringere Übereinstimmung mit dem Verhalten der am Dienst angemeldeten Teilnehmer aufweist.

Wenn auf die Unbeobachtbarkeitseigenschaft der TopList verzichtet werden kann, kann **Datenquelle 3** zum Einsatz kommen: Dabei protokolliert jeder DNSMIX-Proxy direkt auf dem Endgerät alle bei ihm eingehenden DNS-Anfragen, also auch diejenigen Anfragen, die er anhand der TopList unbeobachtbar auflösen kann. Das aggregierte Nutzungsverhalten (Anzahl der Anfragen für jeden Domainnamen) übermittelt der DNSMIX-Proxy gelegentlich, etwa einmal pro Woche, an die Push-Komponente. Zur Datenübermittlung kann die Mix-Kaskade eingesetzt werden, um zu verhindern, dass der Betreiber der Push-Komponente das übermittelte Nutzungsverhalten einzelnen Nutzern zuordnen kann.

Ein erheblicher Nachteil bei der Nutzung von Datenquelle 3 besteht darin, dass die Nutzer die von ihnen angefragten Domainnamen preisgeben müssen. Wird die Nutzungsstatistik für alle Domainnamen in einer Nachricht gebündelt übermittelt, liegt dem Betreiber der Push-Komponente ein aussagekräftiges Nutzungsprofil vor. Dabei besteht insbesondere das Risiko, dass der Betreiber durch Anwendung des in Kapitel 6 betrachteten verhaltensbasierten Verkettungsverfahrens das Nutzungsverhalten eines Nutzers über lange Zeiträume beobachten kann.

Um die Verkettung zu erschweren, sollte die Nutzungsstatistik daher in mehreren, für den Betreiber der Push-Komponente nicht miteinander verkettbaren Nachrichten übermittelt werden. Eine weitere Maßnahme, mit der die Menge der preisgegebenen Informationen verringert werden kann, besteht darin, dass der DNSMIX-Proxy lediglich die Nutzungsstatistik für diejenigen Domainnamen übermittelt, die in der TopList enthalten sind; diese Informationen können dann mit den Nutzungsstatistiken für die Domainnamen in der TailList kombiniert werden, die auf dem DNSMIX-Resolver erhoben werden können. Die Beschränkung auf die TopList alleine bietet jedoch keinen ausreichenden Schutz vor Verkettung, wie die Untersuchungsergebnisse bei der Betrachtung von Reduktionsverfahren 2 (Beschränkung auf die *n* populärsten Domainnamen im Datensatz) in Abschnitt 6.3.4.7 zeigen werden.

5.4.3.4 Aktualisierung und Übermittlung der TopList an die Teilnehmer

Der Push-Mechanismus besteht aus zwei eigenständigen Komponenten: eine Komponente zur Aktualisierung der RRs der Domainnamen in der TopList sowie eine Komponente zur Übermittlung der RRs an die am Dienst angemeldeten Teilnehmer.

Die **Komponente zur Aktualisierung der TopList** muss die RRs für die in der TopList enthaltenen Domainnamen auf dem aktuellen Stand halten. Dazu ruft sie die hinterlegten RRs von den jeweils zuständigen autoritativen Nameservern ab und fügt diese einem Zwischenspeicher hinzu, der mit dem Cache eines rekursiven Nameservers vergleichbar ist. Sobald die TTL eines Eintrags abgelaufen ist, ruft die Aktualisierungskomponente diesen Domainnamen erneut vom autoritativen Nameserver ab, um zu überprüfen, ob sich die im RR hinterlegten Daten seit dem letzten Abruf geändert haben.

Im Prototyp ist der Zwischenspeicher als Hashtabelle realisiert, in der für jeden Domainnamen (Schlüssel) ein Wertepaar abgelegt ist, das aus dem zuletzt abgerufenen RR sowie dem Zeitstempel der letzten Änderung besteht. Ein Hintergrundprozess iteriert zyklisch über alle Einträge in der Hashtabelle und führt ggf. Aktualisierungen an den hinterlegten Werten durch.

Die **Komponente zur Verteilung der TopList** übermittelt die RRs an die angemeldeten Teilnehmer. Unmittelbar nachdem sich ein Teilnehmer an der Push-Komponente angemeldet hat, übermittelt die Push-Komponente die *vollständige TopList* und die zugehörigen RRs an den DNSMIX-Proxy. Solange ein Teilnehmer verbunden ist, erhält er von der Push-Komponente einen kontinuierlichen Datenstrom, in dem die *inkrementellen Änderungen* an der TopList übermittelt werden. Dabei werden lediglich die RRs für die Domainnamen übermittelt, bei denen die Aktualisierungskomponente eine Veränderung festgestellt hat.

Wie bereits in [HG05] festgestellt wurde, ändern sich die meisten RRs im Vergleich zu den angegebenen TTL-Werten nur vergleichsweise selten, sodass zu erwarten ist, dass das für die Übertragung der inkrementellen Änderungen erforderliche Datenvolumen gering ist. Der Bandbreitenbedarf kann durch den Einsatz von Datenkompressionstechniken weiter verringert werden [HG05].

Im Prototyp wird das Push-Konzept mit dem TCP/IP-Unicast-Paradigma umgesetzt, d. h. jeder DNSMIX-Proxy erhält den Datenstrom von der Push-Komponente über eine dedizierte TCP/IP-Verbindung. Die Effizienz könnte durch die Verwendung der IP-Multicast-Technik weiter gesteigert werden.

5.4.3.5 Mix-Kaskade

In diesem Abschnitt wird erläutert, welche Mechanismen die im Prototyp implementierte Mix-Kaskade vorsieht, um die Verkettung der Teilnehmeridentität mit den angefragten Domainnamen durch die Abschnitt 5.4.3.1 beschriebenen Angreifer 1 bis 3 zu verhindern.

Die Implementierung der Mix-Kaskade erfolgte mit dem Ziel, eine realitätsnahe Evaluation des Bandbreitenbedarfs und der erreichbaren Antwortzeit durchzuführen. Da sie nicht

Tabelle 5.7: Aufbau der DNSMIX-Kanalnachrichten

Feld	Länge (Byte)	Zweck
MAC	16	Message-Authentication-Code über der Klartext-DNS-Nachricht; dient der Sicherung der Integrität zwischen DNSMIX-Proxy und letztem Mix
Länge	2	Länge der Nutzdaten (s)
Fragment-Nr.	1	„0" bei nicht-fragmentierter Nachricht, sonst: fortlaufende Fragmentnummer
Nutzdaten	s	verschlüsselte DNS-Nachricht inkl. Padding

für den Praxiseinsatz vorgesehen ist, wurde auf die Implementierung von Funktionen verzichtet, die für die Evaluation nicht benötigt werden, jedoch in der Praxis von Bedeutung wären, etwa ein Verzeichnisdienst zum Auffinden der verfügbaren Mixe sowie eine Public-Key-Infrastruktur (PKI) zur Schlüsselverteilung.

Die Realisierung orientiert sich an den gängigen Anonymitätsdiensten Tor und AN.ON. Dabei werden jedoch die Eigenschaften des DNS-Protokolls, insbesondere die üblichen Nachrichtenlängen, berücksichtigt, um im Vergleich zu den generischen Diensten eine höhere Effizienz bzw. eine niedrigere Antwortzeit zu erreichen.

Zur Übermittlung der DNS-Anfragen werden *Kanäle* (s. Abschnitt 5.2.2) verwendet. Der DNSMIX-Proxy verfügt über die öffentlichen Schlüssel der Mixe (RSA, 2048 Bit, Anwendung im OAEP-Modus [BR94]), um beim Kanalaufbau mit jedem Mix einen symmetrischen Sitzungsschlüssel zu vereinbaren. Zur symmetrischen Verschlüsselung einer Kanalnachricht kommt das AES-Verfahren im Output-Feedback-Modus mit einer Schlüssellänge von 128 Bit zum Einsatz. Diese Kombination wird auch im Anonymitätsdienst AN.ON [BFK01] verwendet. Die Kommunikation zwischen den einzelnen Komponenten erfolgt wie bei den existierenden Anonymitätsdiensten über TCP-Verbindungen. Im Falle einer Implementierung für die Praxis sollten weitere Kanal-Schemata, etwa das von Danezis vorgeschlagene SPHINX-Nachrichtenformat [DG09] in Betracht gezogen werden. Weiterhin ist zu untersuchen, ob ein verbindungsloser Transport über UDP sinnvoll ist.

Nachrichtenformat   Für die Evaluation des Bandbreitenbedarfs und der Antwortzeit sind primär die *Kanalnachrichten* von Bedeutung, in denen die DNS-Anfragen und -Antworten übermittelt werden. Das Format der Kanalnachrichten ist in Tabelle 5.7 dargestellt. Auf die Fragmentierung wird in Abschnitt 5.4.3.6 noch näher eingegangen.

Implementierung   DNSMIX-Proxy und Mix-Server sind in Java programmiert. Die kryptographischen Operationen werden mit der Bouncy-Castle-Bibliothek[7] realisiert.

---

[7]Homepage: *https://www.bouncycastle.org*

Sowohl der Proxy als auch die Server nutzen mehrere Threads zur parallelen Datenverarbeitung. So baut etwa der DNSMIX-Proxy neue Kanäle in einem Hintergrund-Thread auf, sodass diese unmittelbar bereitstehen, wenn sie verwendet werden sollen, und die Mix-Server verarbeiten die eingehenden Nachrichten in mehreren Threads parallel, um die Verarbeitungszeit zu minimieren. Um den Ressourcenverbrauch gering zu halten, wird zwischen je zwei Mixen jeweils lediglich eine einzige TCP-Verbindung aufgebaut; über diese werden die Kanalnachrichten aller Clients mittels eines Multiplexing-Verfahrens übertragen.

Eine ausführliche Beschreibung des Mix-Protokolls sowie der Implementierung, die im Rahmen einer Masterarbeit durchgeführt wurde, findet sich in [Pio10]. Die Realisierung erfolgte mit einer in [Fuc10] entwickelten Mix-Architektur, die in erweiterter Form in [FHF12a; FHF12b] veröffentlicht wurde.

5.4.3.6 Berücksichtigung des Angreifermodells in der Mix-Kaskade

Im Folgenden werden die Beobachtungsmöglichkeiten der vom Angreifermodell abgedeckten Angreifer 1–3 skizziert und die in der Mix-Kaskade implementierten Schutzmechanismen beschrieben.

Angreifer 1 Dieser Angreifer kontrolliert den ersten Mix (oder die entsprechende Verbindung), er kennt somit die Teilnehmeridentität (IP-Adresse) und kann die verschlüsselten DNS-Anfragen bzw. -Antworten beobachten. Dementsprechend ist er in der Lage, die Länge der Anfragen und Antworten zu bestimmen. Da die Länge des Domainnamens sich unmittelbar auf die Länge der DNS-Anfragen auswirkt, kann der Angreifer u. U. auf den übertragenen Domainnamen schließen. Da auch in den Antworten der angefragte Domainname übertragen wird, weisen auch diese u. U. eine charakteristische Länge auf. Treten mehrere Anfragen für voneinander abhängige Domainnamen hintereinander auf, wie etwa beim Abruf einer Webseite, kann sich dadurch ein charakteristisches Abrufmuster ergeben, anhand dessen der Angreifer die abgerufene Webseite identifizieren kann

Solche Rückschlussmöglichkeiten, die auf der Nachrichtenlänge basieren, lassen sich vermeiden, indem die Kanalnachrichten durch **Padding** auf eine einheitliche Länge gebracht werden. Die Verwendung einer einheitlichen Nachrichtenlänge erzeugt zusätzliches Datenvolumen: Würden alle Nachrichten auf die Länge der maximal möglichen Nachrichtenlänge aufgefüllt, würde das Datenvolumen erheblich zunehmen – bei DNSSEC können bis zu 4096 Byte große Antworten übertragen werden; eine typische DNS-Antwort ist jedoch nur ca. 50–200 Byte groß. Wird die einheitliche Nachrichtenlänge jedoch auf einen kleineren als den maximal möglichen Wert festgelegt, passen DNS-Nachrichten mit einer größeren Länge nicht mehr in die einheitlich großen Kanalnachrichten. Diese DNS-Nachrichten könnten dann ausnahmsweise in einer entsprechend größeren Kanalnachricht transportiert werden – wodurch dem Angreifer allerdings ihre auffällige Größe bekannt wird.

Als Alternative bietet sich die im DNSMIX-Prototyp realisierte **Fragmentierung** an, bei der zu große DNS-Nachrichten auf mehrere kleinere Kanalnachrichten aufgeteilt werden. Da die Verarbeitung von fragmentierten Nachrichten im Vergleich zu nicht-fragmentierten Nachrichten aufwendiger (und bei verbindungsloser Kommunikation fehleranfälliger) ist, gilt es den Anteil der fragmentierten Nachrichten möglichst gering zu halten. Durch die Wahl der Einheitsgröße kann ein Kompromiss zwischen zusätzlichem Datenvolumen und dem Anteil der fragmentierten Nachrichten gefunden werden.

Im evaluierten Prototyp werden die einheitlichen Nachrichtenlängen s_q = 57 Byte für DNS-Anfragen sowie s_r = 89 Byte für DNS-Antworten verwendet. Bei den gewählten Werten können ca. 95 % bzw. 75 % der Nachrichten ohne Fragmentierung übertragen werden und das zusätzlich zu übertragende Datenvolumen ist relativ gering (s. Abschnitt 5.4.4). Eine genaue Untersuchung des Einflusses der Nachrichtenlängen und die Bestimmung der nötigen Anpassung, die bei der Verwendung von DNSSEC erforderlich ist, bleibt zukünftigen Arbeiten vorbehalten.

Angreifer 2 und 3   Angreifer 2 kontrolliert den letzten Mix und kann die DNS-Anfragen und -Antworten im Klartext einsehen. Weiterhin kann er alle DNS-Anfragen anhand des Kanalkennzeichens gruppieren, sodass er die DNS-Anfragen, die ein Nutzer über denselben Kanal gesendet hat, miteinander verketten kann. Wird eine ausreichend große Anzahl von Anfragen über denselben Kanal gesendet, kann der Angreifer das in Kapitel 6 vorgestellte verhaltensbasierte Verkettungsverfahren verwenden, um die Anfragen eines Nutzers auch nach einem Kanalwechsel weiterzuverfolgen.

Diese Beobachtungsmöglichkeit kann, wie in Kapitel 7 gezeigt wird, eingedämmt werden, indem ein Kanal nur für eine kurze Zeitspanne verwendet wird. Im Prototyp beträgt diese Zeitspanne 60 Sekunden.

Angreifer 3, der lediglich den DNSMIX-Resolver kontrolliert, kann ebenfalls die Inhalte der Anfragen und Antworten einsehen. Allerdings liegt ihm nicht das Kanalkennzeichen vor, anhand dessen Angreifer 2 die Nachrichten desselben Nutzers verketten kann.

Sowohl Angreifer 2 als auch Angreifer 3 können die Anwesenheit eines bestimmten Nutzers feststellen, wenn dieser Anfragen für Domainnamen stellt, die ihn eindeutig identifizieren (sog. „benutzerspezifische Domainnamen", s. Abschnitt 6.3.4.5). Diese Beobachtungsmöglichkeit kann der DNSMIX-Dienst prinzipbedingt nicht unterbinden.

5.4.4 Evaluation der Push-Komponente

In diesem Abschnitt wird untersucht, ob eine praxistaugliche Realisierung der Push-Komponente möglich ist. Dazu werden Auszüge aus dem 5M-Datensatz verwendet.

Fragestellung   Die Untersuchungen gehen zum einen der Frage nach, welcher Anteil der Anfragen mittels der Push-Komponente unmittelbar im DNSMIX-Proxy aufgelöst werden kann, und zum anderen welches Datenvolumen beim Betreib der Push-Komponente anfällt bzw. an jeden Teilnehmer gesendet wird. Anhand der Ergebnisse lässt sich die Praxistauglichkeit einschätzen.

Dieser Abschnitt ist wie folgt aufgebaut: Zunächst wird in Abschnitt 5.4.4.1 die Vorgehensweise bei der Evaluation der Push-Komponente beschrieben. Anschließend wird in Abschnitt 5.4.4.2 der Anteil der eingesparten Anfragen ermittelt, bevor in den Abschnitten 5.4.4.3 und 5.4.4.4 in empirischen Untersuchungen das für den Betrieb erforderliche Datenvolumen bestimmt wird.

5.4.4.1 Vorgehensweise

Die durch die Push-Komponente verursachten Kosten entsprechen dem Datenvolumen bzw. der erforderlichen Bandbreite für die Aktualisierung und Verteilung der TopList. Der Nutzen drückt sich im Anteil der durch die TopList unmittelbar im DNSMIX-Proxy auflösbaren Anfragen aus. Durch Variation des Parameters θ, welcher die Anzahl der Domainnamen in der TopList angibt, können verschiedene Kosten-Nutzen-Verhältnisse eingestellt werden.

Zur Evaluation wird ein 24-Stunden-Ausschnitt, der 20.4.2010, aus dem 5M-Datensatz verwendet, d. h. es wird untersucht, wie sich die Push-Komponente verhalten hätte, wenn sie an diesem Tag von allen Nutzern verwendet worden wäre. Um Aussagen zu erhalten, die auf den in diesem Kapitel primär betrachteten Anwendungsfall, das Web-Surfen, anwendbar sind, werden lediglich die Typ-A-Anfragen (95,7 % der Anfragen) betrachtet. Der zur Evaluation verwendete Datensatz wird im Folgenden als **24H-Datensatz** bezeichnet und enthält 2 591 240 Typ-A-Anfragen.

5.4.4.2 Nutzen durch eingesparte Anfragen

Der Nutzen der TopList lässt sich durch eine statische Analyse des 24H-Datensatzes bestimmen. Dazu wird die Schnittmenge zwischen der Multimenge ([CU10], s. auch S. 318), welche die Anfragen der Nutzer enthält, und den Domainnamen der TopList gebildet. Der **Anteil der durch die TopList unmittelbar auflösbaren DNS-Anfragen** wird im Folgenden mit ρ bezeichnet.

Zunächst soll der Einfluss der drei in Abschnitt 5.4.3.3 betrachteten Datenquellen untersucht werden. Zur Erzeugung einer TopList auf Basis von **Datenquelle 1 (globale TopList)** werden die Domainnamen der Alexa Toplist verwendet. Die ersten 100 000 Domainnamen werden mit einem skriptgesteuerten Firefox-Browser abgerufen. Die dabei zu beobachteten sekundären Domainnamen werden direkt nach dem primären Domainnamen in die TopList eingefügt, um diese entsprechend zu erweitern (Duplikate werden nicht eingefügt). Aus der resultierenden Liste werden dann die ersten θ Domainnamen als TopList verwendet.

Zur Analyse von **Datenquelle 2 (regionale TopList)** wird eine TopList gebildet, indem die aggregierte Internet-Nutzungsstatistik von etwa 50 deutschen Schulen herangezogen wird. Diese Schulen übermitteln die URLs aller aufgerufenen Webseiten an den Internet-Filter-Dienst FilterSurf[8], um unerwünschte Inhalte zu blockieren.

Zur Untersuchung von **Datenquelle 3 (optimale TopList)** werden die populärsten Domainnamen im 24H-Datensatz ermittelt, indem sie gemäß der Anzahl der auf sie entfallenden Anfragen in diesem Datensatz absteigend sortiert werden.

Die folgenden Ergebnisse gelten für θ = 10 000; der Einfluss von θ wird im Anschluss untersucht. Erwartungsgemäß ist der Anteil der durch TopList im DNSMIX-Proxy unmittelbar auflösbaren Anfragen bei der optimalen TopList am größten (ρ = 83,9 %), gefolgt von der regionalen TopList (ρ = 68,7 %) und der globalen TopList (ρ = 41,3 %). Ein großer Teil der Anfragen muss also nicht über die Mix-Kaskade gesendet werden.

Wird auf dem DNSMIX-Proxy zusätzlich zur TopList ein Cache verwendet (bei den bisherigen Resultaten war der Cache im DNSMIX-Proxy deaktiviert), steigt der Anteil der unmittelbar auflösbaren Domainnamen weiter an: 15,7 % aller Anfragen (für Domainnamen in TopList $\cup$ TailList) lassen sich unmittelbar auflösen, wenn vom DNSMIX-Proxy *keine* TopList verwendet wird, die erhaltenen RRs jedoch entsprechend der im Datensatz hinterlegten TTL im Cache des DNSMIX-Proxys aufbewahrt werden. Die Mehrheit der dadurch eingesparten Anfragen betrifft Domainnamen in der TopList (s. auch Abschnitt 5.4.5); da allerdings auch einige Anfragen für Domainnamen in LongTail eingespart werden, sinkt der effektive Anteil der Anfragen, die über die Mix-Kaskade zu senden sind, weiter ab als die obigen Anteilswerte suggerieren. Dies deutet darauf hin, dass die Stub-Resolver und die Anwendungen auf den Endgeräten der Nutzer mehr Anfragen stellen als sie eigentlich müssten, wenn sie die TTL-Werte maximal ausreizen würden.[9]

Die übrigen Experimente in diesem Abschnitt werden mit der optimalen TopList durchgeführt, um Abschätzungen über das maximal mögliche Potenzial der Push-Komponente zu erhalten. Zur Analyse des Einflusses von θ wird der Anteil der durch die TopList unmittelbar im DNSMIX-Proxy auflösbaren Anfragen (ρ) für verschiedene Werte zwischen θ = 100 und θ = 100 000 bestimmt. Die Ergebnisse sind in Tabelle 5.8 dargestellt. Ab θ = 10 000 birgt die weitere Vergrößerung der TopList nur noch ein beschränktes Einsparpotenzial.

5.4.4.3 Erforderliches Datenvolumen zur Aktualisierung der TopList

Der Aufwand für die Bereitstellung der Push-Komponente besteht zum einen in der Aktualisierung der TopList und zum anderen in der Verteilung der TopList an die verbundenen Teilnehmer. Zunächst wird der Aufwand der Aktualisierung betrachtet: Die Push-Komponente muss die RRs der Domainnamen in der TopList immer dann aktualisieren, wenn

---

[8]Homepage: *http://www.filtersurf.de*

[9]Allerdings ist zu bedenken, dass den Stub-Resolvern vom rekursiven Nameserver u. U. ein kleinerer TTL-Wert übermittelt wurde, während in der Evaluation der Maximalwert, der vom autoritativen Nameserver übermittelt wird, herangezogen wird.

Tabelle 5.8: Einfluss der Größe der TopList bei Verwendung der optimalen TopList

θ	100	1 000	10 000	100 000
ρ	40,0 %	63,9 %	83,9 %	94,5 %
Differenz		+59,8 %	+31,3 %	+12,6 %

ihre TTL abgelaufen ist. Das zur laufenden Aktualisierung erforderliche Datenvolumen hängt primär von der TTL sowie von der Größe der DNS-Anfragen und -Antworten ab. Es ist von der Anzahl der mit der Push-Komponente verbundenen Clients unabhängig.

Zur Bestimmung des Datenvolumens wurde der Datenverkehr zwischen der Push-Komponente und dem von ihr zur Namensauflösung verwendeten DNSMIX-Resolver aufgezeichnet und ausgewertet. Als DNSMIX-Resolver kam ein nur für den Versuch genutzter rekursiver Nameserver (BIND) zum Einsatz, der mittels der Option *„minimal-responses yes"* so konfiguriert wurde, dass er in den DNS-Antworten lediglich die unbedingt zur Namensauflösung erforderlichen Informationen übermittelt und auf optionale RRs verzichtet [Ait11, S. 412]. Diese Konfiguration wird auch von den gängigen Drittanbietern, etwa Google verwendet. Zur Gewährleistung der Reproduzierbarkeit wurde der interne Cache von BIND deaktiviert und die Anfragen wurden nicht an einen anderen rekursiven Nameserver weitergeleitet, sondern direkt an die autoritativen Nameserver gesendet. Das Datenvolumen, das der rekursive Nameserver erzeugt, um mit den autoritativen Nameservern zu kommunizieren, bleibt im Experiment außen vor. Es ist nur geringfügig größer als das Datenvolumen zwischen Push-Komponente und rekursivem Nameserver, da die NS-Einträge der autoritativen Nameserver große TTL-Werte besitzen (s. S. 44).

Das zur Aktualisierung erforderliche Datenvolumen wurde für θ-Werte zwischen 100 und 10 000 (optimale TopList) bestimmt. Darüber hinaus wurde auch die Anzahl der Anfragen ermittelt, welche die Push-Komponente im Mittel pro Sekunde an den DNSMIX-Resolver richten muss. Die Ergebnisse dieser Untersuchungen sind in Abbildung 5.10 dargestellt.

In der Abbildung ist bis $\theta = 2000$ ein linearer Zusammenhang zwischen den betrachteten Größen zu erkennen; ab dieser Schwelle steigen Datenvolumen und Anfragerate sublinear mit zunehmendem θ. Dieses Ergebnis ist dadurch zu erklären, dass unter den 2000 populärsten Domainnamen der Anteil der Domainnamen mit kleinen TTL-Werten größer ist als bei den 10 000 populärsten Domainnamen. Jeder zusätzliche Domainname erzeugt daher einen vergleichbaren zusätzlichen Aufwand. Bei den weniger populären Domainnamen kommen hingegen größere TTL-Werte zum Einsatz, so dass der zusätzliche Aufwand je Domainname geringer ausfällt. Die Diskrepanz zwischen Datenvolumen und Anfragerate deutet darauf hin, dass die weniger populären Domainnamen bei gleichbleibenden TTL-Werten kleinere DNS-Antworten aufweisen, etwa weil nur eine einzige IP-Adresse im A-Record übermittelt wird, während bei populäreren Domainnamen durch den Einsatz des Round-Robin-Verfahrens mehrere IP-Adressen übermittelt werden.

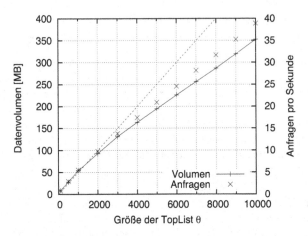

Abbildung 5.10: Datenvolumen und Anfragerate für die Aktualisierung der TopList

Bei $\theta = 10\,000$ fällt pro Tag ein Datenvolumen von etwa 352,4 MB an, wobei im Mittel 38,9 Anfragen pro Sekunde gestellt werden müssen, um die Daten aller Domainnamen aktuell zu halten. Die Aktualisierung der TopList ist demnach als praxistauglich einzustufen.

Weitere Analysen haben ergeben, dass der Großteil des Datenverkehrs auf die Aktualisierung der 1733 Domainnamen, die einen TTL-Wert von 60 besitzen, entfällt. Bei den meisten dieser Domainnamen wird ein Content-Delivery-Netz zur Lastverteilung eingesetzt. In zukünftigen Arbeiten könnte untersucht werden, inwiefern es praktikabel ist, die besonders kurzen TTL-Werte zu ignorieren und eine entsprechend größere Minimum-TTL zu verwenden, sodass die Aktualisierung zum Beispiel nur alle 10 Minuten durchgeführt wird. Als Alternative, die jedoch Anpassungen an den autoritativen Nameservern erforderlich machen, kommt auch die Verwendung von Push-Benachrichtigungen in Frage, mit denen autoritative Nameserver einen rekursiven Nameserver über Änderungen an den RRs informieren. Es gibt bereits Bestrebungen, ein solches Publish-Subscribe-Konzept im Internet einzuführen [FTP12], inwiefern diese allerdings auf das DNS übertragbar sind, wurde bislang noch nicht untersucht.

5.4.4.4 Erforderliches Datenvolumen zur Verteilung der TopList

Die Verteilung der TopList von der Push-Komponente zu den angemeldeten Teilnehmern besteht aus zwei Teilprozessen: der **initialen Übertragung** der vollständigen TopList, wenn sich ein Teilnehmer anmeldet, und der **Übertragung inkrementeller Aktualisierungen**, solange der Teilnehmer verbunden ist. Die erforderliche Bandbreite steigt beim Prototyp linear mit der Anzahl der verbundenen Teilnehmer an (Unicast).

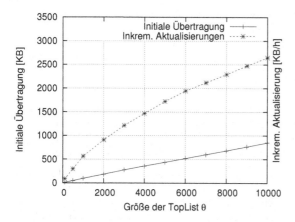

Abbildung 5.11: Datenvolumen der Verteilung der TopList

Die bei den beiden Prozessen zu übertragenen Datenmengen werden durch die Simulation der in der Praxis zu übertragenden Nachrichten bestimmt. Dazu werden die im 5M-Datensatz hinterlegten Werte für die Größe der DNS-Antworten und die TTL herangezogen. Die Ergebnisse sind in Abbildung 5.11 dargestellt.

Bei der initialen Übertragung weist die TopList bei θ = 10 000 eine Größe von 850 KB auf. Diese Datenmenge muss bei der Anmeldung eines Teilnehmers an diesen übermittelt werden. Die Übertragung der inkrementellen Aktualisierungen verursacht pro Stunde und Teilnehmer ein Datenvolumen von 2,58 MB (62,0 MB pro Tag und Teilnehmer). Diese Datenmenge kann mit einer konstanten Datenrate von weniger als 0,8 KB/s an jeden Teilnehmer gesendet werden. Bei 2000 gleichzeitig angemeldeten Teilnehmern beträgt der Bandbreitenbedarf 1,44 MB/s. Die Verteilung der Aktualisierungen, die bei θ = 10 000 anfallen, erscheint daher ebenfalls praxistauglich.

Das anfallende Datenvolumen lässt sich durch die Verwendung von gängigen Datenkompressionstechniken erheblich verringern. Mit der zlib-Bibliothek[10] konnte das Datenvolumen bei der initialen Übertragung um etwa zwei Drittel auf 290 KB (bei θ = 10 0000) verringert werden. Die Datenmenge, die bei der Übertragung der inkrementellen Aktualisierungen anfällt, lässt sich um 40 % auf etwa 1,5 MB pro Stunde und Teilnehmer senken. In [HG05] werden vergleichbare Kompressionsraten genannt.

5.4.5 Evaluation der Mix-Kaskade

Nachdem im vorherigen Abschnitt die Push-Komponente untersucht wurde, folgt nun die Evaluation der Mix-Kaskade. Während bei der Push-Komponente primär das erforderliche

---

[10]Homepage: *http://www.zlib.net*

Datenvolumen von Interesse ist, entscheidet bei der Mix-Kaskade die für die Namensauflösung resultierende Antwortzeit über die Praktikabilität des DNSMIX-Dienstes. Um
realitätsnahe Aussagen über die Antwortzeit machen zu können, erfolgt die Evaluation
der Mix-Kaskade durch eine Laufzeitanalyse der Implementierung unter realitätsnahen
Bedingungen.

Fragestellung Die Experimente in diesem Abschnitt gehen primär der Frage nach,
mit welchen Antwortzeiten bei der Nutzung der Mix-Kaskade unter realitätsnahen Bedingungen zu rechnen ist. Weiterhin wird untersucht, wie sich die Implementierung in
Überlastsituationen verhält, um eine Abschätzung der Skalierbarkeit zu erhalten.

Dieser Abschnitt ist wie folgt aufgebaut: In Abschnitt 5.4.5.1 werden der bei der Evaluation verwendete Datensatz und die eingesetzten Evaluationsumgebungen beschrieben.
In Abschnitt 5.4.5.2 werden die Ergebnisse der Experimente zur Untersuchung der Verarbeitungszeit präsentiert, während bei der Evaluation in Abschnitt 5.4.5.3 zusätzlich die
Netzwerklatenzen berücksichtigt werden. In Abschnitt 5.4.5.4 wird schließlich das Datenvolumen bestimmt, das beim Einsatz der Mix-Kaskade bzw. der Push-Komponente zu
erwarten ist.

5.4.5.1 Vorgehensweise

Zur Bestimmung der Antwortzeit wird echter Datenverkehr aus dem 5M-Datensatz in
Echtzeit durch die Mix-Kaskade gesendet. Im Folgenden werden der verwendete Datensatz, die eingesetzte Evaluationsumgebung und die verwendete Metrik, die Antwortzeit,
beschrieben.

Datensatz In Voruntersuchungen stellte sich heraus, dass sich die Messergebnisse bereits nach etwa 30 Minuten stabilisieren. Um auszuschließen, dass die Ergebnisse durch
atypisches Nutzerverhalten verzerrt sind, wurden die Untersuchungen mit zehn je zweistündigen Zeitabschnitten aus dem 5M-Datensatz durchgeführt. Aus Gründen der Übersichtlichkeit werden in diesem Abschnitt lediglich die Ergebnisse für einen einzigen
Abschnitt beschrieben. Die bei der Messung erhaltenen Antwortzeiten fallen zwar in
jedem Zeitabschnitt geringfügig anders aus, da sie in erheblichem Maß von den jeweils
aufgelösten Domainnamen abhängen; die grundsätzlichen Aussagen aus diesem Abschnitt
treffen jedoch auf alle zehn Zeitabschnitte in derselben Weise zu.

Der beschriebene Ausschnitt, der im Folgenden als **2H-Datensatz** bezeichnet wird, enthält
die Typ-A-Anfragen zwischen 19 und 21 Uhr am 20.4.2010. Der 2H-Datensatz enthält
465 435 DNS-Anfragen für 193 133 unterschiedliche Domainnamen, die von 2082 Nutzern
gestellt wurden.

Evaluationsumgebung und -szenarien Zur präzisen Analyse der Faktoren, welche die Antwortzeit beeinflussen, erfolgt die Evaluation in zwei verschiedenen Szenarien. Im ersten Szenario, in dem die Experimente in Abschnitt 5.4.5.2 durchgeführt werden, werden Netzwerklatenzen zwischen den Mixen und Überlasteffekte (engl. „congestion") bewusst vernachlässigt, um explizit die durch die Mix-Kaskade verursachte Verarbeitungszeit zu messen. Diese Experimente werden in einem dedizierten, für den Versuch aufgebauten 1-GBit-Netz durchgeführt.

Das zweite Szenario (s. Abschnitt 5.4.5.3) widmet sich explizit dem Einfluss von Netzwerklatenzen und Überlasteffekten. Anhand der dabei erzielten Ergebnisse lassen sich Aussagen über die Antwortzeit machen, die bei einer Verteilung der Mixe im Internet zu erwarten ist.

In beiden Szenarien wird dieselbe Evaluationsumgebung verwendet. Diese besteht aus einem DNS-Client-Simulator, der anhand einer DNS-Log-Datei, welcher die Anfragen im 2H-Datensatz enthält, eine Menge von DNS-Client-Threads instrumentiert. Jeder DNS-Client-Thread erzeugt die DNS-Anfragen, die der ihm zugeordnete Nutzer im 2H-Datensatz gestellt hat, gemäß der im Datensatz hinterlegten Zeitstempel und sendet diese an den DNSMIX-Proxy des Nutzers. Erhält der DNS-Client-Thread eine DNS-Antwort vom DNSMIX-Proxy, ermittelt er die Antwortzeit für die Anfrage und protokolliert diese zur späteren Auswertung.

Die Anfragen werden vom DNSMIX-Proxy an die Mix-Kaskade übermittelt, die aus drei Mix-Servern besteht. Der letzte Mix übergibt die Klartextanfrage an den für die Evaluation speziell angepassten DNSMIX-Resolver: Zur Gewährleistung der Reproduzierbarkeit leitet der DNSMIX-Resolver in den Experimenten die DNS-Anfragen nicht an die autoritativen Nameserver weiter. Stattdessen greift er zur Beantwortung auf die statischen Informationen zurück, die im 2H-Datensatz bereits vorliegen (s. Abschnitt 5.4.1.1), und sendet eine zur Anfrage passende Antwort zurück – die im RR enthaltenen Nutzdaten (z. B. die IP-Adresse bei A-Anfragen) sind ihm zwar nicht bekannt, sie spielen bei der Evaluation der Antwortzeit jedoch ohnehin keine Rolle; nur die Größe der Antwort sowie die TTL sind von Belang. Die Antwort verzögert der DNSMIX-Resolver künstlich, bis die im 2H-Datensatz hinterlegte Auflösungszeit τ_l verstrichen ist, um die Reaktionszeit der autoritativen Nameserver zu simulieren.

Jeder der drei Mix-Server wird auf einem dedizierten Arbeitsplatz-PC ausgeführt. Der DNSMIX-Resolver wird auf demselben PC ausgeführt wie der letzte Mix. Der DNS-Client-Simulator und die DNSMIX-Proxys werden ebenfalls auf einem dedizierten Desktop-PC ausgeführt. In Voruntersuchungen wurde sichergestellt, dass die verfügbaren Ressourcen auf allen PCs ausreichen und keine Überlastungseffekte auftreten, welche die erhobenen Messdaten beeinflussen. Die verwendeten PCs sind mit Intel CoreDuo Prozessoren mit einer Taktrate von 2,8 GHz und 4 GB Arbeitsspeicher ausgestattet.

Antwortzeit Bei der Evaluation wird die **Antwortzeit aus Nutzersicht** gemessen, die sich wie folgt zusammensetzt: $\tau = \tau_c + \tau_p + \tau_l$. Dabei ist τ_c die „client latency", also die

Paketumlaufzeit zwischen dem DNSMIX-Proxy des Teilnehmers und dem ersten Mix-Server, τ_p ist die Verarbeitungszeit (von engl. „processing latency") in der Mix-Kaskade und τ_l die Auflösungszeit, also die Zeit, die der DNSMIX-Resolver auf die gewünschte Antwort von den autoritativen Nameservern warten muss. Wie bereits erläutert, wird in den Experimenten die Namensauflösung vom DNSMIX-Resolver um den für den jeweiligen Domainnamen im 2H-Datensatz hinterlegten τ_l-Wert künstlich verzögert.

Die Antwortzeit aus Nutzersicht ist demnach die Zeitspanne zwischen der Übermittlung der DNS-Anfrage an den DNSMIX-Proxy und dem Erhalt der zugehörigen Antwort. Um aussagekräftige Werte zu erhalten, beziehen sich die genannten Antwortzeiten lediglich auf DNS-Anfragen, die tatsächlich über die Mix-Kaskade gesendet werden. Die unmittelbar aufgelösten Anfragen, die der DNSMIX-Proxy anhand seines lokalen Zwischenspeichers oder anhand der TopList beantworten kann, bleiben außen vor. Würden diese Anfragen einbezogen, ergäbe sich in allen Experimenten eine mittlere Antwortzeit von 0 s, da der Großteil der Anfragen unmittelbar aufgelöst werden kann.

5.4.5.2 Untersuchung der Verarbeitungszeit

In diesem Abschnitt wird das erste Evaluationsszenario betrachtet, in dem die Netzwerklatenzen und Überlastungseffekte zunächst vernachlässigt werden. Der Fokus liegt bei diesen Experimenten stattdessen auf der *Verarbeitungszeit* τ_p, die durch die kryptographischen Operationen in den Mix-Servern bedingt ist.

Zur differenzierten Betrachtung wurden zwei Experimente in zwei Varianten durchgeführt. Im ersten Experiment wurden alle DNS-Anfragen aus dem 2H-Datensatz über die Mix-Kaskade übermittelt; im zweiten Experiment werden lediglich die DNS-Anfragen übermittelt, die vom DNSMIX-Proxy nicht unmittelbar anhand der TopList aufgelöst werden können. Bei der ersten Variante wird der Cache im DNSMIX-Resolver nicht verwendet; bei der zweiten Variante wird er hingegen verwendet, sodass spätere Anfragen für einen Domainnamen, der zuvor bereits von einem anderen Nutzer angefragt wurde, nicht um τ_l verzögert werden.

Die Ergebnisse sind in Abbildung 5.12 dargestellt. Jeder Boxplot gibt einen Überblick über die im Experiment beobachteten Antwortzeiten: ausgewiesen werden die kleinste Antwortzeit (untere Antenne), das 25. Perzentil (25 % der Antwortzeiten sind kleiner als dieser Wert, unteres Ende der Box), der Median (der Strich in der Box), das 75. Perzentil (oberes Ende der Box) sowie das 90. Perzentil (obere Antenne; 10 % der Anfragen haben eine größere Antwortzeit).

Als Vergleichsbasis dient die Ausgangssituation ohne Mixe. Die dabei erhaltenen Antwortzeiten sind in der Abbildung als Variante „ohne Mixe, alle Anfragen, ohne Cache" dargestellt. Die Antwortzeit ermittelt sich in diesem Fall direkt als $\tau = \tau_c + \tau_p + \tau_l = 0 + 0 + \tau_l$. Der Median der Antwortzeiten ist 9,2 ms, das 90. Perzentil liegt bei 46,2 ms.

Der Einfluss der Mixe ist in der Variante „3 Mixe, alle Anfragen, ohne Cache" erkennbar. Dabei werden sämtliche Anfragen über die Mix-Kaskade übertragen; es wird keine TopList

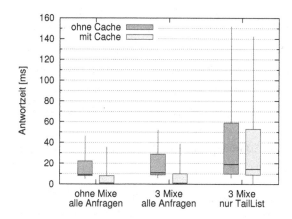

Abbildung 5.12: Antwortzeiten bei Vernachlässigung der Netzwerklatenz

eingesetzt und der Cache im DNSMIX-Resolver ist deaktiviert. Der Cache im DNSMIX-Proxy ist bei allen Experimenten aktiviert; wie bereits erwähnt bleiben die dadurch unmittelbar beantworteten Anfragen bei der Auswertung der Antwortzeiten jedoch außen vor. Die Verwendung von Mixen erhöht die Antwortzeit nur geringfügig: Der Median steigt auf 11 ms; das 90. Perzentil liegt bei 52 ms.

Wird der von allen Teilnehmern gemeinsam genutzte Cache auf dem DNSMIX-Resolver aktiviert (s. Ergebnisse „mit Cache" in Abbildung 5.12), sinken die Antwortzeiten erheblich: 75 % der Anfragen werden dann innerhalb von 10 ms beantwortet. 60 % der Anfragen können vom DNSMIX-Resolver durch Nachschlagen in seinem Cache beantwortet werden. Eine vergleichbare „hit rate" nennen Jung et al. in [Jun+02]. Weitere Analysen haben ergeben, dass ein Großteil der Cache-Treffer durch Domainnamen aus der TopList verursacht wird. Daher ist davon auszugehen, dass die Effektivität des Zwischenspeichers abnimmt, wenn die TopList verwendet wird (vgl. hierzu das folgende Experiment).

Bei der Variante „3 Mixe, nur TailList" werden nur diejenigen DNS-Anfragen über die Mix-Kaskade übertragen, die vom DNSMIX-Proxy nicht mittels der optimalen TopList ($\theta = 10\,000$) unmittelbar aufgelöst werden können. Der Rückgang der Antwortzeiten durch den Cache im DNSMIX-Resolver ist wie in der obigen Hypothese vermutet nicht so stark ausgeprägt. Die zu beobachtenden Antwortzeiten sind größer als bei der Variante „3 Mixe, alle Anfragen", da die mittlere Auflösungszeit der Domainnamen in der TopList deutlich geringer ist ($\overline{\tau}_l = 35{,}3$ ms) als bei allen Domainnamen ($\overline{\tau}_l = 79{,}7$ ms).

Insgesamt ist festzustellen, dass die Verzögerung, die durch die kryptographischen Operationen entsteht, verhältnismäßig gering ist. Die Antwortzeit aus Nutzersicht hängt bei den bisherigen Experimenten weniger von den Mixen als von der Auflösungszeit τ_l ab. In

Tabelle 5.9: Antwortzeiten (ms) bei Berücksichtigung von Netzwerklatenz und Überlasteffekten im 2H-Datensatz bzw. in synthetischen Experimenten mit
fester Anfragerate

Perzentil	2H	Anfragen/s:	100	500	1000	2000	3000	4000	5000
50.	171		139	139	141	245	342	527	1389
90.	274		140	144	168	341	580	1544	7783

den Experimenten in Abschnitt 5.4.5.3 wird zusätzlich der Einfluss der Netzwerklatenzen
zwischen den Mixen berücksichtigt.

5.4.5.3 Evaluation mit Netzwerkemulation

In diesem Abschnitt wird das zweite Evaluationsszenario verwendet, das die Netzwerklatenzen zwischen den Mixen berücksichtigt, um Aussagen über die in der Praxis zu
erwartenden Antwortzeiten treffen zu können.

Die Experimentierumgebung wird dazu um den Netzwerkemulator WANem[11] erweitert,
mit dem die Pakete, die zwischen den PCs übertragen werden, künstlich verzögert werden.
Auf der Verbindung zwischen je zwei Mixen wird eine Paketumlaufzeit von 20 ms und
eine verfügbare Bandbreite von 100 MBit emuliert; diese Werte entsprechen nach Auskunft der Betreiber des Anonymitätsdienstes JonDonym einer der dort bereitgestellten
Mix-Kaskaden. Dadurch steigt τ_p entsprechend an. Auf der Verbindung zwischen Client
und erstem Mix wird eine Paketumlaufzeit von τ_c = 80 ms emuliert, um die typische
Paketumlaufzeiten von ADSL-Anschlüssen zu berücksichtigen [LW06a].

Die Berücksichtigung der Netzwerklatenzen hat erhebliche Auswirkungen auf die Antwortzeit aus Nutzersicht, wie die angepassten Ergebnisse für das Experiments „3 Mixe,
alle Anfragen, ohne Cache" in Tabelle 5.9 zeigen (Spalte „2H"). In der Tabelle sind der
Median und das 90. Perzentil der Antwortzeit dargestellt. Die beobachteten Antwortzeiten ($\tau = \tau_c + \tau_p + \tau_l$) fallen im Vergleich zu den Werten in Abschnitt 5.4.5.2 (11 ms
bzw. 52 ms) um 160 ms bzw. um 222 ms höher aus. Die emulierten Netzwerklatenzen
(80 + 20 + 20 = 120 ms) haben einen erheblichen Anteil an der Steigerung; Überlasteffekte
treten bei der Belastung durch die simulierten 2082 Nutzer, die eine mittlere Anfragerate
von 107 Anfragen pro Sekunde erzeugen, offenbar nur sehr begrenzt auf.

Bei dieser Nutzermenge ist die Verzögerung durch die Mix-Kaskade relativ gering, sodass
der DNSMIX-Dienst grundsätzlich als praxistauglich eingestuft werden kann. Dennoch
ist festzustellen, dass die Antwortzeit durch die Netzwerklatenzen um ein Vielfaches
größer ist als bei der herkömmlichen Namensauflösung. Es ist davon auszugehen, dass
der Seitenaufbau bei typischen Webseiten dadurch geringfügig verlangsamt wird.

---

[11]Homepage: *http://wanem.sourceforge.net*

Überlasteffekte Um den Einfluss von Überlasteffekten auf die Antwortzeit zu untersuchen, wurden zusätzlich **synthetische Experimente** durchgeführt, indem mit dem DNSMIX-Client-Simulator DNS-Anfragen mit einer bestimmten Anfragerate an die Mix-Kaskade gesendet wurden. Die dabei gemessenen Antwortzeiten geben Aufschluss darüber, ab welcher Anfragerate die Mix-Kaskade überlastet ist. Die Antwortzeiten, die in diesen Experimenten mittels $\tilde{\tau} = \tau_c + \tau_p$ bestimmt werden (also die Auflösungszeit τ_l nicht enthalten), sind im rechten Teil von Tabelle 5.9 dargestellt. Bis 1000 Anfragen/s sind anhand von $\tilde{\tau}$ nur geringe Überlasteffekte zu erkennen. Bis 3000 Anfragen/s steigen die Antwortzeiten mäßig an. Ab diesem Punkt nehmen die Anfrageraten in Folge der Überlastung sprunghaft zu.

Wie die Ergebnisse zeigen, ist die Mix-Kaskade nur eingeschränkt skalierbar. Bei großen Nutzergruppen bietet es sich an, mehrere Mix-Kaskaden anzubieten, um die Anfragelast zu verteilen. Zusätzlich könnten Konzepte, die eine freie Routenwahl erlauben, sog. Expander-Graphs [Dan03] oder die in [DSS04] vorgestellten stratifizierten Netze in Betracht gezogen werden. Da der evaluierte Prototyp bei der hier betrachteten Nutzergruppe, die aus etwa 2000 Nutzern besteht, eine akzeptable Performanz aufweist, bleibt eine Untersuchung dieser Techniken zukünftigen Arbeiten vorbehalten.

5.4.5.4 Erforderliches Datenvolumen

Zum Abschluss der Evaluation der Mix-Kaskade wird das bei der Nutzung des DNSMIX-Anonymitätsdienstes entstehende Datenvolumen bestimmt. Als Maß für das Datenvolumen wird der **Overhead-Faktor** verwendet, der das Verhältnis zwischen dem Datenvolumen, das bei der Nutzung des Anonymitätsdienstes entsteht, und dem ursprünglichen Datenvolumen ausdrückt. Die ermittelten Werte sind in Tabelle 5.10 dargestellt. In den „Nur TopList"-Spalten wird nur die TopList verwendet, jedoch nicht die Mix-Kaskade; die Anfragen werden in diesem Fall direkt an den DNSMIX-Resolver gesendet. Die auf diese Weise erzielten Ergebnisse verdeutlichen den Overhead bzw. die Ersparnis, die ausschließlich auf die Verwendung der TopList zurückzuführen sind. Die „DNSMIX"-Spalten geben hingegen die Werte an, die sich bei der Verwendung der Kombination aus TopList und Mix-Kaskade ergeben. Die mit „A" bezeichneten Spalten geben den Overhead-Faktor an, wenn der Datenverkehr für die Aktualisierung der TopList nicht berücksichtigt wird. Die mit „B" bezeichneten Spalten beziehen diesen Datenverkehr in die Berechnung des Overhead-Faktors mit ein.

Durch die einheitliche Paketgröße steigt das Datenvolumen bei der Verwendung von Mixen um 99 % an (s. die Zeile mit $\theta = 0$). In den weiteren Zeilen sind in den „A"-Spalten die Einsparungen erkennbar, die aus der unmittelbaren Namensauflösung anhand der TopList resultieren. Diese sind jedoch im Vergleich zum Datenverkehr für die Aktualisierung der TopList unbedeutend (s. die „B"-Spalten). Bei Verwendung der TopList mit $\theta = 10\,000$ wird zwar nur noch ein Drittel des ursprünglichen Datenvolumens über die Mix-Kaskade gesendet („A"-Spalte), das gesamte Datenvolumen beträgt jedoch aufgrund der Aktualisierung der TopList mehr als das 100-Fache.

Tabelle 5.10: Datenvolumen-Overhead-Faktoren für den 2H-Datensatz bei Verwendung der Mix-Kaskade und Aktualisierung der TopList, wenn diese mit aktivierter Datenkompression übertragen wird

θ	Nur TopList		DNSMIX	
	A	B	A	B
0	1,00	1,00	1,99	1,99
100	0,63	4,10	0,83	4,30
1 000	0,36	23,34	0,55	23,53
10 000	0,15	105,50	0,32	105,70

Auch wenn es durch den Einsatz der Mix-Kaskade und der Aktualisierung der TopList zu einer Vervielfachung des Datenvolumens kommt, ist zu bedenken, dass die Anforderungen – zumindest bei der Verwendung eines Breitbandanschlusses – praxistauglich sind. Im Mittel überträgt jeder Nutzer bei θ = 10 000 im zweistündigen 2H-Datensatz 3245 KB, wovon 3096 KB auf die Aktualisierung der TopList entfallen.

5.4.6 Fazit

In diesem Abschnitt wurde der DNSMIX-Anonymitätsdienst vorgestellt, der aus einer Push-Komponente und einer Mix-Kaskade besteht. Durch Inkaufnahme einer Steigerung des Datenvolumens erreicht der Dienst bei einem Großteil der DNS-Anfragen sehr niedrige Antwortzeiten. Das Konzept des Dienstes nutzt die Tatsache aus, dass das Anfrageverhalten im DNS einem Potenzgesetz unterliegt. Dadurch kann ein Großteil der Anfragen unmittelbar auf dem Endgerät des Teilnehmers aufgelöst werden, wenn die DNS-Antworten für eine vergleichsweise kleine Menge von Domainnamen unaufgefordert übermittelt werden. Anfragen für die populären Domainnamen können daher von Außenstehenden nicht beobachtet werden. Darüber hinaus ergibt sich für diese Domainnamen eine äußerst geringe Antwortzeit, sodass das Antwortverhalten des Dienstes bei einem Großteil der Anfragen besser ist als bei herkömmlichen rekursiven Nameservern.

Die verbleibenden Anfragen werden beim DNSMIX-Anonymitätsdienst über eine Mix-Kaskade aufgelöst, um eine Verkettung zwischen angefragten Domainnamen und der Identität der Teilnehmer zu verhindern. Die durchgeführten Untersuchungen belegen, dass sich für die über die Mix-Kaskade geleiteten DNS-Anfragen lediglich eine geringe Verzögerung ergibt, die in der Praxis im Wesentlichen von den Netzwerklatenzen zwischen dem Teilnehmer und den Mixen bzw. zwischen den Mixen abhängt.

Generische Mix-basierte Anonymitätsdienste erschienen bislang aufgrund ihrer hohen Antwortzeit zum Schutz von DNS-Anfragen ungeeignet (s. Abschnitt 5.2.2). Der vorgeschlagene DNSMIX-Dienst demonstriert, dass durch die Ausnutzung der spezifischen

Eigenschaften des DNS ein ausreichend schnell reagierender und somit praxistauglicher Mix-basierter Anonymitätsdienst gestaltet und implementiert werden kann.

5.5 Erweiterungsmöglichkeiten und offene Fragen

Im Folgenden werden offene Fragestellungen präsentiert, die in zukünftigen Arbeiten untersucht werden können.

Range-Querys für andere Anwendungen Für den in diesem Kapitel betrachteten Anwendungsfall, dem Abruf von Webseiten, ist der Einsatz von Range-Querys wegen der hohen Abhängigkeit zwischen den aufeinanderfolgenden Anfragen nicht empfehlenswert. Sie könnten sich jedoch zur Verschleierung der Anfragen in anderen Anwendungsfällen eignen. In zukünftigen Untersuchungen könnte ermittelt werden, inwiefern die Anfragen im ONS-Dienst (s. Abschnitt 2.9.5) oder im ENUM-Dienst, für den in [CPGA08; CPGA09] das in Abschnitt 5.2.3.2 angesprochene Mehr-Server-Range-Query-Verfahren vorgeschlagen wurde, untereinander Abhängigkeiten aufweisen.

Auswahl der Dummy-Domainnamen Ob sich Range-Querys durch weitere Verbesserungen so anpassen lassen, dass eine sichere Verschleierung des Web-Nutzungsverhaltens möglich ist, lässt sich anhand der Untersuchungen in diesem Kapitel nicht abschätzen. Zukünftige Arbeiten könnten insbesondere an der Auswahl geeigneter Dummy-Domainnamen ansetzen. Dabei sind ähnliche Herausforderungen zu bewältigen, wie bei der Verschleierung von Suchanfragen an Web-Suchmaschinen [HN09; PS10]. So stellt sich etwa die Frage, ob Domainnamen zu kontroversen, die Intimsphäre betreffenden oder illegalen Inhalten in der Dummy-Datenbank enthalten sein sollen [BTD12]: Sind sie nicht enthalten, kann der Beobachter entsprechende Anfragen für solche Inhalte unmittelbar als beabsichtigte Anfragen klassifizieren; sind sie hingegen in der Datenbank enthalten, könnten Nutzer durch die Dummy-Domainnamen z. B. zu Unrecht verdächtigt werden, in Straftaten verwickelt zu sein.

Optimierung der Push-Komponente Der Bandbreitenverbrauch der Push-Komponente im DNSMIX-Dienst könnte noch weiter optimiert werden. Die autoritativen Nameserver, die bei CDNs genutzt werden, verwenden häufig das Round-Robin-Verfahren, d. h. in jeder Antwort werden die IP-Adressen in einer anderen Reihenfolge zurückgeliefert. Der evaluierte Prototyp der Push-Komponente betrachtet lediglich die erste IP-Adresse. Daher übermittelt er bei jedem Abruf (d. h. im schlimmsten Fall alle 60 Sekunden) eine neue IP-Adresse an die verbundenen Teilnehmer – auch dann, wenn sich die vorherige Adresse in der Antwort befindet, also noch gültig wäre.

Realisierung der Client-Software Zukünftige Arbeiten könnten sich der Frage widmen, wie die Software, die die DNS-Anfragen auf dem Client entgegennimmt und die datenschutzfreundliche Namensauflösung durchführt, zu gestalten ist. Erfolgt die Implementierung als Browser-Plug-in (wie bei den Range-Querys), werden ausschließlich die vom Browser erzeugten DNS-Anfragen geschützt, jedoch nicht die übrigen Anfragen – die Identifizierung der vom Nutzer verwendeten Software könnte dem rekursiven Nameserver noch gelingen. Wird die Client-Software hingegen als Proxy (wie z. B. bei DNSMIX) realisiert und als rekursiver Nameserver im Betriebssystem eingetragen, werden sämtliche DNS-Anfragen des Systems verarbeitet, beim DNSMIX-Dienst also über die Mix-Kaskade ins Internet transportiert. Anfragen für Domainnamen, die eigentlich im internen Netz des Nutzers aufgelöst werden sollten (z. B. Netzwerkdrucker oder Anfragen für benachbarte Hosts) können dann nicht aufgelöst werden und geben u. U. sensible Informationen preis. Mittels Filterregeln oder Heuristiken könnte der Proxy für interne Domainnamen bedarfsweise auf den internen Nameserver zurückgreifen.

5.6 Fazit

In diesem Kapitel wurde **Forschungsfrage 3 (Schutz vor Monitoring)** adressiert. Dazu wurden Techniken zum Selbstdatenschutz untersucht, mit denen sich Nutzer vor Beobachtung durch den rekursiven Nameserver schützen können. Zunächst wurde erörtert, inwiefern der Verzicht auf einen rekursiven Nameserver zum Schutz vor Beobachtung in Frage kommt. Danach wurden gängige datenschutzfreundliche Techniken beschrieben, mit denen die Vertraulichkeit der Namensauflösung realisiert werden kann. Darauf folgten die zwei Hauptbeiträge dieses Kapitels: Zum einen wurde ein in der Literatur vorgeschlagenes Verfahren, das Ein-Server-Range-Query-Verfahren von Zhao et al., analysiert und evaluiert **(Beitrag B3.1)**. Zum anderen wurde der selbst gestaltete DNSMIX-Anonymitätsdienst vorgestellt und evaluiert **(Beitrag B3.2)**. Auf Basis dieser Forschungsbeiträge wurden Fragestellungen für zukünftige Arbeiten identifiziert.

Der von Bortzmeyer in [Bor13] vorgeschlagene **Verzicht auf die Nutzung eines öffentlichen rekursiven Nameservers** ist nur auf den ersten Blick eine vielversprechende Lösung. Betreiben Internetteilnehmer einen Full-Resolver oder einen rekursiven Nameserver auf ihrem Endgerät oder in ihrem Vertrauensbereich, übermitteln sie ihre DNS-Anfragen direkt an die autoritativen Nameserver. Folglich übermitteln die Teilnehmer ihre IP-Adresse und den vollständigen Domainnamen (FQDN) an die Root- und TLD-Server. Dort lassen sich die Aktivitäten der Nutzer dann nahezu genauso gut nachverfolgen wie auf den rekursiven Nameservern. Die Beobachtungsmöglichkeiten haben sich dadurch lediglich verlagert. Wirksame Techniken zum Schutz vor Monitoring sollte jedoch sicherstellen, dass keine der beteiligten Komponenten in der Lage ist, die Identität des Nutzers mit den angefragten Domainnamen zu verketten.

Bislang wurde davon ausgegangen, dass das betrachtete **Ein-Server-Range-Query-Verfahren** dieser Anforderung gerecht wird. Wie die durchgeführten Untersuchungen zeigen, ist diese Einschätzung möglicherweise zu revidieren. Der Vorteil dieses Verfahrens besteht darin, dass es keine Modifikation an den rekursiven Nameservern erfordert, woraus eine hohe Praktikabilität resultiert. Allerdings kann das Verfahren die charakteristischen DNS-Abrufmuster, die in Kapitel 4 beim Website-Fingerprinting verwendet wurden, nicht zuverlässig verbergen. Unter kontrollierten Bedingungen konnten beim Einsatz des Range-Query-Verfahrens bei 99 Dummy-Domainnamen noch 80 % der über 92 000 betrachteten Webseiten eindeutig identifiziert werden (s. Abschnitt 5.3.4.5). In der Praxis wird der rekursive Nameserver zwar vermutlich geringere Erkennungsraten erzielen; wirksamen Schutz vor Beobachtung durch den rekursiven Nameserver bietet das Range-Query-Verfahren beim Websurfen allerdings nicht.

Einen anderen Ansatz verfolgt der vorgeschlagene **DNSMIX-Anonymitätsdienst**. Der Dienst besteht aus einer Mix-Kaskade, über welche die DNS-Anfragen zu einem rekursiven Nameserver transportiert werden. Dabei wird durch mehrmalige verschachtelte Verschlüsselung sichergestellt, dass keine der beteiligten Komponenten sowohl die Identität des Teilnehmers als auch die angefragten Domainnamen erfährt. In einem emulierten Netzwerk mit einer effektiven Gesamtverzögerung von 120 ms (Summe der Round-Trip-Times zwischen den Komponenten) betrug der Median der Antwortzeit 171 ms, wenn drei Mixe hintereinandergeschaltet wurden und 2082 Teilnehmer angemeldet waren, die im Mittel 107 Anfragen pro Sekunde stellten (s. Tabelle 5.9). Dieses Ergebnis ist zwar bereits deutlich besser als die Antwortzeiten, die mit einem generischen Anonymitätsdienst wie AN.ON und Tor erzielt werden können; im Vergleich zur direkten Nutzung eines rekursiven Nameservers sind die gemessenen Antwortzeiten allerdings immer noch sehr hoch.

Für Abhilfe sorgt die in den Dienst integrierte Push-Komponente, die die Antworten für häufig gestellte Fragen unaufgefordert an alle Teilnehmer übermittelt. Da das DNS-Anfrageverhalten einem Potenzgesetz unterliegt, können die Teilnehmer im Idealfall im Mittel bis zu 83,9 % der DNS-Anfragen verzögerungsfrei und unbeobachtbar auflösen, wenn die Push-Komponente die 10 000 populärsten Datensätze übermittelt (s. Tabelle 5.8). Da sich die hinterlegten Daten für die meisten Domainnamen nur vergleichsweise selten ändern, fällt für die unaufgeforderte Übertragung eine Datenrate von weniger als 0,8 KB/s pro Nutzer an (s. Abschnitt 5.4.4.4). Der DNSMIX-Dienst demonstriert, dass sich durch die Ausnutzung der spezifischen Eigenschaften des DNS ein Anonymitätsdienst konstruieren lässt, der die Vertraulichkeit der Namensauflösung gewährleistet und trotzdem niedrige Antwortzeiten erreicht. Wie bei anderen Mix-basierten datenschutzfreundlichen Systemen sind zur Bereitstellung des DNSMIX-Dienstes allerdings mehrere (mindestens zwei) voneinander unabhängige Mix-Betreiber nötig.

In den bisherigen Kapiteln standen die Monitoring-Möglichkeiten des rekursiven Nameservers im Vordergrund. Im nächsten Kapitel wird untersucht, inwiefern der Beobachter dazu in der Lage ist, mehrere Sitzungen eines Nutzers zu verketten, um seine Internetaktivitäten über längere Zeiträume zu beobachten (Tracking).

6 Verhaltensbasierte Verkettung von Sitzungen

In Kapitel 4 wurden die Monitoring-Möglichkeiten der rekursiven Nameserver betrachtet. Dabei wurden lediglich die DNS-Anfragen herangezogen, die ein Nutzer *innerhalb einer Sitzung* gestellt hat. Da Internetnutzer im Zeitverlauf u. U. unter verschiedenen IP-Adressen auftreten, ist eine längerfristige Beobachtung des Nutzerverhaltens allein anhand von DNS-Anfragen für den rekursiven Nameserver im allgemeinen nicht ohne weiteres möglich.

Die Betrachtungen in diesem Kapitel adressieren **Forschungsfrage 2** (s. Abschnitt 1.2), d. h. es werden **Tracking-Möglichkeiten** untersucht. Darunter wird die Zielsetzung des rekursiven Nameservers verstanden, Nutzer über längere Zeiträume zu beobachten, auch wenn diese unter verschiedenen IP-Adressen auftreten. Im Unterschied zur Betrachtung der Monitoring-Möglichkeiten liegen dem Beobachter dabei die DNS-Anfragen von *mehreren Nutzern* aus *mehreren Internetsitzungen* vor.

Der Fokus liegt in diesem Kapitel auf den Tracking-Möglichkeiten, die sich ergeben, wenn **ausschließlich die DNS-Anfragen** der Nutzer vorliegen. In der Praxis können manche Beobachter u. U. auf zusätzliches Kontextwissen zurückgreifen. Dies trifft etwa auf die rekursiven Nameserver zu, die der *Internetzugangsanbieter* selbst betreibt, da ihm bekannt ist, welchem Kunden eine IP-Adresse zugewiesen ist. Auch ein von einem *Drittanbieter* betriebener rekursiver Nameserver (z. B. *Google Public DNS*) kann einzelne Nutzer mitunter trotz eines Adresswechsels wiedererkennen: Meldet sich ein Nutzer bei einem anderen Dienst, den derselbe Anbieter betreibt (z. B. *GMail*), mit persönlichen Zugangsdaten an, kann der Betreiber die aktuelle IP-Adresse und damit auch die DNS-Anfragen des Nutzers dem Benutzerkonto zuordnen. Die Tracking-Möglichkeiten, die sich durch das Heranziehen von solchem Kontextwissen ergeben, werden in diesem Kapitel jedoch *nicht* betrachtet.

Zur Beobachtung über längere Zeiträume muss der rekursive Nameserver die **DNS-Anfragen aus mehreren Internetsitzungen verketten**. Eine Möglichkeit dieses Ziel zu erreichen, besteht darin, charakteristische Merkmale des Benutzerverhaltens aus dem DNS-Datenverkehr zu extrahieren, und zu versuchen, die Sitzungen desselben Nutzers anhand dieser Merkmale wiederzuerkennen. Bislang gibt es keine Verfahren für eine solche **verhaltensbasierte Verkettung**, und anhand existierender Studien, welche ähnliche Fragestellungen adressieren, lässt sich nicht erkennen, ob das innerhalb einer Sitzung beobachtbare Nutzerverhalten für eine zuverlässige Verkettung ausreicht. In diesem Kapitel wird daher untersucht, inwiefern sich charakteristische Merkmale des Nutzerverhaltens zur Verkettung von Internetsitzungen eignen.

Wesentliche Inhalte   Das in diesem Kapitel entwickelte verhaltensbasierte Verkettungs-verfahren (**Beitrag B2** aus Abschnitt 1.4) versetzt einen Beobachter, dem außer der regel-mäßig wechselnden IP-Adresse der Nutzer keine zur Verkettung nutzbaren Merkmale zur Verfügung stehen, in die Lage, die Sitzungen eines Internetnutzers zu verketten. Das Verfahren greift auf bewährte Klassifikationsverfahren aus dem Bereich des überwachten Lernens zurück und übertrifft ein vergleichbares Verfahren aus der Literatur. Die Ergeb-nisse der Evaluation deuten zum einen darauf hin, dass das Web-Nutzungsverhalten vieler Nutzer charakteristische Verhaltensmuster aufweist, und zum anderen, dass die DNS-Anfragen diese Verhaltensmuster preisgeben.

Relevante Veröffentlichungen   Teile von Abschnitt 6.2 und Abschnitt 6.3 wurden be-reits in gekürzter Form in [HBF13] publiziert; weitere Vorarbeiten sind in [FGH11; Her+10; BHF12] veröffentlicht. Die in [HBF13] präsentierten Evaluationsergebnisse wurden mit einer früheren Version der Evaluationsumgebung erzielt und weichen daher geringfügig von den Ergebnissen ab, die in diesem Kapitel vorgestellt werden. Der Quellcode der Evaluationsumgebung ist unter *https://github.com/hadoop-dns-tracking* zugänglich.

Aufbau des Kapitels   Zunächst wird eine Systematik erarbeitet, um die bereits be-kannten Verkettungsverfahren zu charakterisieren (s. Abschnitt 6.1). Darauf aufbauend werden in Abschnitt 6.2 das Konzept und die Implementierung des verhaltensbasierten Verkettungsverfahrens beschrieben. Die Evaluation der implementierten Klassifikations-techniken erfolgt anhand eines Datensatzes, der die Aktivitäten von über 12 000 Nutzern über einen Zeitraum von fünf Monaten enthält (s. Abschnitt 6.3). In Abschnitt 6.4 wird schließlich die Aussagekraft der Ergebnisse diskutiert, bevor in Abschnitt 6.5 Erweite-rungsmöglichkeiten und offene Fragen erörtert werden. Das Kapitel endet mit einem Fazit in Abschnitt 6.6.

6.1 Systematisierung existierender Verkettungsverfahren

Um herauszuarbeiten, wie sich das entwickelte verhaltensbasierte Verkettungsverfahren von bereits existierenden Verfahren unterscheidet, werden in diesem Abschnitt zunächst die bereits existierenden Verkettungsverfahren überblicksartig dargestellt. Zur Erläuterung werden die typischen Anwendungsfälle herangezogen, in denen die Verkettungsverfahren eingesetzt werden können.

Dieser Abschnitt ist wie folgt aufgebaut: In Abschnitt 6.1.1 wird zunächst eine Systema-tik zur Einordnung aufgestellt. Anschließend werden die existierenden Verkettungsver-fahren beschrieben, die auf expliziten (s. Abschnitt 6.1.2) und impliziten Merkmalen (s. Abschnitt 6.1.3) basieren.

6.1.1 Systematik zur Einordnung

Bevor konkrete Verkettungsverfahren vorgestellt werden, wird in diesem Abschnitt eine Systematik erarbeitet, die eine Einordnung der Verfahren und der Anwendungsfälle ermöglicht. Dazu werden in Abschnitt 6.1.1.1 zunächst vier Dimensionen der Beobachtbarkeit vorgestellt. Anschließend werden in Abschnitt 6.1.1.2 zwei verschiedene Arten von Informationsgewinnen definiert, die ein Beobachter grundsätzlich realisieren kann.

6.1.1.1 Dimensionen der Beobachtbarkeit

Zur strukturierten Beschreibung der Verkettungsverfahren werden in diesem Abschnitt vier Dimensionen verwendet, die in Tabelle 6.1 dargestellt sind. Im Zusammenhang mit der Verkettung von Sitzungen ist insbesondere von Interesse, ob sich ein Verkettungsverfahren lediglich zur Verkettung einzelner Aktivitäten *innerhalb* einer Internetsitzung eines Nutzers eignet oder ob damit auch die **sitzungsübergreifende Verkettung möglich** ist (**Dimension D1** mit den beiden Ausprägungen „ja" bzw. „nein").

Die zweite zu betrachtende Eigenschaft betrifft den Umfang der Beobachtungsmöglichkeit in Bezug auf die **Menge der beobachtbaren Empfänger-Adressen (Dimension D2)**: So gibt es Beobachter, die lediglich die Aktivitäten auf einer bestimmten (z. B. ihrer eigenen) Webseite nachvollziehen können (Ausprägung „eine"). Andere Beobachter können hingegen dazu in der Lage sein, die Aktivitäten eines Nutzers für eine bestimmte Teilmenge von Empfänger-Adressen zu beobachten (Ausprägung „einige"). Manche Beobachter verfügen über so umfassenden Einblick, dass sie alle Zieldressen nachvollziehen können, mit denen ein Nutzer interagiert (Ausprägung „alle").

Die verbleibenden zwei Dimensionen betreffen den Nutzen, der durch die Beobachtung der Nutzeraktivitäten entsteht. **Dimension D3** drückt aus, ob der unterstellte Beobachter lediglich die Aktivitäten an einem bestimmten Ort beobachten kann (Ausprägung „nein") oder ob er auf den Aufenthaltsort eines Nutzers schließen kann (Ausprägung „ja"), da die **Nutzung von mehreren Orten aus möglich** ist.

Die letzte Dimension betrifft die Informationen, die sich anhand der beobachtbaren Aktivitäten gewinnen lassen. Werden alle für einen Beobachter beobachtbaren Aktivitäten von einem einzelnen Nutzer verursacht, **verraten die Aktivitäten dem Beobachter die Interessen dieses Nutzers (Dimension D4**, Ausprägung „ja"). In manchen Situationen bzw. bei der Verwendung geeigneter Schutzmaßnahmen lassen sich die tatsächlichen Aktivitäten eines Nutzers nicht aus der Menge der beobachtbaren Aktivitäten extrahieren. Die Nutzerinteressen sind dann für den Beobachter nicht erkennbar (Ausprägung „nein").

6.1.1.2 Realisierbare Informationsgewinne

Durch die Verkettung von Sitzungen erlangt der unterstellte Beobachter einen Informationsgewinn. Der konkrete Nutzen, der aus dem Informationsgewinn resultiert, hängt

Tabelle 6.1: Dimensionen der Beobachtbarkeit

Dimension		Ausprägungen
D1	Sitzungsübergreifende Verkettung möglich	ja / nein
D2	Beobachtbare Empfänger-Adressen	alle / einige / eine
D3	Nutzung von mehreren Orten aus möglich	ja / nein
D4	Beobachtbare Aktivitäten verraten Nutzerinteressen	ja / nein

Tabelle 6.2: Vorausgesetzte Dimensionsausprägungen für die Realisierung der Informationsgewinne (leere Felder bedeuten, dass der Informationsgewinn bei allen Ausprägungen der jeweiligen Dimension realisiert werden kann)

Dimension		1	2a	2b
D1	Sitzungsübergreifende Verkettung möglich	ja	ja	ja
D2	Beobachtbare Empfänger-Adressen			
D3	Nutzung von mehreren Orten aus möglich			ja
D4	Beobachtbare Aktivitäten verraten Nutzerinteressen	ja		

von den Zielen des Beobachters ab. Diese können sich auf Kommunikationsinhalte oder Kommunikationsumstände (vgl. [WP00]) beziehen:

Informationsgewinn 1: Kommunikationsinhalte Der Beobachter kann über einen längeren Zeitraum die Aktivitäten eines Nutzers beobachten und dadurch auf seine Interessen und Gewohnheiten schließen. Diese Informationen können zur **Erstellung von Interessenprofilen** („Welche Interessen hat der Nutzer mit der ID 14713?") verwendet werden. Unter Umständen kann dem Beobachter dadurch auch die **Aufdeckung der Identität eines Nutzers** („Welche Identität verbirgt sich hinter Nutzer 14713? Wir wissen, dass er folgende Interessen hat: …") gelingen.

Informationsgewinn 2: Kommunikationsumstände Der Beobachter kann durch die Verkettung die Aktivitätszeiten (**Informationsgewinn 2a**) eines Nutzers ermitteln, daraus auf dessen Gewohnheiten schließen und **Verhaltensprofile** erstellen („Zu welchen Zeitpunkten ist Nutzer 14713 typischerweise online?" bzw. „War Nutzer 14713 gestern zwischen 18 und 20 Uhr aktiv?"). Manche Beobachter können u. U. auch die Aufenthaltsorte eines Nutzers ermitteln (**Informationsgewinn 2b**) und daraus **Bewegungsprofile** erzeugen („Welche Orte hat Nutzer 14713 im letzten Jahr besucht? Ist Nutzer 14713 momentan an seinem Arbeitsplatz?"). Umfasst der beobachtete Zeitraum ausreichend viele Aktivitäten eines Nutzers, kann der Beobachter u. U. bereits anhand der Kommunikationsumstände die Identität des Nutzers aufdecken, etwa indem er Schnittmengen bildet oder anderweitig erworbenes Kontextwissen heranzieht.

Ob ein Beobachter eine der beiden oder sogar beide Ausprägungen des Informationsgewinns realisieren kann, hängt von seinen Verkettungsfähigkeiten ab. Beide Ausprägungen setzen eine längerfristige Beobachtung der Nutzeraktivitäten voraus (D1: „ja"). Informationsgewinn 1 können Beobachter realisieren, die anhand der Aktivitäten die Nutzerinteressen ermitteln können (D4: „ja"). Ob ein Dienst von mehreren Orten aus oder nur an einem Ort genutzt wird (D3), ist dabei unerheblich. Mögliche Inhalte und der erreichbare Umfang des Interessenprofils hängen von der konkreten Ausprägung von D2 ab; prinzipiell kann jedoch auch bereits die Beobachtung der Aktivitäten für eine einzige Empfänger-Adresse Rückschlüsse auf die Interessen eines Nutzers geben. Die Realisierung von Informationsgewinn 2 ist von den Ausprägungen von D2 und D4 unabhängig. Informationsgewinn 2b kann jedoch nur erlangt werden, wenn ein Nutzer den Dienst, der ihn beobachtet, von unterschiedlichen Aufenthaltsorten aus verwendet. Diese Zusammenhänge sind in Tabelle 6.2 veranschaulicht.

Die identifizierten Dimensionen und die Informationsgewinne werden im Folgenden dazu verwendet, die einzelnen Verkettungsverfahren bzw. die Maßnahmen zum Schutz vor Verkettung näher zu charakterisieren.

6.1.2 Verkettungsverfahren auf Basis expliziter Identifizierungsmerkmale

Im Folgenden werden konventionelle Verkettungsverfahren und ihre typische Anwendungsfälle vorgestellt. Die Gemeinsamkeit der beschriebenen Anwendungsfälle besteht darin, dass die unterstellten Beobachter jedem Nutzer ein Identifizierungsmerkmal zuweisen bzw. jeder Nutzer bzw. dessen Endgerät aus technischen Gründen über ein solches Merkmal verfügt. Der Nutzer bzw. sein Endgerät übermittelt dieses Identifizierungsmerkmal in jeder Sitzung bzw. mit jeder Anfrage an den Dienstanbieter. Die Verkettung der Sitzungen erfolgt also mit **expliziten Identifizierungsmerkmalen**.

Die folgende Aufstellung enthält aus Gründen der Übersichtlichkeit nicht alle denkbaren Beobachter, sondern lediglich eine Auswahl gängiger Vertreter, die stellvertretend für typische Anwendungsfälle stehen.

Dieser Abschnitt ist wie folgt aufgebaut: In Abschnitt 6.1.2.1 werden zunächst die Fähigkeiten der Internetzugangsanbieter erörtert. Anschließend wird in Abschnitt 6.1.2.2 auf die Möglichkeit hingewiesen, anhand von IP-Adressen eine Verkettung vorzunehmen. Danach werden Cookies und ähnliche Verkettungsverfahren beschrieben (s. Abschnitt 6.1.2.3). Abschließend werden die Verfahren in Tabelle 6.3 in die Systematik eingeordnet, die zuvor in Abschnitt 6.1.1 erarbeitet wurde.

6.1.2.1 Fähigkeiten der Internetzugangsanbieter und vergleichbarer Dienste

Kostenpflichtige Angebote, bei denen ein Vertragsverhältnis zwischen Nutzer und Dienstanbieter besteht, sind in der Regel nicht anonym nutzbar. Die Nutzung solcher Angebote erfordert üblicherweise eine Authentifizierung, bei der die Nutzer an den Dienstanbieter ein Identifizierungsmerkmal übermitteln. Gebräuchlich ist hierfür (in der Terminologie von Pfitzmann und Hansen [PH10, S. 25]) ein anbieterspezifisches **Beziehungspseudonym**, etwa eine Kundennummer. Personenpseudonyme (etwa digitale Zertifikate, welche die wahre Identität eines Nutzers bestätigen) oder Rollenpseudonyme (etwa eine der E-Mail-Adressen des Internetnutzers) können auch als Beziehungspseudonym fungieren. Die für den Dienstanbieter sichtbaren Nutzeraktivitäten sind anhand des Pseudonyms dann unmittelbar über Sitzungsgrenzen hinweg verkettbar (D1: „ja").

Dieses Szenario entspricht dem Anwendungsfall der Nutzung eines **Festnetz-Internetzugangsanbieters** (engl. „Internet Service Provider", abgekürzt ISP) zu, die den gesamten von ihnen transportierten Datenverkehr (D2: „alle") einsehen und ihren Kunden zuordnen können (**Anwendungsfall A1**). Festnetz-ISPs können üblicherweise lediglich die Aktivitäten an einem Standort, etwa dem Haushalt eines Nutzers oder seinem Arbeitsplatz beobachten (D3: „nein"). Wird ein Internetanschluss lediglich von einem Nutzer verwendet, korrespondieren die für den ISP beobachtbaren Aktivitäten mit dessen Interessen (D4: „ja").

Neben ISPs gibt es weitere Internet-Zugangsdienste, die eine Authentifizierung erfordern, etwa **Virtuelle Private Netze (VPN, A2)** wie das schwedische Angebot *ipredator.se* oder anonymisierende **Proxy-Server (A3)**, etwa die kostenpflichtige Variante des Dienstes *anonymizer.com*. Erfolgt die Authentifizierung bei solchen Diensten mit einem Personen-, Rollen- oder Beziehungspseudonym, ist es den Dienstanbietern unmittelbar möglich, mehrere Sitzungen miteinander zu verketten. Wird die VPN-Verbindung direkt vom Endgerät des Nutzers aus hergestellt, wird der gesamte Datenverkehr des Endgeräts bzw. des Nutzers über das VPN transportiert (D2: „alle", D4: „ja"). Ein Proxy-Server kann hingegen nur den Datenverkehr derjenigen Anwendungen beobachten, die entsprechend für dessen Nutzung konfiguriert sind (D2: „einige", D4: „ja").

Nutzer können verschiedene Maßnahmen zum **Selbstdatenschutz** (vgl. [Roß03]) ergreifen, um die Beobachtung ihrer Aktivitäten zu unterbinden. Anstelle der Verwendung eines Festnetz-Internetzugangsanbieters bietet sich etwa der Besuch eines **Internet-Cafes (A4)** an, das eine anonyme Nutzung gestattet (D1: „nein", D2: „alle", D3: „nein", D4: „ja"). Bei VPN-Diensten kommt als Selbstdatenschutz-Maßnahme die Authentifizierung mittels einmal gültiger *Transaktionspseudonyme* in Frage, um eine Verkettung über Sitzungsgrenzen hinweg zu verhindern. Sieht ein Dienst keine Möglichkeit zur Nutzung von Transaktionspseudonymen vor, kann ein Nutzer eine vergleichbare Unverkettbarkeit erzielen, indem er für jede Sitzung ein neues Beziehungspseudonym erzeugt und dieses zur Authentifizierung verwendet. Die Nutzer von Proxy-Servern können als Selbstdatenschutz-Maßnahme einen Dienst-Anbieter auswählen, der keine Authentifizierung erfordert. Ob die Verkettung über Sitzungsgrenzen dann gelingt (D1), hängt davon ab, ob dem Nutzer vom ISP eine statische oder dynamische IP-Adresse zugewiesen wird (s. Abschnitt 6.1.2.2). Die Ausprägung von D4 hängt davon ab, wie viele Nutzer die für den Proxy sichtbare IP-Adresse gleichzeitig verwenden (vgl. A1).

Da SIM-Karten in Deutschland namentlich registriert werden müssen, können **Mobilfunkanbieter (A5)** die Aktivitäten ihrer Nutzer ebenfalls verketten (D1: „ja", D2: „ja"). Im Unterschied zu Festnetz-ISPs können sie die Standortwechsel ihrer Internetnutzer anhand der Mobilfunkzellen, in denen sich das Endgerät des Nutzers einbucht, unmittelbar nachvollziehen (D3: „ja"). Ein mobiles Endgerät wird üblicherweise nur von einem Nutzer verwendet (D4: „ja"). Die Verkettung der Aktivitäten bzw. die Nachverfolgung des Aufenthaltsorts wirkungsvoll zu verhindern ist aufwendig: Die Nutzer müssen in jeder Sitzung eine neue, ggf. unter falschem Namen registrierte (Prepaid-)SIM-Karte verwenden und zusätzlich die Geräte-Adresse des Endgeräts verändern (s. Anwendungsfall A6).

Auch kostenpflichtige **stationäre WLAN-Hotspots (A6)**, die eine Authentifizierung erfordern, können ihre Nutzer üblicherweise anhand des dabei verwendeten Beziehungspseudonyms wiedererkennen (D1: „ja", D2: „ja", D3: „nein", D4: „ja"). Aber auch ein anonym oder mit Transaktionspseudonymen nutzbarer WLAN-Hotspot kann einen Nutzer bzw. zumindest dessen Endgerät anhand der **global eindeutigen Geräte-Adresse** (MAC-Adresse) wiedererkennen. Diese Geräte-Adresse wird bei der WLAN-Nutzung dem Access-Point zwangsläufig bekannt [GG05]. Eine geeignete, wenn auch für technische Laien wenig praktikable Selbstdatenschutz-Maßnahme besteht darin, die MAC-Adresse vor jeder Nutzung zu ändern.

Neben stationären WLAN-Hotspots gibt es auch **WLAN-Verbünde (A7)**, die Hotspots an mehreren Standorten betreiben. WLAN-Verbünde unterscheiden sich von stationären WLAN-Hotspots hinsichtlich Dimension D3: Meldet sich ein Benutzer an verschiedenen Standorten an mehreren am Verbund beteiligten WLAN-Hotspots an, kann der Betreiber die Aufenthaltsorte des Nutzers nachvollziehen (vgl. [GG03; GG05], die ebenfalls auf diese Beobachtungsmöglichkeit hinweisen).

Ein **rekursiver Nameserver (A8)** eines ISP verfügt über dieselben Beobachtungsmöglichkeiten wie der ISP selbst, da dem Anbieter die Zuordnung zwischen den IP-Adressen und Kunden bekannt ist. Durch die vom Nutzer gestellten DNS-Anfragen erfährt der Nameserver-Betreiber praktisch alle Empfänger-Adressen, mit denen ein Nutzer interagiert. Interessanter ist ferner der Fall, wenn ein Nutzer einen **rekursiven Nameserver eines Drittanbieters (A9)** verwendet. Wird dieser in einem mobilen Endgerät (etwa einem Laptop) im Betriebssystem eingetragen, erhält der Drittanbieter Anfragen von allen Aufenthaltsorten des Nutzers (D3: „ja"). Den ungefähren Standort des Nutzers kann er anhand der übermittelten IP-Adresse durch die Verwendung von IP-Geolocation-Datenbanken (z. B. des Anbieters *http://www.maxmind.com*) ermitteln. Eine Verkettung über Sitzungsgrenzen hinweg ist dem Drittanbieter jedoch nicht möglich (D1: „nein"), da das DNS-Protokoll die Übermittlung von expliziten Identifizierungsmerkmalen nicht vorsieht. Die Ausprägung von D4 hängt wieder davon ab, wie viele Nutzer die für den Nameserver sichtbare IP-Adresse gleichzeitig verwenden (vgl. A1).

6.1.2.2 Verkettung anhand der Sender-IP-Adresse ⸱

Eine zuverlässige Verkettung von Anfragen innerhalb einer Sitzung bzw. von mehreren
Internetsitzungen eines Nutzers ausschließlich anhand der IP-Adresse kann nicht bei
allen Nutzern zuverlässig gewährleistet werden. Hierfür sind zwei Gründe anzuführen.
Die Verkettung der Aktivitäten *innerhalb einer Sitzung* ist unzuverlässig, da Unsicherheit
darüber besteht, ob alle Anfragen von einer IP-Adresse ausschließlich von ein- und demselben Nutzer stammen, oder ob sich mehrere Nutzer dieselbe IP-Adresse teilen, etwa weil
mehrere Personen in einem Unternehmen oder einem Haushalt denselben DSL-Anschluss
verwenden. Durch die dabei üblicherweise verwendeten NAT-Gateways treten alle Nutzer
des Anschlusses unter derselben Adresse auf. Nach derzeitigem Kenntnisstand wird die
Verbreitung von NAT-Gateways mit der Einführung von IPv6 allerdings abnehmen.

Die *Verkettung über Sitzungsgrenzen hinweg* ist hingegen unzuverlässig, da nicht bekannt
ist, ob ein Nutzer nach längerer Zeit noch unter derselben IP-Adresse auftritt. Viele Internetzugangsanbieter, etwa der deutsche Marktführer Deutsche Telekom, weisen ihren
Kunden **dynamische IP-Adressen** (im Unterschied zu sog. **statischen IP-Adressen**, vgl.
hierzu [KK00]) zu, die sich wegen der sog. „Zwangstrennung" der Internetverbindung
typischerweise einmal pro Tag ändern. Bei manchen Anbietern kommt es sogar zu mehreren IP-Wechseln pro Tag: In einer von Xie et al. durchgeführten Studie waren lediglich
62 % der betrachteten dynamischen IP-Adressen über einen Zeitraum von 24 oder mehr
Stunden ein- und demselben Nutzer zugewiesen [Xie+07]. Die Studie von Casado et al.
[CF07] kommt hingegen zu einem anderen Ergebnis, nämlich dass viele Endgeräte ihre
IP-Adresse über einen längeren Zeitraum behalten. In [CF07] traten weniger als 1 % der
betrachteten Hosts innerhalb eines Monats mit mehr als einer IP-Adresse auf. Weniger
als 0,07 % der Hosts nutzten in diesem Zeitraum mehr als drei Adressen. Manche Anbie-
ter verzichten offenbar auf eine Zwangstrennung bzw. weisen ihren Kunden nach dem
Verbindungsaufbau wieder dieselbe IP-Adresse zu.

6.1.2.3 Verkettung mit Cookies

Webseiten (A10) verwenden zur Verkettung der Aktivitäten ihrer Nutzer üblicherweise
HTTP-Cookies [Bar11c], mit denen mehrere HTTP-Anfragen eines Nutzers verkettet werden können. Cookies tragen ein Ablaufdatum, mit dem Verkettung auf die HTTP-Anfragen
innerhalb einer Sitzung beschränkt werden (sog. Session-Cookie) kann; andernfalls ist
die Verkettung über Sitzungsgrenzen hinweg möglich. Die Verkettung kann entweder auf
die Aktivitäten innerhalb einer Webseite beschränkt sein (sog. First-Party-Cookies) oder
seitenübergreifend erfolgen (Third-Party-Cookies).

Ein typischer Einsatzzweck von First-Party-Cookies ist die Abwicklung komplexer Transaktionen, welche aus mehreren HTTP-Anfragen bestehen, etwa zur Implementierung
eines Warenkorbs in einem Online-Shop. Zur Verkettung hinterlegt ein Webserver im
Browser des Nutzers mittels eines HTTP-Cookies eine große Zufallszahl (sog. Session-ID),

anhand derer er die Sitzung bzw. den Nutzer später wieder identifizieren kann. Nachdem ein Cookie gesetzt wurde, wird es vom Browser – ggf. auch in späteren Sitzungen – bei jeder weiteren HTTP-Anfrage an den Webserver übermittelt. Wird ein Browser nur von einem Nutzer verwendet, erlauben Cookies der Webseite die sitzungsübergreifende Verkettung der Aktivitäten dieses Nutzers (D1: „ja", D2: „eine", D3: „ja", D4: „ja").

Eine seitenübergreifende Verkettung erfolgt mit **Third-Party-Cookies** bzw. Tracking-Cookies (s. etwa [MM12; RKW12] für einen aktuellen Überblick). Tracking-Cookies ermöglichen es u. a. spezialisierten Online-Marketing-Anbietern, die im deutschen Sprachgebrauch meist als **Werbenetzwerke (A11)** bezeichnet werden (vgl. [KT99]), die Aktivitäten von Internetnutzern über Webseitengrenzen hinweg zu beobachten. Dabei kooperieren mehrere Webseiten mit dem Werbenetzwerk-Anbieter und passen ihre Seiten so an, dass das Werbenetzwerk nachvollziehen kann, welche der teilnehmenden Webseiten ein Nutzer besucht (D1: „ja", D2: „einige", D3: „ja", D4: „ja").

Die dabei gesammelten Informationen werden von den Werbenetzwerken u. a. zum *Profiling* verwendet. Dabei werden aus dem Nutzerverhalten Interessenprofile abgeleitet, anhand derer den Nutzern zu ihren Interessen passende Angebote unterbreitet bzw. zielgruppengerechte Anzeigen eingeblendet werden können (sog. „behavioral targeting", s. z. B. [Yan+11]). Werbenetzwerke werden inzwischen von zahlreichen Seiten eingebunden: In einer Studie hat das Berkeley Center for Law and Technology im Oktober 2012 festgestellt, dass das Google-Werbenetzwerk (Doubleclick) in 73,3 % der 1000 populärsten Webseiten bzw. 37 % der 25 000 populärsten Webseiten integriert ist [HG12].

Diese Praxis ist umstritten, da sie eine intransparente Diskriminierung von Nutzern ermöglicht (vgl. hierzu [Hil06]). Inzwischen wird auch die Verwendung von Tracking-Cookies als erheblicher Eingriff in die Privatsphäre gewertet, da dadurch Drittanbieter Informationen über die Interessen von Internetnutzern erlangen und seine Online-Aktivitäten über längere Zeiträume nachverfolgen können (s. etwa [Cas12]). Problematisch ist dabei insbesondere die Tatsache, dass die Nutzer der Weitergabe ihrer Daten an den Drittanbieter in der Regel nicht explizit zugestimmt haben bzw. sich gar nicht darüber im Klaren sind, dass ihre Daten überhaupt erfasst und weitergegeben werden. Die Verkettung von Sitzungen mit Tracking-Cookies funktioniert heute nicht mehr zuverlässig, da es die populären Browser ihren Nutzern inzwischen leicht machen, Third-Party-Cookies zu löschen oder abzulehnen. Von diesen Möglichkeiten wird zunehmend Gebrauch gemacht (vgl. eine Studie von comScore [Com07]), auch weil die Publikumsmedien den Schutz der Privatsphäre im Internet in den vergangenen Jahren häufiger thematisiert haben (s. etwa „Die Zeit" [Sch11b], „Der Spiegel" [Sch12a], die Rubrik „What They Know" im Wall Street Journal [Ang10] sowie die Rubrik „Tracking the Trackers" im Guardian [Gea12]).

Dieser Trend hat zur Entwicklung von sog. **Supercookies** geführt, die eine Verkettung von Sitzungen auch dann ermöglichen, wenn keine HTTP-Cookies verfügbar sind bzw. Tracking-Cookies gelöscht wurden. Eine der ersten Implementierungen, welche die *Local-Shared-Objects* des Adobe-Flash-Plug-ins nutzte, wird in einer Pressemitteilung der Firma United Virtualities aus dem Jahr 2005 beworben (s. [Uni05], zitiert nach [Sol+10; Hoo+12]).

Inzwischen wurden auch Supercookies gefunden (s. [Sol+10; Aye+11]), die Session-IDs mit Hilfe der *Isolated-Storage-API* des Microsoft-Silverlight-Plug-ins, der HTML5-Web-Storage-API [W3C13] sowie im Cache des Browsers ablegen (sog. *Cache-Cookies* oder *ETag-Cookies*). Ein Beispiel für die Funktionsweise von Cache-Cookies findet sich in [Jac+06, Abb. 2].

Eine alternative Herangehensweise besteht darin, auf Cookies zu verzichten und statt-dessen in Anwendungen oder Endgeräten direkt einen proprietären Identifizierungsme-chanismus zu integrieren. Diesen Ansatz verfolgen u. a. die Anbieter Apple beim iPhone, welches Anwendungen eine gerätespezifische Identifikationsnummer zur Kontrolle von Werbeeinblendungen zur Verfügung stellt, und Google beim Chrome-Browser, bei dem zukünftig eine „AdID" genannte Technik zum Einsatz kommen soll [Hsu13].

Eine Sonderrolle nehmen **Suchmaschinen (A12)** ein, die anhand von First-Party-Cookies das Suchverhalten ihrer Nutzer über mehrere Sitzungen hinweg beobachten können. Zu-dem können sie anhand von in die Ergebnislisten eingebettetem JavaScript-Code ermitteln, welche der von ihnen präsentierten Ergebnis-Links der Nutzer tatsächlich angeklickt hat (D1: „ja", D2: „einige", D3: „ja", D4: „ja"). Eine Selbstdatenschutz-Maßnahme besteht darin, neben den tatsächlichen Suchanfragen zufällige Dummy-Suchanfragen an die Suchma-schine zu übermitteln. Hierzu kann z. B. das Browser-Plug-in TrackMeNot[1] verwendet werden, dessen Wirksamkeit jedoch umstritten ist [PS10].

6.1.2.4 Einordnung und Fazit

Tabelle 6.3 zeigt wie die konventionellen Verkettungsverfahren bzw. die beschriebenen Beobachter in das zuvor aufgestellte Systematisierungsschema einzuordnen sind. Die Aufstellung zeigt auch die Auswirkung der erwähnten Selbstdatenschutz-Maßnahmen. Auf Basis der Einordnung kann anhand der Tabelle analysiert werden, in welchen Anwen-dungsfällen die betrachteten Informationsgewinne realisierbar sind.

Schichtenübergreifende Verkettung   Die vorgestellten Szenarien demonstrieren, dass die Verkettung von Sitzungen in unterschiedlichen Schichten des ISO-/OSI-Modells erfol-gen kann. Hat ein Beobachter aufgrund seiner Rolle Zugriff auf mehrere Schichten, kann er auf alle Verkettungsmerkmale zurückgreifen. Dies lässt sich am Beispiel von Cookies illustrieren, die Webseiten, Werbenetzwerke und Suchmaschinen setzen. Da Cookies (insbesondere Tracking-Cookies) häufig im Klartext übertragen werden, sind sie für alle an der Kommunikation beteiligten Router einsehbar. ISPs, Proxy-Server, VPN-Anbieter, WLANs und WLAN-Verbünde können neben ihren eigenen Verkettungsmerkmalen auch auf die in den Cookies übermittelten Session-IDs zurückgreifen, um die Sitzungen eines Nutzers zu verketten. Inwiefern von dieser Möglichkeit in der Praxis Gebrauch gemacht wird, ist allerdings nicht bekannt.

---

[1]Download unter http://cs.nyu.edu/trackmenot/

Tabelle 6.3: Charakterisierung der Anwendungsfälle hinsichtlich der Dimensionen der Verkettbarkeit und der realisierbaren Informationsgewinne

Anwendungsfall		D1	D2	D3	D4	I1	I2a	I2b
A1	Festnetz-ISP							
(a)	– je Anschluss/IP-Adresse 1 Nutzer	ja	alle	nein	ja	x	x	
(b)	– je Anschluss/IP-Adresse >1 Nutzer	ja	alle	nein	nein		x	
A2	VPN							
(a)	– mit Beziehungspseudonym	ja	alle	ja	ja	x	x	x
(b)	– mit Transaktionspseudonym	nein	alle	ja	ja			
A3	Proxy-Server							
(a)	– mit Beziehungspseudonym	ja	einige	ja	ja	x	x	x
(b)	– ohne (a)	StIP?	einige	!D1	1N?	o	o	
A4	Internet-Cafe	nein	alle	nein	ja			
A5	Mobilfunk-ISP							
(a)	– mit Beziehungsp./Geräte-Adresse	ja	alle	ja	ja	x	x	x
(b)	– ohne (a)	nein	alle	ja	ja			
A6	Stationärer WLAN-Hotspot							
(a)	– mit Beziehungsp./Geräte-Adresse	ja	alle	nein	ja	x	x	
(b)	– ohne (a)	nein	alle	nein	ja			
A7	WLAN-Verbund; (a)–(c) wie A6	A6	A6	ja	A6	(x)	(x)	(x)
A8	Rek. Nameserver ISP; (a)–(b) wie A1	A1	A1	A1	A1	(x)	(x)	
A9	Rek. Nameserver Drittanbieter	StIP?	alle	!D1	1N?	o	o	
A10	Webseite							
(a)	– mit Cookies/Beziehungspseudonym	ja	eine	ja	ja	x	x	x
(b)	– ohne (a)	StIP?	eine	!D1	1N?	o	o	
A11	Werbenetzwerk; (a)–(b) wie A10	ja	einige	ja	ja	(x)	(x)	(x)
A12	Web-Suchmaschine							
(a)	– mit Cookies/Beziehungspseudonym	ja	einige	ja	ja	x	x	x
(b)	– ohne (a)	StIP?	einige	!D1	1N?	o	o	
(c)	– Nutzer sendet Dummy-Anfragen	A12	A12	A12	nein		(x)	(x)

Legende: [D1]: Sitzungsübergreifende Verkettung möglich; [D2]: Beobachtbare Empfänger-Adressen; [D3]: Dienst von mehreren Orten aus benutzbar; [D4]: Beobachtbare Aktivitäten korrespondieren mit Nutzerinteressen. [StIP?] drückt aus, dass die Ausprägung von D1 davon abhängt, ob der beobachtete Nutzer über eine statische (D1 „ja") oder eine dynamische IP-Adresse verfügt (D1 „nein"). [1N?] drückt aus, ob die für den Beobachter sichtbare IP-Adresse von einem Nutzer verwendet wird. [!D1] drückt aus, dass D3 jeweils die gegenteilige Ausprägung von D1 annimmt. [x] drückt aus, dass der Informationsgewinn realisierbar ist, [(x)] drückt aus, dass er in manchen Fällen realisierbar ist und [o] drückt aus, dass er nur dann realisierbar ist, wenn StIP? und 1N? (für I1) bzw. StIP? (für I2a) die Ausprägung „ja" aufweisen.

Die Implementierung von Selbstdatenschutz-Maßnahmen, welche lediglich ein einzelnes Verkettungsmerkmal adressieren, kann daher keinen zuverlässigen Schutz gewährleisten. Wie Lindqvist et al. zutreffend feststellen, kann eine Verkettung nur dann wirkungsvoll unterbunden werden, wenn alle vorhandenen expliziten Identifizierungsmerkmale *gleichzeitig* durch neue Merkmale ersetzt werden [LT06; LT08]. Eine weitere Voraussetzung für die Unverkettbarkeit besteht darin, dass beim Beobachter eine ausreichend große Unsicherheit über die Zuordnung der Sitzungen herrscht. Der Merkmalswechsel entfaltet also nur dann seine Wirkung, wenn er von mehreren Nutzern gleichzeitig vollzogen wird [BS03]. Dies kann durch ausreichend lange Kommunikationspausen (auch als „Silent Periods" bezeichnet [JWH07]) erreicht werden.

6.1.3 Verkettungsverfahren auf Basis impliziter Merkmale

Die im weiteren Verlauf dieses Kapitels vorgestellte verhaltensbasierte Verkettung von Sitzungen gehört zur Gruppe der Verkettungsverfahren auf Basis *impliziter* Merkmale. Diese Verfahren sind nicht auf explizite Identifizierungsmerkmale angewiesen. Stattdessen werden implizit vorhandene Merkmale ausgenutzt, die im Unterschied zu den in Abschnitt 6.1.2 behandelten expliziten Identifizierungsmerkmalen nicht dafür vorgesehen sind, einen Nutzer zu identifizieren oder wiederzuerkennen. Die auf impliziten Merkmalen basierenden Verkettungsverfahren lassen sich weiter untergliedern in **aktive Verfahren**, welche die Erhebung der impliziten Merkmale durch Interaktion mit dem zu beobachtenden Nutzer initiieren müssen, und **passive Verfahren**, welche die impliziten Merkmale ohne Interaktion, also durch reines Beobachten der Aktivitäten des Nutzers ermitteln können.

Dieser Abschnitt ist wie folgt aufgebaut: In den folgenden zwei Abschnitten werden die wichtigsten Vertreter der Verkettungsverfahren, die auf impliziten Merkmalen basieren, vorgestellt: In Abschnitt 6.1.3.1 werden aktive Verfahren betrachtet, in Abschnitt 6.1.3.2 passive Verfahren. Im darauffolgenden Abschnitt 6.2 wird dann das entwickelte verhaltensbasierte Verkettungsverfahren eingeführt.

6.1.3.1 Aktive Verkettungsverfahren

Ein aktives Verkettungsverfahren, das von einer einzelnen Webseite oder einem Werbenetzwerk verwendet werden kann, um einen wiederkehrenden Nutzer auch ohne Cookies wiederzuerkennen, besteht darin, mittels JavaScript möglichst viele Eigenschaften des Betriebssystems bzw. des Endgeräts auszulesen und daraus einen charakteristischen **Browser-Fingerabdruck** (engl. „browser fingerprint") erstellen. Die Wirksamkeit dieses Ansatzes demonstriert die 2010 durchgeführte Panopticlick-Studie der Electronic Frontier Foundation [Eck10]; zu ähnlichen Ergebnissen kommt Tillmann in seiner Diplomarbeit [Til13]. Neben an sich wenig charakteristischen Eigenschaften wie der Version des Betriebssystems bzw. des Browsers, der Bildschirmauflösung und der vom Nutzer

präferierten Sprache wurden dabei auch die Browser-Plug-ins und die im System installierten Schriftarten ausgelesen. Bei einigen Systemen ist sogar die Reihenfolge erkennbar,
in der die Schriftarten bzw. Plug-ins installiert wurden, wodurch die Eindeutigkeit eines
Profils weiter zunimmt. Die Ergebnisse der Studien belegen, dass die Kombination aller
Merkmale in sehr vielen Fällen ein eindeutiges implizites Identifizierungsmerkmal ergibt, anhand dessen sich Nutzer zuverlässig wiedererkennen lassen. Inzwischen machen
auch Werbenetzwerke davon Gebrauch: Der Werbevermarkter Zanox hat im September
2013 angekündigt, zusätzlich zu Tracking-Cookies zukünftig Browser-Fingerabdrücke zur
Verkettung der Nutzeraktivitäten einzusetzen [Bag13]. Untersuchungen von Acar et al.
belegen, dass Browser-Fingerprinting-Verfahren bereits auf einigen populären Seiten zum
Einsatz kommen [Aca+13]. Browser-Fingerabdrücke lassen sich auch zur Verbesserung
der Sicherheit einsetzen: Mulazzani et al. schlagen vor, die charakteristischen Merkmale
des Browsers zu nutzen, um Session-Hijacking-Angriffe zu erkennen [Mul+13b].

Eine Erweiterung dieses Konzepts besteht in der Erzeugung **browserübergreifender Fingerabdrücke**, mit denen ein Nutzer auch dann wiedererkannt werden kann, wenn er
verschiedene Browser auf einem Endgerät benutzt. Dabei haben sich die Zeitzone, die im
System installierten Schriften, die Bildschirmauflösung und die ersten 16 Bit der IP-Adresse
als vielversprechende Merkmale erwiesen [Bod+11].

Die in diesem Abschnitt beschriebenen Verfahren ermöglichen die Wiedererkennung
von Nutzern bzw. Endgeräten. Sie sind von den in Abschnitt 4.3 behandelten Verfahren
abzugrenzen, die nur den *Typ* des Browsers bzw. Betriebssystems ermitteln.

Kohno et al. stellen ein sog. Device-Fingerprinting-Verfahren vor, mit dem es möglich
ist, Endgeräte anhand des **Taktversatzes** (engl. „clock skew") der internen Uhr wiederzuerkennen [KBC05]. Dazu ist es erforderlich, dass der Beobachter das TCP-Timestamp-
Feld auswerten kann. Allerdings setzen nicht alle Betriebssysteme dieses Feld, d. h. das
Verfahren ist nicht universell einsetzbar. Wie die Autoren zeigen, sind die TCP-Implementierungen mancher Betriebssysteme jedoch fehlerhaft, sodass ein entfernter Server einen
Client dazu bringen kann, das Timestamp-Feld zu übermitteln.

Im Jahr 2010 wurde bekannt, dass es dem Betreiber einer Webseite möglich ist, mittels
JavaScript herauszufinden, ob eine bestimmte URL in der Browser-History, also den vom
Nutzer in der Vergangenheit besuchten Seiten, enthalten ist. Diese Schwachstelle wird
in der Literatur u. a. mit dem Begriff **History-Sniffing** bezeichnet [Wei+11]. Dabei wird
die Tatsache ausgenutzt, dass bereits besuchte Links mit einer anderen Farbe dargestellt
werden. Eine speziell präparierte Webseite, die eine (unsichtbare) lange Liste von Links
enthält, kann dadurch in kurzer Zeit ermitteln, welche dieser Seiten ein Nutzer bereits
besucht hat (vgl. u. a. [JO10]).

Einen für den Nutzer nützlichen Anwendungsfall auf Basis des History-Sniffings schlagen
Olejnik und Castelluccia vor [OCJ12; OC13]. Sie untersuchen einen Datensatz, der mittels
History-Sniffing erzeugt wurde, inwiefern sich verschiedene Nutzer hinsichtlich der besuchten Seiten unterscheiden bzw. ob die besuchten Seiten bei wiederkehrenden Nutzern
identisch sind. Da erste Ergebnisse vielversprechend sind, konstruieren sie auf Basis der

Browser-History ein biometrisches Authentifizierungsverfahren, mit dem sich Nutzer zusätzlich zum Passwort bei einer Webseite anmelden können. Das Verfahren erreicht zwar eine niedrige False-Acceptance-Rate (Wahrscheinlichkeit, dass ein fremder Nutzer sich als der Nutzer ausgeben kann, der sich gerade anmeldet) von 1,1 %, allerdings geht dies mit einer relativ hohen False-Rejection-Rate (Wahrscheinlichkeit, dass der berechtigte Nutzer fälschlicherweise abgewiesen wird) von 13,8 % einher.

Die Wiedererkennung von Nutzern anhand der Browser-History ist mit der in diesem Kapitel betrachteten verhaltensbasierten Verkettung von Sitzungen nur eingeschränkt vergleichbar: Solange ein Nutzer die Browser-History nicht löscht, bleiben alle Webseiten, die in der Vergangenheit besucht wurden, erhalten; bei der Wiedererkennung kommt es dadurch zu einer hohen Übereinstimmung. Bei der Verkettung von einzelnen Sitzungen stehen dem Beobachter hingegen zur Verkettung lediglich die Webseiten zur Verfügung, welche der Nutzer in der jeweiligen Sitzung besucht hat. Die Webseiten aus früheren Sitzungen können nicht zur Verkettung herangezogen werden. Das von Yang vorgeschlagene verhaltensbasierte Authentifizierungsverfahren, das auf den Anfragen einzelner Sitzungen basiert, ist hingegen besser mit dem Szenario bei der Verkettung von Sitzungen vergleichbar. Yangs Verfahren wird daher in Abschnitt 6.2.2.1 noch näher erläutert und bei der Evaluation der Verkettungsverfahren berücksichtigt.

Inzwischen verhindern die Browser das Auslesen der Farbe der Links mittels JavaScript (für Firefox s. etwa [Bar10]). Der ursprüngliche History-Sniffing-Angriff und das darauf basierende biometrische Authentifizierungsverfahren sind also damit nicht mehr durchführbar. Durch geschickt gestaltete Interaktionsabläufe, welche jedoch die Unterstützung durch den Nutzer erfordern, kann eine Webseite allerdings immer noch Einblick in die Browser-History erhalten [Wei+11]. Die Überprüfung einer URL dauert daher allerdings erheblich länger, sodass das Testen einer großen Anzahl von Seiten nicht praktikabel ist.

Die von Felten und Schneider bzw. Jackson et al. beschriebenen **Cache-Timing-Angriffe** stellen eine weitere Möglichkeit dar, mit der eine Webseite die von einem Nutzer in der Vergangenheit besuchten Seiten ermitteln kann [FS00; Jac+06]. Dazu bindet die Seite mittels JavaScript dynamisch Inhalte (Bilder, JavaScript- oder CSS-Dateien) von den Seiten in ihren Quelltext ein, die geprüft werden sollen. Die Seite überprüft dann, wie lange das Laden dauert. Bei einer vergleichsweise kurzen Ladezeit lagen die Daten bereits im Browser-Cache vor, andernfalls nicht. Neben dem Browser-Cache ist dieses Verfahren auch auf den Cache eines Stub-Resolvers bzw. eines rekursiven Nameservers anwendbar. Cache-Timing-Angriffe weisen allerdings die grundsätzliche Schwäche auf, dass beim Auslesen eines Eintrags im Cache dieser Eintrag danach auf jeden Fall im Cache vorhanden ist, sodass spätere Überprüfungsvorgänge keine Aussagekraft mehr haben. Es existieren zwar Ansätze zur nichtverändernden Überprüfung von Cache-Einträgen [Zal11; Beh13], diese funktionieren jedoch nicht in allen Browsern zuverlässig.

6.1.3.2 Passive Verkettungsverfahren

Vor allem die Verkettung mit passiven Verfahren kann zu einer erheblichen Verletzung des Rechts auf informationelle Selbstbestimmung führen:

1. Die passive Verkettung auf Basis impliziter Merkmale kann – wie auch die Verkettung mit expliziten Identifizierungsmerkmalen – **ohne Zustimmung des Nutzers** durchgeführt werden. Im Unterschied zur Verkettung mit expliziten Identifizierungsmerkmalen kann sie jedoch auch **gegen den Willen des Nutzers** erfolgen, da dazu das Mitwirken des Nutzers bzw. der auf seinem Endgerät installierten Anwendungen erforderlich ist.

2. Die Möglichkeit der Verkettung ist bei Vorhandensein expliziter Identifizierungsmerkmale erkennbar. Eine passive Verkettung auf Basis impliziter Merkmale ist für den Nutzer hingegen **nicht erkennbar**, da keine sichtbaren Verkettungsmerkmale vorhanden sind. Die Verkettung kann von einem Dienstanbieter daher stets abgestritten werden.

Pang et al. stellen vier charakteristische Merkmale vor, mit denen WLAN-Hotspots und WLAN-Verbünde Endgeräte wiedererkennen können [Pan+07]: die von einem Client kontaktierten **Empfänger-IP-Adressen und Port-Nummern, SSID-Probes, Broadcast-Paketgrößen** und charakteristisch belegte Felder im **Medium-Access-Control-Header (MAC-Header)**. Das erste Verfahren, die Wiedererkennung anhand der kontaktierten Empfänger-IP-Adressen und Port-Nummern, ist mit der verhaltensbasierten Verkettung vergleichbar, die Gegenstand dieses Kapitels ist. Das zweite Verkettungsverfahren nutzt die Tatsache aus, dass sich manche Betriebssystemen (etwa Windows und MacOS X) automatisch mit einem WLAN-Netz verbinden, wenn zu diesem bereits in der Vergangenheit eine Verbindung hergestellt worden war. Um zu ermitteln, ob ein bereits bekanntes Netz verfügbar ist, führt der Client ein *Probing* mit allen ihm bekannten SSIDs (Abkürzung für „Service Set Identifier", dem Namen des WLAN-Netzes) durch. Pang et al. stellen fest, dass viele Clients eine charakteristische Menge von SSIDs aufweisen, anhand derer sie unmittelbar wiedererkannt werden können. Das dritte Verfahren nutzt aus, dass auf vielen Clients Anwendungen laufen, die ihre Präsenz im Netz bekannt geben. Bei diesen Service-Discovery-Prozessen werden Broadcast-Pakete ausgesendet, die häufig eine charakteristische Größe aufweisen. Beim letzten Verfahren wird die Kombination der Protokoll-Flags im MAC-Header als Merkmal herangezogen. Diese hängt vom verwendeten WLAN-Adapter, dessen Treiber und dem Betriebssystem ab. Sie eignet sich zwar nicht zur unmittelbaren Wiedererkennung eines Clients, kann in Kombination mit den anderen Verfahren zu einer höheren Genauigkeit beitragen. Pang et al. können in ihrer Studie 64 % der Nutzer in 90 % der Fälle wiedererkennen, wenn diese einen Tag lang einen Hotspot nutzen.

Weitere Möglichkeiten, einen Nutzer anhand der Informationen wiederzuerkennen, die sein mobiles Endgerät in fremden Netzen preisgibt, stellen Aura et al. vor [Aur+08]. Den Autoren zufolge sind hiervon v. a. Laptops betroffen, die sowohl im Unternehmensnetz als auch in öffentlichen Netzen eingesetzt werden. Durch die Verbindungsversuche zu

Hosts aus dem Intranet des Unternehmens bzw. das Anhängen des intern verwendeten Domänen-Suffixes (etwa *informatik.uni-hamburg.de* oder *firma-meier.localdomain*) an angefragte Domainnamen lassen sich Endgeräte mitunter wiedererkennen.

Viele Nutzer sind mit einer Verkettung ihrer Aktivitäten nicht einverstanden und löschen daher mehr oder weniger regelmäßig ihre Browser-Cookies. Zahlen von Yahoo zufolge löschen über 10 % der Yahoo-Toolbar-Nutzer täglich ihre Cookies und über 30 % mindestens einmal im Monat [Das+12]. Da durch das Cookie-Löschen die tatsächliche Reichweite von Werbeanzeigen nicht präzise bestimmt werden kann, haben v. a. Werbenetzwerke ein Interesse an passiven Verkettungsverfahren, die nicht auf die Kooperation des Nutzers angewiesen sind. Yen et al. zeigen [Yen+12], dass bereits die Kombination aus dem vom Browser übermittelten User-Agent-String und einem IP-Adressenpräfix für viele Nutzer eindeutig ist und die Verkettung von Sitzungen erlaubt, wenn die zugehörigen Cookies gelöscht wurden. Dasgupta et al. beschreiben ein ausgefeilteres System, das zur Verkettung zusätzliche verhaltensbasierte Kriterien (u. a. die Anzahl der besuchten Seiten, die Kategorien der besuchten Seiten, das Alter des Cookies) heranzieht [Das+12].

6.2 Konstruktion des verhaltensbasierten Verkettungsverfahrens

Das entwickelte Verfahren zur verhaltensbasierten Verkettung von Sitzungen lässt sich der Gruppe der **passiven Verkettungsverfahren** auf Basis impliziter Merkmale zuordnen, die im vorigen Abschnitt behandelt wurde. Es ist für Dienstanbieter bzw. in Anwendungsfällen geeignet, in denen ein Beobachter vollständigen oder weitreichenden Einblick in die Internetaktivitäten von Nutzern hat und die Nutzeraktivitäten innerhalb der Sitzungen verketten kann. In Tabelle 6.4 ist dargestellt, in welchen Anwendungsfällen der Beobachter zusätzliche Informationsgewinne realisieren könnte, wenn ihm eine verhaltensbasierte Verkettung von Sitzungen gelingen würde. Die Tabelle verdeutlicht, dass zahlreiche Anwendungsfälle betroffen sind und viele der von den Nutzern einsetzbaren Selbstdatenschutz-Maßnahmen ihre Wirkung verlieren.

6.2.1 Voraussetzungen für erfolgreiche verhaltensbasierte Verkettung

Das charakteristische Verhalten von Nutzern im Internet lässt sich als verhaltensbiometrisches Merkmal auffassen [YG10, S. 21]. Die Voraussetzungen für das Gelingen der verhaltensbasierten Verkettung von Sitzungen entsprechen daher den grundsätzlichen Anforderungen an Merkmale, die im Rahmen von biometrischen Authentifizierungsverfahren eingesetzt werden [JRP04]:

Universalität Jeder Mensch sollte das Merkmal aufweisen.

Erfassbarkeit Das Merkmal sollte erfasst und quantitativ erhoben werden können.

Unterscheidungskraft Das Merkmal sollte bei jeder Person individuell ausgeprägt sein.

Permanenz Das Merkmal sollte sich im Zeitverlauf möglichst wenig ändern.

Tabelle 6.4: Zusätzlich realisierbare Informationsgewinne (durch [**x**] markiert) durch verhaltensbasierte Verkettung von Sitzungen

Anwendungsfall		D1	D2	D3	D4	I1	I2a	I2b
A1	Festnetz-ISP							
(a)	– je Anschluss/IP-Adresse 1 Nutzer	ja	alle	nein	ja	x	x	
(b)	– je Anschluss/IP-Adresse >1 Nutzer	ja	alle	nein	nein		x	
A2	VPN							
(a)	– mit Beziehungspseudonym	ja	alle	ja	ja	x	x	x
(b)	– mit Transaktionspseudonym	ja	alle	ja	ja	x!	x!	x!
A3	Proxy-Server							
(a)	– mit Beziehungspseudonym	ja	einige	ja	ja	x	x	x
(b)	– ohne (a)	ja	einige	ja	1N?	o	o	x!
A4	Internet-Cafe	ja	alle	nein	ja	x!	x!	
A5	Mobilfunk-ISP							
(a)	– mit Beziehungsp./Geräte-Adresse	ja	alle	ja	ja	x	x	x
(b)	– ohne (a)	ja	alle	ja	ja	x!	x!	x!
A6	Stationärer WLAN-Hotspot							
(a)	– mit Beziehungsp./Geräte-Adresse	ja	alle	nein	ja	x	x	
(b)	– ohne (a)	ja	alle	nein	ja	x!	x!	
A7	WLAN-Verbund; (a)–(b) wie A6	A6	A6	ja	A6	x!	x!	x!
A8	Rek. Nameserver ISP; (a)–(b) wie A1	A1	A1	A1	A1	(x)	(x)	
A9	Rek. Nameserver Drittanbieter	ja	alle	ja	1N?	o	o	x!
A10	Webseite							
(a)	– mit Cookies/Beziehungspseudonym	ja	eine	ja	ja	x	x	x
(b)	– ohne (a)	ja	eine	ja	1N?	o	o	x!
A11	Werbenetzwerk; (a)–(b) wie A10	ja	einige	ja	ja	(x)	(x)	x!
A12	Web-Suchmaschine							
(a)	– mit Cookies/Beziehungspseudonym	ja	einige	ja	ja	x	x	x
(b)	– ohne (a)	StIP?	einige	!D1	1N?	o	o	
(c)	– Nutzer sendet Dummy-Anfragen	A12	A12	A12	nein		(x)	(x)

Legende: [**D1**]: Sitzungsübergreifende Verkettung möglich; [**D2**]: Beobachtbare Empfänger-Adressen; [**D3**]: Dienst von mehreren Orten aus benutzbar; [**D4**]: Beobachtbare Aktivitäten korrespondieren mit Nutzerinteressen. [**StIP?**] drückt aus, dass die Ausprägung von D1 davon abhängt, ob der beobachtete Nutzer über eine statische (D1 „ja") oder eine dynamische IP-Adresse verfügt (D1 „nein"). [**1N?**] drückt aus, ob die für den Beobachter sichtbare IP-Adresse von einem Nutzer verwendet wird. [**!D1**] drückt aus, dass D3 jeweils die gegenteilige Ausprägung von D1 annimmt. [**x**] drückt aus, dass der Informationsgewinn realisierbar ist, [**(x)**] drückt aus, dass er in manchen Fällen realisierbar ist und [**o**] drückt aus, dass er nur dann realisierbar ist, wenn StIP? und 1N? (für I1) bzw. StIP? (für I2a) die Ausprägung „ja" aufweisen.

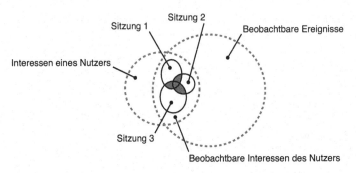

Abbildung 6.1: Beobachtbarkeit von Nutzerinteressen in Internetsitzungen (eigene
Darstellung; nach [Her+10])

Die Anforderung der Universalität ist zumindest für die Menschen, die das Internet nutzen,
erfüllt. Die Erfassbarkeit des Nutzerverhaltens hängt von der konkreten Beobachtungs-
situation ab. Ob die verbleibenden Anforderungen ausreichend erfüllt sind, wird die in
Abschnitt 6.3 durchgeführte Evaluation der entwickelten Verkettungsverfahren zeigen.

6.2.1.1 Verkettungspotential

Das Internet ist zu einem festen Bestandteil des Alltags geworden [WH02; EF13]. Viele
Menschen befriedigen inzwischen einen Großteil ihrer Informationsbedarfe im WWW.
Spezialisierte Webseiten halten Interessierte zu einzelnen Themen auf dem Laufenden bzw.
ermöglichen den Austausch mit Gleichgesinnten. Ein Teil der Interessen eines Nutzers ist
anhand seiner Aktivitäten im Internet beobachtbar (s. Abbildung 6.1).

Eine verhaltensbasierte Verkettung der Sitzungen eines Nutzers ist möglich, wenn

1. er seine Interessen in einer Vielzahl von Internetsitzungen auslebt,

2. sich die Interessen im Zeitverlauf nur geringfügig ändern und

3. sich seine Interessen ausreichend stark von den Interessen anderer Nutzer unterscheiden.

Wenn diese Voraussetzungen bei einem Nutzer erfüllt sind, weisen seine Sitzungen ein
hohes individuelles **Verkettungspotential** auf. Fasst man die ersten beiden Voraussetzungen zusammen, lassen sich zwei orthogonale Dimensionen des Verkettungspotentials
identifizieren (vgl. Abbildung 6.2):

Stationarität Das Verhalten der Nutzer bleibt im Zeitverlauf weitgehend konstant.

Individualität Das Verhalten der Nutzer weist charakteristische Eigenschaften auf, anhand derer sich verschiedene Nutzer unterscheiden lassen.

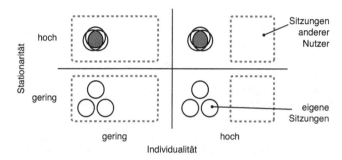

Abbildung 6.2: Dimensionen des Verkettungspotentials der Sitzungen eines Nutzers

Ein hohes Verkettungspotential wird dann erreicht, wenn das Verhalten eines Nutzers eine hohe Stationarität *und* eine hohe Individualität aufweist. Bislang gibt es keine Untersuchungen, die das Zusammenwirken beider Dimensionen betrachten. In existierenden Studien finden sich lediglich Hinweise darauf, dass es Nutzer gibt, bei denen eine der beiden Dimensionen stark ausgeprägt ist. Der nächste Abschnitt fasst die wichtigsten Erkenntnisse aus der Literatur zusammen.

6.2.1.2 Studien zur Charakterisierung des Benutzerverhaltens

Die Auswertung von Internetaktivitäten fällt in das Forschungsgebiet „Web Mining" [CMS97; CMS99; KB00]. Das Nutzerverhalten wird in den Unterdisziplinen „Web Usage Mining" [Yan+96; Sri+00; Pie+03] und „User Modeling" [Yam08] analysiert.

Es gibt zahlreiche Studien, die darauf hinweisen, dass das Verhalten vieler Nutzer eine **hohe Stationarität** aufweist. Bereits 1997 untersuchen Tauscher und Greenberg das „Revisitation"-Verhalten der Nutzer [TG97], um Vorschläge für die Gestaltung von Browsern zu machen. Mit empirisch aufgezeichnetem Datenverkehr konnten sie zeigen, dass Nutzer eine kleine Gruppe von Seiten regelmäßig wiederbesuchen und sich die Menge dieser Seiten langsam verändert.

Auch Obendorf et al. [Obe+07] und Herder [Her06] analysieren das Benutzerverhalten mit dem Ziel, die Unterstützung des Nutzers durch den Browser zu verbessern. Sie kategorisieren das Benutzerverhalten anhand empirischer Daten wie folgt: Wiederkehrende Besuche nach sehr kurzer Zeit kommen demnach primär dadurch zustande, dass ein Nutzer einen gerade verfolgten Navigationspfad wieder zurückgeht. Bei mittleren Zeitabständen scheint die Motivation der Nutzer hingegen darin zu bestehen, sich über die Seiteninhalte auf dem Laufenden zu halten, während die Autoren bei sehr großen Zeitabständen davon ausgehen, dass ein Nutzer eine bereits zuvor besuchte Seite neu entdeckt.

In einer umfangreichen Untersuchung haben Adar et al. die zeitlichen Abstände zwischen wiederkehrenden Besuchen analysiert [ATD08]. In ihrer Studie besuchen alle Nutzer einige Seiten innerhalb weniger Stunden und Tage erneut. Die Autoren mutmaßen, dass wiederkehrende Besuche u. a. dadurch motiviert sind, dass Nutzer sich über Änderungen auf einer Seite auf dem Laufenden halten wollen [ATD09]. Anhand empirischer Daten stellen sie u. a. zwei Zusammenhänge fest. Zum einen gilt: Je mehr Nutzer eine Webseite aufrufen, desto häufiger ändert sich ihr Inhalt. Zum anderen gilt: Je häufiger eine Seite von jedem Nutzer besucht wird, desto häufiger ändert sich ihr Inhalt. Diese Erkenntnisse stützen zwar ihre Hypothese, allerdings lassen sich die wiederkehrenden Besuche nicht ausschließlich auf die Änderungsfrequenz zurückführen.

Die angesprochenen Studien belegen, dass die meisten Nutzer einige Webseiten mehrmals innerhalb eines Tages bzw. im Abstand von wenigen Stunden bis wenigen Tagen aufrufen. Diese Beobachtung ist eine notwendige Voraussetzung für eine hohe Stationarität, sie ist allerdings nicht hinreichend. Diese ist nur dann gegeben, wenn die Nutzer in jeder ihrer Sitzungen eine ausreichend große Menge von Webseiten wiederbesuchen.

Es gibt auch einige Studien, die sich mit der **Individualität des Nutzerverhaltens** auseinandersetzen. So stellen Cockburn und McKenzie bereits im Jahr 2001 in einer empirischen Studie mit 17 Nutzern fest [CM01], dass 91 % der URLs in einer Log-Datei von nur jeweils einem Nutzer besucht wurden. Ein wesentlich größerer Datensatz kommt in der Untersuchung von Olejnik et al. zum Einsatz [OCJ12]. Der Datensatz besteht aus der mittels History-Sniffing erhobenen Browser-History von über 386 000 Internetnutzern, die an der „What the Internet Knows About You"-Studie der Autoren teilgenommen haben. Beim History-Sniffing wurden 6000 populäre Webseiten berücksichtigt. Olejnik et al. stellen fest, dass 69 % der Nutzer eine einzigartige Kombination von Webseiten besucht haben. Dieser Anteil steigt auf 97 %, wenn nur die Nutzer betrachtet werden, die mindestens vier der 6000 populären Seiten besucht haben. Selbst wenn nur 50 populäre Seiten betrachtet werden, haben viele Nutzer eine einzigartige Kombination.

Einige Nutzer haben im Studienzeitraum mehrmals die Projektseite besucht. Bei 70 % dieser Nutzer stimmt die Menge der besuchten Seiten mit dem vorherigen Besuch überein, wenn lediglich 500 populäre Seiten berücksichtigt werden, bei den meisten übrigen Nutzern gibt es jeweils große Übereinstimmungen. Die Ergebnisse von Olejnik et al. deuten darauf hin, dass die meisten Nutzer ein ausreichend individuell ausgeprägtes Nutzungsverhalten aufweisen. Da die Nutzungsprofile jedoch aus der Browser-History bestehen, lässt sich aus ihren Ergebnissen nicht auf eine hohe Stationarität des Verhaltens schließen. Da einmal besuchte Seiten über viele Tage in der Browser-History verbleiben, verändert sich die Browser-History im Zeitverlauf nur geringfügig. Im Unterschied dazu stehen bei der Verkettung von Sitzungen nur die jeweils darin besuchten Webseiten zur Verfügung.

6.2.2 Existierende Arbeiten

Die verhaltensbasierte Verkettung von Internetsitzungen wurde bislang noch nicht untersucht. Es gibt jedoch einige Veröffentlichungen, die sich mit der verhaltensbasierten *Wiedererkennung* von Nutzern beschäftigen. Im Gegensatz zur *Verkettung einzelner Sitzungen* befassen sich die Arbeiten zur verhaltensbasierten Wiedererkennung von Nutzern jedoch mit der Ermittlung charakteristischer Verhaltensmuster aus *mehreren Sitzungen*. Im Folgenden werden die wesentlichen Forschungsbeiträge vorgestellt. Einige der in Abschnitt 6.2.4 konstruierten Verkettungsverfahren basieren auf diesen Verfahren.

6.2.2.1 Nutzer-Wiedererkennung mit Nutzungsprofilen nach Yang et al.

Eine der ersten Untersuchungen, die sich mit der Wiedererkennung von Nutzern anhand ihres charakteristischen Verhaltens beim Surfen im Internet auseinandersetzt, ist die Arbeit von Gao und Sheng [GS04]. Deutlich umfangreicher sind die Arbeiten von Padmanabhan und Yang, die analysieren, unter welchen Umständen sich charakteristische Muster aus dem Verhalten von Internetnutzern extrahieren lassen [PY06; YP08].

In einer darauf aufbauenden Arbeit [Yan10] betrachtet Yang ein E-Commerce-Szenario, in dem ein Dienstanbieter eine Mehrfaktor-Authentifizierung für die Kunden seiner Web-Anwendung realisieren möchte: Zusätzlich zur bereits bestehenden Anmeldung mit Zugangsdaten (Benutzername und Passwort) soll ein verhaltensbiometrisches Merkmal, das Internet-Nutzungsverhalten der Kunden, verwendet werden: Nach Yangs Vorstellung übermittelt ein Kunde dazu bei jedem Anmeldevorgang einen Datensatz an den Dienstanbieter, aus dem sich das aktuelle Internet-Nutzungsverhalten des Kunden entnehmen lässt. Dieser Datensatz wird durch eine Software erzeugt, die auf dem Endgerät des Kunden läuft und automatisch alle besuchten Webseiten protokolliert. Bei der Anmeldung an der Web-Anwendung übermittelt die Software dann neben den Zugangsdaten des Kunden auch den Datensatz, der die Nutzeraktivitäten der letzten Internetsitzungen enthält.

Als Vergleichsbasis verfügt der Dienstanbieter über eine entsprechende Datenbank, in der die Internet-Nutzungsprofile aller Kunden hinterlegt sind (Trainingsdaten). Mittels des von Yang vorgeschlagenen Wiedererkennungsverfahrens kann der Dienstanbieter dann die Identität des Nutzers verifizieren. Dazu ermittelt der Dienstanbieter, mit welchem der ihm bekannten Nutzungsprofile das zu testende unbekannte Nutzungsprofil, das sich aus den Sitzungen ergibt, die bei dem aktuellen Anmeldevorgang übertragen wurden, am besten übereinstimmt.

Yang schlägt zwei Verfahren zur Konstruktion von Nutzungsprofilen vor (Support- und Lift-basierte Nutzungsprofile). Zusätzlich berücksichtigt sie zwei wohluntersuchte Klassifikationsverfahren aus dem Gebiet des maschinellen Lernens: C4.5-Entscheidungsbäume [Hal+09] und Support Vector Machines (SVMs, vgl. [CV95]).

Zur Evaluation der Verfahren greift Yang auf einen Datensatz des Anbieters comScore[2] zurück. Sie betrachtet insgesamt das Internet-Nutzungsverhalten von 2798 Nutzern. Aus dem Datensatz zieht Yang wohldefinierte Teil-Datensätze, welche das Nutzungsverhalten von zwei bis 100 Nutzern enthalten. In jedem Teil-Datensatz sind 300 aufeinanderfolgende Sitzungen von jedem Nutzer enthalten. Die ersten 200 Sitzungen dienen als Trainingsdaten, aus denen die Nutzungsprofile erzeugt werden, die im unterstellten Szenario bereits in der

---

[2]Homepage: *http://www.comscore.com*

Datenbank des Dienstanbieter hinterlegt sind. Aus der Menge der übrigen 100 Sitzungen werden die Sitzungen gezogen, die der unterstellte Nutzer der Web-Anwendung beim Anmeldevorgang präsentiert.[3]

Yangs Verfahren erzielen bei der Zuordnung der unbekannten Nutzungsprofile zu den bereits bekannten Nutzungsprofilen eine Übereinstimmung von bis zu 87 % (mit Support-basierten Nutzungsprofilen). Dieses Ergebnis wird allerdings nur dann erreicht, wenn das unbekannte zu identifizierende Nutzungsprofil aus 100 Sitzungen erzeugt wird. Im Fall, dass dieses Nutzungsprofil aus einer einzigen Sitzung erzeugt wird, werden (dem C4.5-Klassifikator, der in diesem Fall am besten abschneidet) nur noch **62 % der Profile** korrekt zugeordnet – zu beachten ist, dass auch in diesem Fall die Nutzungsprofile, die in der Datenbank des Dienstanbieters hinterlegt sind, weiterhin aus 200 Sitzungen erzeugt werden.

Bei den vergleichsweise kleinen Nutzergruppen, die aus bis zu 100 Nutzern bestehen, reichen die charakteristischen Verhaltensmuster offenbar in vielen Fällen aus, um zwei Nutzungsprofile desselben Nutzers einander zuzuordnen. Yang konnte ihre Verfahren aufgrund mangelnder Skalierbarkeit ihrer Implementierung allerdings nicht auf größere Nutzergruppen anwenden. Wie sie selbstkritisch anmerkt, lassen sich ihre Ergebnisse daher nicht ohne weiteres auf größere Nutzergruppen übertragen [Yan10, S. 269]. Abgesehen von der unzureichenden Skalierbarkeit weist das von Yang vorgeschlagene verhaltensbasierte Authentifizierungsverfahren zudem **zwei Schwächen** auf, auf die in [Yan10] nicht eingegangen wird.

Die erste Schwäche betrifft die **zweifelhafte Sicherheit des Verfahrens.** Zum einen basiert die Sicherheit des Verfahrens auf der Annahme, dass ein Angreifer, der sich mit fremden Zugangsdaten anmelden will, nicht in der Lage ist, das Internet-Nutzungsverhalten seines Opfers zu reproduzieren. Yang evaluiert ihr Verfahren jedoch nur mit *unbedarften Nutzern.* Aus den dabei erzielten Ergebnissen lässt sich jedoch nicht schlussfolgern, dass die verhaltensbasierte Identifizierung auch einen *strategischen* Angreifer erkennen würde, der gezielt die übermittelten Daten manipuliert, etwa so, dass daraus ein „durchschnittliches" Nutzungsprofil resultiert.

Die zweite Schwäche des Verfahrens betrifft den **fehlenden Schutz der Privatsphäre der Nutzer.** Yangs Verfahren ist so konstruiert, dass nur der Dienstanbieter die Nutzungsprofile erzeugen kann. Daher müssen die Kunden der Web-Anwendung zwangsläufig die „Rohdaten" übermitteln, welche detailliert über die besuchten Webseiten Auskunft geben, und darauf vertrauen, dass der Dienstanbieter diese Informationen nicht missbraucht. Im Hinblick auf eine datenschutzfreundlichere Realisierung eines solchen Authentifizierungsverfahrens besteht noch Forschungsbedarf.

Das von Yang vorgeschlagene Wiedererkennungsverfahren auf Basis von Support- und Lift-basierten Nutzungsprofilen erscheint grundsätzlich auch zur Implementierung eines

---

[3]Die verwendete Vorgehensweise bei der Evaluation ergibt sich aus Yangs Aussage „User profiles are constructed using all of the user sessions in the training set" [Yan10, S. 267] in Verbindung ihrer Aussage „For each user in a sub-dataset, we keep the first 2/3 of their sessions in the training dataset" [Yan10, S. 266].

Verkettungsverfahrens geeignet. Allerdings lassen sich anhand der von Yang publizierten Ergebnisse keine Aussagen darüber machen, inwiefern die Nutzungsprofile zur *Verkettung von einzelnen Sitzungen anhand von DNS-Anfragen* geeignet sind:

- Yangs Ergebnisse deuten darauf hin, dass sich einzelne Nutzer innerhalb kleiner Nutzergruppen von bis zu 100 Nutzern anhand ihrer Internetseiten unterscheiden lassen. Rekursive Nameserver bedienen jedoch mitunter eine wesentlich größere Nutzergruppe. Bei größeren Nutzergruppen könnte die Genauigkeit der Wiedererkennung sinken.

- Bei der Verkettung einzelner Sitzungen stehen nicht die von Yang in ihren Experimenten verwendeten 200 Trainingssitzungen zur Verfügung. Stattdessen liegt dem Beobachter im Extremfall von jedem Nutzer nur eine einzige Sitzung zum Training vor. Eine geringere Anzahl von Trainingssitzungen könnte die Genauigkeit der Wiedererkennung verringern.

- Yangs Nutzungsprofile, welche aus den *vom Nutzer besuchten Webseiten* erzeugt werden, modellieren das Nutzungsverhalten im Web-Browser präziser als dies anhand von DNS-Anfragen möglich ist. In den beobachteten DNS-Anfragen sind lediglich die Anfragen für die *primären Domainnamen* der Webseiten enthalten. Zusätzlich enthalten Nutzungsprofile, die aus DNS-Anfragen erzeugt werden, auch die beim Abruf einer Webseite entstehenden Anfragen für sekundäre Domainnamen (vgl. Abschnitt 4.2.1.2) sowie Anfragen anderer Anwendungen und des Betriebssystems (vgl. Abschnitt 4.3). Diese Unterschiede könnten die Genauigkeit der Wiedererkennung sowohl positiv als auch negativ beeinflussen.

Um zu untersuchen, inwiefern Yangs verhaltensbasiertes Wiedererkennungsverfahren auch mit den oben genannten, veränderten Rahmenbedingungen zurechtkommt, wird es bei der Evaluation in Abschnitt 6.3 berücksichtigt. In Abschnitt 6.2.4.1 wird daher näher auf die Extraktion der Nutzungsprofile, deren Vergleich sowie Anpassungen, die für die Verkettung von Sitzungen erforderlich sind, eingegangen.

6.2.2.2 Nutzer-Wiedererkennung mit Anfragevektoren nach Kumpošt and Matyáš

Unabhängig von Yang et al. haben Kumpošt und Matyáš versucht, Benutzer anhand ihres Verhaltens wiederzuerkennen [Kum07; Kum09; KM09]. Ihr Verfahren zieht hierzu die IP-Adressen in Betracht, zu denen ein Benutzer HTTP-, HTTPS- und SSH-Verbindungen aufgebaut hat. Diese Informationen extrahieren die Autoren aus NetFlow-Logdateien, die an der Masaryk-Universität in Brünn (Tschechische Republik) aufgezeichnet wurden. Aus den NetFlow-Logdateien werden Benutzerprofile erzeugt, indem für jeden Nutzer ermittelt wird, wie viele Verbindungen er in einem bestimmten Zeitraum zu den einzelnen IP-Adressen aufgebaut hat. Die Benutzerprofile werden als Vektoren dargestellt, in denen die Anzahl der Verbindungen enthalten ist, die ein Benutzer in einem vorgegebenen Zeitintervall zu einem Host hergestellt hat. Die meisten Komponenten dieser Anfragevektoren sind typischerweise leer. Das von den Autoren selbst entwickelte Wiedererkennungsverfahren implementiert zwei Maßzahlen, mit denen die Ähnlichkeit von jeweils zwei Vektoren bestimmt wird. Zum einen wird die Cosinus-Ähnlichkeit (vgl. Abschnitt 6.2.4.2) zweier Vektoren ermittelt, zum anderen wird die Größe der Schnittmenge der besuchten Empfänger-Adressen (d_{comm}) errechnet. Zur Verbesserung der Wiedererkennungsrate greifen die Autoren auf die Inverse-Document-Frequency-Transformation (vgl. Abschnitt 6.2.4.4) zurück.

Die Evaluation des Wiedererkennungsverfahrens erfolgt anhand von *monatlich aggregierten NetFlow-Logdateien* (vgl. [Kum09, S. 78]). Rückschlüsse auf kürzere Betrachtungszeiträume, wie sie für die Verkettung einzelner Sitzungen mit einer Dauer von 24 Stunden nötig wären, sind dadurch nicht ohne weiteres möglich. Die Autoren untersuchen und interpretieren die Auswirkungen verschiedener Parameter und Schwellenwerte, welche Einfluss auf die Genauigkeit der Wiedererkennung haben. In ihrer Dokumentation fehlen jedoch wesentliche Informationen bezüglich des verwendeten Datensatzes, etwa die Anzahl der gleichzeitig aktiven Nutzer sowie die Anzahl der Empfänger-IP-Adressen. Eine realistische Einschätzung bezüglich der Effektivität des Verfahrens bzw. dessen Eignung für die Verkettung einzelner Sitzungen ist dadurch nicht möglich. Die Ergebnisse der Evaluation deuten darauf hin, dass eine Wiedererkennung von Nutzern anhand der erhobenen Profile grundsätzlich möglich ist. Allerdings sind die beobachteten Fehlerraten vergleichsweise hoch. Werden nur HTTP-Anfragen betrachtet, schlagen 68 % der Wiedererkennungsversuche fehl, bei SSH-Anfragen sind es immer noch 21 % [KM09].

Zusammenfassend lässt sich feststellen, dass sich anhand der Ergebnisse von Kumpošt und Matyáš keine Aussagen über die Verkettbarkeit von einzelnen Sitzungen anhand von DNS-Anfragen machen lassen, da

- die von ihnen verwendeten aggregierten NetFlow-Daten die Anfragen eines Nutzers über einen sehr langen Zeitraum enthalten, während dem Beobachter im zu untersuchenden Szenario lediglich die Anfragen aus einzelnen Nutzersitzungen vorliegen,

- sie lediglich die kontaktierten Empfänger-IP-Adressen heranziehen, während dem Beobachter die Domainnamen der besuchten Hosts bekannt sind, welche u.a. bei Webservern, deren IP-Adresse sich im Zeitverlauf ändert, bzw. bei Webservern, welche mehrere Webseiten unter derselben IP-Adresse anbieten (virtuelle Hosts), aussagekräftiger sind, und

- sie lediglich die Verbindungen für einzelne Anwendungsprotokolle betrachten, während dem Beobachter im zu untersuchenden Szenario die DNS-Anfragen für sämtliche Anwendungsprotokolle vorliegen.

Das Wiedererkennungsverfahren von Kumpošt und Matyáš inspirierte die Entwicklung des 1NN-COSIM-Verkettungsverfahrens, das in Abschnitt 6.2.4.2 vorgestellt wird.

6.2.2.3 Eigene Voruntersuchungen mit HTTP-Anfragen

In eigenen Voruntersuchungen, die in [FGH11; Her+10] veröffentlicht sind, wurde die verhaltensbasierte Verkettung von Sitzungen bereits im Kontext von HTTP-Anfragen untersucht. Hierzu wurde im Rahmen einer vom Lehrstuhl „Management der Informationssicherheit" betreuten Studie [Ger09] der Datenverkehr von 28 Nutzern über einen Zeitraum von 57 Tagen aufgezeichnet. Bei einer Sitzungsdauer von 24 Stunden konnten bis zu 73,1 % der aufeinanderfolgenden Sitzungen korrekt verkettet werden.

Die im Verlauf dieses Kapitels beschriebenen Verfahren stellen eine Weiterentwicklung auf Basis der Voruntersuchungen dar. Um Wiederholungen zu vermeiden, wird daher an dieser Stelle darauf verzichtet, auf die in den Voruntersuchungen eingesetzten Verfahren näher einzugehen.

6.2.3 Modellierung des Verkettungsproblems

Bevor auf die Problemstellung der Verkettung von Sitzungen eingegangen wird, wird im Folgenden ein geeignetes *Beobachtungsmodell* aufgestellt. Dieses Modell dient der formalen Beschreibung der Informationen, die einem Beobachter, der Sitzungen verketten möchte, vorliegen. Es abstrahiert teilweise von den tatsächlichen Gegebenheiten, berücksichtigt jedoch die für die Verkettung von Sitzungen wesentlichen Aspekte der Realität. Im Anschluss daran wird ein *Verfahrensmodell* vorgestellt, welches eine formale Darstellung des Verkettungsproblems und geeigneter Verfahren erlaubt.

6.2.3.1 Beobachtungsmodell

Im **Beobachtungsmodell** wird jeder Nutzer durch eine dynamische IP-Adresse (allgemein: ein Pseudonym) repräsentiert. Das Modell unterstellt, dass der Internetzugangsanbieter eine regelmäßige Zwangstrennung implementiert, welche eine Änderung der IP-Adressen aller Nutzer zur Folge hat. Weiterhin wird angenommen, dass der Adresswechsel synchron für alle betrachteten Nutzer zu einem bestimmten Zeitpunkt erfolgt, etwa nachts um 4 Uhr. Diese Annahmen erleichtert eine systematische Untersuchung. In der Praxis treffen sie zum Beispiel auf Nutzer zu, die einen DSL-Router der Firma AVM einsetzen. Diese DSL-Router können die Zwangstrennung in festgelegten Zeitfenster in der Nacht durchführen (s. etwa [AVM13]).

Der Zeitraum zwischen zwei Adresswechseln wird als **Epoche** $e \in E$ bezeichnet. Alle Epochen haben eine konstante Epochendauer bzw. Sitzungsdauer Δ. Als Ausgangssituation soll vorerst ein Wert von $\Delta = 24$ Stunden angenommen werden, was einem täglichen Adresswechsel entspricht. Bei den zu beobachtenden Nutzer-Interaktionen handelt es sich um DNS-Anfragen. Jede Interaktion wird als Tripel (e,s,h) modelliert, das neben der Epoche e, in der die Interaktion beobachtet wurde, die Source-IP-Adresse s des anfragenden Nutzers sowie den angefragten Domainnamen h (Abkürzung von „Hostname") enthält.

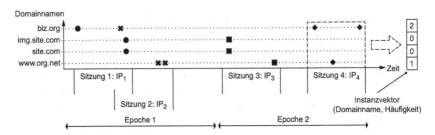

Abbildung 6.3: Beispielhaftes Szenario zur Veranschaulichung der Modellierung der Verkettung von Sitzungen (eigene Darstellung; nach [FGH11])

Die einzelnen Interaktionstripel werden zu **Benutzersitzungen** zusammengefügt. Dazu werden die Interaktionen mit übereinstimmenden Werten für e und s ermittelt. Für jeden Domainnamen $h \in H$ wird die Anzahl der Interaktionen ermittelt. Eine Benutzersitzung wird dann als $|H|$-dimensionaler Vektor $\vec{x}$, der im Folgenden als **Instanzvektor** bezeichnet wird, modelliert. Die i-te Komponente im Vektor (auch als **Attribut** bezeichnet) enthält dabei die Anzahl der Anfragen, welche in dieser Benutzersitzung für den i-ten Domainnamen gestellt wurden. Der Index i eines Domainnamens wird bestimmt, indem die Domainnamen in H in einer festen Reihenfolge (z. B. lexikographisch sortiert) angeordnet werden. In Beispiel 6.1 wird die Modellierung an einem Beispiel verdeutlicht.

Die Attributwerte sind nicht-negative Ganzzahlen, d. h. sie lassen sich auf einer **diskreten Verhältnisskala** (die auch als Ratioskala bezeichnet wird, vgl. [HKP11, S. 43 f.]) abbilden. Werden Anfragen betrachtet, die beim Surfen im WWW entstehen, ergeben sich üblicherweise sehr dünn besetzte (engl. „sparse") Vektoren. Dies ist darauf zurückzuführen, dass von einem Benutzer innerhalb einer Sitzung nur ein sehr kleiner Teil der insgesamt in einem Datensatz enthaltenen Domainnamen H besucht wird. Wie bereits bei der Betrachtung der spezifischen Eigenschaften des DNS in Abschnitt 5.4.1 ausgeführt wurde (s. S. 264), unterliegt die Verteilung der Anfragen auf die Domainnamen üblicherweise einem **Potenzgesetz**, d. h. das Nutzerverhalten lässt sich mit einer Zipf-Verteilung modellieren [Bre99; AH02; Jun+02]: Eine sehr kleine Menge von Hosts wird extrem häufig bzw. von sehr vielen Nutzern besucht, es existiert jedoch eine sehr große Menge von Domainnamen, die äußerst selten bzw. von sehr wenigen Nutzern besucht wird (sog. „long tail" oder „heavy tail"). Der Großteil der Attribute in einem Instanzvektor hat daher den Wert 0. Anstelle der Vektor-Darstellung bietet sich daher die Modellierung einer Instanz als *Multimenge* an. In der Multimenge werden lediglich die tatsächlich vorkommenden Domainnamen sowie die jeweilige Anfragehäufigkeit hinterlegt [CU10]. Multimengen lassen sich mit effizienten Datenstrukturen implementieren, z. B. mittels Hashtabellen.

Beispiel 6.1. Zur Veranschaulichung der Modellierung wird in Abbildung 6.3 ein Szenario mit zwei Nutzern skizziert. Im betrachteten Szenario haben zwei Nutzer an zwei aufeinanderfolgenden Tagen einige DNS-Anfragen gestellt. In der Nacht hat sich die

IP-Adresse beider Nutzer geändert. Im Szenario gibt es also zwei Epochen, die jeweils zwei Benutzersitzungen enthalten. Unter Verwendung der zuvor eingeführten Bezeichner lassen sich die in Abbildung 6.3 dargestellten Sitzungen wie folgt notieren:

$$S_1 = (e_1, s_1, (biz.org, site.com, img.site.com))$$
$$S_2 = (e_1, s_2, (biz.org, www.org.net, www.org.net))$$
$$S_3 = (e_2, s_3, (site.com, img.site.com, www.org.net))$$
$$S_4 = (e_2, s_4, (biz.org, www.org.net, biz.org))$$

Aus den Sitzungen ergibt sich die sortierte Liste der Domainnamen:

$$H = (biz.org, img.site.com, site.com, www.org.net)$$

und folgende Instanzvektoren (transponierte Darstellung):

$$\vec{x}_1 = (1,1,1,0)^T$$
$$\vec{x}_2 = (1,0,0,2)^T$$
$$\vec{x}_3 = (0,1,1,1)^T$$
$$\vec{x}_4 = (2,0,0,1)^T \quad \square$$

6.2.3.2 Verfahrensmodell

Das nachfolgende **Verfahrensmodell** bildet die Grundlage für die Erläuterung verschiedener Verfahren zur Verkettung von Sitzungen. Die Verkettung von Sitzungen wird im Folgenden als *Klassifizierungsaufgabe* modelliert (vgl. u. a. [HKP11, S. 327]). Eine Benutzersitzung entspricht einer einzelnen Instanz $x \in X$, die wie oben erläutert durch einen Instanzvektor $\vec{x}$ verkörpert wird. Jede Instanz x gehört zu genau einer Klasse $c \in C$, die einen bestimmten Benutzer u repräsentiert, wobei u nicht notwendigerweise der Identität eines Benutzers entspricht, sondern lediglich einem Pseudonym, das der Beobachter kennt oder dem Benutzer zugewiesen hat. Die Verkettung von Sitzungen entspricht demnach der Identifizierung von Instanzen, die derselben Klasse angehören. Diese Aufgabe wird von einem Klassifikationsverfahren durchgeführt.

Die Klassifikation von Sitzungen setzt voraus, dass der Beobachter über eine Menge von **Trainingsinstanzen** $X_{train} = \{(x_{1,1}, c_1), (x_{1,2}, c_1), (x_{2,1}, c_2), \ldots\}$ verfügt. Für jede Trainingsinstanz ist dem Beobachter die Zuordnung zu ihrer Klasse, die einen bestimmten Benutzer repräsentiert, bekannt. In der Praxis wird dem unterstellten Beobachter mitunter lediglich eine einzige Trainingsinstanz je Klasse vorliegen; wie bei X_{train} angedeutet können für eine Klasse grundsätzlich jedoch auch mehrere Trainingsinstanzen verfügbar sein. Der Nutzen mehrerer Trainingsinstanzen wird in Abschnitt 6.3.3 mit Hilfe der Kreuzvalidierung untersucht. Im Beispiel 6.1 stellen die Benutzersitzungen 1 und 2 die Trainingsinstanzen dar. Anhand X_{train} erstellt der Klassifikator ein Modell, in dem die für eine Klasse wesentlichen Eigenschaften hinterlegt sind.

Das Ziel des Beobachters ist es nun, weitere Instanzen, deren Klassenzugehörigkeit ihm noch nicht bekannt ist, den ihm bekannten Klassen zuzuordnen und damit die jeweiligen Sitzungen eines Nutzers zu verketten. Der Beobachter nutzt dazu den Klassifikator und das antrainierte Modell, um den **Testinstanzen** $X_{test} = \{(x_{?,1},?), (x_{?,2},?), (x_{?,3},?), \ldots\}$ die jeweils wahrscheinlichste Klasse zuzuordnen. Im Beispiel 6.1 handelt es sich bei den Sitzungen 3 und 4 um die Testinstanzen, welche mit den Sitzungen 1 und 2 verkettet werden sollen.

6.2.4 Verwendete Klassifikationsverfahren

In diesem Abschnitt werden drei Klassifikationsverfahren vorgestellt, mit denen Nutzersitzungen anhand der darin enthaltenen Anfragen verkettet werden können. Im Einzelnen handelt es sich dabei um

1. einen Klassifikator auf Basis der Lift- bzw. Support-basierten Nutzungsprofile von Yang (NPY, s. Abschnitt 6.2.4.1),

2. den 1-Nearest-Neighbor-Klassifikator (1NN) mit den beiden Ähnlichkeitsmaßen Jaccard-Koeffizient und Cosinus-Ähnlichkeit (s. Abschnitt 6.2.4.2) sowie

3. einen multinomialen Naïve-Bayes-Klassifikator (MNB, s. Abschnitt 6.2.4.3).

Die Effektivität der Klassifikationsverfahren hängt maßgeblich davon ab, in welcher Form ihnen die Ausgangsdaten zur Verfügung gestellt werden (Merkmalsextraktion). Während die Grundformen von 1NN und MNB alle verfügbaren Daten (angefragte Domainnamen) heranziehen, bestehen die zum Vergleich herangezogenen Nutzungsprofile bei NPY nur noch aus den charakteristischen Attributen. Für 1NN und MNB existieren jedoch Transformations- und Extraktionstechniken, die in Abschnitt 6.2.4.4 betrachtet werden.

In den folgenden Abschnitten wird die Funktionsweise der Klassifikationsverfahren erläutert. Anschließend werden die Verfahren in Abschnitt 6.3.3 und in Abschnitt 6.3.4 empirisch evaluiert.

6.2.4.1 Support- und Lift-Nutzungsprofile nach Yang (NPY)

Das von Yang in [Yan10] vorgestellte Nutzer-Wiedererkennungsverfahren greift – wie bereits das Verfahren von Gao und Sheng [GS04] – auf Techniken zurück, die im Bereich der *Assoziationsanalyse* (engl. „association rule mining", vgl. u. a. [HKP11, S. 243 ff.]) eingesetzt werden. Sie werden dazu verwendet, in Transaktionsdatenbanken nach häufig auftretenden Elementmengen (sog. „frequent itemsets") zu suchen, um anschließend Zusammenhänge und Abhängigkeiten zwischen einzelnen Transaktionen ermitteln zu können (sog. Warenkorbanalyse, vgl. etwa [HB07]).

Das Wiedererkennungsverfahren basiert auf **Nutzungsprofilen**. Jedes Nutzungsprofil enthält eine Menge von **Verhaltensmustern**. In Yangs Modell entspricht ein Verhaltensmuster dem **Besuch einer Webseite**. Die besuchten Webseiten werden dabei anhand des

primären Domainnamens (s. Definition 4.1 auf S. 146) des jeweiligen Webservers repräsentiert. Weitere Bestandteile der URL, etwa Pfade, Dateinamen sowie URL-Parameter,
werden ignoriert. Yangs Modell entspricht damit weitgehend dem in Abschnitt 6.2.3.1
aufgestellten Beobachtungsmodell. Yang erwähnt zwar die grundsätzliche Möglichkeit,
zusammengesetzte Verhaltensmuster zu bilden, indem mehrere Webseiten-Besuche zusammengefasst werden; sie untersucht allerdings lediglich Verhaltensmuster, die jeweils
genau einem Webseiten-Besuch entsprechen [Yan10, S. 268]. Der Nutzen kombinierter
Verhaltensmuster wird im weiteren Verlauf dieses Kapitels noch deutlich werden (vgl. die
Bildung von N-Grammen in Abschnitt 6.2.4.4).

Yang hat ihr Verfahren für einen Anwendungsfall entworfen, in dem ein Dienstanbieter,
etwa der Betreiber eines Online-Shops, das charakteristische Nutzungsprofil eines Nutzers
als zusätzlichen Authentifizierungsfaktor (neben der Anmeldung mit Benutzername und
Passwort) heranzieht. Dabei wird angenommen, dass sich die Nutzer dazu bereiterklären,
dem Dienstanbieter bei der Anmeldung einen Datensatz mit Informationen zu ihrem aktuellen Internet-Surfverhalten zur Verfügung zu stellen. Der Datensatz besteht aus mehreren
Sitzungen, wobei für jede Sitzung die Domainnamen der Webserver aufgeführt werden,
die der Nutzer in der jeweiligen Sitzung besucht hat. Der Dienstanbieter erzeugt aus den
übermittelten Sitzungen des Nutzers ein Nutzungsprofil, das er mit den Nutzungsprofilen
aller ihm bekannten Nutzer in seiner Datenbank vergleicht, um die Identität des Nutzers
anhand seines charakteristischen Surf-Verhaltens zu verifizieren.

Für die Verkettung *einzelner* Sitzungen, die in diesem Kapitel im Vordergrund steht, ist
das Verfahren von Yang ungeeignet, da zur Erzeugung eines Nutzungsprofils mehrere Sitzungen eines Nutzers benötigt werden. Yangs Verfahren lässt sich jedoch so anpassen, dass
es auch zur Verkettung einzelner Sitzungen verwendet werden kann. Die durchgeführten
Anpassungen werden am Ende dieses Abschnitts dargestellt.

Zunächst wird jedoch das ursprüngliche Nutzer-Wiedererkennungsverfahren von Yang
erläutert. Es besteht aus drei Teilschritten: der Ermittlung der signifikanten Domainnamen,
der Erstellung der Nutzungsprofile und schließlich dem Vergleich von Nutzungsprofilen.
Im Anschluss an die Erläuterungen wird die Vorgehensweise in Beispiel 6.2 verdeutlicht.

Ermittlung der signifikanten Domainnamen   Bei der Konstruktion eines Nutzungsprofils kommt es darauf an, möglichst alle *charakteristischen* Eigenschaften des Nutzer-
Verhaltens zu beschreiben und möglichst keine irrelevanten Informationen abzuspeichern.
Bei Yangs Verfahren enthalten die Nutzungsprofile daher lediglich Aussagen über die
signifikanten Domainnamen, also eine Teilmenge des von den Nutzern an den Dienstbetreiber übermittelten Surf-Verhaltens. Von jedem Nutzer u werden dazu die $n_{patterns}$
Domainnamen bestimmt, die bei ihm besonders ausgeprägt sind.

Zur Bestimmung der signifikanten Domainnamen eines Nutzers zieht Yang das Support-
Signifikanzmaß heran, wie es auch bei der Bewertung von Assoziationsregeln verwendet
wird [HKP11, S. 243 ff.]. Der **Support-Wert** $s_h^u = |S_h^u| / |S^u|$ eines Domainnamens entspricht

dem Anteil der Sitzungen des Nutzers u, welche mindestens eine Anfrage für h enthalten, an allen Sitzungen des Nutzers u. Yang bezeichnet dieses Kriterium als „within user strength", da es die Stärke des Verhaltensmusters bei einem Nutzer ausdrückt. Die von einem Nutzer u besuchten Domainnamen werden anhand ihres Support-Werts absteigend sortiert. Die ersten $n_{patterns}$ Einträge dieser Liste werden zur Menge der signifikanten Domainnamen P_{all} hinzugefügt, also der Vereinigungsmenge aller signifikanten Domainnamen aller dem Dienstanbieter bekannten Nutzer. Alle weiteren Schritte berücksichtigen ausschließlich die Domainnamen, die in P_{all} enthalten sind. Yang führt ihre Experimente mit $n_{patterns} = 10$ durch und berichtet, dass sie mit größeren Werten keine wesentlich höhere Genauigkeit erreichen konnte.

Erstellung der Nutzungsprofile   Anhand der von einem Nutzer zur Verfügung gestellten Sitzungen S^u und der Menge der signifikanten Domainnamen P_{all} wird nun für jeden Nutzer ein Nutzungsprofil R^u erstellt, wobei gilt $|R^u| = |P_{all}|$. In R^u wird für jeden Domainnamen in P_{all} ein nutzerspezifischer Signifikanzwert abgespeichert; ein Nutzungsprofil enthält also nicht nur Informationen zu den signifikanten Domainnamen des jeweiligen Nutzers u, sondern auch zu den signifikanten Domainnamen der anderen Nutzer.

Yang betrachtet zwei verschiedene Signifikanzmaße. Bei der ersten Variante kommt erneut der **Support-Wert** eines Domainnamens zum Einsatz, der bereits zur Ermittlung der signifikanten Domainnamen herangezogen wurde. Bei der zweiten Variante wird hingegen der **Lift** l_h^u eines Domainnamens h als Signifikanzmaß verwendet. Der Lift basiert auf dem Support s_h^u, berücksichtigt jedoch zusätzlich, ob der Domainname auch von den anderen Nutzern angefragt wurde. Dazu wird der Support-Wert eines Domainnamens zu dessen nutzerübergreifender Signifikanz (von Yang als „overall pattern strength" bezeichnet) o_h in Relation gesetzt:

$$l_h^u = \frac{s_h^u}{o_h} \text{ mit } o_h = \frac{|S_h|}{|S|}. \tag{6.1}$$

Die nutzerübergreifende Signifikanz o_h ist der Anteil der Sitzungen, in denen h vorkommt, an allen Sitzungen aller Nutzer.

Vergleich von Nutzungsprofilen   Es sei angenommen, dass der Dienstanbieter über eine Datenbank von Nutzungsprofilen verfügt, die mit den jeweiligen Benutzerkonten verknüpft sind. Meldet sich nun ein Nutzer beim Dienstbetreiber an, übermittelt er neben Benutzername und Passwort auch einige neue Internetsitzungen. Der Dienstbetreiber erzeugt daraus wie oben beschreiben ein Nutzungsprofil, das er mit den bereits in der Datenbank hinterlegten Nutzungsprofilen vergleicht.

Bei der Erzeugung des zu überprüfenden Nutzungsprofils $R^?$ werden wieder nur die signifikanten Domainnamen in P_{all} berücksichtigt, die bei der Erzeugung der Nutzungsprofile in der Datenbank verwendet wurden. Alle anderen Domainnamen spielen keine Rolle.

Zum Vergleich wird die Ähnlichkeit des Nutzungsprofile $R^?$ zu allen in Nutzungsprofilen in der Datenbank bestimmt. Yang ermittelt hierzu jeweils den euklidischen Abstand zwischen den Vektoren. $R^?$ wird schließlich demjenigen Nutzer u zugeordnet, dessen Nutzungsprofil R^u den geringsten Abstand zu $R^?$ hat. Gehört R^u nicht zu dem Benutzer, der sich gerade beim Dienstbetreiber anmelden will, kann der Dienstbetreiber den Anmeldeversuch verweigern oder zusätzliche Authentifizierungsmaßnahmen ergreifen.

Beispiel 6.2. Zur Veranschaulichung werden die drei Schritte im Folgenden noch einmal anhand eines vereinfachten Beispiels mit zwei Nutzern dargestellt. Die Anzahl der signifikanten Domainnamen pro Nutzer sei $n_{\text{patterns}} = 2$. Bei der Registrierung haben die Nutzer jeweils drei Internetsitzungen zur Verfügung gestellt. Wenn Nutzer u_1 bzw. u_2 die Sitzungen

$$S_1^{u_1} : \quad [\mathit{site.com, img.site.com, biz.org}] \qquad S_1^{u_2} : \quad [\mathit{biz.org, portal.de, news.at}]$$
$$S_2^{u_1} : \quad [\mathit{site.com, img.site.com, www.org.net}] \qquad S_2^{u_2} : \quad [\mathit{biz.org, music.com}]$$
$$S_3^{u_1} : \quad [\mathit{site.com, portal.de}] \qquad S_3^{u_2} : \quad [\mathit{portal.de, video.net}]$$

an den Dienstbetreiber übermittelt haben, ergeben sich aufgrund ihrer Support-Werte (in Klammern) *site.com* (3/3) und *img.site.com* (2/3) als signifikante Domainnamen von u_1 sowie *biz.org* (2/3) und *portal.de* (2/3) als signifikante Domainnamen von u_2. Diese vier Domainnamen bilden die Menge der signifikanten Domainnamen P_{all} ={*biz.org*, *img.site.com*, *portal.de*, *site.com*}. Weiterhin sei angenommen, dass der Dienstanbieter bei der Erzeugung der Nutzungsprofile das Support-Signifikanzmaß verwendet und daher

	biz.org	img.site.com	portal.de	site.com
R^{u_1}	1/3	2/3	1/3	3/3
R^{u_2}	2/3	0/3	2/3	0/3

in seiner Datenbank abspeichert. Nun meldet sich Nutzer u_1 erneut beim Dienstbetreiber an und übermittelt drei neue Sitzungen:

$$S_1 : \quad [\mathit{site.com, img.site.com, portal.de}]$$
$$S_2 : \quad [\mathit{img.site.com, www.org.net}]$$
$$S_3 : \quad [\mathit{portal.de, music.com}]$$

Daraus erzeugt der Dienstbetreiber auf Basis von P_{all} das Nutzungsprofil

	biz.org	img.site.com	portal.de	site.com
$R^?$	0/3	2/3	2/3	1/3

und vergleicht es mit den bereits existierenden Nutzungsprofilen in seiner Datenbank. Dazu berechnet er die beiden Abstände

$$d_{u_1} = \sqrt{(1/3 - 0/3)^2 + (2/3 - 2/3)^2 + (1/3 - 2/3)^2 + (3/3 - 1/3)^2} \approx 0{,}82$$
$$d_{u_2} = \sqrt{(1/3 - 0/3)^2 + (0/3 - 2/3)^2 + (2/3 - 2/3)^2 + (0/3 - 1/3)^2} = 1{,}00$$

und folgert aus dem Ergebnis, dass $R^?$ zu u_1 gehört. □

Adaption des Verfahrens von Yang Das Verfahren von Yang kann nicht unmittelbar zur Verkettung von Sitzungen angewendet werden. Die oben beschriebene *Ermittlung der signifikanten Domainnamen* macht nur Sinn, wenn von einem Nutzer mehrere Sitzungen vorliegen. Bei der Verkettung von Sitzungen anhand des Nutzerverhaltens, die in diesem Kapitel betrachtet wird, steht dem unterstellten Beobachter von jedem Benutzer jedoch typischerweise lediglich eine einzige Sitzung (Trainingsinstanz) zur Verfügung, die mit einer weiteren Sitzung (Testinstanz) zu verketten ist. Im ersten Schritt von Yangs Verfahren (Ermittlung der signifikanten Domainnamen) erhalten in diesem Fall jedoch alle Domainnamen, die in dieser einen Sitzung auftreten, denselben Support-Wert $s_h^u = 1$. Die Domainnamen lassen sich dann nicht in einer sinnvollen Rangfolge anordnen, um die $n_{patterns}$ signifikantesten Domainnamen auszuwählen.

Um Yangs Verfahren zur Verkettung von einzelnen Sitzungen einzusetzen, muss die *Ermittlung der signifikanten Domainnamen* anhand einer einzelnen Sitzung erfolgen. Die nachfolgend beschriebene **Adaption des Verfahrens von Yang** setzt diese Anforderung um.

Gemäß des Beobachtungsmodells (s. Abschnitt 6.2.3.1) kennt der unterstellte Beobachter die Anfragehäufigkeit der einzelnen Domainnamen innerhalb einer Sitzung. Die Anfragehäufigkeit wird nun als Heuristik zur Ermittlung der signifikanten Domainnamen verwendet, indem diejenigen Domainnamen ermittelt werden, für die ein Nutzer innerhalb einer Sitzung die meisten Anfragen gestellt hat. Diese Heuristik unterstellt, dass die intensive Nutzung eines Internet-Angebots *innerhalb einer einzelnen Sitzung* ein guter Indikator dafür ist, dass dieses Angebot auch *über mehrere Sitzungen hinweg* genutzt wird. Dieser Zusammenhang erscheint zunächst plausibel, wenn man sich etwa vor Augen führt, dass einige Nutzer ihre präferierten Nachrichten- und Wetterseiten als Teil ihrer täglichen Routine mehrmals täglich abzurufen.

Dennoch weist diese Heuristik – insbesondere bei der Anwendung auf DNS-Anfragen – drei Schwächen auf:

1. Sehr signifikante Domainnamen, die zwar in jeder Sitzung angefragt werden, jedoch nur vergleichsweise wenige Anfragen auf sich ziehen, werden übersehen. Im Fall von DNS-Anfragen tritt dieser Fall ein, wenn ein entsprechender Domainname eine sehr hohe TTL, z. B. 24 Stunden aufweist, wodurch der Beobachter im Grenzfall lediglich eine einzige Anfrage pro Tag sieht, da der Client bei allen weiteren Anfragen die Daten in seinem Cache heranzieht.

2. Domainnamen mit sehr niedrigen TTL-Werten, z. B. im Bereich von wenigen Minuten, wie sie inzwischen von einigen CDNs (s. Abschnitt 2.8.1) verwendet werden, führen zu einer sehr großen Zahl von Anfragen, auch wenn das zugehörige Webangebot nur kurzzeitig bzw. ein einziges Mal aufgerufen wurde.

3. Anhand der Heuristik lässt sich nicht schlussfolgern, dass die damit identifizierten Domainnamen tatsächlich auch das charakteristische Verhalten eines Nutzers wiedergeben und somit als Wiedererkennungsmerkmale geeignet sind.

Durch die Anpassungen ist ein quantitativer Vergleich der erzielten Wiedererkennungsgenauigkeit des ursprünglichen Verfahrens mit der Verkettungsgenauigkeit des adaptierten Verfahrens kaum aussagekräftig. Unabhängig davon ist zu beachten, dass der Bezeichner n_{patterns} beim adaptierten Verfahren eine andere Semantik hat als beim ursprünglichen Verfahren. Während beim ursprünglichen Verfahren von jedem Nutzer maximal n_{patterns} Domainnamen zur Menge P_{all} hinzugefügt werden, werden beim adaptierten Verfahren *aus jeder Sitzung* eines Nutzers n_{patterns} Domainnamen zur Menge P_{all} hinzugefügt. Liegen also bei der Verkettung mehrere Sitzungen eines Nutzers vor, dann werden pro Nutzer bis zu $|S^u| \cdot n_{\text{patterns}}$ Domainnamen pro Nutzer zu P_{all} hinzugefügt. Im Falle einer einzigen Trainings- bzw. Testinstanz ist die Semantik dieses Parameters jedoch bei beiden Varianten identisch.

Die Adaption wirkt sich lediglich auf den Schritt der Ermittlung der signifikanten Domainnamen aus. Die Erstellung der Nutzungsprofile mit den Signifikanzmaßen Support und Lift bzw. der Vergleich von Nutzungsprofilen erfolgt genau so wie beim ursprünglichen Verfahren. Im weiteren Verlauf werden die beiden Varianten des adaptierten Verfahrens mit **NPY-SUPPORT** und **NPY-LIFT** (Nutzungsprofile nach Yang) bezeichnet.

6.2.4.2 1-Nearest-Neighbor-Klassifikator (1NN)

Ein leicht nachvollziehbares Verfahren zur Verkettung von Sitzungen ist der 1-Nearest-Neighbor-Klassifikator (1NN-Klassifikator). Dabei handelt es sich um eine Variante des kNN-Klassifikators (vgl. etwa [MRS08, S. 297]), der zu den instanzbasierten Lernverfahren gehört. Nearest-Neighbor-Klassifikatoren bestimmen die Klasse, zu der eine vorliegende Testinstanz gehört, indem sie die Testinstanz mit allen Trainingsinstanzen vergleichen, um die Trainingsinstanz zu ermitteln, die ihr am ähnlichsten ist. Ein kNN-Klassifikator nimmt die Zuordnung anhand der k ähnlichsten Instanzen vor. Dabei wird angenommen, dass von jeder Klasse mehrere Trainingsinstanzen vorliegen und diese mehrheitlich unter den k ähnlichsten Instanzen landen werden. Die vorhergesagte Klasse wird dann vom Klassifikator durch einen Mehrheitsentscheid ermittelt. Die Einbeziehung von k Instanzen erhöht dabei die Robustheit des Verfahrens, da Ausreißer und Entartungsfälle das Klassifikationsergebnis nur bedingt beeinflussen. Beim 1NN-Klassifikator wird die Entscheidung hingegen anhand einer einzigen Instanz getroffen. Da im vorliegenden Szenario (s. Abschnitt 6.1) unterstellt wird, dass dem Beobachter lediglich eine einzige Trainingsinstanz von jedem Nutzer vorliegt, wird im Folgenden lediglich der 1NN-Klassifikator betrachtet.

Die Effektivität des 1NN-Klassifikators hängt maßgeblich von der Wahl eines geeigneten **Distanzmaßes (bzw. Ähnlichkeitsmaßes)** ab. Das Distanzmaß wird dazu verwendet, um eine vorliegende Testinstanz paarweise mit allen Trainingsinstanzen zu vergleichen. Die gemäß des Beobachtungsmodells erzeugten Instanzvektoren bestehen aus Attributen, die sich in einer Verhältnisskala abbilden lassen. Für den Vergleich solcher numerischer Vektoren kommt grundsätzlich die Minkowski-Distanz bzw. ihr bekanntester Vertreter, der euklidische Abstand der Vektoren, in Frage [HKP11, S. 72]. Für die vorliegenden Daten ist dieses Distanzmaß jedoch weniger geeignet, da die Instanzvektoren nur dünn besetzt sind. Da ein Großteil der Attribute in einem Instanzvektor den Wert 0 hat, sind sich alle Vektoren relativ ähnlich. Die Tatsache, dass bei zwei Vektoren dieselben Attribute fehlen, bedeutet jedoch nicht notwendigerweise, dass sie zum selben Benutzer gehören. Ein vergleichbares Problem tritt bei der Klassifizierung von Textdokumenten auf [HKP11, S. 77]. Es wird also ein Maß benötigt, das lediglich die von 0 unterschiedlichen Attribute zur Bestimmung der Ähnlichkeit heranzieht. Hierfür eignen sich der Jaccard-Koeffizient und die Cosinus-Ähnlichkeit.

Jaccard-Koeffizient   Der Jaccard-Koeffizient wurde u. a. von Olejnik et al. [OCJ12] zur Wiedererkennung von Nutzern anhand der Browser-History eingesetzt (s. S. 305). Es handelt sich dabei um ein auf den Bereich $[0;1]$ normiertes Ähnlichkeitsmaß, das sich für Vektoren mit sog. **asymmetrisch-binären Attributen** [HKP11, S. 71] eignet. Binäre Attribute haben zwei Zustände, 0 oder 1, d. h. entweder ist ein Attribut bei einer Instanz vorhanden oder es ist nicht vorhanden. Bei asymmetrisch-binären Attributen ist bei der Ähnlichkeitsbestimmung lediglich die Übereinstimmung im Zustand 1 von Interesse, was aus den im vorherigen Absatz erläuterten Beweggründen im vorliegenden Szenario wünschenswert erscheint. Um die numerischen Instanzvektoren in binäre Vektoren zu transformieren, werden die von 0 verschiedenen Attributhäufigkeiten durch den Wert 1 ersetzt. Ein derart transformierter Instanzvektor lässt sich als Menge auffassen: Die Elemente dieser Menge sind gerade die Domainnamen, für die ein Nutzer innerhalb einer Sitzung mindestens eine Anfrage gestellt hat. Der Jaccard-Koeffizient ermittelt sich wie folgt:

$$s_{A,B} = \frac{|A \cap B|}{|A \cup B|}. \tag{6.2}$$

Beispiel 6.3. Sitzung 1 aus Beispiel 6.1 entspricht der Menge $X_1 = \{h_1, h_2, h_3\}$ und Sitzung 4 der Menge $X_4 = \{h_1, h_4\}$. Für die beiden Sitzungen X_1 und X_4 ergibt sich also ein Jaccard-Koeffizient von $s_{X_1, X_4} = 1/4 = 0{,}25$.   □

Kosinus-Ähnlichkeit   Die Kosinus-Ähnlichkeit (engl. „cosine similarity") ist ebenfalls ein auf den Bereich $[0;1]$ normiertes Ähnlichkeitsmaß für Vektoren. Sie ergibt sich aus dem Winkel θ, den zwei Instanzvektoren $\vec{x}$ und $\vec{y}$ im mehrdimensionalen Raum aufspannen (vgl. [HKP11, S. 77] und [BYRN99, S. 27 f.]). Ein kleiner Winkel θ entspricht einer größeren Übereinstimmung der beiden Vektoren, was sich in einem größeren Wert des Ähnlichkeitsmaßes ausdrückt. Die Kosinus-Ähnlichkeit wird als Quotient des Skalarprodukts der beiden Vektoren und dem Produkt ihrer euklidischen Längen bestimmt:

$$s_{\vec{x},\vec{y}} = \cos\theta_{\vec{x},\vec{y}} = \frac{\vec{x} \cdot \vec{y}}{|\vec{x}||\vec{y}|}. \tag{6.3}$$

Der Jaccard-Koeffizient entspricht demnach gerade der Berechnung der Kosinus-Ähnlichkeit für zwei Instanzvektoren, die aus *binären* Attributen bestehen. Im Gegensatz zum Jaccard-Koeffizient, der lediglich die Tatsache berücksichtigt, *dass* ein Nutzer eine Anfrage für einen bestimmten Domainnamen gestellt hat, fließen in die Kosinus-Ähnlichkeit zusätzliche Informationen ein, da die Anzahl der Anfragen berücksichtigt wird.

Beispiel 6.4. Die Kosinus-Ähnlichkeit für die Sitzungen $\vec{x}_1 = (1,1,1,0)^T$ und $\vec{x}_4 = (2,0,0,1)^T$ aus Beispiel 6.1 beträgt

$$s_{\vec{x}_1,\vec{x}_4} = \frac{2}{\sqrt{3}\sqrt{5}} \approx 0{,}52. \quad \Box$$

Die 1NN-Klassifikatoren, die sich mit diesen Ähnlichkeits- bzw. Distanzmaßen konstruieren lassen, werden im weiteren Verlauf, mit **1NN-JACCARD** und **1NN-COSIM** bezeichnet.

6.2.4.3 Multinomialer Naïve-Bayes-Klassifikator (MNB)

Der multinomiale Naïve-Bayes-Klassifikator (MNB-Klassifikator) ist ein probabilistisches Verfahren aus dem Bereich des überwachten maschinellen Lernens. Im Unterschied zu den 1NN-Klassifikatoren muss bei der Verwendung des MNB-Klassifikators anhand der Trainingsinstanzen ein Vorhersagemodell für jede Klasse erlernt werden (vgl. z. B. [MRS08, S. 258 ff.]). Für die vorliegende Problemstellung der Verkettung von Sitzungen eignet sich das sog. Multinomial-Modell besser als das alternative Bernoulli-Modell, da das Bernoulli-Modell nur binäre Attribute kennt und sich nicht so gut für Instanzen eignet, die eine große Anzahl an Attributen enthalten [MRS08, S. 268].

Der MNB-Klassifikator wird vor allem im Bereich der Text-Kategorisierung, etwa in E-Mail-Programmen zur Erkennung von unerwünschten Spam-Nachrichten, eingesetzt [Wu+08, S. 27]. Die Wahl dieses Klassifikators zur Verkettung von Sitzungen ist dadurch motiviert, dass die Attribute ähnlichen Gesetzmäßigkeiten unterliegen. Sowohl die Term-Häufigkeiten in Dokumenten als auch die Anfragehäufigkeiten auf Domainnamen folgen einem Potenzgesetz bzw. einer Zipf-Verteilung (vgl. die Ausführungen zum Beobachtungsmodell in Abschnitt 6.2.3.1).

Zudem ist der Rechenaufwand für Training und Klassifizierung beim MNB-Klassifikator erheblich geringer als bei leistungsfähigeren Klassifikatoren wie SVMs. Yang berichtet, dass die Wiedererkennung von Nutzern zwar auch mit SVMs gelingt, diese jedoch bei vergleichbarer Wiedererkennungsgenauigkeit einen erheblich größeren Rechenaufwand verursachen: Die Laufzeit der Experimente verdreifachte sich dabei im Vergleich zu Yangs eigenen Verfahren [Yan10].

Im Folgenden wird die Funktionsweise des MNB-Klassifikators erläutert. Anschließend wird die Vorgehensweise in Beispiel 6.5 (s. S. 329) illustriert.

Funktionsweise Die Zuordnung einer Testinstanz zu einer Klasse erfolgt beim MNB-Klassifikator anhand eines gelernten Modells. Der Klassifikator ordnet einer Testinstanz x diejenigen Klasse c_{map} zu, für welche sich der größte Wahrscheinlichkeitswert $P(c|x)$ ergibt (sog. „maximum a posteriori"-Kriterium), was sich nach [MRS08, S. 258] wie folgt notieren lässt:

$$c_{\text{map}} \;=\; \underset{c \in C}{\arg\max}\; \hat{P}(c|x). \tag{6.4}$$

Die Funktion $\arg\max$ iteriert über alle Klassen $c \in C$ und ermittelt diejenige Klasse c, bei der das Argument ($\hat{P}(c|x)$) den Maximalwert annimmt. $\hat{P}(c|x)$ ist die bedingte Wahrscheinlichkeit, dass es sich bei einer vorliegenden Testinstanz x um eine Instanz von Klasse c handelt. Der wahre Wert von $P(c|x)$ ist nicht bekannt; anhand der Trainingsinstanzen berechnet der Klassifikator die Schätzung $\hat{P}(c|x)$. $\hat{P}(c|x)$ kann durch Anwendung des Bayes-Theorems wie folgt umformuliert werden:

$$\hat{P}(c|x) \;=\; \frac{\hat{P}(c)\hat{P}(x|c)}{\hat{P}(x)}. \tag{6.5}$$

Dabei ist $\hat{P}(c)$ die sog. *A-priori-Wahrscheinlichkeit*, die angibt, wie wahrscheinlich es ist, eine Instanz von Klasse c zu beobachten. Ist ein Nutzer wesentlich aktiver als andere Nutzer, so steigt $\hat{P}(c)$ und damit auch $\hat{P}(c|x)$. Liegen dem unterstellten Beobachter historische Daten vor, bei denen die Zuordnung der Instanzen zu den Klassen bekannt ist, kann er hierfür den Maximum-Likelihood-Schätzer $\hat{P}(c) = |X_c| / |X|$ verwenden, der dem relativen Anteil der Instanzen von c an allen vorliegenden Instanzen entspricht [MRS08, S. 259]. Im weiteren Verlauf wird davon ausgegangen, dass dem Beobachter keine Informationen über klassenspezifische Nutzungshäufigkeiten vorliegen, $P(c)$ also unbekannt ist. $P(c)$ wird daher auf den Wert 1 gesetzt. Die A-priori-Wahrscheinlichkeit spielt bei der Evaluation also keine Rolle. $\hat{P}(x)$ wird beim MNB-Klassifikator üblicherweise auf den Wert 1 gesetzt, da diese Wahrscheinlichkeit nicht von c abhängt und somit die Entscheidung des Klassifikators nicht beeinflusst [MRS08, S. 265]. Es gilt also:

$$\hat{P}(c|x) \;\sim\; \hat{P}(x|c). \tag{6.6}$$

$\hat{P}(x|c)$ gibt an, wie wahrscheinlich es ist, dass ein Dokument, das zur Klasse c gehört, wie die vorliegende Testinstanz x aussieht. Um die Schätzung $\hat{P}(x|c)$ effizient berechnen zu können, werden beim MNB-Klassifikator zwei namensgebende naive Annahmen getroffen [MRS08, S. 266 f.]: Zum einen wird angenommen, dass die Auftretenswahrscheinlichkeit eines Domainnamens nicht von seiner Position in der Instanz abhängt (**positional independence assumption**). Zum anderen wird angenommen, dass die Auftretenswahrscheinlichkeit eines Domainnamens nicht vom Auftreten *anderer* Domainnamen abhängt (**conditional independence assumption**). Der Schätzer kann daher wie folgt berechnet werden [MRS08, S. 270 f.]:

$$\hat{P}(x|c) \ \sim \ \prod_{h \in H} \hat{P}(X = h|c)^{f_{h,x}}. \tag{6.7}$$

Dabei ist $\hat{P}(h|c)$ die Wahrscheinlichkeit, dass eine Anfrage für den Domainnamen h in einer Instanz der Klasse c vorkommt, und $f_{h,x}$ ist die Häufigkeit, mit der h in der vorliegenden Testinstanz x auftritt. Kommt ein Domainname h in einer Testinstanz x nicht vor (d. h. $f_{h,x} = 0$), wird der betroffene Faktor des Produkts zu 1, beeinflusst das Ergebnis also nicht. Der Klassifikator ordnet eine Testinstanz also einer Klasse c bevorzugt zu, wenn Domainnamen, die in den Trainingsinstanzen von c häufig vorkommen (Wert von $P(h|c)$ groß), auch in der Testinstanz in großer Zahl vorkommen (Wert von $f_{h,x}$ groß). Zur Bestimmung von $\hat{P}(h|c)$ wird wieder ein Maximum-Likelihood-Schätzer verwendet, indem der relative Anteil der Anfragen für Host h an allen Anfragen in den Trainingsinstanzen von c ermittelt wird [MRS08, S. 259]:

$$\hat{P}(h|c) \ = \ \frac{f_{h,c}}{\sum_{h' \in H} f_{h',c}}. \tag{6.8}$$

Der Wert $f_{h,c}$ im Zähler steht dabei für die Anzahl der Anfragen für den Domainnamen h in den Trainingsinstanzen von c. Im Nenner wird die Anzahl der Anfragen in den Trainingsinstanzen von c ermittelt.

Die Verwendung des Schätzers aus Equation 6.8 führt allerdings zu einem Problem, wenn (mindestens) ein Domainname in den Trainingsinstanzen einer Klasse nicht vorkommt: Gemäß Equation 6.8 wird in diesem Fall $\hat{P}(h|c) = 0$ geschätzt. Bei der Bestimmung von $\hat{P}(x|c)$ geht dann der Wert 0 in das Produkt ein, was auch insgesamt zu $\hat{P}(x|c) = 0$ führt. Um diesen Fehler zu vermeiden, wird bei der Ermittlung der Schätzung $\hat{P}(h|c)$ eine sog. *Laplace-Glättung* durchgeführt [MRS08, S. 260]:

$$\hat{P}(h|c) \ = \ \frac{f_{h,c}+1}{\sum_{h' \in H}(f_{h',c}+1)}. \tag{6.9}$$

Die Vorgehensweise des MNB-Klassifikators wird im Folgenden anhand eines stark vereinfachten Beispiels (angelehnt an [Her08, S. 53 f.]) illustriert.

Beispiel 6.5. Dem Beobachter liegen die DNS-Anfragen vor, die in der Epoche e_1 von drei verschiedenen Nutzern an ihn gestellt wurden (Sitzungen s_1 bis s_3). Zu einem späteren Zeitpunkt zeichnet der Beobachter die DNS-Anfragen einer vierten Sitzung s_4 auf. Nun möchte der Beobachter mit dem MNB-Klassifikator ermitteln, zu welcher der drei älteren Sitzungen s_4 am besten passt. Die Sitzungen sind in Tabelle 6.5 abgebildet.

In der Trainingsphase werden für die existierenden Sitzungen drei Klassen c_1 bis c_3 angelegt. Auf Basis der vorliegenden Trainingsinstanzen ergibt sich die Menge der Domainnamen $H = \{$ *google.de, uhh.de, zeit.de, ct.de, bild.de, test.de, ruf.de* $\}$. Zunächst werden nach

Tabelle 6.5: Sitzungen zur Veranschaulichung der Funktionsweise des MNB-Klassifikators in Beispiel 6.5

	Domainnamen
s_1	*google.de* (3), *uhh.de* (1), *zeit.de* (2), *ct.de* (4)
s_2	*google.de* (1), *bild.de* (1), *test.de* (3), *ruf.de* (3), *ct.de* (2)
s_3	*google.de* (1), *uhh.de* (2), *zeit.de* (3), *ct.de* (4)
s_4	*google.de* (1), *uhh.de* (1), *bild.de* (1), *ct.de* (2)

Equation 6.8 die bedingten Wahrscheinlichkeiten $\hat{P}(h|c)$ für alle Klassen und Domainnamen berechnet, wobei die Laplace-Glättung nach Equation 6.9 zum Einsatz kommt. Der Nenner $\sum_{h' \in H}(f_{h',c} + 1)$ nimmt dabei stets den Wert $10 + 7$ an, da alle Trainingssitzungen im Beispiel aus 10 DNS-Anfragen bestehen und $|H| = 7$ (s. Abbildung 6.4).

Anhand des in der Trainingsphase erzeugten Modells, das aus den $\hat{P}(h|c)$-Werten besteht, kann nun die Klassifizierung der Testinstanz s_4 vorgenommen werden. Dazu müssen gemäß Equation 6.4 die Wahrscheinlichkeitswerte $\hat{P}(c|x)$ ermittelt werden. Wegen der in Equation 6.6 aufgestellten Proportionalitätseigenschaft kann die Berechnung unmittelbar gemäß Equation 6.7 erfolgen. Die Berechnung ist in Abbildung 6.5 dargestellt.

Es ergibt sich also $c_{map} = c_1$, d. h. auf Basis des MNB-Klassifikators geht der Beobachter davon aus, dass die Testinstanz s_4 und die Trainingsinstanz s_1 zum selben Nutzer gehören. □

Wie das Beispiel zeigt entstehen beim Aufmultiplizieren der bedingten Wahrscheinlichkeiten $\hat{P}(h|c)$ in Equation 6.7 sehr kleine Werte. In gängigen Programmiersprachen kann es dadurch zu einem arithmetischen Unterlauf (engl. „floating point underflow") kommen [MRS08, S. 258]. Um $\hat{P}(x|c)$ mit einer ausreichenden Genauigkeit ermitteln zu können, wird daher vor der Implementierung üblicherweise eine logarithmische Transformation auf Equation 6.7 angewendet. Das Produkt kann dann wegen $\log(xy) = \log x + \log y$ durch die Summe der logarithmierten Werte ersetzt werden, bei der kein arithmetischer Unterlauf entstehen kann.

6.2.4.4 Transformation der Eingabedaten

Bei den vorgestellten Klassifikatoren hat jedes Attribut das gleiche Gewicht, d. h. alle Attribute beeinflussen das Klassifikationsergebnis gleichermaßen. Einzelne Attribute können daher zu einer unerwünschten Verzerrung der Klassifikationsentscheidung führen. Dies kann durch eine geeignete Transformation der Eingabedaten vermieden werden. Im Forschungsfeld der Text-Kategorisierung haben sich verschiedene Transformationstechniken für Instanzvektoren etabliert, mit denen die Klassifikationsgenauigkeit erhöht werden kann [Ren+03]. Im Folgenden werden drei gängige Techniken vorgestellt, deren Nutzen im

$$\hat{P}(google.de|c_1) = (3+1)/(10+7) = 4/17$$
$$\hat{P}(uhh.de|c_1) = (1+1)/(10+7) = 2/17$$
$$\hat{P}(zeit.de|c_1) = (2+1)/(10+7) = 3/17$$
$$\hat{P}(bild.de|c_1) = \hat{P}(test.de|c_1) = \hat{P}(ruf.de|c_1) = (0+1)/(10+7) = 1/17$$
$$\hat{P}(ct.de|c_1) = (4+1)/(10+7) = 5/17$$

$$\hat{P}(google.de|c_2) = (1+1)/(10+7) = 2/17$$
$$\hat{P}(uhh.de|c_2) = \hat{P}(zeit.de|c_2) = (0+1)/(10+7) = 1/17$$
$$\hat{P}(bild.de|c_1) = (1+1)/(10+7) = 2/17$$
$$\hat{P}(test.de|c_1) = \hat{P}(ruf.de|c_2) = (3+1)/(10+7) = 4/17$$
$$\hat{P}(ct.de|c_2) = (2+1)/(10+7) = 3/17$$

$$\hat{P}(google.de|c_3) = (1+1)/(10+7) = 2/17$$
$$\hat{P}(uhh.de|c_2) = (2+1)/(10+7) = 3/17$$
$$\hat{P}(zeit.de|c_3) = (3+1)/(10+7) = 4/17$$
$$\hat{P}(bild.de|c_3) = \hat{P}(test.de|c_1) = \hat{P}(ruf.de|c_3) = (0+1)/(10+7) = 1/17$$
$$\hat{P}(ct.de|c_3) = (4+1)/(10+7) = 5/17$$

Abbildung 6.4: Bestimmung von $\hat{P}(h|c)$ für Beispiel 6.5

$$\hat{P}(c_1|s_4) \sim (4/17)^1 \cdot (2/17)^1 \cdot (3/17)^0 \cdot (1/17)^1 \cdot (1/17)^0 \cdot (1/17)^0 \cdot (5/17)^2 \approx 3{,}99 \cdot 10^{-4}$$
$$\hat{P}(c_2|s_4) \sim (2/17)^1 \cdot (1/17)^1 \cdot (1/17)^0 \cdot (2/17)^1 \cdot (4/17)^0 \cdot (4/17)^0 \cdot (3/17)^2 \approx 8{,}45 \cdot 10^{-6}$$
$$\hat{P}(c_3|s_4) \sim (2/17)^1 \cdot (3/17)^1 \cdot (4/17)^0 \cdot (1/17)^1 \cdot (1/17)^0 \cdot (1/17)^0 \cdot (5/17)^2 \approx 3{,}52 \cdot 10^{-4}$$

Abbildung 6.5: Bestimmung von $P(c|x)$ für Beispiel 6.5

Zuge der Evaluation untersucht werden wird. Die erste Technik besteht in einer **Transformation der Häufigkeitswerte** (engl. transformation of frequencies) $f_{h,x}$. Im vorliegenden Szenario handelt es sich dabei um die Auftretenshäufigkeit eines Domainnamens h in einer Sitzung x. Durch Anwendung einer sublinearen Transformation $\log(1 + f_{h,x})$ wird der Einfluss extrem großer Häufigkeitswerte reduziert [WF05, S. 311]. Zusätzlich hat es sich bewährt, alle Vektoren auf eine einheitliche Länge zu normalisieren [WF05, S. 310]. Die Anwendung dieser Transformation wird im weiteren Verlauf durch das Kennzeichen **TFN** (als Abkürzung für engl. „transformation of **f**requencies and vector **n**ormalization") bezeichnet. Werden die ursprünglichen Instanzvektoren verwendet, wird dies durch das Kennzeichen **RAW** ausgedrückt.

Die Häufigkeiten $f_{h,x}$ können weiterhin mit der sog. **Inverse-Document-Frequency** (IDF) multipliziert werden [WF05, S. 311], die v. a. im Bereich des „Information Retrieval" eingesetzt wird [Jon72] und wie folgt definiert ist:

$$\mathrm{idf}_h = \log \frac{N}{n_h}. \tag{6.10}$$

Dabei ist N die Anzahl aller vorliegenden Trainingsinstanzen und n_h die Anzahl der Trainingsinstanzen, in denen der Domainname h vorkommt; n_h wird auch auch als **Document-Frequency (DF)** von h bezeichnet. Durch die Multiplikation der Attributwerte mit dem jeweiligen IDF-Wert wird das Gewicht von Domainnamen, die in vielen Instanzen vorkommen bzw. von vielen Nutzern abgerufen werden, reduziert. Die Anwendung dieser Transformation wird mit der Abkürzung **IDF** gekennzeichnet. Die IDF-Transformation kann auch mit der TFN-Transformation kombiniert werden: Die Normalisierung der Instanzvektoren auf eine einheitliche Länge erfolgt dabei allerdings erst *nach* der Anwendung der IDF-Transformation. Daher wird für die Kombination der beiden Transformationen das Kennzeichen **TFIDFN** verwendet.

Bei der dritten Technik handelt es sich um die Bildung von **N-Grammen**. Dadurch kann im Bereich der Text-Kategorisierung die Genauigkeit der Klassifikation erhöht werden [Bee88; CT94; Dam95; WF05, S. 353]. N-Gramme wurden auch mit Erfolg abseits der Text-Kategorisierung, etwa zur Verbesserung der Genauigkeit von Datenverkehrsanalysen, eingesetzt [RL07]. Bei der Bildung von N-Grammen werden zusätzliche Attribute eingeführt, welche jeweils aus n der ursprünglich vorhandenen Attributen bestehen. Die zusammengesetzten Attribute ergeben sich durch sequentielles Einlesen der Anfragen in chronologischer Reihenfolge. Dabei wird für jede Kombination von n aufeinanderfolgenden Attributen ein N-Gramm-Attribut erzeugt. N-Gramme können den Informationsgehalt einer Instanz erhöhen, da sie Informationen über den Kontext von Attributen und Abhängigkeiten zwischen Attributen beisteuern. Für die Verkettung von Sitzungen anhand von DNS-Anfragen ist diese Eigenschaft vielversprechend, da der Abruf einer Webseite mitunter mehrere DNS-Anfragen auslöst.

Die Bildung von N-Grammen wird durch Anhängen eines Suffixes an die bisher eingeführten Kennzeichen kenntlich gemacht: Das **Suffix 1** bedeutet, dass lediglich die ursprünglichen Attribute vorkommen. Das **Suffix 2** drückt hingegen aus, dass 2-Gramme (Bigramme) gebildet und die Instanzvektoren ausschließlich aus diesen (anstelle der ursprünglichen Attribute) gebildet werden. Das **Suffix 1+2** bezeichnet schließlich Instanzvektoren, die neben den ursprünglichen Attributen zusätzlich noch Bigramme enthalten. Die Erzeugung von N-Grammen verdeutlicht das nachfolgende Beispiel.

Beispiel 6.6. Sitzung S_1 in Beispiel 6.1 enthält die Anfragen (*biz.org,site.com,img.site.com*), Sitzung S_2 enthält (*biz.org,www.org.net,www.org.net*). Daraus ergeben sich folgende Bigramme:

$$S_1: \quad [biz.org,site.com] \text{ und } [site.com,img.site.com]$$
$$S_2: \quad [biz.org,www.org.net] \text{ und } [www.org.net,www.org.net].$$

Falls lediglich diese beiden Sitzungen gegeben sind, kann eine lexikographisch sortierte Attributliste

$$H = (biz.org,[biz.org,site.com],[biz.org,www.org.net],$$
$$img.site.com,site.com,[site.com,img.site.com],$$
$$www.org.net,[www.org.net,www.org.net])$$

erstellt werden. Dementsprechend ergeben sich für die beiden Sitzungen folgende Instanzvektoren:

$$S_1: \quad \vec{x}_1 = (1,1,0,1,1,1,0,0)^T$$
$$S_2: \quad \vec{x}_2 = (1,0,1,0,0,0,2,1)^T \quad \square$$

6.3 Empirische Evaluation des Verkettungsverfahrens

Die in Abschnitt 6.2.4 beschriebenen Klassifikationsverfahren wurden in Experimenten mit aufgezeichnetem Datenverkehr hinsichtlich ihrer Eignung zur Verkettung von Sitzungen untersucht. In Abschnitt 6.3.1 wird zunächst der verwendete Datensatz beschrieben. In Abschnitt 6.3.2 folgt ein Überblick über die entwickelte Evaluationsumgebung. Daran schließt sich in Abschnitt 6.3.3 die Beschreibung der Kreuzvalidierungsexperimente an, mit denen die Klassifikationsverfahren unter kontrollierten Bedingungen untersucht werden. Den Großteil des Abschnitts nimmt schließlich die Evaluation unter realen Bedingungen ein (s. Abschnitt 6.3.4). Die Diskussion der Ergebnisse folgt dann in Abschnitt 6.4.

6.3.1 Datensatz

In diesem Abschnitt wird zunächst in Abschnitt 6.3.1.1 der Prozess der Datenerhebung beschrieben, mit dem die zur Evaluation verwendeten Datensätze erzeugt wurden. Dabei wird insbesondere auf Maßnahmen eingegangen, die zum Schutz der Privatsphäre der

Nutzer ergriffen wurden (s. Abschnitt 6.3.1.2). In den Abschnitten 6.3.1.3 bis 6.3.1.5 folgen
die Beschreibung der im Datensatz vorliegenden Daten, eine erste Auswertung anhand deskriptiver Statistiken sowie die Beschreibung einer Methode zur graphischen Darstellung
von Instanzen.

6.3.1.1 Datenerhebung

An einen für die Evaluation geeigneten Datensatz sind folgende Anforderungen zu stellen. Um signifikante Ergebnisse zu erhalten, muss der zu untersuchende Datensatz eine
ausreichende Größe aufweisen, d. h. zum einen die DNS-Anfragen von möglichst vielen Nutzern enthalten und sich zum anderen über einen möglichst langen Zeitraum
erstrecken. Weiterhin muss der Datensatz gemäß des in Abschnitt 6.2.3.1 aufgestellten
Beobachtungsmodells **den Inhalt der DNS-Anfragen (inkl. Domainnamen) und die
Anfragezeitpunkte** enthalten. Schließlich müssen die einzelnen Nutzer im gesamten Betrachtungszeitraum über ein **gleichbleibendes Nutzer-Pseudonym** repräsentiert werden,
damit alle DNS-Anfragen eines Nutzers eindeutig ihm zugeordnet werden können. Nur
wenn diese Anforderungen erfüllt sind, lassen sich die Klassifikationsverfahren empirisch
validieren.

Zunächst wurden öffentlich verfügbare Datensätze, in denen der Datenverkehr von Nutzergruppen zu Forschungszwecken aufgezeichnet wurde, hinsichtlich ihrer Eignung für
die geplante Untersuchung untersucht. In den einschlägigen Archiven CAIDA und WITS
sind jedoch keine Datensätze verfügbar, die alle Anforderungen erfüllen.[4] Daher musste
ein Datensatz erzeugt werden, der den Anforderungen entspricht. Als Quelle wurde das
Datennetz der Universität Regensburg ausgewählt:

Statische IP-Adressen Im Datennetz der Universität Regensburg werden den Endgeräten in vielen Netzsegmenten *statische IP-Adressen* (vgl. [KK00]) zugewiesen, was eine
Voraussetzung für *gleichbleibende Nutzer-Pseudonyme* ist. Statische Adressen werden zum
einen im *Campus-Netz* vergeben, in dem sich die PCs von Professoren und Mitarbeitern
sowie Server, Drucker und andere Netzgeräte befinden, und zum anderen in *Wohnheim-
Netzen*, welche den vom Studentenwerk betriebenen Studentenwohnheimen zugeordnet
sind.

In den Netzsegmenten mit statischer Adressvergabe wird den Geräten anhand ihrer MAC-
Adresse von den DHCP-Servern immer dieselbe IP-Adresse zugewiesen. Jedes Gerät muss
dazu von seinem Besitzer einmalig manuell registriert werden. Zum Zeitpunkt der Datenerhebung hatten die meisten Nutzer lediglich ein einziges Gerät registriert. Da der
Betrieb von Routern oder NAT-Gateways durch die Nutzungsbedingungen des Rechenzentrums ausgeschlossen wird, *sollte* jede IP-Adresse demnach von genau einem Nutzer

---

[4]Die Datensätze von CAIDA („The Cooperative Association for Internet Data Analysis") sind unter
http://www.caida.org/data/ verfügbar. Die Datensätze von WITS („Waikato Internet Traffic Storage")
sind unter *http://wand.net.nz/wits/* verfügbar.

```
26-Jan-2010 10:23:49.770 client 132.199.18.16#5619:↵
   query: google.de IN A +
```

Beschreibung der Felder: Datum, Uhrzeit mit Millisekunden, IP-Adresse und UDP-Port (5619) des anfragenden Clients, angefragter Domainname inkl. Klasse (IN) und Typ (A) und Query-Flags (das „+" drückt aus, dass eine rekursive Anfrage gestellt wird)

Abbildung 6.6: Beispiel einer Zeile im BIND-Zugriffsprotokoll und Erläuterung der Datenfelder; die ursprüngliche IP-Adresse wurde für die Abbildung durch einen Platzhalter ersetzt.

benutzt werden. In der Praxis kann es dennoch dazu kommen, dass zeitweise mehrere Nutzer unter einer IP-Adresse aktiv sind, etwa wenn Studierende ihre Nachbarn besuchen. Solche Ereignisse lassen sich während der Datenerhebung jedoch nicht zuverlässig erkennen. Daher muss akzeptiert werden, dass nicht alle erfassten Nutzersitzungen frei von Fremdeinflüssen sind. Es ist jedoch davon auszugehen, dass die Verkettung durch die Fremdeinflüsse zusätzlich erschwert wird. Die erhaltenen Erfolgsraten *unterschätzen* also die Genauigkeit der Verfahren, die bei einem Datensatz erzielt würde, der frei von Fremdeinflüssen ist.

Die statischen IP-Adressen stellen gleichbleibende Nutzer-Pseudonyme dar, welche eine Evaluation der Klassifikationsverfahren ermöglichen. Bei der Evaluation wird ein Szenario *mit dynamischen IP-Adressen simuliert*, d. h. die Klassifikationsverfahren werden mit der Situation konfrontiert, die sich ergeben würde, wenn die Endgeräte der Nutzer im Laufe der Zeit verschiedene IP-Adressen hätten, wie es etwa bei vielen DSL-Anschlüssen der Fall ist. Da die tatsächliche Zuordnung aller Sitzungen zu den jeweiligen Nutzern im Datensatz vorliegt, können die Verkettungsentscheidungen der Klassifikationsverfahren auf Korrektheit geprüft werden.

Planung und Durchführung der Datenerhebung Die Datenerhebung erfolgte in Zusammenarbeit mit dem Rechenzentrum der Universität Regensburg. Die Universität Regensburg betreibt zwei BIND-Nameserver, welche als autoritative Nameserver für die Domain uni-regensburg.de und zugleich als rekursive Nameserver für die Nutzer am Campus fungieren. Zur Datenerhebung wurde im Zeitraum zwischen 1. Februar 2010 und 30. Juni 2010 die Zugriffsprotokollierung auf beiden Servern aktiviert. Die erhaltenen Log-Dateien wurden täglich archiviert und nachbearbeitet. An die Protokollierung schloss sich ein Datenbereinigungsprozess an, um alle externen Anfragen anhand der Sender-IP-Adresse zu entfernen und um ungültige Zeilen zu eliminieren. Weiterhin wurden die Daten zum Schutz der Privatsphäre der Nutzer pseudonymisiert (s. Abschnitt 6.3.1.2). In Abbildung 6.6 ist der Aufbau des Zugriffsprotokolls vor der Pseudonymisierung anhand eines Beispiels dargestellt.

Die gewählte Vorgehensweise stellt einen Kompromiss zwischen erzielbarer Datenqualität bzw. erzielbarer Vollständigkeit und erforderlichem Aufwand dar. Eine vollständige Erhebung sämtlicher DNS-Anfragen ist mit dieser Vorgehensweise nicht möglich. DNS-Anfragen, die nicht an einen der beiden rekursiven Nameserver sondern an den Server eines Drittanbieters gesendet werden, fehlen in dem Datensatz. Weiterhin konnten auf diese Weise lediglich die Anfragen, jedoch nicht die dazugehörigen Antworten aufgezeichnet werden. Für die vollständige Protokollierung sämtlicher DNS-Anfragen und -Antworten wäre eine Aufzeichnung aller UDP-Pakete auf Port 53 auf den zentralen Routern (oder zumindest auf den rekursiven Nameservern) erforderlich gewesen. Eine geeignete Passive-DNS-Replication-Infrastruktur (s. Abschnitt 2.8.5) stand zum Zeitpunkt der Datenerhebung nicht zur Verfügung.

Eine solche Datenerhebung berührt die Privatsphäre der betroffenen Nutzer, was eine umsichtige Planung, die Abwägung von Untersuchungszielen und Nutzerinteressen sowie eine sorgfältige Durchführung erforderlich macht. Während in früheren Studien (z. B. [RKG06] sowie die in [Sog11] als Beispiele kritisierten Studien [McC+08; CCP10]) auf diese Aspekte kaum Wert gelegt wurde, wird in der IT-Sicherheitsforschung dem Schutz der Privatsphäre der von einer Studie betroffenen Nutzer sowie dem adäquaten Entwurf von Untersuchungen inzwischen große Aufmerksamkeit geschenkt (vgl. [DBD09; KBM10] für Perspektiven im Netzwerksicherheit-Umfeld, [VWR04] für Perspektiven im Web-Mining-Umfeld sowie [Bur08] für einen Überblick über die anzuwendenden gesetzlichen Regelungen in den Vereinigten Staaten). Eine Aufzeichnung und Auswertung des Datenverkehrs ist nach vorherrschender Meinung *grundsätzlich* nur zulässig, wenn die betroffenen Nutzer von dem Vorhaben zuvor informiert wurden und eine freiwillige, schriftliche Einverständniserklärung (in der englischsprachigen Literatur als „informed consent" bezeichnet) abgegeben haben. In Ausnahmefällen, insbesondere wenn von der Erhebung bzw. Auswertung keinerlei Gefahr für die Betroffenen ausgehen kann, kann von diesem Erfordernis abgewichen werden.

Im Einvernehmen mit dem Leiter des Rechenzentrums wurde entschieden, die Datenerhebung ohne Information der Nutzer durchzuführen, jedoch organisatorische und technische Mechanismen zur Gewährleistung des Datenschutzes (s. Abschnitt 6.3.1.2) zu implementieren. Ausschlaggebend für diese Vorgehensweise waren die folgenden zwei Ziele, die mit der Datenerhebung verfolgt wurden.

1. Das erste Ziel bestand in der Erhebung eines Datensatzes, mit dem Aussagen zur Durchführbarkeit der Verkettung von Sitzungen unter realen Bedingungen bei größeren Nutzergruppen als in früheren Untersuchungen möglich sein würden. Hierzu ist ein ausreichend großer Datensatz erforderlich, der die Sitzungen von möglichst vielen Nutzern enthält. Die vorherige Einholung einer Einverständniserklärung wäre diesen Bestrebungen zuwidergelaufen, da zum einen eine individuelle Ansprache aller Nutzer unpraktikabel gewesen wäre und da zum anderen zu erwarten war, dass sich nur ein Teil der Nutzer zu einer Datenerhebung bereit erklären würde. Anlass zu dieser Vermutung gab eine eigene Voruntersuchung [FGH11; Her+10], bei der

bereits die Akquise einer vergleichsweise kleinen Anzahl von 28 Studienteilnehmern einen erheblichen Aufwand verursachte.

2. Das zweite Ziel war die Generalisierbarkeit der mit dem Datensatz erzielten Ergebnisse, d. h. die Ergebnisse sollten auf andere, vergleichbare Szenarien übertragbar sein. Dieses Ziel kann gefährdet werden, wenn es durch die Vorabinformation der Nutzer zu einem sog. Reaktivitätseffekt (s. [BD06, S. 504]) kommt: Wissen die Nutzer von der laufenden Untersuchung ihres Verhaltens, kann es passieren, dass sie bewusst oder unbewusst von ihrem normalen Verhalten abweichen. Dieses in der Literatur auch als „Hawthorne-Effekt" (vgl. u. a. [Lan58]) bezeichnete Phänomen kann die Generalisierbarkeit (externe Validität) von Erkenntnissen gefährden [BD06, S. 504].

6.3.1.2 Schutz der Privatsphäre durch Pseudonymisierung

Spätestens seit van Wel und Royakkers in [VWR04] dargelegt haben, dass „Web-Data-Mining" die Privatsphäre von Internetnutzern beeinträchtigen kann, sind bei Untersuchungen, die sich mit dem Internet-Nutzungsverhalten von Menschen auseinandersetzen, ethische Erwägungen erforderlich. Frühere Arbeiten, die sich mit der Analyse von DNS-Anfragen beschäftigen, etwa die Studie von Ren et al. [RKG06], schenken dem Schutz der Privatsphäre allerdings noch keine Beachtung bzw. es fehlt eine Dokumentation etwaiger Vorkehrungen. Ren et al. lagen offenbar die unveränderten DNS-Zugriffsprotokolle zur Auswertung vor. Gerade wenn die Nutzer vor der Datenerfassung nicht informiert werden, kommt dem Schutz der Daten und der Wahrung der Privatsphäre jedoch eine zentrale Bedeutung zu: In der Studie von McDonald und Cranor gaben 64 % der befragten Teilnehmer an, dass die Nachverfolgung ihrer Onlineaktivitäten für sie einen Eingriff in ihre Privatsphäre darstelle [MC10, S. 23].

Vor der Datenerhebung, die im Rahmen der vorliegenden Arbeit durchgeführt wurde, wurde daher mit dem Leiter des Rechenzentrums der Universität Regensburg das im Folgenden beschriebene **Pseudonymisierungskonzept** ausgearbeitet. Das Konzept schützt auf der einen Seite die Privatsphäre der Nutzer, erhält zum anderen jedoch die für die Analyse der Verkettungsverfahren relevanten Daten und Zusammenhänge.

Die Privatsphäre der Nutzer ist primär durch die im Zugriffsprotokoll vorhandenen **Sender-IP-Adressen** gefährdet, die in der Terminologie von Pfitzmann und Hansen als *initial nicht-öffentliches Pseudonym* aufgefasst werden kann [PH10, S. 28]. Die Einordnung als initial nicht-öffentliches Pseudonym ergibt sich aus der Tatsache, dass Außenstehende anhand der IP-Adresse zunächst nicht unmittelbar auf die Identität des jeweiligen Nutzers schließen können, während den Betreibern des Rechenzentrums die Zuordnung durchaus bekannt ist. Da die Nutzer in vielen Segmenten des Universitätsnetzes statische IP-Adressen zugewiesen bekommen (vgl. Abschnitt 6.3.1.1), wird die IP-Adresse gemäß vgl. [PH10, S. 26] zu einem *Personenpseudonym* (für Nutzer, die das Internet ausschließlich über den Universitätszugang nutzen) bzw. zu einem *Rollenpseudonym* (für Nutzer, die neben dem Universitätsnetz auch andere Internetzugänge nutzen).

```
Return-path: <claus.rieder@physik.uni-regensburg.de>
Received: from rrzmta1.rz.uni-regensburg.de ([194.94.155.51])
by gwsmtp2.uni-regensburg.de with ESMTP; Fri, 23 Jul 2010 11:55:18 +0200
Received: from rrzmta1.rz.uni-regensburg.de (localhost [127.0.0.1])
by localhost (Postfix) with SMTP id 040E110D3;
Fri, 23 Jul 2010 11:54:49 +0200 (CEST)
Received: from [ 132.199.101.59 ] (pc101059.physik.uni-regensburg.de)
(using TLSv1 with cipher DHE-RSA-CAMELLIA256-SHA (256/256 bits))
(Client did not present a certificate)
(Authenticated sender:  ric12356 )
by rrzmta1.rz.uni-regensburg.de (Postfix) with ESMTPSA id B29COFFD;
Fri, 23 Jul 2010 11:54:48 +0200 (CEST)
Message-ID: <4C49670C.3020309@physik.uni-regensburg.de>
Date: Fri, 23 Jul 2010 11:55:24 +0200
From:  Claus Rieder  <claus.rieder@physik.uni-regensburg.de>
User-Agent: Mozilla/5.0 (Windows NT 6.1) Gecko/20100512 Thunderbird/3.0.5
To: Dominik Herrmann <dominik.herrmann@wiwi.uni-regensburg.de>
Subject: Master-Bewerbungsverfahren
Content-Type: text/plain; charset=UTF-8; format=flowed
Content-Transfer-Encoding: 8bit
```

Abbildung 6.7: Nutzung von Kontextinformationen zur Verkettung von IP-Adresse und Identität am Beispiel von E-Mail-Kopfzeilen (ursprüngliche Senderdaten wurden in der Abbildung durch Platzhalter ersetzt)

Zu beachten ist, dass die Unverkettbarkeit, welche zwischen der IP-Adresse und der Identität eines Nutzers anfangs für Außenstehende herrscht, im Zeitverlauf (nur) abnehmen kann. Gerade im Universitätsnetz fallen Kontextinformationen an, die Außenstehende zur Verkettung heranziehen können. So verrät der Domainname, der anhand einer IP-Adresse durch Rückwärtsauflösung ermittelt werden kann, Fakultät und ggf. Standort des Endgeräts, dem diese IP-Adresse zugewiesen wurde (z. B. *pc101059.physik.uni-regensburg.de*). Wesentlich problematischer ist die Tatsache, dass zum Zeitpunkt der Datenerfassung in den Kopfzeilen jeder E-Mail, die per SMTP beim Mailserver der Universität eingeliefert wurde, die IP-Adresse des einliefernden Clients stand (vgl. hierzu [GP10] und das Beispiel in Abbildung 6.7), wodurch eine unmittelbare Zuordnung einer IP-Adresse zur Identität eines Nutzers möglich wird. Das Ziel des Pseudonymisierungskonzepts besteht darin, diese Verkettungsmöglichkeiten zu unterbinden.

Hierzu wird das vorhandene Pseudonym p_u, die IP-Adresse eines anfragenden Nutzers, durch ein neues, *initial unverkettetes Pseudonym* $\hat{p}_u$ (vgl. [PH10, S. 25]) ersetzt. Eine nachträgliche Verkettung durch Außenstehende, aber auch durch die an der Erfassung und Auswertung beteiligten Personen soll dadurch verhindert bzw. zumindest erheblich erschwert werden. Die Pseudonymisierung wurde in den täglich automatisiert ablaufenden

Datenerfassungsprozess vor der Archivierung der Zugriffsprotokolle eingebunden. Die Originaldateien wurden unmittelbar im Anschluss gelöscht.

Zur Pseudonymisierung wurden zwei im Bereich der Anonymisierung von Log-Dateien gängige Verfahren in Betracht gezogen, die u. a. in [BÅØ05] angeführt werden: die Ersetzung der IP-Adresse durch eine *Zufallszahl* und die Ersetzung durch einen auf der IP-Adresse basierenden *Hashwert*.

Zur Verwendung von Zufallszahlen wäre es vor Beginn der Aufzeichnungen erforderlich gewesen, eine Übersetzungstabelle anzulegen, in der alle jemals auftretenden IP-Adressen bijektiv auf Zufallszahlen abgebildet werden. Um dem Rechenzentrum die Erzeugung einer geeigneten Tabelle zu ersparen, wurde zur Pseudonymisierung stattdessen eine **kryptographische Hashfunktion** [PP10] eingesetzt, die keine Übersetzungstabelle erfordert. Dabei wird die Einwegeigenschaft einer solchen Hashfunktion ausgenutzt, welche dazu führt, dass anhand des Hashwerts nicht auf die IP-Adresse zurückgeschlossen werden kann. Im Gegensatz zu einer Übersetzungstabelle handelt es sich bei einer Hashfunktion allerdings nicht um eine bijektive Abbildung, da es zu Kollisionen kommen kann. Zwei IP-Adressen würden dann auf denselben Hashwert abgebildet. Die Wahrscheinlichkeit des Auftretens von Kollisionen ist jedoch sehr gering, da die Menge der IP-Adressen vergleichsweise klein ist. Aus pragmatischen Erwägungen – der leichten Verfügbarkeit von Implementierungen und der Tatsache, dass die inzwischen gebrochene Kollisionsresistenz von MD5 (vgl. etwa [Ste12; XLF13]) für den vorliegenden Anwendungsfall ohne Bedeutung ist – fiel die Entscheidung auf die Hashfunktion MD5 [Riv92].

Eine direkte Anwendung der Hashfunktion auf die IP-Adresse s_u, also $\hat{p}_u = h_{MD5}(s_u)$, ist jedoch aus Sicherheitssicht nicht ausreichend: Da der Adressblock der Universität Regensburg, 132.199.0.0/16, lediglich 2^{16} IP-Adressen umfasst, könnte ein Außenstehender schnell die Hashwerte aller möglichen Adressen ermitteln und die zu einem Hashwert gehörende IP-Adresse ermitteln. Um dies zu verhindern, wird die IP-Adresse vor Anwendung der Hashfunktion mit einer vom Rechenzentrum gewählten Zeichenkette r_{const} konkateniert, was in der Literatur auch als „keyed hashing" bezeichnet wird [BÅØ05]: $\hat{p}_u = h_{MD5}(s_u|r_{const})$. Die Zeichenkette r_{const} wurde vor Beginn der Datenerhebung festgelegt und blieb über den gesamten Aufzeichnungszeitraum konstant. Dadurch wird gewährleistet, dass alle Anfragen eines Nutzers im Datensatz anhand desselben Hashwerts erkannt werden können. Der Wert von r_{const} wurde vom Rechenzentrum nicht bekannt gegeben und nach Ende der Datenerfassung aus allen Aufzeichnungen entfernt. Der im BIND-Zugriffsprotokoll enthaltene UDP-Quellport geht nicht in das Pseudonym ein und wird verworfen. Abbildung 6.8 zeigt anhand eines Beispiels den Aufbau der pseudonymisierten Logdateien.

Grenzen des Pseudonymisierungsverfahrens Das Pseudonymisierungsverfahren erstreckt sich lediglich auf die IP-Adresse des anfragenden Nutzers. Es kann daher keinen perfekten Schutz für die Privatsphäre der Nutzer bieten. Es gibt zwei Möglichkeiten, die Nutzeridentität, welche sich hinter einem Pseudonym verbirgt, zu ermitteln. Zum

```
26-Jan-2010 10:23:49.770 client dbc23c953a2498158d24dbf67cabef6f_C↵
query: google.de IN A +
```

Beschreibung der Felder: Datum, Uhrzeit mit Millisekunden, Nutzer-Pseudonym inkl.
Netzsegment-Suffix (s. Abschnitt 6.3.1.3), angefragter Domainname inkl. Klasse, Typ
und Query-Flags

Abbildung 6.8: Beispiel einer Zeile im pseudonymisierten BIND-Zugriffsprotokoll (vgl.
auch Abbildung 6.6)

einen besteht die Gefahr, dass Nutzer die Pseudonymisierungsbemühungen selbst ausheben, indem sie DNS-Anfragen stellen, welche ihre Identität preisgeben, etwa *benutzername.blogspot.com.* Die potenziell datenschutzrelevanten Anfragen lassen sich allerdings nicht zuverlässig automatisch erkennen bzw. herausfiltern. Eine effektive Lösung dieses Problems besteht darin, die Pseudonymisierung auch auf die *Domainnamen* auszuweiten. Dies hätte allerdings explorative Untersuchungen, in denen die Rolle bestimmter Domainnamen für die Verkettung analysiert wird, unmöglich gemacht (vgl. hierzu etwa die Untersuchungen zu den benutzerspezifischen Domainnamen in Abschnitt 6.3.4.5).

Zum anderen besteht die Möglichkeit eines sog. **Query-Injection-Angriffs** [BÅØ05]. Dazu muss es einem unterstellten Angreifer, der im Besitz des erhobenen Datensatzes ist, während der Erhebung des Datensatzes gelungen sein, einen bestimmten Nutzer dazu zu bringen, eine DNS-Anfrage für eine vom Angreifer festgelegte Domain zu stellen. Dies kann etwa dadurch erreicht werden, dass der Nutzer auf einen präparierten Link klickt, der einen vom Angreifer bestimmten einzigartigen Domainnamen enthält. Dabei ruft der Nutzer eine vom Angreifer kontrollierte Webseite ab. Der Angreifer kann dann den Aufrufzeitpunkt zusammen mit dem individualisierten Domainname protokollieren. Nach der Datenerhebung kann er diese Anfrage im Datensatz heraussuchen und dadurch das Pseudonym des Nutzers ermitteln. Ein vollständiger Schutz gegen Query-Injection-Angriffe erscheint kaum möglich, wie die nachfolgenden Überlegungen aufzeigen: Der Angriff kann nicht dadurch verhindert werden, dass neben den IP-Adressen auch die *Domainnamen* mit einem Keyed-Hashing-Verfahren pseudonymisiert werden: Die Verkettung kann dann immer noch allein anhand der aufgezeichneten *Zugriffszeitpunkte* gelingen. Würde man zusätzlich noch auf die Aufzeichnung der Zugriffszeitpunkte verzichten, könnte ein Angreifer versuchen, den Nutzer bzw. sein Endgerät dazu zu bringen, ein charakteristisches Zugriffsmuster, welches aus mehreren Domainnamen erzeugt wird, zu erzeugen, das im erhobenen Datensatz erkennbar bliebe. Würde man als Reaktion darauf die Zugriffsreihenfolge verändern, bliebe die Möglichkeit der Verkettung anhand ausgefallener *Zugriffshäufigkeitswerte* oder anhand der *relativen Verhältnisse* zwischen einzelnen Häufigkeitswerten.

Die vorstehenden Überlegungen machen deutlich, dass ein ausreichender Schutz der Privatsphäre der Nutzer nicht zugesichert werden kann. In seiner jetzigen Form wird der

```
1271195950 882 d9_C google.de A
```

Beschreibung der Felder: UNIX-Zeitstempel, Millisekundenanteil des Zeitstempels,
Nutzer-Pseudonym (Rang) inkl. Netzsegment-Suffix, angefragter Domainname und Typ

Abbildung 6.9: Aufbau einer Zeile in den für die Evaluation verwendeten Log-Dateien
im „kompakten Format"

Datensatz daher unter Verschluss gehalten. Vor einer Weitergabe oder Veröffentlichung
müssen geeignete Anonymisierungstechniken entworfen und untersucht werden, was
zukünftigen Arbeiten vorbehalten bleiben soll.

6.3.1.3 Beschreibung der verwendeten Datensätze

Die vom Rechenzentrum zur Verfügung gestellten Logdateien wurden vor allen weiteren
Analysen in ein **kompaktes Format** umgewandelt. Zum einen wurden die für die Evaluation irrelevanten Felder (Anfrage-Klasse und Anfrage-Flags) entfernt. Die Datums-
und Zeitangaben wurden in UNIX-Zeitstempel umgewandelt. Zum anderen wurden
die Nutzer-Pseudonyme, die in den ursprünglichen Log-Dateien als 32-stellige MD5-
Hashwerte dargestellt wurden, durch eine kompaktere Darstellung ersetzt. Dazu wurde
die Anzahl der Anfragen pro Pseudonym ermittelt, um die Pseudonyme anhand dieser
Maßzahl absteigend zu sortieren. Die MD5-Hashwerte wurden dann jeweils durch den
Rang des Pseudonyms in Hexadezimalschreibweise ersetzt. So wurde im gesamten Datensatz das Pseudonym auf Rang 0, von dem also die meisten Anfragen ausgingen (23,5 %
aller Anfragen im Datensatz), durch den Wert 0 ersetzt, das Pseudonym auf Rang 500
durch den Wert 1f4, usw. Neben einer leichteren Wiedererkennbarkeit eines Pseudonyms
bei manuellen Analysen reduzierte diese Nachbearbeitung die Größe des Datensatzes um
41 %. Abbildung 6.9 veranschaulicht das kompakte Format.

Um eine selektive Auswertung des Datensatzes zu ermöglichen, wurde vor der Bildung des
Hashwerts das Netzsegment ermittelt, zu dem die IP-Adresse gehört, und durch Anhängen
eines entsprechenden Bezeichners an den Hashwert in der Zeile vermerkt. Tabelle 6.6
führt die vom Rechenzentrum ausgewiesenen Netzsegmente mit ihren Bezeichnern auf.

Für die Evaluation des verhaltensbasierten Verkettungsverfahrens kommen lediglich die
Netzsegmente in Frage, in denen die IP-Adressen statisch vergeben werden, also das
Campus-Netz und die beiden Netzsegmente der Wohnheime. In den Wohnheim-Netzen
gehen die DNS-Anfragen lediglich von den persönlichen Endgeräten von Studierenden
aus. Im Campus-Netz stellen neben den PCs der Mitarbeiter jedoch auch zahlreiche andere
Netzkomponenten und Server DNS-Anfragen. In Voruntersuchungen gelang es nicht, die
PCs der Mitarbeiter zuverlässig von den übrigen Komponenten zu isolieren.

Tabelle 6.6: Netzsegmente und Benutzergruppen

Bezeichner	Erläuterung	Adressvergabe
ohne	PCs von Professoren und Mitarbeitern, Server	statisch
1	erster Adressbereich für Wohnheime	statisch
2	zweiter Adressbereich für Wohnheime	statisch
C	EDV-Räume (CIP-Pools) der Universität	dynamisch
O	offenes Netz für Konferenzteilnehmer	dynamisch
8	im WLAN (802.11) eingebuchte Geräte	dynamisch
V	über VPN-Zugänge eingewählte Nutzer	dynamisch

Um repräsentative Ergebnisse zu erhalten, wurden daher zwei wohldefinierte Datensätze gebildet, die lediglich die Anfragen aus den *Wohnheim-Netzsegmenten* enthalten. Der **2M-Datensatz** enthält die Anfragen der zwei Monate Mai und Juni (1. Mai 2010 bis 30. Juni 2010, insgesamt 61 Tage). Dieser Zeitraum wurde gewählt, da es sich um die Mitte des Sommersemesters handelt, in der die meisten Studierenden gleichzeitig an der Universität präsent sind, d. h. in diesem Zeitraum treten die größten Anfragevolumina auf.

Einige Experimente stellten sich allerdings als so rechenintensiv heraus, dass sie nicht mit dem 2M-Datensatz durchgeführt werden konnten. Für diese Experimente wurde der kleinere **2T-Datensatz** erzeugt, der lediglich die Anfragen von zwei Tagen enthält (Montag, 3. Mai 2010, und Dienstag, 4. Mai 2010). An den ausgewählten Tagen waren die Zahl der gleichzeitig aktiven Nutzer und das zu beobachtende Anfragevolumen vergleichsweise hoch. Abgesehen davon sind im 2T-Datensatz im Vergleich zu den anderen Tagen im 2M-Datensatz keine Besonderheiten erkennbar.

6.3.1.4 Deskriptive Statistiken

Um einen Eindruck von der Größenordnung des Datensatz zu vermitteln, werden im Folgenden einige relevante deskriptive Statistiken betrachtet. Der 2M-Datensatz enthält 431 210 371 DNS-Anfragen, die von 3862 verschiedenen IP-Adressen ausgehen. In den Anfragen gibt es insgesamt 5 010 507 unterschiedliche Domainnamen. Weitere Statistiken sind in Tabelle 6.7 zusammengefasst. Für jede Statistik wird die *5-Werte-Zusammenfassung* (vgl. [HKP11, S. 49]) dargestellt, um einen kompakten Überblick über die Verteilung und den Wertebereich zu geben. Dazu werden fünf Werte der kumulativen Verteilung aufgeführt: Minimum und Maximum, das erste und dritte Quartil (P_{25} und P_{75}) sowie der Median (P_{50}).

Aus der Aufschlüsselung der Anfragen nach RR-Typ, wie sie in Tabelle 6.8 dargestellt ist, geht hervor, dass die meisten Anfragen aus der Adressauflösung von Domainnamen in IPv4- (A) bzw. IPv6-Adressen (AAAA) hervorgehen. Diese Anfragen werden primär von Internet-Browsern und anderen Anwendungsprogrammen erzeugt. Weiterhin ist eine erhebliche Menge von Anfragen zur Rückwärtsauflösung von IP-Adressen in Domainnamen

Tabelle 6.7: Kumulative Verteilung relevanter deskriptiver Statistiken im 2M-Datensatz

Deskriptive Statistik	Min.	P_{25}	P_{50}	P_{75}	Max.
Anfragen pro Nutzer	1	24 068	59 367	121 185	28 857 393
Anfragen pro Domainname	1	1	2	4	9 781 157
Domainnamen pro Nutzer	1	2 106	4 184	7 433	303 568
Aktive Nutzer pro Tag	1 107	2 100	2 497	3 092	3 218
Anfragen pro Nutzer und Tag	1	569	1 384	2 969	5 144 359
Domainnamen pro Nutzer und Tag	1	196	372	671	258 110
Aktive Tage pro Nutzer	1	31	43	52	61

Tabelle 6.8: Verteilung der RR-Typen der DNS-Anfragen im 2M-Datensatz

Typ	Anfragen		Domainnamen		Nutzer	
	absolut	*relativ*	*absolut*	*relativ*	*absolut*	*relativ*
Total	431 210 371	100,000	5 010 507	100,000	3 862	100,000
A	236 210 050	54,778	3 668 822	73,223	3 860	99,948
AAAA	149 322 427	34,629	2 633 070	52,551	3 170	82,082
PTR	43 060 608	9,986	815 852	16,283	1 934	50,078
SRV	1 497 622	0,347	322	0,006	2 690	69,653
MX	474 827	0,110	252 953	5,048	45	1,165
ANY	281 023	0,065	7	0,000	1 526	39,513
SOA	226 975	0,053	131	0,003	351	9,089
TXT	115 300	0,027	8 715	0,174	680	17,607
NS	12 028	0,003	346	0,007	35	0,906
TKEY	4 518	0,001	2	0,000	1	0,026
NAPTR	4 281	0,001	10	0,000	14	0,363
SPF	512	0,000	236	0,005	1	0,026
CNAME	196	0,000	190	0,004	9	0,233
AXFR	2	0,000	1	0,000	1	0,026
NULL	2	0,000	1	0,000	1	0,026

(PTR) zu beobachten. Diese werden vor allem durch den NetLogon-Dienst verursacht, der bei Windows-Betriebssystemen für die Erkennung von benachbarten Endgeräten und die Suche nach Netzwerkfreigaben zuständig ist. Die beobachteten ANY-Anfragen gehen von Desktop-PCs aus, welche mit Windows Vista oder Windows 7 betrieben werden. Diese Betriebssysteme versuchen nach dem Hochfahren bzw. beim Verbindungsaufbau den Domainnamen dns.msftncsi.com aufzulösen, um herauszufinden, ob Internetkonnektivität vorhanden ist. Einige der beobachteten ANY-Anfragen enthaltenden Domainnamen *wpad*. Diese Anfragen stammen ebenfalls von Windows-PCs, welche dadurch nach einem im Netz verfügbaren HTTP-Proxy-Server suchen. Die SRV-Anfragen gehen mehrheitlich vom Bonjour-Dienst aus, der bei Geräten, die mit Apples Betriebssystem OS X betrieben werden, nach benachbarten Geräten und Diensten im Netz sucht. Die beobachteten TXT-Anfragen werden durch einige Antivirenprogramme erzeugt, die auf diese Weise beim Hersteller die aktuelle Software-Version nachschlagen, um so über herunterzuladende Updates informiert zu werden. Die NAPTR-Anfragen wurden in einem kurzen Zeitraum von einem VoIP-Softphone erzeugt, das damit SIP-Gateways ermittelte (s. Abschnitt 2.9.4).

Die bisher genannten RR-Typen sind in einem Netz mit Desktop-Rechnern zu erwarten. Im Datensatz sind jedoch vereinzelt auch Anfragen mit unerwarteten RR-Typen enthalten. So deuten die MX-Anfragen darauf hin, dass einige Nutzer einen eigenen Mailserver betrieben haben, wobei einer dieser Mailserver das SPF-Protokoll zur Spam-Erkennung (s. Abschnitt 2.9.3.1) nutzte. Die beobachteten SOA-, NS-, TKEY- und CNAME-Anfragen deuten darauf hin, dass einige Nutzer eigene rekursive DNS-Server betrieben haben.

6.3.1.5 Graphische Darstellung von Sitzungen

Um einen Eindruck von der Zusammensetzung der Anfragen in einer Instanz zu erhalten, bietet sich die im Folgenden beschriebene graphische Darstellung an. In Abbildung 6.10a sind zwei Sitzungen desselben Nutzers dargestellt, in Abbildung 6.10b zwei Sitzungen unterschiedlicher Nutzer.

In den Abbildungen sind die Domainnamen auf der X-Achse gemäß der auf sie im Datensatz entfallenden Anzahl der Anfragen in absteigender Rangfolge aufgereiht. Die X-Achse ist in der Darstellung logarithmiert, da ein Großteil der Anfragen auf eine kleine Menge von sehr populären Domainnamen entfällt. Auf der Y-Achse wird die Anzahl der Anfragen für einen bestimmten Domainnamen in der jeweiligen Sitzung abgetragen. Zugriffe auf populäre Domainnamen finden sich in der linken Hälfte der Diagramme, Zugriffe auf seltenere Domainnamen in der rechten Hälfte.

Die gewählte Darstellungsform eignet sich dazu, die Ähnlichkeit von Sitzungen schnell visuell zu beurteilen. Dabei sind Unterschiede zum einen hinsichtlich der Auswahl der angefragten Domainnamen (Verteilung der Anfragen auf der X-Achse) als auch hinsichtlich des Anfragevolumens für einzelne Domainnamen (Länge der Linien in Y-Richtung) oder alle Domainnamen zu erkennen.

Bei den ausgewählten Beispielen ist zu erkennen, dass zwischen den Sitzungen desselben Nutzers in Abbildung 6.10a eine größere Ähnlichkeit besteht als zwischen den Sitzungen der verschiedenen Nutzer (s. Abbildung 6.10b). Dieses Ergebnis bestätigte sich in einer exemplarischen Stichprobe mit je zwei zufällig ausgewählten Sitzungen von 10 zufällig ausgewählten Nutzern aus dem 2M-Datensatz (nicht abgebildet): Die Sitzungen desselben Nutzers erschienen in der Visualisierung ähnlicher als die Sitzungen verschiedener Nutzer. Ob die Unterschiede allerdings für eine zuverlässige Verkettung ausreichen, wird sich erst bei der Evaluation der Klassifikationsverfahren ab Abschnitt 6.3.3 zeigen.

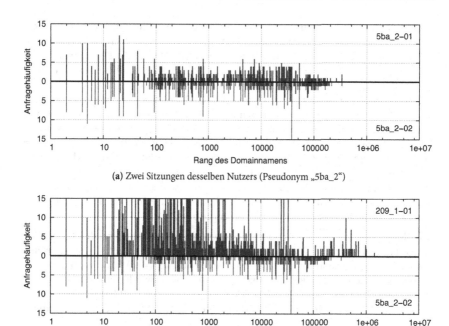

(a) Zwei Sitzungen desselben Nutzers (Pseudonym „5ba_2")

(b) Zwei Sitzungen verschiedener Nutzer („209_1" und „5ba_2")

Abbildung 6.10: Visualisierung der angefragten Domainnamen in einer Sitzung

6.3.2 Evaluationsumgebung

In diesem Abschnitt wird die Evaluationsumgebung beschrieben. Dazu wird zunächst in Abschnitt 6.3.2.1 die Vorgehensweise und die dahinterstehende Motivation erläutert. Anschließend folgt in Abschnitt 6.3.2.2 ein Überblick über den Aufbau der Evaluationsumgebung und die drei Phasen, die in jedem Experiment durchlaufen werden.

6.3.2.1 Implementierung mit dem MapReduce-Paradigma

Die Verkettung von Sitzungen mit dem MNB-Klassifikator wurde in eigenen Voruntersuchungen (s. Abschnitt 6.2.2.3) bereits anhand eines kleineren Datensatzes untersucht. Dabei wurden die HTTP-Anfragen von 28 Nutzern betrachtet. In den Voruntersuchungen erfolgte die Evaluation mit dem „MultinomialNaiveBayes"-Klassifikator aus der Data-Mining-Evaluationsumgebung *Weka*[5] [Hal+09].

---

[5]Homepage: *http://www.cs.waikato.ac.nz/ml/weka/*

Der vorliegende 2M-Datensatz ist allerdings zu groß, um ihn mit Weka zu verarbeiten. Im Vergleich zu den Voruntersuchungen ist die Anzahl der Domainnamen bereits um den Faktor 200 größer: In der Voruntersuchung traten 25 124 Domainnamen auf [Her+10], im 2M-Datensatz gibt es hingegen 5 010 507 unterschiedliche Domainnamen (s. Abschnitt 6.3.1.4). Die bei der Klassifizierung tatsächlich vorliegende Anzahl der Attribute ist im 2M-Datensatz allerdings noch größer: Werden N-Gramme gebildet, liegen etwa 38 Millionen Attribute vor (s. Abschnitt 6.3.4.7). Zum einen hätte beim Einsatz von Weka der verfügbare Arbeitsspeicher in den zur Untersuchung verfügbaren PCs (s. unten) nicht ausgereicht, da Weka Trainings- und Testinstanzen grundsätzlich vollständig im Arbeitsspeicher vorhält. Zum anderen führt Weka alle Berechnungen eines Klassifikators auf einem einzigen Prozessorkern durch. Angesichts der zu verarbeitenden Datenmengen wären die Laufzeiten der Berechnungen zu groß gewesen, um alle für eine konsequente Auswertung erforderlichen Experimente durchzuführen. Auch andere Programmpakete, etwa *R* sowie *RapidMiner* erwiesen sich als ungeeignet.[6]

Um diese Einschränkungen zu überwinden, wurden die zu evaluierenden Klassifikationsverfahren mit *Apache Hadoop* [Whi11] in Java neu implementiert. Die eingesetzten Evaluations- und Klassifikationsverfahren wurden auf Basis des Weka-Programmcodes auf das MapReduce-Paradigma portiert. Die Experimente wurden auf 18 Desktop-PCs (Intel Core i5, 4 CPU-Kerne, 3.1 GHz, 8 GB Arbeitsspeicher, 1 TB Festplattenspeicher) ausgeführt. Die Laufzeit zur Durchführung eines Experiments mit dem vollständigen 2M-Datensatz beträgt in dieser Umgebung zwischen einer und fünf Stunden.

Apache Hadoop   Bei Apache Hadoop handelt es sich eine Laufzeitumgebung zur parallelen Ausführung von verteilten Anwendungen, die große Datenmengen verarbeiten. Hadoop wird u. a. von den Unternehmen Yahoo und Facebook zur Auswertung von Log-Dateien verwendet. Von Hadoop ausgeführte Anwendungen implementieren das MapReduce-Paradigma [DG04; DG10]. Neben der Laufzeitumgebung stellt Hadoop ein verteiltes Dateisystem, das Hadoop Distributed File System (HDFS), bereit, in dem Eingabedaten, Zwischenergebnisse und Ausgabedaten abgelegt werden.

MapReduce   Ursprünglich wurde das MapReduce-Konzept von Google entworfen, um den invertierten Suchindex schneller und einfacher erstellen zu können [DG10]. Die grundsätzliche Idee wird in [DG04] erläutert: Bei MapReduce handelt es sich um ein Programmiermodell und die zugehörige Implementierung, um große Datensätze zu verarbeiten bzw. zu erzeugen. Als Programmierer definiert man dazu eine Map-Funktion und eine Reduce-Funktion. Die Map-Funktion erhält die Eingabedaten in Form von Schlüssel-Wert-Paaren. Diese werden geeignet verarbeitet und wieder als Schlüssel-Wert-Paare ausgegeben. Die Zwischenergebnisse werden anhand des Schlüssels sortiert und an die Reduce-Funktion weitergereicht, die für jeden Schlüssel ein Ergebnis erzeugt. Der Aufbau dieser Methoden wird in Listing 6.1 illustriert.

---

[6]Download unter *http://www.r-project.org/* bzw. *http://sourceforge.net/projects/rapidminer/*

Listing 6.1: Beispiel zur Ermittlung der Worthäufigkeiten in einem Dokument mit dem MapReduce-Verfahren (aus [DG10])

```
map(String key, String value):
// key: document name
// value: document contents
for each word w in value:
  EmitIntermediate(w, "1");

reduce(String key, Iterator values):
// key: a word
// values: a list of counts
int result = 0;
for each v in values:
  result += ParseInt(v);
Emit(AsString(result));
```

Viele Problemstellungen lassen sich in Map- und Reduce-Funktionen zerlegen. Die Vorzüge dieser funktionalen Darstellungen bestehen darin, dass sich solchermaßen formalisierte Programme automatisch parallelisieren und auf einer großen Anzahl von Cluster-Knoten, an die keine besonderen Anforderungen gestellt werden, ausführen lassen. Die Laufzeitumgebung (z. B. Hadoop) übernimmt die Aufteilung der Eingabedaten, die verteilte Ausführung auf den verfügbaren Knoten und den Umgang mit Ausfällen und Abbrüchen. Für viele Problemstellungen gibt es zwar effizientere Lösungen zur parallelen Verarbeitung, etwa Parallele Datenbanken [Pav+09]; das MapReduce-Konzept bietet jedoch im Vergleich zu spezialisierten Ansätzen einige Vorteile: Die Komplexität der verteilten Ausführung wird weitgehend vor dem Programmierer verborgen. Zum anderen bleibt die Komplexität bei der Entwicklung beherrschbar, da sich aufwendige Programme durch Parallel- oder Hintereinanderschaltung vergleichsweise einfacher MapReduce-Verarbeitungsschritte konstruieren lassen.

6.3.2.2 Aufbau der Evaluationsumgebung

Wie Apache Hadoop wurde auch die Evaluationsumgebung in Java entwickelt. Sie hat einen Umfang von ca. 11 000 Zeilen Java-Code (ohne Kommentare und Leerzeilen), die sich auf etwa 70 Klassen verteilen. Die Evaluationsumgebung führt ausgehend von den ursprünglichen DNS-Logdateien alle Verarbeitungsschritte durch, die zur Evaluation der Klassifikationsverfahren erforderlich sind. Durch diese Automatisierung können die erhaltenen Ergebnisse später mit geringem Aufwand reproduziert werden. Weiterhin ist es möglich, verschiedene Konfigurationsvarianten auf einen bestimmten Datensatz bzw. verschiedene Datensätze mit einer vorgegebenen Konfiguration zu evaluieren.

Die Experimente werden auf der Konsole ausgeführt. Eingabedaten und Ablauf werden durch Kommandozeilenparameter festgelegt. Zur besseren Nachvollziehbarkeit wurden alle Experimente über Shell-Skripte gestartet, in denen die verwendeten Parameter bzw. der genutzte Datensatz dauerhaft dokumentiert wird.

Im Folgenden wird der Aufbau der Evaluationsumgebung erläutert. Aus Gründen der Übersichtlichkeit wird dabei der Fall des MNB-Klassifikators im Realfall-Evaluationsszenario betrachtet; die übrigen Klassifikationsverfahren und das Kreuzvalidierungs-Evaluationsszenario weichen nur geringfügig von dieser Darstellung ab. Abbildung 6.11 zeigt die einzelnen Komponenten der Evaluationsumgebung und die von ihnen erzeugten bzw. benötigten Daten. Wie in der Abbildung angedeutet werden bei der Evaluation nacheinander **drei Phasen** durchlaufen:

1. die Zusammenstellung des Datensatzes,

2. die Erzeugung der Verkettungsvorhersagen sowie

3. die Auswertung der Vorhersagen.

Jede Phase besteht aus mehreren Schritten. Üblicherweise wird in jedem Schritt eine Map- und eine Reduce-Funktion durchlaufen. Jeder Schritt benötigt bestimmte Eingabedaten, aus denen Ausgabedaten erzeugt werden. Die Ausgabedaten werden während eines Experiments im verteilten Hadoop-Dateisystem abgelegt und von späteren Schritten ggf. wieder eingelesen. Diese Vorgehensweise erlaubt es, Experimente an einer beliebigen Stelle zu unterbrechen und später fortzusetzen.

Erste Phase   In dieser Phase erfolgt die **Zusammenstellung des Datensatzes**. Die Eingabedaten dieser Phase sind die Log-Dateien im kompakten Format (s. Abschnitt 6.3.1.3). Das Ergebnis dieser Phase ist ein Datensatz, welcher die im Experiment festgelegten Eigenschaften aufweist und im HDFS vorliegt.

Die ersten beiden Schritte (**CACHING** und **RQ**) sind optional. Sie werden nur bei der Evaluation von Schutzmechanismen (s. Kapitel 7) eingesetzt. Der CACHING-Schritt wird zur Evaluation der Caching-Strategien in Abschnitt 7.3) eingesetzt. Dabei werden in Abhängigkeit der gewählten Parameter wiederkehrende Anfragen für denselben Domainnamen aus den Log-Dateien entfernt. Der RQ-Schritt wird für die Untersuchungen in Abschnitt 7.1 benötigt, bei denen ermittelt werden soll, inwiefern das in Abschnitt 5.2.3.1 beschriebene Range-Query-Verfahren die Verkettung von Sitzungen verhindern kann. Falls der RQ-Schritt durchlaufen wird, werden zu den Log-Dateien automatisch generierte Dummy-Anfragen hinzugefügt. Auch der dritte Schritt der ersten Phase ist optional: Im **NGRAMS-Schritt** werden anhand der Anfragen in den Log-Dateien durch Konkatenation aufeinanderfolgender Domainnamen N-Gramme (s. Abschnitt 6.2.4.4) gebildet. Die N-Gramme werden im selben Format wie die ursprünglichen Anfragen jeweils direkt im Anschluss an diese in die Log-Dateien eingefügt. Die Anwendung der ersten drei Schritte ist exemplarisch in Abbildung 6.12 dargestellt.

Da die ersten drei Schritte unmittelbar auf den ursprünglichen Log-Dateien (bzw. einer Kopie der Dateien) operieren, ist ihre Verwendung für die nachfolgenden Schritte *transparent*, d. h. die nachfolgenden Schritte behandeln die Range-Query-Anfragen und

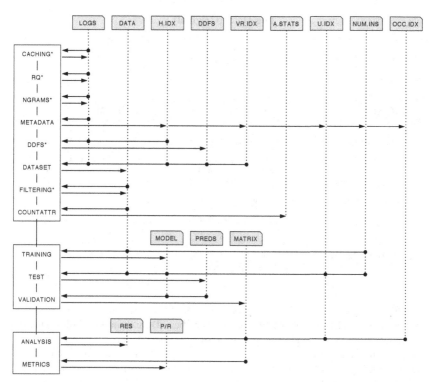

Abbildung 6.11: Komponenten der Evaluationsumgebung (mit ∗ markierte Komponenten sind optional) und die von ihnen verwendeten Datenspeicher; die mit • markierten Datenspeicher werden ausgelesen, mit → markierte Datenspeicher werden beschrieben bzw. überschrieben.

die Zeilen mit den N-Grammen genau wie die tatsächlichen Anfragen. Dadurch wird eine vollständige Kapselung der optionalen Funktionalität erreicht und die Komplexität reduziert.

Der erste obligatorische Schritt ist die Erzeugung von Metadaten und Indizes, welche in den weiteren Schritten benötigt werden (**METADATA**). Die Verwendung von Indizes bietet zwei Vorzüge: Zum einen erleichtern sie die Implementierung der späteren Schritte, da sie eine unmittelbare Abfrage von Daten erlauben, ohne den betreffenden Teil des Datensatzes erneut einlesen zu müssen. Dies trifft insbesondere auf den Anwesenheitsindex (**Occurence-Index, OCC.IDX**) zu, in dem hinterlegt ist, in welchen Epochen ein Nutzer Anfragen gesendet hat. Gleiches gilt für den **Volume-Range-Index (VR.IDX)**, in dem für jede Epoche das minimal benötigte bzw. das maximal erlaubte Anfragevolumen hinter-

Log-Datei (Original)

```
950 b_2 test.de A
955 b_2 cnn.com A
981 b_2 test.de A
```

CACHING

```
950 b_2 test.de A
955 b_2 cnn.com A
```

RQ ($n = 3$)

```
950 b_2 test.de A
950 b_2 spiegel.de
950 b_2 ui.skype.com
955 b_2 cnn.com A
955 b_2 cdx.hwcdnlb.net A
955 b_2 ad.doubleclick.net
A
981 b_2 test.de A
981 b_2 cloud.instore.de
981 b_2 ocswp.thawte.com
```

NGRAMS

```
950 b_2 test.de A
955 b_2 cnn.com A
955 b_2 test.de,cnn.com A,A
981 b_2 test.de A
981 b_2 cnn.com,test.de A,A
```

Abbildung 6.12: Auswirkungen der Anwendung der Schritte CACHING, RQ und NGRAMS an einem Beispiel

legt wird, das zum Selektieren einer repräsentativen Nutzergruppe verwendet wird (vgl. Abschnitt 6.3.4). **Beim Nutzer-Index (U.IDX)** und beim **Domainnamen-Index (H.IDX)** steht der zweite Vorzug im Vordergrund: Die Speicherplatz-Anforderungen der späteren Schritte sinkt dadurch beträchtlich, da die Nutzer bzw. Domainnamen nicht mehr als textuelle Strings, sondern anhand ihrer numerischen Index-Position referenziert werden können. Die Index-Position ergibt sich dabei eindeutig anhand der lexikographisch sortierten Anordnung. Schließlich wird für jede Epoche die Anzahl der darin vorkommenden Instanzen bestimmt **(NUM.INS)**.

Der nächste Schritt, die Erzeugung der **Daily-Document-Frequencies (DDFs)**, ist nur erforderlich, falls die IDF-Transformation (s. Abschnitt 6.2.4.4) auf die Anfragehäufigkeiten angewendet werden soll. Zur Berechnung der IDF-Werte werden die DF-Werte (s. S. 332) benötigt. Der DF-Wert eines Attributs gibt die Anzahl der Instanzen an, in denen das Attribut einen von 0 verschiedenen Wert hat. Da für eine realitätsnahe Evaluation nicht davon ausgegangen werden soll, dass der Beobachter über einen umfangreichen Datensatz verfügt, werden die IDF-Werte bei der Evaluation nicht auf Basis des gesamten Datensatzes erzeugt, sondern lediglich aus den Instanzen, über die der Beobachter beim Training bzw. beim Test verfügt. Daher werden die DDFs für jede Epoche separat berechnet. Dazu wird über alle Epochen iteriert. Innerhalb jeder Epoche (in den meisten Experimenten entspricht diese einem Tag) wird für jeden darin auftretenden Domainnamen der DF-Wert ermittelt, der ausdrückt, in wie vielen Instanzen aus dieser Epoche mindestens eine Anfrage für den entsprechenden Domainnamen vorkommen.

Die Daten, die in den vorherigen Schritten erzeugt wurden, werden im **DATASET-Schritt** dazu verwendet, aus den Log-Dateien einen Datensatz (**DATA**) zu extrahieren, der die für die Evaluation gewünschten Eigenschaften aufweist. Der Datensatz ist in die einzelnen Epochen aufgeteilt. Für jede Epoche werden die Instanzen als (ggf. transformierte) Attributvektoren abgespeichert.

Im optionalen Schritt (**FILTERING**) kann eine Merkmalsextraktion durchgeführt werden, um nur eine Auswahl von ausdrucksstarken Attributen zu behalten (s. Abschnitt 6.3.4.7). Im letzten Schritt der ersten Phase werden Statistiken (**A.STATS**) bezüglich der Verteilung der Anzahl der Attribute in den Instanzen erhoben (**COUNTATTR**).

Zweite Phase   Die Aufgabe der zweiten Phase ist die **Generierung von Verkettungsvorhersagen**. Dem zu untersuchenden Klassifikationsverfahren werden dazu die Nutzersitzungen aus jeweils zwei Epochen vorgelegt. Am Ende dieser Phase liegen die Vorhersagen und die Bewertung der Vorhersagen vor.

Im **TRAINING-Schritt** wird DATA epochenweise eingelesen, um ein **MODEL** zu erzeugen, das anhand der Trainingsinstanzen generiert wird. Das MODEL wird im **TEST-Schritt** zusammen mit den Testinstanzen aus DATA wieder eingelesen, wobei dem Klassifikationsverfahren das in DATA hinterlegte Nutzerpseudonym bei den Testinstanzen vorenthalten wird. Das Klassifikationsverfahren ordnet dann basierend auf MODEL den Testinstanzen die wahrscheinlichste Klassen zu. Diese Vorhersagen (Predictions) werden in **PREDS** abgespeichert. Im darauffolgenden **VALIDATION-Schritt** werden die Vorhersagen anhand der wahrheitsgemäßen Klassenzuordnung, die dem Klassifikationsverfahren im TEST-Schritt vorenthalten wurde, überprüft, um die Güte der Verkettung zu bestimmen. Das Ergebnis wird in einer sog. *Confusion-Matrix* abgespeichert (**MATRIX**). In MATRIX wird für jede Klasse aus den Trainingsdaten vermerkt, welche Instanzen ihr zugeordnet wurden. Zur Bestimmung der Güte der Verkettung werden für jede Klasse Evaluationsmaßzahlen (True- und False-Positive-Raten) berechnet und in MATRIX abgespeichert.

Dritte Phase   Die **Analyse der Ergebnisse** findet in der dritten Phase statt. Dabei werden die Einzelergebnisse aggregiert und Kennzahlen zur Bewertung des Ergebnisses bestimmt.

Im **ANALYSIS-Schritt** werden die Daten aus MATRIX eingelesen, um eine Aggregation der Einzelentscheidungen vorzunehmen (s. S. 366 für die verschiedenen Entscheidungsfälle). Dazu werden Informationen aus OCC.IDX, in dem die Anwesenheit der Nutzer in den einzelnen Epochen verzeichnet ist, herangezogen. Neben der numerischen Auswertung werden die Entscheidungen des Klassifikationsverfahrens im Evaluationsergebnis auch visualisiert (**RES**). Zum Abschluss werden im **METRICS-Schritt** für jede Klasse die Kenngrößen Precision und Recall (s. Abschnitt 6.3.3.1) erhoben und abgespeichert (**P/R**).

6.3.3 Erstes Evaluationsszenario: Kreuzvalidation

Die Evaluation der Klassifikationsverfahren erfolgt in zwei Szenarien. In diesem Abschnitt wird das erste Evaluationsszenario, die Kreuzvalidation unter kontrollierten Bedingungen, beschrieben. Es dient dazu, die Wirkungsweise von Parametern und Einflussfaktoren zu bestimmen und eine erste grundsätzliche Bewertung der Klassifikationsverfahren vorzunehmen. Im Anschluss daran folgt in Abschnitt 6.3.4 das Realfall-Evaluationsszenario, mit dem die Praktikabilität der Verkettung unter realitätsnahen Bedingungen untersucht werden soll.

Für die Experimente in diesem Abschnitt wird ausschließlich die Epochendauer Δ = 24 Stunden betrachtet. Andere Epochendauern werden in Abschnitt 7.2 untersucht.

6.3.3.1 Methodik

Die übliche Vorgehensweise zur Untersuchung von Klassifikationsverfahren besteht darin, aus einem Datensatz zwei Stichproben fester Größe zu ziehen: eine Menge von *Trainingsinstanzen* und eine Menge von *Testinstanzen*. Eine Fehlerrate, die auf diese Weise ermittelt wird, ist jedoch nur für die dabei verwendete Aufteilung gültig, da sie erheblich von der konkreten, möglicherweise besonders günstigen bzw. ungünstigen Aufteilung abhängt. Die **Kreuzvalidierung** der Klassifikationsergebnisse führt zu aussagekräftigeren Fehlerraten [Koh95].

Um möglichst konsistente Ergebnisse zu erhalten (durch geringe Varianz der Fehlerraten einzelner Experimente), sollte eine **stratifizierte Kreuzvalidierung** erfolgen, bei der sichergestellt wird, dass jede Klasse in den Trainings- und Testdaten mit einer angemessenen Anzahl von Instanzen vertreten ist [WF05, S. 149 f.]. In der Literatur wird mitunter suggeriert, dass die Anteile der Klassen so gewählt werden sollten, dass sie den Anteilen im Gesamtdatensatz entsprechen (vgl. etwa [Alp04, S. 330 f.]). Dieses Vorgehen würde die Evaluationsergebnisse im vorliegenden Fall jedoch verzerren, da den Klassifikatoren bei den Klassen, die über eine höhere Anzahl von Instanzen verfügen, dementsprechend auch eine größere Anzahl von Trainingsdaten zur Verfügung stünde.

Um eine einheitliche Ausgangslage für alle Klassen zu schaffen, wird der stratifizierte Datensatz daher auf Basis einer *Gleichverteilung* der Instanzen erzeugt: Dazu werden aus dem 2M-Datensatz 3000 Nutzer $u \in U$ zufällig gezogen, für die jeweils mindestens 20 Instanzen im 2M-Datensatz vorhanden sind. Aus allen Instanzen jedes Nutzers werden genau 20 Instanzen zufällig ausgewählt, wodurch sich ein Kreuzvalidierungsdatensatz CV mit insgesamt 60 000 Instanzen ergibt. Die erforderliche Menge von 20 Instanzen ist das Ergebnis der Suche nach einem guten Kompromiss, zum einen möglichst viele Instanzen pro Nutzer zur Verfügung zu haben (um die potenziellen Vorzüge einer großen Anzahl von Trainingsinstanzen aufzeigen zu können), und zum anderen die Anzahl der in CV enthaltenen Nutzer zu maximieren (um die Verkettungsaufgabe schwieriger zu gestalten). Der stratifizierte Datensatz wird bei jedem Experiment zufällig erzeugt, wobei ein

Pseudozufallszahlengenerator mit festem Startwert eingesetzt wird, um reproduzierbare Ergebnisse zu erhalten.

Wie bei der Evaluation von Klassifikationsverfahren üblich (vgl. [WF05, S. 149 f.]) wird eine 10-fache Kreuzvalidierung verwendet. Dazu muss CV in zehn gleich große Partitionen (engl. „folds") zerlegt werden, und jede Partition muss die gleiche Anzahl von Instanzen pro Klasse enthalten, um der Stratifizierungsanforderung zu genügen. Daher werden die 20 verfügbaren Instanzen pro Klasse zufällig, jedoch gleichmäßig auf zehn überlappungsfreie Mengen $CV = D_1 \cup D_2 \cup \ldots \cup D_{10}$ verteilt. Bei 20 Instanzen pro Klasse enthält jede Teilmenge somit zwei Instanzen von jeder Klasse. Jedes Experiment besteht aus 10 **Evaluationsschritten** $k \in 1, \ldots, 10$. Im k-ten Evaluationsschritt stehen die Instanzen $D_{\text{train}} = CV \setminus D_k$ zum Trainieren des Klassifikators zur Verfügung. D_{train} enthält $9/10$ der Instanzen von jedem Nutzer u_i. Bezeichnet man die Trainingsinstanzen eines Nutzers mit $I_{\text{train}}^{u_i}$ gilt also $D_{\text{train}} = I_{\text{train}}^{u_1} \cup \ldots \cup I_{\text{train}}^{u_{3000}}$. Die Menge D_k enthält die Testinstanzen, deren Klassenzugehörigkeit der Klassifikator vorhersagen muss. Die Gesamt-Vorhersagegenauigkeit ermittelt sich dann als Mittelwert der Genauigkeitswerte der zehn Evaluationsschritte.

Beurteilung der Verfahren Eine einfach ermittelbare Kenngröße für den Vergleich verschiedener Verfahren und Konfigurationen, die etwa in [Yan10] verwendet wird, ist der Anteil der korrekt zugeordneten Instanzen zu ihren jeweiligen Klassen, der auch als **Genauigkeit oder Erkennungsrate** (engl. „accuracy") bezeichnet wird. Zur differenzierteren Betrachtung der Vorhersagegenauigkeit werden jedoch üblicherweise die Kenngrößen *Precision* und *Recall* verwendet [HKP11, S. 368]. Beide Kenngrößen sind auf das Intervall [0;1] normiert. Ihre Bedeutung ist wie folgt: Es sei davon ausgegangen, dass der Klassifikator n Instanzen der Klasse c_i zugewiesen hat, wobei lediglich $m \leq n$ der Instanzen tatsächlich zu c_i gehören. Der **Precision-Wert** für c_i wird durch das Verhältnis m/n bestimmt; er drückt die „Reinheit" der zugewiesenen Instanzen aus, gibt also die *Exaktheit* der Zuordnungen an. Der **Recall-Wert** bezieht sich hingegen auf die *Vollständigkeit* der Zuordnungen, also ob der Klassifikator alle Testinstanzen gefunden hat, die zu einer bestimmten Klasse gehören: Gab es insgesamt l Testinstanzen, die zu c_i gehören, entspricht der Recall-Wert dem Verhältnis m/l. Die Berechnung der beiden Werte wird im folgenden Beispiel verdeutlicht.

Beispiel 6.7. In Abbildung 6.13 ist beispielhaft eine Situation dargestellt, die sich nach der Vorhersage der Klassenzugehörigkeit ergeben hat. Im betrachteten Szenario wurden fünf Klassen trainiert (Nutzer 1 bis 5). Von jedem Nutzer waren je zwei Testinstanzen zu klassifizieren.

Den Klassen der Nutzer 2, 4 und 5 wurden ausschließlich die eigenen Testinstanzen zugewiesen (Precision- und Recall-Werte sind jeweils 1,00; nicht abgebildet). In Abbildung 6.13 wird daher lediglich das Ergebnis für Nutzer 1 und 3 im Detail betrachtet. Der Klasse von Nutzer 1 wurden zwar beide eigenen Instanzen (1A und 1B) zugewiesen, woraus ein Recall-Wert von 1,00 resultiert; es wurde jedoch auch eine False-Positive-Zuordnung vorgenommen (Instanz 3A von Nutzer 3). Daher ist der Precision-Wert lediglich 0,67.

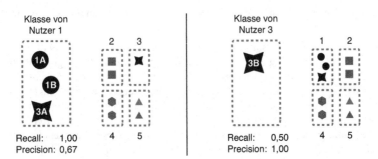

Abbildung 6.13: Beispiel zur Ermittlung der Kenngrößen Precision und Recall

Für die Klasse des Nutzers 3 ergibt sich hingegen ein Recall von 0,5, da der Klasse nur *eine* der beiden Testinstanzen dieses Nutzers zugewiesen wurde. Der Precision-Wert ist hingegen 1,00, da alle vorhergesagten Zuordnungen korrekt sind.   □

Ein Beobachter, der möglichst viele Sitzungen eines Benutzers verketten bzw. einen Benutzer über möglichst lange Zeiträume beobachten will, ist also vor allem an einem hohen Recall-Wert interessiert. Ein hoher Precision-Wert ist hingegen wünschenswert, wenn es auf die Korrektheit der Zuordnung ankommt bzw. die Häufigkeit von Falschzuweisungen minimiert werden soll.

Die Precision- und Recall-Werte, die in den folgenden Experimenten angegeben werden, entsprechen jeweils dem arithmetische Mittel der Einzelwerte aller Klassen. Sie drücken also aus, wie gut die Zuordnung der Instanzen im Mittel gelingt.

Implementierung   Für die Kreuzvalidierungsexperimente kommt die Evaluationsumgebung zum Einsatz, die in Abschnitt 6.3.2.2 beschrieben wurde. Der Kreuzvalidierungsdatensatz wird nach Abschluss der ersten Phase, in welcher der Datensatz vorbereitet wird, erzeugt. Dazu werden wie beschrieben die Instanzen von 3000 Nutzern gezogen und in 10 Partitionen aufgeteilt, aus denen dann die Trainings- und Testinstanzen für jeden der 10 Durchläufe zusammengestellt werden. In jedem *Evaluationsschritt* (s. oben) werden Phase 2 (Generierung von Verkettungsvorhersagen) und 3 (Analyse der Ergebnisse) ausgeführt. Die für ein Experiment resultierenden Precision- und Recall-Werte werden durch Aggregation der Ergebnissen der METRICS-Schritte aller Evaluationsschritte ermittelt.

6.3.3.2 Evaluation mit 18 Trainingsinstanzen

In diesem Abschnitt wird zunächst die klassische 10-fache Kreuzvalidierung beschrieben. Bei der klassischen Kreuzvalidierung stehen dem Klassifikator jeweils 9 von 10 Partitionen

Tabelle 6.9: Kreuzvalidierungsergebnisse für die NPY-Verfahren mit $\left|I^{u_i}_{\text{train}}\right| = 18$

n_{patterns}	NPY-SUPPORT		NPY-LIFT	
	Precision	*Recall*	*Precision*	*Recall*
1	0,907	0,467	0,430	0,255
2	**0,909**	**0,468**	0,458	0,270
5	**0,909**	0,467	0,483	**0,276**
10	0,907	0,467	**0,490**	0,273
15	0,906	0,466	0,474	0,261
20	0,907	0,466	0,458	0,251
30	0,905	0,465	0,441	0,240
40	0,905	0,465	0,432	0,235
50	0,904	0,465	0,429	0,232
60	0,906	0,466	0,427	0,230
70	0,908	0,466	0,420	0,226
$\max(\cdot) - \min(\cdot)$	0,005	0,003	0,070	0,050

Die höchsten Kenngrößenwerte sind durch **Fettdruck** gekennzeichnet.

zum Training zur Verfügung. Bei 20 Instanzen pro Klasse gibt es demnach $\left|I^{u_i}_{\text{train}}\right| = 18$ Trainingsinstanzen und 2 Testinstanzen pro Klasse. In Abschnitt 6.3.3.3 folgen Experimente mit einer geringeren Anzahl von Trainingsinstanzen.

NPY-Verfahren Tabelle 6.9 zeigt, wie sich die NPY-Verfahren für $n_{\text{patterns}} \in \{1, 2, 5, 10, 15, 20, 30, 40, 50, 60, 70\}$ verhalten. NPY-SUPPORT schneidet besser ab als NPY-LIFT, was sich mit den Resultaten in [Yan10] deckt: Während die Precision-Werte bei NPY-SUPPORT durchgehend über 0,90 liegen, erreicht NPY-LIFT höchstens 0,49. Die maximalen Recall-Werte betragen 0,468 bzw. 0,276 bei.

Der Einfluss des konkreten Werts von n_{patterns} auf das Klassifikationsergebnis ist überraschend gering, wie sich an $\max(\cdot) - \min(\cdot)$, der Schwankungsbreite der beobachteten Klassifikationsergebnisse, erkennen lässt. Bemerkenswert ist jedoch die Tatsache, dass bereits bei $n_{\text{patterns}} = 1$, also wenn aus jeder Instanz lediglich der signifikanteste Domainname beigesteuert wird, sehr gute Werte erzielt werden. Durch die Verwendung von 18 Trainingsinstanzen steuert jeder Nutzer – falls es keine Überschneidungen gibt – dabei allerdings tatsächlich 18 signifikante Domainnamen bei. Diese Menge reicht offenbar bereits aus, um die Sitzungen zahlreicher Nutzer zu verketten. Die Hinzunahme von weiteren (weniger signifikanten) Domainnamen pro Nutzer führt hingegen zu keiner bzw. nur zu einer geringfügigen Steigerung der Klassifikationsergebnisse. Bei NPY-LIFT fallen die Precision- und Recall-Werte sogar wieder, wenn mehr als die 10 signifikantesten Domainnamen pro Instanz berücksichtigt werden.

Tabelle 6.10: Kreuzvalidierungsergebnisse für die 1NN-/MNB-Verfahren mit $\left|I^{u_i}_{\text{train}}\right| = 18$

Konfiguration	1NN-JACCARD		1NN-COSIM		MNB	
	Precision	*Recall*	*Precision*	*Recall*	*Precision*	*Recall*
RAW-1	0,832	0,807	0,803	0,775	0,099	0,079
RAW-2	0,857	0,832	0,786	0,751	0,324	0,262
RAW-3	0,804	0,774	0,664	0,618	0,778	0,723
RAW-1+2	**0,863**	**0,840**	0,855	0,831	0,145	0,114
RAW-1+2+3	0,860	0,835	0,844	0,818	0,190	0,150
RAWIDF-1	–	–	0,802	0,775	0,099	0,079
TFN-1	–	–	0,882	0,860	0,859	0,837
TFN-2	–	–	0,863	0,834	0,878	0,851
TFN-3	–	–	0,755	0,701	0,837	0,806
TFN-1+2	–	–	**0,912**	**0,892**	0,893	0,871
TFN-1+2+3	–	–	0,905	0,882	0,895	0,871
TFIDFN-1	–	–	0,860	0,835	0,892	0,860
TFIDFN-2	–	–	0,884	0,865	0,918	0,897
TFIDFN-1+2	–	–	0,900	0,879	**0,924**	**0,900**
$\max(\cdot) - \min(\cdot)$	0,031	0,033	0,126	0,141	0,825	0,821

Da 1NN-JACCARD keine Häufigkeiten nutzt, sind die TFN-/IDF-Transformationen nicht anwendbar. Die höchsten Kenngrößenwerte sind durch **Fettdruck** gekennzeichnet.

1NN- und MNB-Klassifikator Tabelle 6.10 enthält die Ergebnisse, die mit den verschiedenen Konfigurationen der 1NN- und MNB-Klassifikator erzielt wurden. Die Tabelle weist die Ergebnisse bei der Verwendung von 1-Grammen und 2-Grammen aus. In Experimenten mit 3-Grammen konnte keine weitere Steigerung der Erkennungsraten erzielt werden. 3-Gramme werden daher in den folgenden Experimenten nicht mehr betrachtet.

Die beobachteten Schwankungsbreiten $\max(\cdot) - \min(\cdot)$ sind bei diesen Experimenten deutlich größer. Die Transformation der Instanzvektoren hat teilweise erheblichen Einfluss auf die Ergebnisse. Im Gegensatz zu den NPY-Klassifikatoren gibt es bei den 1NN- und MNB-Klassifikatoren jedoch nur geringe Unterschiede zwischen den Precision- und den Recall-Werten.

Die vergleichsweise guten Ergebnisse der RAW-1-Konfiguration von **1NN-JACCARD** zeigen, dass die Anfragehäufigkeiten für die erfolgreiche Verkettung nicht unbedingt bekannt sein müssen. Werden anstelle der bloßen Domainnamen 2-Gramme verwendet (RAW-2), steigen die Kenngrößenwerte leicht an. Eine weitere Steigerung kann erzielt werden, wenn neben den 2-Grammen auch die ursprünglichen Domainnamen verwendet werden (RAW-1+2).

Bei **1NN-COSIM** führt die alleinige Verwendung von 2-Grammen zunächst zu einem Absinken der Kenngrößenwerte. Enthalten die Instanzen jedoch auch die ursprünglichen Domainnamen (RAW-1+2 bzw. TFN-1+2), übersteigen die Werte das Anfangsniveau hingegen deutlich. 1NN-COSIM erreicht erst bei gleichzeitiger Anwendung der TFN-Transformation ein besseres Ergebnis als 1NN-JACCARD. Die Anwendung der IDF-Transformation führt im direkten Vergleich in den meisten Fällen zu einer Verschlechterung der Kenngrößenwerte. Eine Ausnahme bildet die TFIDFN-2-Konfiguration, welche besser abschneidet als die TFN-2-Konfiguration.

Das **MNB-Verfahren** erreicht ohne TFN-Transformation im Vergleich mit den anderen Verfahren die schlechtesten Precision- und Recall-Werte. Im Gegensatz zu den anderen Verfahren schneidet die RAW-2-Konfiguration dabei am besten ab – das Hinzufügen der ursprünglichen Domainnamen (RAW-1+2) verschlechtert das Ergebnis wieder geringfügig. Das MNB-Verfahren profitiert am stärksten von der Anwendung der TFN- bzw. TFIDFN-Transformation auf die Instanzen: Precision- und Recall-Werte erreichen dann Werte zwischen 0,837 und 0,924, wobei die 1+2-Konfigurationen am besten abschneiden. Im Gegensatz zur Situation bei 1NN-COSIM hat die Anwendung der IDF-Transformation beim MNB-Verfahren stets einen positiven Einfluss auf die Kenngrößenwerte. In seiner besten Konfiguration (TFIDFN-1+2) schneidet das MNB-Verfahrens geringfügig besser ab (Precision: 0,924, Recall: 0,900) als das 1NN-COSIM-Verfahren, welches in der TFN-1+2-Konfiguration die besten Werte erzielt (Precision: 0,912, Recall: 0,892).

Fazit Bei der Kreuzvalidierung mit 18 Trainingsinstanzen erzielen fast alle Verfahren hohe Precision-Werte, d. h. die Menge der Testinstanzen, die einer Klasse zugeordnet werden, besteht fast ausschließlich aus den Testinstanzen des zugehörigen Nutzers; sie enthält nur wenige fremde Instanzen. Die Recall-Werte bleiben vor allem bei den NPY-Verfahren deutlich hinter den Precision-Werten zurück. Das bedeutet, dass es diesen Verfahren häufig nicht gelingt, *beide* Testinstanzen, die in den Experimenten von jedem Nutzer vorliegen, dem korrekten Nutzer zuzuordnen. Offenbar gibt es viele „entartete" Sitzungen, welche stark von den Trainingssitzungen eines Nutzers abweichen oder den Trainingssitzungen eines anderen Nutzers ähnlicher sind. Beim Einsatz der NPY-Verfahren zur fortlaufenden Verkettung von Internetsitzungen eines Nutzers würde es daher zu vielen Unterbrechungen kommen.

Bei den Verfahren 1NN-COSIM und MNB führt die Anwendung der TFN-Transformationstechnik zu einer erheblichen Steigerung der Klassifikationsergebnisse. Die IDF-Transformation wirkt sich nur beim MNB-Verfahren positiv auf die Kenngrößenwerte aus. Das Hinzufügen von Bigrammen unterstützt die Verkettung; bei Trigrammen sinken die Kenngrößenwerte teilweise jedoch wieder. Da die Verwendung von Trigrammen zudem zu einer erheblichen Verlängerung der Evaluationslaufzeit führt, wird in den folgenden Experimenten auf ihren Einsatz verzichtet.

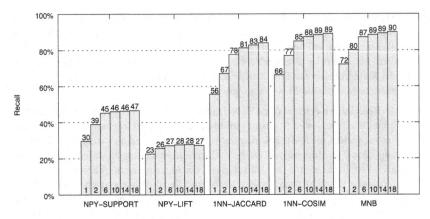

Abbildung 6.14: Einfluss von $\left|I_{\text{train}}^{u_i}\right|$ auf die Recall-Werte

6.3.3.3 Evaluation mit weniger Trainingsinstanzen

Die im vorherigen Abschnitt ermittelten Precision- und Recall-Werte lassen keine unmittelbaren Rückschlüsse auf die Eignung der Verfahren zur Verkettung von Nutzersitzungen in der Praxis zu, da nicht davon ausgegangen werden kann, dass ein Beobachter $\left|I_{\text{train}}^{u_i}\right| = 18$ Trainingsinstanzen von jedem zu verfolgenden Nutzer zur Verfügung hat.

Um den Einfluss der Anzahl der Trainingsinstanzen zu untersuchen, werden die Experimente daher mit kleineren Werten $\left|I_{\text{train}}^{u_i}\right| < 18$ wiederholt. Von den 18 verfügbaren Trainingsinstanzen eines jeden Nutzers wird dazu eine zufällige Teilmenge $\hat{I}_{\text{train}}^{u_i}$ mit $\left|\hat{I}_{\text{train}}^{u_i}\right| < 18$ gezogen und anstelle aller verfügbaren Trainingsinstanzen zum Trainieren verwendet. In Abbildung 6.14 sind die Recall-Werte für NPY-SUPPORT und NPY-LIFT mit jeweils $n_{\text{patterns}} = 10$, die RAW-1+2-Konfiguration von 1NN-JACCARD, die TFN-1+2-Konfiguration von 1NN-COSIM sowie die TFIDFN-1+2-Konfiguration von MNB für verschiedene Werte von $\left|I_{\text{train}}^{u_i}\right|$ dargestellt. Wie die Ergebnisse zeigen beschleunigt sich der Verfall der Recall-Werte mit sinkender Größe der Trainingsinstanzenmenge. Die Precision-Werte (nicht abgebildet) sind davon in vergleichbarer Weise betroffen. Die geringsten Auswirkungen sind beim MNB-Klassifikator (TFIDFN-1+2) zu beobachten. Das NPY-SUPPORT-Verfahren ist vom Rückgang der Anzahl der Trainingsinstanzen hingegen am stärksten betroffen: Bei einer einzigen Trainingsinstanz erreichen die Recall-Werte nur noch 64 % (NPY-SUPPORT) des Ausgangsniveaus. Hierfür gibt es drei Gründe:

1. Je weniger Trainingsinstanzen pro Nutzer zur Verfügung stehen, desto weniger Domainnamen steuert jeder Nutzer zur Menge der signifikanten Domainnamen P_{all} bei. Die Nutzungsprofile enthalten also weniger Domainnamen und sind somit weniger aussagekräftig.

Tabelle 6.11: Relativer Rückgang (in Prozent) der Kenngrößenwerte Precision (jeweils erster Wert pro Verfahren) und Recall (zweiter Wert) bei den Verkettungsverfahren beim Übergang von 18 (Ausgangsniveau) zu einer Trainingsinstanz bei Verwendung der jeweils am besten abschneidenden Konfigurationen

$\left|I_{\text{train}}^{u_i}\right|$	NPY-S		NPY-L		1NN-J		1NN-C		MNB	
$18 \rightarrow 1$	42,5	35,9	13,9	8,7	30,9	32,3	19,4	20,0	20,0	19,9

2. Bei weniger Trainingsinstanzen werden die Schwächen der Heuristik, welche die signifikanten Domainnamen anhand der Anfragehäufigkeiten ermittelt (s. „Adaption des Verfahrens von Yang" auf S. 324), zunehmend relevant, da die Wahrscheinlichkeit steigt, dass es sich bei den ermittelten signifikanten Domainnamen um Entartungsfälle handelt, welche für die Verkettung der Sitzungen ungeeignet sind.

3. Die Aussagekraft der Signifikanzmaße Support und Lift, anhand derer mit allen verfügbaren Trainingsinstanzen für jeden Nutzer ein Nutzungsprofil erzeugt wird, nimmt bei sinkender Anzahl von Sitzungen ab.

6.3.3.4 Training mit einer einzigen Instanz

Um abschätzen zu können, wie aussichtsreich die Verkettung einzelner Sitzungen in der Praxis gelingen kann, ist insbesondere die Kreuzvalidierung *mit einer einzigen Trainingsinstanz* von Interesse. Dazu werden die Verfahren erneut mit allen betrachteten Konfigurationen mit $\left|I_{\text{train}}^{u_i}\right| = 1$ evaluiert. Einen Überblick über die Auswirkung des Übergangs von $\left|I_{\text{train}}^{u_i}\right| = 18$ zu $\left|I_{\text{train}}^{u_i}\right| = 1$ gibt Tabelle 6.11. Die detaillierten Ergebnisse der Experimente mit $\left|I_{\text{train}}^{u_i}\right| = 1$ sind in Tabelle 6.12 und Tabelle 6.13 dargestellt.

Wie in Tabelle 6.11 ersichtlich sinken die Klassifikationsergebnisse beim Übergang zu $\left|I_{\text{train}}^{u_i}\right| = 1$ erheblich. Am stärksten fallen die Abschläge bei NPY-SUPPORT aus: Der bei *einer* verfügbaren Trainingsinstanz erreichte Precision-Wert (0,523, s. Tabelle 6.12) ist um 42,5 % geringer als bei 18 Trainingsinstanzen (Precision-Wert: 0,909, s. Tabelle 6.9).

Betrachtet man die Ergebnisse für die NPY-Verfahren im Detail (s. Tabelle 6.12), so ist festzustellen, dass die besten Kenngrößenwerte nun mit größeren Werten von n_{patterns} erzielt werden. Zudem ist die Schwankungsbreite $\max(\cdot) - \min(\cdot)$ bei $\left|I_{\text{train}}^{u_i}\right| = 1$ erheblich größer als bei $\left|I_{\text{train}}^{u_i}\right| = 18$. Allerdings bleiben die Ergebnisse auch bei sehr großen Werten von n_{patterns} weit hinter den Werten zurück, die bei $\left|I_{\text{train}}^{u_i}\right| = 18$ erreicht werden: NPY-SUPPORT erzielt bestenfalls einen Precision-Wert von 0,523 bzw. einen Recall-Wert von 0,300, bei NPY-LIFT beträgt der Precision-Wert maximal 0,422 und der Recall-Wert maximal 0,252. Der Abstand zwischen den beiden Verfahren ist nun geringer als bei $\left|I_{\text{train}}^{u_i}\right| = 18$.

Bei den übrigen Verfahren fällt der Rückgang der Kenngrößenwerte bei 1NN-JACCARD am stärksten aus (s. Tabelle 6.13). Bei 1NN-COSIM erzielt nun nicht mehr die TFN-1+2-Konfiguration die besten Ergebnisse, sondern die TFIDFN-1+2-Konfiguration (Precision-Wert: 0,735, Recall-Wert: 0,714). Nun wirkt sich die IDF-Transformation also auch bei diesem Verfahren positiv aus. Das MNB-Verfahren schneidet weiterhin am besten ab (Precision: 0,739, Recall: 0,721, TFIDFN-1+2-Konfiguration).

Konfusionsmatrix   Die Darstellung der durchgeführten Klassenzuordnungen als Konfusionsmatrix (engl. „confusion matrix") vermittelt einen visuellen Eindruck des Ergebnisses. In Abbildung 6.15 ist die Konfusionsmatrix für das Experiment mit der TFIDFN-1+2-Konfiguration des MNB-Klassifikators bei $\left|I_{\text{train}}^{u_i}\right| = 1$ dargestellt. In der Matrix ist dargestellt, welchen Klassen die Testinstanzen in einem Kreuzvalidierungsexperiment zugewiesen werden. Die Klassen werden dazu anhand ihres numerischen Indexwerts sortiert und auf der X- bzw. Y-Achse in gleicher Reihenfolge abgetragen. Zur Erstellung des Diagramms wird für jede Kombination aus Testinstanz und Klasse die Anzahl der Zuweisungen ermittelt. Gibt es für eine Kombination keine Zuweisungen, ist das Diagramm an dieser Stelle weiß. Im anderen Fall wird in das Diagramm ein Punkt eingezeichnet. Je größer die Anzahl ist, desto dunkler und größer wird der Punkt gezeichnet. Bei der Erstellung des Diagramms werden die Werte in absteigender Reihenfolge eingezeichnet, sodass kleinere Werte, welche in der Nähe von größeren Werten liegen, im Vordergrund liegen und dadurch nicht von den großen Punkten verdeckt werden.

Werden alle 20 Testinstanzen, die bei den 10 Evaluationsschritten mit je 2 Testinstanzen insgesamt zu klassifizieren sind, der korrekten Klasse zugeordnet, führt dies im Diagramm zu einem großen schwarzen Punkt auf der Diagonalen. Wird ein Großteil der Testinstanzen einer Klasse einer falschen Klasse zugeordnet, wie es zum Beispiel für 19 der 20 Instanzen mit dem Klassenindex 1272 der Fall ist, die der Klasse 80 zugewiesen werden, führt dies zu einem großen dunklen Punkt abseits der Diagonalen. Falls einige Testinstanzen dieser Klasse auch der korrekten Klasse zugeordnet wurden, ergibt sich auf der Diagonalen an der selben X-Achsen-Position ein kleiner heller Punkt. Werden die Testinstanzen einer Klasse verschiedenen Klassen zugeordnet, ergibt sich eine feine vertikale Linie im Diagramm. Werden die Testinstanzen vieler verschiedener Klassen einer bestimmten Klasse zugeordnet, ist dies an einer horizontalen Linie erkennbar. Vertikale Linien sind im Diagramm nicht zu erkennen; falls die Testinstanzen einer Klasse also nicht großteils ihrer eigenen Klasse zugewiesen werden, dann verteilen sie sich auf sehr wenige andere Klassen bzw. werden nur einer einzigen fremden Klasse zugewiesen. Horizontale Linien sind im Diagramm vereinzelt zu erkennen: Es gibt also Klassen, denen eine große Zahl verschiedener Testinstanzen zugewiesen wird.

6.3.3.5 Einfluss der Nutzerzahl

In weiteren Kreuzvalidierungsexperimenten wurde der Einfluss die Nutzeranzahl untersucht. Während in den bisherigen Experimenten stets die Sitzungen von 3000 Nutzern

Tabelle 6.12: Kreuzvalidierungsergebnisse für die NPY-Verfahren mit $\left|I_{\text{train}}^{u_i}\right| = 1$

n_{patterns}	NPY-SUPPORT		NPY-LIFT	
	Precision	*Recall*	*Precision*	*Recall*
1	0,449	0,270	0,247	0,153
2	0,492	0,288	0,286	0,177
5	0,520	**0,300**	0,343	0,210
10	**0,523**	0,297	0,370	0,226
15	0,500	0,285	0,387	0,235
20	0,493	0,282	0,414	0,249
30	0,459	0,265	0,405	0,244
40	0,456	0,260	0,408	0,245
50	0,446	0,255	0,411	0,246
60	0,443	0,254	**0,422**	**0,252**
70	0,415	0,239	0,413	0,248
$\max(\cdot) - \min(\cdot)$	0,108	0,061	0,175	0,099

Die höchsten Kenngrößenwerte sind durch **Fettdruck** gekennzeichnet.

Tabelle 6.13: Kreuzvalidierungsergebnisse für die 1NN-/MNB-Verfahren mit $\left|I_{\text{train}}^{u_i}\right| = 1$

Konfiguration	1NN-JACCARD		1NN-COSIM		MNB	
	Precision	*Recall*	*Precision*	*Recall*	*Precision*	*Recall*
RAW-1	0,496	0,479	0,471	0,444	0,032	0,027
RAW-2	**0,596**	**0,569**	0,487	0,455	0,111	0,097
RAW-1+2	0,585	0,557	0,540	0,525	0,139	0,123
RAWIDF-1	–	–	0,473	0,447	0,078	0,068
TFN-1	–	–	0,603	0,583	0,601	0,589
TFN-2	–	–	0,625	0,593	0,622	0,596
TFN-1+2	–	–	0,676	0,663	0,675	0,668
TFIDFN-1	–	–	0,636	0,612	0,630	0,604
TFIDFN-2	–	–	0,709	0,695	0,722	0,705
TFIDFN-1+2	–	–	**0,735**	**0,714**	**0,739**	**0,721**
$\max(\cdot) - \min(\cdot)$	0,100	0,090	0,264	0,270	0,707	0,694

Da 1NN-JACCARD keine Häufigkeiten nutzt, sind die TFN-/IDF-Transformationen nicht anwendbar. Die höchsten Kenngrößenwerte sind durch **Fettdruck** gekennzeichnet.

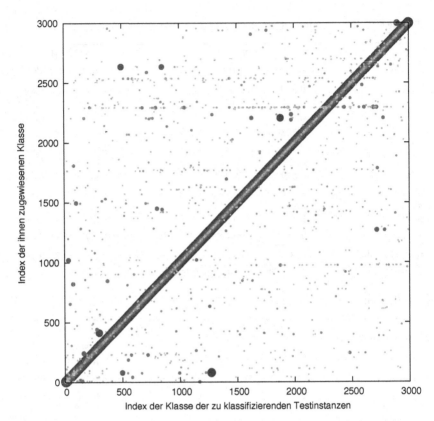

Abbildung 6.15: Konfusionsmatrix für das Kreuzvalidierungsexperiment mit der TFIDFN-1+2-Konfiguration des MNB-Verfahrens bei $\left|I_{\text{train}}^{u_i}\right| = 1$; je größer bzw. je dunkler ein Punkt ist, desto mehr der 20 Testinstanzen einer Klasse (auf der X-Achse abgetragen) werden der auf der Y-Achse abgetragenen Klasse zugewiesen.

Tabelle 6.14: Kreuzvalidierungsergebnisse bei $\left|I^{u_i}_{\text{train}}\right| = 1$ in Abhängigkeit der Anzahl der Nutzer

Nutzerzahl	1NN-COSIM		MNB	
	Precision	*Recall*	*Precision*	*Recall*
10	0,993	0,990	0,913	0,920
20	0,822	0,853	0,918	0,922
50	0,939	0,933	0,911	0,918
100	0,881	0,873	0,897	0,892
200	0,843	0,854	0,872	0,873
500	0,821	0,821	0,817	0,819
1000	0,795	0,789	0,800	0,790
2000	0,758	0,744	0,751	0,739
3000	0,735	0,714	0,739	0,721

aus dem Datensatz gezogen wurden, werden nun kleinere Nutzergruppen betrachtet. Für jeden Nutzer werden zufällig eine Trainingsinstanz und zwei Testinstanzen ausgewählt. In Tabelle 6.14 sind die Ergebnisse dargestellt, die sich bei 10-facher Kreuzvalidierung für das 1NN-COSIM- und das MNB-Verfahren in der TFIDFN-1+2-Konfiguration ergeben.

Zunächst fällt auf, dass die Precision- und Recall-Werte bei kleinen Nutzergruppen zwischen 10 und 100 Nutzern kein monotones Verhalten aufweisen. Die Werte sind 10-fach kreuzvalidiert, d. h. es handelt sich um die Mittelwerte von 10 einzelnen Experimenten. Durch die zufällige Auswahl von Nutzern streuen die Ergebnisse der einzelnen Experimente offenbar stark. An den variablen Ergebnissen lässt sich erkennen, dass eine Verkettung der Sitzungen eines Nutzers nicht nur vom Verkettungspotential *seiner* Sitzungen abhängt (hohe *Stationarität*), sondern auch von den anderen Nutzern in der Nutzergruppe.

Grundsätzlich lässt sich anhand der Werte in der Tabelle jedoch der Trend erkennen, dass die erzielten Precision- und Recall-Werte fallen, wenn die Größe der Nutzergruppe steigt. Der Rückgang lässt sich dadurch erklären, dass mit zunehmender Gruppengröße die Wahrscheinlichkeit steigt, dass sich die Instanzen der Nutzer nicht ausreichend stark voneinander unterscheiden (zu geringe *Individualität*).

Beachtenswert ist, dass beim MNB-Verfahren auch bei einer sehr kleinen Nutzergruppe nicht alle Zuweisungen korrekt vorgenommen werden; die Recall- und Precision-Werte erreichen selbst bei nur 10 Nutzern nicht den Wert 1,0. Das 1NN-COSIM-Verfahren weist den Instanzen in diesem Fall hingegen fast ausnahmslos die richtige Klasse zu. Zum anderen ist festzustellen, dass die Recall- und Precision-Werte nicht in gleichem Maße zurückgehen wie die Größe der Nutzergruppe steigt. Dieses Ergebnis deutet darauf hin, dass die Verkettung von Sitzungen auch in sehr großen Nutzergruppen noch gelingen kann.

6.3.3.6 Fazit

In diesem Abschnitt wurden die betrachteten Klassifikationsverfahren mit dem Kreuzvalidierungsverfahren evaluiert. Die zentrale Erkenntnis aus diesen Untersuchungen besteht darin, dass es einigen der betrachteten Verfahren gelingt, auch *mit nur einer einzigen Trainingsinstanz* eine korrekte Zuordnung der Testinstanzen vorzunehmen. Dieses Ergebnis deutet zum einen darauf hin, dass die meisten Nutzer bzw. Clients tatsächlich charakteristische DNS-Anfragen stellen, d. h., eine ausreichende Individualität des Benutzerverhaltens vorliegt, und zum anderen, dass diese charakteristischen DNS-Anfragen auch in den meisten ihrer Sitzungen enthalten sind, dass das Benutzerverhalten also eine ausreichende Stationarität aufweist.

Da die Kreuzvalidierungsergebnisse allerdings mit einem kontrolliert erzeugten Datensatz erhoben wurden, kann man von diesen Ergebnissen aus drei Gründen nicht unmittelbar darauf schließen, wie die Verkettungsverfahren im Realfall-Szenario abschneiden werden:

- Im Kreuzvalidierungs-Szenario wurde für jede auftretende Testinstanz auf jeden Fall auch eine Klasse angelegt, und für jede angelegte Klasse gibt es auf jeden Fall eine Testinstanz. Im Realfall-Szenario ist dies meistens nicht der Fall.

- Im Kreuzvalidierungs-Szenario werden in jedem Evaluationsschritt stets die Sitzungen von denselben 3000 Nutzern miteinander verkettet, während im Realfall-Szenario die Anzahl der aktiven Nutzer und die Zusammensetzung der Nutzermenge variiert. Der Verkettungserfolg hängt von der Anzahl der parallel aktiven Nutzer ab.

- Im Kreuzvalidierungs-Szenario werden Sitzungen verkettet, die zufällig aus dem Zweimonatszeitraum des 2M-Datensatzes gezogen wurden, während im Realfall-Szenario die Sitzungen von jeweils unmittelbar aufeinanderfolgenden Tagen verkettet werden.

6.3.4 Zweites Evaluationsszenario: Realfall-Szenario

Anhand der Ergebnisse der im vorherigen Abschnitt durchgeführten Kreuzvalidierung lässt sich erkennen, dass die in den Nutzersitzungen enthaltenen charakteristischen Muster grundsätzlich ausreichen, um mehrere Sitzungen eines Nutzers miteinander zu verketten. Da die Experimente mit einem kontrolliert gezogenen Datensatz durchgeführt werden, kann aus den Ergebnissen jedoch nicht auf die Praktikabilität der Verkettung unter realen Umständen geschlossen werden. Dieses Ziel verfolgen die Experimente, die im Folgenden beschrieben werden.

6.3.4.1 Methodik

Zur Untersuchung der Praktikabilität der Verkettung in der Praxis werden die Verkettungsverfahren mit einer realitätsnahen Situation konfrontiert. Dabei wird unterstellt, dass einem Beobachter Nutzersitzungen aus t aufeinanderfolgenden Epochen $e_1, e_2, \ldots,$ e_t vorliegen, die für eine sitzungsübergreifende Beobachtung der Aktivitäten einzelner Nutzer miteinander verkettet werden sollen. In den Experimenten werden die Sitzungen einer Epoche e_j zum Trainieren verwendet. Beim Training erzeugt der Beobachter für jeden in e_j aktiven Nutzer u_i eine Klasse c_i und versieht diese mit einem für ihn sinnvollen Bezeichner, etwa der IP-Adresse von u_i in e_j. Für jede Klasse $c_i \in C$ steht eine Trainingsinstanz x_i zur Verfügung. Das erlernte Modell wird dann von dem jeweiligen Klassifikationsverfahren benutzt, um alle Sitzungen in e_{j+1} jeweils einer Klasse aus C zuzuweisen, also jeweils zwei Sitzungen aus den beiden Epochen zu verketten.

Auch im Realfall-Szenario besteht jedes Experiment aus mehreren **Evaluationsschritten**: Im Experiment wird über alle Epochen $e_1, e_2, \ldots, e_t$ im Datensatz iteriert, um die Verkettungsverfahren jeweils auf alle Epochenpaare $((e_1,e_2), (e_2,e_3), \ldots, (e_{t-1},e_t))$ anzuwenden. Es gibt also $t - 1$ Evaluationsschritte. Jeder Evaluationsschritt ist unabhängig von den anderen, d. h. es wird ein Beobachter simuliert, der lediglich die Instanzen aus den beiden gegebenen Epochen verkettet, ohne Wissen aus vorherigen Schritten heranzuziehen. Die Berücksichtigung früheren Wissens würde die Komplexität der Evaluationsumgebung erheblich erhöhen. Aus einer Voruntersuchung mit HTTP-Traffic ist jedoch bekannt, dass bei Berücksichtigung früherer Verkettung ein positiver „Lerneffekt" eintritt: Der Anteil der korrekten Verkettungen stieg bei diesen Experimenten von 73,1 % auf 77,6 % [Her+10].

Betrachtete Szenarien Ausgehend von der derzeitigen Praxis vieler Internetzugangsanbieter, die Internetverbindung täglich zu trennen und dem Nutzer eine neue IP-Adresse zuzuweisen, wird in der Ausgangssituation (Abschnitt 6.3.4.2 bis Abschnitt 6.3.4.7) unterstellt, dass die Nutzerpseudonyme täglich wechseln. Es werden also die Sitzungen jeweils zweier unmittelbar aufeinanderfolgender Tage verkettet. Die Epochendauer beträgt bei diesen Experimenten 24 Stunden; die Epochen beginnen jeden Tag um Mitternacht. In späteren Abschnitten werden diese Parameter dediziert untersucht: In Abschnitt 6.3.4.8 wird der Zeitpunkt, an dem die Epochen beginnen, variiert, und in Abschnitt 6.3.4.9 wird untersucht, welche Bedeutung dem zeitlichen Abstand δ zwischen Training und Test zukommt, wenn also die zu verkettenden Sitzungen aus Epoche $e_{j+\delta}$ stammen, wobei $\delta > 1$ ist. Der Einfluss der Epochendauer wird bei der Untersuchung von Schutzmechanismen in Abschnitt 7.2 betrachtet.

Implementierung Die Experimente werden mit der in Abschnitt 6.3.2.2 beschrieben Evaluationsumgebung durchgeführt. Soweit nicht anders angegeben wird der 2M-Datensatz herangezogen. Um zu verhindern, dass die aus den Experimenten gewonnenen Erkenntnisse durch ungewöhnliches Nutzungsverhalten verzerrt werden, werden die Sitzungen besonders aktiver bzw. besonders inaktiver Nutzer bei der Evaluation nicht berücksichtigt. Auf Basis des Volume-Range-Indizes (VR.IDX, vgl. Abbildung 6.11), der auf Basis der individuellen Anfragevolumina innerhalb einer Epoche erzeugt wurde, werden dazu aus jeder Epoche die Sitzungen von 10 % der darin aktiven Nutzer entfernt, jeweils die obersten bzw. untersten 5 %. Wie sich herausstellte hat diese **Volumenspannenfilterung** einen vergleichsweise geringen Einfluss. Wird darauf verzichtet, sinken die Erkennungsraten der Verfahren um 2 bis 3 Prozentpunkte im Vergleich zu den nachfolgend genannten Werten. Die geringeren Werte lassen sich zum einen durch die besonders aktiven Nutzer erklären. Durch sie steigt die Anzahl der parallel aktiven Nutzer und damit der Schwierigkeitsgrad des Verkettungsproblems (vgl. Tabelle 6.14 für den Einfluss der Nutzerzahl auf die Kreuzvalidierungsergebnisse). Vor allem die besonders wenig aktiven Nutzer tragen jedoch zu den schlechteren Ergebnissen bei: Sie stellen zu wenige Anfragen, um aufeinanderfolgende Sitzungen daran wiederzuerkennen.

Beurteilung der Verfahren   Im Realfall-Szenario liegt in einem Evaluationsschritt von jeder Klasse lediglich eine einzige Trainingsinstanz und eine (oder keine) Testinstanz vor. Im Folgenden wird das Verfahren vorgestellt, mit dem die Beurteilung der Praktikabilität der Verkettung von Sitzungen, also der zu erwartenden Genauigkeit in der Praxis, vorgenommen wird.

Grundsätzlich kann diese Beurteilung wie bei der Kreuzvalidierung, also anhand der Maßzahlen Precision und Recall erfolgen. Diese Maßzahlen sind jedoch wenig aussagekräftig, da damit lediglich die Korrektheit der *Zuordnung* von Instanzen zu Klassen betrachtet wird, jedoch nicht die korrekte Nicht-Zuordnung. Die Nicht-Zuordnung von Sitzungen ist von Interesse, da im Datensatz nicht alle Nutzer auch in allen Epochen aktiv sind: Ist ein Nutzer u in einer Epoche e_1 aktiv, jedoch in e_2 inaktiv, so gibt es in diesem Evaluationsschritt zwar eine Trainingsinstanz von u, jedoch keine Testinstanz. Ein aus Sicht des Beobachters korrektes Klassifikationsergebnis, das der Klasse von u keine Instanz zuweist, hätte einen Recall-Wert von 0 (Anteil der zugeordneten Instanzen an allen Testinstanzen von u) und einen Precision-Wert von 0 (Anteil der korrekt zugeordneten Instanzen an allen der Klasse von u zugeordneten Instanzen), würde also schlechter eingestuft als es eigentlich ist. Zudem lassen sich Falschzuordnungen in diesem Fall nicht mehr anhand der Precision erkennen: Wird der Klasse von u im betrachteten Szenario eine Testinstanz *von einem anderen Nutzer* zugewiesen, bleibt es bei einem Precision-Wert von 0.

Auch andere in der Literatur gängige Kennzahlen zur Evaluation von Klassifikationsverfahren (für einen Überblick s. etwa [LC12]) berücksichtigen diesen Aspekt nicht in angemessener Weise. Das nachfolgend vorgestellte **Realfall-Beurteilungsschema** trägt hingegen der besonderen Situation des Realfall-Szenarios Rechnung und aggregiert die Entscheidungen des Klassifikators in eine einzige intuitiv verständliche Kennzahl.

Zum einen betrachtet es Fälle, in denen ein Verfahren eine korrekte Entscheidung getroffen hat (engl. „correct mapping", im Folgenden mit C bezeichnet), zum anderen Fälle, in denen eine falsche Entscheidung getroffen wurde (engl. „erroneous mapping", im Folgenden mit E bezeichnet). Bei der folgenden Erläuterung wird unterstellt, dass Epoche e_j die Trainingsinstanzen enthält und Epoche e_{j+1} die Testinstanzen.

Falls ein Benutzer u_i in beiden Epochen aktiv war, handelt es sich nur dann um eine **korrekte Entscheidung** (C_1), wenn das Verkettungsverfahren die Instanz des Users u_i

Tabelle 6.15: Realfallergebnisse (Genauigkeit) für die NPY-Verfahren

$n_{patterns}$	NPY-SUPPORT	NPY-LIFT
1	0,481	0,333
2	0,519	0,357
5	**0,536**	0,380
10	0,524	0,394
15	0,509	**0,397**
20	0,496	0,396
30	0,478	0,391
40	0,466	0,384
50	0,458	0,379
60	0,452	0,376
70	0,448	0,374

in Epoche e_{j+1} der Klasse c_i zuweist, die aus der Trainingsinstanz x_i des Nutzers u_i in e_j erzeugt wurde *und* wenn c_i keine Instanzen von anderen Nutzern in e_{j+1} zugeordnet werden. Falls u_i nur in e_j aktiv ist, jedoch nicht in e_{j+1}, trifft ein Verfahren eine korrekte Entscheidung, wenn es c_i keine Instanz aus e_{j+1} zuweist (C_2). Wenn ein Verfahren c_i *genau eine* Instanz x_a zuweist, die zu einem anderen Nutzer $u_a, a \neq i$ gehört, handelt es sich um einen **nicht-erkennbaren Fehler** (E_1): Dieser Zuordnungsfehler ist für den Beobachter nicht von C_1 zu unterscheiden. Es gibt jedoch noch einen weiteren Fall (E_2), in dem ein nicht-erkennbarer Fehler auftritt, und zwar wenn der Klassifikator c_i gar keine Instanz zuweist, obwohl u_i in e_{j+1} aktiv ist. In diesem Fall hat der Beobachter „die Spur verloren". Schließlich gibt es Fälle, in denen die Verkettungsverfahren c_i mehr als eine Instanz (u. U. auch x_i) aus e_{j+1} zuweisen, die Zuordnung also nicht *eindeutig* sondern *mehrdeutig* ist. Bei diesen Fällen handelt es sich um einen für den Beobachter **erkennbaren Fehler** (E_3). Zur Beurteilung der Verfahren werden am Ende des Experiments alle Fälle gezählt, um den Anteil der korrekten Entscheidungen in allen *Evaluationsschritten* (s. oben) zu bestimmen. Dieser Anteil wird im Folgenden als **Genauigkeit** G bezeichnet und wird wie folgt berechnet:

$$G = \frac{|C_1| + |C_2|}{|C_1| + |C_2| + |E_1| + |E_2| + |E_3|}. \tag{6.11}$$

6.3.4.2 Basis-Experiment

Zunächst soll überprüft werden, welche Genauigkeit die Verkettungsverfahren bzw. die bei der Kreuzvalidierung betrachteten Konfigurationen im Realfall erzielen. Die Ergebnisse dieser Experimente sind in Tabelle 6.15 (NPY-Verfahren) und Tabelle 6.16 (1NN- und MNB-Verfahren) dargestellt.

Tabelle 6.16: Realfallergebnisse (Genauigkeit) für die 1NN- und MNB-Verfahren

Konfiguration	1NN-JACCARD	1NN-COSIM	MNB
RAW-1	0,552	0,542	0,361
RAW-2	**0,663**	0,593	0,508
RAW-1+2	0,634	0,622	0,462
RAWIDF-1	–	0,542	0,361
TFN-1	–	0,661	0,661
TFN-2	–	0,707	0,708
TFN-1+2	–	0,726	0,726
TFIDFN-1	–	0,667	0,668
TFIDFN-2	–	0,741	0,741
TFIDFN-1+2	–	**0,747**	**0,747**

Da 1NN-JACCARD keine Häufigkeiten nutzt, sind die TFN-/IDF-Transformationen nicht anwendbar. Die höchsten Kenngrößenwerte sind durch **Fettdruck** gekennzeichnet.

Auf den ersten Blick korrespondieren die Werte der konstruierten Evaluationsmetrik „Genauigkeit", die im Realfall-Szenario zur Anwendung kommt, mit den Ergebnissen aus den Kreuzvalidierungsexperimenten mit einer Trainingsinstanz. Im direkten Vergleich mit Tabelle 6.12 und Tabelle 6.13 fällt auf, dass bei den meisten Konfigurationen im Realfall die Genauigkeitswerte die Precision- und Recall-Werte übertreffen, die bei der Kreuzvalidierung mit $\left|I^{u_i}_{\text{train}}\right| = 1$ erzielt werden. Diese Diskrepanz ist zum einen durch die voneinander abweichenden Definitionen dieser Kenngrößen zu begründen.

Die hohen Genauigkeitswerte werden jedoch auch durch die geringere Anzahl der gleichzeitig aktiven Nutzer hervorgerufen. Während im CV-Datensatz in jedem Evaluationsschritt die Trainings- und Testinstanzen von 3000 Nutzern einander zugeordnet werden müssen, unterliegt die Anzahl der aktiven Nutzer im 2M-Datensatz gewissen Schwankungen. Bei Epochen, die Tagen entsprechen, sind in 25 % der Epochen in 2M über 3092 Nutzer aktiv, in 50 % der Epochen zwischen 2100 und 3092 Nutzer und in 25 % der Epochen zwischen 1107 und 2100 Nutzer (vgl. die Statistik „Aktive Tage pro Nutzer" in Tabelle 6.7). Im Vergleich zum CV-Datensatz ist die Schwierigkeit des Verkettungsproblems im Realfall-Szenario also bei knapp 75 % der Evaluationsschritte geringer, da in diesen Fällen weniger Nutzer in der Trainings- und/oder Testepoche aktiv sind.

An der grundsätzlichen Rangfolge der Verfahren ändert sich im Realfall-Szenario grundsätzlich nichts. Bei manchen Verfahren verändern sich jedoch die jeweils besten Konfigurationen: Die beste Konfiguration für NPY-LIFT ist nun der Betrieb mit $n_{\text{patterns}} = 15$ (39,7 %), und bei 1NN-JACCARD wird die höchste Genauigkeit (66,3 %) mit der RAW-2-Konfiguration erzielt. Den insgesamt höchsten Genauigkeitswert von 74,7 % erreichen die beiden Verfahren 1NN-COSIM und MNB, wenn sie mit der TFIDFN-1+2-Konfiguration betrieben werden.

Tabelle 6.17: Anteilige Verteilung der Verkettungsentscheidungen im Realfall-Szenario mit den besten Konfigurationen der Verfahren

	Realität	NPY-S	NPY-L	1NN-J	1NN-C	MNB	1NN-C-P	MNB-P
C_1	0,810	0,406	0,267	0,508	0,587	0,587	0,698	0,699
C_2	0,190	0,130	0,129	0,155	0,160	0,161	0,160	0,160
E_1	–	0,056	0,073	0,043	0,032	0,031	0,056	0,056
E_2	–	0,254	0,379	0,147	0,085	0,085	0,086	0,085
E_3	–	0,153	0,151	0,147	0,135	0,136	–	–
G	–	0,536	0,397	0,663	0,747	0,747	0,858	0,858

Die Verfahren 1NN-C-P und MNB-P werden in Abschnitt 6.3.4.3 behandelt.

In Tabelle 6.17 ist ersichtlich, wie sich die Entscheidungen der Verfahren (jeweils beste Konfiguration in Tabelle 6.15 und Tabelle 6.16) auf die insgesamt 131 603 Verkettungssituationen verteilen. In der Spalte „Realität" ist die tatsächliche Aufteilung des Nutzerverhaltens im Datensatz dargestellt. Ein fehlerfreies Verfahren kann bestenfalls diese Werte erreichen.

Da die beiden NPY-Verfahren sowie 1NN-JACCARD im Vergleich zu den übrigen Verfahren hinsichtlich der Genauigkeit zurückfallen, konzentrieren sich die weiteren Untersuchungen auf 1NN-COSIM und MNB.

6.3.4.3 Umgang mit Nutzerfluktuation

Zwar ist die Anzahl der aktiven Nutzer, wie im vorherigen Abschnitt dargestellt, im Realfall-Szenario in vielen Evaluationsschritten geringer, im Unterschied zum kontrolliert erzeugten CV-Datensatz unterliegt die Nutzergruppe jedoch einer natürlichen Fluktuation. Problematisch ist insbesondere der Fall, dass der Beobachter bei der Verkettung mit einer Testinstanz x_i^{j+1} eines Nutzers konfrontiert wird, für den es keine Klasse c_i gibt, da er in der vorherigen Epoche e_j nicht aktiv war. Da die betrachteten Verfahren kein Kontextwissen heranziehen können und keinen Zugriff auf die gelernten Modelle aus früheren Epochen haben, weisen sie x_i^{j+1} auf jeden Fall einer falschen Klasse zu, was zu einem (nicht-)erkennbaren Fehler führt.

Beispiel 6.8. Zur Erläuterung ist in Abbildung 6.16 das Ergebnis eines Evaluationsschritts beispielhaft dargestellt. In Epoche A sind drei Nutzer aktiv, deren Sitzungen mit 1A bis 3A bezeichnet werden. In Epoche B sind nur noch zwei dieser drei Nutzer aktiv; Nutzer 2 hat keine Anfragen gesendet. Weiterhin ist in Epoche B der Nutzer 4 aktiv, der in Epoche A noch nicht aktiv war. Die Zuordnung der Testinstanzen 1B und 3B ist korrekt. Der Klasse c_3 wird neben der korrekten Instanz 3B jedoch zusätzlich die Instanz 4B zugeordnet. Die Zuordnung für c_3 ist also mehrdeutig. □

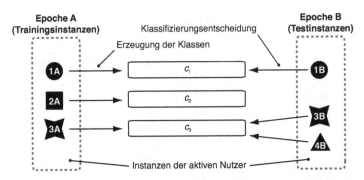

Abbildung 6.16: Beispiel für eine mehrdeutige Zuordnung durch Nutzerfluktuation

Die Fluktuation im 2M-Datensatz lässt sich dadurch erklären, dass erfahrungsgemäß viele Studierende am Wochenende die Stadt verlassen. Wenn sie am Anfang der Woche zurückkehren, sinkt die Genauigkeit beim MNB-Verfahren (TFIDFN-1+2-Konfiguration) auf Werte im Bereich von 60 %, während sie im Laufe der Woche, wo die Fluktuation gering ist, auf Werte über 80 % steigt. Das zyklische Verhalten der Erkennungsraten korrespondiert mit den Schwankungen der Anzahl der aktiven Nutzer pro Tag (s. Abbildung 6.17, MNB-Graph). Anhand einer Analyse der Ergebnisse des Experiments in Abschnitt 6.3.4.2 lassen sich die Auswirkungen dieses Phänomens abschätzen: Bei der TFIDFN-1+2-Konfiguration des MNB-Verfahrens kommt es in 13,6 % aller Fälle zu einer Fehlentscheidung wegen einer mehrdeutigen Zuordnung (siehe Zeile für E_3 in Tabelle 6.17). Mehr als die Hälfte der aufgetretenen Fehler (53,9 %) fällt in diese Kategorie. Weitere Analysen ergeben, dass bei einem großen Teil der E_3-Fälle (88,8 %) die korrekte Testinstanz in der Menge der zugeordneten Instanzen enthalten ist. Eine Optimierung des Verkettungsverfahrens, welche mehrdeutige Zuordnungen auflösen kann, erscheint daher vielversprechend.

Optimierung der Verkettungsverfahrens Die Optimierung des Verfahrens verfolgt das Ziel, mehrdeutige Zuordnungen aufzulösen. Die Auflösung mehrdeutiger Zuordnungen ist ein bewährter Ansatz, der z. B. in einem Verfahren von Mishari und Tsudik genutzt wird, mit dem mehrere anonym veröffentlichte Produktbewertungen eines Nutzers miteinander verkettet werden können [MT12]. Mehrdeutige Zuordnungen, die durch mehrere Sitzungen *eines* Nutzers hervorgerufen werden, sind im Beobachtungsmodell nicht vorgesehen (s. Abschnitt 6.2.3.1), da gemäß des Modells unterstellt wird, dass Anfragen eines Nutzers innerhalb einer Epoche stets von ein und derselben Source-IP-Adresse ausgehen. Wenn ein Verfahren dennoch einer Klasse mehr als eine Testinstanz zuweist, kann der Beobachter versuchen, die mehrdeutige Zuordnung aufzulösen. Wenn es ihm gelingt, jeweils die korrekte Instanzen zu erkennen, sollte die Genauigkeit der Verkettung insgesamt steigen.

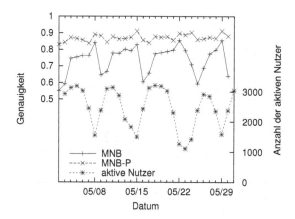

Abbildung 6.17: Nutzerfluktuation und Verlauf der Genauigkeit von Tag zu Tag im Monat Mai des 2M-Datensatzes

Zur Überprüfung dieser Hypothese werden die beiden Klassifikationsverfahren 1NN-COSIM und MNB, die im Realfall am besten abgeschnitten haben, erweitert. In den Fällen, in denen ein erkennbarer Fehler (E_3) auftritt, wird nach der Zuordnung der Instanzen zu den Klassen ein nachgelagertes **Selektionsverfahren** durchlaufen, um die mehrdeutige Zuordnung aufzulösen. Zur Auflösung werden lediglich die Trainingsinstanz, die zum Trainieren der Klasse verwendet wurde, sowie die Menge der ihr zugewiesenen Testinstanzen herangezogen. Das Selektionsverfahren basiert auf derselben Annahme, die auch dem 1NN-Klassifikator zugrunde liegt: Die Ähnlichkeit zweier Instanzen, die zur selben Klasse gehören, ist größer als die Ähnlichkeit von Instanzen, die zu verschiedenen Klassen gehören. Im Selektionsverfahren werden die Cosinus-Ähnlichkeitswerte zwischen den zugeordneten Testinstanzen und der Trainingsinstanz bestimmt. Die Instanz mit der größten Ähnlichkeit wird der Klasse zugeordnet; die übrigen Instanzen werden keiner Klasse zugeordnet. Im Folgenden wird die Anwendung des nachgelagerten Selektionsverfahrens durch Anhängen des **Suffixes P** (von engl. „post-processing") an die Verfahrensbezeichnung gekennzeichnet (z. B. „1NN-COSIM-P").

In Abbildung 6.18 wird das Selektionsverfahren anhand von Beispiel 6.8 illustriert.

Ergebnisse Die Effektivität des Selektionsverfahrens soll durch eine erneute Durchführung des Experiments aus Abschnitt 6.3.4.2 untersucht werden. Die positive Auswirkung ist anhand der Genauigkeitswerte in der zuvor angeführten Abbildung 6.17 erkennbar: Im Vergleich zum MNB-Graphen schwankt die Genauigkeit beim MNB-P-Graphen wesentlich weniger und zudem befinden sich alle Werte auf einem höheren Niveau. Die aggregierten Ergebnisse bestätigen diesen Eindruck: Bei den besten Konfigurationen steigt

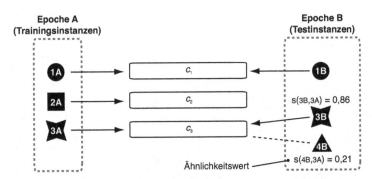

Abbildung 6.18: Anwendung des Selektionsverfahrens zur Auflösung mehrdeutiger Zuordnungen auf die Situation aus Beispiel 6.8

die Genauigkeit vom Wert G = 74,7 %, der im Basis-Experiment jeweils von MNB und 1NN-COSIM erzielt wurde (s. Abschnitt 6.3.4.2), auf G = **85,9 %** (MNB-P, TFIDFN-1+2) bzw. G = **85,8 %** (1NN-COSIM, TFIDFN-1+2). MNB-P erzielt zwar eine minimal bessere Genauigkeit, muss aber im Gegensatz zu 1NN-COSIM-P aus den Trainingsdaten zunächst ein Modell erzeugen. Das 1NN-COSIM-P-Verfahren erreicht einen vergleichbaren Genauigkeitswert, ist jedoch deutlich effizienter, da ein dediziertes Training entfällt und es daher eine geringere Laufzeit sowie einen geringeren Speicherbedarf (sowohl hinsichtlich des persistenten Datenspeichers als auch des Arbeitsspeichers) aufweist.

6.3.4.4 Nutzerspezifische Betrachtung

Die bislang angegebenen aggregierten Genauigkeitswerte eignen sich gut zum Vergleich der verschiedenen Verkettungsverfahren, da jede Verkettungsentscheidung mit demselben Gewicht in den aggregierten Wert eingeht (sog. **Micro-Averaging**, s. [MRS08, S. 280 f.]). Ein solchermaßen aggregierter Genauigkeitswert weist jedoch nur eine beschränkte Aussagekraft auf. Die Ursachen der Verkettbarkeit können damit nicht analysiert werden, da nicht bekannt ist, wie die korrekten Entscheidungen des Verkettungsverfahrens auf die einzelnen Nutzer verteilt sind, ob die Verkettung bei allen Nutzern also gleichermaßen gut gelingt oder aber nur bei einer Teilmenge, dafür bei diesen jedoch besonders zuverlässig.

Methodik   Für eine differenzierte Auswertung muss die erreichbare Genauigkeit auf Ebene der einzelnen Nutzer betrachtet werden. Die Genauigkeit für einen einzelnen Nutzer u errechnet sich als Anteil der korrekten Verkettungsentscheidungen an allen Verkettungsereignissen V_u:

$$G_u = \frac{\left(\left|C_1^u\right| + \left|C_2^u\right|\right)}{|V_u|} \quad \text{mit } |V_u| = \left|C_1^u\right| + \left|C_2^u\right| + \left|E_1^u\right| + \left|E_2^u\right| + \left|E_3^u\right|. \tag{6.12}$$

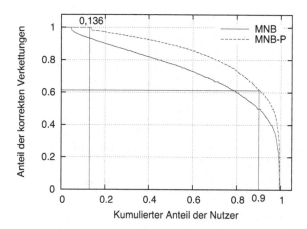

Abbildung 6.19: Kumulierte Verteilung der Genauigkeit im Realfall-Szenario (MNB bzw. MNB-P, TFIDFN-1, 2M-Datensatz)

In Abbildung 6.19 ist die *kumulierte Verteilung* der G_u-Werte im Realfall-Experiment für die Verfahren MNB und MNB-P dargestellt. Die Nutzer sind auf der X-Achse anhand der bei ihren Sitzungen erreichten Genauigkeit (Wert auf der Y-Achse) absteigend sortiert aufgereiht. Wie aus der Abbildung ersichtlich gelingt mit dem MNB-P-Verfahren bei 13,6 % der Nutzer (498 der 3672 betrachteten Nutzer) eine ununterbrochene korrekte Verkettung aller Sitzungen (G_u=1,0). Bei diesen Nutzern treten ausschließlich C_1- und C_2-Fälle auf. Bei 90 % der Nutzer werden mindestens 61,5 % der Sitzungen korrekt verkettet. Am äußersten rechten Rand der kumulierten Verteilung gibt es 19 Nutzer (0,5 % der Grundgesamtheit), bei denen das MNB-P-Verfahren *keine einzige Sitzung* korrekt verketten konnte (G_u = 0).

Auf Basis der G_u-Werte lässt sich ein abgewandeltes Maß konstruieren. Dazu wird der ungewichtete Mittelwert aus den G_u-Werten gebildet (sog. **Macro-Averaging**), s. [MRS08, S. 280 f.]):

$$G_{\text{macro}} = \frac{1}{|U|} \sum_{u \in U} G_u. \tag{6.13}$$

Während die Micro-Averaging-Genauigkeitswerte von den Verkettungsentscheidungen der besonders aktiven Nutzer dominiert werden, hat bei G_{macro} jeder Nutzer dasselbe Gewicht. Die Macro-Averaging-Genauigkeit beträgt beim MNB-P-Verfahren G_{macro} = 84,5 %. Dieser Wert ist kleiner als der in Abschnitt 6.3.4.3 angegebene Micro-Averaging-Wert (G = 85,9 %). Dieser Unterschied deutet darauf hin, dass die Verkettung bei Nutzern, die in überdurchschnittlich vielen Epochen aktiv sind, besser gelingt, als bei Nutzern, die in wenigen Epochen aktiv sind.

Im Folgenden wird daher zunächst untersucht, ob es einen Zusammenhang zwischen der Aktivität der Nutzer und der erreichbaren Genauigkeit gibt. Existiert ein solcher

Zusammenhang, würde das bedeuten, dass die Verkettung von Sitzungen nur bei den Nutzern gelingt, die das Internet ausreichend häufig bzw. intensiv nutzen. Lässt sich jedoch kein Zusammenhang feststellen, bedeutet dies, dass die Verkettung grundsätzlich auch bei weniger aktiven Nutzern gelingen kann. Im Anschluss daran wird der Zusammenhang zwischen der erreichbaren Genauigkeit und des Verkettungspotentials untersucht, das die Instanzen der Nutzer bieten.

Zur **Messung der Aktivität der Nutzer** werden drei Parameter betrachtet:

1. die **Nutzungsdauer**, die sich in der Anzahl der Verkettungsentscheidungen bei einem Nutzer $|V_u|$ bzw. in der Anzahl der Stunden n_{Std}^u, die ein Nutzer in seinen Sitzungen im Mittel aktiv ist, niederschlägt,

2. die **Anfragemenge**, die sich in der Anzahl der Anfragen n_{Anfr}^u, die ein Nutzer innerhalb seiner Sitzungen im Mittel stellt, niederschlägt, und

3. die **Anfragebreite**, die sich in der Anzahl der unterschiedlichen Domainnamen n_{Attr}^u, für die ein Nutzer innerhalb seiner Sitzungen im Mittel Anfragen stellt, niederschlägt.

Zur **Messung des Verkettungspotentials** werden die in Abschnitt 6.2.1 eingeführten Dimensionen betrachtet:

1. die **Stationarität des Benutzerverhaltens**, die sich in $\bar{s}_{x_j^u, x_{j+1}^u}$, der mittleren Ähnlichkeit jeweils aufeinanderfolgender Sitzungen eines Nutzers u niederschlägt, und

2. die **Individualität des Benutzerverhaltens**, die sich u. a. in $\bar{s}_{x_j^u, x_j^*}$, der mittleren Ähnlichkeit von Sitzungen des Nutzers u und Sitzungen anderer Nutzer niederschlägt, sowie anhand von $\overline{\overline{df}}$, dem Mittelwert der gemittelten DF-Werte der Domainnamen, die ein Nutzer in seinen Sitzungen anfragt, messbar ist.

Zur genaueren Analyse der Zusammenhänge werden im Folgenden die Verteilungen der untersuchten Parameter für verschiedene Bereiche von G_u mit Hilfe von Boxplots graphisch dargestellt. Weiterhin wird der Zusammenhang numerisch mit dem **Rangkorrelationskoeffizienten von Spearman** r_s bewertet. Bei r_s handelt es sich um ein parameterfreies Maß der statistischen Abhängigkeit zwischen zwei Variablen (s. [Fah+07, S. 142 ff.] bzw. [Spe04a]), das im Gegensatz zum häufig verwendeten Korrelationskoeffizienten von Bravais-Pearson [Fah+07, S. 134 f.], der nur bei linearen Zusammenhängen angewendet werden sollte, zur Identifikation von beliebigen monotonen Zusammenhängen geeignet ist [Fah+07, S. 137 f.]. Der Wert von r_s liegt im Intervall $[-1;1]$, wobei positive Werte einen gleichsinnigen Zusammenhang und negative Werte einen gegensinnigen Zusammenhang ausdrücken. Je mehr der Wert von r_s von 0 abweicht, desto unwahrscheinlicher ist es, dass die Variablen voneinander unabhängig sind. Zur Berechnung von r_s werden die Werte, welche die beiden betrachteten Variablen X und Y annehmen, sortiert, um deren Ränge $\text{rg}(\cdot)$ zu ermitteln. Für die Ränge wird dann der Korrelationskoeffizient nach Bravais-Pearson ermittelt:

$$r_s = \frac{\sum \left(\text{rg}(x_i) - \overline{\text{rg}}_X \right) \left(\text{rg}(y_i) - \overline{\text{rg}}_Y \right)}{\sqrt{\sum \left(\text{rg}(x_i) - \overline{\text{rg}}_X \right)^2 \sum \left(\text{rg}(y_i) - \overline{\text{rg}}_Y \right)^2}}. \tag{6.14}$$

Tabelle 6.18: Macro-Averaging-Genauigkeitswerte G_{macro} und verbleibende Anzahl der Nutzer n für verschiedene Mindestwerte der Anzahl der Verkettungsereignisse $|V_u|$

$|V_u|$	>0	>10	>20	>30	>40	>50
G_{macro}	0,845	0,849	0,854	0,863	0,881	0,909
n	3672	3435	3098	2478	1565	586

Zunächst werden die **Parameter zur Messung der Aktivität** der Nutzer betrachtet. Für den Parameter **Nutzungsdauer** werden zwei Einflussgrößen untersucht: die Anzahl der Verkettungsentscheidungen und die Anzahl der aktiven Stunden eines Nutzers.

Anzahl der Verkettungsentscheidungen Die Anzahl der Verkettungsentscheidungen $|V_u|$ eines Nutzers hängt von der Anzahl und der zeitlichen Anordnung der Sitzungen eines Nutzers ab. Eine Verkettungsentscheidung resultiert entweder in der Verkettung zweier aufeinanderfolgender Sitzungen eines Nutzers oder in der Erkenntnis, dass ein Nutzer in der Testepoche nicht mehr aktiv ist. Der oben durchgeführte Vergleich der Micro- bzw. Macro-Averaging-Werte deutet auf einen Zusammenhang zwischen $|V_u|$ und G_u hin. Eine erste Einschätzung der Stärke des Zusammenhangs erlauben die Ergebnisse in Tabelle 6.18: G_{macro} steigt von 84,5 % auf Werte über 90 %, wenn die nutzerspezifischen Genauigkeitswerte der weniger aktiven Nutzer nicht in die Berechnung von G_{macro} einfließen.

In Tabelle 6.19 (Spalte „$|V_u|$") ist die Zusammenhanganalyse für $|V_u|$ dargestellt. Die Boxplots bestätigen den bereits oben angedeuteten Zusammenhang zwischen $|V_u|$ und G_u. Ein geringer Wert von $|V_u|$ ist offenbar jedoch keine *hinreichende Bedingung* für niedrige Werte von G_u – denn es gibt Nutzer mit $G_u = 100$ % mit $|V_u| = 1$. Ein geringer Wert von $|V_u|$ ist auch keine notwendige Bedingung für eine geringe Genauigkeit, denn es gibt einige sehr aktive Nutzer mit $G_u < 40$ %. Dieser uneinheitliche Zusammenhang spiegelt sich im relativ niedrigen Wert $r_s = 0{,}20$ wider.

Anzahl der aktiven Stunden Einen stärkeren Einfluss auf die erreichte nutzerspezifische Genauigkeit hat $\overline{n}_{Std}^u$, die mittlere Anzahl der Stunden, in denen ein Nutzer u in seinen aktiven Epochen Anfragen gestellt hat. Zur Bestimmung von n_{Std}^u wird jede Epoche (hier: jeder Tag) in 24 Ein-Stunden-Intervalle aufgeteilt. Der Wert n_{Std}^u ist dann die Anzahl der Intervalle, in denen u mindestens eine Anfrage gestellt hat. Der Parameter n_{Std}^u ist also ein Maß für die Nutzungsdauer innerhalb einer Epoche. Der Wert des Korrelationskoeffizienten zwischen G_u und $\overline{n}_{Std}^u$ beträgt $r_s = 0{,}32$, und die Boxplots (s. Spalte „$\overline{n}_{Std}^u$" in Tabelle 6.19) lassen einen deutlichen Zusammenhang erkennen. Wie die Boxplots für $\overline{n}_{Std}^u$ zeigen variiert die mittlere Anzahl der aktiven Stunden auch innerhalb der einzelnen Genauigkeitsbereiche erheblich. Bei den einzelnen Nutzern schwankt der Wert jedoch

Tabelle 6.19: Abhängigkeit der Verkettungsgenauigkeit von der Anzahl der Verkettungsereignisse $|V_u|$ und der mittleren Anzahl der aktiven Stunden pro Epoche ($\overline{n}^u_{Std}$) sowie deren Standardabweichung; n/N ist der Anteil der Nutzer, die in den betrachteten Genauigkeitsbereich fallen.

G_u	n/N	$\|V_u\|$	$\overline{n}^u_{Std}$	SD$\left(n^u_{Std}\right)$
		0 15 30 45 60	0 6 12 18 24	0 6 12 18 24
$[0,000; 1,000]$	1,00			
$[0,000; 0,200]$	0,01			
$]0,200; 0,400]$	0,01			
$]0,400; 0,600]$	0,07			
$]0,600; 0,800]$	0,21			
$]0,800; 1,000]$	0,70			
$[0,000; 0,615]$	0,10			
$]0,615; 1,000]$	0,90			
$[1,000; 1,000]$	0,14			
r_s		0,20	0,32	0,17

Jeder Boxplot visualisiert die 5-Werte-Zusammenfassung der Verteilung: minimaler Wert, 1. Quartil, Median, 3. Quartil und maximaler Wert (vgl. [HKP11, S. 49]).

nur geringfügig wie die Boxplots in der Spalte „SD $\left(n^u_{Std}\right)$" veranschaulichen. Die tägliche Nutzungsdauer ist also bei den meisten Nutzern relativ konstant. Dass zwischen SD $\left(n^u_{Std}\right)$ und G_u ein geringer gleichsinniger Zusammenhang ($r_s = 0,17$) besteht, also bei stärkerer Schwankung der täglichen Nutzungsdauer eine höhere nutzerspezifische Genauigkeit erreicht wird, erscheint hingegen nicht plausibel.

Anfragemenge Der nächste betrachtete Parameter zur Messung der Aktivität eines Nutzers ist die Anfragemenge n_{Anf} eines Nutzers: die Anzahl der Anfragen in einer Sitzung. Wie in Tabelle 6.20 dargestellt gibt es nur einen geringen Zusammenhang zwischen dem Mittelwert $\overline{n}^u_{Anf}$ und G_u. Bei der Standardabweichung der Anfragemenge SD $\left(n^u_{Anf}\right)$ besteht kein messbarer Zusammenhang.

Anfragebreite Ähnlich verhält es sich mit der Anfragebreite, welche mittels der Anzahl der unterschiedlichen Domainnamen innerhalb einer Nutzersitzung gemessen wird (s. Tabelle 6.21): Die absoluten Werte des Rangkorrelationskoeffizienten betragen bei den Mittelwerten bzw. bei den Standardabweichungen von n^u_{Anf} bzw. $\overline{n}_{Attr}$ maximal 0,12. Während zwischen der Anzahl der aktiven Epochen bzw. der Anzahl der aktiven Stunden in den Epochen und der erreichten Genauigkeit ein gewisser Zusammenhang festgestellt

Tabelle 6.20: Abhängigkeit der Verkettungsgenauigkeit von $\overline{n}^u_{\text{Anf}}$, der mittleren Anzahl von DNS-Anfragen in den Instanzvektoren eines Nutzers bzw. von der Standardabweichung von n^u_{Anf}

G_u	n/N	$\overline{n}^u_{\text{Anf}}$ 0 2500 5000 7500 10000	SD $\left(n^u_{\text{Anf}}\right)$ 0 2500 5000 7500 10000
$[0{,}000; 1{,}000]$	$1{,}00$		
$[0{,}000; 0{,}200]$	$0{,}01$		
$]0{,}200; 0{,}400]$	$0{,}01$		
$]0{,}400; 0{,}600]$	$0{,}07$		
$]0{,}600; 0{,}800]$	$0{,}21$		
$]0{,}800; 1{,}000]$	$0{,}70$		
$[0{,}000; 0{,}615]$	$0{,}10$		
$]0{,}615; 1{,}000]$	$0{,}90$		
$[1{,}000; 1{,}000]$	$0{,}14$		
r_s		$0{,}12$	$-0{,}01$

siehe auch Tabelle 6.19

werden kann, ist die nutzerspezifische Genauigkeit von der Anfragemenge bzw. -breite demnach weitgehend unabhängig.

Die bisherigen Ergebnisse deuten darauf hin, dass die nutzerspezifische Genauigkeit nur teilweise von der **Aktivität der Nutzer** abhängt. Im Folgenden wird das **Verkettungspotential** analysiert, um zu ermitteln, ob die Unterschiede der nutzerspezifischen Genauigkeit auch dadurch erklärt werden können.

Stationarität des Benutzerverhaltens Als Maß für die Stationarität des Benutzerverhaltens wird der Grad der Übereinstimmung der aufeinanderfolgenden Sitzungen eines Nutzers bestimmt (**Intra-Klassen-Ähnlichkeit**). Da alle vorgestellten Verkettungsverfahren für eine gute Verkettung auf eine möglichst große Schnittmenge an angefragten Domainnamen angewiesen sind, wird die Übereinstimmung (wie beim 1NN-JACCARD-Verfahren) als Anteil der in beiden Sitzungen angefragten Domainnamen an allen in beiden Sitzungen angefragten Domainnamen ermittelt. Auf Basis einer Liste der chronologisch sortierten Sitzungen eines Nutzers werden dann die Jaccard-Koeffizienten $s_{x^u_j, x^u_{j+1}}$ für alle Paare x^u_j, x^u_{j+1} berechnet, wobei inaktive Epochen übersprungen werden.

Wie in Tabelle 6.22 ersichtlich besteht ein gleichsinniger Zusammenhang ($r_s = 0{,}26$) zwischen dem nutzerspezifischen Mittelwert $\overline{s}_{x^u_j, x^u_{j+1}}$ und G_u, d. h. eine höhere Übereinstimmung aufeinanderfolgender Sitzungen geht mit einer höheren nutzerspezifischen Genauigkeit einher. Weiterhin ist anhand der Ergebnisse für SD $\left(s_{x^u_j, x^u_{j+1}}\right)$ ein gegensinni-

Tabelle 6.21: Abhängigkeit der Verkettungsgenauigkeit von $\overline{n}^u_{\text{Attr}}$, der mittleren Anzahl von Attributen in den Instanzvektoren eines Nutzers bzw. von der Standardabweichung von $\overline{n}_{\text{Attr}}$

G_u	n/N	$\overline{n}^u_{\text{Attr}}$ 0 1275 2500 3750 5000	SD $\left(n^u_{\text{Attr}}\right)$ 0 1275 2500 3750 5000
$[0{,}000; 1{,}000]$	1,00		
$[0{,}000; 0{,}200]$	0,01		
$]0{,}200; 0{,}400]$	0,01		
$]0{,}400; 0{,}600]$	0,07		
$]0{,}600; 0{,}800]$	0,21		
$]0{,}800; 1{,}000]$	0,70		
$[0{,}000; 0{,}615]$	0,10		
$]0{,}615; 1{,}000]$	0,90		
$[1{,}000; 1{,}000]$	0,14		
r_s		0,02	−0,12

siehe auch Tabelle 6.19

ger Zusammenhang mit der Streuung von $s_{x^u_j, x^u_{j+1}}$ feststellbar: Streuen bei einem Nutzer die Jaccard-Koeffizienten stärker, dann ist seine nutzerspezifische Genauigkeit geringer.

Abschließend wird die **Individualität des Nutzerverhaltens** betrachtet, die anhand von zwei Kenngrößen analysiert wird. Zunächst wird die Inter-Klassen-Ähnlichkeit betrachtet. Im darauffolgenden Unterabschnitt werden die DF-Werte der Domainnamen analysiert.

Inter-Klassen-Ähnlichkeit Die Basis der Inter-Klassen-Ähnlichkeit ist der Wert des Jaccard-Koeffizienten zwischen einer Sitzung eines Nutzers und einer Sitzung eines anderen Nutzers. Durch vollständige Enumeration aller möglichen Sitzungspaare und Aggregation der erhaltenen Jaccard-Koeffizienten kann die Inter-Klassen-Ähnlichkeit einer Klasse bestimmt werden. Im Folgenden werden verschiedene Konstruktionsmethoden eingesetzt, bei denen entweder der Mittelwert, der Median oder der Maximalwert der einzelnen Jaccard-Koeffizienten aggregiert wird.

Die Inter-Klassen-Ähnlichkeit soll ausdrücken, wie stark sich die Sitzung eines Nutzers von den Sitzungen der anderen aktiven Nutzer unterscheidet. Gibt es in einer Epoche j insgesamt $|X_j|$ Instanzen von $|C_j|$ verschiedenen Klassen bzw. Nutzern, dann müssen zur Bestimmung der Inter-Klassen-Ähnlichkeit von Nutzer u in Epoche j die $|X_j| - 1$ Jaccard-Koeffizienten $s_{x^u_j, x^v_j}$ zwischen dessen Instanz x^u_j und den $|X_j| - 1$ Instanzen x^v_j der anderen Nutzer $v \in C_j; v \neq u$ berechnet werden. Für die Zusammenhanganalyse müssen die epochenweise aggregierten Jaccard-Koeffizienten dann noch zu einem nutzerspezifischen

Tabelle 6.22: Abhängigkeit der Verkettungsgenauigkeit von $\bar{s}_{x_j^u, x_{j+1}^u}$, dem Mittelwert der Jaccard-Koeffizienten zwischen aufeinanderfolgenden Sitzungen eines Nutzers u bzw. von der Standardabweichung von $s_{x_j^u, x_{j+1}^u}$

G_u	n/N	$\bar{s}_{x_j^u, x_{j+1}^u}$	$\mathrm{SD}\left(s_{x_j^u, x_{j+1}^u}\right)$
$[0{,}000; 1{,}000]$	1,00		
$[0{,}000; 0{,}200]$	0,01		
$]0{,}200; 0{,}400]$	0,01		
$]0{,}400; 0{,}600]$	0,07		
$]0{,}600; 0{,}800]$	0,21		
$]0{,}800; 1{,}000]$	0,70		
$[0{,}000; 0{,}615]$	0,10		
$]0{,}615; 1{,}000]$	0,90		
$[1{,}000; 1{,}000]$	0,14		
r_s		0,26	−0,21

siehe auch Tabelle 6.19

Ähnlichkeitswert aggregiert werden. Hierfür bietet sich als Lagemaß wieder der **Mittelwert** an, der wie folgt bestimmt wird:

$$\bar{s}_{x_j^u, x_j^*} = \frac{1}{|X_j| - 1} \sum_{v \in C_j; v \neq u} \left(s_{x_j^u, x_j^v} \right). \tag{6.15}$$

Der Bezeichner x_j^* soll dabei andeuten, dass der Jaccard-Koeffizienten jeweils mit einer Instanz von einem anderen Nutzer bezeichnet wurde. Zusätzlich wird nun der **Median** $\tilde{s}_{x_j^u, x_j^*}$ betrachtet, der im Gegensatz zum Mittelwert robust gegen Ausreißer ist. Bei den bisher betrachteten Parametern wurde auf die Darstellung des Medians verzichtet, da kein signifikanter Unterschied zwischen Mittelwert und Median feststellbar war.

Bezeichnet man die Menge der Epochen, in denen u aktiv ist, mit E_u, lassen sich die nutzerspezifischen Inter-Klassen-Ähnlichkeitswerte durch erneute Aggregation ermitteln:

$$\bar{\bar{s}}_{x_j^u, x_j^*} = \frac{1}{|E_u|} \sum_{j \in E_u} \left(\bar{s}_{x_j^u, x_j^*} \right) \qquad \text{bzw.} \qquad \bar{\bar{s}}_{x_j^u, x_j^*} = \frac{1}{|E_u|} \sum_{j \in E_u} \left(\tilde{s}_{x_j^u, x_j^*} \right). \tag{6.16}$$

Auch die Median-Werte $\tilde{s}_{x_j^u, x_j^*}$ werden durch Mittelwertbildung aggregiert, da die einzelnen Werte bereits gegen Ausreißer robust sind.

In Tabelle 6.23 sind die Ergebnisse der Zusammenhanganalyse für die Inter-Klassen-Ähnlichkeit dargestellt. Die Boxplots für $\bar{\bar{s}}_{x_j^u, x_j^*}$, die im Unterschied zur Intra-Klassen-Ähnlichkeit in Tabelle 6.22 auf eine Skala von $[0{,}00; 0{,}20]$ bezogen sind, machen anschaulich deutlich, dass die Überlappung der Sitzungen verschiedener Nutzer wesentlich geringer ist als bei den Sitzungen desselben Nutzers. Es ist zwar ein gegensinniger Zusammenhang zwischen $\bar{\bar{s}}_{x_j^u, x_j^*}$ und G_u messbar, betragsmäßig fällt er jedoch sehr gering aus ($r_s = -0{,}10$). Eine höhere mittlere Übereinstimmung zwischen der Sitzung von u und den Sitzungen der anderen Nutzer geht also nicht so unmittelbar mit einer geringen nutzerspezifischen Genauigkeit einher, wie dies vielleicht zu erwarten wäre. Interessant ist die Tatsache, dass der Zusammenhang beim Median, bei dem extreme Ausprägungen von $s_{x_j^u, x_j^*}$ nicht einfließen, betragsmäßig weniger stark ausgeprägt ist. Es ist daher zu vermuten, dass gerade die extremen Werte von $s_{x_j^u, x_j^*}$ in einem Zusammenhang zur nutzerspezifischen Genauigkeit stehen.

Um diese Hypothese zu überprüfen, werden drei weitere Verfahren zur Aggregation der Inter-Klassen-Ähnlichkeitswerte untersucht. Statt wie bisher die mittlere Übereinstimmung zwischen x_j^u und den Instanzen aller anderen Nutzer x_j^* zu betrachten, wird nun innerhalb jeder Epoche j der **Wert der maximalen Übereinstimmung** $s_{x_j^u, x_j^*}^{\max} = \max\left(s_{x_j^u, x_j^*}\right)$ bestimmt. Zur Bestimmung der nutzerspezifischen Inter-Klassen-Ähnlichkeitswerte werden die Epochenwerte $s_{x_j^u, x_j^*}^{\max}$ dann wie zuvor durch Bildung des Mittelwerts $\bar{s}_{x_j^u, x_j^*}^{\max}$ über alle Epochen aggregiert. Neben $\bar{s}_{x_j^u, x_j^*}^{\max}$ wird zusätzlich noch $\max\left(s_{x_j^u, x_j^*}^{\max}\right)$, der bei einem Nutzer über alle Sitzungen maximal zu beobachtende $s_{x_j^u, x_j^*}$-Wert, bestimmt.

Die Ergebnisse der Zusammenhanganalyse für die Maximalwert-Aggregation der Inter-Klassen-Ähnlichkeit sind in Tabelle 6.24 dargestellt. Sowohl zwischen $\bar{s}_{x_j^u, x_j^*}^{\max}$ und G_u ($r_s = -0{,}39$) als auch zwischen $\max\left(s_{x_j^u, x_j^*}^{\max}\right)$ und G_u ($r_s = -0{,}46$) besteht ein betragsmäßig großer gegensinniger Zusammenhang. Offenbar sinkt die nutzerspezifische Genauigkeit, sobald in den Epochen zumindest eine Sitzung existiert, die eine hohe Ähnlichkeit mit der Sitzung einer Nutzers aufweist. In einer solchen Situation verwechselt der Klassifikator offenbar zwei Nutzer. Die Tatsache, dass der Zusammenhang bei $\max\left(s_{x_j^u, x_j^*}^{\max}\right)$ sogar noch stärker ausgeprägt ist als bei $\bar{s}_{x_j^u, x_j^*}^{\max}$, deutet darauf hin, dass bei vielen Nutzern bereits eine einzige hohe Übereinstimmung ihrer Sitzung mit einer Sitzung eines anderen Nutzers in einer beliebigen Epoche ein guter Indikator dafür ist, dass auch ihre anderen Sitzungen vergleichsweise schlecht verkettet werden können.

DF-Werte der Domainnamen   Das zweite Maß zur Messung der Individualität basiert auf den DF-Werten (abgek. für *Document-Frequency*, s. S. 332) der Domainnamen, die von einem Nutzer angefragt werden. Je größer der DF-Wert eines Domainnamens ist, desto weniger andere Nutzer haben in der jeweiligen Epoche Anfragen für diesen Domainnamen gestellt; desto größer ist also dessen **Diskriminierungsstärke**. Die Vorarbeit von Kumpošt

Tabelle 6.23: Abhängigkeit der Verkettungsgenauigkeit von $\overline{\overline{s}}_{x_j^u,x_j^*}$, den gemittelten Mittelwerten der Jaccard-Koeffizienten zwischen den Sitzungen eines Nutzers u und den Sitzungen der anderen Nutzer, von der Standardabweichung von $\overline{s}_{x_j^u,x_j^*}$ sowie von $\overline{\tilde{s}}_{x_j^u,x_j^*}$, dem Mittelwert der Mediane der Jaccard-Koeffizienten

G_u	n/N	$\overline{\overline{s}}_{x_j^u,x_j^*}$	$\mathrm{SD}\left(\overline{s}_{x_j^u,x_j^*}\right)$	$\overline{\tilde{s}}_{x_j^u,x_j^*}$
		0 0.05 0.10 0.15 0.2	0 0.05 0.10 0.15 0.2	0 0.05 0.10 0.15 0.2
$[0{,}000; 1{,}000]$	$1{,}00$			
$[0{,}000; 0{,}200]$	$0{,}01$			
$]0{,}200; 0{,}400]$	$0{,}01$			
$]0{,}400; 0{,}600]$	$0{,}07$			
$]0{,}600; 0{,}800]$	$0{,}21$			
$]0{,}800; 1{,}000]$	$0{,}70$			
$[0{,}000; 0{,}615]$	$0{,}10$			
$]0{,}615; 1{,}000]$	$0{,}90$			
$[1{,}000; 1{,}000]$	$0{,}14$			
r_s		$-0{,}10$	$-0{,}31$	$-0{,}05$

siehe auch Tabelle 6.19

[Kum09, S. 62] deutet darauf hin, dass die Diskriminierungsstärke von Domainnamen die Wiedererkennung von Nutzern begünstigen kann.

Betrachtet wird zunächst der mittlere DF-Wert einer Sitzung:

$$\overline{df} = \frac{1}{|H_x|} \sum_{h \in H_x} (df_h). \tag{6.17}$$

Dabei bezeichnet H_x die Menge der Domainnamen, die in der Sitzung x des betrachteten Nutzers enthalten sind, und df_h ist die Document-Frequency (DF, s. vorheriger Absatz) des Domainnamens h in der betrachteten Epoche. Stellt ein Nutzer in einer Sitzung ausschließlich Anfragen für „populäre" Domainnamen (mit einer kleinen DF), weist sein Anfrageverhalten also eine geringe Individualität auf, ergibt sich für diese Sitzung ein kleiner $\overline{df}$-Wert. Werden hingegen auch weniger populäre Domainnamen angefragt, ergibt sich ein größerer $\overline{df}$-Wert. Als nutzerspezifisches Maß für die Individualität des Anfrageverhaltens werden die $\overline{df}$-Werte durch erneute **Mittelwertbildung** über X_u, die Menge alle Sitzungen des Nutzers u, aggregiert:

$$\overline{\overline{df}} = \frac{1}{|X_u|} \sum_{x \in X_u} \left(\frac{1}{|H_x|} \sum_{h \in H_x} (df_h) \right). \tag{6.18}$$

Tabelle 6.24: Abhängigkeit der Verkettungsgenauigkeit von $\overline{s}^{\max}_{x^u_j,x^*_j}$, den gemittelten Maximalwerten der Jaccard-Koeffizienten zwischen den Sitzungen eines Nutzers u und den Sitzungen der anderen Nutzer sowie von $\max\left(s^{\max}_{x^u_j,x^*_j}\right)$, dem Maximalwert dieser Jaccard-Koeffizienten für u über alle Epochen hinweg

G_u	n/N	$\overline{s}^{\max}_{x^u_j,x^*_j}$	$\max\left(s^{\max}_{x^u_j,x^*_j}\right)$
$[0{,}000; 1{,}000]$	$1{,}00$		
$[0{,}000; 0{,}200]$	$0{,}01$		
$]0{,}200; 0{,}400]$	$0{,}01$		
$]0{,}400; 0{,}600]$	$0{,}07$		
$]0{,}600; 0{,}800]$	$0{,}21$		
$]0{,}800; 1{,}000]$	$0{,}70$		
$[0{,}000; 0{,}615]$	$0{,}10$		
$]0{,}615; 1{,}000]$	$0{,}90$		
$[1{,}000; 1{,}000]$	$0{,}14$		
r_s		$-0{,}39$	$-0{,}46$

siehe auch Tabelle 6.19

Da die Popularitätsverteilung der Domainnamen einem Potenzgesetz unterliegt (vgl. die Ausführungen zum Beobachtungsmodell in Abschnitt 6.2.3.1), sind die zu beobachtenden DF-Werte allerdings sehr ungleichmäßig verteilt; kleine DF-Werte treten wesentlich häufiger auf als große Werte. Da der Mittelwert ein Lagemaß ist, das sensibel für Ausreißer ist, wird sein Wert durch die seltener auftretenden großen DF-Werte verzerrt. Der Median wird durch Ausreißer hingegen nicht beeinflusst. Bezeichnet man den Median der DF-Werte für alle Domainnamen, die in einer Sitzung x auftreten mit $\widetilde{df}_{h \in H_x}$, dann lässt sich anhand des **Medians** analog zu $\overline{df}$ ebenfalls ein nutzerspezifisches Maß für die Individualität des Anfrageverhaltens definieren:

$$\overline{\widetilde{df}} = \frac{1}{|X_u|} \sum_{x \in X_u} \left(\widetilde{df}_{h \in H_x}\right). \tag{6.19}$$

Die Ergebnisse der Zusammenhanganalyse für die Individualität auf Basis der DF-Werte sind in Tabelle 6.25 dargestellt. Anhand der Boxplots lässt sich erkennen, dass der Mittelwert der Mediane $\overline{\widetilde{df}}$ wie erwartet betragsmäßig kleiner ausfällt als der Mittelwert der Mittelwerte $\overline{\overline{df}}$. Die r_s-Werte deuten jeweils auf einen *gegensinnigen* Zusammenhang hin. Demnach *sinkt* die nutzerspezifische Genauigkeit, wenn ein Nutzer Domainnamen mit

Tabelle 6.25: Abhängigkeit der Verkettungsgenauigkeit von $\overline{\overline{df}}$, dem Mittelwert der mittleren DF-Werte innerhalb der Sitzungen des Nutzers u, von der Standardabweichung von $\overline{df}$ bzw. von $\widetilde{\overline{df}}$, dem Mittelwert der Mediane der DF-Werte innerhalb der Sitzungen des Nutzers u

G_u	n/N	$\overline{\overline{df}}$	$SD\left(\overline{df}\right)$	$\widetilde{\overline{df}}$
$[0{,}000; 1{,}000]$	1,00			
$[0{,}000; 0{,}200]$	0,01			
$]0{,}200; 0{,}400]$	0,01			
$]0{,}400; 0{,}600]$	0,07			
$]0{,}600; 0{,}800]$	0,21			
$]0{,}800; 1{,}000]$	0,70			
$[0{,}000; 0{,}615]$	0,10			
$]0{,}615; 1{,}000]$	0,90			
$[1{,}000; 1{,}000]$	0,14			
r_s		$-0{,}22$	$-0{,}35$	$-0{,}36$

(Boxplot-Achsen: 0 150 300 450 600)

siehe auch Tabelle 6.19

höheren DF-Werten, also geringerer Popularität, abfragt. Dieses Ergebnis ist durchaus überraschend und nicht intuitiv erklärbar. Es könnte dadurch zustandekommen, dass diejenigen Nutzer, die Domainnamen mit höheren DF-Werten abrufen, in jeder Sitzung zahlreiche neue Webseiten besuchen, die sie in der nachfolgenden Sitzung nicht mehr abrufen, sodass ihre eigenen Sitzungen eine geringe Intra-Klassen-Ähnlichkeit aufweisen. Diese Vermutung lässt sich anhand der vorliegenden Daten jedoch nicht bestätigen: Zwischen dem Stationaritätsmaß $\bar{s}_{x_j^u \times x_{j+1}^u}$ und $\overline{\overline{df}}$ bzw. $\widetilde{\overline{df}}$ besteht nur ein geringer *gleichsinniger* Zusammenhang ($r_s = 0{,}15$ für $\widetilde{\overline{df}}$).

Abschließend ist zu bemerken, dass (wie schon bei der Stationarität) eine größere Streuung der Werte, gemessen mit $SD\left(\overline{df}\right)$, mit einer geringeren Genauigkeit einhergeht. Die vorliegende Analyse kann also keinen Effekt der Diskriminierungsstärke der Domainnamen auf die erreichbare nutzerspezifische Genauigkeit nachweisen. In Abschnitt 6.3.4.5 wird die Diskriminierungsstärke noch einmal anhand von einzelnen Domainnamen untersucht.

Diskussion der Ergebnisse Die Ergebnisse weisen für keinen der betrachteten Parameter eine (hinreichende bzw. notwendige Zusammenhänge bedingende) Äquivalenzrelation mit der nutzerspezifischen Genauigkeit aus. Die erreichbare Genauigkeit hängt bei dem betrachteten Experiment also nicht unmittelbar bzw. ausschließlich von den Eigenschaften eines Nutzers bzw. seines Verhaltens ab. Die Zusammenhanganalyse offenbart jedoch

messbare gleichsinnige Zusammenhänge zwischen Verkettungspotential und nutzerspezifischer Genauigkeit sowie zwischen Nutzungsdauer und nutzerspezifischer Genauigkeit.
Die Stärke der identifizierten Zusammenhänge (gemessen durch r_s) kann anhand des
vorliegenden Datensatzes bzw. des durchgeführten Experiments jedoch nicht abschließend
beurteilt werden, da die r_s-Werte wegen zwei Einschränkungen nur begrenzte Aussagekraft haben. Zum einen ist die Verteilung der nutzerspezifischen Genauigkeitswerte im
betrachteten Experiment äußerst inhomogen: Für 70 % der Nutzer werden Genauigkeitswerte zwischen 80 und 100 % erzielt, während der Genauigkeitswertebereich zwischen
0 und 20 % durch lediglich 0,52 % (in den Tabellen auf 1 % gerundet) repräsentiert wird.
Zum anderen sind einige der betrachteten Parameter möglicherweise voneinander abhängig. Während dies bei n_{Std} und n_{Anf} leicht einzusehen ist, ist nicht auszuschließen, dass
auch die verbleibenden Parameter teilweise voneinander abhängen. Betragsmäßig hohe
r_s-Werte könnten das Ergebnis von Scheinzusammenhängen sein. Eine abschließende
Analyse der Ursachen der Verkettbarkeit bleibt zukünftigen Arbeiten vorbehalten.

Hinweis zur Interpretation der nutzerspezifischen Genauigkeitswerte G_u entspricht dem Anteil der korrekt verketteten Sitzungen des Nutzers u. Es handelt sich
dabei *nicht* um eine **Klassenzugehörigkeitswahrscheinlichkeit**, die ausdrückt, wie wahrscheinlich es ist, dass ein Verkettungsverfahren zwei aufeinanderfolgende Sitzungen von
u miteinander verketten kann. Die im MNB-Verfahren ermittelten Wahrscheinlichkeits-
werte $P(c_i|x)$, welche für jede Testinstanz und jeweils alle Trainingsinstanzen paarweise
geschätzt werden, können hierfür ebenfalls nicht herangezogen werden; $P(c_i|x)$ eignet
sich lediglich zur Bildung einer Rangfolge, um die Klasse zu bestimmen, zu der die
Testinstanz am besten passt. Die dabei ermittelten Werte entsprechen nicht den tatsächlichen Klassenzugehörigkeitswahrscheinlichkeiten, da die Instanzen üblicherweise die
Modellierungsannahmen verletzen, die dem MNB-Klassifikator zugrundeliegen („positional independence assumption" und „conditional independence assumption", s. S. 328
und [MRS08, S. 269]). Es gibt zwar Kalibrationsverfahren, mit denen die Klassenzugehörigkeitswahrscheinlichkeit ermittelt werden kann [ZE02]; da die damit erhaltenen
Klassenzugehörigkeitswahrscheinlichkeiten jedoch nicht verwendet werden können, um
allgemeingültigen Aussagen abseits des verwendeten Datensatzes zu machen, wird an dieser Stelle darauf verzichtet, die Klassenzugehörigkeitswahrscheinlichkeiten zu bestimmen.

6.3.4.5 Benutzerspezifische Domainnamen

Im vorherigen Abschnitt wurde untersucht, durch welche Faktoren des Nutzerverhaltens
die nutzerspezifische Genauigkeit beeinflusst wird. Die gefundenen Zusammenhänge
deuten zwar darauf hin, dass die Sitzungen vieler Nutzer ein hohes Verkettungspotential
aufweisen, mit der nutzerübergreifenden Analyse konnten jedoch keine unmittelbaren
Ursachen identifiziert werden. Am Ende von Abschnitt 6.3.4.4 wurde die Hypothese
untersucht, dass die Sitzungen von Nutzern, die tendenziell Domainnamen mit einer
hohen Diskriminierungsstärke anfragen, mit einer höheren Genauigkeit verkettet werden

können. Diese Hypothese konnte anhand der vorliegenden Ergebnisse allerdings nicht bestätigt werden.

In diesem Abschnitt wird nun die Rolle der Domainnamen betrachtet, die zweifelsfrei eine hohe Diskriminierungsstärke aufweisen. Diese werden im Folgenden als **benutzerspezifische Domainnamen** bezeichnet. Sie sind durch zwei Eigenschaften gekennzeichnet:

- Über den gesamten Betrachtungszeitraum stellt ausschließlich ein einziger Nutzer Anfragen für diesen Domainnamen.

- Der Nutzer stellt in jeder seiner Sitzungen mindestens eine Anfrage für diesen Domainnamen.

Unter diesen Voraussetzungen sind alle Sitzungen dieses Nutzers anhand des benutzerspezifischen Domainnamens unmittelbar miteinander verkettbar. Die benutzerspezifischen Domainnamen wurden bereits in der in [Her+10] (dort engl. als „distinctive hosts" bezeichnet) publizierten Voruntersuchung sowie zuvor in [Ger09, S. 114 f.] als potenzielle Ursache für ein hohes Verkettungspotential identifiziert.

Eine erste Auswertung des 2M-Datensatzes offenbart die große Streuung des Anfrageverhaltens. Dazu wird für jeden Domainnamen im Datensatz ermittelt, wie viele Nutzer im gesamten Betrachtungszeitraum des 2M-Datensatzes mindestens eine Anfrage für diesen Domainnamen gestellt haben. Zur übersichtlichen Visualisierung werden diese Zwischenergebnisse anhand der Nutzeranzahl gruppiert, sodass unmittelbar ablesbar ist, wie viele Domainnamen es gibt, die von einer bestimmten Anzahl von Nutzern angefragt wurden. Das Ergebnis der Analyse ist in Abbildung 6.20 dargestellt. Domainnamen, die von sehr wenigen Nutzern abgerufen wurden, befinden sich im linken Bereich. Als benutzerspezifische Domainnamen kommen grundsätzlich die 3 754 105 Domainnamen in Frage, die lediglich von einem einzigen Nutzer abgerufen wurden.

Diese erste Analyse berücksichtigt jedoch nicht, ob ein Domainname von dem jeweiligen Nutzer in allen seinen Sitzungen abgerufen wird. Dieser zusätzlichen Anforderung genügen lediglich 273 Domainnamen. Diese Domainnamen werden von 103 Nutzern angefragt, d. h. manche Nutzer stellen Anfragen für mehr als einen Domainnamen (vgl. Abbildung 6.21). In der Abbildung ist zusätzlich die erreichte nutzerspezifische Genauigkeit des MNB-P-Klassifikators (TFIDFN-1+2-Konfiguration) für jeden Nutzer dargestellt. Nutzer mit derselben Anzahl an benutzerspezifischen Domainnamen sind zur besseren Übersicht in absteigender nutzerspezifischer Genauigkeit sortiert.

Der unstetige Verlauf der nutzerspezifischen Genauigkeit („Zacken" im Graphen) verdeutlicht, dass in der Menge der Nutzer, die eine bestimmte Anzahl von benutzerspezifischen Domainnamen aufweisen, ein Spektrum von nutzerspezifischen Genauigkeitswerten auftritt.

Trotz der benutzerspezifischen Domainnamen kann der Klassifikator nur bei 40 der 103 Nutzer alle Sitzungen fehlerfrei verketten. Als Ursache für dieses relativ schlechte Ergebnis lässt sich die Tatsache anführen, dass der Klassifikator bzw. der unterstellte Beobachter nicht weiß, bei welchen Domainnamen es sich um benutzerspezifische Domainnamen

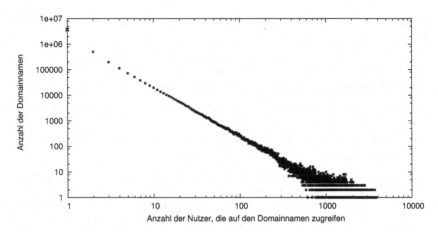

Abbildung 6.20: Bestimmung der Anzahl der Domainnamen, die von einer bestimmten Anzahl von Nutzern angefragt wird, zur Abschätzung der Anzahl der benutzerspezifischen Domainnamen

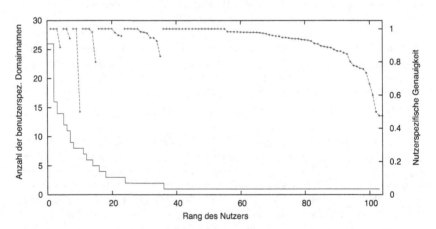

Abbildung 6.21: Anzahl der benutzerspezifischen Domainnamen pro Nutzer und nutzerspezifische Genauigkeit der 103 Nutzer, die mindestens einen benutzerspezifischen Domainnamen aufweisen

handelt. Daher werden nicht alle Sitzungen korrekt verkettet bzw. es wird nicht erkannt, dass ein Nutzer nicht mehr aktiv ist. Im Mittel erreicht der Klassifikator bei den 103 Nutzern jedoch mit 93,3 % eine deutlich überdurchschnittliche nutzerspezifische Genauigkeit. Zwar kann der Klassifikator anhand der benutzerspezifischen Domainnamen nicht in allen Fällen eine korrekte Entscheidung vornehmen, er ist allerdings auf die benutzerspezifischen Domainnamen auch nicht angewiesen wie die Ergebnisse bei der Reduktion des Merkmalsraums in Abschnitt 6.3.4.7 zeigen werden (s. S. 393).

Anders verhält es sich, wenn der Beobachter weiß, dass ein Benutzer einen benutzerspezifischen Domainnamen abruft bzw. sogar um welchen Domainnamen es sich handelt. In diesem Fall ist der Beobachter nicht auf die Klassifikationsverfahren angewiesen, sondern kann unmittelbar anhand des benutzerspezifischen Domainnamens zuverlässig alle Sitzungen eines Nutzers verketten.

Beispiele Zur Illustration ist in Tabelle 6.26 ein Teil der benutzerspezifischen Domainnamen aufgelistet, wobei zur Wahrung der Privatsphäre der Nutzer Teile der Domainnamen durch das Zeichen „□" unkenntlich gemacht wurden. Einige benutzerspezifische Domainnamen können die Privatsphäre der Benutzer gefährden; sie enthalten die vollständige MAC-Adresse eines Endgeräts, den vom Nutzer festgelegten Gerätenamen sowie Vor- und Nachnamen, anhand derer ein Beobachter u. U. ein Endgerät oder seinen Besitzer identifizieren kann. Dabei ist zu bedenken, dass die meisten Besitzer vermutlich nicht wissen, dass ihre Endgeräte solche Domainnamen in jeder Sitzung anfragen.

6.3.4.6 Epochenspezifische Betrachtung

Eine Verfeinerung der in Abschnitt 6.3.4.4 durchgeführten nutzerspezifischen Auswertung ist die Betrachtung einzelner Verkettungsentscheidungen auf Epochenebene. Eine solche epochenspezifische Betrachtung ist dazu geeignet, eventuell vorhandene zeitlich begrenzte Anomalien aufzudecken.

Abbildung 6.22 visualisiert die Verkettungsentscheidungen des MNB-P-Klassifikators (TFIDFN-1+2-Konfiguration) im 2M-Datensatz für alle Benutzer und alle Epochen. Die aufeinanderfolgenden Epochen sind auf der X-Achse aufgereiht, die Nutzer sind auf der Y-Achse gemäß der Anzahl ihrer aktiven Epochen aufsteigend angeordnet. Nutzer, welche an allen Tagen aktiv sind, stehen also am oberen Ende. Nutzer mit derselben Anzahl an aktiven Epochen werden zusätzlich anhand der Verkettungsentscheidungen sortiert, sodass zusammenhängende Flächen entstehen, um die Übersichtlichkeit zu verbessern.

Eine Verkettungsentscheidung wird durch eine feine horizontale Linie repräsentiert, die zwei benachbarte Epochen verbindet. In den weißen Bereichen ist der betreffende Nutzer nicht aktiv, eine graue Linie kodiert eine korrekte Verkettungsentscheidung (C_1 bzw. C_2), eine schwarze Linie eine fehlerhafte Entscheidung (E_1 bzw. E_2; E_3 tritt bei MNB-P nicht auf). Die meisten Verkettungen gelingen dem MNB-Verfahren. Im oberen Bereich der Matrix, bei den sehr aktiven Nutzern, ist die Dichte der Fehlentscheidungen etwas geringer

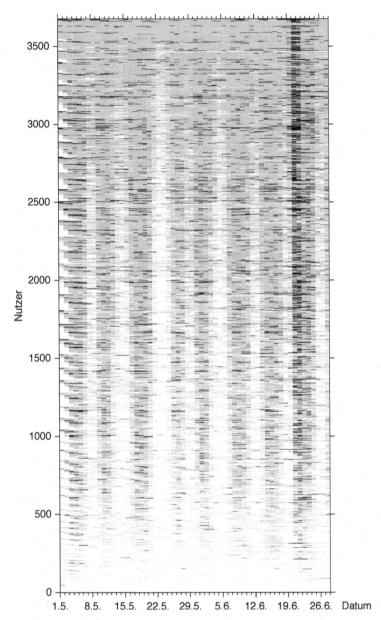

Abbildung 6.22: Verkettungsentscheidungen aller Nutzer im 2M-Datensatz

Tabelle 6.26: Auszug aus der Menge der benutzerspezifischen Domainnamen

00-02-□□-□□-□□-□□.uni-regensburg.de	darakesh.world-of-dungeons.de
02fgu145501.cn	download.fon.com
□ □□.203.168.192.in-addr.arpa	falundafamuseum.kmip.net
4chan.wrathfilledhate.net	gallery.greatandhra.com
□ □ □e98df7a1be.users.storage.live.com	hasan.bei-uns.de
□ □ □6af9cf181c5.users.storage.live.com	http://www.allplayer.org
□ □ □e894f3.uni-regensburg.de	images.knifecenter.com
ASUS.uni-regensburg.de	isatap.olydorf.swh.□ □ □ □ □ □ □ □ □.de
BAUMAX.COM	jcde-nms2.joltid.net
BROTHER-MFC.uni-regensburg.de	jessi-64□ □ □ □ □ □ □ □ □
BRW0C6076□ □ □ □ □□.uni-regensburg.de	mobij6.net
Herrmann.uni-regensburg.de	mosesonline.com
SCH□ □ □ □ □□-PC.uni-regensburg.de	mssrv-ns2.cn
_dns-llq-tls._tcp.d□ □ □_g□ □ □.members.mac.com	ns8200.colby.edu
_xmpp-client._tcp.□ □ □ □ □□.homeip.net	ntp2.ptb.de
a.disney.go.com	proxy.ucd.ie
ads.bonybon.com	r065035.olydorf.swh.□ □ □ □ □ □ □ □ □.de
api.glubble.com	radius01.fon.com
alexahelper.info	shenyuan.9966.org
algarion.world-of-dungeons.de	specopstactical.com
amberger-kinos.de	sutiputiops.com
arcor.sp.f-secure.com	transdmobi.net
b._dns-sd._udp.0.198.16.172.in-addr.arpa	trust7.com
baoshijie.xicp.net	www.projectbrain.de
bluejeanamy.blogspot.com	www.schwarzer-kaffee.de
bostoncalendar.zvents.com	www.sorn-soft.com
browserspiel-klicks.de	www.studioboost.com

als weiter unten. Der in Abschnitt 6.3.4.4 empirisch ermittelte Zusammenhang zwischen der Häufigkeit der Fehlentscheidungen und der Nutzungsdauer (Anzahl der aktiven Tage) ist in der Matrix kaum erkennbar.

Betrachtet man die Verteilung der Fehlentscheidungen hingegen in horizontaler Richtung, ist eine Anomalie erkennbar: In der letzten Woche gibt es drei aufeinanderfolgende Epochen, in denen sich die Fehlentscheidungen stark häufen. Weitergehende Untersuchungen ergaben, dass am 21. Juni 2010 offenbar ein Großteil der DNS-Anfragen nicht aufgezeichnet wurde: Während im 2M-Datensatz im Mittel 7,1 Millionen Anfragen pro Tag bzw. 2765 Anfragen pro Tag und Nutzer aufgezeichnet wurden, liegen am 21. Juni nur 2,1 Millionen Anfragen bzw. 728 Anfragen pro Tag und Nutzer vor. In der Zeit von 23 bis 0 Uhr wurden am 21. Juni gar keine Anfragen aufgezeichnet. Durch die fehlenden Daten weichen die Instanzen vieler Nutzer am 21. Juni erheblich von den Instanzen des vorherigen bzw. folgenden Tages ab, sodass es hier zu einer hohen Zahl von Fehlentscheidungen kommt.

6.3.4.7 Reduktion des Merkmalsraums

In diesem Abschnitt werden drei verschiedene Verfahren zur Reduktion des Merkmalsraums (engl. „feature selection") untersucht. Mit der Reduktion des Merkmalsraums
werden zwei Ziele verfolgt: Zum einen lässt sich dadurch mitunter die Genauigkeit von
Klassifikatoren steigern, wenn es gelingt, dem Klassifikator nur die ausdrucksstärksten und
relevantesten Attribute zu präsentieren und die störenden bzw. verrauschten Attribute herauszufiltern. Zum anderen kann dadurch die hohe Dimensionalität des Merkmalsraums
reduziert werden, wodurch der Berechnungsaufwand und die Speicherkomplexität der
Verfahren sinken. Diesen Vorzügen steht das Risiko gegenüber, die für eine korrekte Klassifizierung benötigten Attribute herauszufiltern, wodurch die Genauigkeit der Verfahren
sinken würde.

Bei den beiden NPY-Verfahren von Yang [Yan10] ist die Reduktion des Merkmalsraums
ein integraler Bestandteil. Die 1NN- und MNB-Verfahren wurden hingegen in allen bisher
dargestellten Experimenten stets auf die Gesamtheit aller Anfragen angewendet. In den
bisherigen Experimenten, welche für die Analyse der Reduktionsverfahren als **Ausgangslage** dienen, waren in den Instanzvektoren $\bar{x}$ bei Verwendung des 2M-Datensatzes bei einer
Epochendauer von $\delta = 24$ h und Volumenspannenfilterung (s. Abschnitt 6.3.4) im Mittel
$\bar{n}_{\text{attr}} = 1283{,}3$ Attribute belegt, und die Gesamtzahl aller Attribute betrug $|A| = 38\,240\,456$
(1- und 2-Gramme).

Im Folgenden werden drei Verfahren zur Reduktion des Merkmalsraums anhand des
MNB-Verfahrens (TFIDFN-1+2, 2M-Datensatz) untersucht.

**Reduktionsverfahren 1: Beschränkung auf die *k* häufigsten Attribute in den In-
stanzen** Das erste Reduktionsverfahren basiert auf der Annahme, dass die Domainnamen, für die innerhalb einer Sitzung die meisten Anfragen gestellt werden, die größte
Aussagekraft besitzen. Dazu werden die Attribute $\left\{ \left(a_1^{s_j}, f_1^{s_j}\right), \left(a_2^{s_j}, f_2^{s_j}\right), \ldots, \left(a_n^{s_j}, f_n^{s_j}\right) \right\}$
innerhalb jeder der m Sitzungen s_j in einem Evaluationsschritt anhand ihrer Auftretens-
häufigkeit $f_i^{s_j}$ innerhalb der Sitzung in einer absteigend sortierten Liste A^{s_j} angeordnet. Aus jedem A^{s_j} wird eine Präfixmenge $A_k^{s_j}$ extrahiert, welche die ersten k Einträge
aus A^{s_j} enthält. Die m Mengen $A_k^{s_j}$ werden dann – vergleichbar mit der Vorgehensweise bei den NPY-Verfahren – vereinigt, um die reduzierte Attributmenge zu erhalten:
$A_k = A_k^{s_1} \cup A_k^{s_2} \cup \ldots \cup A_k^{s_m}$. Üblicherweise gilt $|A_k| \ll m \cdot k$, da sich die Instanzen hinsichtlich der häufigsten Attribute überschneiden. Nur Attribute aus der Vereinigungsmenge
A_k werden nun zur Verkettung herangezogen. Bei allen anderen Attributen wird der
Attributwert durch 0 ersetzt, wodurch sie bei der Verkettung keinen Einfluss mehr haben. Da die Attribute aller Instanzen innerhalb eines Evaluationsschritts berücksichtigt
werden, ist dennoch $\bar{n}_{\text{attr}} \gg k$ zu erwarten. Die Evaluation dieser Strategie erlaubt zum
einen Aussagen darüber, wie stark sich die Instanzen hinsichtlich der häufigsten Attribute
unterscheiden, und zum anderen, wie viele der im Mittel belegten Attribute $\bar{n}_{\text{attr}}$ für die
Verkettung erforderlich sind.

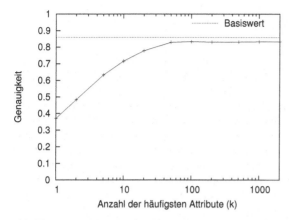

Abbildung 6.23: Genauigkeit des MNB-Verfahrens bei verschiedenen Werten von k (Reduktionsverfahren 1) im Vergleich zur Ausgangslage (s. „Ergebnisse" in Abschnitt 6.3.4.3)

Auf den ersten Blick ähnelt dieses Verfahren dem ersten Schritt (Ermittlung der signifikanten Domainnamen) bei den NPY-Verfahren (s. Abschnitt 6.2.4.1). Es unterscheidet sich jedoch in einem wesentlichen Aspekt. Bei den NPY-Verfahren werden die signifikantesten $n_{patterns}$ *Domainnamen* anhand der ursprünglich in einer Nutzersitzung vorhandenen Anfragen ermittelt. Im Gegensatz dazu werden beim vorliegenden Reduktionsverfahren die häufigsten k *Attribute* auf Basis der Attributwerte ermittelt, die sich *nach* der Anwendung der Transformationstechniken (s. Abschnitt 6.2.4.4) ergeben. Durch die Hinzunahme von 2-Grammen und den Einfluss der IDF-Transformation unterscheidet sich die Rangfolge der Attribute erheblich von der Rangfolge der Domainnamen.

In Abbildung 6.23 sind die Auswirkungen dieses Reduktionsverfahrens für Werte von k zwischen 1 und 2000 dargestellt. Ohne Merkmalsreduktion erzielt das verwendete MNB-P-Verfahren eine Genauigkeit von 85,9 % (Basiswert). Wie zu erwarten sinkt die Genauigkeit mit abnehmenden Werten von k. Bei $k = 5$ wird eine Genauigkeit von 63,3 % erreicht; zum Vergleich: NPY-SUPPORT erzielt mit $n_{patterns} = 5$ eine Genauigkeit von 53,6 %. Bis $k = 100$ ($G = 83,3 \%$) steigen die Werte schnell an, darüber hinaus nehmen die Zuwachsraten ab. Auch bei $k = 10\,000$ (nicht dargestellt), erreicht das Verkettungsverfahren noch nicht den ursprünglichen Basiswert. Zusammenfassend lässt sich anhand der Ergebnisse feststellen, dass die Verkettung der meisten Sitzungen bereits anhand der häufigsten Attribute in den Sitzungen gelingt, es jedoch einige Fälle gibt, bei denen das Verkettungsverfahren auf die wenig frequentierten Attribute angewiesen ist.

Wie erwartet führt dieses Reduktionsverfahren auch zu einer erheblichen Verkleinerung der Instanzvektoren: bei $k = 100$ wird ein Wert von $\overline{n}_{attr} = 635,3$ erreicht, was 49,5 %

des o. g. ursprünglichen Werts entspricht, und die Gesamtzahl der Attribute sinkt auf $|A| = 4\,223\,590$, eine Reduktion auf 11,0 % des Ursprungswerts.

Reduktionsverfahren 2: Beschränkung auf die n populärsten Domainnamen im Datensatz   Im Unterschied zum vorherigen Verfahren wirkt das zweite Reduktionsverfahren auf dem ursprünglichen Datensatz, also noch vor der Anwendung der Transformationstechniken. Bei diesem Verfahren wird für jeden Domainnamen im Datensatz die Anzahl aller ihn betreffenden Anfragen über alle Tage und Nutzer hinweg ermittelt, um die Domainnamen anhand dieses Kriteriums absteigend sortiert in einer Liste H zu arrangieren. Die Menge der populärsten Domainnamen H_{pop} enthält die ersten n Domainnamen aus H. Nur die Domainnamen in H_{pop} werden fortan berücksichtigt. Alle anderen Anfragen werden ignoriert. Auf den reduzierten Datensatz werden dann die Transformationstechniken angewendet und ggf. N-Gramme gebildet. Dadurch kann der Wert $|A|$ über n hinauswachsen.

Im Gegensatz zu Reduktionsverfahren 1, das der unterstellte Beobachter unmittelbar auf die Sitzungen einer Epoche anwenden kann, wird bei der nachfolgenden Evaluation des Reduktionsverfahrens 2 unterstellt, dass dem Beobachter bereits ein mehrere Epochen umfassender Datensatz vorliegt, auf den er Reduktionsverfahren 2 anwendet, bzw. dass ihm lediglich der bereits reduzierte Datensatz vorliegt.

Dieses Verfahren basiert auf der Hypothese, dass die große Menge der Domainnamen, für die besonders wenige Anfragen gestellt werden, für die korrekte Verkettung von Sitzungen nicht erforderlich sind, also die Betrachtung der *populären* Domainnamen, welche besonders viele Anfragen auf sich ziehen, für die Verkettung ausreichen. Diese Hypothese wird durch die bereits in Abschnitt 6.2.1.2 erwähnten Ergebnisse der Studie von Olejnik et al. gestützt [OCJ12]. Selbst nach Anwendung der IDF-Transformation besitzen die Attribute der populären Domainnamen häufig vergleichsweise hohe absolute Attributwerte. Diese Attribute beeinflussen das Klassifikationsergebnis ohnehin bereits wesentlich stärker als die Vielzahl der Attribute mit kleinen Häufigkeitswerten. Demnach könnte auf die wenig populären Domainnamen verzichtet werden, ohne einen Genauigkeitsverlust in Kauf nehmen zu müssen.

Gegen diese Argumentation spricht die These, dass die populären Domainnamen alleine zur Verkettung von Sitzungen nicht geeignet sind, da sie in vielen Sitzungen auftreten und keine Differenzierung ermöglichen. Gerade in den seltener abgerufenen Domainnamen müsste sich das individuelle Nutzerverhalten, das die Verkettung von Sitzungen erleichtert, ausdrücken. So weisen die in Abschnitt 6.3.4.5 beschriebenen *benutzerspezifischen Domainnamen*, anhand derer eine unmittelbare Verkettung von Sitzungen möglich ist, eine vergleichsweise geringe Anfragehäufigkeit auf. Gerade diese Domainnamen würden durch die Merkmalsreduktion jedoch herausgefiltert: In den 1000 populärsten Domainnamen sind keine benutzerspezifischen Domainnamen enthalten, bei $n = 5000$ sind 5 benutzerspezifische Domainnamen enthalten und bei $n = 10000$ sind es 31 der 273 benutzerspezifischen Domainnamen.

Tabelle 6.27: Genauigkeit des MNB-Verfahrens bei verschiedenen Werten von n (Reduktionsverfahren 2)

n	10	50	100	500	1000	5000	10 000	50 000	100 000
$H \cap H_{pop}$	0,167	0,445	0,617	0,797	0,824	0,826	0,837	0,858	0,861
$H \setminus H_{pop}$	0,856	0,851	0,844	0,809	0,790	0,752	0,719	0,618	0,554

Die Evaluation dieses Reduktionsverfahrens ermöglicht es, diese Hypothesen zu überprüfen und zu ermitteln, wie viele der populären Domainnamen für eine zuverlässige Verkettung erforderlich sind. Unabhängig davon sind die Ergebnisse auch von Interesse, um zu beurteilen, ob die Beschränkung auf die populären Domainnamen bei der Aufzeichnung von Datenverkehr ein geeignetes Mittel zur Wahrung der Privatsphäre der Nutzer wäre.

Dazu wurde das Basis-Experiment (MNB-P, TFIDFN-1+2, 2M-Datensatz, $G = 85,9\,\%$) mit verschiedenen Werten von n wiederholt. Die Genauigkeitswerte für die Verwendung des Datensatzes, der lediglich die Anfragen für Domainnamen enthält, die in H_{pop} enthalten sind, sind in Tabelle 6.27 in der mit $H \cap H_{pop}$ bezeichneten Zeile dargestellt. Bei sehr kleinen Werten von n ist der Anteil der korrekten Verkettungen sehr gering, wodurch die oben geäußerte Vermutung bezüglich der Ähnlichkeit der Instanzen hinsichtlich populärer Domainnamen bestätigt wird. Mit steigenden Werten von n steigt auch die Genauigkeit. Als Schutzmechanismus für die Privatsphäre ist dieses Verfahren dennoch nur bei sehr kleinen Werten von n geeignet: Bei $n = 50$ werden bereits 44,5 % der Sitzungen korrekt verkettet und bei $n = 1000$ wird bereits ein Wert von $G = 82,4\,\%$ erreicht. Bei $n = 100\,000$ beträgt die Genauigkeit 86,1 % und übertrifft damit sogar geringfügig den Basiswert von 85,9 %. Der Trend setzt sich bei $n = 200\,000$ fort ($G = 86,3\,\%$). Offensichtlich gelingt es mit diesem Reduktionsverfahren also, störende Attribute herauszufiltern.

Hervorzuheben ist das Ergebnis, dass die Verkettung auch ohne die benutzerspezifischen Domainnamen noch mit hoher Genauigkeit gelingt. Bei $n = 1000$ gelingt bei 18 der 103 Nutzer, die mindestens einen benutzerspezifischen Domainnamen anfragen, immer noch eine vollständig korrekte Verkettung. Zum Vergleich: Stehen alle Domainnamen und alle benutzerspezifischen Domainnamen zur Verfügung, gelingt bei 40 der 103 Nutzer eine ununterbrochene Verkettung (s. Abschnitt 6.3.4.5).

Wie beim 1. Reduktionsverfahren sinkt auch hier die Größe der Instanzen erheblich. Bei $n = 1000$ sinkt die Anzahl der Attribute (inkl. 1- und 2-Gramme) $\overline{n}_{attr}$ auf den Wert 540,2 (42,1 % des Ausgangswerts). Die maximale Attributanzahl in einem Vektor ist 1975. Bei $n = 10\,000$ steigt $\overline{n}_{attr}$ auf 920,4 (Maximalwert der Attributanzahl: 4170).

Zur differenzierteren Untersuchung der oben aufgestellten Hypothesen bezüglich der Relevanz der populären Domainnamen für die Verkettung bietet sich noch die Betrachtung der Situation an, wenn die Anfragen für die populärsten Domainnamen aus dem Datensatz *entfernt* werden. Im Datensatz sind also nur noch Anfragen für Hosts in $H \setminus H_{pop}$ enthalten. Die Genauigkeitswerte, die in entsprechenden Experimente erreicht wurden, sind in der mit $H \smallsetminus H_{\text{pop}}$ bezeichneten Zeile in Tabelle 6.27 dargestellt. Werden nur wenige Domainnamen am oberen Ende von H_{pop} entfernt, sinkt G nur geringfügig (bei $n = 100$ auf 84,4 %). Diese Domainnamen tragen also nur wenig zur Differenzierung der Nutzer bei. Steigende Werte von n lassen G stetig sinken. Bei $n = 100\,000$ wird noch eine Genauigkeit von 55,4 % erreicht. Eine Verkettung der Sitzungen gelingt also in vielen Fällen auch dann, wenn die Anfragen für die populären Domainnamen fehlen. Diese Erkenntnis könnte bereits bei der Aufzeichnung ausgenutzt werden, um den erforderlichen Speicherbedarf drastisch zu senken. Bei $n = 1000$ müssen nur noch 48,8 % der Anfragen gespeichert werden, bei $n = 100\,000$ nur noch 6,8 % der Anfragen.

Reduktionsverfahren 3: Beschränkung auf Attribute mit Mindestauftretenshäufigkeit		Wie beim 1. Reduktionsverfahren ist auch beim 3. Reduktionsverfahren die Auftretenshäufigkeit von Attributen innerhalb einer Instanz die Grundlage für die Merkmalsreduktion. Zur Reduktion werden lediglich Informationen herangezogen, die bei der Betrachtung einer einzelnen Instanz vorliegen. Das Verfahren kann vom Beobachter also wieder unmittelbar auf die Instanzen einer einzelnen Epoche angewendet werden.

Bei diesem Verfahren werden Attribute entfernt, welche eine festgelegte Mindestauftretenshäufigkeit m nicht erfüllen. Das Verfahren basiert auf der These, dass Attribute mit sehr geringen Auftretenshäufigkeiten innerhalb einer Sitzung, etwa $f_i = 1$ oder $f_i = 2$, das Produkt von Einzelereignissen sind, die möglicherweise nie wieder oder nur sehr selten auftreten. Für eine kontinuierliche Verkettung sind solche Attribute ungeeignet. Eine Betrachtung der Verteilung der Anfragen auf die Domainnamen lässt das Einsparpotential erkennen: Für 38 % der 5 010 507 Domainnamen im 2M-Datensatz gibt es lediglich eine einzige Anfrage im gesamten Datensatz; sie treten also nur in einer einzigen Sitzung auf. Auch die daraus gebildeten 2-Gramme treten höchstens einmal auf.[7] Diese Attribute spielen bei der Verkettung keine Rolle. Genau solche Attribute werden bei einer Mindestauftretenshäufigkeit von $m = 2$ entfernt.

In den Experimenten zeigt sich jedoch, dass die Reduktion des Merkmalsraums mit diesem Verfahren mit einer erheblichen Abnahme der Genauigkeit einhergeht: Bei $m = 2$ sinkt die Genauigkeit von 85,4 % auf 78,6 %; bei $m = 5$ sinkt sie weiter auf $G = 62,8$ %. Das Entfernen der Attribute mag zwar den Merkmalsraum erheblich reduzieren, dabei gehen jedoch auch Attribute verloren, die für die Verkettung nützlich gewesen wären.

---

[7]Diese Beobachtung lässt sich möglicherweise auch auf andere Protokolle wie HTTP übertragen; sie könnte für den Bereich der Netzwerk-Forensik von Bedeutung sein: Eine speichereffiziente und dem Datensparsamkeitsgrundsatz folgende Protokollierung des Datenverkehrs, mit der Angriffe nachträglich aufgedeckt und analysiert werden können, ließe sich dadurch wie folgt implementieren. Nimmt man an, dass ein Angreifer *mehr als eine Anfrage* zu einem angegriffenen System absendet, müssen nur diejenigen Zugriffsereignisse längerfristig gespeichert werden, welche Zielsysteme betreffen, für die *mindestens zwei Zugriffe* protokolliert wurden. Das oben erzielte Ergebnis deutet darauf hin, dass durch Anwendung dieser Regel ein erheblicher Teil des aufgezeichneten Datenverkehrs schon nach kurzer Zeit wieder gelöscht werden könnte. Hier gibt es weiteren Forschungsbedarf.

6.3.4.8 Variation der Epochenstartzeit

In den bisherigen Experimenten beginnen die Epochen stets um Mitternacht. Durch die Wahl dieser Uhrzeit könnten die Ergebnisse verzerrt werden: Sind **Nutzer zum Zeitpunkt des Epochenwechsels aktiv (Fall 1)**, besteht die Möglichkeit, dass sie unmittelbar vor und nach dem Epochenwechsel auf denselben Webseiten aktiv sind. Wird der Epochenwechsel hingegen zu einem **Zeitpunkt mit einem großen Abstand zwischen den Aktivitäten der Nutzer (Fall 2)** durchgeführt, etwa in der Zeit, in der die Nutzer schlafen, könnte unterstellt werden, dass die Nutzer in der nächsten Epoche nicht unmittelbar mit den Aktivitäten fortfahren bzw. dieselben Seiten besuchen, die sie am Ende der vorherigen Epoche besucht hatten.

Zu beachten ist dabei, dass die Tatsache, dass Nutzer unmittelbar vor bzw. nach dem Zeitpunkt des Epochenwechsels auf denselben Webseiten aktiv sind, wegen der Zwischenspeicherung (vgl. Abschnitt 2.7) im Cache des Browsers bzw. Stub-Resolvers auf den Clients nicht unbedingt dazu führt, dass in den beiden aufeinanderfolgenden Sitzungen auch DNS-Anfragen für diese Domainnamen gestellt werden. Dies ist nur bei Domainnamen mit geringen TTL-Werten im Bereich von wenigen Minuten zu erwarten. In diesem Fall könnte die Verkettung der aufeinanderfolgenden Sitzungen im Vergleich zu einem Epochenwechsel zu einer Uhrzeit, zu der die meisten Nutzer inaktiv sind, in der Tat erleichtert werden (Fall 1). Auf der anderen Seite ist zu bedenken, dass der Cache des Stub-Resolvers nach einem Neustart des Betriebssystems bzw. der Rückkehr aus dem Standby-Modus leer ist, sodass es auf jeden Fall zu wiederholten Anfragen kommt, *falls* die Nutzer mit ihren Aktivitäten aus der vorherigen Epoche fortfahren (Fall 2).

Um den Einfluss der Epochen-Startuhrzeit auf die Genauigkeit der Verkettung zu untersuchen, wurde dieser Parameter in Experimenten mit dem MNB-P-Klassifikator (TFIDFN-1+2, 2M-Datensatz) variiert. Die Ergebnisse dieser Experimente sind in Tabelle 6.28 dargestellt. Die Epochenstartzeit hat einen messbaren, jedoch vergleichsweise geringen Einfluss auf die Genauigkeit. Die in den bisherigen Experimenten verwendete Startzeit, Mitternacht, führt zum geringsten Genauigkeitswert (85,9 %). Bei Sitzungen in der Nacht übersteigt die Genauigkeit diesen Wert geringfügig (vgl. Fall 2). Der größte Wert, $G = 86,7$ %, wird bei Startuhrzeiten von 19 und 20 Uhr erreicht. In diesem Zeitraum sind auch im Mittel die meisten Nutzer aktiv (vgl. Fall 1). Angesichts der maximalen Abweichung von lediglich 0,8 Prozentpunkten lassen sich die oben aufgestellten Hypothesen anhand der Ergebnisse allerdings nicht zweifelsfrei bestätigen oder widerlegen. Die in den Ergebnissen erkennbaren Zusammenhänge stehen jedoch auch nicht im Widerspruch zu den obigen Ausführungen.

6.3.4.9 Variation des Abstands zwischen Training und Test

In den bisherigen Experimenten wurden Sitzungen von jeweils unmittelbar aufeinanderfolgenden Tagen verkettet, d. h. der Abstand zwischen den betrachteten Epochen betrug stets $\delta = 1$. In der Praxis ist ein Beobachter jedoch möglicherweise nicht dazu in der Lage, alle Sitzungen unterbrechungsfrei zu beobachten bzw. täglich die Trainingsdaten zu

Tabelle 6.28: Einfluss der Epochenstartuhrzeit t_e auf die Genauigkeit

t_e	0	1	2	3	4	5	6	7	8	9	10	11
G	85,9	86,2	86,3	86,3	86,4	86,4	86,4	86,4	86,3	86,1	86,2	86,3

t_e	12	13	14	15	16	17	18	19	20	21	22	23
G	86,4	86,5	86,5	86,5	86,6	86,6	86,6	86,7	86,7	86,4	86,2	86,0

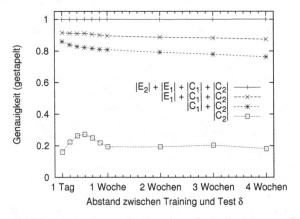

Abbildung 6.24: Gestapelte Verteilung der Verkettungsentscheidungen in Abhängigkeit des Abstands δ zwischen Trainings- und Test-Epoche

aktualisieren. Insofern stellt sich die Frage, wie gut die Verkettung gelingt, wenn zwischen der Epoche, aus der die Trainingsdaten stammen, und der Epoche, deren Sitzungen damit verkettet werden sollen, eine gewisse Zeit vergangen ist. Es ist zu erwarten, dass die Genauigkeit mit steigendem δ abnimmt, da sich das Verhalten der Nutzer im Laufe der Zeit verändert. Um diese Hypothese zu untersuchen, wurden bei einer Sitzungsdauer von $\Delta = 24$ Stunden Experimente mit Werten von δ zwischen 1 (Basiswert) und 28 (4 Wochen) durchgeführt.

Die Ergebnisse sind in Abbildung 6.24 für den MNB-P-Klassifikator (TFIDFN-1+2, 2M-Datensatz) in einem vertikal gestapelten Diagramm dargestellt. Die gestapelte Darstellung lässt die Verteilung der Verkettungsentscheidungen entsprechend des Realfall-Beurteilungsschemas (s. Abschnitt 6.3.4.1) erkennen. Die Fläche unterhalb des mit $|C_1| + |C_2|$ bezeichneten Graphen entspricht dabei dem Anteil der korrekten Zuordnungen und damit dem Genauigkeitsmaß, das in den übrigen Experimenten angegeben wurde. Wie in der Abbildung ersichtlich entsteht der Großteil der korrekten Zuordnungen durch die Verkettung von Sitzungen (C_1). Der Anteil der C_2-Fälle, in denen korrekt erkannt wurde, dass ein Nutzer in den Testinstanzen keine Instanz hat, macht etwa ein Viertel der korrekten Zuordnungen aus. Die Fläche oberhalb des mit $|C_1| + |C_2|$ bezeichneten Graphen wird von den falschen Verkettungsentscheidungen (E_1 und E_2) eingenommen, zum einen fehlerhaften Verkettungen (E_1) und zum anderen fehlerhaften Entscheidungen, dass ein Nutzer in der Test-Epoche keine Testinstanz aufweist, obwohl eine vorhanden war (E_2). Da beim MNB-P-Klassifikator das Selektionsverfahren zur Auflösung mehrdeutiger Entscheidungen zum Einsatz kommt, treten keine erkennbaren Fehler (E_3) auf. Wie Abbildung 6.24 zeigt, geht die Genauigkeit mit steigendem δ leicht zurück. Beträgt der Abstand 28 Tage, wird noch ein Wert von $G = 76,3\,\%$ erreicht. Der Anteil der C_2-Fälle nimmt hingegen leicht zu, was darauf hindeutet, dass weniger Nutzer aus der Trainings-Epoche auch in der Test-Epoche anwesend sind.

Insgesamt lässt sich jedoch feststellen, dass die Verkettung auch dann bei einem Großteil der Sitzungen möglich ist, wenn die Trainingsinstanzen einige Tage bzw. Wochen alt sind. Eine tägliche Aktualisierung der Trainingsdaten ist dazu nicht unbedingt erforderlich.

6.4 Einordnung der Ergebnisse

Im vorherigen Abschnitt wurde das in Abschnitt 6.2 konzipierte Verkettungsverfahren empirisch evaluiert. Die dabei erhaltenen Ergebnisse deuten darauf hin, dass ein rekursiver Nameserver anhand der DNS-Anfragen eine verhaltensbasierte Verkettung von Sitzungen durchführen kann. Da alle Experimente in diesem Kapitel jedoch mit DNS-Anfragen durchgeführt werden, stellt sich die Frage, inwiefern die erzielten Ergebnisse bzw. die gewonnenen Erkenntnisse **generalisierbar und übertragbar** sind. Im Folgenden wird die Aussagekraft der Ergebnisse diskutiert und es wird erörtert, inwiefern sich die gewonnenen Erkenntnisse verallgemeinern lassen.

Dieser Abschnitt ist wie folgt aufgebaut: In Abschnitt 6.4.1 wird zunächst dargestellt, auf welche Beobachtungsszenarien sich die erhaltenen Ergebnisse grundsätzlich übertragen lassen. Im Anschluss daran werden in den Abschnitten 6.4.2 bis 6.4.4 die für die Übertragbarkeit der Ergebnisse relevanten Einschränkungen des bei der Evaluation verwendeten Datensatzes diskutiert: Zum einen handelt es sich dabei um *DNS-Anfragen*, welche möglicherweise Spezifika aufweisen, die die Verkettung begünstigen; zum anderen weist der verwendete Datensatz eine *beschränkte Größe* und eine *besondere Zusammensetzung der Nutzergruppe* auf. Um die Implikationen, die sich aus diesen Einschränkungen ergeben, näher zu untersuchen, werden in den Abschnitten teilweise weitere Experimente durchgeführt.

6.4.1 Übertragbarkeit der Ergebnisse auf andere Beobachter bzw. Situationen

Das in Abschnitt 6.2.3.1 aufgestellte Beobachtungsmodell sowie das Verfahrensmodell (s. Abschnitt 6.2.3.2) lassen sich auch auf andere Beobachtungssituationen bzw. von anderen Beobachtern als dem hier betrachteten rekursiven Nameserver anwenden. Einige in Frage kommende Beobachter wurden in Abschnitt 6.1.3.2 genannt.

Die vorgestellten Verkettungsverfahren lassen sich auf andere Szenarien anwenden, solange
der unterstellte Beobachter auf einen „ausreichend großen" Anteil der „Internet-Anfragen"
eines Nutzers Zugriff hat und von jeder Anfrage zumindest diejenigen Daten erfassen
kann, die im DNS-Datensatz vorhanden sind:

- ein Pseudonym, anhand dessen sich alle Anfragen eines Nutzers innerhalb einer
  Sitzung gruppieren lassen (z. B. ein vom Anbieter vergebenes Sitzungskennzeichen
  bzw. – mit den in Abschnitt 6.1.2.2 genannten Einschränkungen – die IP-Adresse),

- der angefragte Domainname sowie

- die Reihenfolge der Anfragen innerhalb einer Sitzung (zur Bildung von N-Grammen).

Die Anfragezeitpunkte werden hingegen nicht benötigt. Von den in Abschnitt 6.1.2 eingeführten potenziellen Beobachtern erfüllen Festnetz- und Mobilfunk-Internetzugangs-
anbieter, VPN-Dienste, Proxy-Server, stationäre WLAN-Hotspots, WLAN-Verbünde
sowie Werbenetzwerke diese Anforderungen. Für die Beobachter „einzelne Webseite"
und „Suchmaschine" ist die verhaltensbasierte Verkettung hingegen weniger geeignet,
da diese Anbietertypen typischerweise keinen Zugriff auf einen ausreichend großen Anteil der Internet-Aktivitäten eines Nutzers haben bzw. nicht zu erwarten ist, dass das
Nutzerverhalten eine hohe Stationarität aufweist.

Im Folgenden wird erörtert, inwiefern die in Frage kommenden Beobachter die verhaltensbasierte Verkettung einsetzen können.

Internetzugangsanbieter und vergleichbare Dienstanbieter **(Internet-Cafes, Proxy-Server, VPNs, stationäre WLAN-Hotspots und WLAN-Verbünde)** können mit dem verhaltensbasierten Verkettungsverfahren Sitzungen auch dann verketten, wenn die Nutzer in
jeder Sitzung ein neues Transaktionspseudonym verwenden. Die Verkettungsgenauigkeit
könnte bei solchen Anbietern sogar noch höher sein als im betrachteten Szenario des
rekursiven Nameservers, da Internetzugangsanbieter nicht nur auf die DNS-Anfragen
Zugriff haben, sondern auch auf den übrigen Datenverkehr, der mitunter weitere, die
Verkettung begünstigende Informationen offenbart. Klassische Internetzugangsanbieter,
bei denen sich die Nutzer mit persönlichen Zugangsdaten authentifizieren, sind zur lang-
fristigen Beobachtung des Nutzungsverhaltens allerdings nicht auf die verhaltensbasierte
Verkettung angewiesen, wenn sie die den Kunden zugeordneten IP-Adressen speichern.

Auch ein **Web-Proxy-Server** kann die erforderlichen Informationen aus den HTTP-Anfragen eines Clients ablesen: Wie bei einem rekursiven Nameserver kann die Sender-
IP-Adresse des Nutzers als Pseudonym verwendet werden; die Anfragezeitpunkte sind
dem Proxy ebenfalls bekannt. Der angefragte Domainname wird beim inzwischen üblichen HTTP/1.1-Protokoll (bzw. bei der Verwendung eines Proxy-Servers unabhängig von
der Protokollversion) im Host-Headerfeld übermittelt (s. [Fie+99, S. 36 f.] bzw. [Fie+99,
S. 128 f.]). Auch bei einer verschlüsselten HTTPS-Verbindung erfährt der Proxy-Server
üblicherweise den Domainnamen, da der Client den Domainnamen des Webservers, zu
dem eine verschlüsselte Verbindung aufgebaut werden soll, in der CONNECT-Anfrage
unverschlüsselt an den Proxy-Server sendet [KL00].

Ein **Werbenetzwerk**, etwa Doubleclick, könnte mit Hilfe der verhaltensbasierten Verkettung die Aktivitäten eines Nutzers auch dann über Sitzungsgrenzen hinweg beobachten, wenn dieser seine Tracking-Cookies nach jeder Sitzung gelöscht hat. Allerdings sieht der Betreiber des Werbenetzwerks nicht den gesamten Datenverkehr eines Nutzers, sondern lediglich die Anfragen für Webseiten, welche ein Zählpixel bzw. ein Werbebanner des Werbenetzwerks verwenden. Inwiefern diese Teilmenge von Anfragen für eine zuverlässige Wiedererkennung ausreicht, lässt sich anhand der auf dem DNS-Datensatz erhaltenen Ergebnisse allerdings nur grob abschätzen.

Wie die Ergebnisse der Experimente mit einem reduzierten Merkmalsraum belegen, kann die Verkettung auch dann gelingen, wenn dem Beobachter nur eine Teilmenge der DNS-Anfragen zur Verfügung steht: So wurden bei Reduktionsverfahren 2 bei Beschränkung auf die 1000 am häufigsten angefragten Domainnamen noch über 82 % der Sitzungen korrekt verkettet (s. Tabelle 6.27 auf S. 393). Da gerade die populären Webseiten von Werbenetzwerken Gebrauch machen, erscheint es grundsätzlich vorstellbar, dass auch Werbenetzwerke von der verhaltensbasierten Verkettung profitieren.

Dem Werbenetzwerk gereicht es dabei zum Vorteil, dass die bei der Verkettung zu berücksichtigende Nutzergruppe nicht *alle* Internetnutzer umfasst, sondern lediglich diejenigen, die zwischen zwei Epochen ihr Tracking-Cookie gelöscht haben. Für eine genauere Einschätzung der Genauigkeit, die ein Werbenetzwerk bei der verhaltensbasierten Verkettung erreichen kann, bedarf es jedoch weiterer Untersuchungen, die zukünftigen Arbeiten vorbehalten bleiben.

6.4.2 Beeinflussung der Ergebnisse durch DNS-Spezifika

Eine Übertragung der Erkenntnisse auf andere Anwendungsszenarien ist nur möglich, wenn die externe Validität der Ergebnisse gewährleistet ist [BD06, S. 504]. Es muss daher überprüft werden, ob die beobachteten Effekte und die hohe Verkettungsgenauigkeit tatsächlich auf das charakteristische Verhalten der Nutzer zurückgehen oder lediglich durch verkettungsfördernde Besonderheiten des DNS-Protokolls bzw. der beobachtbaren DNS-Anfragen beruhen.

Dieser Abschnitt ist wie folgt aufgebaut: Zunächst wird in Abschnitt 6.4.2.1 näher erläutert, warum DNS-Anfragen das Nutzerverhalten nicht exakt repräsentieren. Anschließend wird in Abschnitt 6.4.2.2 eine entsprechende Untersuchung beschrieben. Die Ergebnisse dieser Untersuchung werden in Abschnitt 6.4.2.3 präsentiert.

6.4.2.1 Eingeschränkte Repräsentation des Nutzerverhaltens

Das tatsächliche Nutzerverhalten stimmt nicht exakt mit den im Datensatz vorliegenden DNS-Anfragen überein. Hierfür sind zwei Gründe anzuführen, die im Folgenden kurz diskutiert werden.

Der erste Grund ist die Tatsache, dass **nicht jede Benutzeraktivität eine DNS-Anfrage erzeugt**, d. h. manche Aktivitäten fehlen im DNS-Datensatz. Dieser Effekt wird durch die Zwischenspeicherung der DNS-Antworten im Betriebssystem und im Browser des Nutzers hervorgerufen (s. Abschnitt 2.7). Dadurch bleiben die Anfragehäufigkeiten für die Domainnamen im DNS-Datensatz hinter den tatsächlichen Abrufzahlen zurück; einige Domainnamen können in einzelnen Sitzungen sogar vollständig unbeobachtbar sein, etwa wenn alle diesbezüglichen Anfragen nach einem Epochenwechsel weiterhin aus dem Zwischenspeicher des Clients bedient werden können. In anderen Beobachtungsszenarien (etwa bei der Beobachtung durch Internetzugangsanbieter oder Proxy-Server) sind die Aktivitäten eines Nutzers hingegen möglicherweise wesentlich vollständiger ersichtlich, etwa weil die Protokolle des beobachteten Datenverkehrs keine Zwischenspeicherung vorsehen oder die Zwischenspeicherung – etwa im Falle eines in den Datenverkehr aktiv eingreifenden Proxy-Servers – vom Beobachter weitgehend unterbunden werden kann.

Es ist nicht zu erwarten, dass die *zusätzlich ersichtlichen* Aktivitäten die Verkettung von Sitzungen erschweren; wahrscheinlicher ist hingegen ein verkettungsfördernder Effekt. Sollte sich dennoch herausstellen, dass eine Verkettung bei einer Erhöhung der Anfragehäufigkeitswerte nicht mehr mit akzeptabler Genauigkeit möglich ist, könnte der Beobachter auf die Verwendung der Anfragehäufigkeiten verzichten und lediglich die An- oder Abwesenheit eines Domainnamens berücksichtigen. Die Ergebnisse, die mit dem 1NN-JACCARD-Verfahren sowie bei den Caching-Experimenten (s. Abschnitt 7.3.3) erzielt wurden, deuten darauf hin, dass eine Verkettung auch unabhängig von den Anfragehäufigkeiten noch möglich ist.

Der zweite Grund ist in Bezug auf die Bewertung der externen Validität problematischer: **Nicht jede DNS-Anfrage resultiert aus einer Benutzeraktivität.** Das Betriebssystem und die darin laufenden Anwendungen stellen ohne Mitwirken des Nutzers kontinuierlich DNS-Anfragen, u. a. um verfügbare Dienste und Hosts im lokalen Netz zu finden und die installierte Software oder Medieninhalte zu aktualisieren (vgl. Abschnitt 4.3). Stichprobenartige Sichtungen des DNS-Datensatzes offenbaren Anfragen für A-Resource-Records von Anwendungen, Antiviren-Software, Browser-Toolbars, E-Mail-Clients, RSS-Feed-Readern, Chat-Clients, u. v. m. Daneben enthält der DNS-Datensatz zahlreiche Anfragen für andere Record-Typen, die beim Surfen im Internet nicht zu erwarten sind (s. Tabelle 6.8 auf S. 343). Der Einfluss dieses Aspekts wird im Folgenden näher untersucht.

6.4.2.2 Untersuchungsmethodik

Um abzuschätzen, ob die DNS-Anfragen, die *nicht* aus Benutzeraktivitäten resultieren, für den Verkettungserfolg verantwortlich sind, wäre es erforderlich, die Experimente ausschließlich mit den DNS-Anfragen durchzuführen, die das Verhalten der Benutzer widerspiegeln. Die programmatisch erzeugten Typ-A-Anfragen lassen sich allerdings nicht ohne weiteres von den Typ-A-Anfragen unterscheiden, die sich aus den Aktivitäten der Nutzer ergeben.

Um an dieser Stelle zumindest eine erste Einschätzung des Ausmaßes der Beeinflussung vornehmen zu können, werden in weiteren Experimenten zwei Filter untersucht, welche Anfrage-Teilmengen aus dem Datensatz entfernen, die *auf jeden Fall* für das DNS spezifisch sind. Der erste Filter betrifft den RR-Typ der Anfragen. Benutzeraktivitäten im Browser und anderen Anwendungen führen typischerweise zu Typ-A-Anfragen. Anfragen für andere RR-Typen sind hingegen üblicherweise nicht das Resultat von Benutzeraktivitäten und werden daher entfernt (**Experiment „NUR A-RRs"**).

Weiterhin können automatisiert alle Typ-A-Anfragen des Microsoft-Computer-Browser-Services entfernt werden, die vom NetBIOS-Dienst von Windows-Betriebssystemen gestellt werden (**Experiment „OHNE NETBIOS"**). Der NetBIOS-Dienst versucht dabei anhand des Domainnamens der benachbarten Hosts deren aktuelle IP-Adresse zu ermitteln [Mic11a]. Auf die daraus erwachsende Beobachtungsmöglichkeit wurde bereits in Abschnitt 4.4 hingewiesen (s. S. 222). Die NetBIOS-DNS-Anfragen lassen sich daran erkennen, dass das erste Label des Domainnamens ausschließlich aus Großbuchstaben und Ziffern besteht. Dahinter folgt entweder der Name der lokalen Arbeitsgruppe (meist „mshome", „arbeitsgruppe" oder „local") oder die lokale Domain (im Datensatz stets „uni-regensburg.de"), falls der Client so konfiguriert ist, dass er unvollständige Domainnamen mit einem festgelegten Suffix zu FQDNs ergänzt. Im dritten Experiment wird die Auswirkung der Kombination beider Filter untersucht.

6.4.2.3 Ergebnisse

Die Ergebnisse sind in Tabelle 6.29 dargestellt. Wie die Ergebnisse zeigen, sinkt die Genauigkeit, wenn ausschließlich Typ-A RRs betrachtet werden, von 85,9 % auf 79,5 %. Die Anfragen für die anderen RR-Typen sind also in einigen Fällen tatsächlich für die korrekte Verkettung entscheidend. Die Genauigkeit steigt hingegen von 85,9 % geringfügig auf 86,2 %, wenn die NetBIOS-Anfragen entfernt werden. Dieser Anstieg lässt sich dadurch erklären, dass sich alle Hosts, die demselben Subnetz (bzw. derselben Broadcast-Domäne) angehören, gegenseitig „sehen" und daher auch dieselben NetBIOS-Anfragen stellen. Dadurch steigt die Ähnlichkeit der Instanzvektoren dieser Endgeräte. Bei der Kombination der zwei Filter ergibt sich eine Genauigkeit von 80,9 %.

Die Ergebnisse demonstrieren, dass die Besonderheiten im DNS-Anwendungsfall einen moderaten Einfluss auf die erreichbare Genauigkeit haben. Sie deuten jedoch nicht darauf hin, dass die verhaltensbasierte Verkettung in einem anderen Beobachtungsszenario, etwa bei einem Proxy-Server, überhaupt nicht möglich ist.

Bei der Interpretation der Ergebnisse ist jedoch zu bedenken, dass der resultierende Datensatz nicht ausschließlich aus DNS-Anfragen besteht, die auf das Web-Nutzungsverhalten zurückzuführen sind, sondern auch verkettungsförderliche Nutzeraktivitäten in anderen Anwendungen enthalten könnte, etwa den täglichen Abruf einer charakteristischen Zusammenstellung von Nachrichtenseiten mit einer RSS-Feed-Reader-Applikation. Abschließende Aussagen über die Verkettbarkeit, die allein aus dem Web-Nutzungsverhalten resultiert, sind auf Basis dieses Experiments also nicht möglich.

Tabelle 6.29: Genauigkeit von MNB-P (TFIDFN-1+2) beim 2M-Datensatz bei Anwendung verschiedener Filter zur Bestimmung der Beeinflussung der Genauigkeit durch Anfragen, die nicht aus Nutzeraktivitäten resultieren

NUR A-RRs	OHNE NETBIOS	G
–	–	85,9 %
aktiv	–	79,5 %
–	aktiv	86,2 %
aktiv	aktiv	80,9 %

6.4.3 Erzielbare Genauigkeit bei größeren Nutzergruppen

Einige potenzielle Beobachter, für die eine verhaltensbasierte Verkettung von Sitzungen interessant sein könnte, bieten ihre Dienste einem großen Nutzerkreis an. Anhand der Experimente, die mit dem 2M-Datensatz durchgeführt wurden, können jedoch keine Aussagen für Beobachtungsszenarien gemacht werden, in denen wesentlich mehr als 3000 Nutzer gleichzeitig aktiv sind.

Dieser Abschnitt ist wie folgt aufgebaut: Zunächst wird in Abschnitt 6.4.3.1 auf die Möglichkeit der Partitionierung einer großen Nutzergruppe hingewiesen. Anschließend wird in Abschnitt 6.4.3.2 eine weitere Untersuchung mit einem größeren Datensatz beschrieben, deren Ergebnisse in Abschnitt 6.4.3.3 vorgestellt werden.

6.4.3.1 Partitionierung großer Nutzergruppen

Dienstanbieter, die sich an eine globale Zielgruppe richten, können ihre weltweit verteilte Nutzergruppe anhand von geographischen Regionen segmentieren und dadurch die verhaltensbasierte Verkettung mit mehreren kleineren Nutzergruppen durchführen.

Zur Partitionierung eignen sich entweder die Sender-IP-Adresse, anhand derer sich der ungefähre Aufenthaltsort eines Nutzers bestimmen lässt, oder der Verlauf der Nutzeraktivität innerhalb eines 24-Stunden-Intervalls, anhand dessen sich die Zeitzone abschätzen lässt, in der sich ein Nutzer aufhält. Bei großen Anbietern wie Google ergibt sich die Partitionierung der Nutzergruppe u. U. automatisch, da durch den Einsatz der Anycast-Technik (s. S. 113) jeder Nutzer auf den jeweils nächstgelegenen Server zugreift.

Eine Segmentierung ist jedoch nicht immer möglich – etwa wenn die verhaltensbasierte Verkettung dazu verwendet werden soll, um die Aufenthaltsorte eines Nutzers im Zeitverlauf zu verfolgen. Um abzuschätzen, ob das verhaltensbasierte Verkettungsverfahren grundsätzlich dazu in der Lage ist, auch die Daten größerer Nutzungsgruppen zu verarbeiten, wurden weitere Untersuchungen durchgeführt, die im Folgenden beschrieben werden.

Tabelle 6.30: Eigenschaften der 2M- und 2M*-Datensätze im Vergleich

Datensatz	2M	2M*
Anzahl Sitzungen bei $\Delta = 24\,\text{h}$	61	61
Anzahl der Nutzer	3 862	12 015
Mittlere Anzahl Attribute pro Sitzung $\overline{n}_{\text{attr}}$	1 283	785
Gesamtzahl der Attribute $|A|$	38 240 456	187 382 663

6.4.3.2 Untersuchungsmethodik

Um einen Eindruck von der Genauigkeit zu erhalten, die das Verkettungsverfahren bei einer größeren Nutzergruppe erzielt, wird auf Basis der DNS-Log-Dateien ein neuer Datensatz **2M*** erzeugt. Dieser enthält alle Anfragen, die im 2M-Datensatz enthalten sind (die Anfragen aus den Wohnheim-Netzbereichen), und zusätzlich die DNS-Anfragen von allen anderen Nutzern, denen im Zeitraum der Datenerhebung eine statische IP-Adresse zugewiesen wurde (vgl. Tabelle 6.6 auf S. 342). Neben den Aktivitäten der Studierenden in den Wohnheimen sind in diesem Datensatz daher auch die Anfragen aller Professoren und Mitarbeiter enthalten. Bei der Interpretation der Ergebnisse ist allerdings zu berücksichtigen, dass der 2M*-Datensatz aus technischen Gründen auch die DNS-Anfragen, die von den *Servern* im Campus-Netz gestellt wurden, enthält, also eine geringere Datenqualität aufweist als der bisher verwendete 2M-Datensatz.

Die Unterschiede zwischen den beiden Datensätzen sind in Tabelle 6.30 zusammengefasst. Die Anzahl der Nutzer verdreifacht sich. Die Gesamtzahl der Attribute verfünffacht sich. Die mittlere Anzahl der Attribute pro Sitzung geht jedoch zurück, d. h. im Vergleich zum 2M-Datensatz weist das Verhalten der zusätzlichen Nutzer eine geringere Anfragebreite auf.

6.4.3.3 Ergebnisse

Durch die wesentlich größere Anzahl an Attributen ist der Arbeitsspeicherbedarf im Experiment mit dem 2M*-Datensatzes wesentlich größer. Mit dem MNB-Klassifikator ist eine Untersuchung des 2M*-Datensatzes mit der vorliegenden Implementierung nicht möglich, da die bei der verwendeten Hardware maximal mögliche Java-Heap-Zuweisung von 4 Gigabyte nicht ausreicht, um im TEST-Schritt (s. Abschnitt 6.3.2.2) sowohl die Trainingsdaten als auch die DDF-Daten für die aktuell betrachtete Epoche im Arbeitsspeicher vorzuhalten. Durch eine entsprechende Anpassung der Evaluationsumgebung ließe sich der Speicherbedarf des MNB-Verfahrens mittels bedarfsgerechten Ladens der benötigten Daten (auch als „lazy loading" bezeichnet) bei Inkaufnahme einer geringeren Ausführungsgeschwindigkeit so weit verringern, dass eine Verarbeitung des 2M*-Datensatzes möglich wäre.

Da das 1NN-COSIM-Verfahren wesentlich geringere Anforderungen an den verfügbaren Arbeitsspeicher stellt, kann der 2M*-Datensatz damit ohne Anpassung der Implementierung verarbeitet werden. Auf eine Anpassung der MNB-Implementierung wurde daher verzichtet. Sie bleibt zukünftigen Arbeiten vorbehalten.

Die Evaluation des 2M*-Datensatzes erfolgt mit dem 1NN-COSIM-P-Verfahren in der TFIDFN-1+2-Konfiguration mit Volumenspannenfilterung (s. Abschnitt 6.3.4.1), die beim 2M-Datensatz eine Genauigkeit von 85,8 % erreichte (s. Abschnitt 6.3.4.3). Beim 2M*-Datensatz erreicht dieses Verfahren noch eine **Genauigkeit von 75,9 %.**

Dass die Genauigkeit mit steigender Nutzerzahl fällt, ist angesichts der bereits vorgestellten Kreuzvalidierungsexperimente zur Variation der Nutzerzahl (s. Abschnitt 6.3.3.5) nicht überraschend. Wie schon im Kreuzvalidierungsexperiment geht die Genauigkeit nicht in dem Maß zurück wie die Größe des Datensatzes zunimmt. Es kann daher davon ausgegangen werden, dass auch in noch größeren Nutzergruppen eine verhaltensbasierte Verkettung bei einem Großteil der Nutzer gelingen kann.

6.4.4 Beeinflussung der Ergebnisse durch die Zusammensetzung der Nutzergruppe

Da das verhaltensbasierte Verkettungsverfahren charakteristische Eigenschaften des Nutzerverhaltens ausnutzt, ist anzunehmen, dass die damit erreichbare Genauigkeit auch davon abhängt, wie die Nutzergruppe zusammengesetzt ist. Es ist allerdings davon auszugehen, dass sich die Nutzergruppen in den 2M- und 2M*-Datensätzen von der Nutzergruppe eines öffentlich verfügbaren rekursiven Nameservers eines Drittanbieters unterscheiden.

Im **2M-Datensatz** sind ausschließlich Studierende enthalten, die zum Zeitpunkt der Datenerfassung in einem der Wohnheime der Universität Regensburg wohnten. Das Nutzungsverhalten umfasst dementsprechend neben privaten Aktivitäten auch studienrelevante Aktivitäten. Im **2M*-Datensatz** ist zusätzlich das Nutzungsverhalten von Mitarbeitern der Universität Regensburg enthalten, die an ihrem Arbeitsplatz auf das Internet zugreifen. Aus technischen Gründen enthält der 2M*-Datensatz auch die Anfragen von Servern (s. Abschnitt 6.3.1.3).

Die Zusammensetzung der Datensätze ist zum einen durch **homogenitätssteigernde Effekte** gekennzeichnet. Diese Effekte sind auf die ausgesprochen stark ausgeprägte geographische Lokalität (Studierende oder Mitarbeiter der Universität Regensburg) sowie das vergleichbare Bildungsniveau und Alter zurückzuführen. Die homogenitätssteigernden Effekte *erschweren* die verhaltensbasierte Verkettung.

Andererseits sind die Datensätze **heterogenitätssteigernden Effekten** ausgesetzt. Aufgrund der Förderung ausländischer Studierender sind in den Wohnheimen Studierende aus zahlreichen unterschiedlichen Ländern untergebracht. Da die ausländischen Studierenden während ihres Aufenthalts an der Universität Regensburg weiterhin Kontakt zu ihrer Heimat halten, unterscheidet sich ihr Anfrageverhalten erheblich von den DNS-

Anfragen der Einheimischen. Die heterogenitätssteigernden Effekte *begünstigen* die verhaltensbasierte Verkettung.

In zukünftigen Arbeiten könnte anhand zusätzlicher Datensätze der Einfluss dieser zwei Effekte auf die Ergebnisse quantifiziert werden.

6.5 Erweiterungsmöglichkeiten und offene Fragen

In diesem Abschnitt werden einige vielversprechende Erweiterungsmöglichkeiten für das verhaltensbasierte Verkettungsverfahren vorgestellt. Darüber hinaus wird auf offene Fragen eingegangen, die in zukünftigen Arbeiten untersucht werden könnten.

Einführung eines zulässigen Maximal-Abstands Der implementierte 1NN-Klassifikator weist eine Instanz in jedem Fall der Klasse ihres nächsten Nachbarn zu, unabhängig davon, wie groß die Distanz zu ihr ist. Eine Optimierung besteht darin, wie bereits in [Cho70] erläutert, einen zulässigen Maximal-Abstand einzuführen, um eine sog. „Reject-Rule" zu implementieren: Falls die der einer Trainingsinstanz jeweils nächstgelegene Testinstanz den zulässigen Maximal-Abstand überschreitet, wird der entsprechenden Klasse *keine* Testinstanz zugeordnet. Dadurch wird erreicht, dass nur „gut" übereinstimmende Instanzen einander zugeordnet werden, um fehlerhafte Zuordnungen zu vermeiden.

Ist der gewählte Schwellenwert für den zulässigen Maximal-Abstand allerdings zu gering, werden überhaupt keine Zuordnungen mehr vorgenommen; ist er hingegen zu groß, entfaltet er keinerlei Wirkung. Ein solchermaßen angepasstes 1NN-Verfahren muss also kalibriert werden, um den zu einem Datensatz optimal passenden Schwellenwert für den zulässigen Maximal-Abstand zu ermitteln.

In ähnlicher Weise wie der 1NN-Klassifikator kann auch der MNB-Klassifikator so angepasst werden, dass er eine Zuordnung nur bei Erreichen einer bestimmten Mindest-Wahrscheinlichkeit vornimmt, um Fehlentscheidungen zu reduzieren.

Leistungsfähigere Klassifikationsverfahren und zusätzlich Merkmale Die zur Verkettung herangezogenen Klassifikationsverfahren, ein 1NN- und ein MNB-Klassifikator, erreichen in den meisten Szenarien bereits eine hohe Genauigkeit. In zukünftigen Arbeiten könnte untersucht werden, ob die Genauigkeit durch den Einsatz leistungsfähigerer Klassifikationsverfahren, etwa Support Vector Machines, und Feature-Extraction-Verfahren, etwa Latent-Semantic-Indexing, weiter verbessert werden kann.

Das untersuchte Verkettungsverfahren berücksichtigt ausschließlich die in den DNS-Anfragen enthaltenen Domainnamen. In zukünftigen Arbeiten könnte untersucht werden, ob die Verkettung durch die Einbeziehung von Meta-Informationen, etwa die Verteilung der DNS-Anfragen im Tagesverlauf, verbessert werden kann. Darüber hinaus könnten die Verfahren zur Identifizierung der verwendeten Software, die in Abschnitt 4.3 vorgestellt wurden, eingesetzt werden, um das verwendete Betriebssystem, den Web-Browser sowie installierte Anwendungen explizit als Merkmale zu modellieren.

Lockerung der Modell-Annahmen Das eingangs aufgestellte Beobachtungsmodell (s. Abschnitt 6.2.3.1) geht davon aus, dass der Pseudonymwechsel (z. B. der Wechsel der IP-Adresse) bei allen Nutzern synchronisiert zu einem dem Beobachter bekannten Zeitpunkt stattfindet. In zukünftigen Arbeiten sollte untersucht werden, inwiefern die Verkettung auch dann noch gelingt, wenn diese Annahme nicht zutrifft, wenn die Nutzer also zu beliebigen Zeitpunkten einen Pseudonymwechsel vollziehen und ggf. für jedes Pseudonym eine andere Nutzungsdauer gilt. Es ist davon auszugehen, dass eine hohe Genauigkeit nur dann erreicht werden kann, wenn der Beobachter den Zeitpunkt des Pseudonymwechsels der einzelnen Nutzer ermitteln kann.

Das verwendete Verfahrensmodell unterstellt einen zustandslosen Beobachter, dessen Zielsetzung sich darauf beschränkt, die Sitzungen zweier Epochen miteinander zu verketten (s. Abschnitt 6.2.3.2). Wie die Ergebnisse der Kreuzvalidierung andeuten, steigt die Genauigkeit der Verkettung, wenn mehr als eine Trainingsinstanz vorliegt. In zukünftigen Untersuchungen könnte das Verkettungsverfahren so erweitert werden, dass der unterstellte Beobachter bei erfolgreichen und vermeintlich erfolgreichen Verkettungen die in einer Epoche einer Klasse zugeordnete Testinstanz zu den Trainingsinstanzen dieser Klasse hinzufügt, sodass in späteren Epochen mehr als eine Trainingsinstanz herangezogen werden kann – der Beobachter würde dadurch im Laufe des Experiments „dazulernen".

Übertragung auf andere Protokolle und Szenarien Wie in Abschnitt 6.4.1 ausgeführt, sind die Ergebnisse nicht ohne weiteres auf andere Anwendungsfälle, etwa die verhaltensbasierte Verkettung von Sitzungen anhand von HTTP-Anfragen, übertragbar. Zukünftige Arbeiten könnten mit geringem Entwicklungsaufwand das konzipierte Verkettungsverfahren sowie die Evaluationsumgebung auf vergleichbare Problemstellungen anwenden, um Unterschiede und Gemeinsamkeiten herauszuarbeiten. Interessant wäre etwa eine Studie, in der das Verhalten von Smartphone- oder Tablet-Nutzern hinsichtlich der verhaltensbasierten Verkettbarkeit untersucht wird.

6.6 Fazit

In diesem Kapitel wurde **Forschungsfrage 2 (Tracking-Möglichkeiten)** adressiert. Dazu wurde ein Verfahren zur Verkettung von Sitzungen konzipiert und evaluiert **(Beitrag B2)**. Zur Verkettung wurden verschiedene Klassifikationsverfahren herangezogen, mit denen charakteristische Merkmale aus dem Benutzerverhalten extrahiert und wiedererkannt werden können. Dazu wurden zunächst bereits existierende Verkettungsverfahren auf Basis expliziter und impliziter Merkmale systematisiert, um eine Einordnung und Abgrenzung des verhaltensbasierten Verkettungsverfahrens zu ermöglichen. Verwandte Arbeiten, die ähnliche Fragestellungen adressieren, wurden bei der Konzipierung berücksichtigt.

Zur Evaluation wurde das verhaltensbasierte Verkettungsverfahren mit dem MapReduce-Paradigma implementiert. Die Evaluation erfolgte anhand von aufgezeichnetem DNS-Datenverkehr unter kontrollierten (Kreuzvalidation) und realitätsnahen Bedingungen. Bei der **Kreuzvalidation** übertreffen die eigenen Verfahren die Genauigkeit der existierenden Verfahren erheblich. So erreicht das MNB-Verfahren mit *einer* Trainingsinstanz und 3000 parallel aktiven Nutzern Precision-Werte von bis zu 0,739 und Recall-Werte von bis zu 0,721 (s. Tabelle 6.13 auf S. 361). Bei kleineren Nutzergruppen mit etwa 100 aktiven Nutzern erreichen Precision und Recall den Wert 0,90 (s. Abschnitt 6.3.3.5 auf S. 360). Das Nutzer-Wiedererkennungsverfahren von Yang, dem stets 200 Trainingsinstanzen zur Verfügung stehen, erreicht laut [Yan10] hingegen bei 100 aktiven Nutzern lediglich eine Genauigkeit von 62 % (s. S. 314).

Ein wichtiger Beitrag in diesem Kapitel besteht darin, dass die Möglichkeit der verhaltens-basierten Verkettung erstmals in einem *realistischen Szenario* untersucht wurde, in dem der Beobachter u. a. mit **Fluktuationseffekten in der Nutzergruppe** konfrontiert ist. Diese Problemstellung wurde in früheren Untersuchungen nicht oder nur ansatzweise adressiert. Die Genauigkeit des Verkettungsverfahrens konnte im Realfall-Szenario, bei dem im Basis-Experiment bis zu 74,7 % der Sitzungen korrekt verkettet wurden (s. Tabelle 6.16 auf S. 368), deutlich gesteigert werden, indem mehrdeutige Vorhersagen aufgelöst wurden. Die Genauigkeit erreichte im 2M-Datensatz (3862 Nutzer) bis zu 86,2 % (ohne NetBIOS-Anfragen). Bei 90 % der Nutzer wurden mehr als 61 % der Sitzungen korrekt verkettet; bei 14 % der Nutzer waren alle Sitzungen im Versuchszeitraum miteinander verkettbar (s. S. 373)

In weiteren Experimenten wurden die **Ursachen für die Verkettbarkeit** untersucht. Dabei wurde u. a. herausgefunden, dass es Domainnamen gibt, die nur von einem einzigen Nutzer angefragt werden, jedoch in *jeder* seiner Sitzungen; anhand dieser benutzerspe-zifischen Domainnamen kann ein rekursiver Nameserver die Sitzungen eines Nutzers unmittelbar miteinander verketten. Das verhaltensbasierte Verkettungsverfahren profitiert von diesen Domainnamen, ist jedoch nicht darauf angewiesen: Es erreicht auch dann eine hohe Genauigkeit, wenn dem Beobachter nur ein Bruchteil der Domainnamen vorliegt. Stehen ihm nur die 1000 am häufigsten angefragten Domainnamen für die Verkettung zur Verfügung (in dieser Menge ist keiner der benutzerspezifischen Domainnamen enthalten), werden immer noch 82,4 % der Sitzungen korrekt verkettet (s. S. 393).

Die Tatsache, dass das verhaltensbasierte Verkettungsverfahren selbst im 2M*-Datensatz, der die DNS-Anfragen von 12 015 Nutzern enthält, eine hohe Genauigkeit (bis zu 75,9 %, s. S. 403) erzielt, deutet darauf hin, dass das Verhalten der meisten Nutzer in der Tat eine hohe Individualität und Stationarität aufweist. In weiteren Untersuchungen erwies sich das Verkettungsverfahren als vergleichsweise robust. Eine Verkettung der Sitzungen gelingt im 2M-Datensatz auch dann noch mit hoher Genauigkeit (76,3 %, s. S. 395), wenn zwischen Training und Test vier Wochen vergangen sind.

Abschließend soll anhand eines Szenarios die Anwendungsmöglichkeit der verhaltens-basierten Verkettung in der **IT-Forensik** illustriert werden. Es sei angenommen, dass im

Rahmen eines Ermittlungsverfahrens mehrere Personen als Täter in Frage kommen. Die Ermittler haben im Rahmen einer Telekommunikationsüberwachungsmaßnahme den Datenverkehr der Internetsitzung aufgezeichnet, in der die strafbare Handlung begangen wurde. Allerdings enthält diese Sitzung keine Hinweise auf die Identität des Täters und kann daher keinem der Verdächtigen zugeordnet werden. Gelingt es den Ermittlern anhand von charakteristischen Verhaltensmustern im Datenverkehr die aufgezeichnete Sitzung mit einer anderen Sitzung, die einem der Verdächtigen zugerechnet werden kann (etwa weil er sich in dieser Sitzung mit persönlichen Zugangsdaten an einem Online-Dienst angemeldet hat), zu verketten, kann dies ein Indiz für seine Täterschaft darstellen.

Weitere Szenarien, in denen charakteristische Verhaltenseigenschaften im Rahmen von forensischen Untersuchungen von Belang sein können, werden in [HFF14] diskutiert. Zukünftigen Arbeiten bleibt es vorbehalten, die kontroversen Implikationen, die sich aus solchen Ermittlungsmethoden ergeben, zu diskutieren und die dabei zu berücksichtigenden rechtlichen Fragestellungen zu erörtern.

Im nächsten Kapitel werden Mechanismen zum Schutz vor Verkettung behandelt.

7 Techniken zum Schutz vor Verkettung

In Kapitel 6 wurden die Tracking-Möglichkeiten eines rekursiven Nameservers untersucht. Dabei stellte sich heraus, dass der Betreiber eines Nameservers Nutzer auch dann über längere Zeiträume beobachten kann, wenn sie im Zeitverlauf unter verschiedenen IP-Adressen auftreten. Zur Beobachtung verkettet der Betreiber die einzelnen Sitzungen eines Nutzers, indem er mit Klassifikationsverfahren charakteristische Verhaltensmuster aus den DNS-Anfragen extrahiert und zur Wiedererkennung heranzieht.

In diesem Kapitel wird **Forschungsfrage 4** adressiert, es werden also **Techniken zum Schutz vor Tracking** untersucht, mit denen sich Nutzer gegen die verhaltensbasierte Verkettung ihrer Internetaktivitäten wehren können. Dazu werden mehrere Optionen in Betracht gezogen, implementiert und quantitativ anhand des in Abschnitt 6.3.1 erhobenen Datensatzes evaluiert.

Grundsätzlich können die in Kapitel 5 angesprochenen Anonymitätsdienste Tor [DMS04] und AN.ON [BFK01] sowie der in Abschnitt 5.4 vorgestellte DNSMIX-Dienst verwendet werden, um einer verhaltensbasierten Verkettung durch den rekursiven Nameserver zu entgehen; diese Techniken verhindern zusätzlich auch das Monitoring der Internetaktivitäten.

Der Fokus liegt in diesem Kapitel allerdings auf Maßnahmen, welche **ausschließlich die verhaltensbasierte Verkettung im DNS verhindern**. Die Motivation für diese Fokussierung besteht darin, dass Internetnutzer offenbar durchaus in Kauf nehmen, dass ihre Aktivitäten *innerhalb* einer Sitzung von Dritten beobachtet werden können; viele Nutzer sind jedoch nicht dazu bereit, den Kontrollverlust hinzunehmen [Ur+12], der aus der Verknüpfung von Informationen aus mehreren Sitzungen resultiert: Während Nutzer zunehmend die Browser-Cookies löschen, um langfristige Verkettung zu vermeiden [MC10], nehmen vergleichsweise wenige Nutzer die Komforteinbußen und die Verzögerungen hin, die durch die Nutzung eines Anonymitätsdienstes entstehen, der auch das Monitoring verhindert [WHF07; McC+08; Bre+11]. Daran lässt sich erkennen, dass ein Bedarf an wirkungsvollen benutzerfreundlichen Lösungen besteht, welche die verhaltensbasierte Verkettung verhindern, ohne die Performanz der Namensauflösung zu beeinträchtigen.

Wesentliche Inhalte In diesem Kapitel wird aufgezeigt, wie Verfahren gestaltet werden können, um die verhaltensbasierte Verkettung von Sitzungen zu erschweren oder sogar zu verhindern (**Beitrag B4** aus Abschnitt 1.4). Die Untersuchungen zeigen, dass die Verschleierung der DNS-Anfragen mittels des Range-Query-Verfahrens keinen zuverlässigen Schutz vor Verkettung bietet. Vielversprechendere Schutzmechanismen sind hingegen die

Verkürzung der Sitzungsdauer sowie die Verlängerung der Dauer der Zwischenspeicherung von DNS-Antworten im Cache des Stub-Resolvers.

Relevante Veröffentlichungen   Teile von Abschnitt 7.1 und Abschnitt 7.2 wurden bereits in gekürzter Form in [HBF13] publiziert, weitere Vorarbeiten sind in [FGH11; Her+10; BHF12] veröffentlicht. Die in [HBF13] präsentierten Evaluationsergebnisse wurden mit einer früheren Version der Evaluationsumgebung erzielt und weichen daher geringfügig von den Ergebnissen ab, die in diesem Kapitel vorgestellt werden. Im Zusammenhang mit Abschnitt 7.2 sind weiterhin die in [HAF12] veröffentlichten Überlegungen zum Wechsel der IP-Adresse in IPv6-Netzen relevant.

Aufbau des Kapitels   In Abschnitt 7.1 wird zunächst das bereits in der Literatur vorgeschlagene Range-Query-Verfahren zum Schutz vor Tracking in Betracht gezogen. Anschließend wird in Abschnitt 7.2 untersucht, inwiefern die Verkürzung der Sitzungsdauer eine geeignete Gegenmaßnahme darstellt. In Abschnitt 7.3 wird schließlich untersucht, inwiefern die Verkettung von Sitzungen durch die Verlängerung der Caching-Dauer verhindert werden kann. In Abschnitt 7.4 werden offene Fragen für zukünftige Untersuchungen präsentiert, bevor das Kapitel mit einem Fazit (s. Abschnitt 7.5) schließt.

7.1 Verwendung des Range-Query-Verfahrens

Zunächst wird das Range-Query-Verfahren untersucht, das bereits in Abschnitt 5.2.3.1 vorgestellt wurde. Wie zuvor wird das von Zhao et al. in [ZHS07a] vorgestellte Ein-Server-Verfahren betrachtet, das grundsätzlich mit jedem rekursiven Nameserver funktioniert. Dabei werden die beabsichtigten DNS-Anfragen verschleiert, indem ein auf dem Endgerät des Nutzers installierter Range-Query-Client neben der Anfrage für den beabsichtigten Domainnamen zusätzlich n weitere Dummy-Anfragen stellt. Insgesamt übermittelt der Client also $n + 1$ Anfragen an den rekursiven Nameserver, der daraufhin $n + 1$ Antworten zurückliefert.[1] In den erhaltenen Antworten ist auch die Antwort für die beabsichtigte Anfrage enthalten. Wenn der Beobachter auf dem rekursiven Nameserver keine Möglichkeit hat, zwischen der echten Anfrage und den Dummy-Anfragen zu unterscheiden, ergibt sich für ihn eine Wahrscheinlichkeit von $\frac{1}{n+1}$, die echte Anfrage zu erraten.

Der Auswahl der Dummy-Namen kommt dabei erhebliche Bedeutung zu, wie Untersuchungen zeigen, die sich mit der Verschleierung von Anfragen an Web-Suchmaschinen durch das zusätzliche Stellen von Dummy-Suchanfragen beschäftigen [BTD12]. Dieses Teilproblem wird bei der nachfolgenden Evaluation jedoch ausgeklammert. Es wird also

---

[1] Diese Modellierung weicht von den Ausführungen in Abschnitt 5.2.3.1 ab: Dort wurden $N-1$ Dummy-Anfragen je beabsichtigter Anfrage verwendet. Da sich die nachfolgenden Untersuchungen an [HBF13] orientieren, wird in diesem Abschnitt die Modellierung aus [HBF13] verwendet, d. h. es werden n Dummy-Anfragen je beabsichtigter Anfrage übermittelt.

angenommen, dass es dem Beobachter nicht möglich ist, zwischen den Dummy-Anfragen und der echten Anfrage zu unterscheiden. Die erhaltenen Genauigkeitswerte stellen demnach also eine untere Schranke dar.

Fragestellung In diesem Abschnitt wird der Frage nachgegangen, inwiefern das Range-Query-Verfahren geeignet ist, die verhaltensbasierte Verkettung zu verhindern, wie viele Dummy-Anfragen dazu nötig sind und wie groß die Dummy-Datenbank des Range-Query-Clients sein muss.

Dieser Abschnitt ist wie folgt aufgebaut: Zunächst wird in Abschnitt 7.1.1 die Untersuchungsmethodik beschrieben, bevor in Abschnitt 7.1.2 der Einfluss der Größe der Dummy-Datenbank analysiert wird. Anschließend wird in Abschnitt 7.1.3 der Einfluss der Anzahl der Dummy-Anfragen (in Abschnitt 5.3.1.2 als *Blockgröße* bezeichnet) untersucht. Dabei wird auch die Wirksamkeit des Range-Query-Verfahrens diskutiert. Die Ergebnisse werden in Abschnitt 7.1.4 in einem Fazit zusammengefasst.

7.1.1 Methodik

Die Dummy-Anfragen werden in der Evaluationsumgebung (vgl. Abbildung 6.11) im RQ-Schritt generiert und so in den vorliegenden Datensatz eingefügt, als hätten alle Nutzer ihre Anfragen durch Range-Querys verschleiert. Zuvor ist festzulegen, welche Domainnamen grundsätzlich zur Konstruktion der Dummy-Anfragen verwendet werden sollen. Für die Evaluation wird ein **Dummy-Pool**, welcher die Funktion der Dummy-Datenbank (s. Abschnitt 5.3.1.1) übernimmt, erstellt. Der Dummy-Pool wird wie folgt erzeugt:

1. Zunächst wird die Menge D erzeugt, die alle potenziell zu verwendenden Dummy-Domainnamen enthält. Dazu werden die Domainnamen anhand der Anfragehäufigkeiten im Datensatz absteigend sortiert. In den Experimenten enthält D die ersten eine Million Domainnamen aus dieser Liste.

2. Aus D wird mit einem Pseudozufallszahlengenerator eine Teilmenge gezogen, der Dummy-Pool $P \subset D$, der $|P|$ Elemente enthält. Alle Nutzer verwenden denselben Dummy-Pool.

Durch dieses Verfahren wird sichergestellt, dass sich die Menge der Dummy-Domainnamen bei einer Vielzahl von Nutzern mit der Menge der echten Anfragen überlagert. Dadurch werden durch die Dummy-Anfragen nicht nur neue Attribute zu den Instanzvektoren hinzugefügt, sondern es werden auch die Auftretenshäufigkeiten der echten Attribute verschleiert, was im Folgenden als **Kollision** bezeichnet wird.

Da in der Literatur unterschiedliche Ausgestaltungsvarianten zur Konstruktion von Range-Querys vorgeschlagen wurden (die [LT10] kurz zusammenfasst), werden im weiteren Verlauf zwei **Dummy-Auswahlverfahren** betrachtet, mit denen Domainnamen aus dem Dummy-Pool gezogen werden: statische Dummys und zufällige Dummys. Bei **statischen Dummys** wird jede echte Anfrage für einen Domainnamen h immer von Anfragen für dieselben, jedoch zufällig aus dem Dummy-Pool gezogenen Dummy-Domainnamen begleitet. Im RQ-Schritt werden die Dummy-Domainnamen dazu mit einem Pseudozufallszahlengenerator aus dem Pool gezogen. Der Startwert des Pseudozufallszahlengenerators wird dabei bei jeder echten Anfrage auf die Position von h im Host-Index (H.IDX, vgl. Abschnitt 6.3.2.2) gesetzt, die ihrerseits während eines Experiments unveränderlich ist. Demzufolge werden bei allen Nutzern beim Abruf von h dieselben Dummy-Domainnamen erzeugt. Im Fall von **zufälligen Dummys** wird lediglich eine einzige Instanz eines Pseudozufallszahlengenerators verwendet, die zu Beginn des Experiments einmalig mit einem festgelegten Startwert initialisiert wird. Dadurch wird jede Anfrage für h von anderen Dummy-Domainnamen begleitet.

In Voruntersuchungen stellte sich heraus, dass es bei der Verwendung von Range-Querys drei Einflussgrößen gibt, welche die erreichbare Genauigkeit der Verkettung bestimmen:

- die Anzahl der zur beabsichtigten Anfrage hinzugefügten Dummy-Anfragen n,
- die Größe des Dummy-Pools $|P|$ und
- das verwendete Dummy-Auswahlverfahren (statische oder zufällige Dummys).

Durch die Verwendung von Range-Querys steigt die Größe des Datensatzes im Vergleich zu den bisherigen Experimenten auf das $(n + 1)$-Fache. Auch der Merkmalsraum wächst, was sich v. a. in einer höheren mittleren Anzahl der besetzten Komponenten in den Instanzvektoren widerspiegelt. Daher erfolgte die Evaluation der Range-Query-Verfahren mit dem 2T-Datensatz, einer Sitzungsdauer von $\Delta = 24$ h und dem 1NN-COSIM-Verfahren (TFN-1), einem Verfahren mit vergleichsweise hoher Erkennungsrate bei niedrigem Arbeitsspeicherbedarf. In der Ausgangssituation wird dabei beim 2T-Datensatz eine Genauigkeit von 69,6 % erreicht (Basiswert).

7.1.2 Einfluss der Dummy-Pool-Größe

In Abbildung 7.1 ist dargestellt, wie die Genauigkeit von der Größe des Dummy-Pools abhängt. Dabei wird die Anzahl der Dummy-Anfragen pro echter Anfrage zunächst auf den Wert $n = 5$ festgelegt.

Die Ergebnisse zeigen, dass statische Dummys bei $n = 5$ die Verkettung kaum beeinflussen. Die Genauigkeit sinkt nur um wenige Prozentpunkte und erreicht ihr Minimum ($G = 63,2$ %) im Bereich $1000 \leq |P| \leq 2000$. Dieses Dummy-Auswahlverfahren kann die zur Verkettung herangezogenen Verhaltensmuster nur in wenigen Fällen verschleiern.

Die Effektivität der zufälligen Dummys hängt erheblich von $|P|$ ab: Wird ein sehr kleiner Pool ($|P| < 100$) verwendet, wird die Genauigkeit durch Range-Querys nur geringfügig reduziert. Mit steigendem $|P|$ sinkt die Genauigkeit. Sie erreicht ihr Minimum ($G = 10,9$ %) im Bereich $10\,000 \leq |P| \leq 15\,000$. Steigert man die Pool-Größe weiter, steigt auch die erreichbare Genauigkeit des Verkettungsverfahrens wieder an. Bei $|P| = 800\,000$ beträgt die Genauigkeit 68,0 %, was fast dem Basiswert entspricht, der durch die gepunktete horizontale Linie in Abbildung 7.1 markiert wird.

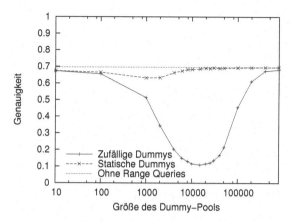

Abbildung 7.1: Einfluss der Dummy-Pool-Größe $|P|$ auf die Effektivität von Range-Querys bei $n = 5$ Dummy-Anfragen je echter Anfrage

Die beobachtete Abhängigkeit der Genauigkeit von $|P|$ lässt sich durch folgende Überlegungen erklären. Wenn ein Nutzer m echte Anfragen innerhalb einer Sitzung stellt, übermittelt er $m \cdot n$ Dummy-Anfragen an den rekursiven Nameserver. Im Falle von $|P| \approx m \cdot n$ wird bei zufälligen Dummys ein sehr großer Anteil der Domainnamen aus dem Dummy-Pool ungefähr einmal in einer Dummy-Anfrage verwendet. Da alle Nutzer denselben Dummy-Pool verwenden, werden die Instanzen vieler Nutzer dabei sehr ähnlich zueinander – sie haben schließlich eine große Anzahl von Attributen mit ähnlichen Auftretenshäufigkeiten gemein, die beim 1NN-COSIM-Klassifikator alle dasselbe Gewicht aufweisen. Das gemeinsame Gewicht der Dummy-Domainnamen übersteigt dabei das Gewicht der echten Anfragen. Zudem werden die Auftretenshäufigkeiten für viele Domainnamen durch Kollisionen verzerrt: Da praktisch der gesamte Dummy-Pool ausgenutzt wird, sind davon alle echten Anfragen betroffen, deren Domainnamen auch im Dummy-Pool vorkommen. Im Ergebnis sinkt die Genauigkeit der Verkettung erheblich.

Anders stellt sich die Situation im Falle von $|P| < m \cdot n$ dar. In diesem Fall werden zahlreiche Dummy-Domainnamen mehrmals aus dem Dummy-Pool gezogen. Auch in diesem Fall haben die Instanzen verschiedener Nutzer eine Vielzahl von Attributen gemein. Allerdings unterscheiden sich die Dummy-Attribute bei verschiedenen Nutzern nun hinsichtlich der Auftretenshäufigkeiten, da diese von den unterschiedlichen Anfragevolumina der Nutzer abhängen. Die Anfragehäufigkeiten kann der 1NN-COSIM-Klassifikator zur Unterscheidung ausnutzen. Mit sinkendem $|P|$ fällt zudem das kombinierte Gewicht der Dummy-Anfragen im Vergleich zu den echten Anfragen. Auch die Wahrscheinlichkeit für Kollisionen wird geringer, da die Schnittmenge zwischen dem Dummy-Pool, der immer noch vollständig ausgenutzt wird, und den in echten Anfragen verwendeten Domainnamen kleiner wird.

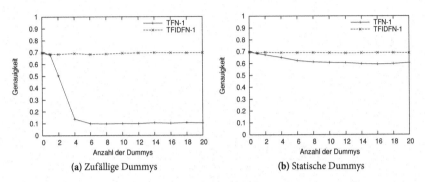

(a) Zufällige Dummys   (b) Statische Dummys

Abbildung 7.2: Einfluss der Anzahl der Dummy-Anfragen n je echter Anfrage

Schließlich ist der Fall zu betrachten, in dem $|P| > m \cdot n$ gilt. Mit steigendem $|P|$ sinkt die Ausnutzung von P bei den einzelnen Nutzern, d. h. nur noch ein Teil der möglichen Dummy-Domainnamen wird tatsächlich auch verwendet. Dadurch steigt die Wahrscheinlichkeit, dass in einer Sitzung Dummy-Domainnamen vorkommen, die weder in den Sitzungen anderer Nutzer noch in anderen Sitzungen desselben Nutzers vorkommen. Zudem treten die verwendeten Dummys häufig nur noch einmal auf, da sie nicht ein weiteres Mal zufällig gezogen werden. Solche Dummys haben jedoch im Vergleich zu Attributen, in denen die zu verkettenden Instanzvektoren übereinstimmen, nur einen geringen Einfluss auf den 1NN-COSIM-Klassifikator. Weiterhin sinkt die Wahrscheinlichkeit für Kollisionen, da der Anteil der weniger populären Domainnamen im Dummy-Pool steigt.

Die vorstehenden Überlegungen können durch empirischen Daten bestätigt werden: Im 2T-Datensatz beträgt die mittlere Anzahl der echten Anfragen pro Nutzer $\overline{m}$ = 2186 in den Trainingsinstanzen und $\overline{m}$ = 2127 in den Testinstanzen. Range-Querys mit $n = 5$ Dummy-Anfragen pro echter Anfrage sollten demnach bei $|P| \approx 11\,000$ eine hohe Effektivität aufweisen, was mit den ermittelten Genauigkeitswerten in Abbildung 7.1 in Einklang ist.

7.1.3 Einfluss der Anzahl der Dummy-Anfragen je beabsichtigter Anfrage

Ein weiterer Faktor, welcher die Wirkungsweise von Range-Querys beeinflusst, ist die Anzahl der Dummy-Anfragen n je echter Anfrage. Die Analyse dieses Einflussfaktors erfolgt wieder mit dem 1NN-COSIM-Verkettungsverfahren (TFN-1). In den Experimenten wird jeweils diejenige Pool-Größe $|P|$ verwendet, für welche in der oben dargestellten Analyse (s. Abbildung 7.1) die geringsten Genauigkeitswerte festgestellt wurden: Bei zufälligen Dummys gilt $|P| = 15\,000$, bei statischen Dummys hingegen $|P| = 2000$. In Abbildung 7.2 ist der Verlauf der Genauigkeit in Abhängigkeit von $|P|$ dargestellt.

Der TFN-1-Graph in Abbildung 7.2a zeigt die Wirkungsweise von zufälligen Dummys. Ausgehend vom Basiswert (G = 69,6 %) sinkt die Genauigkeit sehr schnell mit steigendem n: bei n = 2 beträgt sie noch 50,5 %, bei n = 8 erreicht sie das Minimum von 9,7 %. Bei einer weiteren Steigerung von n bleibt die Genauigkeit auf diesem Niveau. Eine vergleichbare Auswirkung, jedoch wesentlich schwächer ausgeprägt ist in Abbildung 7.2b bei statischen Dummys zu erkennen. Die Genauigkeit fällt hier bei n = 16 auf ihren Tiefpunkt (59,3 %).

In beiden Fällen kann der Beobachter die verschleiernde Wirkung von Range-Querys jedoch durch die Anwendung der IDF-Transformation neutralisieren, deren Auswirkung in den Abbildungen in den TFIDFN-1-Graphen ersichtlich ist. Bei zufälligen Dummys bleibt die Genauigkeit dabei stets über 68,5 %, bei statischen Dummys über 68,8 %. Dieses Ergebnis, das in den Experimenten unabhängig vom konkret gewählten Wert für $|P|$ zu beobachten ist, lässt sich dadurch erklären, dass im Experiment alle Nutzer die Dummy-Domainnamen aus demselben P ziehen. Da die IDF-Transformation das Gewicht von Attributen, welche in vielen Instanzen vorkommen, reduziert, wird der Einfluss der durch Dummy-Anfragen erzeugten Attribute im Vergleich zu den Attributen, die aus echten Anfragen resultieren, ebenfalls reduziert.

Zur Neutralisierung der IDF-Transformation bietet sich auf den ersten Blick die Verwendung von benutzerspezifischen Dummy-Pools $P_i \neq P_j$ an. Dadurch wird erreicht, dass der Beobachter aus der IDF-Transformation keinen Vorteil mehr ziehen kann. Allerdings führt diese Anpassung möglicherweise auch zusätzliche Verkettungsmöglichkeiten ein. Dies lässt sich an der Situation veranschaulichen, die entsteht, wenn sich die Dummy-Pools der Nutzer überhaupt nicht überlappen, also $P_i \cap P_j = \emptyset$: In diesem Extremfall verwendet jeder Nutzer seine eigenen, für ihn charakteristischen Dummy-Domainnamen, die u. U. wiederum die Verkettung seiner Sitzungen erleichtern.

7.1.4 Fazit

In diesem Abschnitt wurde untersucht, ob das in Abschnitt 5.2.3.1 erläuterte Range-Query-Verfahren dazu geeignet ist, die Verkettung von Sitzungen zu unterbinden. Wie die Ergebnisse belegen, führt das Hinzufügen von Dummy-Domainnamen nur zu einem moderaten Rückgang der Genauigkeit.

Eine prinzipielle Schwäche des Verfahrens besteht darin, dass durch das Hinzufügen von zusätzlichen Domainnamen bereits im Datenverkehr vorhandenes charakteristisches Verhalten nicht kaschiert werden kann: Unabhängig davon wie viele Dummy-Domainnamen ein Nutzer hinzufügt, lassen sich seine Sitzungen u. U. dennoch miteinander verketten, wenn in diesen ein benutzerspezifischer Domainname (s. Abschnitt 6.3.4.5) vorkommt.

Angesichts der geringen Effektivität und des erheblichen Mehraufwands für den DNS-Client und den rekursiven Nameserver kommt das Range-Query-Verfahren daher nicht als effiziente Lösung zum Schutz vor Verkettung in Betracht. Im weiteren Verlauf des Kapitels werden daher weitere Mechanismen vorgeschlagen und untersucht.

7.2 Verkürzung der Sitzungsdauer

Bei den in Abschnitt 6.3 durchgeführten Experimenten zur Evaluation des verhaltens-basierten Verkettungsverfahrens wurde stets eine Sitzungsdauer von Δ = 24 Stunden verwendet. Dieser Wert wurde durch die tägliche Verbindungstrennung bei DSL-Internet-zugängen in vielen Privathaushalten motiviert (vgl. Abschnitt 6.1.2.2).

Fragestellung Im Folgenden wird untersucht, inwiefern die bei der Verkettung erreichbare Genauigkeit von der Sitzungsdauer abhängt bzw. ob Nutzer die Verkettung erschweren können, indem sie ihre IP-Adresse häufiger wechseln.

Dieser Abschnitt ist wie folgt aufgebaut: Zunächst wird in Abschnitt 7.2.1 die Untersuchungsmethodik erläutert. Im Anschluss daran werden die Ergebnisse präsentiert (s. Abschnitt 7.2.2). In Abschnitt 7.2.3 wird aufgezeigt, dass die Ergebnisse auch für kanalbasierte Anonymitätssysteme von Bedeutung sind. Die Betrachtungen schließen mit einem Fazit in Abschnitt 7.2.4.

7.2.1 Methodik

Da im vorliegenden Datensatz die Pseudonyme der Nutzer über den gesamten Betrachtungszeitraum konstant bleiben, können beliebige Sitzungsdauern simuliert werden. Dazu wird das Realfall-Experiment aus Abschnitt 6.3.4.3 mit verschiedenen Sitzungsdauern wiederholt. Wie in den vorherigen Experimenten wird unterstellt, dass der Adresswechsel synchron bei allen Nutzern gleichzeitig erfolgt. Im Folgenden werden exemplarisch die Ergebnisse der Experimente mit dem MNB-P-Verfahren (TFIDFN-1+2, 2M-Datensatz) wiedergegeben.

Mit kleiner werdenden Werten von Δ steigt die Anzahl der zu durchlaufenden Evaluationsschritte erheblich an: Während bei Δ = 24 h 60 Evaluationsschritte erforderlich sind, wären es bei Δ = 5 min insgesamt 17 280 Schritte. Um den Zeitaufwand zu begrenzen, erfolgt die Evaluation für kleine Δ-Werte daher mit dem 2T-Datensatz (s. Abschnitt 6.3.1.3).

7.2.2 Ergebnisse

In Abbildung 7.3 ist der Verlauf der Genauigkeit für Δ-Werte bis hinab zu einer Minute ersichtlich. Ausgehend vom Basiswert 85,9 % (Δ = 24 h) fällt die Genauigkeit auf 65,5 % bei Δ = 3 h und auf 55,3 % bei Δ = 1 h. Bei Δ = 1 h beträgt die Genauigkeit beim 2T-Datensatz 52,7 %, weicht also geringfügig von dem o. g. Wert für den 2M-Datensatz ab. Bei einer kürzeren Sitzungsdauer fällt die Genauigkeit weiter: bei Δ = 30 min wird noch G = 43,7 % erreicht; bei Δ = 5 min ergibt sich ein Wert von G = 31,4 % und bei Δ = 2 min wird das Minimum erreicht (G = 29,4 %).

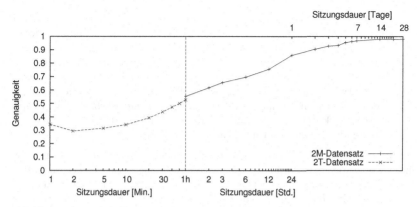

Abbildung 7.3: Einfluss der Sitzungsdauer Δ auf die Genauigkeit

Bemerkenswert ist, dass die Genauigkeit bei einem noch kleineren Δ-Wert wieder ansteigt: Bei $\Delta = 1$ min beträgt sie wieder $G = 34,3\,\%$. Dieses Phänomen lässt sich durch drei Effekte erklären:

1. Zum einen steigt bei so kurzen Sitzungsdauern die Wahrscheinlichkeit, dass sich zusammengehörige Aktivitäten eines Nutzers über den Epochenwechsel hinweg erstrecken. Durch längere Aufenthalte auf einer Webseite bzw. durch die Nutzung von Anwendungen kommt es zu **wiederholten Anfragen für die dieselben Domainnamen**. Durch die von populären Seiten bzw. Webdiensten eingesetzten DNS-basierten CDN-Lösungen (vgl. Abschnitt 2.8.1) haben einige Domainnamen sehr kurze TTLs, z. B. lediglich 60 Sekunden. Daher erreichen wiederkehrende Anfragen für dieselben Domainnamen den rekursiven Nameserver, solange die entsprechenden Seiten im Browser geöffnet sind bzw. die Anwendungen im Hintergrund laufen. Im vorliegenden Datensatz lassen sich durch manuelle Auswertung zahlreiche Beispiele für dieses Verhalten finden, etwa die browserbasierte Chat-Funktion von Facebook oder der Online-Telefonie-Anbieter *spikko.com*.

2. Ein weiterer Grund für die steigende Genauigkeit ist die Tatsache, dass bei sinkendem Δ auch die Anzahl der aktiven Nutzer in einer Epoche, deren Sitzungen einander zugeordnet werden müssen, sinkt. Von den Nutzern, die innerhalb eines Tages aktiv sind, senden vergleichsweise wenige Nutzer *innerhalb einer ganz bestimmten Minute* DNS-Anfragen. Dadurch sinkt der Schwierigkeitsgrad des Verkettungsproblems und die Genauigkeit der Verkettung steigt, wie bereits in Abschnitt 6.3.3.5 bei der Untersuchung des Einflusses der Nutzerzahl gezeigt wurde.

3. Bei der Interpretation der Genauigkeitswerte ist zu bedenken, dass es bei kürzer werdenden Sitzungen immer seltener vorkommt, dass ein Nutzer sowohl in der ersten als auch in der zweiten betrachteten Epoche aktiv ist. Dieser Umstand lässt sich durch eine Analyse der Entscheidungen des MNB-Klassifikators erkennen: Mit

sinkendem Δ steigt der Wert des Verhältnisses $|C_2| / (|C_1| + |C_2|)$, d. h. der Anteil der korrekten Entscheidungen wird zunehmend durch die Fälle bestimmt, in denen das Verkettungsverfahren korrekt vorhersagt, dass ein bestimmter Nutzer in der Testepoche nicht mehr aktiv ist (C_2). Während bei Δ = 24 h ein Verhältnis von 19 % vorliegt, ergibt sich bei Δ = 1 min ein Verhältnis von 78 %. Bei sehr kurzen Sitzungsdauern sagen die Genauigkeitswerte also nicht mehr aus, welcher Anteil der Sitzungen korrekt miteinander verkettet wurde (C_1), sondern vielmehr, bei welchem Anteil der Verkettungsentscheidungen der Klassifikator korrekt vorhersagt, dass der Nutzer in der darauffolgenden Epoche nicht aktiv war (C_2).

Der Zusammenhang zwischen der Sitzungsdauer und der Genauigkeit besteht auch bei längeren Sitzungsdauern. Wie im rechten Teil von Abbildung 7.3 zu erkennen ist, führt eine Verlängerung der Sitzungsdauer über Δ = 24 h hinaus zu einer weiteren Steigerung der Genauigkeit. Die Verkettung gelingt demnach besser, wenn die Nutzer ihre IP-Adressen seltener wechseln. Bei Sitzungen, die sich über zwei Tage erstrecken, erreicht das Verkettungsverfahren bereits G = 90,5 %, und bei 7-tägigen Sitzungen G = 96,8 %. Wenn die IP-Adressen erst nach vier Wochen (28 Tagen) gewechselt werden, kann das Verfahren 98,1 % der Sitzungen korrekt verketten.

7.2.3 Bedeutung der Ergebnisse für kanalbasierte Anonymitätsdienste

Die Ergebnisse für verschiedene Sitzungsdauern sind für die Konzipierung und Evaluation von kanalbasierten Anonymitätsdiensten von Bedeutung. Dies betrifft neben generischen Anonymitätsdiensten auch den in Kapitel 5 entwickelten DNSMIX-Dienst.

Das Ergebnis für die Sitzungsdauer Δ = 10 min (G = 34,1 %) ist für den **Tor-Anonymitätsdienst** [DMS04] relevant. In der ursprünglichen Implementierung der Tor-Software ist eine Kanal-Haltedauer von 10 Minuten vorgesehen. Innerhalb dieser Zeitspanne wird, falls keine weiteren Kanäle parallel aufgebaut worden sind, der gesamte Datenverkehr eines Nutzers über denselben Exit-Node zu den Zielservern weitergeleitet. Nach Ablauf der Kanal-Haltedauer wird ein Kanal geschlossen. Bisher wird davon ausgegangen, dass Datenverkehr, der im Zeitverlauf über verschiedene Kanäle geleitet wird, für einen Exit-Node unverkettbar ist.

Das im Experiment erzielte Ergebnis für Δ = 10 min deutet darauf hin, dass die verhaltensbasierte Verkettung das durch Tor erreichbare Schutzniveau senken kann. Baut ein Tor-Client zu einem späteren Zeitpunkt erneut einen Kanal zum selben Exit-Node (oder zu einem Exit-Node, der sich in einer Gruppe miteinander kollaborierender Exit-Nodes befindet) auf, kann der Datenverkehr, der über diesen Kanal gesendet wird, u. U. durch Anwendung des verhaltensbasierten Verkettungsverfahrens mit den Anfragen, die in einem früheren Kanal gesendet wurden, verkettet werden. Untersuchungen zur Durchführbarkeit der Verkettung in diesem Szenario und zur Quantifizierung des Anonymitätsverlusts bleiben zukünftigen Arbeiten vorbehalten.

Beim **DNSMIX-Dienst** und beim **generischen Anonymitätsdienst AN.ON** [BFK00] stellen die Tracking-Möglichkeiten durch die verhaltensbasierte Verkettung eine größere Bedrohung dar als bei Tor: Bei diesen Diensten kommen statische Mix-Kaskaden zum Einsatz, d. h. es wird im Zeitverlauf immer derselbe letzte Mix verwendet. Bei diesen Diensten muss die Kanalhaltedauer daher besonders kurz ausgelegt werden, um zu verhindern, dass der Beobachter anhand der Anfragen, die über einen Kanal gesendet werden, ein ausreichend charakteristisches Profil erstellen kann.

Zusätzlich sollte die Client-Software auf dem Endgerät eines Nutzers darauf achten, dass fortlaufende Aktivitäten, etwa der Abruf mehrerer Unterseiten während der Navigation auf derselben Internetseite, nicht den Kanalwechsel überbrücken und dadurch eine Verkettung der aufeinanderfolgenden Kanäle ermöglichen. Eine vielversprechende Gestaltungsmöglichkeit, welche dieses Problem adressiert und die in zukünftigen Arbeiten untersucht werden könnte, besteht in der Verwendung **unverkettbarer paralleler Kanäle**, bei denen die fortlaufenden verkettbaren Aktivitäten über einen bereits bestehenden Kanal abgewickelt werden und der neu aufgebaute Kanal nur für neue Aktivitäten verwendet wird. Dies setzt allerdings voraus, dass die Client-Software in der Lage ist, die Verkettbarkeit der einzelnen Aktivitäten zu bewerten.

7.2.4 Fazit

Wie die Ergebnisse belegen, hängt der Erfolg des Beobachters bei der Verkettung von Sitzungen in erheblichem Maße davon ab, über welchen Zeitraum ein Nutzer seine Anfragen unter demselben Pseudonym stellt. Die Reduktion der Sitzungsdauer stellt somit einen effektiven Mechanismus zum Schutz vor Verkettung dar.

Ein häufiger Wechsel der IP-Adresse ist derzeit allerdings nicht komfortabel möglich. Die gängigen DSL-Router halten die Internetverbindung möglichst lange aufrecht. Zum Wechsel der IP-Adresse müssten die Nutzer die Konfigurationsoberfläche des Routers aufrufen und manuell die Verbindung zum Internetzugangsanbieter neu aufbauen, was mit Wartezeiten verbunden ist. Ein weiteres Problem besteht darin, dass die Unterbrechung der Verbindung nicht bei allen Anbietern zuverlässig zur Zuweisung einer neuen IP-Adresse führt.

Insgesamt ist somit festzustellen, dass die Reduktion der Sitzungsdauer zwar eine geeignete Maßnahme zur Verhinderung der Verkettung von Sitzungen darstellt; zur Umsetzung sind die Nutzer allerdings auf die Unterstützung der Gerätehersteller und der Internetzugangsanbieter angewiesen.

Bei der in Zukunft anstehenden Einführung von IPv6 würde sich Internetzugangsanbietern und Geräteherstellern die Chance bieten, durch geeignete Angebote bzw. entsprechend ausgelegte DSL-Router das allgemein verfügbare Datenschutzniveau anzuheben. Der große Adressraum würde es erlauben, jedem Nutzer eine große Menge an IPv6-Adressen zur Verfügung zu stellen, die als kurzlebige Transaktionspseudonyme fungieren könnten. Dabei ist jedoch zu beachten, dass es nicht ausreicht, (etwa mit den sog. IPv6-Privacy-

Extensions [NDK07]) nur den sog. Interface-Identifier einer IPv6-Adresse zu variieren, da alle Aktivitäten, bei denen dasselbe Adresspräfix verwendet wird, miteinander verkettet werden können. Unverkettbarkeit wird nur erreicht, wenn sowohl das Adresspräfix als auch der Interface-Identifier gewechselt werden. Auf die grundsätzlichen Gestaltungsoptionen und die dabei zu erwartenden Herausforderungen wird in [HAF12] hingewiesen.

7.3 Längere Zwischenspeicherung der DNS-Antworten

Wenn alle DNS-Anfragen eines Nutzers für den rekursiven Nameserver *unbeobachtbar* sind, kann er ihre Sitzungen nicht verketten. Vollständige Unbeobachtbarkeit aller Anfragen ist allerdings nur mit hohem Aufwand realisierbar, etwa durch die Verwendung einer Mix-Kaskade in Verbindung mit Dummy-Traffic [PH10, S. 20]. Zumindest für **wiederkehrende Anfragen**, also zeitlich aufeinanderfolgende Anfragen für denselben Domainnamen, könnte ein Nutzer das Schutzziel Unbeobachtbarkeit mit wesentlich geringerem Aufwand erreichen.

Dabei wird auf die bereits vorhandenen Caching-Mechanismen im DNS zurückgegriffen (vgl. Abschnitt 2.7). Clients prüfen bei wiederkehrenden Anfragen grundsätzlich zunächst den Cache ihres Stub-Resolvers und greifen auf die dort vorliegenden RRs zurück, falls die TTL noch nicht abgelaufen ist. Der rekursive Nameserver erfährt also schon im Regelbetrieb nur einen Teil der tatsächlichen Anfragen eines Clients. Wiederkehrende Anfragen vor dem Ablauf der TTL sind für ihn unbeobachtbar, d. h. er kann nicht erkennen, ob der Client zwischen zwei beobachtbaren Anfragen für denselben Domainnamen weitere Anfragen für diesen Domainnamen gestellt hat.

Früher waren TTL-Werte von 24 Stunden oder noch länger üblich [Jun+02]. Bei so hohen TTL-Werten sieht ein Beobachter auf dem rekursiven Nameserver in 24-stündigen Nutzersitzungen lediglich eine einzige Anfrage für jeden Domainnamen (falls der Stub-Resolver den Domainnamen so lange im Cache aufbewahrt). Der Beobachter kann dann zwar erkennen, mit welchen Hosts ein Nutzer interagiert hat, jedoch nicht, wie viele Interaktionen stattgefunden haben. Mit der zunehmenden Verbreitung von DNS-basierten CDNs werden bei vielen Domainnamen inzwischen allerdings TTLs im Bereich von wenigen Minuten eingesetzt (s. Abschnitt 2.8.1). Bei diesen Domainnamen kann ein Beobachter auf dem rekursiven Nameserver das tatsächliche Anfrageverhalten wesentlich genauer nachvollziehen. Selbst wenn mehrere Nutzer mit exakt denselben Domainnamen interagieren, kann dem Beobachter eine korrekte Verkettung anhand der unterschiedlichen Anfragehäufigkeiten gelingen.

Eine vielversprechende Selbstdatenschutzmaßnahme, die der Client in Eigenregie zur Erschwerung der Verkettung ergreifen könnte, besteht darin, die vom rekursiven Nameserver erhaltenen Antworten länger als vorgesehen **im Zwischenspeicher seines Stub-Resolvers** aufzubewahren. Dazu wird ein angepasster Stub-Resolver benötigt, der Antworten nicht mehr unmittelbar nach Ablauf der TTL aus dem Cache entfernt. Durch die längere Zwischenspeicherung kann einerseits eine möglicherweise charakteristische Nutzungshäufigkeit vor dem rekursiven Nameserver verborgen werden. Andererseits besteht aus Sicht des Nutzers die Hoffnung, dass die Sitzungsverkettung anhand der verbleibenden beobachtbaren Anfragen nicht mehr zuverlässig gelingt.

Fragestellung   In diesem Abschnitt wird untersucht, wie die längere Zwischenspeicherung der DNS-Antworten gestaltet werden kann und inwiefern sie sich zur Unterbindung der verhaltensbasierten Verkettung eignet. Zunächst wird in Abschnitt 7.3.1 untersucht, welchen Beitrag die Anfragehäufigkeiten bei der Verkettung liefern. In Abschnitt 7.3.2 werden drei Caching-Strategien zur Realisierung der längeren Zwischenspeicherung konzipiert. Die Effektivität der Strategien wird schließlich in Abschnitt 7.3.3 evaluiert. Abschließend wird in Abschnitt 7.3.4 diskutiert, wie der durch die längere Zwischenspeicherung resultierende Verlust der Konsistenz zu bewerten ist.

7.3.1 Evaluation des Einflusses der Anfragehäufigkeiten

Die Ergebnisse der bisherigen Experimente deuten darauf hin, dass die Anfragehäufigkeiten bei der Verkettung von Sitzungen von Bedeutung sind. Schließlich schneiden das 1NN-JACCARD-Verfahren und die NPY-Verfahren, welche beim Vergleich der Profile keine Anfragehäufigkeiten berücksichtigen, im Vergleich zu den anderen Verfahren im Realfall-Szenario deutlich schlechter ab: Die besten Konfigurationen von 1NN-JACCARD (RAW-2) und NPY-SUPPORT ($n_{patterns}$ = 5) erzielen hier Werte von G = 66,3 % bzw. G = 53,6 %, während die 1NN-COSIM- und MNB-Verfahren mit der TFIDFN-1+2-Konfiguration eine Genauigkeit von 74,7 % erreichen (s. Tabelle 6.15 bzw. Tabelle 6.16). Ob die Anfragehäufigkeiten für die Erreichung einer hohen Genauigkeit essenziell sind, lässt sich allerdings anhand dieses Vergleichs nicht zweifelsfrei ermitteln.

Fragestellung   In diesem Abschnitt wird untersucht, inwiefern die 1NN-COSIM bzw. MNB-Verfahren zur Erreichung einer hohen Genauigkeit auf die Auftretenshäufigkeiten der Attribute angewiesen sind bzw. in wie vielen Fällen die Auftretenshäufigkeiten zur Unterscheidung von Nutzern ausschlaggebend sind.

Vorgehensweise   Zur Untersuchung dieser Fragestellung wird auf Basis des 2M-Datensatzes ein synthetischer Datensatz erzeugt, indem die Häufigkeitswerte bei allen Attributen in jeder Instanz auf den Wert „1" gesetzt werden, allerdings erst, nachdem auf Basis der tatsächlichen Anfragen N-Gramme erzeugt wurden. Die dadurch entstehenden Instanzen enthalten dann dieselben Informationen, die das 1NN-JACCARD-Verfahren zur Klassifizierung heranzieht. Im Unterschied zum 1NN-JACCARD-Verfahren wird vor der Anwendung der 1NN-COSIM-P- und MNB-P-Verfahren die TFIDFN-Transformation auf die synthetischen Häufigkeitsvektoren angewendet, um vergleichbare Bedingungen herzustellen.

Ergebnisse   Das MNB-P-Verfahren (TFIDFN-1+2, 2M-Datensatz) erzielt im synthetischen Experiment eine Genauigkeit von 83,0 %. Dieser Wert liegt nur geringfügig unterhalb des Basiswerts (85,9 %). Beim 1NN-COSIM-P-Verfahren beträgt die Genauigkeit im
synthetischen Experiment ebenfalls 83,0 % (Basiswert: 85,8 %).

Dieses Ergebnis verdeutlicht, dass der Beobachter die Anfragehäufigkeiten nicht kennen
muss, um eine hohe Verkettungsgenauigkeit zu erreichen. Das schlechte Abschneiden
des 1NN-JACCARD-Verfahrens ist also nicht ausschließlich darauf zurückzuführen, dass
dieses Klassifikationsverfahren die Anfragehäufigkeiten vernachlässigt.

Bei der Interpretation des Ergebnisses ist allerdings zu beachten, dass im synthetischen
Datensatz in den Instanzen noch wesentlich mehr Informationen enthalten sind als der
rekursive Nameserver zur Kenntnis nehmen könnte, wenn ein Nutzer die längere Zwischenspeicherung implementiert: Da durch die Zwischenspeicherung wiederkehrende
Anfragen unbeobachtbar werden, kann der Beobachter auch die Bigramme, die bei wiederkehrenden Anfragen entstehen, nicht beobachten. Da die synthetischen Instanzen
jedoch auf Basis des vollständigen Datensatzes erzeugt wurden, enthalten sie diese Bigramme. Daher ist davon auszugehen, dass die im synthetischen Experiment erhaltenen
Genauigkeitswerte die tatsächliche Genauigkeit, die der Beobachter erreichen kann, wenn
jeder Domainname in jeder Nutzersitzung nur ein einziges Mal angefragt wird, überschätzen. Diese Hypothese wird später anhand der Ergebnisse für Caching-Strategie CS1 in
Abschnitt 7.3.3 überprüft.

7.3.2 Untersuchte Caching-Strategien

Für die Implementierung der längeren Zwischenspeicherung werden drei Caching-Strategien in Betracht gezogen, deren Ausgestaltung u. a. durch die Betrachtungen in [Li+12]
inspiriert ist. Die Wirkungsweise der Strategien wird in Abbildung 7.4 illustriert. Sie sind
wie folgt zu charakterisieren:

Strategie CS1   Die Clients bewahren alle erhaltenen Antworten bis zum Ende der Sitzung
im Cache auf. Dies hat zur Folge, dass der rekursive Nameserver nur noch die
jeweils ersten Anfragen für alle innerhalb der Sitzung angefragten Domainnamen
beobachten kann.

Strategie CS2   Die Clients bewahren alle erhaltenen Antworten für eine festgelegte Caching-Zeitdauer TTL_{const} auf. Wird ein TTL-Wert gewählt, welcher der Sitzungsdauer entspricht, ergibt sich eine ähnliche Situation wie bei CS1, d. h. die beobachtbaren
Anfragehäufigkeiten für alle Domainnamen nehmen den Wert „1" an. Ein Unterschied besteht jedoch in dem Fall, dass alle Anfragen für einen Domainnamen sich
über einen Epochenwechsel hinweg erstrecken, jedoch ausgehend von der ersten
Anfrage innerhalb der TTL_{const} auftreten. Bei CS2 sind dann alle Anfragen in der Sitzung nach dem Epochenwechsel unbeobachtbar, während bei CS1 in beiden Epochen
jeweils eine Anfrage zu beobachten ist.

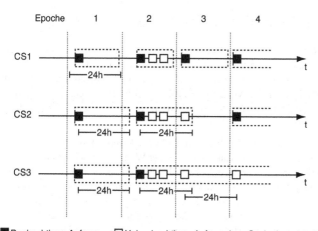

Abbildung 7.4: Wirkungsweise der Caching-Strategien CS1 bis CS3

Strategie CS3 Die Clients bewahren alle erhaltenen Antworten für eine festgelegte Caching-Zeitdauer TTL_{const} auf. Im Unterschied zu CS1 wird die TTL bei einem Eintrag jedoch wieder auf den Ausgangswert TTL_{const} zurückgesetzt, wenn eine Anfrage für diesen Eintrag aus dem Cache beantwortet wird. Das hat zur Folge, dass alle Anfragen, die in einem kleineren Abstand als TTL_{const} ausgeführt werden, für den rekursiven Nameserver unbeobachtbar sind und der Eintrag im Cache nur noch bei entsprechend langen Nutzungspausen aktualisiert werden muss, was zu einer beobachtbaren Anfrage führt.

Die Anwendung der Caching-Strategien erfolgt im **CACHING-Schritt** in der Evaluationsumgebung (s. Abbildung 6.11). In diesem Schritt werden alle Anfragen aus den Log-Dateien entfernt, die der rekursive Nameserver bei der Verwendung der jeweiligen Caching-Strategie nicht beobachtet hätte, da sie vom Client direkt anhand der Daten in seinem Cache aufgelöst worden wären.

Bei der Evaluation wird angenommen, dass jeder Client über einen Cache mit unbegrenzter Kapazität verfügt, in dem Schlüssel-Wert-Paare abgelegt werden: Beim Schlüssel handelt es sich um das (Domainname, Anfragetyp)-Tupel. Als Wert wird der Ablaufzeitpunkt dieses Tupels hinterlegt. Anfragen für denselben Domainnamen, die sich jedoch im Anfragetyp (z. B. Typ A oder Typ MX) unterscheiden, werden also unabhängig voneinander behandelt.

Der simulierte Cache wird mit einer *Patricia-Trie-Datenstruktur* (abgek. von engl. „Practical Algorithm To Retrieve Information Coded in Alphanumeric", [Mor68]) realisiert. Diese Datenstruktur erlaubt eine arbeitsspeichersparende Speicherung der Schlüssel, da sie übereinstimmende String-Präfixe nicht mehrfach im Speicher ablegt.

7.3.3 Evaluation der Caching-Strategien

Zur Untersuchung der Wirksamkeit der längeren Aufbewahrungsdauer von Einträgen im Cache wird das Realfall-Experiment aus Abschnitt 6.3.4.3 mit den verschiedenen Caching-Strategien wiederholt. Im Folgenden werden die Ergebnisse zusammengefasst, die dabei mit dem 1NN-COSIM-P-Verfahren (TFIDFN-1+2, 2M-Datensatz, Basiswert: 85,8 %) erzielt werden. Die mit dem MNB-P erzielten Ergebnisse weichen nur geringfügig davon ab.

Bei **Strategie CS1**, bei der die Einträge bis zum Ende der jeweils aktuellen Epoche im Cache verbleiben, sinkt die Genauigkeit auf 73,8 %. Dieser Wert ist deutlich geringer als die 83,0 %, die im synthetischen Experiment erzielt wurden. Die im synthetischen Experiment enthaltenen Bigramme haben also einen erheblichen Einfluss auf die Genauigkeit. Durch das Caching erreichen nur noch 123 440 670 (28,6 %) der insgesamt 431 210 371 Anfragen den rekursiven Nameserver. Da bei CS1 in jeder Sitzung zumindest *eine* Anfrage für jeden Domainnamen beobachtbar bleibt, ist die Schnittmenge der angefragten Domainnamen in zwei unmittelbar aufeinanderfolgenden 24-stündigen Sitzungen nicht leer, wenn in den Sitzungen Anfragen für dieselben Domainnamen enthalten sind. Daher ist der Großteil der Sitzungen weiterhin verkettbar.

Anders verhält es sich bei **Strategie CS2**. Hier ist die gewählte Caching-Zeitdauer TTL_{const} für die erreichbare Genauigkeit ausschlaggebend: Bei einer Caching-Zeitdauer von 24 h für alle Einträge beträgt die Genauigkeit noch 46,4 %. In diesem Fall erreichen noch 108 780 269 Anfragen (25,2 %) den rekursiven Nameserver. Bei einer Caching-Zeitdauer von 24 Stunden sind Anfragen für denselben Domainnamen in zwei unmittelbar aufeinanderfolgenden 24-stündigen Sitzungen nur noch dann für den Beobachter erkennbar, wenn die erste und die letzte Anfrage für den Domainnamen mehr als 24 Stunden auseinander liegen. Dieser Fall tritt etwa ein, wenn die erste Anfrage für den Namen in der ersten Sitzung am frühen Morgen, die letzte Anfrage in der zweiten Sitzung hingegen abends gestellt wird. Falls der Nutzer hingegen lediglich am Abend der ersten Sitzung und am Morgen der zweiten Sitzung aktiv ist, ist die Schnittmenge der angefragten Domainnamen leer und eine Verkettung anhand der angefragten Domainnamen nicht mehr möglich. Der Anteil der verkettbaren Sitzungen ist bei Strategie CS2 dementsprechend geringer als bei CS1.

Auch bei **Strategie CS3** ist die gewählte Caching-Zeitdauer TTL_{const} entscheidend. Im Vergleich zur zweiten Strategie werden noch weniger Anfragen an den rekursiven Nameserver gesendet. Bei einer Caching-Zeitdauer von 24 h sind es noch 88 779 751 (20,6 %) aller Anfragen. Die Genauigkeit sinkt dadurch auf 21,5 %. Bei dieser Strategie kommt es häufiger als bei CS2 dazu, dass für einen in der ersten Sitzung angefragten Domainnamen keine wiederkehrenden Anfragen in der zweiten Sitzung beobachtbar sind, sodass es häufiger dazu kommt, dass die Schnittmenge der angefragten Domainnamen leer ist. Dementsprechend ist die erzielbare Genauigkeit bei Strategie CS3 im direkten Vergleich geringer als bei CS2.

Tabelle 7.1: Evaluation der Caching-Strategien CS2 und CS3 für verschiedene Zeitdauern TTL_{const} (in Minuten) mit dem 1NN-COSIM-P-Verfahren

CS2	1	10	30	60	360	720	1080	1440	2160	2880
G	0,856	0,850	0,842	0,831	0,778	0,725	0,666	0,464	0,159	0,128
Sichtbar	0,734	0,606	0,515	0,460	0,341	0,297	0,277	0,252	0,223	0,206

CS3	1	10	30	60	360	720	1080	1440	2160	2880
G	0,854	0,845	0,833	0,818	0,753	0,612	0,415	0,215	0,130	0,125
Sichtbar	0,726	0,572	0,480	0,424	0,317	0,268	0,236	0,206	0,181	0,168

In Tabelle 7.1 sind die erzielbaren Genauigkeitswerte sowie der Anteil der sichtbaren Anfragen für weitere Caching-Zeitdauern angegeben. Es ist zu erkennen, dass der Anteil der beobachtbaren Anfragen schon bei Caching-Zeitdauern ab 10 Minuten erheblich zurückgeht: Bei CS2 sind bei einer Caching-Zeitdauer von 30 Minuten nur noch 51,5 % der Anfragen sichtbar. Dieses Ergebnis deutet darauf hin, dass entweder ein Großteil der Anfragen Domainnamen betrifft, die sehr kleine TTL-Werte im Bereich von wenigen Minuten aufweisen, oder dass die DNS-Clients, deren Datenverkehr zur Erzeugung des 2M-Datensatzes aufgezeichnet wurde, Einträge schon vor Ablauf der TTL aus dem Cache entfernt haben.

Die erreichbare Genauigkeit sinkt mit steigender Caching-Zeitdauer zunächst nur geringfügig. Erst ab einer Zeitdauer von 12 Stunden (720 Minuten) sind erhebliche Rückgänge zu verzeichnen. Auf den ersten Blick erscheint es überraschend, dass auch bei einer Caching-Zeitdauer von 48 Stunden (2880 Minuten) noch Werte $G > 0$ erzielt werden. Die Schnittmenge der angefragten Domainnamen sollte bei der Verkettung unmittelbar aufeinanderfolgender 24-stündiger Sitzungen in diesem Fall stets leer sein. Wie in den nachfolgenden Hinweisen zur Interpretation erläutert, lassen sich die angegebenen Werte auf das verwendete Realfall-Beurteilungsschema zurückführen.

Hinweis zur Interpretation Wie schon bei der Evaluation kurzer Sitzungsdauern (s. S. 417) muss die Interpretation der Genauigkeitswerte bei den Strategien C2 und C3 mit Bedacht erfolgen.

Sind in der zweiten Sitzung überhaupt keine Anfragen mehr beobachtbar (weil der Client alle Anfragen in der zweiten Sitzung anhand der Cache-Einträge beantworten kann), entsteht für den Beobachter der Eindruck, dass der Nutzer in der zweiten Sitzung überhaupt nicht mehr aktiv ist. Falls der Klassifikator genau diese Vorhersage macht, wird sie gemäß des Realfall-Beurteilungsschemas (s. S. 366) als korrekte Entscheidung gewertet. Mit steigender Caching-Zeitdauer drücken die Genauigkeitswerte also immer weniger den Anteil der verkettbaren Sitzungen aus (C_1-Entscheidung), sondern zunehmend den Anteil der Verkettungsentscheidungen, bei denen der Klassifikator korrekt vorhergesagt hat, dass ein Nutzer in der zweiten Sitzung keine beobachtbaren Anfragen gestellt hat (C_2-Entscheidung).

7.3.4 Konsistenzverlust

Die Verlängerung der Aufbewahrungsdauer von Einträgen im Cache wird durch einen Konsistenzverlust erkauft. Nach einer Änderung eines Eintrags geht der Betreiber eines autoritativen Nameservers davon aus, dass die zuvor hinterlegten Informationen nach Ablauf der TTL von keinem Client mehr verwendet werden. Halten sich Clients nicht an die vorgegebene TTL, können Verbindungsfehler auftreten oder, etwa bei der Nutzung von DNS-Blocklisten (s. Abschnitt 2.9.2), Fehlentscheidungen getroffen werden.

Ein Stub-Resolver, welcher die übermittelte TTL ignoriert, verhält sich demnach nicht standardkonform. Da sich in der Praxis jedoch ohnehin nicht alle rekursiven Nameserver an die übermittelten TTL-Werte halten (s. Abschnitt 2.7.2), können sich die Betreiber von autoritativen Nameservern schon heute nicht darauf verlassen, dass alte Daten nach dem Ablauf der TTL verworfen und nicht mehr für den Verbindungsaufbau genutzt werden.

Bei den für das Web-Surfen relevanten A-Records ist davon auszugehen, dass eine längere Aufbewahrungsdauer in vielen Fällen zu keinen Inkonsistenzen führt. Dies lässt sich den Ergebnissen einer von Chen et al. im Jahr 2006 durchgeführten Studie mit 15 000 Domainnamen entnehmen. Anhand der empirisch erhobenen Daten folgerten die Autoren, dass bei Domainnamen mit einem TTL-Wert ab 24 Stunden im Mittel erst nach 500 Tagen mit einer Änderung der IP-Adresse zu rechnen sei [CWR06]; zum Zeitpunkt der Untersuchung war die Verbreitung von CDNs allerdings noch geringer als heute.

Im Folgenden wird das Ausmaß des Konsistenzverlusts bei den Caching-Strategien diskutiert. Bei Strategien CS1 und CS2 hängt die Zeitdauer möglicher Inkonsistenzen von der Sitzungsdauer und dem Auftreten der ersten Anfrage für einen Domainnamen innerhalb der Sitzung ab. Bei CS1 sind die Auswirkungen überschaubar; bei CS2 und CS3 kann der Nutzer den tolerierten Konsistenzverlust durch die Wahl des Parameters TTL_{const} beeinflussen.

Bei der Verwendung von CS3 kann allerdings die „eventually consistent"-Eigenschaft des DNS (s. Abschnitt 2.7) verloren gehen. Treten die wiederkehrenden Anfragen in entsprechend geringen Zeitabständen auf, die kleiner als TTL_{const} sind, werden die Anfragen bei CS3 stets aus dem Cache beantwortet. Der Client erfährt dadurch überhaupt nicht mehr von einer Änderung des Eintrags auf den autoritativen Nameservern – also auch nicht „eventually", wie beim normalen Caching-Verhalten im DNS. Eine pragmatische Lösung könnte darin bestehen, die auf dem Client betriebenen Anwendungen so anzupassen, dass sie den Stub-Resolver bei Bedarf dazu auffordern können, eine Aktualisierung des Cache-Eintrags durchzuführen. Dadurch würde der Client nur dann eine DNS-Anfrage an den rekursiven Nameserver übermitteln, wenn sich die aus dem Cache zurückgelieferte Antwort als ungültig erweist, etwa weil zu der zurückgelieferten IP-Adresse keine Verbindung hergestellt werden kann.

Während solche Anpassungen bei der Adressauflösung grundsätzlich vorstellbar sind, ist die zuverlässige Erkennung veralteter Informationen bei DNS-Anwendungen, die keine IP-Adressen im DNS ablegen, etwa SenderID (s. Abschnitt 2.9.3.1) oder DANE (s. Abschnitt 2.9.6), nicht zuverlässig möglich. Die konsequente Implementierung von CS3 kann sich in der Praxis daher als problematisch erweisen. Hier besteht weiterer Untersuchungsbedarf.

7.3.5 Fazit

In diesem Abschnitt wurde die längere Zwischenspeicherung von DNS-Antworten im Cache des DNS-Clients zum Schutz vor Tracking untersucht. Die Ergebnisse deuten darauf hin, dass es sich dabei um eine effektive Selbstdatenschutz-Maßnahme handelt. Zwei der drei untersuchten Caching-Strategien reduzieren die erreichbare Genauigkeit in erheblichem Maße, wenn eine Caching-Zeitdauer von mindestens 12 Stunden verwendet wird.

Im Unterschied zur Verkürzung der Sitzungsdauer oder der Verwendung des DNSMIX-Anonymitätsdienstes sind die Nutzer bei der Verwendung dieser Technik *nicht* auf die Unterstützung durch andere Komponenten oder Anbieter angewiesen. Zur Umsetzung ist lediglich eine entsprechend angepasste Implementierung eines rekursiven Nameservers erforderlich, welche auf den Endgeräten der Nutzer installiert wird. Umsetzung und Evaluation bleiben zukünftigen Arbeiten vorbehalten.

7.4 Erweiterungsmöglichkeiten und offene Fragen

In diesem Kapitel wurden ausgewählte Techniken betrachtet, mit denen sich Nutzer gegen die verhaltensbasierte Verkettung ihrer Sitzungen wehren können. Im Folgenden werden übergreifende Fragestellungen präsentiert, deren Untersuchung in zukünftigen Arbeiten vielversprechend erscheint.

Verbessertes Range-Query-Verfahren Bei dem in Abschnitt 7.1 untersuchten Range-Query-Verfahren nach Zhao et al. werden die Dummy-Anfragen zufällig aus einer Dummy-Datenbank gezogen. In zukünftigen Arbeiten könnte untersucht werden, ob sich durch andere Dummy-Auswahlstrategien ein besserer Schutz gegen Verkettung erreichen lässt. Dabei sollten Erkenntnisse aus dem Bereich der Verschleierung von Anfragen an Web-Suchmaschinen miteinbezogen werden (vgl. u. a. [PS10; BTD12]).

Implementierung der verkürzten Sitzungsdauer Da die Genauigkeit der verhaltensbasierten Verkettung durch die Verkürzung der Sitzungsdauer erheblich abnimmt, bietet sich eine Implementierung dieser Maßnahme an. So könnte etwa die Firmware eines Routers (z. B. OpenWRT, DD-WRT oder Freetz)[2] so angepasst werden, dass sie in kurzen Abständen eine Verbindungstrennung durchführt. In Feldtests könnte dann überprüft werden, ob Internetzugangsanbieter dieses Verhalten tolerieren, bei welchen Anbietern der Router zuverlässig nach der Verbindungstrennung eine neue IP-Adresse erhält und wie lange die Unterbrechung der Verbindung andauert.

Untersuchungen der Auswirkungen für kanalbasierte Anonymitätsdienste Wie in Abschnitt 7.2.3 erläutert ist die Erkenntnis, dass die Klassifikationsverfahren auch bei vergleichsweise kurzen Sitzungsdauern noch einen Teil der Sitzungen korrekt miteinander verketten können, für die Entwickler von kanalbasierten Anonymitätsdiensten von Bedeutung. Die bisherige Annahme, wonach die Aktivitäten eines Nutzers nach einem Kanalwechsel nicht mit den Aktivitäten vor dem Kanalwechsel verkettbar seien, kann angesichts der vorliegenden Ergebnisse nicht uneingeschränkt aufrechterhalten werden.

Unverkettbarkeit kann bei kanalbasierten Diensten nur durch häufige Kanalwechsel und ggf. zusätzlich durch die Verteilung der Aktivitäten auf mehrere unabhängige Kanäle erreicht werden. Falls der in Kapitel 5 konzipierte Anonymitätsdienst DNSMIX zukünftig in der Praxis eingesetzt werden sollte, sollte die Implementierungen daher häufige Kanalwechsel durchführen, parallel mehrere Kanäle aufbauen und die Anfragen so darüber verteilen, dass der Beobachter anhand der Anfragen in den einzelnen Kanälen keine charakteristischen Verhaltensprofile bilden kann. Hierzu sind weitere Untersuchungen erforderlich.

Implementierung der längeren Zwischenspeicherung Auch diese Maßnahme ist dazu geeignet, die Effektivität der verhaltensbasierten Verkettung zu reduzieren. Hier bietet sich eine Implementierung als Client-Software an, die auf dem Endgerät eines Nutzers installiert werden kann. In weiteren Untersuchungen könnten dann Erfahrungen mit der längeren Zwischenspeicherung in der Praxis gesammelt werden, um zu ermitteln, wie häufig es dadurch zu Verbindungsproblemen aufgrund von veralteten Daten im Cache kommt.

Bezug zur Wiedererkennung von Nutzern anhand der Browser-History Eine mit der verhaltensbasierten Verkettung verwandte Problemstellung ist die Wiedererkennung von Nutzern anhand der Browser-History, auf die bereits in Abschnitt 6.1.3.1 hingewiesen wurde. Olejnik und Castelluccia haben demonstriert, dass sich Nutzer anhand des Inhalts der Browser-History wiedererkennen lassen [OCJ12; OC13]. Die Wiedererkennung soll bei

---

[2]Homepages: *https://openwrt.org*, *http://www.dd-wrt.com* und *http://freetz.org*

Online-Diensten als zusätzlicher Authentifizierungsfaktor dienen – der Anwendungsfall, für den auch Yang ihr Nutzer-Wiedererkennungsverfahren vorgeschlagen hat [Yan10].

Der wesentliche Unterschied zur verhaltensbasierten Verkettung von Sitzungen besteht darin, dass die URLs aller Webseiten, die in früheren Sitzungen besucht wurden, über mehrere Sitzungen hinweg in der Browser-History verbleiben. Dadurch gestaltet sich die Wiedererkennung von Nutzern in diesem Fall einfacher als bei der in der Dissertation betrachteten verhaltensbasierten Verkettung von Sitzungen, da dabei jeweils nur diejenigen Domainnamen herangezogen werden können, die in der jeweiligen Sitzung angefragt wurden.

Die Ergebnisse für lange Sitzungsdauern – bei einer Sitzungsdauer von 28 Tagen wurde im Experiment eine Genauigkeit von 98,1 % erreicht (s. Abschnitt 7.2.2) – deuten darauf hin, dass die Klassifikationsverfahren, die sich zur Verkettung von Sitzungen bewährt haben, auch zur Nutzerwiedererkennung anhand der Browser-History eignen und dort vermutlich hohe Wiedererkennungsgenauigkeiten erzielen können.

Ein weiterer Unterschied besteht darin, dass beim Auslesen der URLs aus der Browser-History üblicherweise keine Abrufhäufigkeiten zur Verfügung stehen. Wie die Ergebnisse der Untersuchungen der längeren Zwischenspeicherung (Caching-Strategie CS1) zeigen, sind die Klassifikationsverfahren zur Erreichung einer hohen Genauigkeit jedoch nicht auf die Abrufhäufigkeiten angewiesen. Schließlich wäre zu überprüfen, ob durch die Verwendung der vollständigen URLs, die sich aus der Browser-History ermitteln lassen, eine höhere Genauigkeit erreicht wird als bei der Beschränkung auf die Domainnamen, ob also die zusätzlichen Informationen die Individualität der Nutzerprofile erhöhen oder die Stationarität der Profile verringern (s. Abschnitt 6.2.1.1).

In zukünftigen Arbeiten könnten die Klassifikationsverfahren aus der Dissertation anhand der Datensätze evaluiert werden, die in [OCJ12; OC13] zur Wiedererkennung von Nutzern anhand der Browser-History verwendet wurden.

Bezüge zur Anonymisierung von Log-Dateien Eine mit dem Schutz vor Tracking verwandte Problemstellung, die jedoch anderen Rahmenbedingungen unterliegt, ist die Anonymisierung von Log-Dateien, die von einer Organisation erhoben und anschließend zu Forschungszwecken zur Verfügung gestellt werden. Häufig reicht eine einfache Pseudonymisierung nicht aus, um die Privatsphäre der Nutzer angemessen zu schützen (vgl. die Veröffentlichung der Suchanfragen durch AOL, die in der Folge zur Identifizierung einzelner Nutzer führte [BZ06]). Die Techniken zum Schutz vor Verkettung sind insbesondere für Log-Dateien von Bedeutung, die den Datenverkehr von Nutzern enthalten.

Ein wesentlicher Unterschied zwischen den zwei Problemstellungen besteht darin, dass die Anonymisierung von Log-Dateien „offline" durchgeführt werden kann, während bei den vorgestellten Techniken zum Schutz vor Tracking während der Benutzung („online") entschieden werden muss, wie mit den gerade gestellten Anfragen zu verfahren ist. Bei der Anonymisierung von Log-Dateien liegt hingegen das Nutzerverhalten aus einem längeren Zeitraum vor; im Vergleich zu den Online-Verfahren können die Offline-Verfahren die Log-Dateien gründlicher analysieren, zusätzliches Kontextwissen heranziehen und leistungsfähigere Techniken einsetzen.

Die Ergebnisse, die in diesem Kapitel bei Untersuchung der Range-Query-Verfahren und der Variation der Sitzungsdauer erzielt wurden, sind u. U. auf die Anonymisierung von Log-Dateien übertragbar. In zukünftigen Arbeiten könnte die Anwendung dieser Verfahren anhand von konkreten Log-Dateien erprobt werden. Darüber hinaus könnte untersucht werden, ob sich Techniken, die ursprünglich zur Anonymisierung von Log-Dateien entworfen wurden, auch zum Schutz vor Verkettung bzw. allgemein zum Schutz vor Tracking eignen.

7.5 Fazit

In diesem Kapitel wurden **Techniken zum Schutz vor Tracking (Forschungsfrage 4, Beitrag B4)** untersucht. Der Fokus lag dabei auf der Reduktion der erreichbaren Genauigkeit des in Kapitel 6 konzipierten Verfahrens zur verhaltensbasierten Verkettung von Sitzungen. Es wurden drei Techniken in Betracht gezogen: die Anwendung des Range-Query-Verfahrens aus Abschnitt 5.2.3.1, die Verkürzung der Sitzungsdauer und die längere Zwischenspeicherung der DNS-Antworten im Cache des Stub-Resolvers. Alle Techniken wurden anhand des in Abschnitt 6.3.1 erhobenen Datensatzes evaluiert, indem die Auswirkungen bei der Anwendung der Techniken anhand der aufgezeichneten DNS-Anfragen simuliert wurden.

Durch die Anwendung des **Range-Query-Verfahrens** kann grundsätzlich eine erhebliche Reduktion der erreichbaren Genauigkeitswerte erreicht werden: Die stärksten Auswirkungen waren in den Experimenten mit dynamischen Dummys bei einer Dummy-Pool-Größe (Größe der simulierten Dummy-Datenbank) von 15 000 populären Domainnamen zu erkennen. Bereits bei acht Dummy-Anfragen je beabsichtigter Anfrage wird im 2T-Datensatz (Basiswert der Genauigkeit: 69,6 %) nur noch eine Genauigkeit von 9,7 % erreicht, wenn das 1NN-COSIM-Klassifikationsverfahren in der TFN-1-Konfiguration verwendet wird. Allerdings kann der Beobachter durch die zusätzliche Anwendung der IDF-Transformation die Wirksamkeit des Range-Query-Verfahrens empfindlich beeinträchtigen: Die Genauigkeit erreicht dann mit 68,5 % nahezu den Basiswert. Das von Zhao et al. vorgeschlagene Range-Query-Verfahren ist also in seiner ursprünglichen Form nicht dazu geeignet, die verhaltensbasierte Verkettung zu unterbinden. Der Beobachter kann zusätzlich das in Abschnitt 5.3.1.4 konzipierte Website-Fingerprinting-Verfahren anwenden, um trotz der Verschleierung die abgerufenen Webseiten zu identifizieren.

Wesentlich effektiver ist hingegen die **Verkürzung der Sitzungsdauer**. Die Experimente haben gezeigt, dass es dem verhaltensbasierten Verkettungsverfahren bei kurzen Sitzungen in den meisten Fällen nicht gelingt, ein ausreichend charakteristisches Nutzungsprofil zu extrahieren. Wechseln die Nutzer alle zwei Minuten ihre IP-Adressen, werden nur noch 29,4 % der Sitzungen korrekt zugeordnet (s. Abschnitt 7.2.2). Diese Maßnahme weist zwar eine vergleichsweise hohe Effektivität auf; in der Praxis gestaltet sich ihre Umsetzung allerdings mangels Unterstützung durch die Router bzw. durch die Internetzugangsanbieter problematisch.

Anhand der Ergebnisse für längere Sitzungsdauern wird deutlich, dass die Tracking-Möglichkeiten des rekursiven Nameservers erheblich zunehmen, wenn die Nutzer ihre IP-Adressen nur selten, etwa einmal pro Woche oder nur einmal pro Monat ändern: Bei siebentägigen Sitzungen erreicht die Genauigkeit bereits einen Wert von knapp 97 %.

Auch die dritte betrachtete Technik, die **längere Zwischenspeicherung** der DNS-Antworten im Cache des Stub-Resolvers, hat sich als effektive Maßnahme zur Erschwerung der Verkettung erwiesen. Die Verwendung einer konstanten Aufbewahrungsdauer, mit der sich der Client über die von den autoritativen Nameservern vorgegebene TTL hinwegsetzt, kann zu einer erheblichen Reduktion der Genauigkeit führen. So führt die Verwendung von Caching-Strategie CS2 mit einer konstanten Aufbewahrungsdauer von 24 Stunden im 2M-Datensatz in etwa zu einer Halbierung der erreichbaren Genauigkeit; es wird dann nur noch ein Wert von 46,4 % erreicht (s. Tabelle 7.1 auf S. 425).

Wenn lediglich ein Schutz vor *Tracking* angestrebt wird, erscheint die Technik der längeren Zwischenspeicherung der DNS-Antworten im Cache derzeit am vielversprechendsten: Zum einen senkt sie den Anteil der beobachtbaren Anfragen und (im Gegensatz zum Range-Query-Verfahren) die erzielbare Genauigkeit des verhaltensbasierten Verkettungsverfahrens erheblich; zum anderen ist der Nutzer beim Einsatz dieser Technik nicht auf die Unterstützung durch Internetzugangsanbieter, Dienstbetreiber oder Hersteller angewiesen. Es handelt sich daher um eine *unilaterale* Selbstdatenschutztechnik (vgl. [FP97]).

Die *Verkürzung der Sitzungsdauer* kann der Nutzer selbst veranlassen – was zunächst dafür spricht, dass es sich dabei um eine unilaterale Technik handelt. Da der Nutzer jedoch darauf angewiesen ist, dass der verwendete Internetzugangsanbieter seinen Kunden bei jedem Verbindungsaufbau auch wirklich eine neue IP-Adresse zuweist, handelt es sich dabei um eine *bilaterale* Selbstdatenschutztechnik. Darüber hinaus müssen Hersteller von Internetroutern in ihren Geräten eine entsprechende Funktion zum automatischen, in kurzen Zeitabständen erfolgenden Adresswechsel zur Verfügung stellen.

Der in Abschnitt 5.4 vorgestellte *DNSMIX-Dienst*, der vor Tracking *und* Monitoring schützt, ist hingegen eine *multilaterale* Selbstdatenschutztechnik: Zum einen werden mehrere Betreiber vorausgesetzt, die die Mixe und die Push-Komponente bereitstellen, zum anderen basiert die Sicherheit des Dienstes darauf, dass er von mehreren Nutzern verwendet wird, die eine Anonymitätsgruppe bilden.

Das nächste Kapitel fasst die Forschungsbeiträge der Dissertation zusammen.

8 Schlussfolgerungen

Das DNS ist ein dezentraler Namensdienst, der im Internet von zentraler Bedeutung ist. Der erste Teil dieser Aussage trifft heute nur noch unter Vorbehalt zu: Sowohl bei den autoritativen Nameservern als auch bei den rekursiven Nameservern gibt es seit einigen Jahren eine Tendenz zur Zentralisierung. Content-Delivery-Netze wie Akamai und öffentliche rekursive Nameserver von kommerziellen Anbietern wie Google, Symantec und OpenDNS wickeln schon heute einen erheblichen Teil des DNS-Datenverkehrs ab (s. etwa [CAR13]). Da diese rekursiven Nameserver üblicherweise kostenlos angeboten werden, stellen sich einige Nutzer (s. [Ack12]) zu Recht die Frage, welchen Nutzen die Anbieter davon haben – schließlich gilt: „When something online is free, you're not the customer, you're the product." [Zit12].

Ausgehend von dieser Entwicklung widmete sich die Dissertation daher der Fragestellung, inwiefern durch die Beobachtungsmöglichkeiten im DNS die Privatsphäre der Internetteilnehmer beeinträchtigt wird und wie wirksame Techniken zum Selbstdatenschutz zu gestalten sind. Um belastbare Erkenntnisse zu gewinnen, die auf die Praxis übertragbar sind, wurden quantitative Methoden verwendet und mehrere Datenschutztechniken implementiert. In zahlreichen Experimenten wurden dabei zum einen *Monitoring-Möglichkeiten* identifiziert, die sich unmittelbar aus der Beobachtung der DNS-Anfragen innerhalb einer Internetsitzung ergeben; zum anderen konnte aufgezeigt werden, dass die Betreiber von rekursiven Nameservern auch über die Möglichkeit des *Trackings* verfügen, die Internetaktivitäten also über Sitzungsgrenzen hinweg nachvollziehen können.

Dieses Kapitel ist wie folgt aufgebaut: In Abschnitt 8.1 werden zunächst die wichtigsten Erkenntnisse der Dissertation präsentiert und die sich daraus ergebenden Schlussfolgerungen gezogen. In Abschnitt 8.2 werden die Ergebnisse der Forschungsbeiträge zusammengefasst und Bezüge zu anderen Arbeiten hergestellt. Abschließend werden in Abschnitt 8.3 Handlungsempfehlungen für die betroffenen Akteure ausgesprochen. Die Dissertation endet mit einer Rückblende und einem Ausblick in Abschnitt 8.4.

8.1 Erkenntnisse und Schlussfolgerungen

Die im Rahmen der Forschungsfragen erarbeiteten Einzelergebnisse wurden bereits in den Abschnitten 2.10, 3.8, 4.5, 5.6, 6.6 und 7.5 zusammengefasst. Im Folgenden werden die wichtigsten Erkenntnisse im Gesamtzusammenhang präsentiert. Details folgen in Abschnitt 8.2.

Die wichtigste Erkenntnis, die sich aus den Ergebnissen dieser Dissertation ziehen lässt, ist die **Möglichkeit eines verhaltensbasierten Trackings**: Die Aktivitäten vieler Internetteilnehmer lassen sich ausschließlich durch die Analyse der innerhalb einer Sitzung angefragten Domainnamen über längere Zeiträume nachverfolgen (s. Kapitel 6). Offenbar ist das Verhalten vieler Nutzer so individuell, dass es sich vom Verhalten der übrigen Nutzer unterscheiden lässt; darüber hinaus weist das Verhalten vieler Nutzer eine stark ausgeprägte Stationarität auf, d. h. die Nutzer lösen in mehreren ihrer Sitzungen immer wieder dieselben Domainnamen auf. Obwohl dem Betreiber eines rekursiven Nameservers abgesehen von der IP-Adresse keine geeigneten Identifizierungsmerkmale zur Verfügung stehen, kann er durch Anwendung der vorgestellten Klassifikationsverfahren die Internetaktivitäten einzelner Nutzer über längere Zeiträume verfolgen (Beitrag B2).

Die Möglichkeit des verhaltensbasierten Trackings erscheint insbesondere im Lichte der zweiten wesentlichen Erkenntnis problematisch: Der Betreiber eines rekursiven Nameservers kann die Internetaktivitäten von Nutzern weitaus genauer nachvollziehen als erwartet. Anhand des DNS-Datenverkehrs lassen sich nicht nur die Domainnamen der von einem Teilnehmer abgerufenen Webseiten in Erfahrung bringen, sondern bei einigen Webpräsenzen sogar **die genaue Adresse (URL) der abgerufenen Webseite**. Diese Erkenntnis erwächst aus den Untersuchungsergebnissen in Abschnitt 4.2.4, die darauf hindeuten, dass sich beim Abruf vieler Webseiten ein charakteristisches DNS-Abrufmuster ergibt (Beitrag B1.1). Wie die durchgeführten Untersuchungen zeigen, lässt sich mit dem entwickelten Website-Fingerprinting-Verfahren zum Beispiel überprüfen, ob ein bestimmter Wikipedia-Eintrag abgerufen wurde bzw. welche News-Meldungen auf einem Nachrichtenportal aufgerufen wurden.

Angesichts dessen ist es nicht überraschend, dass das **Range-Query-Verfahren** von Zhao et al., bei dem die tatsächlichen DNS-Anfragen durch zusätzliche Anfragen für zufällige Dummy-Domainnamen verschleiert werden sollen, beim Abruf von Webseiten einen wesentlich geringeren Schutz vor Monitoring und Tracking bietet als bisher angenommen (Beitrag B3.1, s. Abschnitte 5.3 und 7.1). Diese Erkenntnis ist zu bedauern, da das Verfahren eine *unilaterale* Technik (s. Abschnitt 7.5) zum Selbstdatenschutz darstellt, also keine Anpassungen an der existierenden Infrastruktur erfordert und auch nicht auf die Unterstützung von Dienstbetreibern oder anderen Nutzern angewiesen ist. Von den übrigen betrachteten Techniken zum Schutz vor Tracking (Beitrag B4) kann lediglich die *verlängerte Zwischenspeicherung* von DNS-Antworten im Cache des Stub-Resolvers unilateral eingesetzt werden (s. Abschnitt 7.3); die *Verkürzung der Sitzungsdauer* (s. Abschnitt 7.2) muss durch den Internetzugangsanbieter unterstützt werden.

In Einsatzumgebungen mit hohem Schutzbedarf reichen die angesprochenen Techniken zum Schutz vor Tracking nicht aus, da die DNS-Anfragen eines Teilnehmers **sensible Informationen über die Betriebsumgebung** preisgeben können, welche die Vorbereitung gezielter Angriffe erleichtern (s. Abschnitt 4.1.3). Diese Erkenntnis erwächst aus den Ergebnissen in Abschnitt 4.3, die darauf hindeuten, dass Betriebssysteme, Web-Browser und Desktop-Anwendungen sowohl anhand von potentiell identifizierenden Domainnamen als auch anhand ihres charakteristischen Verhaltens bei der Namensauflösung identifiziert werden können (Beitrag B1.2). Um diese Form des Informationsabflusses zu verhindern, müssen Techniken zum Schutz vor *Monitoring* eingesetzt werden.

Hierfür kommt der **DNSMIX-Anonymitätsdienst** (Beitrag B3.2, s. Abschnitt 5.4) in Frage, bei dem es sich um eine multilaterale Technik zum Selbstdatenschutz handelt. Dass die speziell auf DNS-Nachrichten zugeschnittene Mix-Kaskade niedrige Antwortzeiten erreicht, ist dabei nicht sonderlich überraschend; bemerkenswert ist hingegen die Erkenntnis, dass die unaufgeforderte Verteilung einer kleinen Menge von häufig angeforderten Resource-Records (hier: IP-Adressen) an die angeschlossenen Teilnehmer dazu führt, dass ein Großteil der Anfragen verzögerungsfrei und völlig unbeobachtbar aufgelöst werden kann. Dabei wird ausgenutzt, dass das Anfrageverhalten einem Potenzgesetz unterliegt und dass sich die meisten Resource-Records nur sehr selten ändern. Der für die Verteilung erforderliche Datenverkehr ist im Vergleich zu den heute verfügbaren Bandbreiten vernachlässigbar.

Aus den Erkenntnissen sind folgende Schlussfolgerungen zu ziehen:

- Durch die Möglichkeit der Ausnutzung impliziter Verhaltensmerkmale existieren im DNS und insbesondere auf den rekursiven Nameservern **weitreichende Beobachtungsmöglichkeiten**, welche nicht nur die Privatsphäre der Nutzer beeinträchtigen, sondern auch die Sicherheit von IT-Systemen gefährden können.

- **Täglich wechselnde dynamische IP-Adressen**, die bislang als wichtiges Datenschutzmerkmal eines Internetzugangs angesehen werden [HD06a; Sch11a], können eine langfristige Beobachtung nicht immer verhindern. Beobachter sind nicht unbedingt auf explizite Merkmale wie HTTP-Cookies oder implizite Merkmale wie Browser- oder Device-Fingerprints angewiesen (s. Abschnitt 6.1.3), um Nutzer wiederzuerkennen. Angesichts der Genauigkeit des Verkettungsverfahrens sind die im Internet erreichbare Privatheit und die Wirksamkeit von Techniken zum Datenschutz neu zu bewerten.

- Im Hinblick auf die erreichbare Performanz kann es sich bei einigen Anwendungen lohnen, anstelle eines der existierenden generischen Anonymitätsdienste einen angepassten Dienst zu konzipieren, der auf die **Protokolleigenschaften und das Nutzungsverhalten zugeschnitten** ist.

- Bei der Gestaltung von **Range-Query-Verfahren** und vergleichbaren Verfahren, welche Verschleierungstechniken einsetzen, sollte die Charakteristik des Nutzerverhaltens bei der Evaluation der Sicherheit berücksichtigt werden. Rein analytische Betrachtungen mit Modellen, die lediglich isolierte Anfragen betrachten, schätzen die Sicherheit unter Umständen falsch ein.

Die Dissertation leistet einen Beitrag zur Bestimmung der Beobachtungsmöglichkeiten, die sich aus der Auswertung von Verkehrsdaten im Internet ergeben. Dabei ist zu berücksichtigen, dass Website-Fingerprinting, Software-Identifizierung und verhaltensbasierte Verkettung den Charakter einer **Dual-Use-Technologie** haben [For10]: Einerseits bedrohen die daraus resultierenden Beobachtungsmöglichkeiten die Privatsphäre und Sicherheit von Internetnutzern, andererseits können die Verfahren in forensischen Untersuchungen eingesetzt werden, um Straftaten oder Sicherheitsvorfälle aufzuklären. Die

Untersuchung der vorgestellten Verfahren trägt also nicht nur zu einem besseren Verständnis der Privatheit im Internet bei, sondern zeigt auch neue Möglichkeiten auf, digitale Spuren auszuwerten.

8.2 Einordnung und Anwendbarkeit der Forschungsbeiträge

Im Rahmen dieser Dissertation sind sechs Forschungsbeiträge entstanden. Die folgende Aufstellung fasst die wesentlichen Ergebnisse zusammen, identifiziert Bezüge zu existierenden Veröffentlichungen und gibt Hinweise auf weitere Anwendungsmöglichkeiten. Auf eine Wiederholung der offenen Fragen und Erweiterungsmöglichkeiten, die am Ende der angegebenen Kapitel bereits diskutiert wurden, wird an dieser Stelle verzichtet; in Abschnitt 8.4 werden beitragsübergreifende Fragestellungen formuliert.

Beitrag B1.1: Website-Fingerprinting (Kapitel 4)

Es wurde ein DNS-basiertes Website-Fingerprinting-Verfahren entwickelt, mit dem ein Beobachter anhand der DNS-Anfagen eines Nutzers darauf schließen kann, welche Webseiten dieser abruft bzw. ob eine bestimmte Webseite abgerufen wurde oder nicht. Unter Laborbedingungen waren bis zu 99,9 % von 100 000 populären Webseiten bzw. bis zu 98,9 % der 5000 populärsten Wikipedia-Artikel (URLs) eindeutig erkennbar (s. Abschnitte 4.2.4.3 und 4.2.4.4). Im Vergleich zu verwandten Arbeiten, welche auf die HTTP-Header oder die URLs zurückgreifen [Mah97; Xie+13], liegen dem Beobachter im DNS wesentlich weniger Informationen vor. Das entwickelte Verfahren überträgt den klassischen Ansatz existierender Website-Fingerprinting-Verfahren, welche charakteristische Muster aus verschlüsseltem Datenverkehr extrahieren (s. etwa [Sun+02; Xia+13]), auf das DNS: Es nutzt aus, dass beim Download einer Webseite ein charakteristisches DNS-Abrufmuster entsteht, welches die Domainnamen aller kontaktierten Webserver enthält. Weiterhin generalisiert das DNS-basierte Website-Fingerprinting-Verfahren die Arbeiten von [KM10; KM11], die darauf aufmerksam machen, dass durch sog. DNS-Prefetching-Anfragen u. U. die in eine Web-Suchmaschine eingegebenen Suchbegriffe ermittelt werden können.

Beitrag B1.2: Software-Identifizierung (Kapitel 4)

Weiterhin wurde gezeigt, dass es einem Beobachter gelingen kann, anhand der DNS-Anfragen Rückschlüsse auf die von einem Nutzer eingesetzte Software zu ziehen. Diese Möglichkeit wurde in bisherigen Untersuchungen vernachlässigt bzw. als nicht praktikabel eingestuft [SK13; CF13]. Unter Laborbedingungen konnten im Versuch jedoch die meisten gängigen Desktop-Betriebssysteme, Web-Browser und Desktop-Anwendungen eindeutig bestimmt werden. Im Gegensatz zu existierenden Verfahren, welche zur Identifikation mit einem System interagieren müssen [Lyo08; Mow+11; Mul+13a], erfolgt die Identifizierung rein passiv. Bislang gab es lediglich Hinweise darauf, dass sich *Smartphone*-Anwendungen anhand des bei der Benutzung erzeugten HTTP-Datenverkehrs erkennen lassen [Dai+13]. Wie die durchgeführten Versuche zeigen, gelingt die Identifizierung auch auf Desktop-Rechnern, und es reichen dazu bereits die im Hintergrund aufgelösten Domainnamen aus, die etwa zur automatischen Software-Aktualisierung angefragt werden (s. Abschnitt 4.3). Was bislang so nicht bekannt war, ist die Erkenntnis, dass eine Identifizierung von Betriebssystemen und Web-Browsern auch ausschließlich anhand von *impliziten Merkmale*n, etwa dem Verhalten des Stub-Resolvers bei der Fehlerbehandlung, gelingen kann (s. Abschnitt 4.3.5). Das DNS-basierte Verfahren ergänzt somit das Spektrum der existierenden Möglichkeiten, welche zur Identifizierung die TCP-Datenströme heranziehen [Lip+03; Bev04; Yen+09].

B2: Verhaltensbasierte Verkettung (Kapitel 6)

Drittens wurde ein Verfahren entwickelt, mit dem ein Beobachter mehrere Internetsitzungen eines Nutzers durch automatisierte Analyse charakteristischer Verhaltensmuster in vielen Fällen selbst dann verketten kann, wenn er keine expliziten Merkmale (z. B. Cookies) oder Device-Fingerprints (z. B. den Taktversatz der Echtzeituhr [KBC05]) zur Verkettung heranziehen kann. Das Verfahren greift auf gängige Klassifikationsverfahren aus dem Bereich des überwachten Lernens, u. a. einen 1-Nearest-Neighbor- und einen Naïve-Bayes-Klassifikator, zurück. Unter realistischen Bedingungen konnten in Experimenten mit einem Datensatz, in dem die DNS-Anfragen von 12 015 Nutzern enthalten sind, bis zu 75,9 % der Internetsitzungen korrekt miteinander verkettet werden (s. Abschnitt 6.4.3.3). Im Vergleich zu existierenden Verfahren, die eine Wiedererkennung von Nutzern anhand von NetFlow-Logs oder ihrer Browser-History anstreben [KM09; Yan10; OC13], weist die Verkettung einzelner Sitzungen einen höheren Schwierigkeitsgrad auf: Dem Beobachter stehen dabei lediglich die Anfragen aus einem kurzen (im o. g. Experiment 24 Stunden langen) Zeitraum zur Verfügung. Dennoch übertrifft das vorgeschlagene Verfahren die Genauigkeit der existierenden Ansätze erheblich: Während in [Yan10] trotz der Verwendung von 200 Trainingssitzungen je Nutzer bei 100 aktiven Nutzern lediglich eine Erkennungsgenauigkeit von 62 % erreicht wird, erzielt das in der Dissertation entwickelte verhaltensbasierte Verkettungsverfahren bei 100 aktiven Nutzern bereits bei *einer* Trainingssitzung je Nutzer eine Genauigkeit von mehr als 89 % (s. Tabelle 6.14). Wie die Untersuchungen zeigen, weist das Internetverhalten der meisten Nutzer eine hohe Individualität und Stationarität (s. Abschnitt 6.2.1.1) auf. Das verhaltensbasierte Verkettungsverfahren ist nicht auf den Einsatz im DNS beschränkt. Grundsätzlich kann es von jedem Dienstanbieter eingesetzt werden, der das Ziel verfolgt, die Aktivitäten von Internetnutzern über längere Zeiträume zu verfolgen.

B3.1: Range-Query-Verfahren (Kapitel 5)

In existierenden Arbeiten wurden zum Schutz vor Beobachtung Range-Query-Verfahren vorgeschlagen, die vorsehen, dass ein Nutzer seine beabsichtigten DNS-Anfragen durch zufällige Dummy-Anfragen verschleiern soll (s. u. a. [ZHS07a; CPGA09; Bor13]). In der Dissertation wurde gezeigt, dass das Ein-Server-Range-Query-Verfahren aus [ZHS07a] einen wesentlich geringeren Schutz bietet als erwartet. Bisher wurde angenommen, dass ein Beobachter beim Übermitteln von $n - 1$ Dummy-Anfragen die beabsichtigte Anfrage nur mit einer Wahrscheinlichkeit von $\frac{1}{n}$ korrekt erraten kann. Wie die Untersuchungen zeigen, trifft diese Annahme nicht zu, wenn die Domainnamen in aufeinanderfolgenden Anfragen (teilweise) voneinander abhängen. Gerade beim Abruf von Webseiten ist dies der Fall. Durch Anwendung des Website-Fingerprinting-Verfahrens (s. Beitrag B1.1) war es möglich, den Abruf zahlreicher Webseiten trotz der übermittelten Dummy-Anfragen zu detektieren. Unter kontrollierten Bedingungen konnten selbst bei 99 Dummy-Domainnamen noch 80 % der über 92 000 betrachteten Webseiten eindeutig identifiziert werden (s. Abschnitt 5.3.4.5). Auch in anderen Anwendungsfällen, etwa zum datenschutzfreundlichen Zugriff auf Web-Suchmaschinen, hat sich die Verschleierung von Anfragen als problematisch erwiesen [BTD12].

B3.2: DNSMIX-Anonymitätsdienst (Kapitel 5)

Die Ergebnisse bisheriger Untersuchungen deuteten darauf hin, dass generische Anonymitätssysteme wie Tor [DMS04]und AN.ON [BFK00] aufgrund ihrer zu hohen Antwortzeiten zum Schutz von DNS-Anfragen nicht geeignet sind [Fab+10]. In der Dissertation wurde der DNSMIX-Anonymitätsdienst vorgestellt, der die DNS-Anfragen über eine Mix-Kaskade zu einem rekursiven Nameserver transportiert. In einem emulierten Netzwerk ergab sich unter realitätsnahen Bedingungen für die Antwortzeit ein Median von 0,17 s, wenn drei Mixe hintereinandergeschaltet wurden und 2082 Teilnehmer angemeldet waren, die im Mittel 107 Anfragen pro Sekunde stellten. Dieses Ergebnis stellt eine erhebliche Verbesserung im Vergleich zur Übermittlung der DNS-Anfragen über Tor dar (Median der Antwortzeit: 1,38 s [Fab+10]). Die eigentliche Besonderheit am DNSMIX-Dienst besteht jedoch in der Push-Komponente, welche unaufgefordert kontinuierlich die DNS-Antworten für häufig angefragte Domainnamen an alle angemeldeten Teilnehmer sendet. Da das Anfrageverhalten im DNS einem Potenzgesetz unterliegt [Jun+02; Bre+99; AH02; CAR13], konnten die Teilnehmer in den Experimenten bis zu 83,9 % der DNS-Anfragen verzögerungsfrei und unbeobachtbar auflösen, wenn lediglich die 10 000 populärsten Resource-Records von der Push-Komponente übermittelt wurden. Da sich der Großteil der Resource-Records nur sehr selten ändert, ist die dabei entstehende Datenrate (weniger als 0,8 KB/s) für die Teilnehmer vernachlässigbar. In der Kombination mit der Mix-Kaskade entsteht ein praxistauglicher Anonymitätsdienst, bei dem ein Großteil der DNS-Anfragen sogar schneller aufgelöst werden kann als bei der Verwendung eines rekursiven Nameservers.

B4: Schutz vor Tracking (Kapitel 7)

Es wurden drei Verfahren zum Schutz vor verhaltensbasierter Verkettung auf Basis von DNS-Anfragen betrachtet: Das Range-Query-Verfahren, das in Abschnitt 5.2.3.1 vorgestellt wurde, führte nur zu einem Rückgang der Genauigkeit um 1,1 Prozentpunkte (s. Abschnitt 7.1.3). Durch die Anwendung der IDF-Transformation konnte das Verfahren den störenden Einfluss der Dummy-Domainnamen weitgehend reduzieren. Als wesentlich effektiver erwies sich hingegen die Verkürzung der Sitzungsdauer. Die Experimente zeigten, dass die verhaltensbasierte Verkettung bei kurzen Sitzungen in den meisten Fällen nicht gelingt. Wechselten die Nutzer im Experiment alle zwei Minuten ihre IP-Adressen, wurden nur noch 29,4 % der 2-minütigen Sitzungen korrekt zugeordnet (s. Abschnitt 7.2.2). Die Zuweisung einer neuen IP-Adresse kann derzeit bei den meisten Internetzugangsanbietern allerdings nur durch Trennung der Breitbandverbindung erreicht werden. Auch die dritte betrachtete Technik, die längere Zwischenspeicherung der DNS-Antworten im Cache des Stub-Resolvers, hat sich als effektive Maßnahme zur Erschwerung der Verkettung erwiesen. Wurden alle DNS-Antworten unabhängig von der TTL für 24 Stunden im Cache des Stub-Resolvers aufbewahrt, halbierte sich die erreichbare Genauigkeit auf einen Wert von 46,4 % (s. Tabelle 7.1). Da dabei IP-Adressen verwendet werden, die eigentlich bereits abgelaufen sind, kann es zu Verbindungsfehlern kommen. Eine geeignete Client-Software könnte den betroffenen Cache-Eintrag in einem solchen Fall automatisch aktualisieren.

8.3 Handlungsempfehlungen

In diesem Abschnitt werden praxisnahe Handlungsempfehlungen ausgesprochen, die sich aus den Ergebnissen der Dissertation ableiten. Diese richten sich an Nutzer, die großen Wert auf den Schutz ihrer Privatsphäre legen, und an Software-Entwickler.

Empfehlungen für Nutzer zum Schutz vor Monitoring und Tracking

Nutzer, die sich vor **Monitoring** durch einen rekursiven Nameserver eines Drittanbieters schützen möchten, müssen bis zur Verfügbarkeit praxistauglicher Systeme auf die Nutzung eines solchen Dienstes verzichten. Falls ein Verzicht nicht in Frage kommt, sollte möglichst darauf geachtet werden, dass der verwendete rekursive Nameserver ohne Preisgabe der Identität nutzbar ist bzw. dass der Betreiber die Identität nicht anhand von anderen Diensten, bei denen sich der Nutzer identifiziert, ermitteln kann.

Die Funktionen zur *präemptiven Namensauflösung* sollten im Web-Browser deaktiviert werden, um zu erreichen, dass das beim Abruf einer Webseite entstehende Abrufmuster weniger einzigartig ist. Auch die Verwendung eines Werbe-Blockers kann den Anteil der identifizierbaren Seiten reduzieren.

Wird der verwendete rekursive Nameserver *im Betriebssystem eingetragen*, werden Anfragen für Domainnamen, die lediglich intern aufgelöst werden können, und Anfragen, die das lokale Domainsuffix tragen, unnötigerweise an den rekursiven Nameserver gesendet. Dadurch können sensible Informationen preisgegeben werden. Dies kann verhindert werden, indem der rekursive Nameserver im Internet-Router eingetragen wird.

Auf Endgeräten sollte *kein statisch konfiguriertes Domainsuffix* eingetragen werden, das Informationen über Endgeräte oder Gerätenamen preisgibt. Wird ein Internet-Router verwendet, der ein Domainsuffix verwendet, das Informationen preisgibt (vgl. Abschnitt 4.4), sollte das ggf. automatisch zugewiesene Domainsuffix auf den Endgeräten überschrieben werden.

Da einige Betriebssysteme *ihren eigenen Hostnamen auflösen*, sollte dieser keine Namensbestandteile enthalten und keine Informationen über Hersteller und Fabrikat preisgeben.

Es sollte ein Internet-Router verwendet werden, *dessen integrierter DNS-Forwarder über einen Cache verfügt*, der die TTL berücksichtigt, um zu vermeiden, dass wiederkehrende Anfragen an den rekursiven Nameserver übermittelt werden. Dadurch reduziert sich zum einen das Ausmaß der Beobachtbarkeit, zum anderen wird dadurch vermieden, dass das möglicherweise identifizierende Retransmission-Verhalten (s. Abschnitt 4.3.5) des Betriebssystems oder Web-Browsers preisgegeben wird.

Wird lediglich **Schutz vor der verhaltensbasierten Verkettung** angestrebt, sollte darauf geachtet werden, dass ein Internetzugangsanbieter genutzt wird, der *bei jedem Verbindungsaufbau eine neue dynamisch zugewiesene IP-Adresse* vergibt. Weiterhin sollte der Internet-Router so konfiguriert werden, dass er möglichst häufig die Verbindung trennt, um die Sitzungsdauer für den Beobachter zu verkürzen. Bei den meisten Geräten kann über die Konfigurationsoberfläche die Verbindung manuell getrennt und wiederhergestellt werden, um einen IP-Wechsel zu erzwingen. Router der Deutschen Telekom sollen zukünftig dazu mit einem sog. „Privacy-Button" ausgestattet werden [Kre11]. Für Geräte der Fritz!Box-Serie kursieren im Internet sog. „Reconnect-Skripte", mit denen die Verbindungstrennung angeblich automatisiert werden kann.

Bis zur Verfügbarkeit geeigneter Client-Programme kann die verlängerte Zwischenspeicherung der DNS-Antworten im Cache behelfsweise durch die Nutzung eines entsprechend konfigurierten rekursiven Nameservers implementiert werden (s. Abschnitt 2.7.3.1).

In **Betriebsumgebungen mit hohem Schutzbedarf** sollte im Vertrauensbereich ein eigener rekursiver Nameserver betrieben werden, der mittels Response Policy Zones [Vix13] die Namensauflösung für alle Domainnamen, die Informationen über die Betriebsumgebung preisgeben können, verweigert. Eine Alternative kann darin bestehen, im Intranet keine Namensauflösung für öffentliche Domains anzubieten und den Zugriff auf öffentliche Webseiten über einen HTTP-Proxy-Server zu leiten.

Empfehlungen für Software-Entwickler

Um zu vermeiden, dass Anwendungsprogramme bei der Namensauflösung charakteristische Verhaltensmuster preisgeben, sollten Software-Entwickler zur Namensauflösung auf existierende Bibliotheken zurückgreifen. Weiterhin sollten Anwendungsprogramme bei der Suche nach Software-Aktualisierungen auf DNS-Anfragen für Domainnamen, die den Hersteller identifizieren, verzichten.

Hersteller von Betriebssystemen und Web-Browsern sollten bei der Implementierung der Namensauflösung darauf achten, dass diese möglichst keine charakteristischen Verhaltensmuster aufweist. In Anlehnung an die „Privat surfen"-Funktion, die inzwischen in den meisten Web-Browsern enthalten ist, sollten Betriebssysteme eine Funktion enthalten, die sämtlichen ausgehenden Datenverkehr, der sensible Informationen über die Betriebsumgebung preisgeben kann, unterbindet.

8.4 Rückblende und Ausblick

Das Domain Name System wurde vor etwas mehr als 30 Jahren konzipiert und ist bis heute in fast unveränderter Form in Betrieb. Durch die konsequente Umsetzung der Gestaltungsprinzipien „Verteilung" und „Delegation von Autorität" ist es den Erfindern gelungen, ein System zu entwerfen, das mit dem schnellen Wachstum des Internets Schritt halten konnte. Die Design-Entscheidung, die Dezentralität fest im System zu verankern, hat allerdings auch eine Kehrseite: Nachträgliche Anpassungen lassen sich nicht mehr ohne weiteres umsetzen, wie der langwierige Standardisierungs- und Einführungsprozess von DNSSEC zeigt, der mit RFC 2535 vor genau 15 Jahren begonnen hat – und im Jahr 2014 immer noch nicht abgeschlossen ist.

Angesichts der Tatsache, dass der erste Internet-Draft, der erwähnt, dass auch der Schutz der Privatsphäre eine an das DNS zu stellende Sicherheitsanforderung sein könnte, auf das Jahr 2013 datiert, ist zumindest an dieser Front auf absehbare Zeit keine Besserung zu erwarten. Ob und ggf. wie Architektur und Protokoll angepasst werden können, um die Privatsphäre von Internetnutzern besser zu schützen, ist eine interessante Fragestellung, über die in Zukunft nachzudenken sein wird.

Bei der Implementierung von Sicherheitsmechanismen ist der Trend zur Zentralisierung der rekursiven Nameserver ambivalent zu sehen: Integriert ein großer Betreiber eine Sicherheitsfunktion, profitieren davon unmittelbar zahlreiche Nutzer. Andererseits ergeben sich durch die Konzentration erhebliche Auswertungsmöglichkeiten, die Begehrlichkeiten wecken können. Ob sich ein kommerzieller Nameserver-Anbieter finden wird, der dazu bereit ist eine für ihn unbeobachtbare Namensauflösung anzubieten, bleibt abzuwarten. Dies hängt sicherlich auch von der Verfügbarkeit skalierbarer und performanter Techniken zur Realisierung des datenschutzfreundlichen Zugriffs ab. Hier besteht noch Forschungsbedarf.

Wesentlich wahrscheinlicher ist es hingegen, dass die verhaltensbasierte Verkettung in der Praxis zum Einsatz kommen wird. Durch die in den letzten Jahren geführte „Cookie-Debatte" ist Internetnutzern inzwischen bewusst, dass ihre Aktivitäten zu kommerziellen Zwecken ausgewertet werden. Da es die Browser-Hersteller ihren Nutzern zunehmend erleichtern, das Tracking durch Cookies zu unterbinden, sieht sich die Online-Marketing-Industrie nach neuen Verkettungsmöglichkeiten („Supercookies" [Aye+11]) um. Inzwischen werden bereits Browser- und Device-Fingerprints zur Wiedererkennung von Endgeräten herangezogen [Aca+13; Nik+13b]. Die Einbeziehung charakteristischer Verhaltensmerkmale des Nutzerverhaltens erscheint angesichts des technologischen Wettrüstens zwischen der Online-Marketing-Industrie und den Browser-Herstellern absehbar.

Vor diesem Hintergrund ist die Entwicklung und Evaluation von benutzerfreundlichen Techniken zum Selbstdatenschutz von zentraler Bedeutung. Die anstehende Einführung von IPv6 könnte dabei eine entscheidende Rolle spielen, da sich dabei eine Gelegenheit ergibt, das allgemeine Datenschutzniveau für Privatkunden zu erhöhen (s. Abschnitt 7.2.4). Erste Gespräche mit den Datenschutzbeauftragten der Länder verliefen vielversprechend und resultierten in der konkret ausgesprochenen Empfehlung, dass Internetzugangsanbieter ihren Kunden zu jedem Zeitpunkt mehrere nicht zusammenhängende Präfixe zuteilen sollten.[1]

---

[1]Orientierungshilfe Datenschutz bei IPv6: Hinweise für Hersteller und Provider im Privatkundengeschäft [Arb12]

Literaturverzeichnis

Die RFCs sind unter http://www.rfc-editor.org/rfc/rfcXXXX.txt verfügbar, wobei *XXXX* durch die jeweilige Nummer des RFCs (ohne führende Nullen) zu ersetzen ist. Die Seitenzahlen in Klammern geben die Stellen an, an denen auf eine Quelle verwiesen wird.

[AA04]   D. Atkins and R. Austein. *Threat Analysis of the Domain Name System (DNS)*. RFC 3833. RFC Editor, Aug. 2004 (pages 107, 108, 116–118, 122, 123).

[AAH13]   S. Aryan, H. Aryan, and J. A. Halderman. "Internet Censorship in Iran: A First Look". In: *3rd USENIX Workshop on Free and Open Communications on the Internet (FOCI 2013), Washington, D.C., August 13, 2013, Proceedings*. USENIX Association, 2013 (page 60).

[AB09]   A. Anderson and R. Benedetti. *Head First Networking*. Sebastopol, CA: O'Reilly, 2009 (page 11).

[Abg+12] E. Abgrall et al. "XSS-FP: Browser Fingerprinting using HTML Parser Quirks". In: *CoRR* abs/1211.4812 (2012). URL: http://arxiv.org/abs/1211.4812 (pages 188, 193).

[AC02]   B. Aboba and S. Cheshire. *Dynamic Host Configuration Protocol (DHCP) Domain Search Option*. RFC 3397. RFC Editor, Nov. 2002 (page 208).

[Aca+13] G. Acar et al. "FPDetective: Dusting the web for Fingerprinters". In: *20th ACM Conference on Computer and Communications Security (CCS 2013). Proceedings*. ACM, 2013 (pages 172, 305, 441).

[Ack12]   E. Ackermann. *A Closer Look at Google Public DNS*. 2012. URL: http://www.forbes.com/sites/eliseackerman/2012/02/25/a-closer-look-at-google-public-dns/ (visited on 02/21/2014) (page 433).

[ADF06]   B. Ager, H. Dreger, and A. Feldmann. "Predicting the DNSSEC overhead using DNS traces". In: *40th Annual Conference on Information Sciences and Systems, Princeton, New Jersey, USA, March 22-24, 2006. Proceedings*. IEEE, Mar. 2006, pp. 1484–1489 (pages 32, 33, 270).

[Age+10] B. Ager et al. "Comparing DNS Resolvers in the Wild". In: *10th ACM SIGCOMM Conference on Internet Measurement 2010, Melbourne, Australia, November 1-3, 2010. Proceedings*. Ed. by M. Allman. ACM, 2010, pp. 15–21 (pages 65, 71, 172).

[AH02]   L. Adamic and B. Huberman. "Zipf's Law and the Internet". In: *Glottometrics* 3.1 (2002), pp. 143–150 (pages 265, 318, 438).

[Ait11]   R. Aitchison. *ProDNS and BIND 10*. Berkeley, CA, USA: Apress, 2011 (pages 11, 14, 18–28, 31, 34–37, 39, 44, 79, 118, 119, 121, 122, 126, 127, 279).

[Ale+10] N. Alexiou et al. "Formal Analysis of the Kaminsky DNS Cache-Poisoning Attack Using Probabilistic Model Checking". In: *12th IEEE High Assurance Systems Engineering Symposium, HASE 2010, San Jose, CA, USA, November 3-4, 2010. Proceedings*. IEEE Computer Society, 2010, pp. 94–103 (page 120).

[All12]   L. Allen. *Advanced Penetration Testing for Highly-Secured Environments*. Packt Publishing, 2012 (page 126).

[All+07]   E. Allman et al. *DomainKeys Identified Mail (DKIM) Signatures*. RFC 4871. RFC Editor, May 2007 (page 84).

[All+09]   E. Allman et al. *DomainKeys Identified Mail (DKIM) Author Domain Signing Practices (ADSP)*. RFC 5617. RFC Editor, Aug. 2009 (page 85).

[Alm08]   C. Almond. *CVE-2008-1447: DNS Cache Poisoning Issue (Kaminsky bug)*. Internet Systems Consortium. July 2008. URL: https://kb.isc.org/article/AA-00924/ (visited on 02/21/2014) (page 120).

[Alp04]   E. Alpaydin. *Introduction to Machine Learning*. Adaptive computation and machine learning. Cambridge (Mass.): MIT Press, 2004 (page 352).

[AM01]   G. Ateniese and S. Mangard. "A New Approach to DNS Security (DNSSEC)". In: *8th ACM conference on Computer and Communications Security. Proceedings*. CCS '01. New York, NY, USA: ACM, 2001, pp. 86–95 (page 35).

[And13]   N. Anderson. *How a banner ad for H&R Block appeared on apple.com—without Apple's OK*. 2013. URL: http://arstechnica.com/tech-policy/2013/04/how-a-banner-ad-for-hs-ok/ (visited on 02/21/2014) (page 2).

[And98]   M. Andrews. *Negative Caching of DNS Queries (DNS NCACHE)*. RFC 2308. RFC Editor, Mar. 1998 (pages 43, 263).

[Ang10]   J. Angwin. *The Web's New Gold Mine: Your Secrets*. The Wall Street Journal. 2010. URL: http://online.wsj.com/article/SB10001424052748703940904575395073512989404.html (visited on 02/21/2014) (page 301).

[Apa12]   The Apache Software Foundation. *Apache Virtual Host documentation*. 2012. URL: http://httpd.apache.org/docs/2.2/vhosts/ (visited on 02/21/2014) (page 27).

[Are+05a] R. Arends et al. *DNS Security Introduction and Requirements*. RFC 4033. RFC Editor, Mar. 2005 (pages 120, 122, 124, 127, 129).

[Are+05b] R. Arends et al. *Protocol Modifications for the DNS Security Extensions*. RFC 4035. RFC Editor, Mar. 2005 (page 121).

[Are+05c] R. Arends et al. *Resource Records for the DNS Security Extensions*. RFC 4034. RFC Editor, Mar. 2005 (pages 32, 121).

[Ari+03]   I. Ari et al. "Managing Flash Crowds on the Internet". In: *11th International Workshop on Modeling, Analysis, and Simulation of Computer and Telecommunication Systems (MASCOTS 2003), October 12–15, 2003, Orlando, FL, USA. Proceedings*. IEEE Computer Society, 2003, pp. 246–249 (pages 53, 54).

[Arm+09]   M. Armbrust et al. *Above the Clouds: A Berkeley View of Cloud Computing*. Tech. rep. UCB/EECS-2009-28. EECS Department, University of California, Berkeley, Feb. 2009. URL: http://www.eecs.berkeley.edu/Pubs/TechRpts/2009/EECS-2009-28.html (pages 1, 70).

[Arm+10]   M. Armbrust et al. "A View of Cloud Computing". In: *Communications of the ACM* 53.4 (Apr. 2010), pp. 50–58 (pages 1, 70).

[ASB08]   H. Akcan, T. Suel, and H. Brönnimann. "Geographic Web Usage Estimation by Monitoring DNS Caches". In: *1st International Workshop on Location and the Web, LocWeb 2008, Beijing, China, April 22, 2008. Proceedings*. Ed. by S. Boll et al. Vol. 300. ACM International Conference Proceeding Series. ACM, 2008, pp. 85–92 (page 134).

[ATD08]   E. Adar, J. Teevan, and S. T. Dumais. "Large Scale Analysis of Web Revisitation Patterns". In: *Conference on Human Factors in Computing Systems, CHI 2008, 2008, Florence, Italy, April 5–10, 2008. Proceedings*. Ed. by M. Czerwinski, A. M. Lund, and D. S. Tan. ACM, 2008, pp. 1197–1206 (page 311).

[ATD09]   E. Adar, J. Teevan, and S. T. Dumais. "Resonance on the Web: Web Dynamics and Revisitation Patterns". In: *27th International Conference on Human Factors in Computing Systems, CHI 2009, Boston, MA, USA, April 4–9, 2009. Proceedings*. Ed. by D. R. O. Jr. et al. ACM, 2009, pp. 1381–1390 (page 312).

[Aur+08]   T. Aura et al. "Chattering Laptops". In: *8th International Symposium on Privacy Enhancing Technologies (PETS 2008), Leuven, Belgium, July 23–25, 2008. Proceedings*. Ed. by N. Borisov and I. Goldberg. Vol. 5134. Lecture Notes in Computer Science. Springer, 2008, pp. 167–186 (pages 222, 307).

[Aye+11]   M. Ayenson et al. *Flash Cookies and Privacy II: Now with HTML5 and ETag Respawning*. Available at SSRN: http://ssrn.com/abstract=1898390. 2011 (pages 302, 441).

[BA10]   M. Bedner und T. Ackermann. "Schutzziele der IT-Sicherheit". In: *Datenschutz und Datensicherheit (DuD)* 5 (2010), S. 323–328 (Seiten 103, 106).

[BA11]   S. N. Bhatti and R. Atkinson. "Reducing DNS Caching". In: *14th IEEE Global Internet Symposium (GI2011). Proceedings*. 2011. URL: http://www.dcs.gla.ac.uk/conferences/gi2011/p803-bhatti.pdf (visited on 02/21/2014) (pages 47, 59).

[Bac08]   D. Bachfeld. *DDoS-Attacke auf InternetX [Update]*. heise Netze. 2008. URL: http://heise.de/-217803 (besucht am 21.02.2014) (Seite 112).

[Bad09]   A. Badach. *Voice over IP – Die Technik: Grundlagen, Protokolle, Anwendungen, Migration, Sicherheit*. 4., überarb. u. erw. Aufl. München: Carl Hanser Verlag, 2009 (Seiten 88–90).

[Bae+97]   M. Baentsch et al. "Enhancing the Web's Infrastructure: From Caching to Replication". In: *IEEE Internet Computing* 1.2 (1997), pp. 18–27 (page 54).

[Bag13]   J. Bager. *Werbenetzwerk Zanox setzt auf Browser-Fingerprinting*. heise resale. Sep. 2013. URL: http://heise.de/-1962527 (besucht am 21.02.2014) (Seite 305).

[Bar10]   L. D. Baron. *Preventing attacks on a user's history through CSS :visited selectors*. 2010. URL: http://dbaron.org/mozilla/visited-privacy (visited on 02/21/2014) (page 306).

[Bar11a]   R. Barnes. "DANE: Taking TLS Authentication to the Next Level Using DNSSEC". In: *IETF Journal* 7.2 (Oct. 2011), pp. 1–7 (pages 95, 96).

[Bar11b]   R. Barnes. *Use Cases and Requirements for DNS-Based Authentication of Named Entities (DANE)*. RFC 6394. RFC Editor, Oct. 2011 (page 96).

[Bar11c]   A. Barth. *HTTP State Management Mechanism*. RFC 6265. RFC Editor, Apr. 2011 (page 300).

[Bar96]   D. Barr. *Common DNS Operational and Configuration Errors*. RFC 1912. RFC Editor, Feb. 1996 (page 44).

[Bar+03] A. Barbir et al. *Known Content Network (CN) Request-Routing Mechanisms*. RFC 3568. RFC Editor, July 2003 (page 59).

[Bay+09] E. Baykan et al. "Purely URL-based Topic Classification". In: *18th International Conference on World Wide Web, WWW 2009, Madrid, Spain, April 20–24, 2009. Proceedings*. Ed. by J. Quemada et al. ACM, 2009, pp. 1109–1110 (page 140).

[Bay+11] E. Baykan et al. "A Comprehensive Study of Features and Algorithms for URL-Based Topic Classification". In: *TWEB* 5.3 (2011), p. 15 (page 140).

[BC98] P. Barford and M. Crovella. "Generating Representative Web Workloads for Network and Server Performance Evaluation". In: *SIGMETRICS '98 / PERFORMANCE '98, Joint International Conference on Measurement and Modeling of Computer Systems, June 22–26, Madison, Wisconsin, USA, Procedings*. Vol. 26. Performance Evaluation Review 1. 1998, pp. 151–160 (pages 144, 145).

[BD06] J. Bortz und N. Döring. *Forschungsmethoden und Evaluation für Human- und Sozialwissenschaftler*. Springer Berlin Heidelberg, 2006 (Seiten 337, 399).

[BDH99] D. Borman, S. Deering, and R. Hinden. *IPv6 Jumbograms*. RFC 2675. RFC Editor, Aug. 1999 (page 33).

[Bea12] F. Beaufort. *Built-in Asynchronous DNS*. Mar. 2012. URL: https://plus.google.com/+FrancoisBeaufort/posts/JXcvYwlyCkH (visited on 02/21/2014) (page 52).

[Bea+90] D. Beaver et al. "Security with Low Communication Overhead". In: *10th Annual International Cryptology Conference (CRYPTO '90), Santa Barbara, California, USA, August 11–15, 1990. Proceedings*. Ed. by A. Menezes and S. A. Vanstone. Vol. 537. Lecture Notes in Computer Science. Springer, 1990, pp. 62–76 (page 106).

[Bee88] K. R. Beesley. "Language identifier: A computer program for automatic natural-language identification of on-line text". In: *Language at Crossroads: 29th Annual Conference of the American Translators Association. Proceedings*. 1988, pp. 12–16 (page 332).

[Beh13] M. Behabadi. *visipisi*. 2013. URL: http://oxplot.github.io/visipisi/visipisi.html (visited on 02/21/2014) (page 306).

[Bel09] R. Bellis. *DNS Proxy Implementation Guidelines*. RFC 5625. RFC Editor, Aug. 2009 (pages 24, 25).

[Bel10] R. Bellis. *DNS Transport over TCP - Implementation Requirements*. RFC 5966. RFC Editor, Aug. 2010 (pages 33, 34).

[Bera] D. J. Bernstein. *djbdns*. URL: http://cr.yp.to/djbdns/dnscache.html (visited on 02/21/2014) (page 22).

[Berb] D. J. Bernstein. *The dnscache program*. URL: http://cr.yp.to/djbdns/dnscache.html (visited on 02/21/2014) (page 22).

[Berc] D. J. Bernstein. *The importance of separating DNS caches from DNS servers*. URL: http://cr.yp.to/djbdns/separation.html (visited on 02/21/2014) (page 25).

[Ber06] D. J. Bernstein. "Curve25519: New Diffie-Hellman Speed Records". In: *9th International Conference on Theory and Practice of Public-Key Cryptography (PKC 2006), New York, NY, USA, April 24–26, 2006. Proceedings*. Ed. by M. Yung et al. Vol. 3958. Lecture Notes in Computer Science. Springer, 2006, pp. 207–228 (page 230).

[Bev04]   R. Beverly. "A Robust Classifier for Passive TCP/IP Fingerprinting". In: *Passive and Active Network Measurement, 5th International Workshop, PAM 2004, Antibes Juan-les-Pins, France, April 19-20, 2004. Proceedings.* Ed. by C. Barakat and I. Pratt. Vol. 3015. Lecture Notes in Computer Science. Springer, 2004, pp. 158-167 (pages 188, 189, 437).

[BF08]   H. Ballani and P. Francis. "Mitigating DNS DoS Attacks". In: *Conference on Computer and Communications Security, CCS 2008, Alexandria, Virginia, USA, October 27-31, 2008. Proceedings.* Ed. by P. Ning, P. F. Syverson, and S. Jha. ACM, 2008, pp. 189-198 (page 114).

[BFK00]   O. Berthold, H. Federrath, and S. Köpsell. "Web MIXes: A System for Anonymous and Unobservable Internet Access". In: *Designing Privacy Enhancing Technologies, International Workshop on Design Issues in Anonymity and Unobservability, Berkeley, CA, USA, July 25-26, 2000. Proceedings.* Ed. by H. Federrath. Vol. 2009. Lecture Notes in Computer Science. Springer, 2000, pp. 115-129 (pages 61, 419, 438).

[BFK01]   O. Berthold, H. Federrath, and S. Köpsell. "Web MIXes: a system for anonymous and unobservable Internet access". In: *International workshop on Designing privacy enhancing technologies: design issues in anonymity and unobservability.* Berkeley, California, United States: Springer-Verlag, 2001, pp. 115-129 (pages 233, 274, 409).

[BG13]   P. Bailis and A. Ghodsi. "Eventual consistency today: limitations, extensions, and beyond". In: *Commun. ACM* 56.5 (May 2013), pp. 55-63 (page 42).

[BH07]   A. Badach und E. Hoffmann. *Technik der IP-Netze – TCP/IP inklusive IPv6 – Funktionsweise, Protokolle und Dienste.* 2. Aufl. München: Carl Hanser Verlag, 2007 (Seiten 11, 13, 15, 22, 23, 25, 26, 30, 31, 121).

[BHF12]   C. Banse, D. Herrmann, and H. Federrath. "Tracking Users on the Internet with Behavioral Patterns: Evaluation of Its Practical Feasibility". In: *Information Security and Privacy Research - 27th IFIP TC 11 Information Security and Privacy Conference, SEC 2012, Heraklion, Crete, Greece, June 4-6, 2012. Proceedings.* Ed. by D. Gritzalis, S. Furnell, and M. Theoharidou. Vol. 376. IFIP Advances in Information and Communication Technology. Springer, 2012, pp. 235-248 (pages 294, 410).

[Bis03]   M. A. Bishop. *Computer Security: Art and Science.* Boston, MA, USA: Addison-Wesley Longman Publishing Co., Inc., 2003 (pages 119, 228).

[Bis+05]   G. D. Bissias et al. "Privacy Vulnerabilities in Encrypted HTTP Streams". In: *5th International Workshop on Privacy Enhancing Technologies (PET 2005), Cavtat, Croatia, May 30 - June 1, 2005. Revised Selected Papers.* Ed. by G. Danezis and D. Martin. Vol. 3856. Lecture Notes in Computer Science. Springer, 2005, pp. 1-11 (page 145).

[BK09]   J. Bambenek and A. Klus. *grep Pocket Reference.* 1st ed. O'Reilly, 2009 (page 179).

[BKFS11]   S. Balakrichenan, A. Kin-Foo, and M. Souissi. "Qualitative Evaluation of a Proposed Federated Object Naming Service Architecture". In: *International Conference on Internet of Things and Cyber, Physical and Social Computing (iThings/CPSCom 2011), Dalian, China, October 19-22, 2011. Proceedings.* 2011, pp. 726-732 (page 93).

[BLD05]   F. Baker, E. Lear, and R. Droms. *Procedures for Renumbering an IPv6 Network without a Flag Day.* RFC 4192. RFC Editor, Sept. 2005 (page 50).

[Ble04]   H. Bleich. *eBay.de: Domain-Kapern leicht gemacht*. heise news. 2004. URL: http://heise.de/-102887 (besucht am 21.02.2014) (Seite 118).

[Ble+05]   R. Bless u. a. *Sichere Netzwerkkommunikation*. Berlin, Heidelberg: Springer Verlag, Juni 2005 (Seite 200).

[BLFM05]   T. Berners-Lee, R. Fielding, and L. Masinter. *Uniform Resource Identifier (URI): Generic Syntax*. RFC 3986. RFC Editor, Jan. 2005 (pages 27, 89, 92).

[BLMM94]   T. Berners-Lee, L. Masinter, and M. McCahill. *Uniform Resource Locators (URL)*. Tech. rep. 1738. RFC Editor, Dec. 1994 (pages 52, 55, 82, 142).

[BMS11]   M. Butkiewicz, H. V. Madhyastha, and V. Sekar. "Understanding Website Complexity: Measurements, Metrics, and Implications". In: *11th ACM SIGCOMM Conference on Internet Measurement, IMC '11, Berlin, Germany, November 2–4, 2011. Proceedings*. Ed. by P. Thiran and W. Willinger. ACM, 2011, pp. 313–328 (pages 149, 174).

[Bod+11]   K. Boda et al. "User Tracking on the Web via Cross-Browser Fingerprinting". In: *Information Security Technology for Applications – 16th Nordic Conference on Secure IT Systems, NordSec 2011, Tallinn, Estonia, October 26–28, 2011. Revised Selected Papers*. Ed. by P. Laud. Vol. 7161. Lecture Notes in Computer Science. Springer, 2011, pp. 31–46 (page 305).

[Bon+07]   D. Bonfiglio et al. "Revealing Skype Traffic: When Randomness Plays With You". In: *ACM SIGCOMM 2007 Conference on Applications, Technologies, Architectures, and Protocols for Computer Communications, Kyoto, Japan, August 27–31, 2007. Proceedings*. Ed. by J. Murai and K. Cho. ACM, 2007, pp. 37–48 (page 192).

[Bor13]   S. Bortzmeyer. *DNS privacy problem statement*. Internet Draft draft-bortzmeyer-perpass-dns-privacy-01. RFC Editor, 2013 (pages 38, 108, 109, 130, 135, 226, 290, 437).

[BP06]   C. Brandhorst and A. Pras. "DNS: A Statistical Analysis of Name Server Traffic at Local Network-to-Internet Connections". In: *EUNICE 2005: Networks and Applications Towards a Ubiquitously Connected World, IFIP International Workshop on Networked Applications, Colmenarejo, Madrid/Spain, July, 6—8, 2005. Proceedings* (2006). Ed. by C. D. Kloos, A. Marín, and D. Larrabeiti, pp. 255–270 (pages 3, 264).

[BP08]   R. Bellis and L. Phifer. *Test Report: DNSSEC Impact on Broadband Routers and Firewalls*. Sept. 2008. URL: http://www.icann.org/committees/security/sac035.pdf (visited on 02/21/2014) (page 24).

[BPV08]   R. Buyya, M. Pathan, and A. Vakali, eds. *Content Delivery Networks*. 1st ed. Vol. 9. Lecture Notes in Electrical Engineering. Springer-Verlag, Berlin Heidelberg, 2008 (page 54).

[BR94]   M. Bellare and P. Rogaway. "Optimal Asymmetric Encryption". In: *Advances in Cryptology – EUROCRYPT '94, Workshop on the Theory and Application of Cryptographic Techniques, Perugia, Italy, May 9–12, 1994. Proceedings*. Ed. by A. D. Santis. Vol. 950. Lecture Notes in Computer Science. Springer, 1994, pp. 92–111 (page 274).

[Bra03]   S. Bradner. "Is Skype the, an or no answer?" In: *NetworkWorld* 11/24/03 (2003), p. 22 (page 88).

[Bre00]   E. A. Brewer. "Towards Robust Distributed Systems (Abstract)". In: *19th Annual ACM Symposium on Principles of Distributed Computing, July 16–19, 2000, Portland, Oregon, USA. Proceedings.* Ed. by G. Neiger. ACM, 2000, p. 7 (pages 42, 43).

[Bre+11]   F. Brecht et al. "Are you willing to wait longer for internet privacy?" In: *19th European Conference on Information Systems (ECIS 2011), Helsinki, Finland, June 9–11, 2011. Proceedings.* 2011 (page 409).

[Bre+99]   L. Breslau et al. "Web Caching and Zipf-like Distributions: Evidence and Implications". In: *INFOCOM '99, The Conference on Computer Communications, 18th Annual Joint Conference of the IEEE Computer and Communications Societies, The Future Is Now, March 21–25, 1999, New York, NY, USA. Proceedings.* IEEE. 1999, pp. 126–134 (pages 172, 265, 318, 438).

[Bri95]   T. Brisco. *DNS Support for Load Balancing.* RFC 1794. RFC Editor, Apr. 1995 (page 113).

[BS03]   A. R. Beresford and F. Stajano. "Location Privacy in Pervasive Computing". In: *IEEE Pervasive Computing* 2.1 (Jan. 2003), pp. 46–55 (page 304).

[BTD12]   E. Balsa, C. Troncoso, and C. Díaz. "OB-PWS: Obfuscation-Based Private Web Search". In: *Symposium on Security and Privacy (S&P 2012), May, 21–23 2012, San Francisco, California, USA. Proceedings.* IEEE Computer Society, 2012, pp. 491–505 (pages 289, 410, 427, 438).

[Bur08]   A. J. Burstein. "Conducting Cybersecurity Research Legally and Ethically". In: *1st Usenix Workshop on Large-Scale Exploits and Emergent Threats. Proceedings.* LEET'08. San Francisco, California: USENIX Association, 2008, 8:1–8:8 (page 336).

[Bus+00]   R. Bush et al. *Root Name Server Operational Requirements.* RFC 2870. RFC Editor, June 2000 (pages 25, 113).

[BV02]   L. Bent and G. M. Voelker. "Whole Page Performance". In: *Workshop on Web Content Caching and Distribution.* Boulder, CO., Aug. 2002. URL: http://2002.iwcw.org/papers/18500265.pdf (page 149).

[BWW13]   T. Book, M. Witick, and D. S. Wallach. "Automated generation of web server fingerprints". In: *CoRR* abs/1305.0245 (2013). URL: http://arxiv.org/abs/1305.0245 (pages 172, 188, 190).

[BYRN99]   R. A. Baeza-Yates and B. A. Ribeiro-Neto. *Modern Information Retrieval.* ACM Press / Addison-Wesley, 1999 (page 326).

[BZ06]   M. Barbaro and T. Zeller. *A Face is Exposed for AOL Searcher No. 4417749.* The New York Times, August 9. 2006 (page 429).

[BÅØ05]   T. Brekne, A. Årnes, and A. Øslebø. "Anonymization of IP Traffic Monitoring Data: Attacks on Two Prefix-Preserving Anonymization Schemes and Some Proposed Remedies". In: *5th International Workshop on Privacy Enhancing Technologies (PET 2005), Cavtat, Croatia, May 30 – June 1, 2005. Revised Selected Papers.* Ed. by G. Danezis and D. Martin. Vol. 3856. Lecture Notes in Computer Science. Springer, 2005, pp. 179–196 (pages 339, 340).

[Cal+07]   J. Callas et al. *OpenPGP Message Format.* RFC 4880. RFC Editor, Nov. 2007 (page 85).

[CAR13]   T. Callahan, M. Allman, and M. Rabinovich. "On Modern DNS Behavior and Prop-
            erties". In: *Computer Communication Review* 43.3 (2013), pp. 7–15 (pages 55, 70, 226,
            433, 438).

[Cas04]   E. Casey. "Network traffic as a source of evidence: tool strengths, weaknesses, and
            future needs". In: *Digital Investigation* 1.1 (2004), pp. 28–43 (page 139).

[Cas09]   E. Casey. *Handbook of Digital Forensics and Investigation*. Academic Press, 2009
            (page 139).

[Cas11]   E. Casey. *Digital Evidence and Computer Crime – Forensic Science, Computers and
            the Internet*. 3rd ed. Academic Press, 2011 (pages 139, 188).

[Cas12]   C. Castelluccia. "Behavioural Tracking on the Internet: A Technical Perspective".
            In: *European Data Protection: in Good Health ?* Ed. by S. Gutwirth, Y. Poullet, and
            P. de Hert. Springer Verlag, 2012, pp. 21–33 (page 301).

[Cas+11]   E. Casey et al. "The growing impact of full disk encryption on digital forensics". In:
            Digital Investigation 8.2 (2011), pp. 129–134 (page 141).

[Cas+13]   E. Casalicchio et al. "DNS as Critical Infrastructure – the Energy System Case Study".
            In: *IJCIS* 9.1/2 (2013), pp. 111–129 (page 110).

[CB95]   D. A. Cooper and K. P. Birman. "Preserving privacy in a network of mobile comput-
            ers". In: *Symposium on Security and Privacy (S&P 2005), May 8–11 2005, Oakland,
            CA, USA. Proceedings*. IEEE Computer Society, 1995, pp. 26–38 (page 237).

[CCC13]   E. Casalicchio, M. Caselli, and A. Coletta. "Measuring the Global Domain Name
            System". In: *Network, IEEE* 27.1 (2013), pp. 25–31 (page 109).

[CCP10]   C. Castelluccia, E. D. Cristofaro, and D. Perito. "Private Information Disclosure from
            Web Searches". In: *10th International Symposium on Privacy Enhancing Technologies
            (PETS 2010), Berlin, Germany, July 21–23, 2010. Proceedings*. Ed. by M. J. Atallah
            and N. J. Hopper. Vol. 6205. Lecture Notes in Computer Science. Springer, 2010,
            pp. 38–55 (page 336).

[CDK01]   G. Coulouris, J. Dollimore und T. Kindberg. *Verteilte Systeme – Konzepte und Design*.
            3. Aufl. München: Pearson Studium, 2001 (Seiten 11–14).

[CF07]   M. Casado and M. J. Freedman. "Peering Through the Shroud: The Effect of Edge
            Opacity on IP-Based Client Identification". In: *4th Symposium on Networked Systems
            Design and Implementation (NSDI 2007), April 11–13, 2007, Cambridge, Massachusetts,
            USA. Proceedings*. USENIX, 2007 (page 300).

[CF13]   R. Chitpranee and K. Fukuda. "Towards Passive DNS Software Fingerprinting".
            In: *9th Asian Internet Engineering Conference (AINTEC '13), Chiang Mai, Thai-
            land, November 13–15, 2013. Proceedings*. New York, NY, USA: ACM, 2013, pp. 9–16
            (pages 188, 190, 191, 436).

[Cha81]   D. Chaum. "Untraceable electronic mail, return addresses, and digital pseudonyms".
            In: *Communications of the ACM* 24.2 (1981) (page 232).

[Cha88]   D. Chaum. "The Dining Cryptographers Problem: Unconditional Sender and Recipi-
            ent Untraceability". In: *J. Cryptology* 1.1 (1988), pp. 65–75 (page 231).

[Che12]   J. K. Chen. *Google Public DNS: 70 billion requests a day and counting*. Official Google Blog. Feb. 2012. URL: http://googleblog.blogspot.com/2012/02/google-public-dns-70-billion-requests.html (visited on 02/21/2014) (pages 2, 70).

[Chi13]   A. Chitu. *Google Encrypted Search for Everyone*. 2013. URL: http://googlesystem. blogspot.com/2013/09/google-encrypted-search-for-everyone.html (visited on 02/21/2014) (page 185).

[Cho70]   C. Chow. "On optimum recognition error and reject tradeoff". In: *Information Theory, IEEE Transactions on* 16.1 (1970), pp. 41–46 (page 405).

[Cho+98]   B. Chor et al. "Private Information Retrieval". In: *J. ACM* 45.6 (1998), pp. 965–981 (page 237).

[CK00]   E. Cohen and H. Kaplan. "Prefetching the Means for Document Transfer: A New Approach for Reducing Web Latency". In: *INFOCOM 2000, The Conference on Computer Communications, Volume 2, 19th Annual Joint Conference of the IEEE Computer and Communications Societies, Reaching the Promised Land of Communications, March 26-30, 2000, Tel Aviv, Israel. Proceedings*. IEEE, 2000, pp. 854–863 (pages 149, 234).

[CK01]   E. Cohen and H. Kaplan. "Proactive Caching of DNS Records: Addressing a Performance Bottleneck". In: *Symposium on Applications and the Internet (SAINT 2001). Proceedings*. 2001, pp. 85–94 (page 149).

[CK02]   E. Cohen and H. Kaplan. "Prefetching the Means for Document Transfer: a New Approach for Reducing Web Latency". In: *Computer Networks* 39.4 (2002), pp. 437–455 (pages 149, 234).

[CK03]   E. Cohen and H. Kaplan. "Proactive Caching of DNS Records: Addressing a Performance Bottleneck". In: *Computer Networks* 41.6 (2003), pp. 707–726 (page 149).

[CK13]   S. Cheshire and M. Krochmal. *DNS-Based Service Discovery*. RFC 6763. RFC Editor, Feb. 2013 (page 27).

[CL94]   D. Comer and J. C. Lin. "Probing TCP Implementations". In: *USENIX Summer 1994 Technical Conference, June 6-10, 1994, Boston, Massachusetts, Conference Proceeding*. Berkeley, CA, USA: USENIX Association, 1994, pp. 245–255 (page 188).

[CM01]   A. Cockburn and B. J. McKenzie. "What do web users do? An empirical analysis of web use". In: *Int. J. Hum.-Comput. Stud.* 54.6 (2001), pp. 903–922 (page 312).

[CM02]   A. Chakrabarti and B. Manimaran. "Internet Infrastructure Security: A Taxonomy". In: *IEEE Network* 16.6 (2002), pp. 13–21 (page 109).

[CMS97]   R. Cooley, B. Mobasher, and J. Srivastava. "Web Mining: Information and Pattern Discovery on the World Wide Web". In: *9th International Conference on Tools with Artificial Intelligence (ICTAI '97). Proceedings*. 1997, pp. 558–567 (page 311).

[CMS99]   R. Cooley, B. Mobasher, and J. Srivastava. "Data Preparation for Mining World Wide Web Browsing Patterns". In: *Knowl. Inf. Syst.* 1.1 (1999), pp. 5–32 (page 311).

[CMZ12]   R. L. Cottrell, S. McKee, and A. Zeb, eds. *2011–2012 Report of the ICFA-SCIC Monitoring Working Group*. ICFA SCIC Monitoring Working Group. Jan. 2012. URL: http://www.slac.stanford.edu/xorg/icfa/icfa-net-paper-jan12/report-jan12.doc (visited on 02/21/2014) (page 33).

[Cod12]   M. Coddington. "Building Frames Link by Link: The Linking Practices of Blogs and News Sites". In: *International Journal of Communication* 6 (2012). URL: http://ijoc.org/index.php/ijoc/article/view/1476 (visited on 02/21/2014) (page 178).

[Con12]   D. Conrad. *Towards Improving DNS Security, Stability, and Resiliency.* Internet Society. 2012. URL: http://www.internetsociety.org/sites/default/files/bp-dnsresiliency-201201-en_0.pdf (visited on 02/21/2014) (pages 108, 109, 111, 123, 127, 129, 130, 134, 140, 142).

[Con+12]   C. Contavalli et al. *Client subnet in DNS requests.* Internet Draft draft-vandergaast-edns-client-subnet-01. RFC Editor, Apr. 2012 (page 58).

[Coo+06]   D. Cook et al. "Catching Spam Before it Arrives: Domain Specific Synamic Blacklists". In: *4th Australasian Symposium on Grid Computing and e-Research (AusGrid 2006) and the 4th Australasian Information Security Workshop (Network Security) (AISW 2006), Hobart, Tasmania, Australia, January 2006. Proceedings.* Ed. by R. Buyya et al. Vol. 54. CRPIT. Australian Computer Society, 2006, pp. 193–202 (pages 78, 79).

[Coo+08]   D. Cooper et al. *Internet X.509 Public Key Infrastructure Certificate and Certificate Revocation List (CRL) Profile.* RFC 5280. RFC Editor, May 2008 (pages 94, 95).

[Cor+02]   V. Corey et al. "Network forensics analysis". In: *Internet Computing* 6.6 (2002), pp. 60–66 (page 139).

[CPGA08]   S. Castillo-Perez and J. García-Alfaro. "Anonymous Resolution of DNS Queries". In: *On the Move to Meaningful Internet Systems: OTM 2008, OTM 2008 Confederated International Conferences, CoopIS, DOA, GADA, IS, and ODBASE 2008, Monterrey, Mexico, November 9–14, 2008. Proceedings, Part II.* Vol. 5332. Lecture Notes in Computer Science. Springer, 2008, pp. 987–1000 (pages 91, 234, 236, 237, 239, 289).

[CPGA09]   S. Castillo-Perez and J. García-Alfaro. "Evaluation of Two Privacy–Preserving Protocols for the DNS". In: *6th International Conference on Information Technology: New Generations, ITNG 2009, Las Vegas, Nevada, April 27–29, 2009. Proceedings.* Washington, DC, USA: IEEE Computer Society, 2009, pp. 411–416 (pages 234, 236, 237, 239, 289, 437).

[CR10]   R. Chandramouli and S. Rose. *Secure Domain Name System (DNS) Deployment Guide.* Available at: http://csrc.nist.gov/publications/nistpubs/800-81r1/sp-800-81r1.pdf (visited on 2013-11-14). NIST Special Publication. Apr. 2010 (pages 108, 124, 128, 129).

[CR13]   R. Chandramouli and S. Rose. *Secure Domain Name System (DNS) Deployment Guide.* Available at: http://nvlpubs.nist.gov/nistpubs/SpecialPublications/NIST.SP.800-81-2.pdf (visited on 2013-11-14). NIST Special Publication. Sept. 2013 (page 108).

[Cre+09]   T. Creighton et al. *Recommended Configuration and Use of DNS Redirect·by Service Providers.* Internet Draft draftlivingooddnsredirect-00. RFC Editor, Jan. 2009 (page 64).

[Cro08]   D. Crocker. *Trust in Email Begins with Authentication.* Messaging Anti-Abuse Working Group (MAAWG). June 2008. URL: http://www.maawg.org/sites/maawg/files/news/MAAWG_Email_Authentication_Paper_2008-07.pdf (visited on 02/21/2014) (pages 83, 85).

[Cro+07a] M. Crotti et al. "Detecting HTTP Tunnels with Statistical Mechanisms". In: *International Conference on Communications, ICC 2007, Glasgow, Scotland, June 24–28, 2007. Proceedings.* IEEE, 2007, pp. 6162–6168 (page 191).

[Cro+07b] M. Crotti et al. "Traffic Classification Through Simple Statistical Fingerprinting". In: *Computer Communication Review* 37.1 (2007), pp. 5–16 (pages 188, 191).

[CT94] W. B. Cavnar and J. M. Trenkle. "N-Gram-Based Text Categorization". In: *3rd Annual Symposium on Document Analysis and Information Retrieval (SDAIR-94). Proceedings.* 1994, pp. 161–175 (page 332).

[CU10] N. Chandrasekaran and M. Umaparvathi. *Discrete Mathematics.* PHI Learning, 2010 (pages 277, 318).

[CV95] C. Cortes and V. Vapnik. "Support-Vector Networks". In: *Machine Learning* 20.3 (1995), pp. 273–297 (page 313).

[CWR06] X. Chen, H. Wang, and S. Ren. "DNScup: Strong Cache Consistency Protocol for DNS". In: *26th IEEE International Conference on Distributed Computing Systems (ICDCS 2006), July 4–7, 2006, Lisboa, Portugal. Proceedings.* IEEE Computer Society, 2006, p. 40 (pages 139, 426).

[Dag+08a] D. Dagon et al. "Corrupted DNS Resolution Paths: The Rise of a Malicious Resolution Authority". In: *Network and Distributed System Security Symposium (NDSS 2008), San Diego, California, USA, February 10–13, 2008. Proceedings.* The Internet Society, 2008 (pages 62, 63, 116).

[Dag+08b] D. Dagon et al. "Increased DNS Forgery Resistance Through 0x20-bit Encoding: Security via Leet Queries". In: *Conference on Computer and Communications Security, CCS 2008, Alexandria, Virginia, USA, October 27–31, 2008. Proceedings.* Ed. by P. Ning, P. F. Syverson, and S. Jha. ACM, 2008, pp. 211–222 (page 121).

[Dag+09] D. Dagon et al. "Recursive DNS Architectures and Vulnerability Implications". In: *Network and Distributed System Security Symposium, NDSS 2009, San Diego, California, USA, 8th February – 11th February 2009. Proceedings.* The Internet Society, 2009 (pages 117, 120).

[Dai+13] S. Dai et al. "NetworkProfiler: Towards automatic fingerprinting of Android apps". In: *INFOCOM 2013, Turin, Italy, April 14–19, 2013. Proceedings.* IEEE, 2013, pp. 809–817 (pages 188, 192, 204, 436).

[Dam95] M. Damashek. "Gauging Similarity with n-Grams: Language-Independent Categorization of Text". In: *Science* 267.5199 (1995), pp. 843–848 (page 332).

[Dan02] G. Danezis. *Traffic Analysis of the HTTP Protocol over TLS.* unpublished manuscript. 2002. URL: http://www0.cs.ucl.ac.uk/staff/G.Danezis/papers/TLSanon.pdf (visited on 02/21/2014) (page 145).

[Dan03] G. Danezis. "Mix-Networks with Restricted Routes". In: *3rd International Workshop on Privacy Enhancing Technologies (PET 2003), Dresden, Germany, March 26–28, 2003. Revised Papers.* Ed. by R. Dingledine. Vol. 2760. Lecture Notes in Computer Science. Springer, 2003, pp. 1–17 (page 287).

[Das+12] A. Dasgupta et al. "Overcoming Browser Cookie Churn with Clustering". In: *5th International Conference on Web Search and Web Data Mining, WSDM 2012, Seattle, WA, USA, February 8–12, 2012. Proceedings.* Ed. by E. Adar et al. ACM, 2012, pp. 83–92 (page 308).

[Dav06]   J. Davis. *Microsoft TechNet: Host Name Resolution.* Apr. 18, 2006. URL: http://technet.
            microsoft.com/en-us/library/bb727005.aspx (visited on 02/21/2014) (page 47).

[DB07]   L. Daigle and I. A. Board. *The RFC Series and RFC Editor.* RFC 4844. RFC Editor,
            July 2007 (page 14).

[DBD09]   D. Dittrich, M. Bailey, and S. Dietrich. *Towards Community Standards for Ethical
            Behavior in Computer Security Research.* Tech. rep. 2009-01. Hoboken, NJ, USA:
            Stevens Institute of Technology, 2009 (page 336).

[Der+12]   L. Deri et al. "A Distributed DNS Traffic Monitoring System". In: *8th International
            Wireless Communications and Mobile Computing Conference, IWCMC 2012, Limassol,
            Cyprus, August 27–31, 2012. Proceedings.* IEEE, 2012, pp. 30–35 (page 74).

[DG04]   J. Dean and S. Ghemawat. "MapReduce: Simplified Data Processing on Large Clus-
            ters". In: *6th conference on Symposium on Opearting Systems Design & Implementa-
            tion OSDI'04. Proceedings.* San Francisco, CA: USENIX Association, 2004, pp. 10–10
            (page 346).

[DG09]   G. Danezis and I. Goldberg. "Sphinx: A Compact and Provably Secure Mix Format".
            In: *30th IEEE Symposium on Security and Privacy (S&P 2009), May 17–20, 2009,
            Oakland, California, USA. Proceedings.* IEEE Computer Society, 2009, pp. 269–282
            (page 274).

[DG10]   J. Dean and S. Ghemawat. "MapReduce: Simplified data processing on large clusters".
            In: *Communications of the ACM* 53.1 (2010), pp. 72–77 (pages 346, 347).

[DH12]   S. Davidoff and J. Ham. *Network Forensics: Tracking Hackers through Cyberspace.*
            Pearson Education, 2012 (page 139).

[Dha+03]   S. Dharmapurikar et al. "Deep Packet Inspection Using Parallel Bloom Filters".
            In: *11th Annual IEEE Symposium on High Performance Interconnects, HOTIC 2003,
            August 20–22, 2003, Stanford, CA, USA. Proceedings.* IEEE, 2003, pp. 44–51 (page 61).

[Dil+02]   J. Dilley et al. "Globally Distributed Content Delivery". In: *IEEE Internet Computing*
            6.5 (2002), pp. 50–58 (pages 54–56).

[Din11]   A. Dinaburg. "Bitsquatting – DNS Hijacking without Exploitation". In: *Black Hat
            Conference.* July 2011. URL: http://media.blackhat.com/bh-us-11/Dinaburg/BH_US_
            11_Dinaburg_Bitsquatting_WP.pdf (page 120).

[DK01]   F. Douglis and M. F. Kaashoek. "Guest Editors' Introduction: Scalable Internet Ser-
            vices". In: *IEEE Internet Computing* 5.4 (2001), pp. 36–37 (page 54).

[DK04]   M. Deshpande and G. Karypis. "Item-based top-*N* recommendation algorithms". In:
            ACM Trans. Inf. Syst. 22.1 (2004), pp. 143–177 (page 185).

[DMS04]   R. Dingledine, N. Mathewson, and P. F. Syverson. "Tor: The Second–Generation
            Onion Router". In: *13th USENIX Security Symposium, August 9–13, 2004, San Diego,
            CA, USA. Proceedings.* Berkeley: USENIX, 2004, pp. 303–320 (pages 61, 145, 233, 234,
            409, 418, 438).

[DN05]   L. Daigle and A. Newton. *Domain-Based Application Service Location Using SRV RRs
            and the Dynamic Delegation Discovery Service (DDDS).* Tech. rep. 3958. RFC Editor,
            Jan. 2005 (page 27).

[Dom02]   M. J. Dominus. "Memoization". In: *Computer Science and Perl Programming*. Ed. by
           J. Orwant. Best of the Perl Journal. O'Reilly Media, Nov. 2002. Chap. 20, pp. 161–175
           (page 50).

[DR08]   T. Dierks and E. Rescorla. *The Transport Layer Security (TLS) Protocol Version 1.2*.
           RFC 5246. RFC Editor, Aug. 2008 (pages 94, 127).

[Dro97]   R. Droms. *Dynamic Host Configuration Protocol*. RFC 2131. RFC Editor, Mar. 1997
           (page 24).

[DSS04]   R. Dingledine, V. Shmatikov, and P. F. Syverson. "Synchronous Batching: From
           Cascades to Free Routes". In: *4th International Workshop on Privacy Enhancing
           Technologies (PET 2004), Toronto, Canada, May 26–28, 2004. Revised Selected Papers*.
           Ed. by D. Martin and A. Serjantov. Vol. 3424. Lecture Notes in Computer Science.
           Springer, 2004, pp. 186–206 (page 287).

[Dua+12]   H. Duan et al. "Hold-On: Protecting Against DNS Packet Injection". In: *Securing
           and Trusting Internet Names (SATIN 2012)*. Teddington, UK, 2012 (page 118).

[Dus+09]   M. Dusi et al. "Tunnel Hunter: Detecting application-layer tunnels with statistical
           fingerprinting". In: *Computer Networks* 53.1 (2009), pp. 81–97 (pages 188, 191).

[Dye+12]   K. P. Dyer et al. "Peek-a-Boo, I Still See You: Why Efficient Traffic Analysis Counter-
           measures Fail". In: *Symposium on Security and Privacy (S&P 2013), May 19–22, 2013,
           Berkeley, California, USA. Proceedings*. IEEE Computer Society, 2012, pp. 332–346
           (page 146).

[Eas98]   D. E. Eastlake. *Bigger Domain Name System UDP Replies*. Internet Draft. RFC Editor,
           June 1998. URL: http://tools.ietf.org/html/draft-ietf-dnsind-udp-size-02 (page 32).

[EB97]   R. Elz and R. Bush. *Clarifications to the DNS Specification*. RFC 2181. RFC Editor,
           July 1997 (pages 16, 43, 77).

[Eck10]   P. Eckersley. "How Unique Is Your Web Browser?" In: *10th International Symposium
           on Privacy Enhancing Technologies (PETS 2010), Berlin, Germany, July 21–23, 2010.
           Proceedings*. Ed. by M. J. Atallah and N. J. Hopper. Vol. 6205. Lecture Notes in
           Computer Science. Springer, 2010, pp. 1–18 (page 304).

[EF13]   B. van Eimeren und B. Frees. "Ergebnisse der ARD/ZDF-Onlinestudie 2013: Rasanter
           Anstieg des Internetkonsums — Onliner fast drei Stunden täglich im Netz". In: *Media
           Perspektiven* 7-8 (2013), S. 358–372. URL: http://www.media-perspektiven.de/uploads/
           tx_mppublications/0708-2013_Eimeren_Frees_01.pdf (Seite 310).

[EFG08]   S. Evdokimov, B. Fabian, and O. Günther. "Multipolarity for the Object Naming
           Service". In: *The Internet of Things, 1st International Conference, IOT 2008, Zurich,
           Switzerland, March 26–28, 2008. Proceedings*. Ed. by C. Floerkemeier et al. Vol. 4952.
           Lecture Notes in Computer Science. Springer, 2008, pp. 1–18 (page 93).

[Eik11]   R. Eikenberg. *Operation Ghost Click: FBI nimmt DNSChanger-Botnetz hoch*. heise
           Security. 2011. URL: http://heise.de/-1376540 (besucht am 21.02.2014) (Seite 116).

[EK97]   D. Eastlake 3rd and C. Kaufman. *Domain Name System Security Extensions*. RFC
           2065. RFC Editor, Jan. 1997 (page 120).

[Enc11]   W. Enck. "ARP Spoofing". In: *Encyclopedia of Cryptography and Security*. Ed. by
           H. C. A. van Tilborg and S. Jajodia. 2nd ed. Springer, 2011, pp. 48–49 (page 105).

[End10]   J. Endres. *DNS-Fehler legen Domain .de lahm [3. Update]*. heise Netze. 2010. URL:
           http://heise.de/-999068 (besucht am 21. 02. 2014) (Seite 115).

[Fab+10]   B. Fabian et al. "Privately Waiting — A Usability Analysis of the Tor Anonymity Net-
           work". In: *16th Americas Conference on Information Systems (AMCIS 2010), SIGeBIZ
           track, Lima, Peru, August 12–15, 2010. Selected Papers*. Ed. by M. Nelson, M. Shaw,
           and T. Strader. Vol. 58. Lecture Notes in Business Information Processing. Springer
           Berlin Heidelberg, 2010, pp. 63–75 (pages 234, 438).

[Fah+07]   L. Fahrmeir u. a. *Statistik*. Springer-Verlag Berlin Heidelberg, 2007 (Seite 374).

[Fal00]   P. Faltstrom. *E.164 number and DNS*. RFC 2916. RFC Editor, Sept. 2000 (pages 90,
           91).

[Fal+10]   H. Falaki et al. "A first look at traffic on smartphones". In: *10th Annual Conference
           on Internet Measurement (IMC). Proceedings*. IMC '10. Melbourne, Australia: ACM,
           Nov. 2010, pp. 281–287 (page 33).

[Fan+12]   X. Fan et al. *Identifying and Characterizing Anycast in the Domain Name System*. Tech.
           rep. ISI-TR-671. University of Southern California, Information Sciences Institute,
           2012. URL: ftp://ftp.isi.edu/isi-pubs/tr-681.pdf (visited on 02/21/2014) (page 19).

[Far13]   S. Farrell. *DNS confidentiality*. 2013. URL: https://www.ietf.org/mail-archive/web/
           perpass/current/msg00365.html (visited on 02/21/2014) (page 109).

[Fed+11]   H. Federrath et al. "Privacy-Preserving DNS: Analysis of Broadcast, Range Queries
           and Mix-Based Protection Methods". In: *Computer Security – ESORICS 2011 – 16th
           European Symposium on Research in Computer Security, Leuven, Belgium, September
           12–14, 2011. Proceedings*. Ed. by V. Atluri and C. Díaz. Vol. 6879. Lecture Notes in
           Computer Science. Springer, 2011, pp. 665–683 (pages 226, 266).

[Fei13]   M. Feilner. *Lokale Domäne?* 2013. URL: http://www.linux-magazin.de/Blogs/
           Redaktionsblog/Lokale-Domaene (besucht am 21. 02. 2014) (Seite 209).

[Fei+82]   E. J. Feinler et al. *DoD Internet Host Table Specification*. RFC 810. RFC Editor, Mar.
           1982 (page 14).

[FGH11]   H. Federrath, C. Gerber und D. Herrmann. "Verhaltensbasierte Verkettung von
           Internetsitzungen". In: *Datenschutz und Datensicherheit (DuD)* 35.11 (2011), S. 791–
           796 (Seiten 294, 317, 318, 336, 410).

[FGS05]   B. Fabian, O. Günther, and S. Spiekermann. "Security Analysis of the Object Name
           Service". In: *1st Workshop on Security, Privacy and Trust in Pervasive and Ubiquitous
           Computing (SecPerU 2005), co-located with IEEE ICPS 2005, Santorini, Greece, July 14,
           2005. Proceedings*. Ed. by P. Georgiadis, S. Gritzalis, and G. F. Marias. 2005, pp. 71–76
           (page 93).

[FHF12a]   K.-P. Fuchs, D. Herrmann und H. Federrath. "gMix: Eine generische Architektur
           für Mix-Implementierungen und ihre Umsetzung als Open-Source-Framework". In:
           *Sicherheit 2012: Sicherheit, Schutz und Zuverlässigkeit, Beiträge der 6. Jahrestagung des
           Fachbereichs Sicherheit der Gesellschaft für Informatik e.V. (GI), 7.–9. März 2012 in
           Darmstadt*. Hrsg. von N. Suri und M. Waidner. Bd. 195. Lecture Notes in Informatics.
           GI, 2012, S. 123–135 (Seite 275).

[FHF12b]   K.-P. Fuchs, D. Herrmann, and H. Federrath. "Introducing the gMix Open Source Framework for Mix Implementations". In: *Computer Security – ESORICS 2012 – 17th European Symposium on Research in Computer Security, Pisa, Italy, September 10–12, 2012. Proceedings*. Ed. by S. Foresti, M. Yung, and F. Martinelli. Vol. 7459. Lecture Notes in Computer Science. Springer, 2012, pp. 487–504 (page 275).

[Fie+99]   R. Fielding et al. *Hypertext Transfer Protocol – HTTP/1.1*. RFC 2616. RFC Editor, June 1999 (page 398).

[Fin+10]   A. Finamore et al. "KISS: Stochastic Packet Inspection Classifier for UDP Traffic". In: *IEEE/ACM Trans. Netw.* 18.5 (2010), pp. 1505–1515 (page 61).

[Fit12]   G. Fitzgerald. *Firefox Health Report*. 2012. URL: https://blog.mozilla.org/metrics/2012/09/21/firefox-health-report/ (visited on 02/21/2014) (page 202).

[FM04]   P. Faltstrom and M. Mealling. *The E.164 to Uniform Resource Identifiers (URI) Dynamic Delegation Discovery System (DDDS) Application (ENUM)*. RFC 3761. RFC Editor, Apr. 2004 (pages 90, 91).

[FMA11]   R. Ferreira, A. Matos, and R. L. Aguiar. "Hint-driven DNS Resolution". In: *16th IEEE Symposium on Computers and Communications, ISCC 2011, Kerkyra, Corfu, Greece, June 28 – July 1, 2011. Proceedings*. IEEE, 2011, pp. 912–915 (pages 57, 58).

[For10]   J. Forge. "A Note on the Definition of "Dual Use"". In: *Science and Engineering Ethics* 16.1 (2010), pp. 111–118 (page 435).

[FP00]   H. Federrath und A. Pfitzmann. "Gliederung und Systematisierung von Schutzzielen in IT-Systemen". In: *Datenschutz und Datensicherheit* 24.12 (2000), S. 704–710 (Seite 104).

[FP97]   H. Federrath und A. Pfitzmann. "Bausteine zur Realisierung mehrseitiger Sicherheit". In: Hrsg. von G. Müller und A. Pfitzmann. Addison-Wesley-Longman, 1997, S. 83–104 (Seiten 102, 431).

[FS00]   E. W. Felten and M. A. Schneider. "Timing attacks on Web privacy". In: *7th ACM Conference on Computer and Communications Security, Athens, Greece, November 1–4, 2000. Proceedings*. Ed. by D. Gritzalis, S. Jajodia, and P. Samarati. ACM, 2000, pp. 25–32 (page 306).

[FS11]   K. Fall and W. Stevens. *TCP/IP Illustrated, Volume 1: The Protocols*. Addison-Wesley Professional Computing Series. Pearson Education, 2011 (page 121).

[FTP12]   N. Fotiou, D. Trossen, and G. C. Polyzos. "Illustrating a publish-subscribe Internet architecture". In: *Telecommunication Systems* 51.4 (2012), pp. 233–245 (page 280).

[Fuc10]   K.-P. Fuchs. "Entwicklung einer Softwarearchitektur für anonymisierende Mixe und Implementierung einer konkreten Mix-Variante". Magisterarbeit. Universität Regensburg, Institut für Medien-, Informations- und Kulturwissenschaft, März 2010 (Seite 275).

[GABK09]   J. García-Alfaro, M. Barbeau, and E. Kranakis. "Evaluation of Anonymized ONS Queries". In: *CoRR* abs/0911.4313 (2009). URL: http://arxiv.org/abs/0911.4313 (page 94).

[Gal93]   J. M. Galvin. *Summary of Houston IETF Meeting*. 1993. URL: ftp://ftp.ietf.org/ietf-mail-archive/dns-security/dns-security.199402.txt (visited on 02/21/2014) (page 129).

[Gao+13]   H. Gao et al. "An Empirical Reexamination of Global DNS Behavior". In: *ACM SIGCOMM 2013 Conference, SIGCOMM'13, Hong Kong, China, August 12–16, 2013. Proceedings*. Ed. by D. M. Chiu et al. ACM, 2013, pp. 267–278 (pages 44, 218, 219).

[Gar03]   H. Garstka. "Informationelle Selbstbestimmung und Datenschutz. Das Recht auf Privatsphäre". In: *Bürgerrechte im Netz*. Hrsg. von C. Schulzki-Haddouti. Schriftenreihe (Bd. 382). Bonn: Bundeszentrale für Politische Bildung, 2003, S. 48–70 (Seite 139).

[Gau+99]   P. Gauthier et al. *Web Proxy Auto-Discovery Protocol*. Internet Draft draft-ietf-wrec-wpad-01. RFC Editor, 1999 (page 199).

[GB06]   B. Glover and H. Bhatt. *RFID Essentials*. O'Reilly, 2006 (page 92).

[Gea12]   J. Geary. *Tracking the trackers: What are cookies? An introduction to web tracking*. The Guardian. 2012. URL: http://www.theguardian.com/technology/2012/apr/23/cookies-and-web-tracking-intro (visited on 02/21/2014) (page 301).

[Geh+12]   V. Gehlen et al. "Uncovering the Big Players of the Web". In: *Traffic Monitoring and Analysis – 4th International Workshop, TMA 2012, Vienna, Austria, March 12, 2012. Proceedings*. Ed. by A. Pescapè, L. Salgarelli, and X. A. Dimitropoulos. Vol. 7189. Lecture Notes in Computer Science. Springer, 2012, pp. 15–28 (page 70).

[Ger09]   C. Gerber. "Proxy User Linkability – Konzeption und Durchführung einer vergleichenden Studie zum Surfverhalten typischer Nutzer des WWW". Magisterarbeit. Universität Regensburg, Institut für Medien-, Informations- und Kulturwissenschaft, Sep. 2009 (Seiten 317, 385).

[GG03]   M. Gruteser and D. Grunwald. "A Methodological Assessment of Location Privacy Risks in Wireless Hotspot Networks". In: *Security in Pervasive Computing, 1st International Conference, Boppard, Germany, March 12–14, 2003. Revised Papers*. Ed. by D. Hutter et al. Vol. 2802. Lecture Notes in Computer Science. Springer, 2003, pp. 10–24 (page 299).

[GG05]   M. Gruteser and D. Grunwald. "Enhancing Location Privacy in Wireless LAN Through Disposable Interface Identifiers: A Quantitative Analysis". In: *MONET* 10.3 (2005), pp. 315–325 (page 299).

[Gie04]   M. Gieben. "DNSSEC: The Protocol, Deployment, and a Bit of Development". In: *Internet Protocol Journal* 7.2 (June 2004), pp. 17–28. URL: http://www.cisco.com/web/about/ac123/ac147/archived_issues/ipj_7-2/ipj_7-2.pdf (visited on 02/21/2014) (page 122).

[GJM12]   B. B. Gupta, R. C. Joshi, and M. Misra. "Distributed Denial of Service Prevention Techniques". In: *CoRR* abs/1208.3557 (2012). URL: http://arxiv.org/abs/1208.3557 (page 113).

[GL02]   S. Gilbert and N. Lynch. "Brewer's Conjecture and the Feasibility of Consistent, Available, Partition-Tolerant Web Services". In: *SIGACT News*. Vol. 33. 2. New York, NY, USA: ACM, June 2002, pp. 51–59 (page 42).

[GM13]   R. Gieben and W. Mekking. *Authenticated Denial of Existence in the DNS*. Internet Draft draft-gieben-auth-denial-of-existence-dns-03. RFC Editor, 2013 (page 122).

[Gol11]   D. Gollmann. *Computer Security*. 3rd ed. John Wiley & Sons, Ltd, 2011 (page 221).

[Gol13]   D. Goldman. *Definitive Guide to Sed: Tutorial and Reference*. EHDP Press, 2013 (page 179).

[Goo12a]   Google. *Public DNS*. Google Developers. Mar. 2012. URL: https://developers.google. com/speed/public-dns/ (visited on 02/21/2014) (pages 67, 68).

[Goo12b]   Google. *Security Benefits – Public DNS – Google Developers*. Mar. 2012. URL: https: //developers.google.com/speed/public-dns/docs/security (visited on 02/21/2014) (page 71).

[Goo12c]   Google. *Web Developer's Guide to Prerendering in Chrome*. 2012. URL: https://developers.google.com/chrome/whitepapers/prerender (visited on 02/21/2014) (page 150).

[Goo13]   Google. *Public DNS Frequently Asked Questions*. Google Developers. Sept. 2013. URL: https://developers.google.com/speed/public-dns/faq (visited on 02/21/2014) (page 113).

[Goo14]   Google. *Android 4.4 r1 Reference: Class InetAddress*. 2014. URL: http://developer. android.com/reference/java/net/InetAddress.html (visited on 02/21/2014) (page 52).

[GP10]   R. Grimm und D. Pähler. "E-Mail-Forensik". In: *Datenschutz und Datensicherheit (DuD)* 34.2 (2010), S. 86–89 (Seite 338).

[Gra04]   L. Grangeia. *DNS Cache Snooping: Snooping the Cache for Fun and Profit (Version 1.1)*. Feb. 2004. URL: http://www.sysvalue.com/papers/dns-cache-snooping/files/ dns_cache_snooping_1.1.pdf (visited on 02/21/2014) (pages 131, 134).

[Gri12]   I. Grigorik. *Chrome Networking: DNS Prefetch & TCP Preconnect*. June 2012. URL: http://www.igvita.com/2012/06/04/chrome-networking-dns-prefetch-and-tcp-preconnect/ (visited on 02/21/2014) (page 52).

[Gro+83]   E. Grochla u. a. "Ein betriebliches Informationsschutzsystem – Notwendigkeit und Ansatzpunkte für eine Neuorientierung". In: *Angewandte Informatik* 25.5 (1983), S. 187–194 (Seite 106).

[GRS99]   D. Goldschlag, M. Reed, and P. Syverson. "Onion routing". In: *Communications of the ACM* 42.2 (1999), pp. 39–41 (page 233).

[GS04]   W. Gao and O. R. L. Sheng. "Mining Characteristic Patterns to Identify Web Users". In: *Workshop on Information Technology Systems (WITS 2004). Proceedings*. Washington, D.C., Dec. 2004 (pages 313, 320).

[GSS11]   S. Garfinkel, G. Spafford, and A. Schwartz. *Practical UNIX and Internet Security*. 3rd ed. O'Reilly Media, 2011 (pages 121, 124).

[GT07a]   L. G. Greenwald and T. J. Thomas. "Toward Undetected Operating System Fingerprinting". In: *1st USENIX Workshop on Offensive Technologies. Proceedings*. WOOT '07. Boston, MA: USENIX Association, 2007, 6:1–6:10 (pages 188, 189).

[GT07b]   L. G. Greenwald and T. J. Thomas. "Understanding and Preventing Network Device Fingerprinting". In: *Bell Labs Technical Journal* 12.3 (2007), pp. 149–166 (pages 188, 189).

[GVE00]   A. Gulbrandsen, P. Vixie, and L. Esibov. *A DNS RR for specifying the location of services (DNS SRV)*. RFC 2782. RFC Editor, Feb. 2000 (pages 27, 77).

[HAF12]   D. Herrmann, C. Arndt, and H. Federrath. "IPv6 Prefix Alteration: An Opportunity to Improve Online Privacy". In: *1st Workshop on Privacy and Data Protection Technology (PDPT 2012), co-located with Amsterdam Privacy Conference (APC 2012), Amsterdam, Netherlands, October 7–10, 2012. Proceedings*. 2012. URL: http://arxiv.org/abs/1211.4704 (pages 410, 420).

[Hal+09]   M. Hall et al. "The WEKA data mining software: an update". In: *SIGKDD Explorations Newsletter* 11 (1 2009), pp. 10–18 (pages 313, 345).

[Hay+11]   D. A. Hayes et al. "Improving HTTP Performance Using "Stateless" TCP". In: *21st International Workshop on Network and Operating Systems Support for Digital Audio and Video. Proceedings*. NOSSDAV '11. Vancouver, British Columbia, Canada: ACM, 2011, pp. 57–62 (page 34).

[HB07]   L. Hildebrandt und Y. Boztug. "Ansätze zur Warenkorbanalyse im Handel". In: *Theoretische Fundierung und praktische Relevanz der Handelsforschung*. Hrsg. von M. Schuckel und W. Toporowski. Deutscher Universitäts-Verlag, GWV Fachverlage GmbH, Wiesbaden, 2007, S. 217–233 (Seite 320).

[HBF13]   D. Herrmann, C. Banse, and H. Federrath. "Behavior-based Tracking: Exploiting Characteristic Patterns in DNS Traffic". In: *Computers & Security* 39A (Nov. 2013), pp. 17–33 (pages 294, 410).

[HBS13]   P. Hallam-Baker and R. Stradling. *DNS Certification Authority Authorization (CAA) Resource Record*. RFC 6844. RFC Editor, Jan. 2013 (page 97).

[HD06a]   F. Haibl and F. Dressler. "Anonymization of Measurement and Monitoring Data: Requirements and Solutions". In: *PIK – Praxis der Informationsverarbeitung und Kommunikation* 29.1 (Mar. 2006), pp. 208–213 (page 435).

[HD06b]   R. Hinden and S. Deering. *IP Version 6 Addressing Architecture*. RFC 4291. RFC Editor, Feb. 2006 (page 209).

[Her06]   E. Herder. "Forward, Back and Home Again – Analyzing User Behavior on the Web". PhD Thesis. University of Twente, Apr. 2006 (page 311).

[Her08]   D. Herrmann. "Analyse von datenschutzfreundlichen Übertragungstechniken hinsichtlich ihres Schutzes vor Datenverkehrsanalysen im Internet". Diplomarbeit. Universität Regensburg: Institut für Wirtschaftsinformatik, März 2008 (Seite 329).

[Her09]   A. Herzberg. "DNS-based Email Sender Authentication Mechanisms: A Critical Review". In: *Computers & Security* 28.8 (2009), pp. 731–742 (pages 83, 86, 87).

[Her+10]   D. Herrmann et al. "Analyzing Characteristic Host Access Patterns for Re-identification of Web User Sessions". In: *Information Security Technology for Applications – 15th Nordic Conference on Secure IT Systems, NordSec 2010, Espoo, Finland, October 27–29, 2010. Revised Selected Papers*. Ed. by T. Aura, K. Järvinen, and K. Nyberg. Vol. 7127. Lecture Notes in Computer Science. Springer, 2010, pp. 136–154 (pages 294, 310, 317, 336, 346, 365, 385, 410).

[HFF14]   D. Herrmann, K.-P. Fuchs, and H. Federrath. "Fingerprinting Techniques for Target-oriented Investigations in Network Forensics". In: *GI SICHERHEIT 2014, Vienna, Austria, March 19–21, 2014. Proceedings*. 2014 (pages 138, 185, 186, 408).

[HG05] M. Handley and A. Greenhalgh. "The case for pushing DNS". In: *4th ACM Workshop on Hot Topics in Networks (Hotnets-IV), College Park, Maryland, USA, November 14–15, 2005. Proceedings.* 2005 (pages 273, 281).

[HG12] C. J. Hoofnagle and N. Good. *The Web Privacy Census.* Oct. 2012. URL: http://law. berkeley.edu/privacycensus.htm (visited on 02/21/2014) (page 301).

[HGD00] E. Hering, J. Gutekunst und U. Dyllong. *Handbuch Der Praktischen und Technischen Informatik.* 2. Aufl. VDI-Buch. Berlin, Heidelberg, New York: Springer, 2000 (Seite 106).

[HHS01] T. Holmer, J. Haake und N. Streitz. "Kollaborationsorientierte synchrone Werkzeuge". In: *CSCW-Kompendium: Lehr- und Handbuch zum computerunterstützten kooperativen Arbeiten.* Hrsg. von G. Schwabe, N. Streitz und R. Unland. 1. Aufl. Berlin Heidelberg: Springer-Verlag, Aug. 2001, S. 180–194 (Seite 88).

[Hil06] M. Hildebrandt. "Profiling: From data to knowledge – The challenges of a crucial technology". In: *Datenschutz und Datensicherheit* 30.9 (2006), pp. 548–552 (page 301).

[Hin02] A. Hintz. "Fingerprinting Websites Using Traffic Analysis". In: *2nd International Workshop on Privacy Enhancing Technologies (PET 2002), San Francisco, CA, USA, April 14–15, 2002. Revised Papers.* Ed. by R. Dingledine and P. F. Syverson. Vol. 2482. Lecture Notes in Computer Science. Springer, 2002, pp. 171–178 (page 145).

[HKP11] J. Han, M. Kamber, and J. Pei. *Data Mining: Concepts and Techniques.* 3rd ed. San Francisco, CA, USA: Morgan Kaufmann Publishers Inc., 2011 (pages 158, 318–321, 325, 326, 342, 353, 376).

[HL98] J. D. Howard and T. A. Longstaff. *A Common Language for Computer Security Incidents.* Sandia Report SAND98-8667. Albuquerque, New Mexico 87185 and Livermore, California 9455: Sandia National Laboratories, Oct. 1998. URL: www.cert.org/ research/taxonomy_988667.pdf (page 103).

[HM09] A. Hubert and R. van Mook. *Measures for Making DNS More Resilient against Forged Answers.* RFC 5452. RFC Editor, Jan. 2009 (pages 116, 121).

[HMF14] D. Herrmann, M. Maaß, and H. Federrath. "Evaluating the Security of a DNS Query Obfuscation Scheme for Private Web Surfing". submitted to: *29th IFIP TC 11 Information Security and Privacy Conference, SEC 2014, Marrakech, Morocco, June 2–4.* 2014. URL: http://svs.informatik.uni-hamburg.de/publications/2014/2014-02-01-RQpreprint.pdf (page 226).

[HN00] A. Heydon and M. Najork. "Performance limitations of the Java core libraries". In: *Concurrency - Practice and Experience* 12.6 (2000), pp. 363–373 (page 47).

[HN09] D. C. Howe and H. Nissenbaum. "TrackMeNot: Resisting Surveillance in Web Search". In: *Lessons from the Identity Trail: Anonymity, Privacy, and Identity in a Networked Society.* Ed. by I. Kerr, V. Steeves, and C. Lucock. Oxford, UK: Oxford University Press, 2009. Chap. 23, pp. 417–436 (page 289).

[Hoc10] C. H. Hochstätter. *Wegen ein paar Millisekunden: Gefahr durch DNS-Prefetching.* 2010. URL: http://www.zdnet.de/41532432/wegen-ein-paar-millisekunden-gefahr-durch-dns-prefetching/2/ (besucht am 21.02.2014) (Seite 150).

[Hol+08]   T. Holz et al. "Measuring and Detecting Fast-Flux Service Networks". In: *Network and Distributed System Security Symposium (NDSS 2008), San Diego, California, USA, February 10–13, 2008. Proceedings*. The Internet Society, 2008 (page 73).

[Hon12]   J. Hong. "The State of Phishing Attacks". In: *Commun. ACM* 55.1 (2012), pp. 74–81 (page 141).

[Hoo+12]   C. J. Hoofnagle et al. "Behavioral Advertising: The Offer You Cannot Refuse". In: *Harvard Law & Policy Review* 6 (Aug. 2012), pp. 273–296 (page 301).

[Hou09]   G. Houston. *Stateless and DNSperate*. Internet Society. Nov. 2009. URL: http://www.internetsociety.org/publications/isp-column-november-2009-stateless-and-dnsperate (visited on 02/21/2014) (page 34).

[HRI06]   M. Handley, E. Rescorla, and IAB. *Internet Denial-of-Service Considerations*. RFC 4732. RFC Editor, Dec. 2006 (page 107).

[HS12a]   A. Herzberg and H. Shulman. "Antidotes for DNS Poisoning by Off-Path Adversaries". In: *7th International Conference on Availability, Reliability and Security, Prague, ARES 2012, Czech Republic, August 20–24, 2012. Proceedings*. IEEE Computer Society, 2012, pp. 262–267 (pages 105, 120).

[HS12b]   A. Herzberg and H. Shulman. "Fragmentation Considered Poisonous". In: *CoRR* abs/1205. 4011 (2012). URL: http://arxiv.org/abs/1205.4011 (page 117).

[HS12c]   A. Herzberg and H. Shulman. "Security of Patched DNS". In: *Computer Security – ESORICS 2012 – 17th European Symposium on Research in Computer Security, Pisa, Italy, September 10–12, 2012. Proceedings*. Ed. by S. Foresti, M. Yung, and F. Martinelli. Vol. 7459. Lecture Notes in Computer Science. Springer, 2012, pp. 271–288 (page 120).

[HS12d]   A. Herzberg and H. Shulman. "Unilateral Antidotes to DNS Cache Poisoning". In: *CoRR* abs/1209.1482 (2012). URL: http://arxiv.org/abs/1209.1482 (pages 120, 121).

[HS12e]   P. Hoffman and J. Schlyter. *The DNS-Based Authentication of Named Entities (DANE) Transport Layer Security (TLS) Protocol: TLSA*. RFC 6698. RFC Editor, Aug. 2012 (page 96).

[HS12f]   P. Hoffman and J. Schlyter. *Using Secure DNS to Associate Certificates with Domain Names For S/MIME*. Internet Draft draft-hoffman-dane-smime-04. RFC Editor, 2012 (page 97).

[HS13]   A. Herzberg and H. Shulman. "Towards Adoption of DNSSEC: Availability and Security Challenges". In: *IACR Cryptology ePrint Archive* 2013 (2013), p. 254 (page 1).

[Hsu13]   J. Hsu. *Google's 'AdID' Aims to Replace Cookies for Tracking Web Users*. 2013. URL: http://spectrum.ieee.org/tech-talk/telecom/internet/googles-adid-aims-to-replace-cookies-for-tracking-web-users (visited on 02/21/2014) (page 302).

[Hua+11]   C. Huang et al. "Public DNS System and Global Traffic Management". In: *INFOCOM 2011. 30th IEEE International Conference on Computer Communications, Joint Conference of the IEEE Computer and Communications Societies, April 10–15, 2011, Shanghai, China. Proceedings*. IEEE, 2011, pp. 2615–2623 (pages 65, 67, 70, 71).

[Hui06]   C. Huitema. *Teredo: Tunneling IPv6 over UDP through Network Address Translations (NATs)*. RFC 4380. RFC Editor, Feb. 2006 (page 199).

[HW00]   C. Huitema and S. Weerahandi. "Internet Measurements: the Rising Tide and the DNS Snag". In: *ITC Specialist Seminar on Internet Traffic Measurement and Modeling*. Monterey, CA, Sept. 2000 (page 149).

[HW10]   J. Heidrich und C. Wegener. "Datenschutzrechtliche Aspekte bei der weitergabe von IP-Adressen". In: *Datenschutz und Datensicherheit (DuD)* 3 (2010), S. 172–177 (Seite 124).

[HWF09] D. Herrmann, R. Wendolsky, and H. Federrath. "Website Fingerprinting: Attacking Popular Privacy Enhancing Technologies with the Multinomial Naïve-Bayes Classifier". In: *1st ACM Cloud Computing Security Workshop, CCSW 2009, Chicago, IL, USA, November 13, 2009. Proceedings*. Ed. by R. Sion and D. Song. ACM, 2009, pp. 31–42 (pages 145, 172).

[IP11]   S. Ihm and V. S. Pai. "Towards Understanding Modern Web Traffic". In: *11th ACM SIGCOMM Conference on Internet Measurement, IMC '11, Berlin, Germany, November 2-4, 2011. Proceedings*. Ed. by P. Thiran and W. Willinger. ACM, 2011, pp. 295–312 (pages 144, 145).

[Ish+05] K. Ishibashi et al. "Detecting Mass-mailing Worm Infected Hosts by Mining DNS Traffic Data". In: *1st Annual ACM Workshop on Mining Network Data, MineNet 2005, Philadelphia, Pennsylvania, USA, August 26, 2005. Proceedings*. Ed. by S. Sen et al. ACM, 2005, pp. 159–164 (page 74).

[Jac+06] C. Jackson et al. "Protecting browser state from web privacy Attacks". In: *15th international conference on World Wide Web, WWW 2006, Edinburgh, Scotland, UK, May 23-26, 2006. Proceedings*. Ed. by L. Carr et al. ACM, 2006, pp. 737–744 (pages 302, 306).

[Jac+07] C. Jackson et al. "Protecting Browsers from DNS Rebinding Attacks". In: *Conference on Computer and Communications Security, CCS 2007, Alexandria, Virginia, USA, October 28-31, 2007. Proceedings*. Ed. by P. Ning, S. D. C. di Vimercati, and P. F. Syverson. ACM, 2007, pp. 421–431 (page 47).

[Jan09] J. Jansen. *Use of SHA-2 Algorithms with RSA in DNSKEY and RRSIG Resource Records for DNSSEC*. RFC 5702. RFC Editor, Oct. 2009 (page 32).

[JKR02] J. Jung, B. Krishnamurthy, and M. Rabinovich. "Flash crowds and denial of service attacks: characterization and implications for CDNs and web sites". In: *11th International World Wide Web Conference, WWW 2002, May 7-11, 2002, Honolulu, Hawaii. Proceedings*. Ed. by D. Lassner, D. D. Roure, and A. Iyengar. ACM, 2002, pp. 293–304 (page 54).

[JO10]   A. Janc and L. Olejnik. "Web Browser History Detection as a Real-World Privacy Threat". In: *Computer Security - ESORICS 2010, 15th European Symposium on Research in Computer Security, Athens, Greece, September 20-22, 2010. Proceedings*. Ed. by D. Gritzalis, B. Preneel, and M. Theoharidou. Vol. 6345. Lecture Notes in Computer Science. Springer, 2010, pp. 215–231 (page 305).

[Jon72] K. S. Jones. "A statistical interpretation of term specificity and its application in retrieval". In: *Journal of Documentation* 28 (1972), pp. 11–21 (page 332).

[Jon+07] R. Jones et al. ""I know what you did last summer": query logs and user privacy". In: *16th ACM Conference on Information and Knowledge Management. Proceedings.* CIKM '07. Lisbon, Portugal: ACM, 2007, pp. 909–914 (page 139).

[JRP04] A. K. Jain, A. Ross, and S. Prabhakar. "An Introduction to Biometric Recognition". In: *IEEE Trans. Circuits Syst. Video Techn.* 14.1 (2004), pp. 4–20 (page 308).

[JS04] J. Jung and E. Sit. "An Empirical Study of Spam Traffic and the Use of DNS Black Lists". In: *4th ACM SIGCOMM Conference on Internet Measurement 2004, Taormina, Sicily, Italy, October 25–27, 2004. Proceedings.* Ed. by A. Lombardo and J. F. Kurose. ACM, 2004, pp. 370–375 (page 81).

[Jun+02] J. Jung et al. "DNS Performance and the Effectiveness of Caching". In: *IEEE/ACM Trans. Netw.* 10.5 (2002), pp. 589–603 (pages 39, 46, 59, 264, 265, 285, 318, 420, 438).

[JWH07] T. Jiang, H. J. Wang, and Y.-C. Hu. "Preserving Location Privacy in Wireless LANs". In: *5th International Conference on Mobile Systems, Applications, and Services (MobiSys 2007), San Juan, Puerto Rico, June 11–13, 2007. Proceedings.* Ed. by E. W. Knightly, G. Borriello, and R. Cáceres. ACM, 2007, pp. 246–257 (page 304).

[Kal13] T. Kaltschmidt. "Hotline: Tipps und Tricks – Safari lahmt". In: *c't magazin* 10/2013 (2013), S. 139 (Seite 65).

[Kam+05] G. Kambourakis et al. "Security and privacy issues towards ENUM protocol". In: *5th IEEE International Symposium on Signal Processing and Information Technology (ISSPIT 2005), Athens, Greece, December 21, 2005. Proceedings.* Ed. by D. Serpanos and A. Tewfik. Los Alamitos, CA, USA: IEEE Computer Society, 2005, pp. 478–483 (page 91).

[Kam+07] G. Kambourakis et al. "Detecting DNS Amplification Attacks". In: *2nd International Workshop on Critical Information Infrastructures Security (CRITIS 2007), Málaga, Spain, October 3–5, 2007. Revised Papers.* Ed. by J. Lopez and B. M. Hämmerli. Vol. 5141. Lecture Notes in Computer Science. Springer, 2007, pp. 185–196 (page 24).

[Kan11] B. B. Kang. "DNS-Based Botnet Detection". In: *Encyclopedia of Cryptography and Security.* Ed. by H. C. A. van Tilborg and S. Jajodia. 2nd ed. Springer, 2011, pp. 362–363 (page 74).

[Kao11] E. Kao. *Making search more secure.* 2011. URL: http://googleblog.blogspot.de/2011/10/making-search-more-secure.html (visited on 02/21/2014) (page 185).

[KB00] R. Kosala and H. Blockeel. "Web Mining Research: A Survey". In: *SIGKDD Explorations* 2.1 (2000), pp. 1–15 (page 311).

[KBC05] T. Kohno, A. Broido, and K. C. Claffy. "Remote Physical Device Fingerprinting". In: *Symposium on Security and Privacy (S&P 2005), May 8–11 2005, Oakland, CA, USA. Proceedings.* IEEE Computer Society, 2005, pp. 211–225 (pages 305, 437).

[KBM10] E. Kenneally, M. Bailey, and D. Maughan. "A Framework for Understanding and Applying Ethical Principles in Network and Security Research". In: *Financial Cryptography and Data Security, FC 2010 Workshops, RLCPS, WECSR, and WLC 2010, Tenerife, Canary Islands, Spain, January 25–28, 2010. Revised Selected Papers.* Ed. by R. Sion et al. Vol. 6054. Lecture Notes in Computer Science. Springer, 2010, pp. 240–246 (page 336).

[Kel06]   J. Keller. *Using Windows Vista: Controlling Communication with the Internet.* Tech. rep. Microsoft Corporation, Nov. 2006. URL: http://technet.microsoft.com/de-de/library/cc732049%28v=ws.10%29.aspx (visited on 02/21/2014) (page 199).

[KFH12]   R. Khosla, S. Fahmy, and Y. C. Hu. "Content Retrieval using Cloud-based DNS". In: *IEEE INFOCOM Workshops, Orlando, FL, USA, March 25–30, 2012. Proceedings.* IEEE, 2012, pp. 1–6 (pages 55, 56, 58, 65, 71).

[Kir09]   C. Kirsch. *Öffentlicher DNS-Server von Google.* Dez. 2009. URL: http://heise.de/-876709 (besucht am 21.02.2014) (Seite 65).

[KJ11]   T. Kim and H. Ju. "Effective DNS server fingerprinting method". In: *13th Asia-Pacific Network Operations and Management Symposium, APNOMS 2011, Taipei, Taiwan, September 21–23, 2011. Proceedings.* IEEE, 2011, pp. 1–4 (page 188).

[KK00]   M. Köhntopp und K. Köhntopp. "Datenspuren im Internet". In: *Computer und Recht (CR)* (2000), S. 248–257 (Seiten 300, 334).

[KKD07]   C. Kern, A. Kesavan, and N. Daswani. *Foundations of Security: What Every Programmer Needs to Know.* Expert's Voice. Apress, 2007 (page 116).

[KL00]   R. Khare and S. Lawrence. *Upgrading to TLS Within HTTP/1.1.* RFC 2817. RFC Editor, May 2000 (page 398).

[Kle08a]   A. Klein. *Microsoft Windows DNS Stub Resolver Cache Poisoning.* Trusteer. 2008. URL: http://www.trusteer.com/docs/Microsoft_Windows_resolver_DNS_cache_poisoning.pdf (visited on 02/21/2014) (page 118).

[Kle08b]   J. Klensin. *Simple Mail Transfer Protocol.* RFC 5321. RFC Editor, Oct. 2008 (page 76).

[Kle10]   B. Kleinschmidt. "An International Comparison of ISP's Liabilities for Unlawful Third Party Content". In: *I. J. Law and Information Technology* 18.4 (2010), pp. 332–355 (page 60).

[KM09]   M. Kumpošt and V. Matyáš. "User Profiling and Re-identification: Case of University-Wide Network Analysis". In: *6th International Conference on Trust, Privacy and Security in Digital Business (TrustBus 2009). Proceedings.* Linz, Austria: Springer-Verlag, 2009, pp. 1–10 (pages 315, 316, 437).

[KM10]   S. Krishnan and F. Monrose. "DNS Prefetching and Its Privacy Implications: When Good Things Go Bad". In: *3rd USENIX Conference on Large-scale Exploits and Emergent Threats: Botnets, Spyware, Worms, and More. Proceedings.* LEET'10. San Jose, California: USENIX Association, 2010 (pages 184, 185, 436).

[KM11]   S. Krishnan and F. Monrose. "An Empirical Study of the Performance, Security and Privacy Implications of Domain Name Prefetching". In: *IEEE/IFIP International Conference on Dependable Systems and Networks, DSN 2011, Hong Kong, China, June 27–30, 2011. Proceedings.* IEEE, 2011, pp. 61–72 (pages 141, 184, 185, 436).

[KO97]   E. Kushilevitz and R. Ostrovsky. "Replication is Not Needed: Single Database, Computationally Private Information Retrieval". In: *38th Annual Symposium on Foundations of Computer Science (FOCS '97), Miami Beach, Florida, USA, October 19–22, 1997. Proceedings.* IEEE Computer Society, 1997, pp. 364–373 (page 237).

[Koh95]   R. Kohavi. "A Study of Cross-Validation and Bootstrap for Accuracy Estimation and Model Selection". In: *International Joint Conference on Artificial Intelligence*. Vol. 14. Morgan Kaufmann, 1995, pp. 1137–1143 (page 352).

[KP00]   M. Köhntopp und A. Pfitzmann. "Datenschutz Next Generation". In: *E-Privacy*. Hrsg. von H. Bäumler. DuD-Fachbeiträge. Vieweg+Teubner Verlag, 2000, S. 316–322 (Seite 139).

[Kre11]   S. Krempl. *Deutsche Telekom stellt Datenschutztechnik für IPv6 vor*. heise Netze. 2011. URL: http://heise.de/-1383772 (besucht am 21.02.2014) (Seite 440).

[Kre+10]   C. Kreibich et al. "Netalyzr: Illuminating the Edge Network". In: *10th ACM SIGCOMM Conference on Internet Measurement 2010, Melbourne, Australia, November 1-3, 2010. Proceedings*. Ed. by M. Allman. ACM, 2010, pp. 246–259 (pages 66, 71).

[KS05]   S. Kent and K. Seo. *Security Architecture for the Internet Protocol*. RFC 4301. RFC Editor, Dec. 2005 (page 127).

[KSG08]   A. J. Kalafut, C. A. Shue, and M. Gupta. "Understanding Implications of DNS Zone Provisioning". In: *8th ACM SIGCOMM Conference on Internet Measurement 2008, Vouliagmeni, Greece, October 20-22, 2008. Proceedings*. Ed. by K. Papagiannaki and Z.-L. Zhang. ACM, 2008, pp. 211–216 (page 127).

[KSG11]   A. J. Kalafut, C. A. Shue, and M. Gupta. "Touring DNS Open Houses for Trends and Configurations". In: *IEEE/ACM Trans. Netw.* 19.6 (2011), pp. 1666–1675 (page 127).

[KSG13]   M. Kosinski, D. Stillwell, and T. Graepel. "Private traits and attributes are predictable from digital records of human behavior". In: *Proceedings of the National Academy of Sciences* 110.15 (Apr. 2013), pp. 5802–5805. DOI: 10.1073/pnas.1218772110 (page 139).

[KT99]   M. Kleindl und A. Theobald. "Werbung im Internet". In: *Electronic Commerce*. Hrsg. von F. Bliemel, G. Fassott und A. Theobald. Gabler Verlag, 1999, S. 281–296 (Seite 301).

[Kud74]   M. D. Kudlick. *Host Names On-line*. RFC 608. RFC Editor, Jan. 1974 (page 14).

[Kum07]   M. Kumpošt. "Data Preparation for User Profiling from Traffic Log". In: *4th International Conference on Emerging Security Information, Systems and Technologies* (2007), pp. 89–94 (page 315).

[Kum09]   M. Kumpošt. "Context Information and user profiling". PhD thesis. Faculty of Informatics, Masaryk University, Czeck Republic, 2009 (pages 315, 316, 381).

[Kum+93]   A. Kumar et al. *Common DNS Implementation Errors and Suggested Fixes*. RFC 1536. RFC Editor, Oct. 1993 (page 112).

[KWZ01]   B. Krishnamurthy, C. E. Wills, and Y. Zhang. "On the Use and Performance of Content Distribution Networks". In: *1st ACM SIGCOMM Workshop on Internet Measurement 2001, San Francisco, California, USA, November 1-2, 2001. Proceedings*. Ed. by V. Paxson. ACM, 2001, pp. 169–182 (pages 57, 58).

[Kön+13]   B. Könings et al. "Device Names in the Wild: Investigating Privacy Risks of Zero Configuration Networking". In: *14th International Conference on Mobile Data Management, Milan, Italy, June 3-6, 2013 - Volume 2. Proceedings*. IEEE, 2013, pp. 51–56 (page 222).

[LA02]   C. Liu und P. Albitz. *DNS und BIND*. 3. Aufl. Übersetzung der englischen Original-
           ausgabe (4. Auflage, 2001). Köln: O'Reilly Verlag, 2002 (Seite 127).

[LA06]   C. Liu and P. Albitz. *DNS and BIND*. 5th ed. O'Reilly Media, Inc., May 2006 (pages 11,
           18, 123).

[Lan10]   S. E. Landau. *Surveillance Or Security?: The Risks Posed by New Wiretapping Tech-
           nologies*. MIT Press, 2010 (page 122).

[Lan58]   H. A. Landsberger. *Hawthorne revisited : Management and the worker: its critics, and
           developments in human relations in industry*. Ithaca, N.Y.: Cornell University, 1958
           (page 337).

[Lau+08]   B. Laurie et al. *DNS Security (DNSSEC) Hashed Authenticated Denial of Existence*.
           RFC 5155. RFC Editor, Mar. 2008 (page 127).

[Law07]   G. Lawton. "Stronger Domain Name System Thwarts Root-Server Attacks". In: *IEEE
           Computer* 40.5 (2007), pp. 14–17 (pages 109, 111).

[LC12]   V. Labatut and H. Cherifi. "Accuracy Measures for the Comparison of Classifiers".
           In: *CoRR* abs/1207.3790 (2012). URL: http://arxiv.org/abs/1207.3790 (page 366).

[Lea11]   N. Leavitt. "Internet Security under Attack: The Undermining of Digital Certificates".
           In: *IEEE Computer* 44.12 (2011), pp. 17–20 (page 96).

[Lee+02]   D. Lee et al. "Detecting and Defending against Web-Server Fingerprinting". In: *18th
           Annual Computer Security Applications Conference (ACSAC 2002), December 9–13,
           2002, Las Vegas, NV, USA. Proceedings*. IEEE Computer Society, 2002, pp. 321–330
           (pages 188, 189).

[Lep04]   N. Lepperhoff. "Untersuchungen zum Betriebszustand des Internets". In: *E-Science
           and Grid – Ad-hoc-Netze – Medienintegration, 18. DFN-Arbeitstagung über Kommuni-
           kationsnetze, Düsseldorf, 2004*. Hrsg. von J. von Knop, W. Haverkamp und E. Jessen.
           Bd. 55. LNI. GI, 2004, S. 17–30 (Seite 111).

[Lev10]   J. Levine. *DNS Blacklists and Whitelists*. RFC 5782. RFC Editor, Feb. 2010 (pages 78,
           79).

[LH10]   E. Lewis and A. Hoenes. *DNS Zone Transfer Protocol (AXFR)*. RFC 5936. RFC Editor,
           June 2010 (pages 40, 126).

[LHD05]   V. Leib, J. Hofmann und M. Dierkes. *ENUM im Testbetrieb – Konvergenz von Daten-
           und Telefonnetzen*. Techn. Ber. Wissenschaftszentrum Berlin für Sozialforschung,
           Mai 2005 (Seiten 17, 88–90).

[Lip+03]   R. Lippmann et al. "Passive Operating System Identification From TCP/IP Packet
           Headers". In: *Workshop on Data Mining for Computer Security (DMSEC), Novem-
           ber 19, 2003, Melbourne, FL, USA*. 2003. URL: http://llwww.ll.mit.edu/mission/
           communications/ist/publications/03_POSI_Lippmann.pdf (pages 189, 437).

[Li+12]   X. Li et al. "Time to live of identifier-to-locator mappings: with-reset or no-reset".
           In: *International Journal of Communication Systems* (2012). DOI: 10.1002/dac.2478
           (page 422).

[Li+13]   X. Li et al. "Towards an Equitable Federated Name Service for the Internet of Things". In: *International Conference on Green Computing and Communications, Internet of Things and Cyber, Physical and Social Computing (GreenCom-iThings-CPSCom 2013), Beijing, China, August 20–22, 2013. Proceedings.* 2013, pp. 1109–1115 (page 93).

[LL06]   M. Liberatore and B. N. Levine. "Inferring the Source of Encrypted HTTP Connections". In: *13th ACM Conference on Computer and Communications Security, CCS 2006, Alexandria, VA, USA, October 30 – November 3, 2006. Proceedings.* Ed. by A. Juels, R. N. Wright, and S. D. C. di Vimercati. ACM, 2006, pp. 255–263 (page 145).

[LLP11]   M. Lemley, D. S. Levine, and D. G. Post. "Don't Break the Internet". In: *64 Stan. L. Rev. Online 34* (2011). URL: http://www.stanfordlawreview.org/online/dont-break-internet (page 60).

[Loh11]   S. Lohr. *The Default Choice, So Hard to Resist.* The New York Times. 2011. URL: http://www.nytimes.com/2011/10/16/technology/default-choices-are-hard-to-resist-online-or-not.html (visited on 02/21/2014) (page 195).

[LS12]   C. Lewis and M. Sergeant. *Overview of Best Email DNS-Based List (DNSBL) Operational Practices.* RFC 6471. RFC Editor, Jan. 2012 (page 79).

[LSP82]   L. Lamport, R. E. Shostak, and M. C. Pease. "The Byzantine Generals Problem". In: *ACM Trans. Program. Lang. Syst.* 4.3 (1982), pp. 382–401 (page 269).

[LT06]   J. Lindqvist and L. Takkinen. "Privacy Management for Secure Mobility". In: *Workshop on Privacy in the Electronic Society, WPES 2006, Alexandria, VA, USA, October 30, 2006. Proceedings.* Ed. by A. Juels and M. Winslett. ACM, 2006, pp. 63–66 (page 304).

[LT08]   J. Lindqvist and J.-M. Tapio. "Protecting Privacy with Protocol Stack Virtualization". In: *Workshop on Privacy in the Electronic Society, WPES 2008, Alexandria, VA, USA, October 27, 2008. Proceedings.* Ed. by V. Atluri and M. Winslett. ACM, 2008, pp. 65–74 (page 304).

[LT10]   Y. Lu and G. Tsudik. "Towards Plugging Privacy Leaks in the Domain Name System". In: *10th International Conference on Peer-to-Peer Computing, P2P 2010, Delft, The Netherlands, August 25–27, 2010. Proceedings.* IEEE. IEEE, 2010, pp. 1–10 (pages 142, 235, 237, 239, 411).

[Lup09]   C. Lupp. *T-Online kapert mit ihrer "Navigationshilfe" Google-Subdomains und schaltet Yahoo-Werbung.* 2009. URL: http://www.codedifferent.de/2009/04/26/ (besucht am 21.02.2014) (Seite 64).

[LW06a]   C. Lüders und M. Winkler. "Pingpong: Wie die TCP/IP-Flusskontrolle das Surf-Tempo bestimmt". In: *c't magazin* 23/2006 (2006), S. 198–200 (Seite 286).

[LW06b]   J. Lyon and M. Wong. *Sender ID: Authenticating E-Mail.* RFC 4406. RFC Editor, Apr. 2006 (page 84).

[Lyo08]   G. Lyon. *Nmap Network Scanning: Official Nmap Project Guide to Network Discovery and Security Scanning.* Insecure.Com, LLC, 2008 (pages 189, 436).

[MA08]   S. J. Murdoch and R. Anderson. "Tools and Technology of Internet Filtering". In: ed. by R. Deibert et al. Information Revolution & Global Politics. MIT Press, 2008. Chap. 3, pp. 57–72. URL: http://books.google.de/books?id=l6ry0NeJ1N8C (page 66).

[Maa13] M. Maaß. "Schnittmengenangriffe auf DNS Range Queries". Bachelorarbeit. Universität Hamburg, Fachbereich Informatik, Arbeitsbereich Sicherheit in Verteilten Systemen, Okt. 2013 (Seiten 245, 246).

[Mac+13] E. MacAskill et al. *GCHQ taps fibre-optic cables for secret access to world's communications*. The Guardian. 2013. URL: http://www.theguardian.com/uk/2013/jun/21/gchq-cables-secret-world-communications-nsa (visited on 02/21/2014) (page 109).

[Mah97] B. A. Mah. "An Empirical Model of HTTP Network Traffic". In: *INFOCOM '97, The Conference on Computer Communications, Sixteenth Annual Joint Conference of the IEEE Computer and Communications Societies, Driving the Information Revolution, April 7–12, 1997, Kobe, Japan. Proceedings*. IEEE, 1997, pp. 592–600 (pages 144, 145, 436).

[Mao+02] Z. M. Mao et al. "A Precise and Efficient Evaluation of the Proximity Between Web Clients and Their Local DNS Servers". In: *USENIX Annual Technical Conference, June 10–15, 2002, Monterey, California, USA. Proceedings of the General Track*. Ed. by C. S. Ellis. USENIX, 2002, pp. 229–242 (page 58).

[Mar08] J. Markoff. *Leaks in Patch for Web Security Hole*. The New York Times. Aug. 2008. URL: http://www.nytimes.com/2008/08/09/technology/09flaw.html (visited on 02/21/2014) (page 120).

[Mas11] K. Masri. *DNS Clients and Timeouts (part 2)*. Dec. 2011. URL: http://blogs.technet.com/b/stdqry/archive/2011/12/15/dns-clients-and-timeouts-part-2.aspx (visited on 02/21/2014) (page 208).

[Mat12] D. Mattioli. *On Orbitz, Mac Users Steered to Pricier Hotels*. 2012. URL: http://online.wsj.com/news/articles/SB10001424052702304458604577488822667325882 (visited on 02/21/2014) (page 140).

[MC10] A. M. McDonald and L. F. Cranor. "Americans' Attitudes About Internet Behavioral Advertising Practices". In: *9th annual ACM workshop on Privacy in the Electronic Society (WPES 2010). Proceedings*. Chicago, Illinois, USA: ACM, 2010, pp. 63–72 (pages 337, 409).

[McC+08] D. McCoy et al. "Shining Light in Dark Places: Understanding the Tor Network". In: *8th International Symposium on Privacy Enhancing Technologies (PETS 2008), Leuven, Belgium, July 23–25, 2008. Proceedings*. Ed. by N. Borisov and I. Goldberg. Vol. 5134. Lecture Notes in Computer Science. Springer, 2008, pp. 63–76 (pages 336, 409).

[MD00a] M. Mealling and R. Daniel. *The Naming Authority Pointer (NAPTR) DNS Resource Record*. RFC 2915. RFC Editor, Sept. 2000 (pages 27, 90).

[MD00b] D. Murray and K. Durrell. "Inferring Demographic Attributes of Anonymus Internet Users". In: *Revised Papers from the International Workshop on Web Usage Analysis and User Profiling*. WEBKDD '99. London, UK, UK: Springer-Verlag, 2000, pp. 7–20 (page 139).

[ME07] V. B. Monika Ermert. *Großangriff auf DNS-Rootserver*. heise Netze. 2007. URL: http://heise.de/-143116 (besucht am 21.02.2014) (Seite 111).

[ME10]   T. Moore and B. Edelman. "Measuring the Perpetrators and Funders of Typosquat-
              ting". In: *Financial Cryptography and Data Security, 14th International Conference,
              FC 2010, Tenerife, Canary Islands, January 25–28, 2010. Revised Selected Papers*. Ed. by
              R. Sion. Vol. 6052. Lecture Notes in Computer Science. Springer, 2010, pp. 175–191
              (pages 120, 172).

[ME12]   S. Marchal and T. Engel. "Large Scale DNS Analysis". In: *6th IFIP WG 6.6 Interna-
              tional Conference on Autonomous Infrastructure, Management, and Security (AIMS
              2012), Luxembourg, Luxembourg, June 4–8, 2012. Proceedings*. Ed. by R. Sadre et al.
              Vol. 7279. Lecture Notes in Computer Science. Springer, 2012, pp. 151–154 (page 74).

[Mea02a]   M. Mealling. *Dynamic Delegation Discovery System (DDDS) Part Five: URI.ARPA
              Assignment Procedures*. RFC 3405. RFC Editor, Oct. 2002 (pages 27, 90).

[Mea02b]   M. Mealling. *Dynamic Delegation Discovery System (DDDS) Part Four: The Uniform
              Resource Identifiers (URI)*. RFC 3404. RFC Editor, Oct. 2002 (pages 27, 90).

[Mea02c]   M. Mealling. *Dynamic Delegation Discovery System (DDDS) Part One: The Compre-
              hensive DDDS*. RFC 3401. RFC Editor, Oct. 2002 (pages 27, 90).

[Mea02d]   M. Mealling. *Dynamic Delegation Discovery System (DDDS) Part Three: The Domain
              Name System (DNS) Database*. RFC 3403. RFC Editor, Oct. 2002 (pages 27, 90).

[Mea02e]   M. Mealling. *Dynamic Delegation Discovery System (DDDS) Part Two: The Algorithm*.
              RFC 3402. RFC Editor, Oct. 2002 (pages 27, 90).

[Mil81]   D. L. Mills. *Internet Name Domains*. RFC 799. RFC Editor, Sept. 1981 (page 14).

[Mil92]   D. Mills. *Network Time Protocol (Version 3) Specification, Implementation and Analy-
              sis*. RFC 1305. RFC Editor, Mar. 1992 (page 198).

[Mil+10]   D. Mills et al. *Network Time Protocol Version 4: Protocol and Algorithms Specification*.
              RFC 5905. RFC Editor, June 2010 (page 198).

[MM12]   J. R. Mayer and J. C. Mitchell. "Third-Party Web Tracking: Policy and Technology". In:
              *Symposium on Security and Privacy (S&P 2013), May 19–22, 2013, Berkeley, California,
              USA. Proceedings*. IEEE Computer Society, 2012, pp. 413–427 (page 301).

[Mob+00]   B. Mobasher et al. "Integrating Web Usage and Content Mining for More Effective
              Personalization". In: *Electronic Commerce and Web Technologies, 1st International
              Conference, EC-Web 2000, London, UK, September 4–6, 2000. Proceedings*. Ed. by
              K. Bauknecht, S. K. Madria, and G. Pernul. Vol. 1875. Lecture Notes in Computer
              Science. Springer, 2000, pp. 165–176 (page 153).

[Moc83a]   P. V. Mockapetris. *Domain Names: Concepts and Facilities*. RFC 882. RFC Editor,
              Nov. 1983 (page 15).

[Moc83b]   P. V. Mockapetris. *Domain Names: Implementation Specification*. RFC 883. RFC
              Editor, Nov. 1983 (page 15).

[Moc87a]   P. V. Mockapetris. *Domain Names – Concepts and Facilities*. RFC 1034. RFC Editor,
              Nov. 1987 (pages 15, 19, 21, 26, 35, 40–43, 109, 112, 208).

[Moc87b]   P. V. Mockapetris. *Domain Names – Implementation and Specification*. RFC 1035.
              RFC Editor, Nov. 1987 (pages 15, 21, 26, 27, 30, 31, 34, 39, 43, 77).

[Moo13]   H. D. Moore. *Welcome to Project Sonar*. Rapid7. 2013. URL: https://community.rapid7.
            com/community/infosec/sonar/blog/2013/09/26/welcome-to-project-sonar (visited
            on 02/21/2014) (page 99).

[Mor68]   D. R. Morrison. "PATRICIA – Practical Algorithm To Retrieve Information Coded
            in Alphanumeric". In: *Journal of the ACM* 15.4 (1968), pp. 514–534 (page 423).

[Mow+11]   K. Mowery et al. "Fingerprinting Information in JavaScript Implementations". In:
            Proceedings of Web 2.0 Security and Privacy 2011 (W2SP). San Franciso, 2011 (pages 188,
            193, 436).

[Moz10]   Mozilla. *Controlling DNS prefetching*. 2010. URL: https://developer.mozilla.org/en/
            docs/Controlling_DNS_prefetching (visited on 02/21/2014) (page 150).

[Moz12]   Mozilla. *Link prefetching FAQ*. 2012. URL: https://developer.mozilla.org/en-US/docs/
            Link_prefetching_FAQ (visited on 02/21/2014) (page 150).

[Moz13a]   Mozilla. *Necko/DNS/ResolverIntegration*. Aug. 2013. URL: https://wiki.mozilla.org/
            Necko/DNS/ResolverIntegration (visited on 02/21/2014) (page 52).

[Moz13b]   P. Mozur. *Chinese Internet Hit by Attack Over Weekend*. 2013. URL: http://blogs.wsj.
            com/chinarealtime/2013/08/26/chinese-internet-hit-by-attack-over-weekend/
            (visited on 02/21/2014) (page 112).

[MP05]   A. W. Moore and K. Papagiannaki. "Toward the Accurate Identification of Network
            Applications". In: *Passive and Active Network Measurement, 6th International Work-
            shop, PAM 2005, Boston, MA, USA, March 31 – April 1, 2005. Proceedings*. Ed. by
            C. Dovrolis. Vol. 3431. Lecture Notes in Computer Science. Springer, 2005, pp. 41–54
            (page 191).

[MP97]   G. Müller und A. Pfitzmann, Hrsg. *Mehrseitige Sicherheit in der Kommunikations-
            technik*. Addison-Wesley, 1997 (Seite 101).

[MRS08]   C. D. Manning, P. Raghavan, and H. Schütze. *Introduction to Information Retrieval*.
            Cambridge, UK: Cambridge University Press, 2008 (pages 325, 327–330, 372, 373,
            384).

[MS12a]   C. Meinel und H. Sack. *Internetworking*. X.media.press. Berlin Heidelberg: Springer,
            2012 (Seiten 11, 13–15, 17, 23).

[MS12b]   K. Mowery and H. Shacham. "Pixel Perfect: Fingerprinting Canvas in HTML5". In:
            Proceedings of Web 2.0 Security and Privacy 2012 (W2SP). Ed. by M. Fredrikson. IEEE
            Computer Society. May 2012 (pages 188, 193).

[MSK12]   S. McClure, J. Scambray, and G. Kurtz. *Hacking Exposed 7: Network Security Secrets
            & Solutions, Seventh Edition: Network Security Secrets & Solutions*. 7th ed. McGraw
            Hill Professional, 2012 (page 125).

[MT12]   M. A. Mishari and G. Tsudik. "Exploring Linkability of User Reviews". In: *Computer
            Security - ESORICS 2012 - 17th European Symposium on Research in Computer
            Security, Pisa, Italy, September 10–12, 2012. Proceedings*. Ed. by S. Foresti, M. Yung,
            and F. Martinelli. Vol. 7459. Lecture Notes in Computer Science. Springer, 2012,
            pp. 307–324 (page 370).

[Mul+13a]   M. Mulazzani et al. "Fast and Reliable Browser Identification with JavaScript Engine Fingerprinting". In: *Proceedings of Web 2.0 Security and Privacy 2013 (W2SP)*. May 2013 (pages 188, 193, 436).

[Mul+13b]   M. Mulazzani et al. "SHPF: Enhancing HTTP(S) Session Security with Browser Fingerprinting". In: *8th International Conference on Availability, Reliability and Security (ARES 2013)*. *Proceedings*. Sept. 2013 (pages 188, 193, 305).

[MV96]   B. Manning and P. Vixie. *Operational Criteria for Root Name Servers*. RFC 2010. RFC Editor, Oct. 1996 (page 113).

[MVO96]   A. J. Menezes, S. A. Vanstone, and P. C. V. Oorschot. *Handbook of Applied Cryptography*. 1st ed. Boca Raton, FL, USA: CRC Press, Inc., 1996 (pages 106, 107).

[Mye+99]   M. Myers et al. *X.509 Internet Public Key Infrastructure Online Certificate Status Protocol - OCSP*. RFC 2560. RFC Editor, June 1999 (page 200).

[NA08]   T. T. T. Nguyen and G. J. Armitage. "A Survey of Techniques for Internet Traffic Classification Using Machine Learning". In: *IEEE Communications Surveys and Tutorials* 10.1–4 (2008), pp. 56–76 (page 191).

[Nab13]   Z. Nabi. "The Anatomy of Web Censorship in Pakistan". In: *CoRR* abs/1307.1144 (2013). URL: http://arxiv.org/abs/1307.1144 (page 60).

[Nao08]   E. Naone. *The Flaw at the Heart of the Internet*. MIT Technology Review. Oct. 2008. URL: http://www.technologyreview.com/featuredstory/411024/the-flaw-at-the-heart-of-the-internet/ (visited on 02/21/2014) (page 120).

[NDK07]   T. Narten, R. Draves, and S. Krishnan. *Privacy Extensions for Stateless Address Autoconfiguration in IPv6*. RFC 4941. RFC Editor, Sept. 2007 (page 420).

[Nik+13a]   N. Nikiforakis et al. "Bitsquatting: exploiting bit-flips for fun, or profit?" In: *22nd International World Wide Web Conference, WWW '13, Rio de Janeiro, Brazil, May 13–17, 2013. Proceedings*. Ed. by D. Schwabe et al. International World Wide Web Conferences Steering Committee / ACM, 2013, pp. 989–998 (page 120).

[Nik+13b]   N. Nikiforakis et al. "Cookieless Monster: Exploring the Ecosystem of Web-Based Device Fingerprinting". In: *Symposium on Security and Privacy (S&P 2013), May 19-22, 2013, Berkeley, California, USA. Proceedings*. IEEE Computer Society, 2013 (page 441).

[Nov+04]   J. Novotny et al. "Remote Computer Fingerprinting for Cyber Crime Investigations". In: *17th Annual Working Conference on Data and Application Security (DBSec 2003), August 4–6, 2003, Estes Park, Colorado, USA. Proceedings*. Ed. by S. de Capitani di Vimercati, I. Ray, and I. Ray. Kluwer Academic Publishers, 2004, pp. 3–15 (pages 142, 223).

[NSS10]   E. Nygren, R. K. Sitaraman, and J. Sun. "The Akamai Network: A Platform for High-Performance Internet Applications". In: *Operating Systems Review* 44.3 (2010), pp. 2–19 (pages 55, 56).

[Obe+07]   H. Obendorf et al. "Web Page Revisitation Revisited: Implications of a Long-Term Click-Stream Study of Browser Usage". In: *Conference on Human Factors in Computing Systems, CHI 2007, San Jose, California, USA, April 28 - May 3, 2007. Proceedings*. Ed. by M. B. Rosson and D. J. Gilmore. ACM, 2007, pp. 597–606 (pages 153, 311).

[OC13]   L. Olejnik and C. Castelluccia. "Towards Web-based Biometric Systems Using Personal Browsing Interests". In: *8th International Conference on Availability, Reliability and Security (ARES 2013). Proceedings.* IEEE Computer Society, 2013, pp. 274–280 (pages 305, 428, 429, 437).

[OCJ12]   L. Olejnik, C. Castelluccia, and A. Janc. "Why Johnny Can't Browse in Peace: On the Uniqueness of Web Browsing History Patterns". In: *5th Workshop on Hot Topics in Privacy Enhancing Technologies (HotPETs 2012).* Vigo, Espagne, July 2012. URL: http://hal.inria.fr/hal-00747841 (pages 305, 312, 326, 392, 428, 429).

[Oec03]   P. Oechslin. "Making a Faster Cryptanalytic Time-Memory Trade-Off". In: *Advances in Cryptology - CRYPTO 2003, 23rd Annual International Cryptology Conference, Santa Barbara, California, USA, August 17–21, 2003. Proceedings.* Ed. by D. Boneh. Vol. 2729. Lecture Notes in Computer Science. Springer, 2003, pp. 617–630 (page 128).

[Oht96]   M. Ohta. *Incremental Zone Transfer in DNS.* RFC 1995. RFC Editor, 1996 (page 40).

[OLL11]   J. Oh, S. Lee, and S. Lee. "Advanced Evidence Collection and Analysis of Web Browser Activity". In: *Digital Investigation* 8 (Aug. 2011), pp. 62–70 (page 141).

[Ope07]   OpenDNS. *Milestone Alert: OpenDNS Logs 3 Billion DNS Queries in 24-Hour Period.* Sept. 2007. URL: http://www.opendns.com/about/announcements/49/ (visited on 02/21/2014) (page 69).

[Ope]   OpenDNS. *David Ulevitch, Founder and CEO.* URL: http://www.opendns.com/about/leadership/david/ (visited on 02/21/2014) (page 66).

[Orm13]   H. Orman. "The Compleat Story of Phish". In: *IEEE Internet Computing* 17.1 (2013), pp. 87–91 (page 115).

[Owe11]   R. Owen. *2010: The Numbers We Saw.* News & Notes from the OpenDNS team. Jan. 2011. URL: http://blog.opendns.com/2011/01/24/2010-the-numbers-we-saw (visited on 02/21/2014) (page 69).

[Pal01]   G. Palmer. "A Road Map for Digital Forensic Research". In: *Report from DFRWS 2001: 1st Digital Forensic Research Workshop.* Utica, New York, Aug. 2001, pp. 27–30 (page 139).

[Pan+04]   J. Pang et al. "On the Responsiveness of DNS-based Network Control". In: *4th ACM SIGCOMM Conference on Internet Measurement 2004, Taormina, Sicily, Italy, October 25–27, 2004. Proceedings.* Ed. by A. Lombardo and J. F. Kurose. ACM, 2004, pp. 21–26 (pages 44, 55, 58).

[Pan+07]   J. Pang et al. "802.11 User Fingerprinting". In: *13th Annual International Conference on Mobile Computing and Networking, MOBICOM 2007, Montréal, Québec, Canada, September 9–14, 2007. Proceedings.* Ed. by E. Kranakis, J. C. Hou, and R. Ramanathan. ACM, 2007, pp. 99–110 (page 307).

[Pan+11]   A. Panchenko et al. "Website Fingerprinting in Onion Routing Based Anonymization Networks". In: *10th annual ACM workshop on Privacy in the electronic society, WPES 2011, Chicago, IL, USA, October 17, 2011. Proceedings.* Ed. by Y. Chen and J. Vaidya. ACM, 2011, pp. 103–114 (pages 145, 172).

[Par86]   C. Partridge. *Mail routing and the domain system.* RFC 974. RFC Editor, Jan. 1986 (page 76).

[Pav+09]   A. Pavlo et al. "A Comparison of Approaches to Large-Scale Data Analysis". In: *35th SIGMOD International Conference on Management of Data (SIGMOD '09). Proceedings*. Providence, Rhode Island, USA: ACM, 2009, pp. 165–178 (page 347).

[Pax97]   V. Paxson. "Automated Packet Trace Analysis of TCP Implementations". In: *SIGCOMM '97 Conference on Applications, Technologies, Architectures, and Protocols for Computer Communication, September 14–18, 1997, Cannes, France. Proceedings*. ACM, 1997, pp. 167–179 (page 189).

[PB08]   M. Pathan and R. Buyya. "A Taxonomy of CDNs". In: *Content Delivery Networks*. Ed. by R. Buyya, M. Pathan, and A. Vakali. 1st ed. Vol. 9. Lecture Notes in Electrical Engineering. Springer-Verlag, Berlin Heidelberg, 2008, pp. 33–77 (pages 54, 55).

[PBV08]   M. Pathan, R. Buyya, and A. Vakali. "Content Delivery Networks: State of the Art, Insights, and Imperatives". In: *Content Delivery Networks*. Ed. by R. Buyya, M. Pathan, and A. Vakali. 1st ed. Vol. 9. Lecture Notes in Electrical Engineering. Springer-Verlag, Berlin Heidelberg, 2008, pp. 3–32 (pages 54, 55).

[PCG12]   R. Perdisci, I. Corona, and G. Giacinto. "Early Detection of Malicious Flux Networks via Large-Scale Passive DNS Traffic Analysis". In: *IEEE Trans. Dependable Sec. Comput.* 9.5 (2012), pp. 714–726 (page 74).

[Peg10]   R. Pegoraro. *Comcast Internet (or any other service) out? Try a new DNS*. The Washington Post. Nov. 2010. URL: http://voices.washingtonpost.com/fasterforward/2010/11/comcast_internet_or_any_other.html (visited on 02/21/2014) (page 65).

[Per+09]   R. Perdisci et al. "WSEC DNS: Protecting recursive DNS resolvers from poisoning attacks". In: *IEEE/IFIP International Conference on Dependable Systems and Networks, DSN 2009, Estoril, Lisbon, Portugal, June 29 – July 2, 2009. Proceedings*. IEEE, 2009, pp. 3–12 (page 121).

[Pet+04]   J. Peterson et al. *Using E.164 numbers with the Session Initiation Protocol (SIP)*. RFC 3824. RFC Editor, June 2004 (page 91).

[Pet+12]   J. Peterson et al. *Architectural Considerations on Application Features in the DNS*. Internet Draft draft-iab-dns-applications-05. RFC Editor, July 2012 (page 75).

[PF01]   J. Padhye and S. Floyd. "On Inferring TCP Behavior". In: *SIGCOMM 2001 Conference on Applications, Technologies, Architectures, and Protocols for Computer Communication, August 27–31, 2001, San Diego, CA, USA. Proceedings*. ACM, 2001, pp. 287–298 (page 188).

[Pfi06]   A. Pfitzmann. "Multilateral Security: Enabling Technologies and Their Evaluation". In: *Emerging Trends in Information and Communication Security, International Conference, ETRICS 2006, Freiburg, Germany, June 6–9, 2006. Proceedings*. Ed. by G. Müller. Vol. 3995. Lecture Notes in Computer Science. Springer, 2006, pp. 1–13 (page 103).

[PH10]   A. Pfitzmann and M. Hansen. *A terminology for talking about privacy by data minimization: Anonymity, Unlinkability, Undetectability, Unobservability, Pseudonymity, and Identity Management*. v0.34. Aug. 2010. URL: http://dud.inf.tu-dresden.de/literatur/Anon_Terminology_v0.34.pdf (pages 231, 232, 261, 298, 337, 338, 420).

[PHL03]   J. Pan, Y. T. Hou, and B. Li. "An overview of DNS-based server selections in content distribution networks". In: *Computer Networks* 43.6 (2003), pp. 695–711 (pages 56, 57).

[PHM08]   A. Pathak, Y. C. Hu, and Z. M. Mao. "Peeking into Spammer Behavior from a Unique Vantage Point". In: *1st USENIX Workshop on Large-Scale Exploits and Emergent Threats, April 15, 2008, San Francisco, CA, USA. Proceedings*. Ed. by F. Monrose. USENIX Association, 2008 (page 78).

[Pie+03]   D. Pierrakos et al. "Web Usage Mining as a Tool for Personalization: A Survey". In: *User Model. User-Adapt. Interact.* 13.4 (2003), pp. 311–372 (page 311).

[Pio10]   C. Piosecny. "Datenschutzfreundliche Nutzung von DNS". Masterarbeit. Universität Regensburg, Institut für Wirtschafsinformatik, Lehrstuhl Management der Informationssicherheit, Dez. 2010 (Seite 275).

[Pis05]   D. Piscitello. *Domain Name Hijacking: Incidents, Threats, Risks, and Remedial Actions*. ICANN Security and Stability Advisory Committee (SSAC). July 2005. URL: http://archive.icann.org/en/announcements/hijacking-report-12jul05.pdf (visited on 02/21/2014) (page 118).

[PMM93]   C. Partridge, T. Mendez, and W. Milliken. *Host Anycasting Service*. RFC 1546. RFC Editor, Nov. 1993 (page 113).

[PMZ07]   V. Pappas, D. Massey, and L. Zhang. "Enhancing DNS Resilience against Denial of Service Attacks". In: *37th Annual IEEE/IFIP International Conference on Dependable Systems and Networks, DSN 2007, June 25–28, 2007, Edinburgh, UK. Proceedings*. IEEE Computer Society, 2007, pp. 450–459 (page 114).

[Pog10]   D. Pogue. *Simplifying the Lives of Web Users*. The New York Times. Aug. 2010. URL: http://www.nytimes.com/2010/08/19/technology/personaltech/19pogue.html (visited on 02/21/2014) (page 65).

[Pos80]   J. Postel. *User Datagram Protocol*. RFC 768. RFC Editor, Aug. 1980 (pages 30, 119).

[Pos81a]   J. Postel. *Internet Protocol*. RFC 791. RFC Editor, Sept. 1981 (pages 30, 31, 188).

[Pos81b]   J. Postel. *Transmission Control Protocol*. RFC 793. RFC Editor, Sept. 1981 (pages 30, 119, 188).

[PP09]   C. Paar and J. Pelzl. *Understanding Cryptography: A Textbook for Students and Practitioners*. Berlin, Heidelberg, New York: Springer, 2009 (pages 94, 106).

[PP10]   C. Paar and J. Pelzl. "Hash Functions". In: *Understanding Cryptography*. Springer Berlin Heidelberg, 2010, pp. 293–317 (page 339).

[PPW91]   A. Pfitzmann, B. Pfitzmann, and M. Waidner. "ISDN-MIXes: Untraceable Communication with Very Small Bandwidth Overhead". In: *Proc. GI/ITG-Conference "Kommunikation in Verteilten Systemen" (Communication in Distributed Systems)*. 1991, pp. 451–463 (page 233).

[PR84]   J. Postel and J. K. Reynolds. *Domain Requirements*. RFC 920. RFC Editor, Oct. 1984 (page 15).

[PR97]   J. Postel and J. Reynolds. *Instructions to RFC Authors*. RFC 2223. RFC Editor, Oct. 1997 (page 14).

[PS10]   S. T. Peddinti and N. Saxena. "On the Privacy of Web Search Based on Query Obfuscation: A Case Study of TrackMeNot". In: *10th International Symposium on Privacy Enhancing Technologies (PETS 2010), Berlin, Germany, July 21–23, 2010. Proceedings*. Ed. by M. J. Atallah and N. J. Hopper. Vol. 6205. Lecture Notes in Computer Science. Springer, 2010, pp. 19–37 (pages 235, 289, 302, 427).

[PSL80]   M. C. Pease, R. E. Shostak, and L. Lamport. "Reaching Agreement in the Presence of Faults". In: *J. ACM* 27.2 (1980), pp. 228–234 (page 269).

[PV06]   G. Pallis and A. Vakali. "Insight and Perspectives for Content Delivery Networks". In: *Commun. ACM* 49.1 (2006), pp. 101–106 (page 55).

[PVH10]   G. Prigent, F. Vichot, and F. Harrouet. "IpMorph: Fingerprinting Spoofing Unification". In: *Journal in Computer Virology* 6.4 (2010), pp. 329–342 (pages 188, 189).

[PY06]   B. Padmanabhan and Y. Yang. *Clickprints on the Web: Are there signatures in Web Browsing Data?* Available at http://knowledge.wharton.upenn.edu/papers/1323.pdf. 2006 (page 313).

[Rad01]   R. W. Rader. *One History of DNS*. 2001. URL: http://www.byte.org/one-history-of-dns.pdf (visited on 02/21/2014) (page 15).

[Ram09]   P. Ramaswami. *Introducing Google Public DNS: A new DNS resolver from Google*. The official Google Code blog. Dec. 2009. URL: http://googlecode.blogspot.com/2009/12/introducing-google-public-dns-new-dns.html (visited on 02/21/2014) (pages 67, 68).

[RB11]   M. Rost und K. Bock. "Privacy By Design und die Neuen Schutzziele". In: *Datenschutz und Datensicherheit (DuD)* 1 (2011), S. 30–35 (Seite 103).

[Rei78]   R. Reiter. "On Closed World Data Bases". In: *Logic and Data Bases*. Ed. by G. A. Minker. Plenum Press, 1978 (pages 184, 219).

[Rek+96]   Y. Rekhter et al. *Address Allocation for Private Internets*. RFC 1918. RFC Editor, Feb. 1996 (pages 24, 221).

[Ren+03]   J. D. Rennie et al. "Tackling the Poor Assumptions of Naive Bayes Text Classifiers". In: *20th International Conference on Machine Learning (ICML 2003), August 21–24, 2003, Washington, DC, USA. Proceedings*. Ed. by T. Fawcett and N. Mishra. AAAI Press, 2003, pp. 616–623 (page 330).

[Res00]   E. Rescorla. *HTTP Over TLS*. RFC 2818. RFC Editor, May 2000 (pages 94, 95).

[RFV07]   A. Ramachandran, N. Feamster, and S. Vempala. "Filtering Spam with Behavioral Blacklisting". In: *Conference on Computer and Communications Security, CCS 2007, Alexandria, Virginia, USA, October 28–31, 2007. Proceedings*. Ed. by P. Ning, S. D. C. di Vimercati, and P. F. Syverson. ACM, 2007, pp. 342–351 (page 81).

[Rho12]   A. Rhodes. *Worried about Mac malware? Just set up OpenDNS*. Apr. 2012. URL: http://blog.opendns.com/2012/04/09/worried-about-mac-malware-just-set-up-opendns/ (visited on 02/21/2014) (page 67).

[RHR04]   P. Resnick, D. L. Hansen, and C. R. Richardson. "Calculating Error Rates for Filtering Software". In: *Commun. ACM* 47.9 (2004), pp. 67–71 (page 60).

[Rik+03]   K. Rikitake et al. "T/TCP for DNS: A Performance and Security Analysis". In: *IPSJ Journal* 44.8 (2003), pp. 2060–2071 (page 34).

[Rik+04] K. Rikitake et al. "DNS Transport Size Issues in IPv6 Environment". In: *Symposium on Applications and the Internet-Workshops (SAINT 2004 Workshops). Proceedings.* SAINT-W '04. Washington, DC, USA: IEEE Computer Society, 2004, pp. 141–145 (page 31).

[Riv92] R. Rivest. *The MD5 Message-Digest Algorithm.* RFC 1321. RFC Editor, Apr. 1992. URL: http://www.ietf.org/rfc/rfc1321.txt (page 339).

[RKG06] P. Ren, J. Kristoff, and B. Gooch. "Visualizing DNS traffic". In: *3rd International Workshop on Visualization for Computer Security (VizSEC '06). Proceedings.* New York, NY, USA: ACM, 2006, pp. 23–30 (pages 336, 337).

[RKW12] F. Roesner, T. Kohno, and D. Wetherall. "Detecting and Defending Against Third-Party Tracking on the Web". In: *9th USENIX conference on Networked Systems Design and Implementation. Proceedings.* NSDI'12. San Jose, CA: USENIX Association, 2012. URL: http://dl.acm.org/citation.cfm?id=2228298.2228315 (page 301).

[RL07] K. Rieck and P. Laskov. "Language Models for Detection of Unknown Attacks in Network Traffic". In: *Journal in Computer Virology* 2.4 (2007), pp. 243–256 (page 332).

[RMP10] M. A. Rajab, F. Monrose, and N. Provos. "Peeking Through the Cloud: Client Density Estimation via DNS Cache Probing". In: *ACM Trans. Internet Techn.* 10.3 (2010) (pages 134, 172).

[RN08] S. Rose and A. Nakassis. "Minimizing Information Leakage in the DNS". In: *IEEE Network* 22.2 (2008), pp. 22–25 (page 127).

[Ros08] J. Roskind. *DNS Prefetching (or Pre-Resolving).* 2008. URL: http://blog.chromium.org/2008/09/dns-prefetching-or-pre-resolving.html (visited on 02/21/2014) (page 150).

[Ros93] R. Rosenbaum. *Using the Domain Name System To Store Arbitrary String Attributes.* RFC 1464. RFC Editor, May 1993 (page 77).

[Ros+02] J. Rosenberg et al. *SIP: Session Initiation Protocol.* RFC 3261. RFC Editor, June 2002 (page 89).

[Roß03] A. Roßnagel. "Konzepte des Selbstdatenschutzes". In: *Handbuch Datenschutzrecht. Die neuen Grundlagen für Wirtschaft und Verwaltung.* Beck Juristischer Verlag, 2003. Kap. 3.4 (Seite 298).

[RP02] A. Roßnagel und A. Pfitzmann. "Datenschutz im Internet". In: *Deutschland online.* Hrsg. von E. Staudt. Springer Berlin Heidelberg, 2002, S. 89–98 (Seite 139).

[RP09] M. Rost und A. Pfitzmann. "Datenschutz-Schutzziele – revisited". In: *Datenschutz und Datensicherheit (DuD)* 6 (2009), S. 353–358 (Seite 103).

[RS02] J. Rosenberg and H. Schulzrinne. *Session Initiation Protocol (SIP): Locating SIP Servers.* Tech. rep. 3263. RFC Editor, June 2002 (page 27).

[RS03] J. Rosenberg and H. Schulzrinne. *An Extension to the Session Initiation Protocol (SIP) for Symmetric Response Routing.* RFC 3581. RFC Editor, Aug. 2003 (page 85).

[RS04] V. Ramasubramanian and E. G. Sirer. "The Design and Implementation of a Next Generation Name Service for the Internet." In: *SIGCOMM Conference on Applications, Technologies, Architectures, and Protocols for Computer Communication, August 30 - September 3, 2004, Portland, Oregon, USA. Proceedings.* ACM, 2004, pp. 331–342 (pages 237, 239).

[SAH11]   P. Saint-Andre and J. Hodges. *Representation and Verification of Domain-Based Application Service Identity within Internet Public Key Infrastructure Using X.509 (PKIX) Certificates in the Context of Transport Layer Security (TLS)*. RFC 6125. RFC Editor, Mar. 2011 (pages 94, 95).

[San+13]   S. Santesson et al. *X.509 Internet Public Key Infrastructure Online Certificate Status Protocol – OCSP*. RFC 6960. RFC Editor, June 2013 (page 200).

[SBJ08]   S. Sinha, M. Bailey, and F. Jahanian. "Shades of Grey: On the Effectiveness of Reputation-based „Blacklists‟". In: *Malicious and Unwanted Software, 2008. MALWARE 2008. 3rd International Conference on.* Oct. 2008, pp. 57–64 (page 81).

[Sch06]   J. Schmidt. *Trojaner im Video-Codec.* heise Security. 2006. URL: http://heise.de/-159371 (besucht am 21. 02. 2014) (Seite 116).

[Sch07a]   J. Schlyter. *getrrsetbyname(3).* OpenBSD Programmer's Manual. 2007. URL: http://www.openbsd.org/cgi-bin/man.cgi?query=getrrsetbyname&manpath=OpenBSD+5.0 (visited on 02/21/2014) (page 50).

[Sch07b]   G. Schryen. *Anti-Spam Measures – Analysis and Design.* Springer, 2007, pp. I–XIX, 1–209 (pages 79, 81).

[Sch10]   J. Schwenk. *Sicherheit und Kryptographie im Internet – Von sicherer E-Mail bis zu IP-Verschlüsselung.* 3. Aufl. Wiesbaden: Vieweg+Teubner, 2010 (Seite 14).

[Sch11a]   P. Schaar, Hrsg. *Internetprotokoll Version 6 (IPv6) Wo bleibt der Datenschutz? Tagungsband zum Symposium des Bundesbeauftragten für den Datenschutz und die Informationsfreiheit, 22. November 2011, Berlin.* 2011. URL: http://www.bfdi.bund.de/SharedDocs/Publikationen/Infobroschueren/TagungsbandSymposiumIPv6.pdf (besucht am 21. 02. 2014) (Seite 435).

[Sch11b]   S. Schmitt. *Algorithmen: Automatisch vorsortiert.* DIE ZEIT, Nr. 26, 22.6.2011. 2011. URL: http://www.zeit.de/2011/26/Internet-Surfverhalten-Filter (visited on 02/21/2014) (page 301).

[Sch11c]   B. Schoenmakers. "Multiparty Computation". In: *Encyclopedia of Cryptography and Security.* Ed. by H. C. A. van Tilborg and S. Jajodia. 2nd ed. Springer, 2011, pp. 812–815 (page 106).

[Sch12a]   H. Schmundt. *Die Keks-Spione.* DER SPIEGEL 13/2012. März 2012. URL: http://www.spiegel.de/spiegel/print/d-84519398.html (Seite 301).

[Sch12b]   B. Schwartz. *Google Public DNS Is The Largest Public DNS Service.* 2012. URL: http://www.seroundtable.com/google-public-dns-14729.html (visited on 02/21/2014) (page 140).

[Sch99]   B. Schneier. *Attack Trees.* Dec. 1999. URL: http://www.schneier.com/paper-attacktrees-ddj-ft.html (visited on 02/21/2014) (page 108).

[SE13]   D. A. Sokolov und R. Eikenberg. *New York Times offline, Twitter-Bilder nicht erreichbar.* heise Security. 2013. URL: http://heise.de/-1944042 (besucht am 21. 02. 2014) (Seite 118).

[SG10]   S. Shin and G. Gu. "Conficker and Beyond: A Large-Scale Empirical Study". In: *26th Annual Computer Security Applications Conference, ACSAC 2010, Austin, Texas, USA, December 6-10, 2010. Proceedings.* Ed. by C. Gates, M. Franz, and J. P. McDermott. ACM, 2010, pp. 151–160 (page 81).

[SGI13]   C. Sorge, N. Gruschka, and L. Iacono. *Sicherheit in Kommunikationsnetzen.* Oldenbourg Wissenschaftsverlag, 2013 (page 116).

[SH06]   A. Schonewille and D.-J. van Helmond. "The Domain Name Service as an IDS: How DNS can be used for detecting and monitoring badware in a network". Research Project for the Master "System and Network Engineering". University of Amsterdam, 2006. URL: http://www.delaat.net/rp/2005-2006/p12/report.pdf (page 74).

[SK03]   D. A. Sokolov und J. Kuri. *Nach DNS-Ausfall fliegen in Österreich die Fetzen.* heise news. 2003. URL: http://heise.de/-83623 (besucht am 21. 02. 2014) (Seite 112).

[SK07]   M. Santcroos and O. M. Kolkman. *DNS Threat Analysis.* NLnet Labs. 2007. URL: http://www.nlnetlabs.nl/downloads/publications/se-consult.pdf (visited on 02/21/2014) (pages 108, 123, 129, 134).

[SK13]   C. A. Shue and A. J. Kalafut. "Resolvers Revealed: Characterizing DNS Resolvers and their Clients". In: *ACM Trans. Internet Techn.* 12.4 (2013), p. 14 (pages 190, 191, 436).

[SKG07]   C. A. Shue, A. J. Kalafut, and M. Gupta. "The web is smaller than it seems". In: *7th ACM SIGCOMM Conference on Internet Measurement 2007, San Diego, California, USA, October 24–26, 2007. Proceedings.* Ed. by C. Dovrolis and M. Roughan. ACM, 2007, pp. 123–128 (page 60).

[Smi+01]   F. D. Smith et al. "What TCP/IP protocol headers can tell us about the web". In: *Joint International Conference on Measurements and Modeling of Computer Systems, SIGMETRICS 2001, June 16–20, 2001, Cambridge, MA, USA. Proceedings.* ACM, 2001, pp. 245–256 (pages 144, 145).

[Sog11]   C. Soghoian. "Enforced Community Standards for Research on Users of the Tor Anonymity Network". In: *Financial Cryptography and Data Security – FC 2011 Workshops, RLCPS and WECSR 2011, Rodney Bay, St. Lucia, February 28 – March 4, 2011. Revised Selected Papers.* Ed. by G. Danezis, S. Dietrich, and K. Sako. Vol. 7126. Lecture Notes in Computer Science. Springer, 2011, pp. 146–153 (page 336).

[Sol+10]   A. Soltani et al. "Flash Cookies and Privacy". In: *Intelligent Information Privacy Management, Papers from the 2010 AAAI Spring Symposium, Technical Report SS-10-05, Stanford, California, USA, March 22–24, 2010.* AAAI, 2010 (pages 301, 302).

[SP00]   J. Stone and C. Partridge. "When the CRC and TCP checksum disagree". In: *SIGCOMM 2000 Conference on Applications, Technologies, Architectures, and Protocols for Computer Communication, August 28 – September 1, 2000, Stockholm, Sweden. Proceedings.* ACM, 2000, pp. 309–319 (page 119).

[SP82]   Z. Su and J. Postel. *Domain Naming Convention for Internet User Applications.* RFC 819. RFC Editor, Aug. 1982 (page 14).

[Spe04a]   C. Spearman. "The Proof and Measurement of Association Between Two Things". In: *American Journal of Psychology* 15 (1904), pp. 88–103 (page 374).

[Spe04b] S. M. Specht. "Distributed Denial of Service: Taxonomies of Attacks, Tools and Countermeasures". In: *International Workshop on Security in Parallel and Distributed Systems. Proceedings.* 2004, pp. 543–550 (page 107).

[SPT05] S. Sarat, V. Pappas, and A. Terzis. "On the Use of Anycast in DNS". In: *International Conference on Measurements and Modeling of Computer Systems, SIGMETRICS 2005, June 6–10, 2005, Banff, Alberta, Canada. Proceedings.* Ed. by D. L. Eager et al. ACM, 2005, pp. 394–395 (page 113).

[Sri+00] J. Srivastava et al. "Web Usage Mining: Discovery and Applications of Usage Patterns from Web Data". In: *SIGKDD Explorations* 1.2 (2000), pp. 12–23 (page 311).

[SRJ07] S. Stamm, Z. Ramzan, and M. Jakobsson. "Drive-By Pharming". In: *Information and Communications Security, 9th International Conference, ICICS 2007, Zhengzhou, China, December 12–15, 2007. Proceedings.* Ed. by S. Qing, H. Imai, and G. Wang. Vol. 4861. Lecture Notes in Computer Science. Springer, 2007, pp. 495–506 (page 116).

[SS01] D. Sheresh and B. Sheresh. *Understanding Directory Services.* 2nd ed. Indianapolis, IN, USA: Sams, Dec. 2001 (page 17).

[SS05] R. Schoblick und G. Schoblick. *Taschenbuch der Telekom-Praxis 2005.* Berlin: Schiele & Schön, 2005 (Seite 88).

[SS08] R. C. Shah and C. Sandvig. "Software defaults as de facto regulation: The case of the wireless internet". In: *Information, Communication & Society* 11.1 (2008), pp. 25–46 (page 195).

[SS10] S. Son and V. Shmatikov. "The Hitchhiker's Guide to DNS Cache Poisoning". In: *Security and Privacy in Communication Networks - 6th International ICST Conference, SecureComm 2010, Singapore, September 7–9, 2010. Proceedings.* Ed. by S. Jajodia and J. Zhou. Vol. 50. Lecture Notes of the Institute for Computer Sciences, Social Informatics and Telecommunications Engineering. Springer, 2010, pp. 466–483 (pages 118, 120).

[SS11] C. Soghoian and S. Stamm. "Certified Lies: Detecting and Defeating Government Interception Attacks against SSL (Short Paper)". In: *Financial Cryptography and Data Security - 15th International Conference, FC 2011, Gros Islet, St. Lucia, February 28 - March 4, 2011. Revised Selected Papers.* Ed. by G. Danezis. Vol. 7035. Lecture Notes in Computer Science. Springer, 2011, pp. 250–259 (page 96).

[SSW04] S. Sen, O. Spatscheck, and D. Wang. "Accurate, Scalable In-Network Identification of P2P Traffic Using Application Signatures". In: *13th international conference on World Wide Web, WWW 2004, New York, NY, USA, May 17–20, 2004. Proceedings.* Ed. by S. I. Feldman et al. ACM, 2004, pp. 512–521 (page 192).

[STA01] A. Shaikh, R. Tewari, and M. Agrawal. "On the Effectiveness of DNS-based Server Selection". In: *INFOCOM 2001, The Conference on Computer Communications, Twentieth Annual Joint Conference of the IEEE Computer and Communications Societies, Twenty years into the communications odyssey, 22-26 April 2001, Anchorage, Alaska, USA. Proceedings.* IEEE, 2001, pp. 1801–1810 (page 58).

[Ste12] M. Stevens. *Single-block collision attack on MD5.* Cryptology ePrint Archive, Report 2012/040. http://eprint.iacr.org/. 2012 (page 339).

[Ste93]   W. R. Stevens. *TCP/IP Illustrated: The Protocols*. Vol. 1. Boston, MA, USA: Addison-Wesley Longman Publishing Co., Inc., 1993 (page 11).

[Ste+06]   U. Steinhoff et al. "The State of the Art in DNS Spoofing". In: *4th International Conference on Applied Cryptography and Network Security (ACNS'06)*. Ed. by J. Zhou, M. Yung, and F. Bao. Singapore, 2006, pp. 174–189 (pages 116, 117).

[Sun+02]   Q. Sun et al. "Statistical Identification of Encrypted Web Browsing Traffic". In: *Symposium on Security and Privacy. Proceedings*. Washington, DC, USA: IEEE Computer Society, 2002 (pages 145, 436).

[Su+09]   A.-J. Su et al. "Drafting Behind Akamai: Inferring Network Conditions Based on CDN Redirections". In: *IEEE/ACM Trans. Netw.* 17.6 (2009), pp. 1752–1765 (page 56).

[Swe02]   L. Sweeney. "k-Anonymity: A Model for Protecting Privacy". In: *International Journal of Uncertainty, Fuzziness and Knowledge-Based Systems* 10.5 (2002), pp. 557–570 (page 173).

[TG97]   L. Tauscher and S. Greenberg. "How people revisit web pages: empirical findings and implications for the design of history systems". In: *Int. J. Hum.-Comput. Stud.* 47.1 (1997), pp. 97–137 (page 311).

[TGT08]   F. Templin, T. Gleeson, and D. Thaler. *Intra-Site Automatic Tunnel Addressing Protocol (ISATAP)*. RFC 5214. RFC Editor, Mar. 2008 (page 199).

[Tho+03]   S. Thomson et al. *DNS Extensions to Support IP Version 6*. RFC 3596. RFC Editor, Oct. 2003 (page 26).

[Tho+12]   O. Thonnard et al. "Industrial Espionage and Targeted Attacks: Understanding the Characteristics of an Escalating Threat". In: *Research in Attacks, Intrusions, and Defenses – 15th International Symposium, RAID 2012, Amsterdam, The Netherlands, September 12-14, 2012. Proceedings*. Ed. by D. Balzarotti, S. J. Stolfo, and M. Cova. Vol. 7462. Lecture Notes in Computer Science. Springer, 2012, pp. 64–85 (page 141).

[Til13]   H. Tillmann. "Browser Fingerprinting: Tracking ohne Spuren zu hinterlassen". Diplomarbeit. Humboldt-Universität zu Berlin, 2013 (page 304).

[TIT06]   T. Toyono, K. Ishibashi, and K. Toyama. *Clear and Present Increase in Number of DNS AAAA Queries*. 2006. URL: http://www.nanog.org/meeting-archives/nanog36/presentations/ishibashi.pdf (visited on 02/21/2014) (page 208).

[Tra+82]   I. L. Traiger et al. "Transactions and Consistency in Distributed Database Systems". In: *ACM Trans. Database Syst.* 7.3 (1982), pp. 323–342 (page 42).

[Tro03]   C. Trowbridge. *An Overview of Remote Operating System Fingerprinting*. Tech. rep. The SANS Institute, 2003. URL: http://www.sans.org/reading-room/whitepapers/testing/overview-remote-operating-system-fingerprinting-1231 (page 189).

[Ubu13]   Ubuntu. *AutomaticConnections*. 2013. URL: https://help.ubuntu.com/community/AutomaticConnections (visited on 02/21/2014) (page 198).

[Ung04]   B. Ungerer. "Gleich strukturiert – Mit Fuzzy Checksums ähnliche Texte finden". In: *iX – Magazin für professionelle Informationstechnik* 5/2004 (2004), S. 119–121 (Seite 80).

[Uri]   uribl.com. URL: http://www.uribl.com/about.shtml (visited on 02/21/2014) (page 80).

[Ur+12]   B. Ur et al. "Smart, useful, scary, creepy: perceptions of online behavioral advertising". In: *Symposium On Usable Privacy and Security (SOUPS '12) Washington, DC, USA, July 11–13, 2012. Proceedings*. Ed. by L. F. Cranor. New York, NY, USA: ACM, 2012 (page 409).

[Var10]   V. Varadharajan. "Internet Filtering Issues and Challenges". In: *IEEE Security & Privacy* 8.4 (2010), pp. 62–65 (page 60).

[VG12]   J.-P. Verkamp and M. Gupta. "Inferring Mechanics of Web Censorship Around the World". In: *2nd USENIX Workshop on Free and Open Communications on the Internet (FOCI 2012), Bellevue, WA, USA, August 6, 2012, Proceedings*. USENIX Association, 2012 (page 60).

[Vio04]   B. Violino. *VeriSign to Run EPC Directory*. 2004. URL: http://www.rfidjournal.com/articles/view?735 (visited on 02/21/2014) (page 93).

[Vix02]   P. Vixie. *Resolver Configuration*. Internet Software Consortium. 2002. URL: http://www.irbs.net/bog-4.9.5/bog31.html (visited on 02/21/2014) (page 208).

[Vix09]   P. Vixie. "What DNS Is Not". In: *ACM Queue* 7.10 (2009), p. 10 (pages 58, 64).

[Vix13]   P. Vixie. *Featured Building DNS Firewalls with Response Policy Zones (RPZ)*. 2013. URL: https://deepthought.isc.org/article/AA-00525/110/Building-DNS-Firewalls-with-Response-Policy-Zones-RPZ.html (visited on 02/21/2014) (pages 201, 440).

[Vix96]   P. Vixie. *A Mechanism for Prompt Notification of Zone Changes (DNS NOTIFY)*. RFC 1996. RFC Editor, Aug. 1996 (page 41).

[Vix99]   P. Vixie. *Extension Mechanisms for DNS (EDNS0)*. RFC 2671. RFC Editor, Aug. 1999 (pages 32, 33).

[Vix+00]   P. Vixie et al. *Secret Key Transaction Authentication for DNS (TSIG)*. RFC 2845. RFC Editor, May 2000 (page 119).

[Vix+97]   P. Vixie et al. *Dynamic Updates in the Domain Name System (DNS UPDATE)*. RFC 2136. RFC Editor, Apr. 1997 (page 119).

[VK83]   V. L. Voydock and S. T. Kent. "Security Mechanisms in High-Level Network Protocols". In: *ACM Computing Surveys* 15.2 (1983), pp. 135–171 (pages 103, 104, 106).

[Vog08]   W. Vogels. "Eventually consistent". In: *Commun. ACM* 52.1 (2008), pp. 40–44 (page 42).

[VP03]   A. Vakali and G. Pallis. "Content Delivery Networks: Status and Trends". In: *IEEE Internet Computing* 7.6 (2003), pp. 68–74 (pages 54, 55).

[VWR04]   L. Van Wel and L. Royakkers. "Ethical issues in web data mining". In: *Ethics and Inf. Technol.* 6.2 (June 2004), pp. 129–140 (pages 336, 337).

[W3C13]   W3C. *Web Storage – W3C Recommendation 30 July 2013*. Ed. by I. Hickson. 2013. URL: http://www.w3.org/TR/2013/REC-webstorage-20130730/ (visited on 02/21/2014) (page 302).

[WAP08]   D. Wendlandt, D. G. Andersen, and A. Perrig. "Perspectives: Improving SSH-style Host Authentication with Multi-Path Probing". In: *2008 USENIX Annual Technical Conference, Boston, MA, USA, June 22–27, 2008. Proceedings*. USENIX, 2008, pp. 321–334 (page 98).

[Wat+04]   D. Watson et al. "Protocol Scrubbing: Network Security Through Transparent Flow Modification". In: *IEEE/ACM Trans. Netw.* 12.2 (2004), pp. 261–273 (page 189).

[WB12]   R. Weidner-Braun. *Der Schutz der Privatsphäre und des Rechts auf informationelle Selbstbestimmung: am Beispiel des personenbezogenen Datenverkehrs im WWW nach deutschem öffentlichen Recht.* Schriften zum Öffentlichen Recht. Duncker & Humblot GmbH, 2012 (Seite 139).

[WB90]   S. D. Warren and L. D. Brandeis. "The Right to Privacy". In: *Harvard Law Review* IV.5 (Dec. 1890) (page 139).

[Wea+11]   N. Weaver et al. "Implications of Netalyzr's DNS Measurements". In: *1st Workshop on Securing and Trusting Internet Names (SATIN).* NPL, Teddington, UK, 2011 (pages 63, 72, 226).

[Wei05]   F. Weimer. "Passive DNS Replication". In: *17th Annual Forum of Incident Response and Security Teams Conference (FIRST 2005), Singapore, June 26 – July 1, 2005. Proceedings.* 2005. URL: http://www.first.org/conference/2005/papers/florian-weimer-paper-1.pdf (pages 73, 74).

[Wei08]   F. Weimer. *Debian Bug report logs 491809: DNS stub resolver could be hardened.* 2008. URL: http://bugs.debian.org/cgi-bin/bugreport.cgi?bug=491809 (visited on 02/21/2014) (page 47).

[Wei+11]   Z. Weinberg et al. "I Still Know What You Visited Last Summer: Leaking Browsing History via User Interaction and Side Channel Attacks". In: *32nd IEEE Symposium on Security and Privacy, S&P 2011, May 22–25 2011, Berkeley, California, USA. Proceedings.* IEEE Computer Society, 2011, pp. 147–161 (pages 305, 306).

[WF05]   I. H. Witten and E. Frank. *Data Mining. Practical Machine Learning Tools and Techniques.* San Francisco: Elsevier, 2005 (pages 332, 352, 353).

[WG13]   T. Wang and I. Goldberg. "Improved Website Fingerprinting on Tor". In: *12th annual ACM Workshop on Privacy in the Electronic Society, WPES 2013, Berlin, Germany, November 4, 2013. Proceedings.* Ed. by A.-R. Sadeghi and S. Foresti. ACM, 2013, pp. 201–212 (page 146).

[WH02]   B. Wellman and C. Haythornthwaite, eds. *The Internet and Everyday Life.* Malden, MA: Blackwell, 2002 (page 310).

[WHF07]   R. Wendolsky, D. Herrmann, and H. Federrath. "Performance Comparison of Low-Latency Anonymisation Services from a User Perspective". In: *7th International Symposium on Privacy Enhancing Technologies (PET 2007), Ottawa, Canada, June 20–22, 2007. Revised Selected Papers.* Ed. by N. Borisov and P. Golle. Vol. 4776. Lecture Notes in Computer Science. Springer, 2007, pp. 233–253 (page 409).

[Whi11]   T. White. *Hadoop – The Definitive Guide: Storage and Analysis at Internet Scale.* 2nd ed. O'Reilly, 2011, pp. I–XXII, 1–600 (page 346).

[WI06]   S. Weiler and J. Ihren. *Minimally Covering NSEC Records and DNSSEC On-line Signing.* RFC 4470. RFC Editor, Apr. 2006 (page 127).

[WKP11]   N. Weaver, C. Kreibich, and V. Paxson. "Redirecting DNS for Ads and Profit". In: *1st USENIX Workshop on Free and Open Communications on the Internet (FOCI), San Francisco, CA, USA, August 7, 2011, Proceedings.* USENIX Association, 2011 (pages 63, 64, 66, 67).

[WMM06] C. V. Wright, F. Monrose, and G. M. Masson. "On Inferring Application Protocol Behaviors in Encrypted Network Traffic". In: *Journal of Machine Learning Research* 6 (2006), pp. 2745–2769 (page 191).

[WP00] G. Wolf und A. Pfitzmann. "Charakteristika von Schutzzielen und Konsequenzen fuer Benutzungsschnittstellen". In: *Informatik Spektrum* 23.3 (2000), S. 173–191 (Seiten 110, 296).

[WP90] M. Waidner and B. Pfitzmann. "The Dining Cryptographers in the Disco – Underconditional Sender and Recipient Untraceability with Computationally Secure Serviceability (Abstract)". In: *Advances in Cryptology – EUROCRYPT '89*. Ed. by J.-J. Quisquater and J. Vandewalle. Vol. 434. Lecture Notes in Computer Science. Springer, 1990, p. 690 (page 269).

[WS00] C. Wills and H. Shang. *The contribution of DNS lookup costs to web object retrieval.* Tech. rep. WPI-CS-TR-00-12. Worcester, MA.: Worcester Polytechnic Institute, July 2000. URL: http://web.cs.wpi.edu/~cew/papers/tr00-12.pdf (page 149).

[Wu+08] X. Wu et al. "Top 10 algorithms in data mining". In: *Knowl. Inf. Syst.* 14.1 (2008), pp. 1–37 (page 327).

[WW13] M. Wander and T. Weis. "Measuring Occurrence of DNSSEC Validation". In: *Passive and Active Measurement – 14th International Conference, PAM 2013, Hong Kong, China, March 18–19, 2013. Proceedings.* Ed. by M. Roughan and R. K. C. Chang. Vol. 7799. Lecture Notes in Computer Science. Springer, 2013, pp. 125–134 (page 123).

[WWF13] R. Weaver, D. Weaver, and D. Farwood. *Guide to Network Defense and Countermeasures.* 3rd ed. Course Technology. Cengage Learning, 2013 (page 121).

[Xia+13] W. Xia et al. "TCPI: A Novel Method of Encrypted Page Identification". In: *1st International Workshop on Cloud Computing and Information Security (CCIS 2013).* Atlantis Press, 2013. URL: http://www.atlantis-press.com/php/download_paper.php?id=9963 (pages 146, 436).

[Xie+07] Y. Xie et al. "How dynamic are IP addresses?" In: *Conference on Applications, technologies, architectures, and protocols for computer communications (SIGCOMM 2007). Proceedings.* Kyoto, Japan: ACM, 2007, pp. 301–312 (page 300).

[Xie+13] G. Xie et al. "ReSurf: Reconstructing Web-Surfing Activity from Network Traffic". In: *IFIP Networking 2013 Conference.* New York, NY, USA: IEEE, 2013, pp. 1–9 (pages 144, 145, 160, 436).

[XLF13] T. Xie, F. Liu, and D. Feng. *Fast Collision Attack on MD5.* Cryptology ePrint Archive, Report 2013/170. http://eprint.iacr.org/. 2013 (page 339).

[Yam08] R. V. Yampolskiy. "Behavioral Modeling: an Overview". In: *American Journal of Applied Sciences* 5.5 (2008), pp. 496–503 (page 311).

[Yan10] Y. Yang. "Web user behavioral profiling for user identification". In: *Decision Support Systems* 49 (2010), pp. 261–271 (pages 313, 314, 320, 321, 327, 353, 355, 390, 407, 429, 437).

[Yan+11] J. Yan et al. "Behavioral Targeting Online Advertising". In: *Online Multimedia Advertising: Techniques and Technologies.* Ed. by X.-S. Hua, T. Mei, and A. Hanjalic. IGI Global, 2011. Chap. 12, pp. 213–232 (page 301).

[Yan+96]   T. W. Yan et al. "From User Access Patterns to Dynamic Hypertext Linking". In: *Computer Networks* 28.7-11 (1996), pp. 1007–1014 (page 311).

[Yen+09]   T. Yen et al. "Browser Fingerprinting from Coarse Traffic Summaries: Techniques and Implications". In: *Detection of Intrusions and Malware, and Vulnerability Assessment, 6th International Conference, DIMVA 2009, Como, Italy, July 9–10, 2009. Proceedings.* Ed. by U. Flegel and D. Bruschi. Vol. 5587. Lecture Notes in Computer Science. Springer, 2009, pp. 157–175 (pages 172, 188, 192, 437).

[Yen+12]   T.-F. Yen et al. "Host Fingerprinting and Tracking on the Web: Privacy and Security Implications". In: *Network and Distributed System Security Symposium (NDSS 2012). Proceedings.* 2012 (page 308).

[YG10]   R. V. Yampolskiy and V. Govindaraju. "Taxonomy of Behavioural Biometrics". In: *Behavioral Biometrics for Human Identification: Intelligent Applications.* Ed. by L. Wang and X. Geng. IGI Global, 2010. Chap. 1, pp. 1–43 (page 308).

[YP08]   Y. Yang and B. Padmanabhan. "Toward user patterns for online security: Observation time and online user identification". In: *Decision Support Systems* 48 (2008), pp. 548–558 (page 313).

[Zal11]   M. Zalewski. *Rapid history extraction through non-destructive cache timing (v8).* Dec. 2011. URL: http://lcamtuf.coredump.cx/cachetime/ (visited on 02/21/2014) (page 306).

[ZBW07]   B. Zdrnja, N. Brownlee, and D. Wessels. "Passive Monitoring of DNS Anomalies". In: *Detection of Intrusions and Malware, and Vulnerability Assessment, 4th International Conference, DIMVA 2007, Lucerne, Switzerland, July 12–13, 2007. Proceedings.* Ed. by B. M. Hämmerli and R. Sommer. Vol. 4579. Lecture Notes in Computer Science. Springer, 2007, pp. 129–139 (page 74).

[ZE02]   B. Zadrozny and C. Elkan. "Transforming Classifier Scores into Accurate Multiclass Probability Estimates". In: *8th SIGKDD International Conference on Knowledge Discovery and Data Mining. Proceedings.* KDD '02. Edmonton, Alberta, Canada: ACM, 2002, pp. 694–699 (page 384).

[ZE03]   J. Zittrain and B. Edelman. "Internet Filtering in China". In: *IEEE Internet Computing* 7.2 (2003), pp. 70–77 (pages 60, 61).

[ZHS07a]   F. Zhao, Y. Hori, and K. Sakurai. "Analysis of Privacy Disclosure in DNS Query". In: *2007 International Conference on Multimedia and Ubiquitous Engineering (MUE 2007), April 26–28, 2007, Seoul, Korea. Proceedings.* IEEE Computer Society, 2007, pp. 952–957 (pages 225, 234–239, 258, 410, 437).

[ZHS07b]   F. Zhao, Y. Hori, and K. Sakurai. "Two–Servers PIR Based DNS Query Scheme with Privacy–Preserving". In: *The 2007 International Conference on Intelligent Pervasive Computing, IPC 2007, Jeju Island, Korea, October 11–13, 2007. Proceedings.* IEEE Computer Society, 2007, pp. 299–302 (pages 234, 239).

[ZHS10]   F. Zhao, Y. Hori, and K. Sakurai. "Analysis of Existing Privacy–Preserving Protocols in Domain Name System". In: *IEICE Transactions* 93-D.5 (2010), pp. 1031–1043 (page 235).

[Zim95]   P. R. Zimmermann. *The Official PGP User's Guide.* Cambridge, MA, USA: MIT Press, 1995 (page 85).

[Zip68]   G. K. Zipf. *The psycho-biology of language. An introduction to dynamic philology.* 2nd ed. Cambridge/Mass.: M.I.T. Press, 1968 (page 265).

[Zit12]   J. Zittrain. *Meme patrol: "When something online is free, you're not the customer, you're the product."* 2012. URL: http://blogs.law.harvard.edu/futureoftheinternet/2012/03/21/meme/ (visited on 02/21/2014) (page 433).

[ZNA05]   S. Zander, T. T. T. Nguyen, and G. J. Armitage. "Automated Traffic Classification and Application Identification using Machine Learning". In: *30th Annual IEEE Conference on Local Computer Networks (LCN 2005), November 15–17, 2005, Sydney, Australia. Proceedings.* IEEE Computer Society, 2005, pp. 250–257 (pages 61, 191).

[Aka04]   Akamai Technologies, Inc. *Akamai Provides Insight into Internet Denial of Service Attack.* 2004. URL: http://www.akamai.com/html/about/press/releases/2004/press_061604.html (visited on 02/21/2014) (page 112).

[App13]   Apple Inc. *iCloud – Your content. On all your devices.* 2013. URL: http://www.apple.com/icloud/ (visited on 02/21/2014) (page 200).

[Arb12]   Arbeitskreis Technische und organisatorische Datenschutzfragen. *Datenschutz bei IPv6: Hinweise für Hersteller und Provider im Privatkundengeschäft, Version 1.01.* Ständige Konferenz der Datenschutzbeauftragten des Bundes und der Länder. 2012. URL: http://www.bfdi.bund.de/DE/Themen/TechnologischerDatenschutz/TechnologischeOrientierungshilfen/Artikel/Orientierungshilfen_IPv6.pdf (besucht am 21.02.2014) (Seite 442).

[AVM13]   AVM GmbH. *FRITZ!Box 7390-Hilfe: Verbindungseinstellungen.* 2013. URL: http://service.avm.de/help/de/FRITZ-Box-Fon-WLAN-7390/011/internetzugang_verbindungseinstellungen (besucht am 21.02.2014) (Seite 317).

[AVM14]   AVM GmbH. *Fritz!Box Fon WLAN 7270.* 2014. URL: http://www.avm.de/de/Service/Handbuecher/FRITZBox/Handbuch_FRITZ_Box_Fon_WLAN_7270.pdf (besucht am 21.02.2014) (Seite 24).

[Bay+02]   R. J. Bayardo Jr. et al. "YouServ: A Web-Hosting and Content Sharing Tool for the Masses". In: *11th International World Wide Web Conference, WWW 2002, May 7–11, 2002, Honolulu, Hawaii. Proceedings.* Ed. by D. Lassner, D. D. Roure, and A. Iyengar. ACM, 2002, pp. 345–354 (page 44).

[Bun08]   Bundesamt für Sicherheit in der Informationstechnik. *Informationssicherheit und IT-Grundschutz: BSI-Standards 100-1, 100-2 und 100-3.* 2. Aufl. Köln: Bundesanzeiger-Verl., 2008 (Seite 103).

[Bun12a]   Bundesamt für Sicherheit in der Informationstechnik. *PCs unter Microsoft Windows - für kleine Unternehmen und Selbstständige [BSI-E-CS 003].* 2012. URL: https://www.bsi.bund.de/DE/Themen/Cyber-Sicherheit/Empfehlungen/Produktkonfiguration/DE/Themen/Cyber-Sicherheit/Content_Cyber-Sicherheit/Empfehlungen/produktkonfiguration/BSI-E-CS-003.html (besucht am 21.02.2014) (Seite 70).

[Bun12b]   Bundesamt für Sicherheit in der Informationstechnik. *PCs unter Microsoft Windows - Privatanwender [BSI-E-CS 001]*. 2012. URL: https://www.bsi.bund.de/DE/Themen/ Cyber - Sicherheit / Empfehlungen / Produktkonfiguration / DE / Themen / Cyber - Sicherheit/Content_Cyber-Sicherheit/Empfehlungen/produktkonfiguration/BSI-E-CS-001.html (besucht am 21. 02. 2014) (Seite 70).

[Cal12]   Calix, Inc. *Calix U.S. Rural Broadband Q1 2012 Report*. 2012. URL: http://portal.calix. com/portal/calixdocs/mktg/w/Calix_US_Rural_Broadband_Report_Q1_2012.pdf (visited on 02/21/2014) (page 55).

[Cen09]   Center for Democracy & Technology. *Google DNS Service Warrants a Watchful Yawn*. 2009. URL: https://www.cdt.org/blogs/brock-meeks/google-dns-service-warrants-watchful-yawn (visited on 02/21/2014) (page 2).

[Com07]   ComScore. *The Impact of Cookie Deletion on the Accuracy of Site-Server and Ad-Server Metrics: An Empirical comScore Study*. June 2007. URL: http://www.comscore. com/request/cookie_deletion.asp (visited on 02/21/2014) (page 301).

[CVE13]   CVE Details. *ISC Bind: List of security vulnerabilities (Denial of Service)*. 2013. URL: http://www.cvedetails.com/vulnerability-list/vendor_id-64/product_id-144/ opdos-1/ISC-Bind.html (visited on 02/21/2014) (page 112).

[Dav11]   David Ulevitch. *DNSCrypt—Critical, fundamental, and about time*. 2011. URL: http: //blog.opendns.com/2011/12/06/dnscrypt-critical-fundamental-and-about-time/ (visited on 02/21/2014) (page 230).

[Dep83]   Department of Defense. *Department of Defense Trusted Computer System Evaluation Criteria*. December 1985, DOD 5200.28-STD, Supersedes CSC- STD-001-83, Library No. S225,711. Aug. 1983 (page 103).

[Eas00]   D. Eastlake 3rd. *DNS Request and Transaction Signatures (SIG(0)s)*. RFC 2931. RFC Editor, Sept. 2000 (page 119).

[Eas06a]   D. Eastlake 3rd. *Domain Name System (DNS) Case Insensitivity Clarification*. RFC 4343. RFC Editor, Jan. 2006 (page 15).

[Eas06b]   D. Eastlake 3rd. *HMAC SHA (Hashed Message Authentication Code, Secure Hash Algorithm) TSIG Algorithm Identifiers*. RFC 4635. RFC Editor, Aug. 2006 (page 119).

[Eas99]   D. Eastlake 3rd. *Domain Name System Security Extensions*. RFC 2535. RFC Editor, Mar. 1999 (pages 120, 129).

[EPC08]   EPCglobal Inc. *EPCglobal Object Name Service (ONS) 1.0.1*. May 2008. URL: http: //www.gs1.org/gsmp/kc/epcglobal/ons/ons_1_0_1-standard-20080529.pdf (visited on 02/21/2014) (pages 91, 93).

[EPC13]   EPCglobal Inc. *EPCglobal Object Name Service (ONS) 2.0.1*. Jan. 2013. URL: http: //www.gs1.org/gsmp/kc/epcglobal/ons/ons_2_0_1-standard-20130131.pdf (visited on 02/21/2014) (pages 91–93, 231).

[Eur97]   European Commission. *Green Paper on the Convergence of the Telecommunications, Media and Information Technology Sectors, and the Implications for Regulation*. COM(97)623. 1997. URL: http://ec.europa.eu/avpolicy/docs/library/legal/com/ greenp_97_623_en.pdf (page 88).

[Ger09]   German Privacy Foundation e.V. *TLS-DNS*. 2009. URL: https://web.archive.org/web/
            20140223220557/https://www.privacyfoundation.de/wiki/HTTPS-DNS/TLS-DNS
            (besucht am 21. 02. 2014) (Seite 229).

[Ger13]   German Privacy Foundation e.V. *HTTPS-DNS*. 2013. URL: https://web.archive.org/
            web/20130627225851/http://www.privacyfoundation.de/projekte/https_dns (besucht
            am 21. 02. 2014) (Seite 229).

[ICA08]   ICANN. *SAC 032 Preliminary Report on DNS Response Modification*. June 2008. URL:
            http://www.icann.org/en/groups/ssac/documents/sac-032-en.pdf (visited on
            02/21/2014) (page 64).

[ICA09]   ICANN. *Harms Caused by NXDOMAIN Substitution in Top-level and Other Registry-
            class Domain Names*. Nov. 2009. URL: http://archive.icann.org/en/topics/new-
            gtlds/nxdomain-substitution-harms-24nov09-en.pdf (visited on 02/21/2014)
            (page 63).

[ICA12]   ICANN. *gTLD Applicant Guidebook, Module 5 Transition to Delegation*. 2012. URL:
            http://newgtlds.icann.org/en/applicants/agb/transition-delegation-04jun12-
            en.pdf (visited on 02/21/2014) (page 115).

[IEE01]   IEEE. *IEEE Std 1003.1-2001 Standard for Information Technology — Portable Operating
            System Interface (POSIX) Base Definitions, Issue 6*. New York, NY, USA: IEEE, 2001
            (page 22).

[IEE08]   IEEE. *IEEE Std 1003.1-2008 Standard for Information Technology — Portable Operat-
            ing System Interface (POSIX) Base Definitions, Issue 7*. New York, NY, USA: IEEE,
            2008 (page 22).

[Int12]   Internet Corporation For Assigned Names and Numbers. *.com Registry Agreement
            Appendix 10: Service Level Agreement (SLA)*. 2012. URL: http://www.icann.org/
            en/about/agreements/registries/com/appendix-10-01dec12-en.htm (visited on
            02/21/2014) (page 110).

[Int13a]   Internet Corporation for Assigned Names and Numbers. *Registrar Accreditation
            Agreement*. 2013. URL: http://www.icann.org/en/resources/registrars/raa/approved-
            with-specs-27jun13-en.htm (visited on 02/21/2014) (page 17).

[Int13b]   Internet Systems Consortium. *BIND 9 Administrator Reference Manual*. 2013. URL:
            ftp://ftp.isc.org/isc/bind9/cur/9.8/doc/arm/Bv9ARM.pdf (visited on 02/21/2014)
            (pages 73, 127).

[Int+09]   Internet Architecture Board et al. *Design Choices When Expanding the DNS*. Tech. rep.
            5507. RFC Editor, Apr. 2009 (page 77).

[Mes11]   Messaging Anti-Abuse Working Group. *MAAWG Sender Best Communications Prac-
            tices*. Sept. 2011. URL: http://www.maawg.org/sites/maawg/files/news/MAAWG_
            Senders_BCP_Ver2a-updated.pdf (visited on 02/21/2014) (page 83).

[Mic05]   Microsoft. *Configuring DNS client settings*. Jan. 2005. URL: http://technet.microsoft.
            com/en-us/library/cc778792%28v=ws.10%29.aspx (visited on 02/21/2014) (page 208).

[Mic06]   Microsoft. *Domain Name System Client Behavior in Windows Vista*. Sept. 2006. URL:
            http://technet.microsoft.com/en-us/library/bb727035.aspx (visited on 02/21/2014)
            (page 208).

[Mic07] Microsoft Support. *How to Disable Client-Side DNS Caching in Windows XP and Windows Server 2003 (Article ID: 318803, Revision: 2.7)*. 2007. URL: http://support. microsoft.com/kb/318803 (visited on 02/21/2014) (page 47).

[Mic09] Microsoft. *Microsoft TechNet: DNS Security Extensions (DNSSEC)*. Oct. 21, 2009. URL: http://technet.microsoft.com/en-us/library/ee683904(WS.10).aspx (visited on 02/21/2014) (page 122).

[Mic11a] Microsoft Support. *Description of the Microsoft Computer Browser Service (Article 188001, Revision 5.0*. Sept. 23, 2011. URL: http://support.microsoft.com/kb/188001 (visited on 02/21/2014) (page 401).

[Mic11b] Microsoft Support. *How Internet Explorer uses the cache for DNS host entries (Article ID: 263558, Revision: 2.1)*. 2011. URL: http://support.microsoft.com/kb/263558 (visited on 02/21/2014) (page 51).

[Mic12a] Microsoft MSDN Dev Center – Desktop. *DnsQuery function*. 2012. URL: http://msdn. microsoft.com/en-us/library/ms682016.aspx (visited on 02/21/2014) (page 50).

[Mic12b] Microsoft MSDN Dev Center – Desktop. *WSAAsyncGetHostByName function*. 2012. URL: http://msdn.microsoft.com/en-us/library/windows/desktop/ms741522.aspx (visited on 02/21/2014) (page 22).

[Mic12c] Microsoft Support. *Internet Explorer may stop responding when access to the Smart-Screen Filter Service is blocked (KB2729494)*. 2012. URL: http://support.microsoft. com/kb/2729494 (visited on 02/21/2014) (page 203).

[Mic12d] Microsoft. *DNS Processes and Interactions*. Nov. 2012. URL: http://technet.microsoft. com/en-us/library/dd197552%28v=ws.10%29.aspx (visited on 02/21/2014) (page 208).

[Mic13a] Microsoft MSDN Dev Center – Desktop. *Windows Error Reporting*. 2013. URL: http: //msdn.microsoft.com/en-us/library/windows/desktop/bb513641(v=vs.85).aspx (visited on 02/21/2014) (page 198).

[Mic13b] Microsoft. *Beitreten zur Microsoft SpyNet-Community*. 2013. URL: http://windows. microsoft.com/de-de/windows-vista/join-the-microsoft-spynet-community (visited on 02/21/2014) (page 197).

[Mic13c] Microsoft. *Configure Trusted Roots and Disallowed Certificates*. 2013. URL: http: //technet.microsoft.com/en-us/library/dn265983.aspx (visited on 02/21/2014) (page 203).

[Mic13d] Microsoft. *Ihr Microsoft Konto*. 2013. URL: http://windows.microsoft.com/de-de/windows-8/microsoft-account-tutorial (visited on 02/21/2014) (page 200).

[Mic13e] Microsoft. *Malware Protection Center: Updating your Microsoft antimalware and antispyware software*. 2013. URL: http://www.microsoft.com/security/portal/ definitions/adl.aspx (visited on 02/21/2014) (page 197).

[MIT13] MITRE Corporation. *CAPEC-291: DNS Zone Transfers (Release 2.1)*. 2013. URL: http: //capec.mitre.org/data/definitions/291.html (visited on 02/21/2014) (page 125).

[Nat05] National Research Council. *Signposts in Cyberspace: The Domain Name System and Internet Navigation*. National Academies Press, 2005 (page 11).

[Nat13]   National Institute of Standards and Technology (NIST). *National Vulnerability Database (NVD) Search.* 2013. URL: http://web.nvd.nist.gov/view/vuln/search-results?adv_search=true&cves=on&cpe_vendor=isc&cpe_product=cpe%3A%2F%3Aisc%3Abind&cvss_av=NETWORK&cvss_a=COMPLETE (visited on 02/21/2014) (page 112).

[Nat97]   National Institute of Standards and Technology (NIST). *CVE-1999-0532.* 1997. URL: http://web.nvd.nist.gov/view/vuln/detail?vulnId=CVE-1999-532 (visited on 02/21/2014) (page 125).

[Net]   Network Solutions. *Company History.* URL: http://about-networksolutions.com/corporate-history.php (visited on 02/21/2014) (page 62).

[Ope13]   OpenDNS. *OpenDNS Reports that Higher Education Networks are 300 Percent More Likely to Contain Malware.* 2013. URL: http://www.opendns.com/about/announcements/397/ (visited on 02/21/2014) (page 70).

[Ope90]   Open Sourced Vulnerability Database. *DNS Zone Transfer Information Disclosure (ID: 492).* 1990. URL: http://www.osvdb.org/492 (visited on 02/21/2014) (page 125).

[Ora10]   Oracle Inc. *Java 2 Platform Standard Ed. 5.0: Class InetAddress.* 2010. URL: http://docs.oracle.com/javase/1.5.0/docs/api/java/net/InetAddress.html (visited on 02/21/2014) (page 52).

[Ora11]   Oracle Inc. *Java Platform Standard Ed. 6: Class InetAddress.* 2011. URL: http://docs.oracle.com/javase/6/docs/api/java/net/InetAddress.html (visited on 02/21/2014) (page 52).

[Sec04]   Security and Stability Advisory Committee (SSAC). *Redirection in the com and net Domains.* July 2004. URL: http://www.icann.org/committees/security/ssac-report-09jul04.pdf (visited on 02/21/2014) (pages 62, 63).

[Uni05]   United Virtualities. *Press Release 03-28-05. United Virtualities Develops ID Backup to Cookies. Browser-Based "Persistent Identification Element" – Will Also Restore Erased Cookie.* 2005. URL: http://web.archive.org/web/20050410041854/http://www.unitedvirtualities.com/UV-Pressrelease03-31-05.htm (visited on 02/21/2014) (page 301).

[US-13]   US-CERT. *DNS Amplification Attacks (Alert TA13-088A).* July 2013. URL: https://www.us-cert.gov/ncas/alerts/TA13-088A (visited on 02/21/2014) (page 23).

[Ver11]   Verisign Inc. *The Domain Name Industry Brief.* http://verisigninc.com/assets/domain-name-report-feb-2011.pdf. 2011. (Visited on 02/21/2014) (page 270).

[Ver14]   Verisign Inc. *Domain Names – Where the World Clicks.* 2014. URL: http://www.verisigninc.com/en_US/domain-names/ (visited on 02/21/2014) (page 227).

[Wik13]   Wikipedia. *Is the "random article" feature really random?* 2013. URL: http://en.wikipedia.org/wiki/Wikipedia:TFAQ#random (visited on 02/21/2014) (page 179).

[ZSI89]   ZSI (Zentralstelle für Sicherheit in der Informationstechnik). *IT-Sicherheitskriterien: Kriterien für d. Bewertung d. Sicherheit von Systemen d. Informationstechnik (IT).* Bundesanzeiger Beilage. Bundesanzeiger-Verlag, 1989 (Seite 103).

[ÖV11]   M. T. Özsu and P. Valduriez. *Principles of Distributed Database Systems.* 3rd ed. New York: Springer, 2011 (page 42).

Printed in the United States
By Bookmasters